SEQUENCE CONTROL

릴레이 제어반 및
PLC에 의한

퀀스 제어

엄기찬 · 신현재 지음

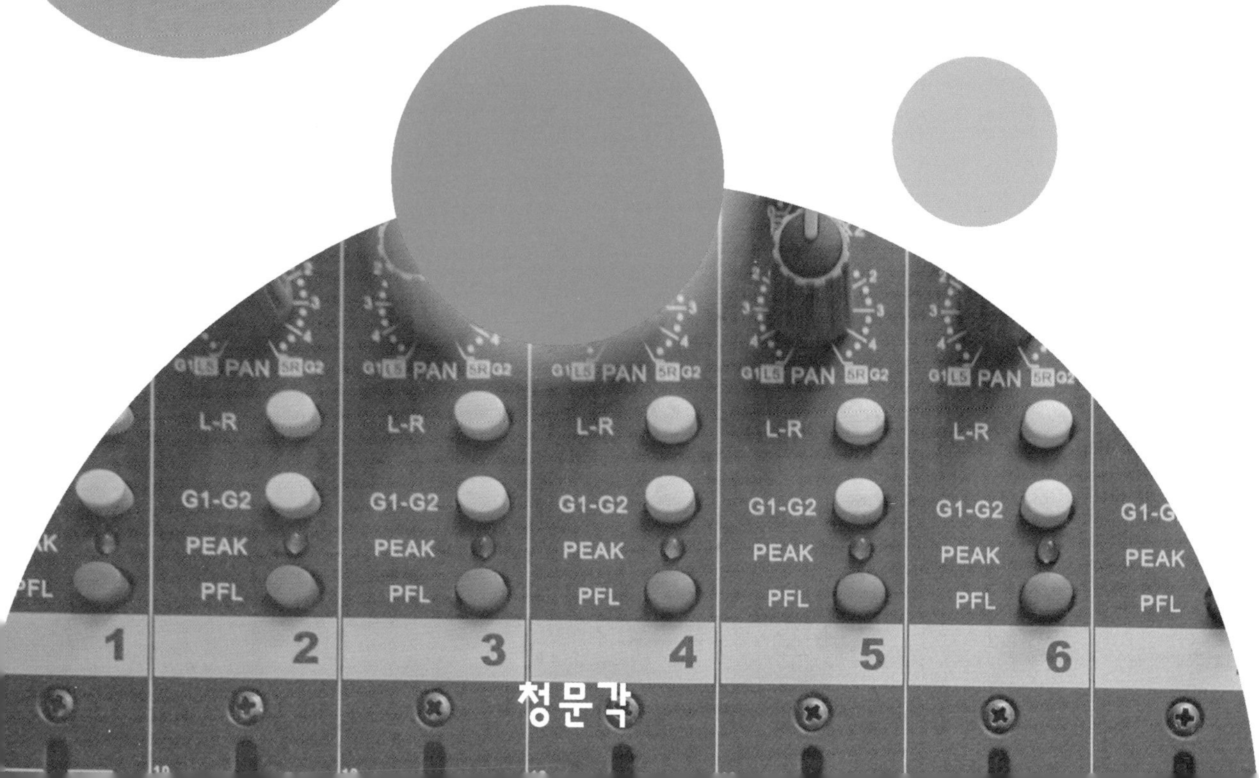

청문각

머리말

시퀀스 제어는 자동 제어의 한 분야로 산업시설의 자동화 시스템에서 생산성 향상에 중요한 역할을 하고 있다. 즉, 산업계의 수많은 생산설비에서 기본적으로 이용되고 있는 분야이다.

시퀀스 제어는 미리 정해놓은 순서에 따라 제어의 각 단계를 수행시켜 가는 제어이며, 본서는 대학의 공학계열 학생들의 교재로서, 또 공장의 생산설비에 종사하는 기술자가 복잡해지는 생산설비의 자동화에 적용할 수 있는 참고서로서 적합하게 엮었다. 이 분야는 릴레이 제어반을 이용하는 릴레이 시퀀스를 기본으로 대형 자동화 설비에서는 시퀀서라고 하는 PLC(Programmable Logic Controller)에 의한 시퀀스 제어가 이용되고 있다.

본서에서는 릴레이 제어반에 의한 시퀀스 제어(Part 1)와 PLC에 의한 시퀀스 제어(Part 2)를 단계적으로 기술하고, PLC에 의한 프로그램의 설계에서는 릴레이 시퀀스 제어회로를 연관하여 제시함으로써 릴레이 제어반에 의한 회로설계 능력은 물론, PLC 프로그램의 설계능력을 갖출 수 있도록 구성하였으며, 그 내용은 다음과 같다.

Part 1에서는 릴레이 제어반에 의한 시퀀스 제어분야로서 시퀀스 제어의 개요 및 사용기기, 제어회로의 구성 및 논리제어회로, 기본회로, 실린더 제어회로, 모터 제어회로에 대하여 이론과 회로설계에 대하여 기술하였다.

Part 2에서는 PLC를 이용하는 시퀀스 제어분야로서 PLC의 개요 및 구성, PLC를 이용한 논리 프로그램, 기본회로의 프로그램, 응용 프로그램의 작동원리와 프로그램 설계에 대하여 기술하고, 릴레이 제어반의 회로와 연관시켜 대응할 수 있게 하였다.

그리고 부록에는 근래에 ㈜ LS산전에서 개발한 XGT PLC(XGI PLC)의 소프트웨어 툴(Software tool)인 XG-5000의 사용방법을 기술하여 독자들이 PLC에 의한 시퀀스 제어의 학습에 이용할 수 있게 하였다.

본서가 생산자동화의 분야에 관심이 있거나 그 분야에 종사하는 기술자들께 도움이 되기를 바라며, 내용의 미비한 점들은 계속 보완·수정해 나갈 예정이다. 독자들의 충고와 조언을 바라는 바이다.

끝으로 이 책을 출판하는 데 있어서 심혈을 기울여 주신 청문각 관계자 여러분께 심심한 감사를 표한다.

2015. 12 저자 씀

차 례

Part 1 릴레이 제어반에 의한 시퀀스 제어

Chapter 1 시퀀스 제어의 개요

Chapter 2 시퀀스 제어용 기기

Part 2 PLC에 의한 시퀀스 제어

Chapter 10 PLC의 개요 및 구성

Chapter 11 PLC 프로그래밍의 기호와 작성규칙

Chapter 12 논리회로와 그 프로그램

Chapter 13 기본회로와 그 프로그램

Part 3 부 록 _ XG5000의 사용방법

Part 01

릴레이 제어반에 의한 시퀀스 제어

1 시퀀스 제어의 개요

Chapter

1.1 시퀀스 제어의 개요

오늘날 산업계에서는 FA(**Factory Automaton**) 기술이 큰 역할을 하고 있다. 이것은 주로 자동제어 기술이다. 기계나 장치 또는 그 계통을 구성하여 동작시키고자 하는 목적에 적합하도록 조작하는 것을 제어(**Control**)라 하며, 기계나 장치 등의 대상물에 어떤 동작을 가하여 원하는 대로 움직이게 하는 것이다.

자동차를 운전하는 경우, 목표속도보다 느리면 가속기(accelerator)를 밟아 속도를 올리고, 목표속도보다 빠르면 브레이크(break)를 밟아 감속하는 것을 자동차의 제어라 한다. 이와 같이 인간이 직접 손이나 발을 이용하여 제어할 때 **수동 제어(manual control)**라 하며, 이 제어를 자동적으로 행하게 하는 것을 **자동 제어(automatic control)**라 한다. 자동 제어에는 피드백 제어와 시퀀스 제어가 있다.

1. 피드백 제어

피드백 제어(Feedback Control)는 피드백에 의하여 제어량을 목표치와 비교하여, 그들을 일치시키도록 정정동작을 하는 제어이며, 자동차, 항공기, 로봇 등의 제어에 이용되고 있다. 피드백 제어는 속도나 위치 등과 같은 제어대상을 목표치에 일치시키거나 장시간 그 상태를 유지시키는 것을 목적으로 한다.

2. 시퀀스 제어

시퀀스 제어(Sequence Control)는 미리 정해 놓은 순서에 따라서 제어의 각 단계를 진행하

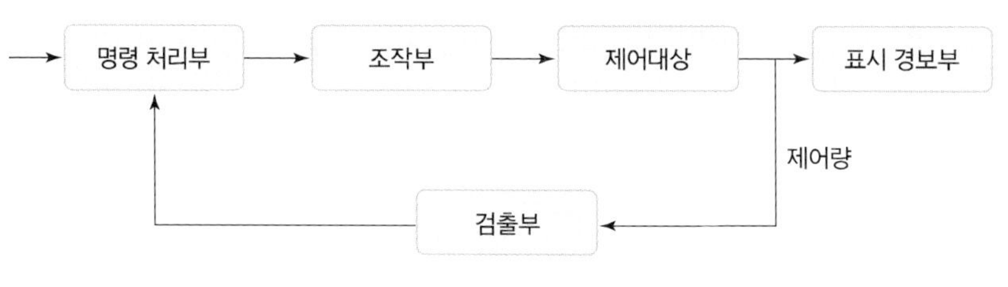

그림 1.1 **시퀀스 제어의 구성**

는 제어이며, 엘리베이터, 자동문, 자동판매기, 신호기 등의 제어에 이용되고 있다. 예를 들면, 기계가 행할 동작을 순서대로 기억시켜 놓고, 시동버튼을 누르면 제어장치가 각 단계를 전부 수행한다. 결국 시퀀스 제어는 각종 작업을 자동적으로 개시, 종료시켜 가기 위한 순서와 시간의 제어를 목표로 한다.

시퀀스 제어계는 그림 1.1과 같이 명령 처리부, 조작부, 제어대상, 표시 경보부, 검출부로 구성되어 있다.

명령 처리부는 외부로부터 주어지는 신호나 검출부로부터 검출되는 신호에 기초하여 제어대상을 제어시키는 신호를 출력한다.

조작부는 명령 처리부로부터 신호를 받아 제어대상을 직접 작동시키는 부분이며, 전력 개폐기기, 유량 제어기기, 기계적 동력을 제어하는 기기 등이 있다.

표시 경보부는 제어대상을 제어하는 모터나 전자 릴레이 등의 상태를 표시하기도 하고, 경보를 발진시키기도 하는 부분으로서, 램프, LED, 액정 디스플레이, 부저, 벨 등이 있다.

검출부는 제어 조작요소의 현재 위치나 속도 등과 같은 물리량을 검출하는 부분이며, 리밋 스위치, 근접 스위치 등의 센서가 있다.

명령 처리부의 논리적 구성방식으로서는 유접점식, 무접점식 및 프로그램 제어방식으로 나눌 수 있다. 유접점식은 제어계에 사용되는 논리소자로서, 기계적 접점을 갖는 유접점 릴레이(전자 릴레이)로 구성되는 방식이며, 무접점식은 제어계에 사용되는 논리소자로서, 트랜지스터나 다이오드 등의 반도체를 이용한 무접점 릴레이로 구성되는 방식이다.

프로그램 제어방식은 제어 내용을 프로그램으로 구성하는 방식이며, 프로그램을 변경하면 제어내용을 변경할 수 있다. 프로그램 내장방식의 제어장치를 시퀀서(sequencer)라 한다.

1.2 시퀀스 제어의 종류

시퀀스 제어에는 순서 제어, 시간 제어, 조건 제어가 있다.

1. 순서 제어

제어의 순서만이 기억되며, 제어를 수행하는 시각은 해당하는 검출용 기기에 의하여 주어지는 제어이다.

2. 시간 제어

제어의 순서와 그 제어명령의 발령시각이 기억되며, 정해진 순서의 제어를 정해진 시각에 수행하는 제어이다.

3. 조건 제어

어떤 일정한 조건이 성립했는지 검사하여 검출하고, 그 결과를 총합하여 제어명령을 결정하도록 하는 제어이다.

이 세 가지의 제어는 각각 단독으로 이용되는 경우도 있지만, 거의 대부분의 경우는 복잡하게 조합되어 이용되는 경우가 일반적이다. 이것은 시퀀스 제어장치가 소정의 목적을 달성하기 위해 필요한 동작순서나 동작시간을 기억시켜 놓고, 시시각각으로 변화해 가는 기계나 장치의 동작 상태를 검출하여 다음에 필요한 동작명령을 결정하는 등의 판단기능을 갖고 있음을 나타내는 것이다.

예를 들어, 전기세탁기에서는 급수 → 세탁 → 배수 → 급수 → 헹굼 → 배수 → 탈수와 같이 순서가 미리 정해져 있으며(순서 제어), 또 세탁에 필요한 조건을 설정하기 위해 전원버튼, 시동버튼을 누르도록 되어있다(조건 제어). 또한 세탁이나 헹굼 등의 공정은 일정한 시간이 경과하면 다음 공정이 수행되는 것이다(시간 제어).

한편 피드백 제어는 단독으로 이용되는 경우는 거의 드물고, 거의 대부분의 경우는 시퀀스 제어와 조합되어 이용된다.

이에 반해 시퀀스 제어는 단독으로도 널리 응용되며, 특히 장치의 종류나 장치대수가 압도적으로 많은 LCA(Low Cost Automation) 또는 간이 자동화의 분야가 시퀀스 제어의 단독 사용이 많다.

1.3 시퀀스 제어계

시퀀스 제어계(sequence control system)는 제어 프로그램에 의해 미리 결정된 순서대로 제어신호가 출력되어 순차적인 제어를 행하는 시스템을 의미하며, 다음과 같이 분류한다.

1. 시간종속 시퀀스 제어계 /timed sequence control system/

순차적인 제어가 시간의 변화에 따라서 행해지는 제어시스템이다. 즉, 벨트나 캠축을 모터로 회전시켜 일정한 시간이 경과하면 다음 작업이 행해지도록 하는 것으로서 전 단계의 작업 완료 여부와 다음 단계의 작업과 연관이 없다.

2. 위치종속 시퀀스 제어계 /process-dependent sequence control system/

순차적인 작업이 전 단계의 작업완료 여부를 확인하여 수행하는 제어시스템이다. 즉, 전 단계의 작업완료 여부를 리밋 스위치나 센서를 이용하여 확인하고, 다음 단계의 작업을 수행하는 것으로 일반적으로 이것을 시퀀스 제어라 한다.

1.4 제어 신호

신호는 제어계의 물리량이나 물리량의 변화에 대한 정보의 전달, 처리, 저장 등에 관련된다. 신호에는 다음과 같은 형식이 있다.

1. 아날로그 신호 /analog signal/

아날로그 신호(그림 1.2는 시간 t에 따라 압력 P의 변화를 나타냄)는 정보를 연속적인 물리량으로 부여하는 것을 말한다. 정보량은 정한 범위 내의 임의의 값을 가질 수 있다.

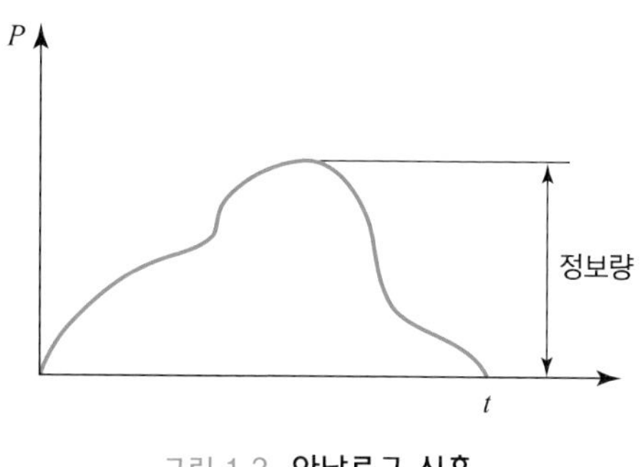

그림 1.2 **아날로그 신호**

2. 불연속 신호 /discrete signal/

이 신호는 시간에 따른 교통신호의 변화와 같이 정보량을 특정한 값으로 표시하는 것으로서 각 정보 간에는 아무 연관이 없다.

3. 디지털 신호 /digital signal/

디지털 신호(그림 1.3은 시간 t에 따르는 압력 P의 변화)는 관련되는 정보의 범위를 여러 단계로 등분하여 각각의 단계에 하나씩 값을 부여하여 정보량을 표시한다.

4. 2진 신호 /binary signal/

2진 신호는 하나의 신호변수에 두 가지의 가능한 값이 있는 신호이다. 따라서 이 신호는 정보를 두 가지 형태로 표현한다. 즉, ON/OFF, YES/NO 등과 같이 어떤 물리량의 존재유무에 따라 신호를 결정한다(그림 1.4 참조).

자동제어에서는 아날로그 신호를 주로 사용하지만 일반적인 제어에서는 2진 신호 형태의 디지털 신호 형태를 많이 사용한다. 이러한 신호는 만들기 쉽고 처리가 간단하므로 정보처리 등에서는 중요하다.

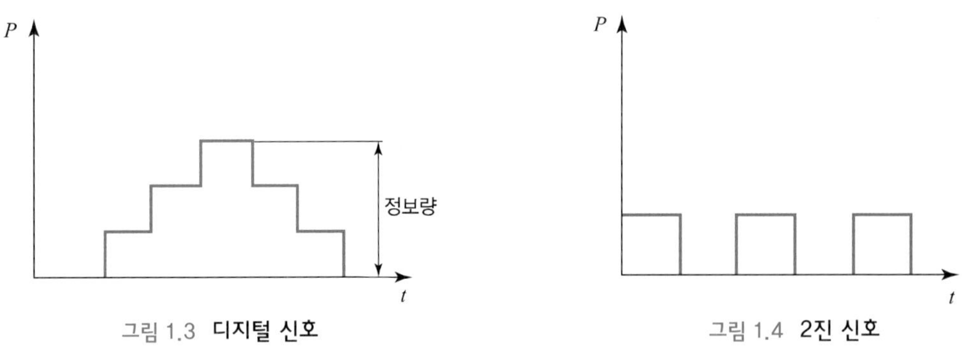

그림 1.3 **디지털 신호**

그림 1.4 **2진 신호**

1.5 제어시스템의 구성

제어장치 또는 **제어시스템**은 입력부, 제어부, 출력부 등 크게 세 가지로 구분되며, 이들의 신호흐름의 형태는 그림 1.5와 같다.

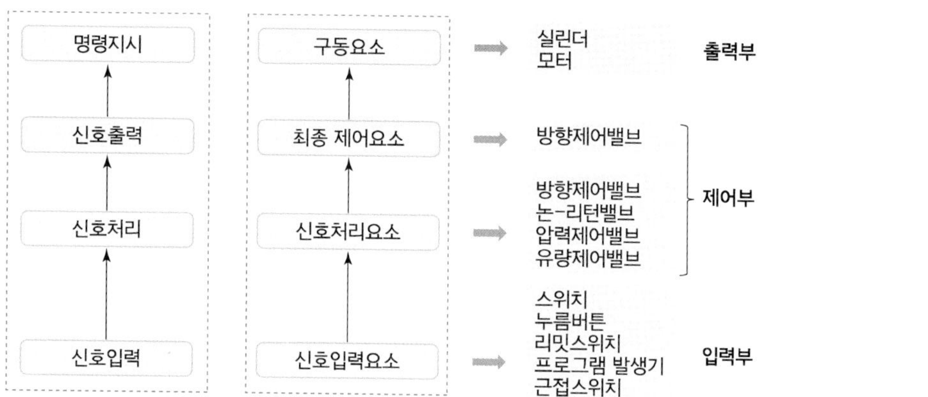

그림 1.5 **제어 시스템의 구성**

신호가 입력되면 신호처리 과정을 거쳐서 제어신호가 출력되어 명령지시가 이루어지는데 이것이 제어시스템에 대한 신호흐름의 기본이다. 하드웨어에서는 각각의 신호흐름을 담당하는 요소들이 있어 구체적인 작동을 하게 된다.

1.6 최근의 시퀀스 제어

근래에는 나날이 발전하는 마이크로 엘렉트로닉스(Electronics) 기술이나 컴퓨터 기술이 시퀀스 제어의 분야에도 응용됨에 따라 소형·고성능으로 염가의 제어기기, 예를 들면 광전 센서나 타이머 등이 개발되어 널리 보급되고 있다.

특히 시퀀서(**PLC : Programmable Logic Controller**)의 출현은 시퀀스 제어에 혁명을 가져왔다. 전에는 릴레이를 이용하는 소위 릴레이 시퀀스 제어가 일반적이었지만, 지금은 시퀀서를 이용하는 시퀀스 제어가 주를 이루는 상황이다.

시퀀서는 소위 공업용 컴퓨터이다. 제어회로는 컴퓨터 사용자의 소프트와 같은 방법으로 오프라인 작업에서 작성할 수 있으며, 고 신뢰성은 처음보다 완성 후에 기능의 추가 개조나 시스템의 확장이 용이해지는 등 릴레이 방식은 비교가 될 수 없을 만큼 장점으로 되었다.

더욱이 소프트 개발에서 PC(Personal Computer)를 이용하므로 PC를 사용하는 사람이라면 전기(자)에 관한 기술지식이 없는 사람도 시퀀스 소프트의 개발이 용이하다는 것도 큰 장점이다. 그러나 그렇게 되려면 시퀀스 제어에 관한 기초 지식이 필요하다.

Chapter 2 시퀀스 제어용 기기

그림 2.1은 시퀀스 제어(릴레이 방식, 시퀀서)에서 사용되는 기기를 표시한다. 이들 기기는 인간이 조작하는 기기, 기계의 상태를 알려주는 기기, 기계의 상태를 검출하는 기기 및 기계를 작동시키는 기기로 분류할 수 있다. 인간이 조작하는 기기는 조작하는 사람의 의사를 제어시스템으로 전달하는 것이며, 푸시 버튼스위치와 같은 조작 스위치 등이 있다.

제어가 수행되는 기계의 상태를 인간에게 알려주는 기기는 램프, 부저 등이 있으며, 작동하는 기계의 상태를 검출하는 기기로서 리밋 스위치, 근접 스위치 등이 있다. 제어 조건에 따라 기계를 작동시키는 것으로는 전기 모터, 공기압 실린더 등이 있다. 이들의 구조 및 사용법에 대하여 기술한다.

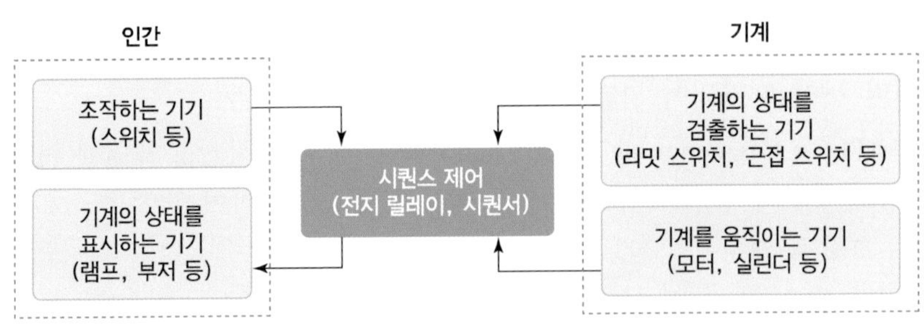

그림 2.1 **시퀀스 제어에서 사용되는 기기**

2.1 접점 신호

시퀀스 제어에서 사용하는 신호는 접점 신호이며, 어느 전기기기에 전류를 통전(ON)시키거나 단전(OFF)시키는 역할을 하는 것이 **접점(contact)**이다. 즉, 접점은 회로 상에서 전류의

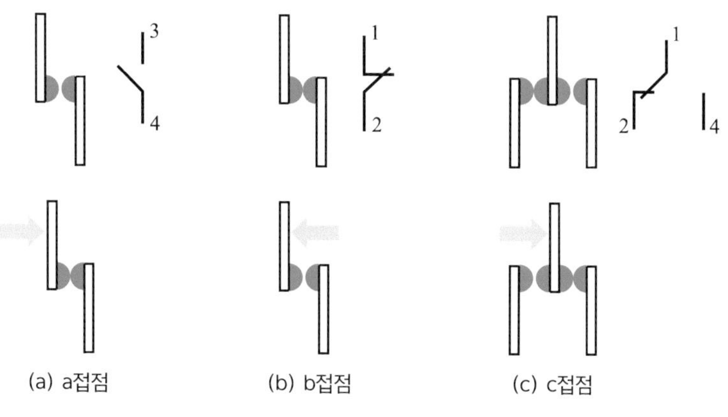

그림 2.2 **접점의 종류**

개폐기능을 갖는다. 예를 들어, 실린더의 운동 방향이나 순서를 제어할 때 솔레노이드 밸브의 솔레노이드 코일에 전류를 ON시키거나 OFF시켜야 될 때 접점이 그 역할을 하게 된다.

접점의 종류에는 그림 2.2에 나타낸 바와 같이 (a) a접점, (b) b접점, (c) c접점이 있다. 각각의 기능에 대하여 고찰한다.

1. a접점

그림 2.3(a)와 같이 조작력이 가해지지 않은 상태, 즉 초기상태에서는 고정 접점과 가동 접점이 접촉하지 않은 상태이며 버튼을 눌러 조작력이 가해지면 그림 2.3(b)와 같이 두 접점이 접촉하여 전류가 통전되는 기능을 갖는 접점을 a접점이라 한다. a접점 스위치는 조작력이 작용하지 않는 상태에서는 접점이 열려 있으므로 상시 열림형 접점**(N/O형, Normally Open contact)** 또는 make 접점이라고도 하며, 스위치가 작동되면 접점이 닫혀 양쪽 고정 접점에 전류가 통하게 되므로 arbit contact라 하여 그 약자로 a접점이라 한다.

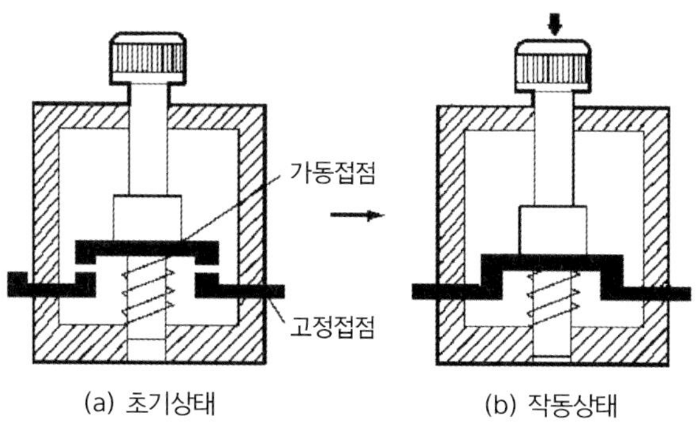

그림 2.3 **a접점**

2. b접점

b접점은 그림 2.4와 같이 a접점 스위치와 반대로 스위치가 작동하지 않는 초기상태에서는 접점이 닫혀 있으므로 **상시 닫힘형 접점(N/C형, Normally Closed contact)**이라 하며, 전류가 접점을 통해 흐른다. 조작력을 가하여 스위치를 작동시키면 연결되어 있던 접점이 떨어져 전류가 OFF되며, 따라서 **break 접점**이라 하여 그 약자로 b접점이라 한다.

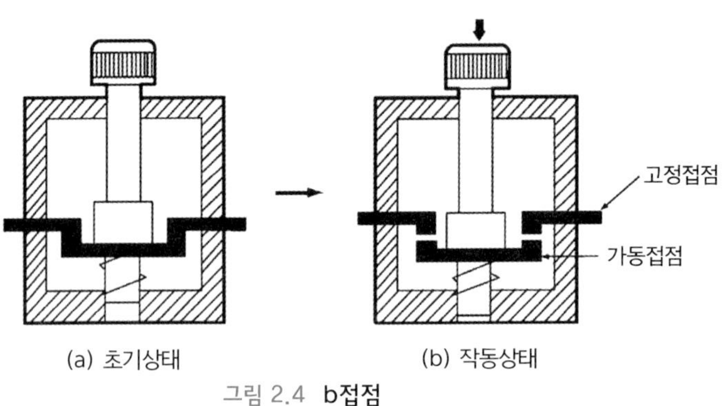

그림 2.4 **b접점**

3. c접점

그림 2.5와 같이 초기상태에서는 상시 닫힘의 접점(b접점, 위쪽의 접점)상태로부터 버튼을 눌러 스위치를 작동시키면 상시 닫힘의 접점은 서로 떨어져 회로를 분리시키고, 상시 열림 접점(a접점, 아래쪽의 접점)은 전류가 통할 수 있도록 회로가 연결되어, c접점 스위치는 하나의 스위치를 a접점이나 b접점으로 사용이 가능한 스위치이다.

이 스위치는 작동시켰을 때 접점이 change over되므로 그 약자로서 **c접점**이라 하며, **전환 접점(change over contact)**이라고도 한다. 그러나 하나의 c접점은 전기적으로는 독립되어 있지 않으므로 a접점이나 b접점 중 하나의 기능을 선택하여 사용해야 한다.

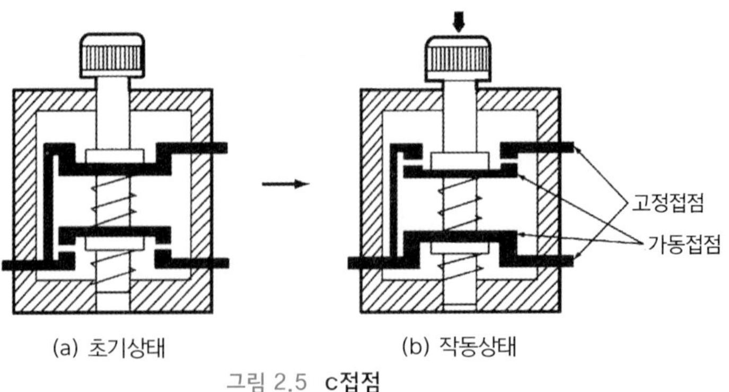

그림 2.5 **c접점**

2.2 조작기기

1. 조작 스위치

조작 스위치는 접점의 동작 상태에 따라 자동복귀형, 유지형, 잔류접점형의 세 가지로 분류할 수 있다.

(1) 자동복귀 형식은 스위치를 조작하고 있는 동안만 접점이 개폐하고 손을 떼면 원래의 상태로 되돌아간다.

푸시버튼 스위치(그림 2.6(a))는 사람이 직접 조작하여 접점을 ON/OFF하며, 전기회로의 개폐동작을 하는 명령 스위치로 이용된다. 즉, 설비, 기기의 제어에서 "시동", "정지"의 신호에 적합하다. 이것은 수동으로 버튼을 누르고 있을 때만 접점이 ON되고, 조작력을 제거하면 스프링력에 의해 자동적으로 접점과 조작부분이 원래의 상태로 복귀한다.

(2) 유지형은 스위치를 조작한 후 조작력을 제거해도 조작 부분과 접점은 그대로 상태를 유지한다(토글 스위치, 텀블러 스위치, 캠 스위치, 로터리 스위치, 마이크로 스위치 등).

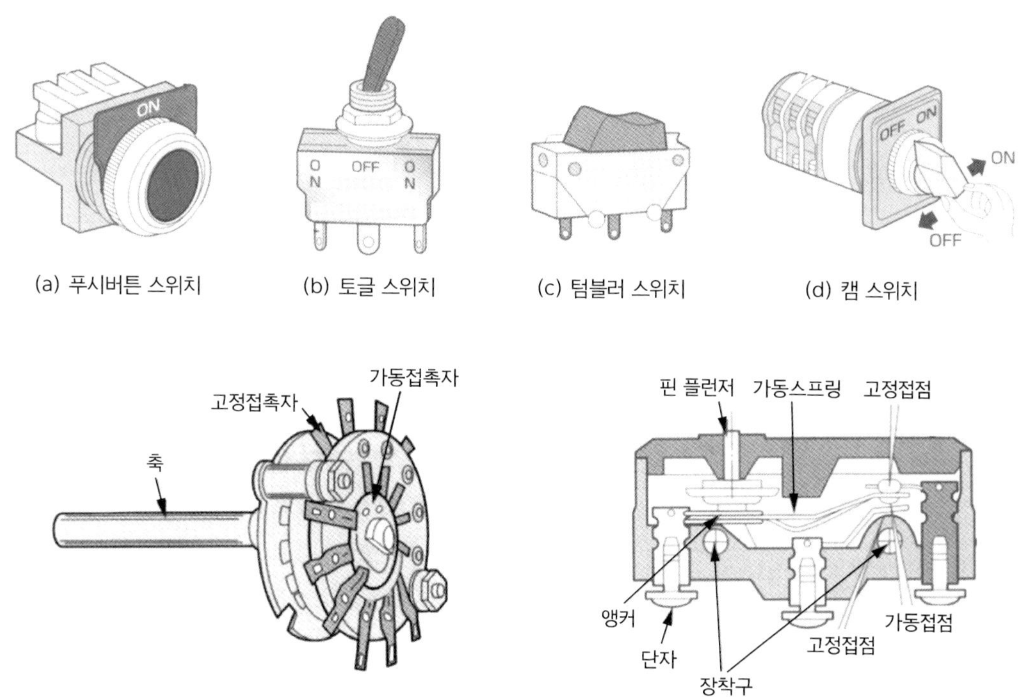

(a) 푸시버튼 스위치 (b) 토글 스위치 (c) 텀블러 스위치 (d) 캠 스위치

(e) 로터리 스위치 (f) 마이크로 스위치

그림 2.6 **조작 스위치**

① 토글 스위치는 그림 2.6(b)와 같이 손으로 레버를 좌측 또는 우측의 접점부로 움직여 전기회로의 개폐조작 또는 한쪽 회로로부터 다른 회로로 절환하는 스위치로 이용된다. 이것은 레버로부터 손을 떼어도 레버의 위치와 접점의 상태가 그대로 유지된다.

② 텀블러 스위치는 그림 2.6(c)와 같이 파동형 핸들의 끝 부분을 손으로 누르면 스프링 기구를 갖는 접점부에 의해 전기회로의 개폐, 절환동작을 한다.

③ 캠 스위치는 핸들에 의해서 조작된다(그림 2.6(d)). 즉, 조작핸들을 회전시킴에 따라 콘택트 블록의 접점이 개폐된다. 이것은 한 회로의 개폐나 여러 회로를 동시에 개폐시키는 용도로 사용된다.

④ 로터리 스위치는 회전조작에 의해 접점을 절환하며, 회로의 선택을 할 수 있는 스위치이다(그림 2.6(e)). 이것은 중심축에 장착된 가동접촉부가 축을 회전시킴에 따라 원주상에 있는 고정접촉부와 접촉시켜 회로를 선택할 수 있다.

⑤ 마이크로 스위치는 그림 2.6(f)와 같이 작은 접점 간격과 스냅액션기구를 통하여 설정된 움직임과 설정된 힘으로 개폐동작을 한다. 이것은 핀 플런저에 힘을 가하면 하향이동하여 가동 스프링을 아래쪽으로 밀어 어느 위치까지 이동하면 가동 접점은 위쪽 고정 접점으로부터 순간적으로 아래쪽 고정 접점으로 이동하여 회로가 절환된다. 이 동작을 스냅액션이라 한다.

2. 검출 스위치

(1) 리밋 스위치 /Limit switch/

리밋 스위치는 기계적인 힘으로 접점을 작동시켜 전기신호로 변환하는 검출기기이며, 구조는 케이스 내에 마이크로 스위치를 내장한 것이다. 그림 2.7은 롤러 플런저형 리밋 스위치의 구조이다.

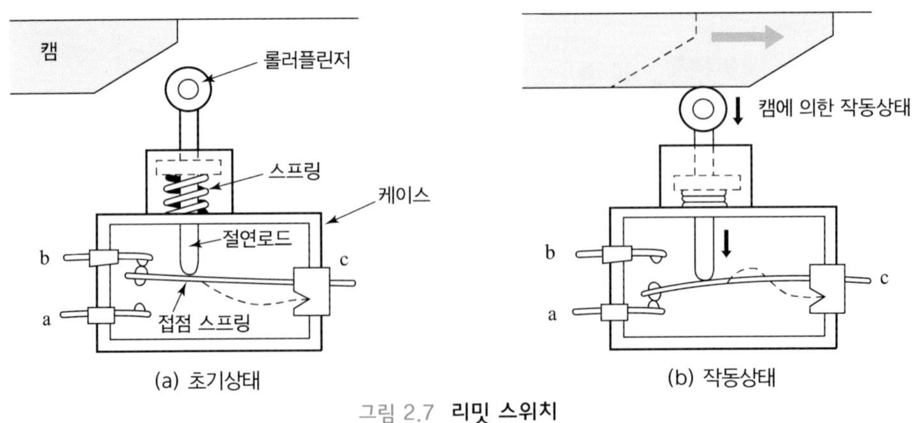

그림 2.7 **리밋 스위치**

접점은 C접점으로 되어 있으며 그림 2.7(b)는 동작 설명도로서 그림의 왼쪽 상부에 좌우로 이동할 수 있는 기계의 가동부(캠 형상)가 있고, 그것이 우측으로 이동하여 작동용 도그(작동용 캠이라고도 함)에 의해 롤러 플런저를 눌러 접점을 작동시키고 있다. 그림 2.7(a)의 상태에서는 단자 a와 가동 접점 c는 a접점 상태, 단자 b와 가동 접점 c는 b접점 상태로 되어 있고, 리밋 스위치가 작동하고 있는 그림 2.7(b)의 상태에서는 가동 접점이 이동하여 단자 a와 접촉하게 된다. 따라서 단자 a와 c를 연결하는 회로가 연결되게 된다.

기계가동부가 좌측으로 후진하여 캠이 롤러 플런저로부터 떨어지면 스프링 접점은 원래의 상태로 돌아간다.

(2) 근접 스위치 /proximity switch/

근접 스위치는 근접 센서**(proximity sensor)**라고도 하며, 비접촉 상태로 물체를 검출하는 센서이다. 이것은 전자유도(電磁誘導)를 이용한 고주파 발진형(유도형), 자석을 이용한 자기형(磁氣形)과 정전용량의 변화를 이용한 정전용량형의 3종류가 있다.

① 유도형 센서**(inductive sensor)**는 산업현장에서 널리 사용되는 센서로서 금속에만 반응한다. 이것은 검출코일에서 발생하는 고주파 자계 내에 검출물체(금속)가 접근하면 전자유도현상에 따라 근접물체 표면에 유도전류(와전류)가 흘러 금속 내에 에너지 손실이 발생한다. 그러면 검출코일에서 발생하는 발진 진폭이 감쇠 또는 정지하며, 이 진폭의 변화량을 이용하여 검출물체(금속)의 존재 유무를 감지한다. 이 센서(그림 2.8)의 감지거리는 대체로 센서 직경의 1/2 정도이며 스위칭시간도 2000 pulse/sec로서 짧다.

② 자기형 근접 스위치(magnetic proximity sensor)는 자성체(磁性體) 또는 발진원(發振源)인 영구 자석의 접근을 검출하며, 자성체에 반응한다.

그림 2.9(a)는 리드 스위치(reed switch)로서 자성체로 되어 있는 한 쌍의 리드 편(reed blade)을 불활성 가스(질소 또는 진공)와 함께 유리관 내에 봉입하였으며, 두 리드 편의 접촉면은 로듐(Rh)이나 루테늄(Ru)으로 도금되어 있다. 그림 2.9(b)는 리드 스위치의 작동(ON)상태를

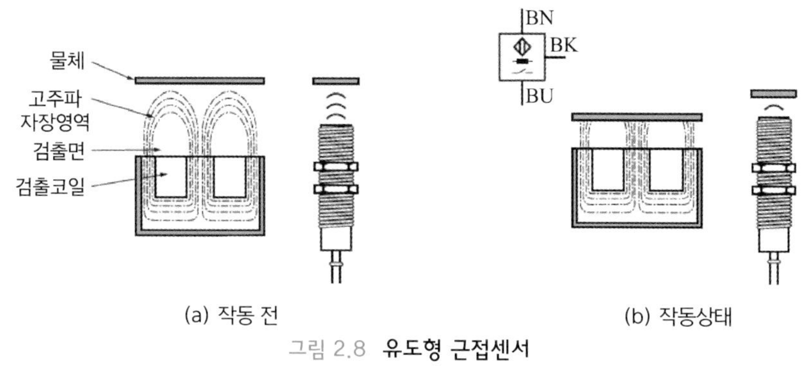

그림 2.8 **유도형 근접센서**

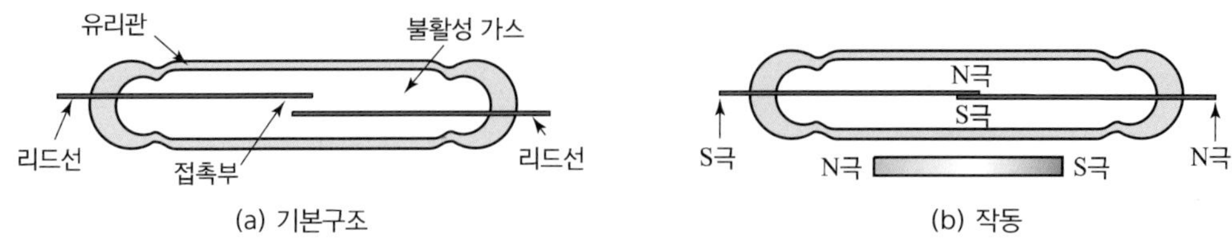

그림 2.9 **자기형 근접 스위치(리드 스위치)의 구조 및 작동**

표시하였으며, 외부 자기장이 접근하면 두 리드 편의 접점이 접촉하여 ON동작을 하고, 자기장이 멀어지면 OFF된다.

③ **정전용량형 센서**(capacitive sensor, 靜電容量形 센서)는 금속, 비금속을 비롯한 모든 물체에 반응한다.

그림 2.10과 같이 이 센서는 검출부에 검출전극을 가지고 있어서 (+)전압을 인가하면 전극에는 (+)전하가, 대지 쪽에는 (−)전하가 발생하면서 전극과 대지 사이에 전계가 생긴다. 이 전극 쪽으로 물체가 접근하게 되면 물체 내부에 있는 전하들이 전극 쪽으로는 (−)전하가, 반대쪽으로는 (+)전하가 이동하게 되는데 이 현상을 분극현상이라 하며, 물체가 전극에서 멀어지면 분극현상이 약해져서 정전용량이 적어지고 전극쪽으로 접근하면 분극현상이 커져서 전극에 (+)전하가 증가하여 정전용량(electric capacitance)이 증가한다. 즉, 콘덴서(condenser)의 두 판 사이에 유전율(di-electric constant)이 1보다 큰 물질이 놓여서 콘덴서의 용량이 증가하는 것과 마찬가지로 센서 앞에 어떤 물체가 놓이게 되면 센서에 평소보다 많은 전기가 저장될 수 있게 된다.

공기를 제외한 모든 물체는 유전율이 1보다 크므로 이 센서는 모든 물체를 검출할 수 있다. 스위칭 시간은 10 pulse/sec 정도로서 유도형 센서보다 길며, 감지거리는 3～25 mm이다.

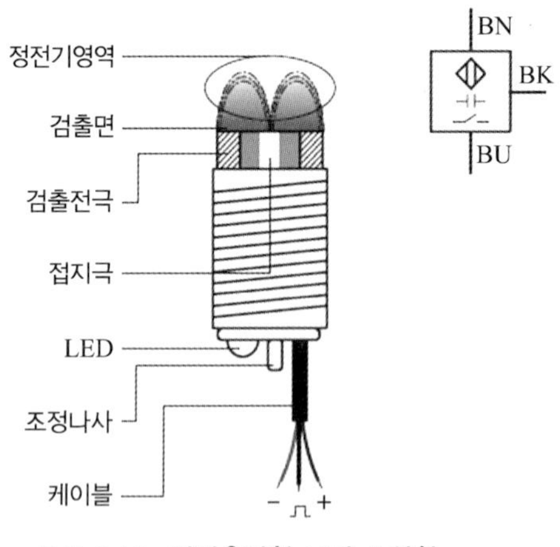

그림 2.10 **정전용량형 근접 스위치**

(3) 광전 센서

① 투과식(대향식) 광전 센서(through-beam or opposed mode)

투과식 광전 센서는 그림 2.11에서 보는 바와 같이 고유한 파장의 빛을 방사하는 발광기(transmitter)와 수광기(receiver) 사이에 어떤 물체가 존재하게 되면 빛의 차단에 의해 감지한다.

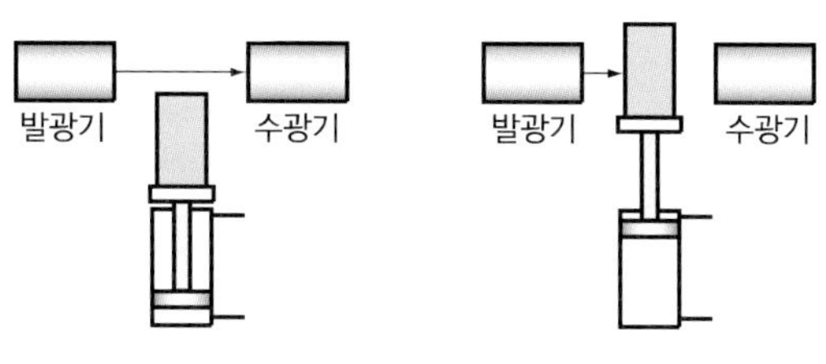

그림 2.11 **투과식 광전 센서**

② 반사식 광전 센서(retroreflective or reflex)

이 센서는 발광기와 수광기가 한 몸체로 이루어져 있으며, 고유의 곡면을 갖는 반사경(reflector)과 짝을 이룬다. 센서와 반사경 사이에 물체가 존재하게 되면 발광기에서 방사된 빛이 수광기에 도달될 수 없으므로 물체의 존재 유무를 검출한다. 작동원리도는 그림 2.12와 같다.

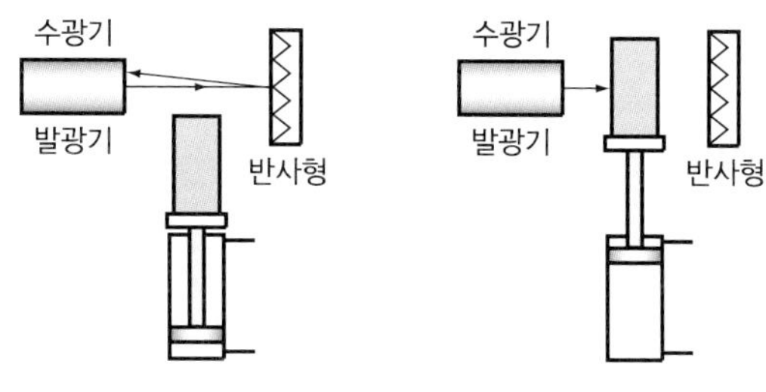

그림 2.12 **반사식 광전 센서**

3. 상태표시 기기

상태표시 기기는 기계나 제조라인의 운전상태 또는 작동상태 및 정지 등을 작업자에게 알려주는 목적으로 설치된다. 표시램프나 부저, 디지털 표시기 등이 사용되고 있다.

(1) 표시램프

표시램프에는 그 발광소자로서 백열전구를 사용하는 것과 LED를 사용하는 것이 있다.

LED는 소비전력이 작고, 수명이 길며, 특히 조도부족이나 색의 종류 등이 해결되어 많이 사용된다. 램프전압은 6 V, 12 V, 24 V 등이 있다.

(2) 디지털 표시기

LED의 응용제품의 하나로서, 시퀀스 제어 시스템의 제어내용을 표시하는 데 사용된다. 디지털 표시기는 7개의 LED소자(세그먼트)의 조합에 의해 숫자나 알파벳 등을 표시하므로 "7 seg LED"로 불린다.

(3) 부저

표시램프는 작업자에게 시각적 정보를 제공하지만, 부저(buzzer) 또는 벨(bell)은 청각을 통해 기기의 동작 상태를 알려주므로, 감시 제어기기로부터 어느 정도 떨어져 있어도 긴급 상황의 경우에 경보음(alarm)을 통해 신속한 대처가 가능하다.

2.3 제어기기

1. 전자접촉기, 전자개폐기

전자접촉기(MC : magnetic contactor)는 전자석에 의한 철편의 흡인력을 이용하여, 접점을 개폐하는 기능을 갖는 기기이다. 동작원리는 후술하는 전자 릴레이와 동일하지만, 개폐하는 회로의 전력이 큰 전력회로에 이용되며, 빈번한 개폐조작에도 충분히 견디는 구조로 되어 있다.

전자접촉기와 **열동형 과부하 계전기(thermal relay)**를 조합시켜 한 케이스 내에 내장한 것을 **전자개폐기(magnetic switch)**라 하며, 전동기 주회로의 개폐에 많이 사용되고 있다.

전자접촉기의 구조는 그림 2.13과 같이 가동 접점과 고정 접점으로 이루어지는 접점 기구부(주접점 및 보조접점)와 가동철심과 고정철심으로 이루어지는 조작 전자석부로 구성된다.

전자접촉기의 전자코일에 전류가 흐르면 고정철심과 가동철심의 사이에 자속(磁束)이 통하여 고정철심이 전자석으로 된다. 따라서 가동철심이 고정철심에 흡인되며, 그 흡인력에 의해 가동철심과 기계적으로 연동하고 있는 접점들은 하향으로 힘을 받아 a접점은 닫히고, b접점은 열리게 된다.

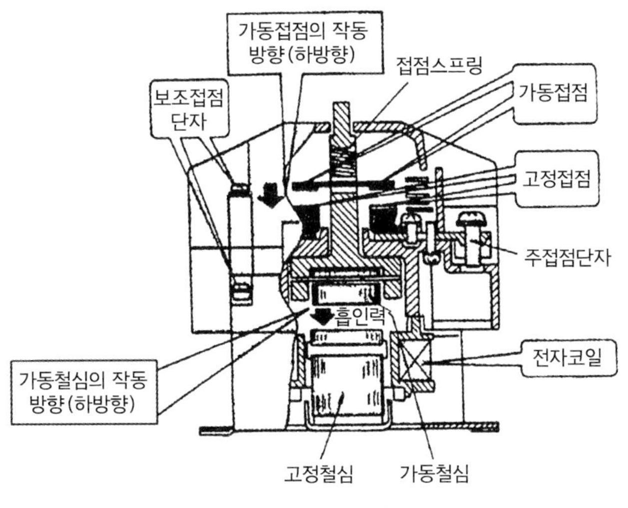

그림 2.13 **전자접촉기**

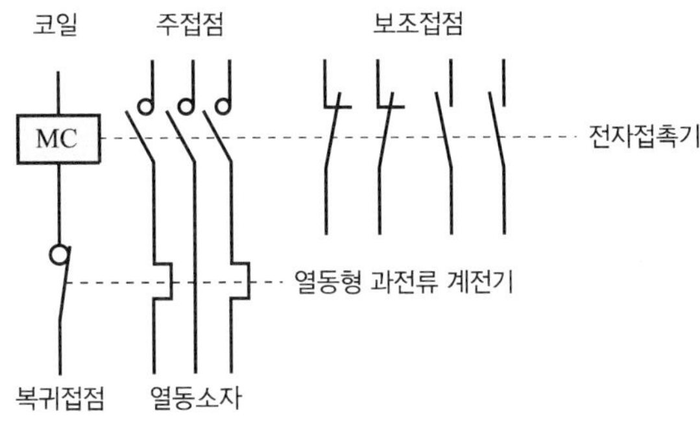

그림 2.14 **전자개폐기의 내부 결선도**

전자개폐기의 내부 결선도를 표시하면 그림 2.14와 같으며, 전자접촉기와 열동형 과전류 계전기(설정치 이상의 전류가 흐르면 바이메탈이 휘어져 접점을 차단하며 전동기의 소손을 방지하는 기기)를 연결하여 과부하 시 전기를 차단함으로써 전동기를 보호하는 장치로 유도 전동기에 많이 사용된다.

2. 차단기

(1) 배선용 차단기

배선용 차단기(**MCCB : Molded Case Circuit Breaker**)는 개폐기구, 트립장치 등을 절연용기 내에 일체로 조립한 것으로 통전상태의 전로를 수동 또는 전기 조작에 의해 개폐할 수 있으며, 단락이나 과부하 등의 이상 상태 시 자동적으로 전류를 차단하는 기구를 말한다(그림 2.15 참조).

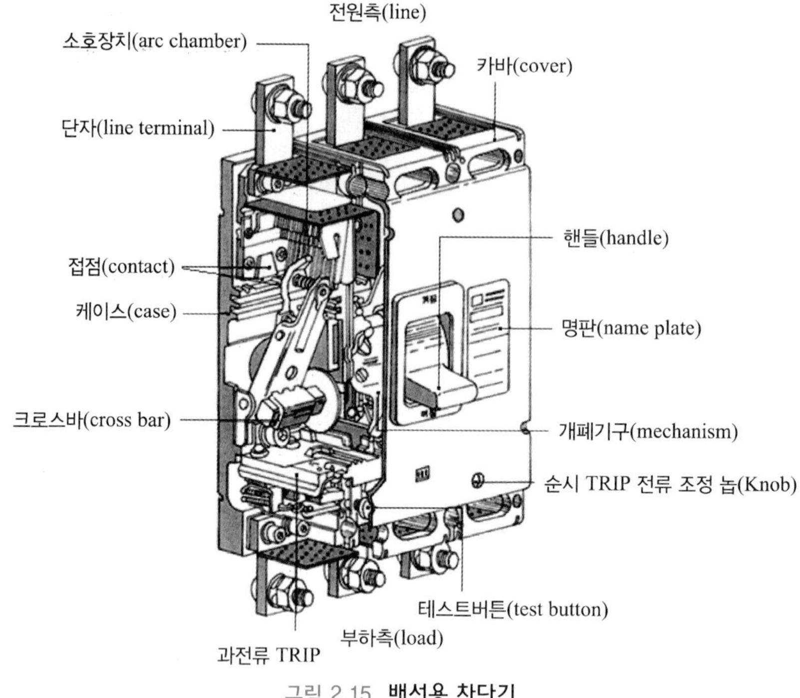

그림 2.15 **배선용 차단기**

배선용 차단기는 교류 600 V 이하 또는 직류 250 V 이하의 저압 옥내전로의 보호에 사용되는 mold case 차단기를 말한다. 소형이며 조작이 안전하고 퓨즈(fuse)를 끼우는 등의 수고가 없기 때문에 종래의 나이프 스위치와 퓨즈를 결합한 것에 대신하여 널리 사용되고 있다. 트립장치에는 열동형(바이메탈이 차단기를 흐르는 전류에 의하여 가열되어 만곡되므로 트립동작을 하는 것), 코일에 전류를 통하여 과전류에 의하여 철편을 흡인하여 동작하는 것, 양자를 결합한 열동전자식 및 전자식 등이 있다.

정격전류가 아닌 과전류, 단락전류(이 경우 쉽게 합선됨), 과부하 시에 작동을 차단해서 전로를 보호하여 기계 및 설비 등을 보호하는 장치이다. 여기서 정격전류란 전기기구가 일반적으로 안정적으로 동작할 수 있는 전류를 말하며, 과전류는 허용된 전압 이상의 높은 전류, 단락전류는 3상(R, S, T) 중 2가닥이 서로 접촉되는 경우(합선) 회로에 저항이 거의 제로가 되어 큰 전류가 흐르는데 이것을 단락전류라 한다.

(2) 누전 차단기

누전 차단기**(ELCB : Earth Leakage Circuit Breaker)**는 개폐기구, 트립장치 등을 절연용기 내에 일체로 조립한 것으로 통전상태의 전로를 수동 또는 전기 조작에 의해 개폐할 수 있으며, 과부하, 단락 및 누전발생 시 자동적으로 전류를 차단하는 기구를 말한다.

누전 차단기는 누전, 감전에 대한 방지대책으로 최근 사용되고 있는 배선용 차단기로서,

그 동작원리는 전류동작에서 보면 회로에 영상 변류기를 넣어 누전에 의한 전류차를 검출하여 회로를 자동차단해서 위험을 방지하는 방식이다. 이것은 기기의 누전방지 뿐만이 아니고 전로로부터의 누전방지에도 유효하다.

3. 열동형 과부하 계전기 /熱動形 過負荷 繼電器, thermal relay/

열동형 과부하 계전기는 모터 등의 부하전류에 의해서 생기는 열을 직접 또는 간접으로 바이메탈로 전달시켜 그 열팽창계수의 차에 의해 바이메탈이 휘어지는 것을 이용하여 접점을 개폐시키는 것이다.

부하가 모터인 경우 모터가 위험한 상태로 되는 것은 흐르는 전류의 크기와 시간에 관계되며 열동형 과부하 계전기는 전동기의 과부하 보호용으로서 사용되고 있다.

그림 2.16은 열동형 과부하 계전기의 동작원리도이다.

열동형 과부하 계전기에 흐르는 부하전류가 정상인 경우에는 그림 2.16(a)와 같이 접점이 정상적인 접촉상태이다. 부하전류가 증가하면 전류의 제곱에 비례하는 저항열에 의해 바이메탈이 가열되면서 그림 2.16(b)와 같이 바이메탈이 휘고 접점이 떨어져 코일에 흐르는 전류가 차단되므로 모터의 소손을 방지할 수 있다.

즉, 열동형 과부하 계전기는 저항 발열체와 바이메탈을 조합한 열동소자(heat element)와 접점으로 구성되며, 주회로에서 발생하는 저항열에 의해 바이메탈이 휘어져 전원이 차단된다.

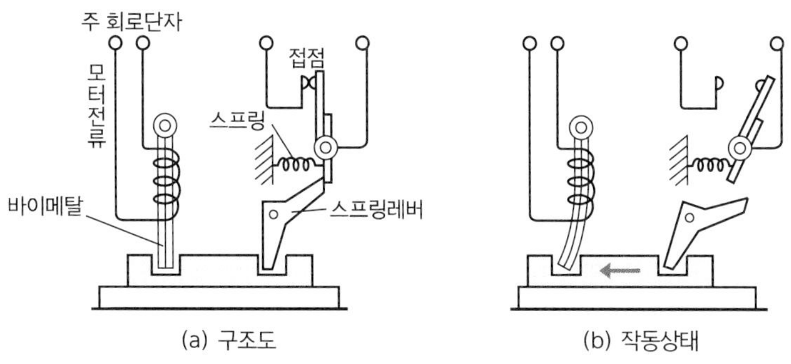

그림 2.16 **열동형 과부하 계전기의 동작원리도**

4. 전자 계전기(릴레이)

(1) 릴레이의 구조와 원리

다접점 스위치는 여러 개의 독립된 접점을 갖고 있지만 전기 리밋 스위치나 센서는 일반적으로 하나의 독립된 접점을 갖고 있다. 따라서 전기적으로 독립된 여러 개의 접점이 필요

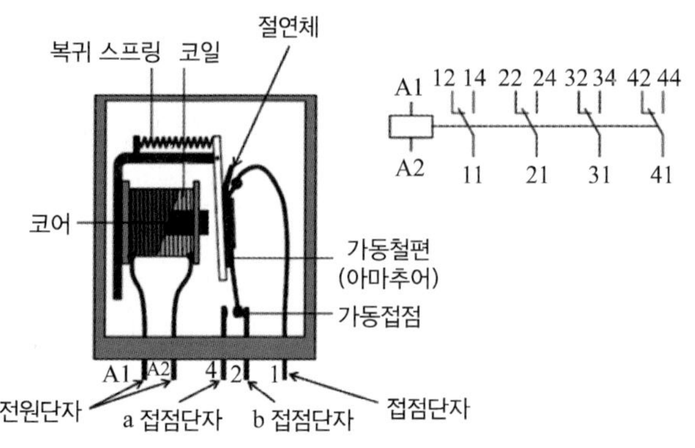

그림 2.17 **전자 릴레이의 구조**

한 경우에는 접점을 늘려야 한다. 이때 접점을 늘려주는 것이 릴레이**(relay)**이다.

이 릴레이는 전자석으로 작동되는 여러 개의 접점을 갖는 전기 스위치로서, 소량의 에너지를 이용하여 스위치의 개폐나 제어에 사용되는 요소이며, 주로 신호처리에 이용된다. 리밋스위치를 통하여 솔레노이드(solenoid)를 직접 작동시키면 접점에 과부하가 걸리므로 버퍼(buffer)와 같은 역할로 릴레이가 사용되어 큰 전류를 부담하게 된다. 회로에서 릴레이의 또 다른 중요한 기능은 논리기능과 인터록(interlock) 장치로서 사용되는 것이다.

릴레이의 구조는 그림 2.17과 같이 자장을 형성하기 위한 코일, 전자석에 의하여 작동되는 접점 및 복귀스프링으로 구성되어 있다.

전자 릴레이의 코일(coil)에 전기를 통전시키면 코일에 자장이 형성되어 릴레이의 가동철편(아마추어(amature))을 코일의 코어(core)로 흡인한다. 즉, 전자석에 의하여 아마추어와 기계적으로 연결된 여러 개의 접점이 작동되어 개폐된다. 코일에 통하는 전류를 차단시키면 자장이 OFF되므로 각 접점은 복귀스프링에 의하여 원상태로 회복된다.

전기 릴레이는 전기적으로 독립된 여러 개의 접점을 갖고 있다. 즉, 릴레이의 각 접점은 전기적으로 절연되어 있으므로 각 접점에는 서로 다른 전압을 이용해도 문제가 발생하지 않는다. 24 V용 릴레이라 할지라도 각 접점에는 110 V, 220 V 등의 다른 전압을 이용해도 된다.

(2) 릴레이 접점

릴레이 접점은 푸시버튼 스위치의 경우와 마찬가지로 a접점, b접점, c접점이 있다.

① a접점

릴레이 a접점은 그림 2.17에서 릴레이의 코일단자에 전류가 차단된 상태에서 가동 접점과 4단자(a접점 단자, 고정 접점)는 떨어져 있으며, 릴레이 코일단자에 전류를 공급하면 가동 접점이 4단자와 접촉된다. 이 접점을 a접점(그림 2.3 참조)이라 한다.

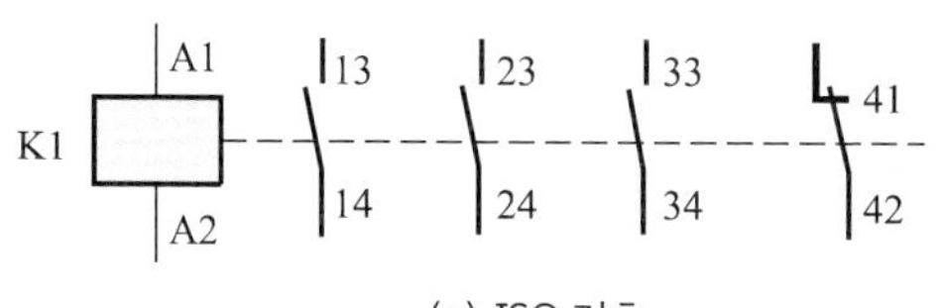

(a) ISO 기호

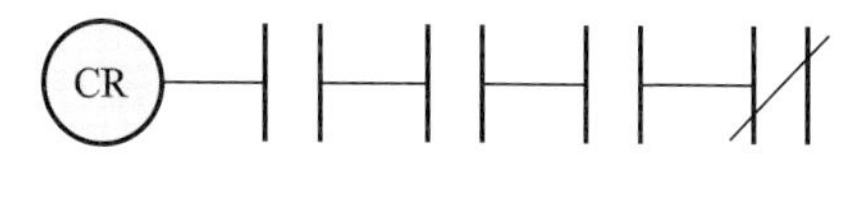

(b) Ladder 기호

그림 2.18 **3a-1b형 릴레이의 기호**

② b접점

릴레이 b접점은 그림 2.17에서와 같이 릴레이의 코일단자에 전류가 차단된 상태에서 가동 접점과 2단자(b접점 단자, 고정 접점)가 접촉상태에 있으며, 릴레이 코일단자에 전류를 공급하면 가동 접점이 2단자가 떨어지게 된다. 이 접점을 b접점(그림 2.4 참조)이라 한다.

③ c접점

릴레이 c접점은 그림 2.17과 같이 고정 접점이 2개(a접점용과 b접점용)이며, 가동 접점이 1개로서 릴레이 코일단자에 전류가 공급되지 않은 상태에서는 가동 접점이 b접점용 고정 접점과 접촉되어 있으며, 전류를 공급하면 가동 접점이 a접점용 고정 접점과 접촉된다. 이와 같이 a접점 단자와 b접점 단자가 함께 존재하므로 c접점(그림 2.5 참조)이라 한다.

일반적으로 릴레이의 호칭은 릴레이가 갖는 접점을 이용한다. 즉, 앞에서 기술한 다접점 스위치와 마찬가지로 a접점 3개, b접점 1개인 릴레이는 3a-1b형(그림 2.18), a접점 2개, b접점 2개인 릴레이는 2a-2b형이라 한다.

제어회로도에서 릴레이를 나타내는 기호는 표준화된 기호를 사용하며, 그림 2.18에서 릴레이의 기호를 ISO 방식과 Ladder 방식으로 나타내었다.

ISO 방식에서 릴레이는 K라는 약호로, Ladder 방식에서는 CR(control relay)이라는 약호로 표시한다. ISO 방식에서 (A1/A2)는 릴레이의 코일을 나타내고, (13/14)는 첫 번째 a접점, (33/34)는 세 번째 a접점, (41/42)는 네 번째 접점이 b접점임을 나타낸다. 즉, 첫 번째 숫자는 접점의 순서, 두 번째 숫자는 접점의 상태를 의미한다. 그러나 Ladder 방식에서는 각 접점을 표시하는 특별한 방식이 없다.

릴레이의 장점 및 단점을 열거하면 다음과 같다.

- 장점
  - 여러 독립회로를 개폐할 수 있다.
  - 여러 동작전압에 쉽게 적용된다.
  - 주위 온도의 영향을 많이 받지 않는다(-40~80℃에서 작동이 확실하다).
  - 개방상태에 있는 접점은 상대적으로 고저항이다.
  - 주회로와 제어회로 사이는 금속절연되어 있다.

• 단점
  - 상시개방접점은 아크(arc) 및 산화에 의하여 마모된다.
  - 개폐를 하는 동안 잡음이 생긴다.
  - 개폐시간이 3～17 ms로 제한된다.
  - 접점은 오염(먼지)에 영향을 받는다.

(3) 릴레이의 기능

릴레이의 원리는 이상과 같이 전자석의 여자와 소자에 의하여 분리된 회로에 전류를 통전시키거나 단전시키는 간단한 조작으로 신호전달, 증폭, 여러 회로의 동시조작, 기억, 변화기능 등의 여러 기능을 발휘할 수 있으므로 시퀀스 제어에 중요한 역할을 담당한다.

그 기능들에 대하여 알아보자.

① 분기기능

릴레이 코일 1개의 입력신호에 대하여 출력 접점의 개수를 여러 개로 하면 신호가 분기되어 동시에 여러 개의 기기를 제어할 수 있다. 그림 2.19는 1개의 입력신호에 의해 3개의 출력신호가 얻어지는 경우이다.

② 증폭기능

릴레이 코일에 입력되는 전류를 ON/OFF함에 따라 출력 접점회로에서는 큰 전류를 얻을 수 있다. 즉, 코일의 소비전력에 대하여 출력 접점에서는 입력의 수십 배에 달하는 전류를 얻을 수 있다(그림 2.20 참조).

③ 변환기능

릴레이의 코일부와 접점부는 전기적으로 분리되어 있으므로 각각 다른 성질의 신호를 취급할 수 있다. 예를 들면, 그림 2.21에서 입력은 DC전원으로, 출력은 AC전원으로 사용하여 직류신호를 교류신호로 변환하게 된다.

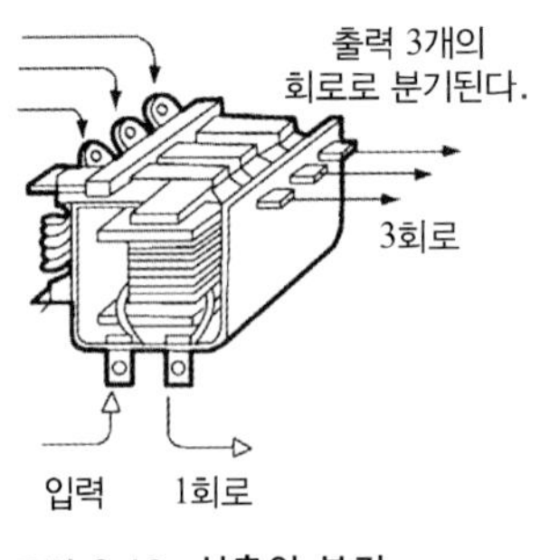

그림 2.19 **신호의 분기**

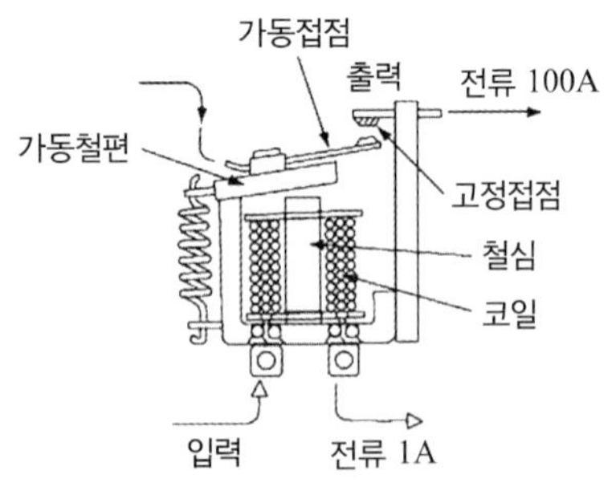

그림 2.20 **신호의 증폭**

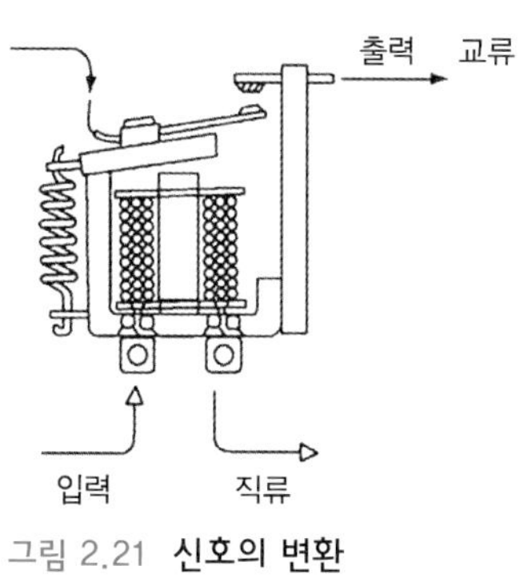

그림 2.21 **신호의 변환**

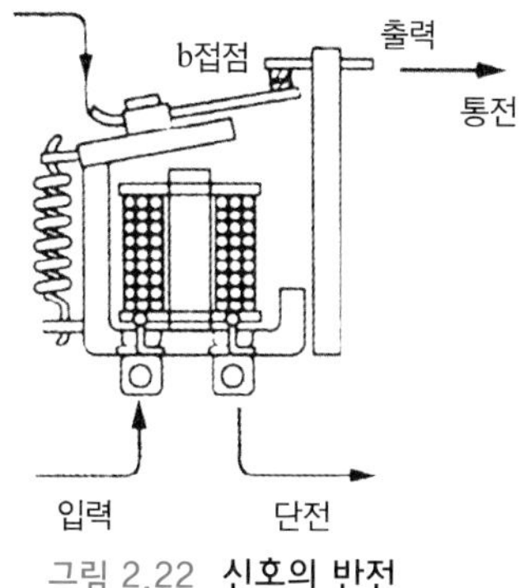

그림 2.22 **신호의 반전**

④ 반전기능

릴레이의 a접점에서는 입력이 ON일 때 출력도 ON되지만, b접점을 이용하면 입력이 OFF일 때 출력이 ON되고, 입력이 ON되면 출력이 OFF되어 신호가 반전된다(그림 2.22).

⑤ 메모리기능

릴레이는 자신의 접점에 의해 입력상태의 유지가 가능하여 동작신호를 기억할 수 있다. 즉, 릴레이의 a접점을 사용하여 자기유지회로(회로편 참조)를 구성함으로써 메모리 기능을 얻을 수 있다.

⑥ 연산기능

릴레이를 여러 개 사용하여 각 접점을 직렬 또는 병렬로 구성함으로써 연산기능을 얻을 수 있다(회로편 참조).

5. 솔레노이드 /solenoid/

솔레노이드는 원통형(管狀)으로 감은 전기 코일(Electrical coil)을 의미한다. 코일을 원형으로 감고 전류를 흘리면 원의 내측에 자기장(磁氣場-Magnetic field)이 생기는데 여기에 자성물질(철 등)을 접근시키면 원의 중심부로 순간 이동하게 된다. 즉 코일에 전기에너지를 인가함으로서 기계적 에너지, 즉 왕복 운동에너지로 변환시키는 장치, 즉 코일과 자성물질(철심)을 합쳐서 솔레노이드라고 한다.

(1) 구조와 원리

솔레노이드는 대부분 코일(Coil)을 중심으로 자기력에 의해 움직이는 막대-플런저(plunger)로 되어 있으며, 코일을 보호하기 위하여 만든 외측의 케이스(case)와 내측 코어(core)에 해당하는 연 자성 재료로서 이루어지는 자기(磁氣)장치이다.

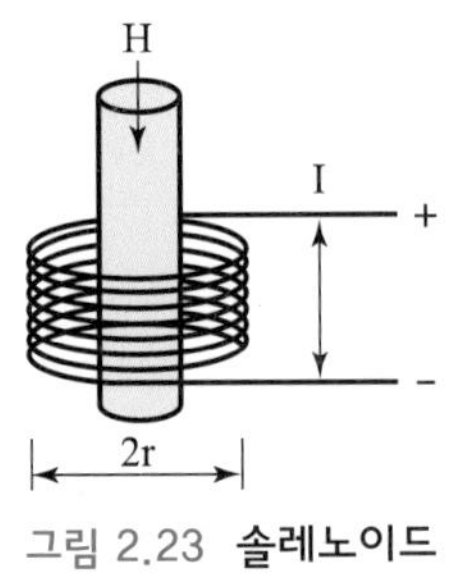

그림 2.23 **솔레노이드**

솔레노이드의 원리는 다음과 같다.

그림 2.23에서 코일에 전류가 인가되면 코일을 둘러싸고 있는 자기 회로에 자성이 발생되고, 자기 회로의 자기장은 철심(플런저)에 자기력(H)을 발생시켜 철심을 화살표 방향으로 순간 이동시키게 된다. 이때 철심과 코일을 합쳐서 솔레노이드라 한다.

그림 2.24에서 원으로 표시된 것은 도선의 단면이고 화살표가 표기된 선들은 자기력선을 나타낸 것이다.

솔레노이드라는 단어는 라틴어 '관'에서 유래된 말이다. 솔레노이드에 흐르는 전류의 양을 조절함으로써 전자석으로 사용할 수 있다. 솔레노이드는 전기에너지를 자기에너지로 변환하므로 에너지 변환장치라고도 할 수 있다. 내부 자기장의 크기는 전류의 크기에 비례하고 단위 길이당 감은 수에 비례한다. 도선에 전류가 흐르면 그 주변에 시계 반대방향으로 자기장이 형성되는데(앙페르의 오른나사 법칙), 이때 이 도선을 감아 솔레노이드를 만들 경우 도선이 일직선일 때 생성되었던 자기장들이 같은 방향으로 정렬되면서 솔레노이드의 자기장이 벡터합으로 구해진다.

솔레노이드는 유도기의 종류 중 하나로 유도용량(인덕턴스, L)을 가지며 그 값은 다음과 같다.

$$L = \frac{\mu_o n^2 A}{l} \tag{2.1}$$

단 μ_o은 진공에서의 투자율, n은 단위 길이당 감긴 도선의 수, l은 솔레노이드의 길이, A는 솔레노이드의 단면적이다.

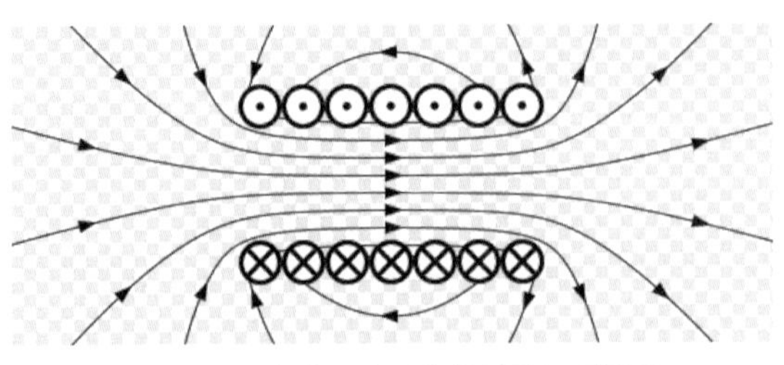
그림 2.24 **솔레노이드에 형성되는 자기장**

(2) 솔레노이드의 기능

솔레노이드는 순간 동작의 기계에너지를 얻을 수 있으며, 그 제조 과정이 간단하고 또한 경제성이 있으므로 다양한 용도로 개발이 되었다. 예로 가정용품, 건축물, 자동차, 사무용품 등 범위가 매우 넓다.

① 전자석

전자석(Electromagnet)이란 전류가 흐르면 자기화(磁氣化)되고, 전류를 끊으면 자기(磁氣)가 없는 원래의 상태로 되돌아가는 자석을 말한다. 전류의 공급과 상관없이 항상 자기를 유지하는 영구자석과 구분된다. 도선에 전류가 흐르면 도선 주위에 동심원 모양의 자기장이 형성되며, 이러한 원리를 이용하여 영구자석으로는 얻을 수 없는 매우 강력한 자기장을 얻을 수 있다.

전자석은 전류를 인위적으로 조정하여 비교적 쉽게 자기장의 세기를 바꿀 수 있다. 그래서 통신기의 계전기부터 1 t(톤) 이상의 무거운 재료를 끌어올리는 전자기식 기중기까지 널리 이용된다.

원통 모양의 철심에 코일을 감아서 만든 솔레노이드가 가장 간단한 형태의 전자석이다. 원통형으로 감은 코일에 전류를 흘리면 자기장이 형성되며, 그 속에 철심을 넣으면 더 강한 자기장을 얻는다.

② 솔레노이드 밸브

솔레노이드 액튜에이터의 용도가 많아지면서 그 응용 제품이 개발되는 과정에서 나온 것이 **솔레노이드 밸브(Solenoid valve)**이다. 초기에는 액튜에이터와 밸브가 분리되도록 설계 제작되었으나 제품의 단순화를 위하여 밸브와 일체화한 것이 솔레노이드 밸브이다.

6. 타이머

타이머(timer)는 **타임 릴레이(time relay)**라고도 하며, 입력신호가 들어온 후 일정한 시간이 경과한 후에 내장된 접점이 ON되거나, 입력신호를 OFF시키고 나서 일정시간 후에 접점이 OFF되는 시퀀스 제어기기로서 시간 제어(時間制御)의 신호처리요소이다.

타이머에는 여자지연(勵磁遲延)을 이용하는 **한시 타이머(ON delay timer)**와 소자지연(消磁遲延)을 이용하는 **순시 타이머(OFF delay timer)**가 있다.

한시 타이머(ON delay timer)는 그림 2.25와 같이 입력이 ON되고 나서 설정시간 Δt 후에 출력이 나오며, 입력이 OFF되면 출력도 동시에 OFF된다. 한편 순시 타이머(OFF delay timer)는 그림 2.26과 같이 입력이 ON되면 출력도 동시에 ON되며, 입력이 OFF되면 설정시간 후에 출력이 OFF된다.

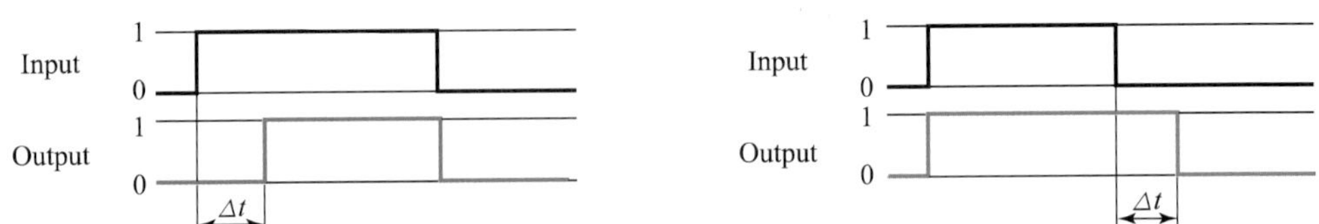

그림 2.25 **한시 타이머(On delay Timer)의 타임차트** 그림 2.26 **순시 타이머(Off delay Timer)의 타임차트**

한시 타이머는 시퀀스 제어에서 설정된 시간이 경과한 후 접점을 개폐하는 계전기를 일컬으며, 일반적으로 타이머라고 한다.

타이머에는 시간의 설정 제어방식에 따라 대별하면 모터식 타이머와 전자식 타이머가 있다. 모터식 타이머의 시간의 표시와 설정은 시계식이며, 전자식 타이머는 아날로그식과 디지털식이 있다.

(1) 모터식 타이머

모터식 타이머는 전기 입력신호에 의하여 동기 전동기를 회전시켜 그 기계적인 동작에 의해 설정시간이 경과한 후 출력 접점을 개폐한다.

그림 2.27은 모터식 타이머의 구조이며, 타이머에 입력신호가 인가되면 전자석의 흡인작용에 의해 양쪽의 클러치가 결합되고, 회전원판의 캠이 회전하면서 가동 접점을 눌러 고정 접점과 접촉시켜 동작시키는 구조이다.

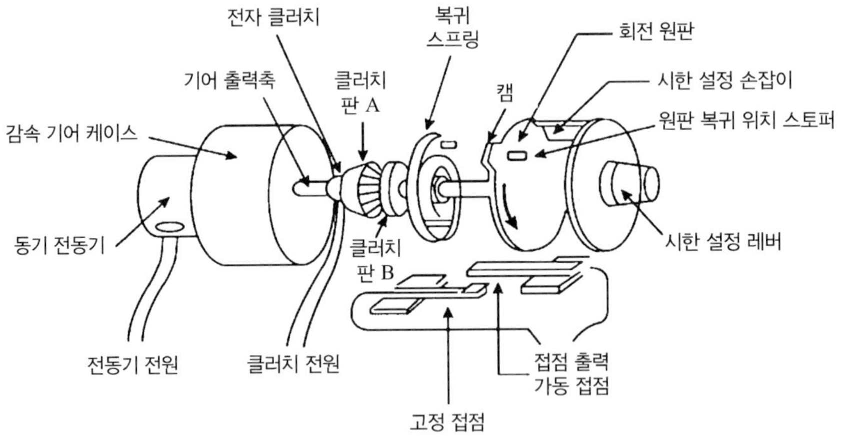

그림 2.27 **모터식 타이머의 구조 *(source : 문헌5)**

(2) 전자식 타이머

전자식 타이머는 콘덴서와 저항의 결합에 의한 충전 및 방전 특성을 이용하여 설정한 시간을 지연시키는 타이머이다. 이것은 콘덴서의 단자전압이 설정치에 도달하면 전자 릴레이나 반도체로 출력 접점을 개폐시킨다. 여기서 저항의 값이 클수록 콘덴서에 충전되는 시간이 길어지는 원리를 이용한다.

전자식 타이머는 아날로그 타이머와 디지털 타이머가 있으며, 디지털 타이머는 입력전원의 주파수를 반도체의 계수회로에 계수하여 0.1초, 10초, 100초의 각 단에서 주파수로 분주하여 시간을 얻고, 외부 스위치에서 설정된 값과 계수값이 일치하면 출력하는 타이머이다.

그림 2.28은 전자식 타이머의 내부 접속도로서 작동은 다음과 같다.

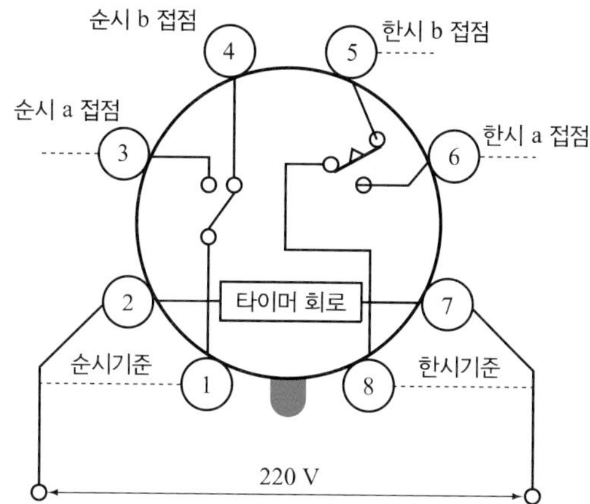

그림 2.28 **전자식 타이머의 내부 접속도 *(source : 문헌5)**

110 V의 경우는 4번과 7번 단자를 연결하고, 220 V의 경우는 2번과 7번 단자를 연결한다. 이 그림에서는 220 V의 경우를 나타내었다. 전원을 투입하여 타이머 코일이 여자되는 순간, 순시 a접점 1번과 3번 단자가 연결되고, 순시 b접점 1번과 4번 단자는 떨어진다. 또 한시 b접점은 8번과 5번 단자에 연결된 상태로부터 설정시간 t초가 경과하면 한시 a접점, 즉 8번과 6번 단자로 연결된다. 2번과 7번 단자는 전원입력용 단자이다.

7. 카운터

카운터(Counter)는 입력으로 주어지는 펄스상의 전기신호의 수를 계수하여, 이것을 표시하거나 제어신호를 출력하는 제어기이다. 펄스상의 전기신호는 그림 2.29(a)에 표시한 것과 같이 전기 접점의 ON/OFF나 그림 2.29(b)도와 같이 일정한 크기로 ON/OFF하는 전기신호(전압 등)이다.

카운터는 계수방식에 따라서 전자(電磁) 카운터와 전자(電子) 카운터가 있다.

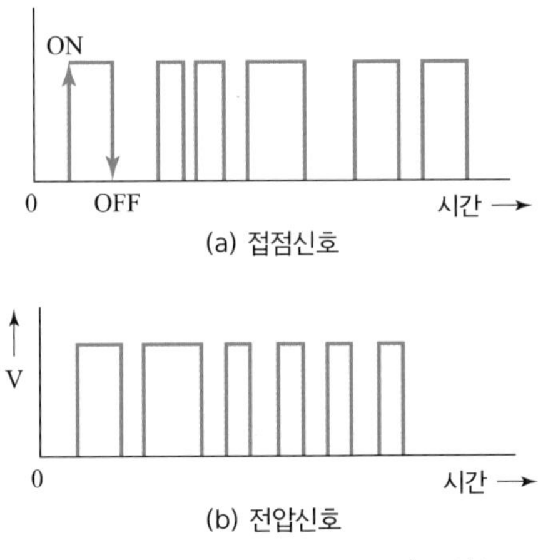

그림 2.29 **카운터로의 입력신호 파형**

(1) 전자(電磁) 카운터

전자(電磁) 카운터는 입력신호(접점)로 ON/OFF하는 전자석에 의하여 1펄스에 1스텝씩 회전시켜 표시한다.

이것에는 1펄스에 1숫자씩 가산하는 가산식 카운터와 감산하는 감산식 카운터가 있다. 리밋 스위치나 광전센서의 릴레이 접점에 의한 신호로 계수한다.

(2) 전자(電子) 카운터

전자(電子) 카운터는 입력신호(주로 전압)를 계수용 전자회로에 계수하고, 이것을 디지털 표시기에 표시한다.

토털(total) 카운터는 제로로 리셋하고 나서 입력신호를 계수로 표시하는 것으로서 제어기능은 갖지 않으며, 생산량 및 사용량의 적산량을 계수한다. 프리셋(preset) 카운터는 미리 설정한 수치(preset value)와 계수치가 일치하면 일치신호를 출력하는 것이며, 정량, 정수 등의 각종 계수제어회로에 사용된다. 계량(measure) 카운터는 1개의 입력신호에 대하여 n개의 숫자를 계수하거나 n개의 입력신호에 대해서 1씩 숫자를 계수하는 카운터이다.

2.4 구동제어기기

시퀀스 제어에서 사용하는 구동제어기기는 단순히 전기나 공유압 등의 에너지를 기계적 동력으로 변환하는 구동기기(전동기, 인버터 등)와 속도나 기계적 위치를 제어하여 일을 하는 기기인 액추에이터(공압 액추에이터, 유압 액추에이터 등)를 포함한다.

1. 전동기

전동기(motor)는 전기식 액추에이터의 대표적인 기기로서 전기에너지를 기계에너지로 변환하는 장치이다. 전동기의 원리는 전기의 전자 유도작용에 의하여 토크를 발생시켜 축을 회전시키는 기계적 출력을 얻는 기계이다.

전동기는 사용하는 전원의 종류에 따라 직류전동기와 교류 전동기로 분류할 수 있다.

(1) 직류전동기

직류전동기(DC Motor)는 직류전원을 사용하며, 교류전동기(AC Motor)에 비하여 구조가 복잡하고 운전을 위하여 교류를 직류로 변환하는 전원 공급장치가 필요하다. 그러나 속도 제어성이 양호한 특성이 있다.

① 직류전동기의 구조

직류전동기는 그림 2.30과 같이 계자, 전기자, 정류자, 축, 베어링으로 구성되어 있다.

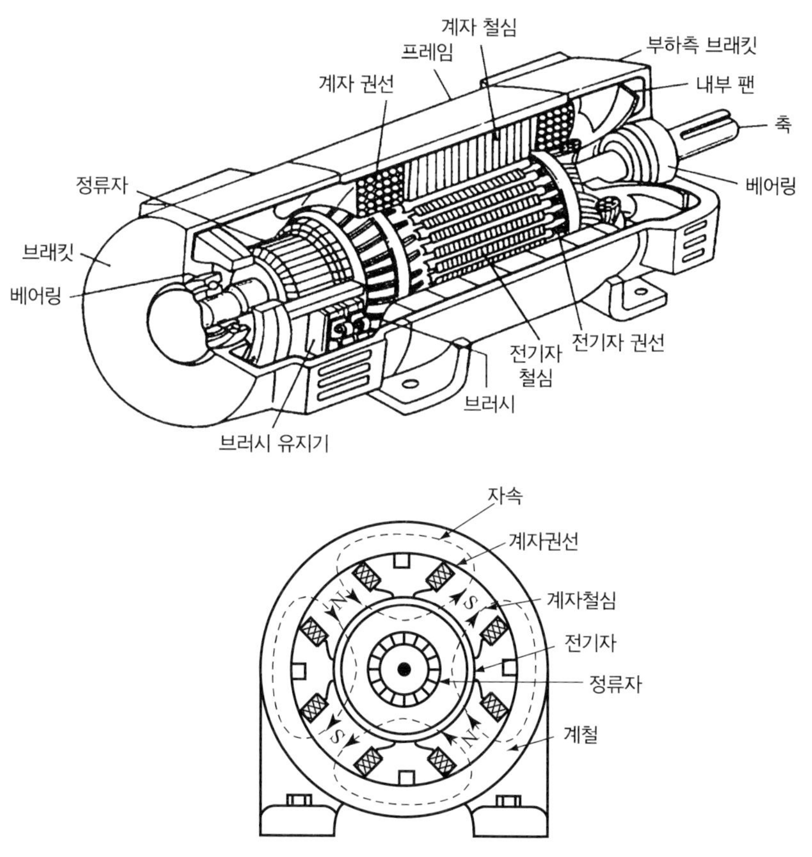

그림 2.30 **직류전동기의 구조**

- 계자 : 영구자석을 사용하거나 규소강판에 코일을 권선한 전자석을 사용하여 자속을 발생시킨다.
- 전기자 : 토크(Torque)를 발생시켜 회전력을 전달하는 장치이다.
- 정류자 : 직류 전원을 전기자의 각 권선에 공급하는 장치로서 소형의 전동기는 일반적으로 브러시리스형을 사용한다.

② 직류전동기의 작동원리

정류자를 통하여 그림 2.31 및 그림 2.32와 같이 전류를 흘리게 되면 플레밍의 법칙에 의해 전기자 코일이 회전하게 된다.

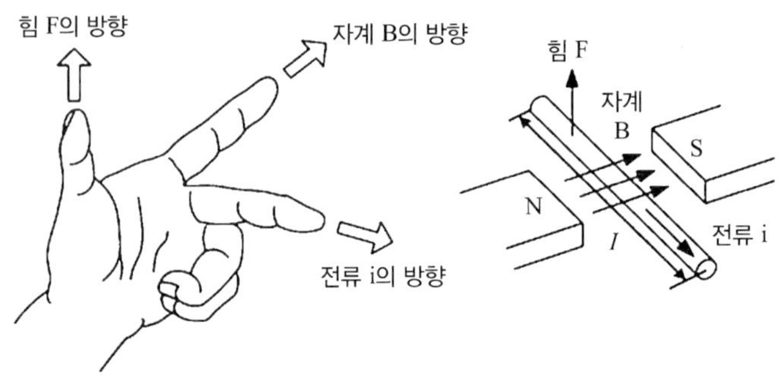

그림 2.31 **플레밍의 왼손법칙**

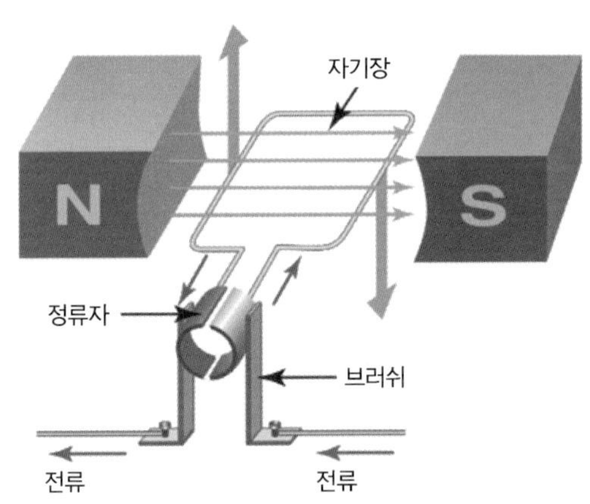

그림 2.32 **직류전동기의 구동**

직류(DC) 전동기는 그림 2.33과 같이 기본적으로 고정된 고정자(stator, 영구자석)와 회전하는 회전자(rotor, 전기자)를 구성하는 두 개의 코어와 공극으로 구성된 변압기라 할 수 있다. 1차 권선과 2차 권선은 각각 고정자와 회전자에 권선이 이루어지며, 고정자와 회전자 권선에 흐르는 전류에 의해 형성된 자계의 방향이 일치되지 않으면 회전자를 기계적으로 끌어당기는 작용을 하게 된다.

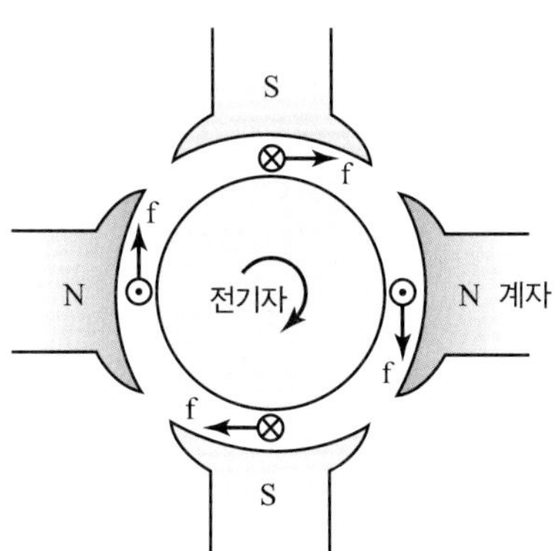

그림 2.33 **직류전동기의 회전원리**

DC전동기의 고정자는 영구자석 또는 에너지를 공급하기 위한 권선이 직류전압에 의해 여자되는 방식을 사용하며, 후자의 경우 고정자 권선을 계자 권선(field winding)이라고 한다. 회전자 권선은 모터의 회전을 유지하기 위하여 맥동하는 형태의 직류전원에 의해 여자되며, 이러한 펄스 형태의 직류전원을 기계적인 정류자(commutator) 또는 브러시리스(brushless) 전동기와 같이 다이오드나 트랜지스터 소자를 이용한 전기적인 초퍼회로를 사용하여 전원을 공급하는 것이 가능하다. 초퍼회로는 개폐를 반복하는 트랜지스터 스위칭소자를 이용하여 전류나 전압의 크기와 모양을 변화시켜 전력을 변환하는 전원회로로서 주기적으로 입력측과 출력측이 연결/끊어짐을 반복하게 한다.

③ 회전방향 변경방법

전동기가 좌우 어느 방향으로 회전하는가의 문제는 자기장과 전류의 방향으로 결정되기 때문에 회전방향을 바꾸려고 할 때는 자기장이나 전류 어느 한쪽의 방향을 바꾸면 된다. 직류전동기에서는 전기자(電機子)에 가하는 전압을 반대로 하면 전기자전류의 방향이 바뀌어져 반대방향으로 회전한다. 그러나 직류분권식이나 복권식, 직권식의 경우는 단순히 전원의 +, -를 반대로 바꾸어 연결하는 것으로는 자기장의 전류가 모두 반전(反轉)하기 때문에 회전방향이 변경되지 않는다. 이 경우에는 전기자나 계자 권선의 어느 한쪽만의 접속을 바꾸어야 한다.

(2) 교류 전동기

교류(AC) 전동기는 교류 전력을 받아 기계 동력을 발생하는 전동기를 말한다.

교류 전동기를 세분하면 여러 가지로 나눌 수 있는데, 크게 유도 전동기와 동기 전동기로 구별할 수 있다. 동기 전동기는 그림 2.34와 같이 외측과 내측의 자극을 다르게 대립시켜 외측의 자극을 회전시키면 내측의 자극은 동일방향, 동일속도로 회전한다.

그림 2.34 **동기 전동기**

유도 전동기는 취급과 운전이 쉽고 값이 싸며 내구성이 좋기 때문에 가정이나 공장에서 가장 많이 사용하는 전동기이다. 그러므로 전동기라고 하면 일반적으로 유도 전동기를 의미하는 경우가 많다. 여기서는 유도 전동기에 대하여 기술한다.

① 3상 유도 전동기의 원리 및 구조

3상 유도 전동기의 기본 원리는 아라고의 원판 실험(그림 2.35 참조)에 의하여 실현되었다. 구리 또는 알루미늄으로 만든 원판을 축으로 회전할 수 있게 하고, 이 원판 주변을 자석이 움직이면 원판은 자석보다 늦은 속도로 같은 방향으로 움직인다.

그 이유는 먼저 자기에너지가 있고 힘(자석의 운동)이 있으므로 플레밍의 오른손법칙을 적용하여 원판에 전류가 발생한다. 그 방향은 원판의 중심으로 들어가는 방향이 되는데, 전류는 도체의 표면으로 흐르려는 성질이 있으므로 다시 원판의 원주 쪽으로 흘러서 그림 2.35와 같이 와전류를 형성한다. 또 이 와전류와 자석에 의하여 원판에 힘이 작용하게 되는데, 그 방향을 플레밍의 왼손법칙을 적용하여 알아보면 자석이 움직이는 방향과 같음을 알 수 있다.

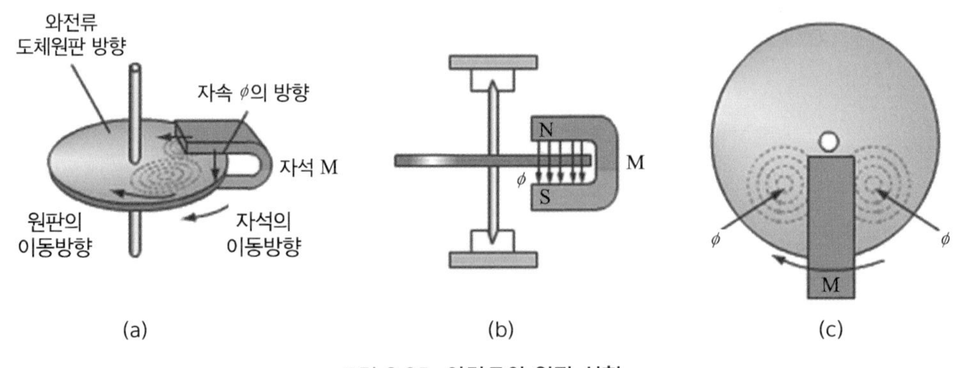

그림 2.35 **아라고의 원판 실험**

유도 전동기는 자석을 움직이는 대신에 고정자(stator) 권선을 하고 3상 교류를 주어 회전하는 자장을 만들어서 자석을 움직인 것과 같은 효과를 이용하여 회전력을 얻어내는 구조로 되어 있으며, 회전자(rotor)는 회전력을 얻는 장치로서 축과 연결되어 있다(그림 2.36 참조).

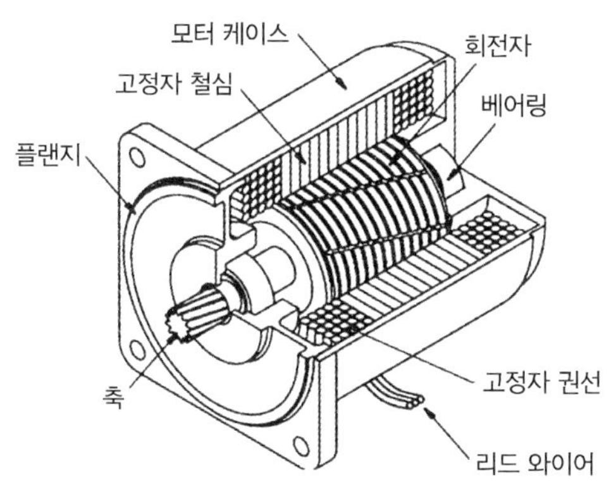

그림 2.36 **3상 유도 전동기의 구조**

정지하고 있는 대형 3상 유도 전동기에 전 전압을 가하면 매우 큰 기동전류가 흘러 전동기의 권선을 파열시키거나 회로보호용 차단기가 트립되는 경우가 있으므로, 기동보상기를 사용하거나 Y－Δ기동법 등을 사용하여 기동해야 하며, 회전속도는 주파수(f), 극수(P), 슬립(s) 중 어느 하나를 변화시켜서 제어할 수 있다.

슬립을 조정하는 경우는 권선형 유도 전동기의 회전자 권선에 직렬저항을 접속하여 속도제어를 할 수 있으며, 주파수를 조정하려면 별도의 가변주파수 전원이 있어야 한다.

극수를 변환시키는 방법은 독립된 2개의 고정자 권선을 감아 극수를 변환시키는 방법을 사용하고 있다.

앞에서 언급한 **Y－Δ기동법**이란 3상 유도 전동기에서 고정자 권선은 각 상의 시작선과 끝선을 어떻게 연결하느냐에 따라 그림 2.37과 같이 **Y결선**(star connection, Y connection)과 **Δ결선**(delta connection)으로 나눈다.

그림 2.37(a)의 Y결선은 각 상의 끝점을 함께 한 점에 접속하고 시작점을 전원에 연결한다. 그림 2.37(b)의 Δ결선은 한 상의 끝점을 다음 상의 시작점에 연결하여 각각을 전원에 연결한다.

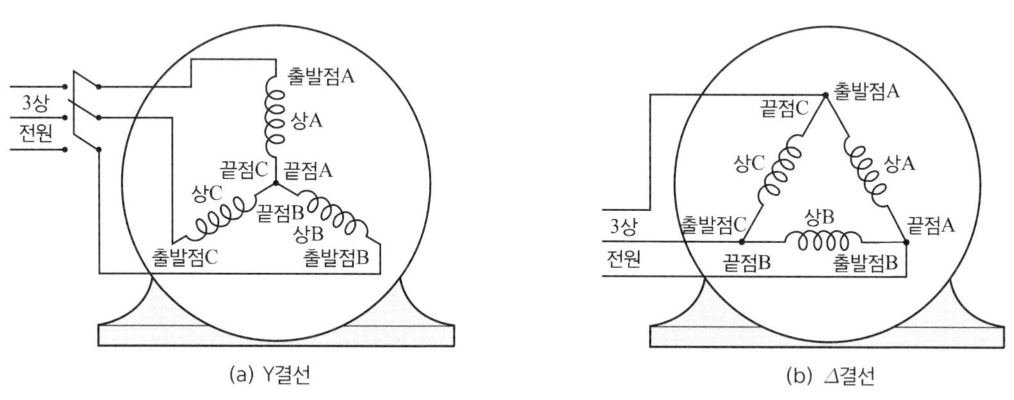

그림 2.37 **3상 유도 전동기의 고정자 권선 결선법**

• **회전속도** : 3상 유도 전동기의 회전속도는 동기(同期)속도라 하며, 전원의 주파수와 전동기의 극수에 따라 결정되며, 다음 식으로 산출한다.

$$\text{동기속도}\ \ N_s = \frac{120F}{P}[\text{rpm}] \tag{2.2}$$

F : 전원 주파수[Hz], P : 전동기 극수

동기속도란 3상 교류전류에 의해서 생기는 회전자계(回轉磁界)의 회전속도이며 무부하 속도에 상당하는 속도이다.

• **정격토크** : 정격(定格)토크는 전동기가 운전하여 부하를 구동시킬 수 있는 최대 토크이며, 다음 식으로 구할 수 있다.

$$\text{정격토크}\ \ T = \frac{9.55\,P}{N}[\text{N}\cdot\text{m}] \tag{2.3}$$

P : 정격출력[W], N : 정격 회전속도[rpm]

② 단상 유도 전동기

단상 유도 전동기는 3상 유도 전동기와는 달리 회전 자기장이 만들어지지 않고 교번 자기장이 발생된다. 교번 자기장에서는 토크가 발생되지 않아 회전자를 기동시킬 수 없다.

그러나 어떤 방법을 사용하더라도 **자기 기동**(self starting)만 되면 그 방향으로 토크가 생겨 회전을 계속하게 된다. 즉, 기동시키는 방법에 따라 단상 유도 전동기를 분류하기도 한다(그림 2.38).

• 분상형(分相型) : 고정자에 보조 권선을 더하여 주권선과 5상 권선을 형성한 것으로, 보조 권선에 콘덴서를 직렬로 넣은 것을 콘덴서 분상형이라고 한다. 회전자에 원심력으로 작동하는 스위치를 설치하고, 이것을 보조 권선에 넣어 둔다. 회전속도가 정상속도의 80%

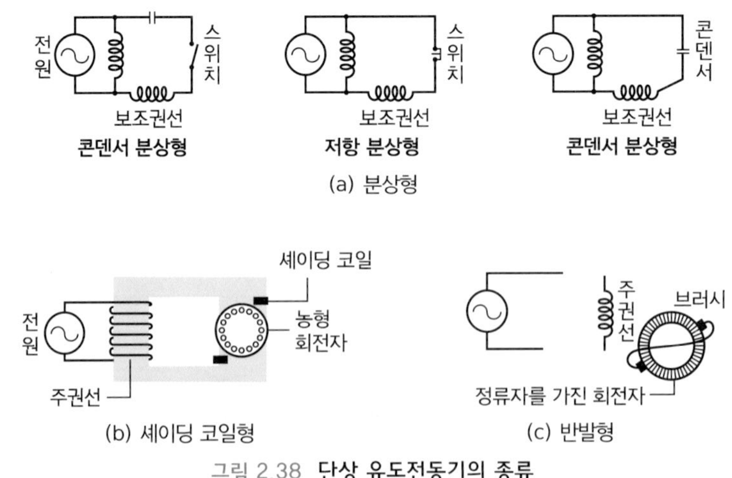

그림 2.38 **단상 유도전동기의 종류**

정도로 되면 스위치가 끊어져서 주권선만으로 회전을 계속하는데, 이것을 저항분상형이라고 한다. 또 스위치를 없애고 보조 권선과 콘덴서가 통전된 상태에서 운전을 계속하는 방식도 있는데, 이것을 콘덴서 런형(型)이라고 한다.

- 셰이딩 코일형(shading coil型) : 수 W의 소형에 많이 사용되는 방식으로, 고정측에 주권선 외에 셰이딩 코일을 설치하고, 이것으로 시동 토크를 얻는 것이다.
- 반발형(反撥型) : 고정측은 주권선 뿐이고, 회전측은 직류기처럼 정류자가 있어 그 위에 설치한 2개의 브러시를 단락(短絡)하고 있다. 브러시의 위치를 가감함으로써 큰 시동 토크를 얻을 수 있다. 즉, 시동 시에는 다른 종류의 전동기로서 동작하는데, 가속 후에는 원심력 스위치로 정류자를 단락하여 다상(多相)의 회전자 권선으로 바뀌어 유도 전동기로서 작동한다.

③ 유도 전동기의 회전방향 변경

- 단상 유도 전동기 : 단상 유도 전동기의 회전방향 변경은 기동 권선의 전류방향을 바꾸어 결선해야 한다.
- 3상 유도 전동기 : 3상 유도 전동기의 회전방향 변경은 3상 전원 R, S, T 중 2개의 전원을 서로 바꾸어 결선하면 된다(그림 2.39 참조).

그림 2.39 **3상 유도 전동기의 회전방향**

2. 인버터 /inverter/

인버터는 3상 유도 전동기의 가변속 제어장치이다. 3상 유도 전동기는 우수한 특성을 갖는 전동기이지만 변속을 할 수 없는 것이 단점이다. 이 단점을 해결하는 것이 인버터이다. 3상 유도 전동기의 회전속도는 전원의 3상 교류의 주파수를 변화시킴에 따라서 제어할 수 있다. 인버터는 이것을 위한 장치로서 3상 유도 전동기의 속도제어용 가변 주파수 전원장치라고 할 수 있다.

그림 2.40은 인버터의 기본 구성도이며, 일단 AC(3상 교류)를 DC로 변환하고, 이 DC를 PWM(Pulse Width Modulation)회로와 파워앰프(power amplifier)에 의해 가변주파수 출력(AC)를 발생시키고, 3상 유도 전동기의 속도를 제어한다. 그림 2.41은 외부 접속도이다.

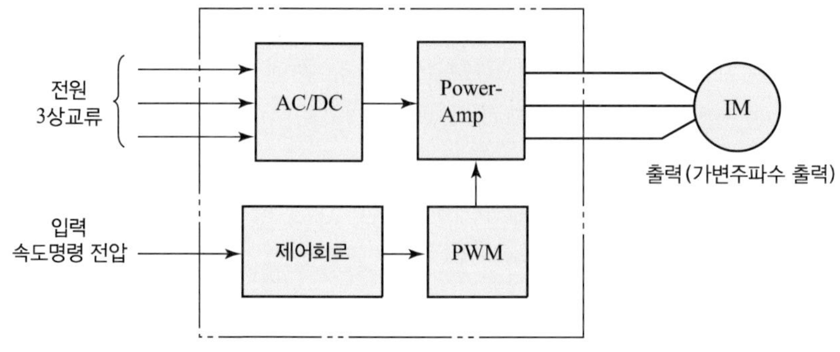

그림 2.40 **인버터의 기본 구성도**

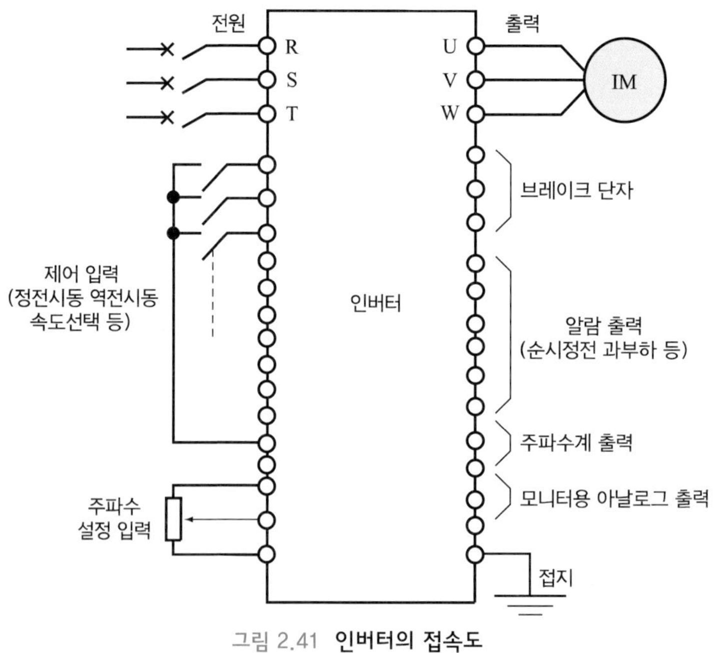

그림 2.41 **인버터의 접속도**

인버터의 주 기능은 3상 유도 전동기의 속도제어이지만 그 외의 운전조작에 관한 기능, 예를 들어 보호기능이나 모니터 기능을 갖고 있다. 이들 제어는 마이크로컴퓨터에 의해 수행되며, 각종 세팅도 디지털 조작패널에 의해 용이하게 할 수 있다. 더구나 속도 피드백에 의해 정도가 높은 속도제어도 가능하다.

3. 공압 실린더

(1) 단동 실린더

단동 실린더(**single acting cylinder**)는 전진방향으로는 압축공기를 이용하여 운동을 하고,

복귀(후진)운동은 내장된 스프링이나 내부에 저장된 힘을 이용하여 수행된다. 따라서 압축공기를 이용하는 전진행정에서만 일을 할 수 있다. 실린더 내부에 내장된 복귀스프링은 압축공기의 압력으로 환산하면 0.5 kgf/cm^2 미만의 작은 압력이므로 스프링에 의한 복귀행정에서는 일을 할 수 없다. 스프링이 내장된 단동 실린더는 최대 행정거리가 스프링으로 인하여 100 mm 정도로 제한된다.

이러한 단동 실린더는 압축공기가 작용하는 전진운동 시의 속도가 이용되는 리벳팅(rivetting), 엠보싱(embossing), 스탬핑(stamping), 클램핑(clamping), 물체의 이동 등에 주로 이용된다.

단동 실린더가 낼 수 있는 힘은 다음과 같다.

$$F = p_A \times A_{piston} - F_{Friction} - k \times x \tag{2.4}$$

여기서 F : 실린더 전진 시의 힘[N] p_A : 피스톤이 받는 압력[Pa]

$F_{Friction}$: 마찰저항력[N] k : 스프링 상수

x : 스프링의 길이[m]

단동실린더의 경우 스프링에 의해 복귀하므로 전진시의 힘은 스프링 저항력을 더 빼 주어야 한다. 단동 실린더의 구조는 그림 2.42와 같다.

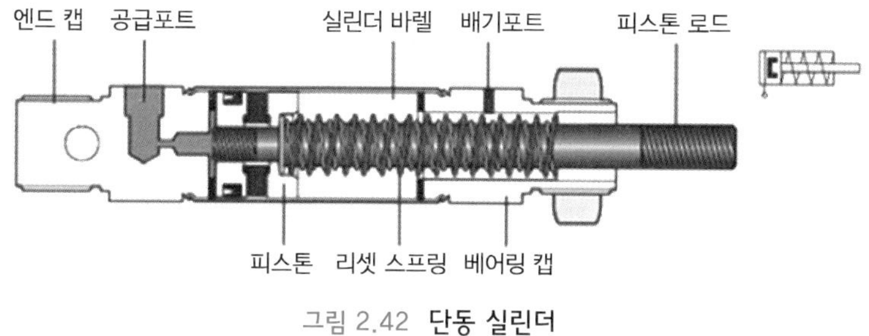

그림 2.42 **단동 실린더**

(2) 복동 실린더

복동 실린더(double acting cylinder)는 전·후진운동이 모두 압축공기에 의하여 일어나므로 전진과 후진 시에 모두 일을 할 수 있다. 복동 실린더는 원칙적으로 실린더의 행정거리에 제한을 받지 않지만 피스톤 로드의 휨을 고려하여 2,000 mm 이내로 한다.

그림 2.43에서 실린더가 전진운동을 하는 경우에는 로드측 쿠션링(cushion ring)에 의하여 피스톤 로드측의 배기통로가 막힐 때까지 피스톤 로드측의 공기가 쿠션밸브로 통하는 작은 통로를 통해야 배기되므로 충분한 배기가 될 수 없게 된다. 따라서 높은 배압이 생성되어 실린더의 속도가 감속한다. 이러한 쿠션이 있는 실린더는 쿠션이 없는 실린더에 비하여 속도가 느리므로 빠른 속도에너지를 이용해야 하는 리벳팅(rivetting), 펀칭(punching) 등의 작

업에는 부적합하다.

이 실린더는 전진운동 시에는 피스톤의 전면적에 대하여 압축공기의 압력이 가압되나 후진운동 시에는 피스톤에서 피스톤 로드의 단면적을 제외한 면적에 대해서만 압력이 작용하므로 전진운동 시의 출력이 후진운동 시의 출력보다 크다.

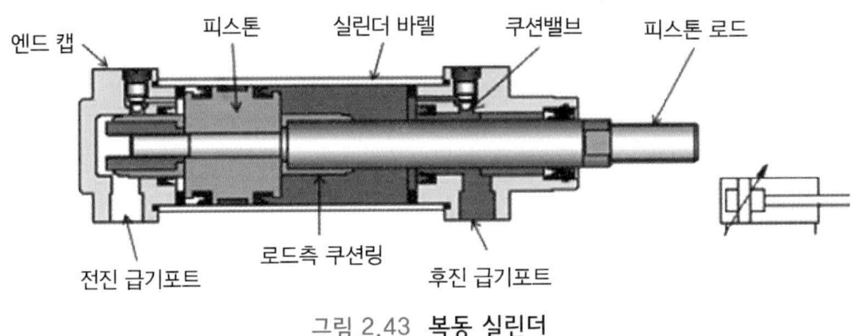

그림 2.43 **복동 실린더**

복동 실린더가 낼 수 있는 힘 F_{eff}는 다음과 같다.

$$전진\ 시 \quad F_{1,eff} = \frac{\pi D^2}{4} p - F_f \tag{2.5}$$

$$후진\ 시 \quad F_{2,eff} = \frac{\pi}{4}(D^2 - d^2)p - F_f \tag{2.6}$$

여기서 F_{eff} : 실린더의 유효힘[N]

F_f : 실린더의 마찰력[N] (이론힘 $F_{th} = (\pi D^2/4)p$의 약 10%)

p : 공급압력[Pa]

D : 실린더 내경[m]

d : 피스톤 로드의 외경[m]

Chapter 3 전기-공기압 변환기

시퀀스 제어계에서 압축공기와 전기를 사용하기 위해서는 상호 신호변환 요소가 필요하다. 신호변환 요소에는 전기 신호를 공기 신호로 변환시켜 일을 하는 솔레노이드 밸브, 즉 전기-공압 신호 변환기가 있으며 전기회로를 구성하여 전술한 공압 실린더에서 일을 얻을 수 있다.

또한 공압 신호를 전기 신호로 변환시키는 공압-전기 신호 변환기도 필요하다. 이 장에서는 이들에 대하여 기술한다.

3.1 공압-전기 신호 변환기

공압-전기 신호 변환기(**Pneumatic-electric signal converter**)는 공기압 신호를 전기 신호로 변환시켜 주는 요소이며, 공압에 의하여 작동되는 축과 전기 스위치의 조합으로 이루어진다. 그림 3.1은 공압-전기 신호 변환기의 초기상태와 작동상태를 나타낸 것이다.

공압 신호가 격판(diaphragm)에 가해져서 스프링력을 이길 만큼 충분한 압력이 되면 축을 작동시킨다. 축을 작동시키는데 필요한 힘은 조절나사에 의하여 조정할 수 있다.

축이 공압에 의해 상방향으로 이동하면 스위치 레버에 의해 마이크로 스위치를 동작시킨다. 전기 접점은 c접점으로서 N/O접점과 N/C접점을 선택하여 사용할 수 있다. 14에서의 공압 신호가 축을 작동시킬 만큼 충분한 압력이 계속되면 출력상태는 유지된다. 압력은 1~10 bar의 범위 내에서 조절하여 사용한다. 공압-전기 변환기는 특정 압력에서 스위칭 작용이 필요한 경우에 사용된다. 출력 신호는 공압-전기 변환기의 제어포트 압력이 설정압력에 도달된 후에 나온다.

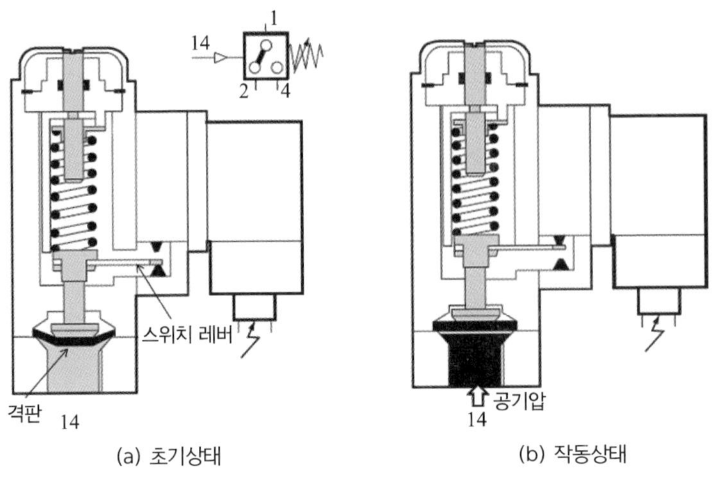

그림 3.1 **공압-전기 신호 변환기**

3.2 전기-공압 신호 변환기(솔레노이드 밸브)

전자 밸브는 방향제어 밸브와 전자석을 결합하여 전자석에 전류를 통전 또는 단전시킴에 따라 공기의 흐름을 변환시키는 밸브로서 **솔레노이드 밸브(solenoid vale)**라 한다.

솔레노이드 밸브(전자 밸브)는 전자석 부분과 밸브 부분으로 구성되어 있으며, 전자석의 힘으로 밸브가 직접 구동되는 직동식과 파일럿 밸브가 내장된 간접식(파일럿 작동형)으로 분류된다. 일반적인 방향제어 밸브와 같이 포트(port)의 수, 제어위치의 수, 솔레노이드의 수, 중립위치에서의 흐름의 형식, 복귀 형식 등에 따라 여러 가지로 분류될 수 있으며, 표 3.1에 제시하였다.

솔레노이드 밸브는 전기 신호를 공압 신호로 변환하므로 **전기-공압 신호 변환기(electric pneumatic signal converter)**로 표현할 수 있다. 신호출력 매체로서의 공압 밸브와 솔레노이드라 하는 전기적 스위칭부로 구성되어 전류가 솔레노이드에 가해지면 기전력이 발생되어 밸브 스템(valve stem)에 연결된 아마추어를 동작시킨다. 전류가 솔레노이드 코일로부터 제거되면 기전력이 없어져 스프링에 의하여 초기 위치로 복귀된다.

특히 밸브의 위치 변환이 모두 솔레노이드에 의해 이루어지는 밸브는 밸브의 양측에 솔레노이드가 있으므로 **양 솔레노이드 밸브(double solenoid valve)**라 하고, 한쪽에만 솔레노이드가 존재하는 밸브는 **편 솔레노이드 밸브(single solenoid valve)**라 한다. 후자의 경우 반대 방향의 신호는 솔레노이드의 전기적 신호가 제거됨에 따라 복귀 스프링력에 의한 것과 별도의 공압 신호에 의한 것이 있다.

그림 3.2는 솔레노이드 밸브의 기호 표시방법과 명칭을 나타낸다.

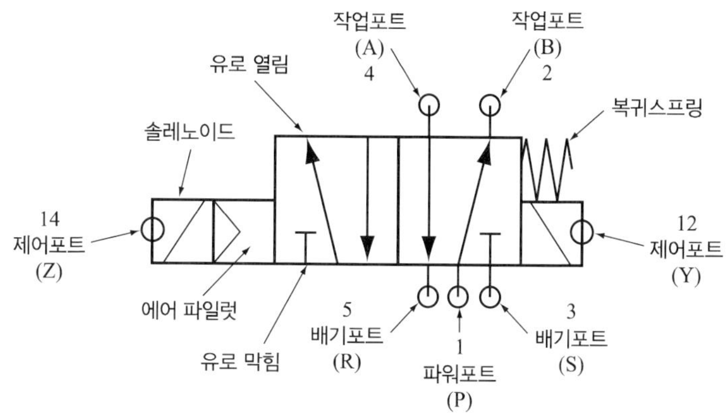

그림 3.2 **솔레노이드 밸브의 기호설명(5포트, 2위치)**

표 3.1 **솔레노이드 밸브의 일반적인 분류**

구분		기호	내용
주 관로가 접속되는 포트의 수	2포트 2위치 밸브		2개의 작동유체의 통로 개구부가 있는 전자 밸브
	3포트 2위치 밸브		3개의 작동유체의 통로 개구부가 있는 전자 밸브
	4포트 2위치 밸브		4개의 작동유체의 통로 개구부가 있는 전자 밸브
	5포트 2위치 밸브		5개의 작동유체의 통로 개구부가 있는 전자 밸브
제어위치의 수	2위치 밸브	a b	2개의 밸브 몸통 위치를 갖춘 전자 밸브
	3위치 밸브	a b c	3개의 밸브 몸통 위치를 갖춘 전자 밸브
	4위치 밸브	a b c d	4개의 밸브 몸통 위치를 갖춘 전자 밸브
중앙위치에서 흐름의 형식	올포트 블록		3위치 밸브에서 중앙위치의 모든 포트가 닫혀 있는 형식
	PAB 접속 (프레셔 센터)		3위치 밸브에서 중앙위치 상태에서 P, A, B 포트가 접속되어 있는 형식
	ABR 접속 (엑조스트 센터)		3위치 밸브에서 중앙위치 상태에서 A, B, R 포트가 접속되어 있는 형식
정상위치에서 흐름의 형식	상시 닫힘		정상위치가 닫힌 위치인 상태
	상시 열림		정상위치가 열린 위치인 상태

(계속)

구분		기호	내용
복귀형식	스프링 복귀		조작력을 제거했을 때 스프링으로 밸브 몸통을 정상 위치에 복귀시키는 방법
	공기압 복귀		조작력을 제거했을 때 공기압으로 밸브 몸통을 정상 위치에 복귀시키는 방법
	디텐드		밸브 몸통을 복귀 또는 눈금에 의해 어느 위치를 유지한다.
솔레노이드의 수	싱글 솔레노이드		코일이 1개 있는 전자밸브
	더블 솔레노이드		코일이 2개 있는 전자밸브
조작형식	직동식		한 뭉치로 조립된 전자석에 의한 조작방식
	파일럿 작동식		전자석으로 파일럿 밸브를 조작하여 그 공기압으로 조작하는 방식
전원	전압·주파수	• 코일을 구동하기 위한 전원 교류 110 V, 220 V, 직류 12 V, 24 V 등 • 주파수 50 Hz, 60 Hz	

1. 2/2-way 편 솔레노이드 밸브

그림 3.3은 2/2-way 편 솔레노이드 밸브이다. 밸브는 솔레노이드에 의하여 직접 작동되고 스프링에 의하여 리셋(reset)된다. 이 밸브에서는 솔레노이드 아마추어와 밸브 스템이 한 유니트(unit)로 구성되어 있다.

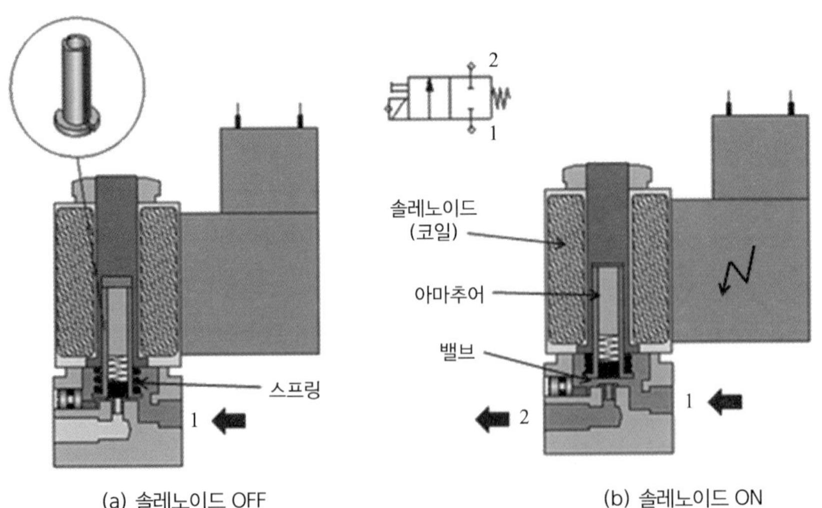

(a) 솔레노이드 OFF (b) 솔레노이드 ON

그림 3.3 **2/2-way 편 솔레노이드 밸브**

그림 3.3에서 초기상태에서는 밸브가 닫혀 있으므로 1포트로부터 2포트로 압축공기가 유동하지 못한다. 전류가 코일에 입력되면 기전력이 발생하여 아마추어를 흡인, 상승시킨다. 그 결과 밸브가 열리므로 압축공기는 공급포트 1(P)에서 작업포트 2(A)로 흐른다.

2. 3/2-way 편 솔레노이드 밸브

(1) 3/2-way 편 솔레노이드 밸브(직동형)

그림 3.4는 3/2-way 편 솔레노이드 밸브(직동형)의 내부구조이다. 밸브는 솔레노이드에 의하여 직접 작동되고 스프링에 의하여 리셋(reset)된다. 이 밸브에서는 2/2-way 편 솔레노이드 밸브와 같이 솔레노이드 아마추어와 밸브 스템이 한 유니트(unit)로 구성되어 있다.

그림 3.4에서 초기상태에서는 밸브가 닫혀 있으므로 1포트로부터 2포트로 압축공기가 유동하지 못한다. 코일에 전류가 입력되면 기전력이 발생하여 아마추어를 당겨 올린다. 그 결과 밸브가 열리고 3포트의 유로는 아마추어의 상면에 의해서 막히므로 압축공기는 공급포트 1(P)에서 작업포트 2(A)로 흐른다.

이 밸브는 단동 실린더의 제어, 다른 밸브의 간접작동 제어시스템에서의 압축공기의 공급 및 차단 등에 이용된다.

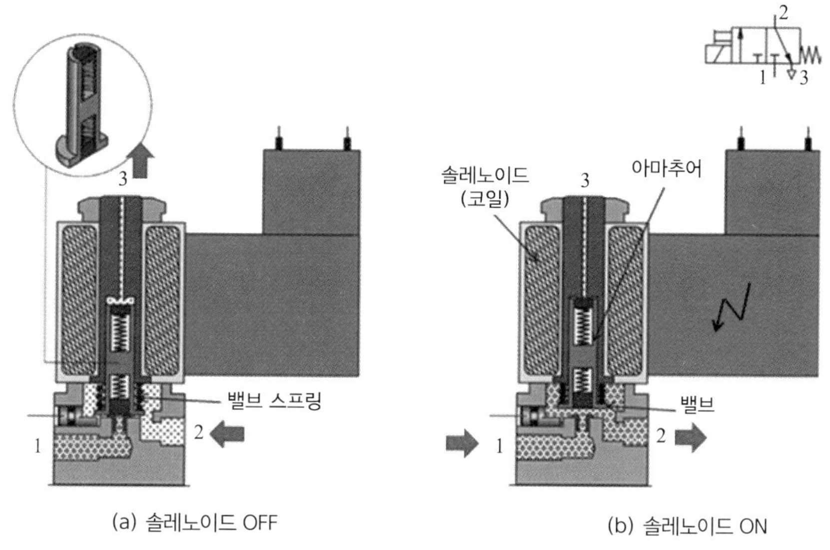

(a) 솔레노이드 OFF (b) 솔레노이드 ON

그림 3.4 3/2-way 편 솔레노이드 밸브(직동형)

(2) 3/2-way 편 솔레노이드 밸브(간접 작동형)

3/2-way 편 솔레노이드(간접 작동형) 밸브의 내부 구조를 그림 3.5에 나타내었다. 스프링

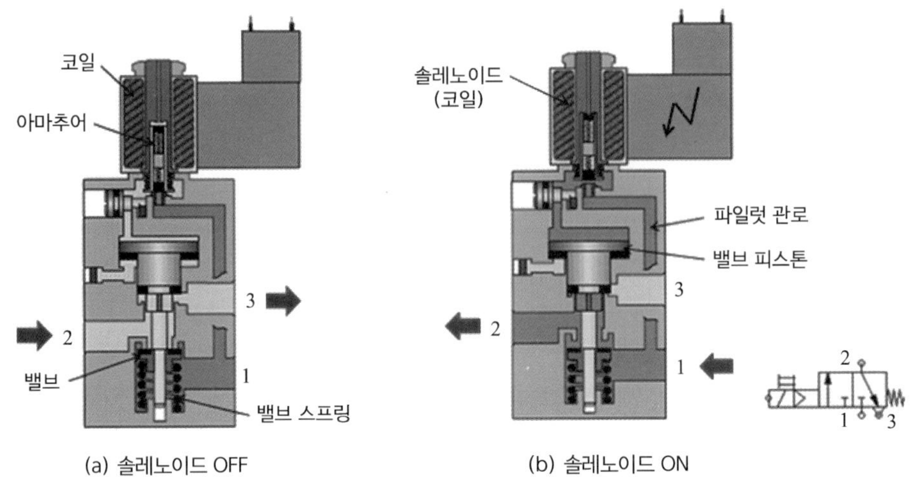

(a) 솔레노이드 OFF (b) 솔레노이드 ON

그림 3.5 **3/2-way 편 솔레노이드 밸브(간접 작동형)**

에 의해서 리셋된 초기상태에서는 1에서 2로 통로가 막혀있는 상태이고, 2와 3포트가 연결되어 대기 중으로 열려있다.

전기 신호가 입력되면 아마추어를 흡인, 상승시켜 공급포트 1에 연결된 파일럿 관로를 통해 공기가 들어와 밸브 피스톤에 하향압력을 가하게 된다. 피스톤의 표면적에 가해지는 힘이 밸브 스프링력보다 크므로 피스톤을 하향 이동시키며, 따라서 공급포트 1에서 작업포트 2로 통로가 열리고, 작업포트 2에서 배기포트 3으로의 통로는 막힌다.

솔레노이드가 소자되면 아마추어가 원래의 위치로 복귀되므로 파일럿 신호는 해제되어 밸브 피스톤은 밸브 스프링에 의해 원위치로 돌아간다. 따라서 1 → 2통로는 막히고 2 → 3통로가 열린다. 이때 그림 3.5에서 보듯이 밸브 피스톤에 작용했던 공기는 아마추어의 상부측 통로를 통해 유출된다.

이 밸브는 단동 실린더의 방향제어, 공기 클러치(air clutch), 공기 브레이크(air brake) 등의 조작, 공기탱크의 압력충전이나 방출, 공압원의 차단, 방출 등에 사용된다,

3. 4/2-way 편 솔레노이드 밸브

그림 3.6에서 솔레노이드가 작동하지 않는 초기상태에서는 압축공기가 공급포트(1)에서 포트 2로, 포트 4로부터 포트 3으로 흐른다. 솔레노이드가 여자되면 아마추어는 상부쪽으로 흡인되며, 위치가 변환되어 압축공기는 1 → 4, 2 → 3으로 흐르게 된다.

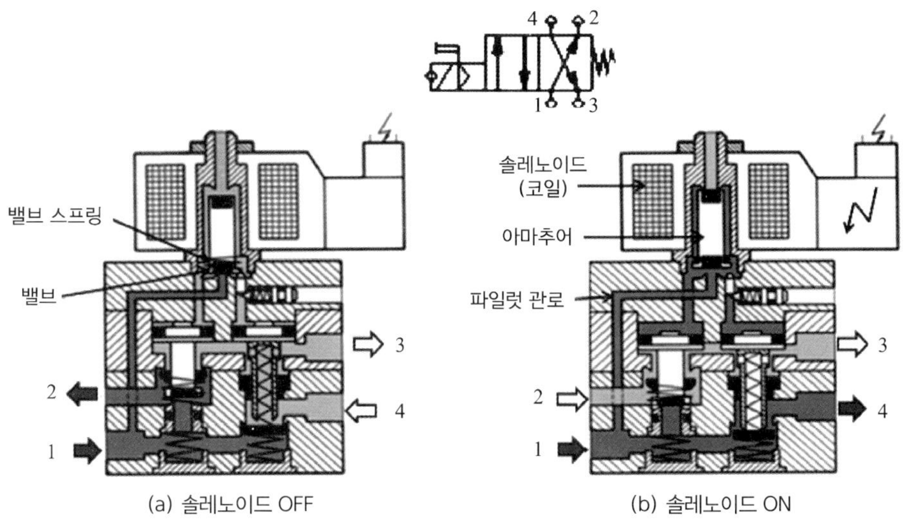

(a) 솔레노이드 OFF (b) 솔레노이드 ON

그림 3.6 **4/2-way 편 솔레노이드 밸브**

3. 4/2-way 양 솔레노이드 밸브

4/2-way 양 솔레노이드 밸브의 구조는 그림 3.7과 같이 양쪽에 솔레노이드가 있으며, 아마추어가 압축공기 노즐을 막고 있다.

Y1 솔레노이드에 전기 신호가 입력되면(a도) 좌측의 아마추어가 상부로 흡인되어 노즐이 열리므로 압축공기가 파일럿 관로에 유입하여 축 방향 평면 슬라이드를 우측으로 이동시켜 1 → 4포트로 흐르게 되며, 2포트로 유입한 공기는 3포트로 배기된다.

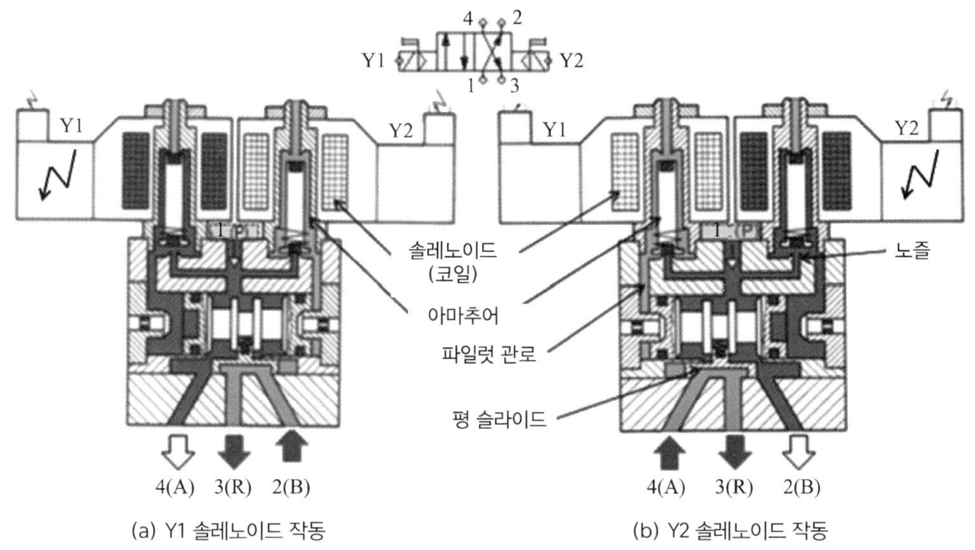

(a) Y1 솔레노이드 작동 (b) Y2 솔레노이드 작동

그림 3.7 **4/2-way 양 솔레노이드 밸브**

Y2에 전기 신호가 입력되면(b도) 우측 아마추어가 상 방향으로 흡인되어 압축공기가 노즐을 통해 우측 파일럿 관로에 유입하므로 슬라이드는 좌측으로 이동하여 1 → 2포트로 흐른다. 반대편의 솔레노이드에 전기 신호가 입력되기까지는 이 상태가 유지되므로 메모리 밸브라고도 한다. 2개의 신호가 동시에 입력되면 먼저 입력되는 신호가 우선이다.

4. 5/2-way 편 솔레노이드 밸브(간접 작동형)

그림 3.8은 5/2-way 편 솔레노이드 밸브의 내부구조이며 압축공기 공급원인 1번 포트로 공급되고 있다.

솔레노이드 코일에 전기 신호가 인가되지 않은 초기상태(a도)에서는 압축공기가 1번 포트에서 들어와 2번 포트로 공급되고 4번 포트에서 공급되는 압축공기는 5번 포트로 배기된다.

솔레노이드 코일에 전기 신호가 주어지면(b도) 아마추어가 흡인(좌측으로)에 의해 슬라이더의 좌측으로 압축공기가 공급되므로, 슬라이더가 우측으로 이동한다. 따라서 압축공기가 1번 포트에서 들어와 4번 포트로 공급되며, 2번과 3번 포트가 통하게 되어 배기된다.

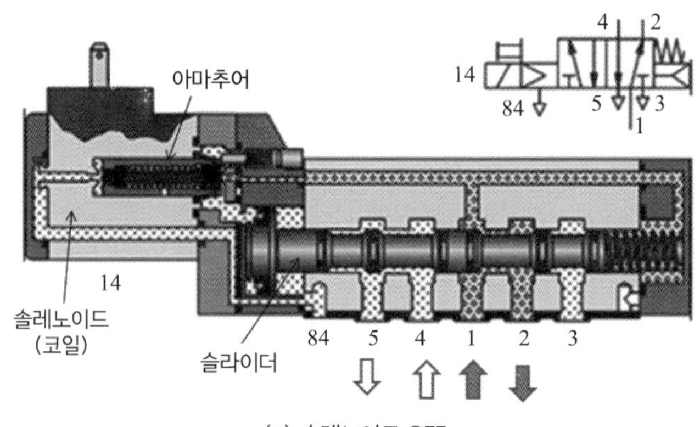

(a) 솔레노이드 OFF

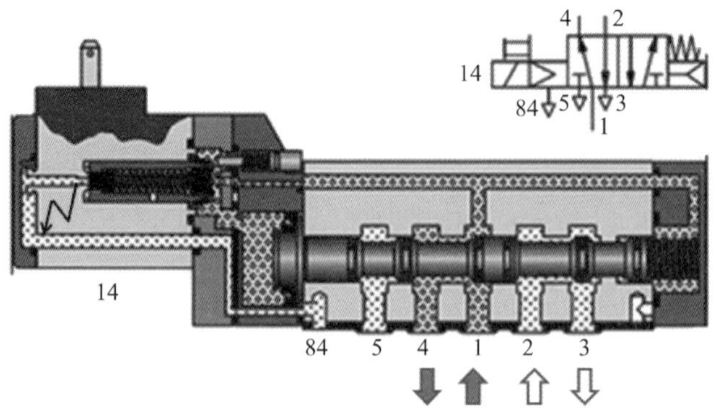

(b) 솔레노이드 ON

그림 3.8 5/2-way 편 솔레노이드 밸브

5. 5/2-way 양 솔레노이드 밸브(간접 작동형)

이 밸브는 격판 작동식 시트 밸브로 되어 있으며, 마지막 전기 신호가 좌측 솔레노이드에 인가되었다면 그림 3.9(a)와 같이 밸브 피스톤이 우측으로 움직여서 압축공기는 1(P)포트에서 4(A)포트로 들어가고 2(B)포트로부터 3(S)포트로 배기된다. 우측 솔레노이드에 전기 신호가 입력되기까지는 현 상태를 유지한다. 좌측 솔레노이드에 전기 신호를 제거하여도 복귀 스프링이 없으므로 그 상태를 유지한다.

우측 솔레노이드에 전기 신호가 그림 3.9(b)와 같이 입력되면 밸브 피스톤이 좌측으로 움직여서 압축공기는 1(P) → 2(B)로, 배기는 4(A) → 5(R)로 연결된다.

양 솔레노이드 밸브는 편 솔레노이드 밸브와 달리 반대쪽 솔레노이드에 신호가 들어오기 전까지는 마지막 제어위치를 계속 유지한다. 따라서 양 솔레노이드 밸브는 메모리 특성을 가진다고 말한다. 아주 짧은 신호(10~25 msec)로서 제어위치를 전환시킬 수 있으므로 전력 소비를 최소화할 수 있다.

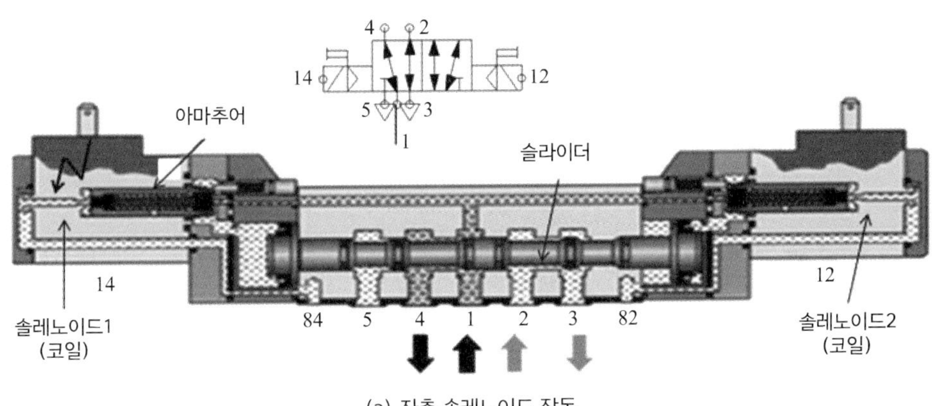

(a) 좌측 솔레노이드 작동

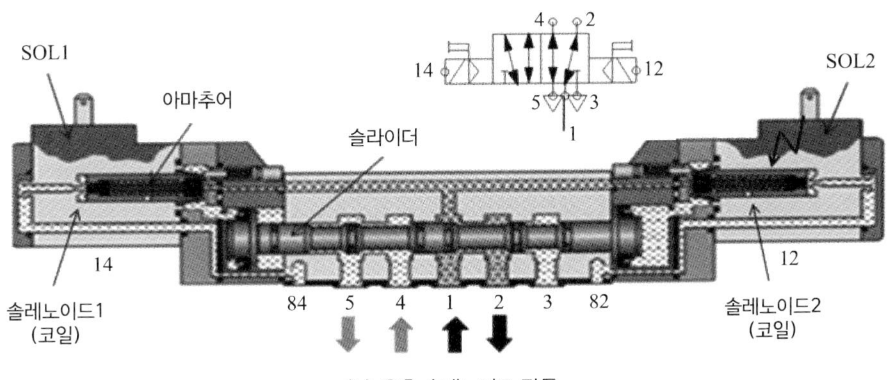

(b) 우측 솔레노이드 작동

그림 3.9 5/2-way 양 솔레노이드 밸브(간접 작동형)

6. 5/3-way 솔레노이드 밸브

그림 3.10은 5/3-way 솔레노이드 밸브로서 현재 상태는 중립위치이며 모든 포트가 닫혀있다. 왼쪽 솔레노이드가 작동하면 1번과 2번 포트가 열리고, 4번과 3번 포트가 열리게 되며, 오른쪽 솔레노이드가 작동하면 1-4, 2-5번 포트가 열리게 된다.

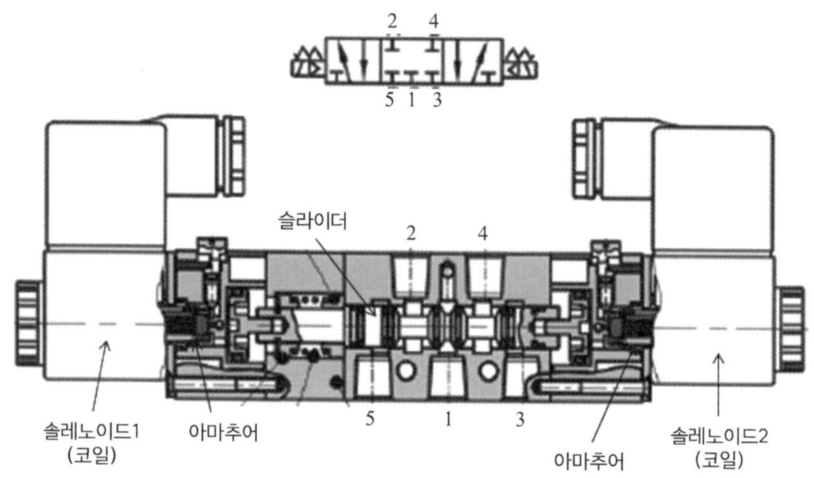

그림 3.10 5/3-way 솔레노이드 밸브

Chapter 4 시퀀스 도면의 개요와 기호 표시방법

4.1 시퀀스 제어회로상의 약속 사항

시퀀스 제어회로도는 푸시버튼 스위치와 릴레이, 리밋 스위치, 솔레노이드, 모터 등을 규격화 된 기호를 이용하여 조작과 동작순서 등, 제어상의 기능 및 동작을 이해하기 쉽도록 정리한 접속도이다. 이 회로도에서는 다음과 같은 약속에 따라서 작성한다.

- 제어기구나 기기의 형상, 구조 및 기계적 연결이 생략되어 있으며, 전선 등의 배치와 조작하는 힘도 생략한다.
- 제어하는 에너지, 전기, 유압, 공기압 등이 공급되어 있지 않다. 즉, 기호로 작성하므로 각 제어기구나 기기의 기계적 구조와 배치는 생략되어 있으며, 에너지도 주어지지 않아 동작을 하지 않는 상태로 표현되고 있으므로 기호로 작성된 각 제어기구의 ON/OFF 동작을 고려하여 읽어야 한다.

4.2 시퀀스 제어시스템 구축에 필요한 도면

시퀀스 제어회로도는 전술한 바와 같이 기계나 장치 등 제어대상이 되는 시스템 전체를 구성하는 기기나 기구 등의 형상과 배치를 생략하고, 그 운전조작과 제어기능에 따라서 전기적 접속관계를 표시한다. 그러나 시스템 구축을 위해서는 전기장치로서의 제어반의 제작도나 배선공사를 위한 공사도(工事図) 등이 필요하며, 보수관리 등의 도면도 필요하다. 이들은 일반적으로 다음과 같은 전기관계의 도면이 이용되고 있다.

1. 시퀀스 제어회로도

단순히 시퀀스라 하기도 하고 전개접속도라고도 하며, 구성요소를 기호로 표시하고 시스템의 운전조작이나 제어기능, 그 크기와 용량 등을 포함하여 시스템 전체를 한 번에 볼 수 있는 도면이다.

2. 제어반 내부 접속도

제어반 내부의 제어기기의 배치 및 접속관계를 표시한 도면이며, 제어반 제작도의 하나로서 기구의 배치에 관련되는 치수와 배선의 경로나 단자번호 등을 기재한다.

3. 조작반(操作盤) 기구배치도

조작 스위치나 표시기구 등의 배치를 나타낸 그림이며, 운전조작이나 취급 내용을 나타내는 도면이다.

4. 전기(제어) 기구배치도

기계나 장치의 각 부에 장착되어 있는 각종 센서와 전기(제어)기구의 위치를 나타내는 도면이며, 배선공사나 메인트넌스에도 사용한다.

5. 배선 계통도

기계나 장치의 각 부에 장착되어 있는 각종 센서 및 전기기기와 제어반을 접속하는 배선의 경로를 표시하는 배선공사도이다. 배선공사 외에 메인트넌스에도 사용한다.

이 외에도 기구나 특수부품의 부분 설명도, 플로차트 또는 타임차트 등의 보충 설명도, 전기기기 등의 전기부품 리스트 등을 사용할 수 있다.

4.3 시퀀스회로도와 기호 표시

시퀀스회로에 이용되고 있는 여러 가지 기기를 시퀀스회로도에 표시할 때 실물 형태를 그려넣는 것은 용이치 않다. 따라서 이들 기기에 대하여 간단히 표시할 수 있는 기호를 사용하며, 이 기호를 “시퀀스회로도용 기호”라 하고, 흔히 “심볼”이라 한다.

시퀀스회로도용 기호라는 것은 기기의 기구관계를 생략하고 회로의 일부 요소를 간략화하여 그 동작상태를 직감적으로 이해할 수 있게 한 것으로서, 규격은 IEC(International Electrotechnical Comission, 國際 電氣技術會議)의 시리즈를 채용한다.

이 절에서는 시퀀스회로도의 작성원칙과 회로도를 구성하는 각종 기호에 대하여 기술한다.

1. 시퀀스회로도와 래더도

릴레이 시퀀스에서는 각 제어기기의 기호(4.3절의 3 참조)를 사용하여 그 동작순서에 따라 배열하고 동작의 내용을 알기 쉽게 나타내는 회로도를 이용한다. 이 회로도를 **시퀀스회로도**라 한다.

시퀀스회로도는 일반적인 접속도와는 다르므로 이하에 작성의 원칙을 기술한다.

- 제어 전원모선은 회로도의 상하에 가로선으로 또는 회로도의 좌우에 세로선으로 표시한다.
- 제어기기를 연결하는 접속선은 상하의 제어 전원모선(가로선) 사이에 수직 세로선으로 또는 좌우의 제어 전원모선(세로선) 사이에 수평 가로선으로 표시한다.
- 접속선은 동작의 순서로 왼쪽에서 오른쪽으로 나란히 표시하거나, 위로부터 아래로 순서에 맞추어 표시한다.
- 제어기기는 정지 상태, 전체의 전원을 차단한 상태로 표시한다.
- 접점을 갖는 제어기기는 기구적인 관련을 생략하고 접점, 코일 등으로 표시하여 각 제어선으로 분리하여 표시한다.
- 제어기기가 떨어지면 안 되는 각 부분은 문자기호를 부기하여 관련을 명백하게 한다.

시퀀스회로도에는 종형 시퀀스도와 횡형 시퀀스도가 있다.

그림 4.1에 나타낸 종형 시퀀스회로도는 접속선 내의 신호흐름이 세로 방향으로 표시되어 있다. 제어 전원모선은 시퀀스도의 상하에 가로선이며, 접속선은 신호의 흐름에 따라 상하 방향의 세로선으로 표시한다. 그리고 접속선은 동작의 순서에 따라 좌로부터 우로 배열하여 표시한다.

그림 4.2에 나타내는 횡형 시퀀스회로도는 접속선 내의 신호흐름이 가로 방향으로 도시되어 있다. 제어 전원모선은 시퀀스도의 좌우에 세로선이며, 접속선은 신호의 흐름에 따라 좌우 방향의 가로선으로 표시된다. 그리고 접속선은 동작의 순서로 위로부터 아래로 배열하여 표시한다.

시퀀서(예로 PLC)에서는 릴레이 시퀀스에서 사용하는 시퀀스도와는 다른 형식으로서 **래더도(Ladder Diagram)**를 이용한다. 그림 4.3에 나타낸 래더도는 푸시버튼 스위치(%IX0.0.0)를 누르면 보조 릴레이(%MX0)가 ON되며, 보조 릴레이 접점 %MX0가 닫혀 램프(%QX0.1.0)가 점등하는 것을 나타낸다.

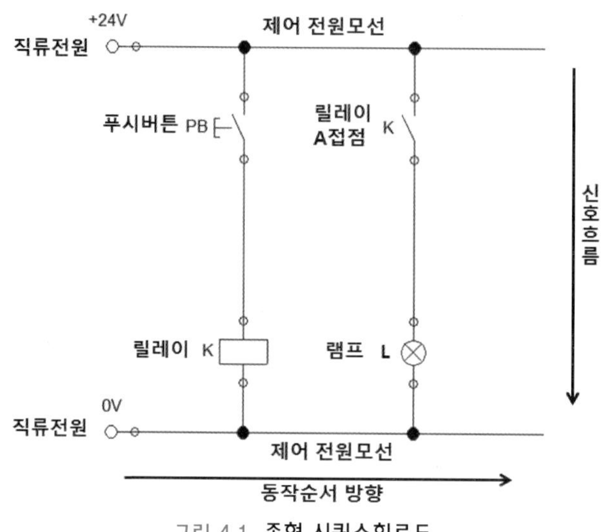

그림 4.1 **종형 시퀀스회로도**

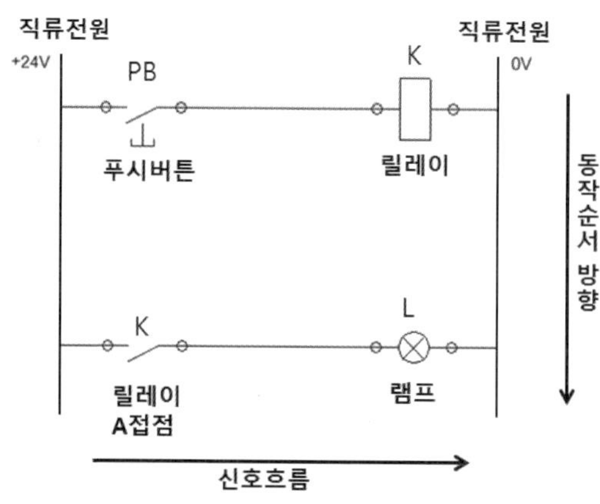

그림 4.2 **횡형 시퀀스회로도**

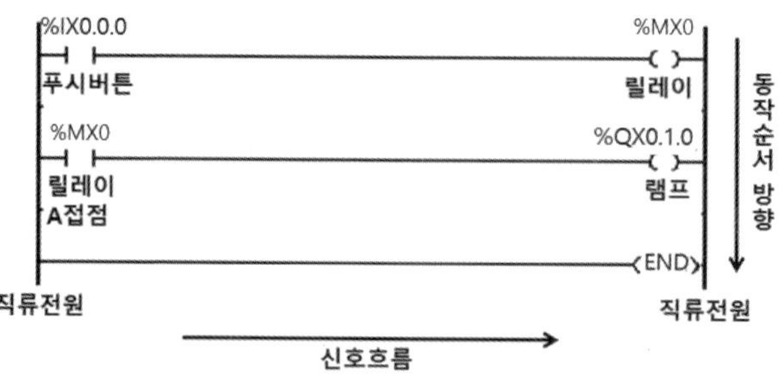

그림 4.3 **래더도(Ladder Diagram)**

2. 타임차트와 진리표

(1) 타임차트

타임차트(Time Chart) 또는 **타임 시퀀스 차트(Time Sequence Chart)**는 입출력기기나 내부 릴레이 등의 동작을 ON과 OFF로 표시하며 필요한 시점에서 입력과 출력의 관계를 나타내는 선도이다.

그림 4.4에 푸시버튼에 연결되어 있는 솔레노이드와 램프의 ON/OFF에 대하여 표시한 바와 같이 종축에 제어기기의 상태를 표시하고, 횡축에 시간의 변화를 표시하며, 제어기기의 매시간의 동작 상태를 이해하는 데 이용되고 있다.

이것은 각 단위의 조작 또는 상태를 나타내는 차트이며, 개별 제어기기의 조작이나 상태를 한 방향으로 배치하고 처리 스텝이나 시간은 그것과 수직이 되도록 배치한다. 어떤 제어기기의 동작이 다음의 어느 제어기기의 동작과 관계가 있는가는 파선 또는 1점 쇄선으로 표시한다.

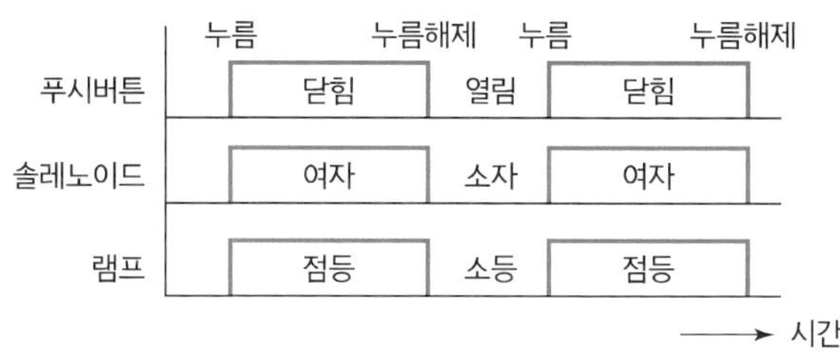

그림 4.4 **솔레노이드와 램프의 타임차트**

(2) 진리표

진리표는 표 4.1에 표시한 바와 같이 푸시버튼 스위치, 센서 등의 입력기기와 램프, 솔레노이드, 릴레이 등과 같은 출력기기의 상태를 0과 1로 표현한 표이며, 0은 푸시버튼 스위치를 누르지 않은 상태, 램프가 소등상태, 1은 푸시버튼 스위치를 누른 상태나 램프가 점등한 상태를 표시한다.

이 진리표는 타임차트와 마찬가지로 제어기기의 동작 상태를 이해하는 데 이용되고 있다.

표 4.1 **진리표**

입 력	출 력
푸시버튼 스위치 PB	램프 L
0	0
1	1

3. 시퀀스회로도의 기호

(1) 개폐 접점의 전기용도 기호

표 4.2 **개폐접점**

개폐접점 명칭	a접점	b접점	c접점
수동조작 개폐기 접점			
전자 릴레이 접점			
ON delay timer 접점			
OFF delay timer 접점			

(2) 개폐 접점을 갖는 스위치의 기호

표 4.3 **스위치**

스위치의 명칭	a접점	b접점	c접점
푸시버튼 스위치 (Push Button Switch)			
유지형 푸시버튼 스위치 (Maintaied Push Button Switch)			
리밋 스위치 (Limit Switch)			

(3) 근접센서의 기호

표 4.4 **근접센서(근접 스위치)**

근접센서의 명칭	자기 근접센서 (magnetic proximity sensor)	광전센서 (Optical proximity sensor)	유도형 센서 (Inductive proximity sensor)	정전용량형 센서 (Capacitive proximity sensor)
기호	BN BK BU	BN BK BU	BN BK BU	BN BK BU

(4) 에너지 공급 요소의 기호

표 4.5 에너지 공급 요소

에너지 공급 요소 명칭	기 호
공기 압축기 (Air Compressor)	
압력 조절기 (Pressure Regulator)	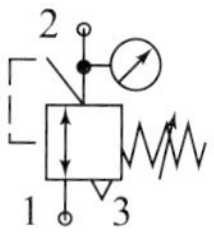 2, 1, 3
서비스 유닛 (Service Unit)	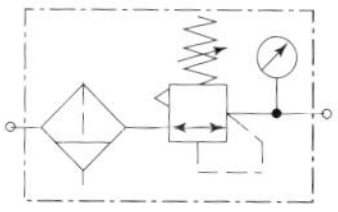 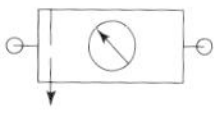 : 간략기호
AC/DC 전원 공급기 (AC/DC Power Supply)	 ∼ ±
공압 - 전기 신호 변환기 (Pneumatic-Electric Signal Converter)	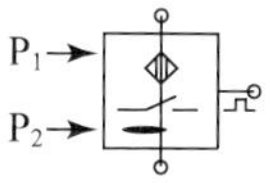 P_1, P_2

(5) 제어 요소의 기호(전자 릴레이, ON delay timer, OFF delay timer, Counter)

표 4.6 제어 요소

제어 요소의 명칭	기 호
전자 릴레이 (relay)	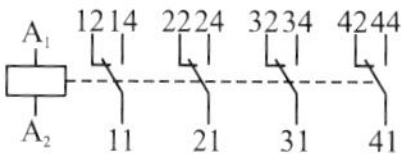 A_1, A_2, 12 14, 22 24, 32 34, 42 44, 11, 21, 31, 41
한시 타이머 (ON dealy timer)	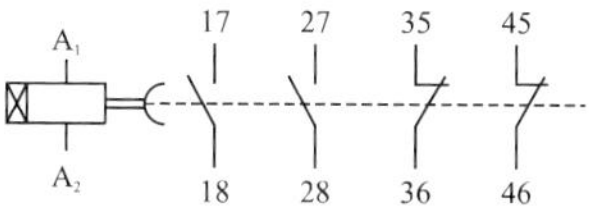 A_1, A_2, 17, 27, 35, 45, 18, 28, 36, 46
순시 타이머 (OFF delay timer)	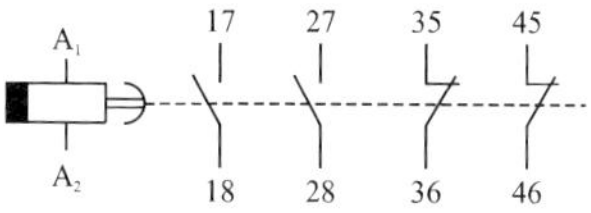 A_1, A_2, 17, 27, 35, 45, 18, 28, 36, 46
카운터 (Counter)	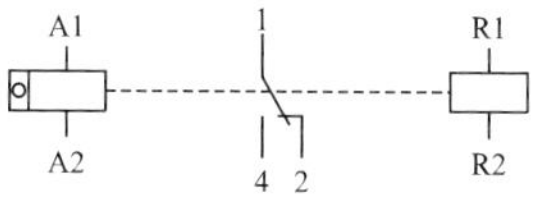 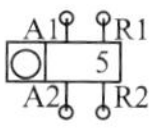 A1, A2, 1, 4 2, R1, R2, A1 R1 5 A2 R2 : 간략기호
밸브 솔레노이드 (Valve Solenoid)	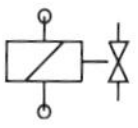

(6) 구동 요소의 기호(공압 실린더, 모터, 램프, 부저)

표 4.7 **구동 요소**

액추에이터의 명칭	공압 실린더 (Cylinder)	회전 실린더 (Rotary Cylinder)	모터 (Motor)	램프 (Lamp)	벨 (bell)	부저 (Buzzer)
기호	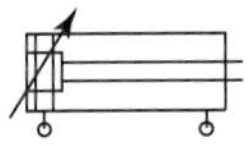	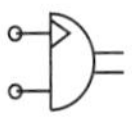	 M			

5 Chapter 논리제어회로

5.1 논리 및 논리회로의 정의

시퀀스 제어회로는 기본적으로 논리회로로 성립된다.

논리(Logic)란 사물간의 법칙적인 관계를 말하는데, 시퀀스 제어회로에서는 입력 신호와 출력 신호와의 법칙적인 관계이다. 따라서 기계나 장치에 주는 명령(입력 신호) ON/OFF와 그것에 의한 동작(출력 신호)을 2개의 상태로 대응시켰을 때 그 입력과 출력의 관계가 논리이며, 그 관계를 나타내는 회로가 **논리회로**이다. 논리회로를 정확히 이해하고 있다면 언어나 문장에 의한 설명을 읽는 것보다 짧은 시간에 정확하게 이해할 수 있다.

기본 논리회로의 하나하나는 간단하지만 이들을 조합시키면 고도의 기능을 갖는 시퀀스 제어회로를 작성할 수 있다. 시퀀스 제어의 기술은 바로 논리회로(5.3절 참조)를 어떻게 조합시키는가의 기술이다.

일반적으로 시퀀스 제어회로의 설계는 기본 논리회로를 경험적으로 쌓은 기법에 따라서 조합시키는 경우가 많다. 회로의 제어조건이 복잡하고 고도의 기능을 요구하는 경우에는 논리소자(論理素子)수(접점 등의 신호수)가 많아지며, 특히 대량생산 제품의 경우에는 소자(素子)수를 최소로 하여 회로를 간소화 한다는 것은 품질과 경제면에서 중요하다.

5.2 논리소자 /論理素子/

시퀀스 제어회로에 있어서 논리(logic)라는 것은 ON과 OFF의 상반되는 2가지 상태를 갖는 몇 개의 소자(개폐 접점)의 조합으로 이루어지는 회로가 만드는 판단기능이나 조건인 것이다. 2개의 상태를 1과 0에 대응시켜 생각하고, 회로의 판단결과나 조건 등을 표현하는 것을 **2치 논리(2値 論理)**라 한다.

표 5.1은 가장 대표적인 시퀀스 제어 기구(ON/OFF식)를 논리소자로 한 경우의 그 동작상태와 2치 논리와의 관계를 정리한 표이다.

표 5.1 **제어기구의 표시와 논리**

기구 \ 논리	"0"	"1"	설 명
스위치	ST	ST	접점이 열려 있는가, 닫혀 있는가
접점 (a접점)	K1	K1	
코일 또는 전자개폐기	ST K1 소자	ST K1 여자	코일이 소자상태인가, 여자상태인가
램프	K1 소등	K1 점등	램프가 소등상태인가, 점등상태인가

5.3 기본 논리회로

논리회로는 표 5.1에 표시한 논리소자를 몇 개 조합시킬 수 있다. 이 절에서는 논리의 정의와 기본 논리회로에 대해서 타임차트와 진리표를 이용하여 설명한다.

타임차트에 대해서는 4.3절의 3에서 설명하였으며, 여기서는 논리에 주목하여 신호(접점)의 동작지연시간에 의한 영향은 무시한다. 진리표는 변수(입력)의 논리값이 1 또는 0일 때 그 조합(논리식)의 결과(출력)가 어떻게 되는가를 표시한 것이며, 입력의 변화에 출력을 대응시킨 표이다.

1. YES논리

YES논리는 입력이 존재하면 출력이 존재하는 논리이다. 전기에서는 YES논리가 요구될 때 a접점 스위치가 사용된다. 평상시에는 스위치의 접점이 열려 있다가(OFF상태) 입력이 존재하게 되면 접점이 연결되어 닫히게(ON상태) 되므로 출력 신호가 존재하게 된다. 예를 들면, 푸시버튼 스위치를 누르면 램프(lamp)에 불이 켜지고 스위치를 OFF시키면 램프가 꺼지는 회로를 나타내면 그림 5.1(a)와 같다.

여기서 스위치는 S1로, 표시램프는 H1의 기호로 나다내며, 스위치 S1을 ON시키면 램프 H1이 점등하고, 스위치를 OFF시키면 소등하는 YES논리의 회로이다. YES논리식은 다음과 같다.

$$Y = X \tag{5.1}$$

그림 5.1(b)는 타임차트이며, 그림 5.1(c)는 진리표이다.

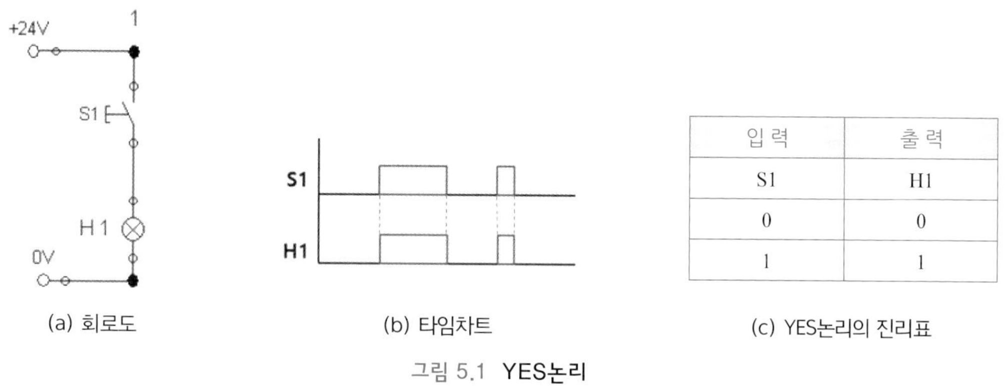

입 력	출 력
S1	H1
0	0
1	1

(a) 회로도 (b) 타임차트 (c) YES논리의 진리표

그림 5.1 YES논리

2. NOT(논리부정)논리

NOT(논리부정)논리는 입력조건이 충족되면 출력 신호가 존재하지 않고, 입력조건이 충족되지 않으면 출력 신호가 존재하는 논리이다. 즉, YES논리의 반대논리이다. NOT논리는 부정의 논리이므로 정상상태 닫힘형 스위치, 즉 b접점 스위치가 사용되며, 평상시에는 스위치의 접점이 연결되어 출력신호가 존재한다. 그러나 스위치가 작동하면 스위치의 접점이 떨어져 출력이 존재하지 않는다.

예를 들어, 평상시에는 램프가 켜져 있는 상태에서 스위치를 ON시키면 불이 꺼지는 회로를 나타내면 그림 5.2(a)와 같다. S1스위치(또는 PB1 스위치)를 b접점으로 한 경우이다. NOT회로의 논리식은 다음과 같다.

$$Y = \overline{X} \tag{5.2}$$

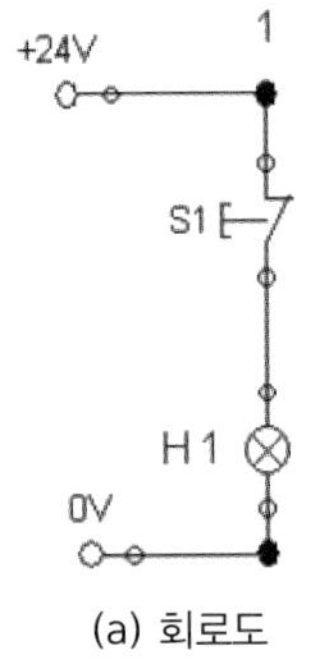

(a) 회로도

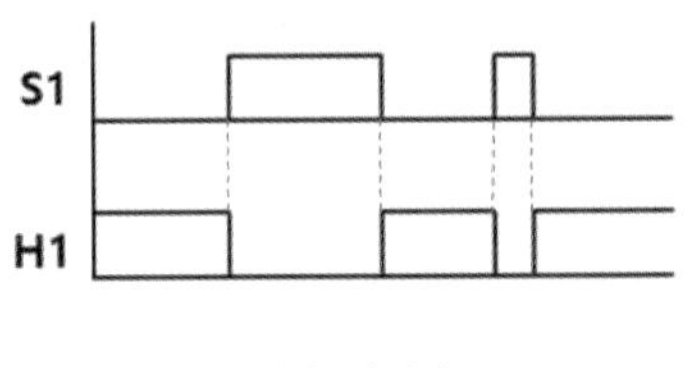

(b) 타임차트

입 력	출 력
S1	H1
0	1
1	0

(c) NOT논리의 진리표

그림 5.2 NOT논리

3. AND(논리곱)논리

AND(논리곱)논리는 2가지 이상의 입력조건이 모두 충족될 때에만 출력 신호가 존재하는 논리이다. AND논리가 요구될 때는 2개 이상의 a접점 스위치를 직렬로 연결하며 그 스위치가 모두 작동되어야 최종 출력신호가 존재한다. 순수공압에서는 AND밸브(2압밸브)가 필요하지만 전기제어에서는 2개의 a접점 스위치를 직렬 연결하여 구성한다.

이 논리는 물체의 존재 유무를 확인하는 검사회로나 작업자의 안전을 위한 안전회로 등에 많이 이용되고 있다. 예를 들면, 2개의 수동조작 스위치 S1, S2가 모두 작동되어야 램프가 ON되며, 2개의 스위치 중 어느 하나라도 OFF되면 즉시 램프가 OFF되어야 한다.

이 AND논리회로 및 타임차트, 진리표를 나타내면 그림 5.3과 같다.

이 회로도에서 시스템이 편 솔레노이드(Y1)를 사용하는 실린더라고 할 때 S1, S2스위치가 모두 작동하면 실린더가 전진한다. 2개의 스위치 중 어느 하나라도 OFF되면 실린더는 후진한다.

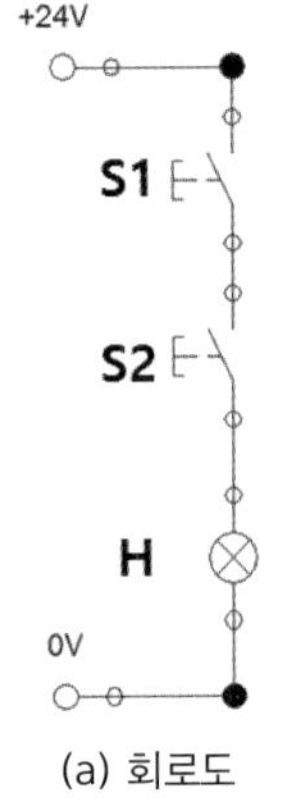

(a) 회로도

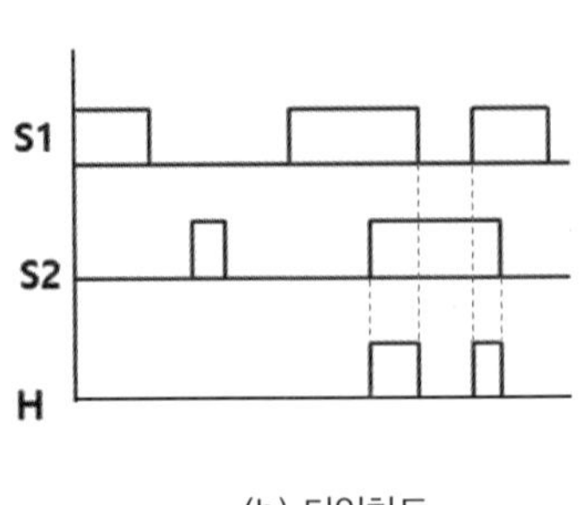

(b) 타임차트

입 력 1	입 력 2	출 력
S1	S2	H
0	0	0
1	0	0
0	1	0
1	1	1

(c) AND논리의 진리표

그림 5.3 AND논리

AND회로의 논리식은 다음과 같다.

$$Y = X1 \cdot X2 \tag{5.3}$$

4. OR(논리합)논리

OR(논리합)논리는 여러 개의 입력 신호 중에서 어느 하나의 입력 신호만 존재해도 출력 신호가 존재하는 논리이다. 2개의 a접점 스위치를 병렬로 연결하여 그 스위치 중 어느 하나만 작동시켜도 출력 신호를 얻을 수 있다.

예를 들면, S1, S2의 2개의 스위치 중 어느 하나를 작동시켜도 램프가 점등하는 회로를 나타내면 그림 5.4와 같다.

OR회로의 논리식은 다음과 같다.

$$Y = X1 + X2 \tag{5.4}$$

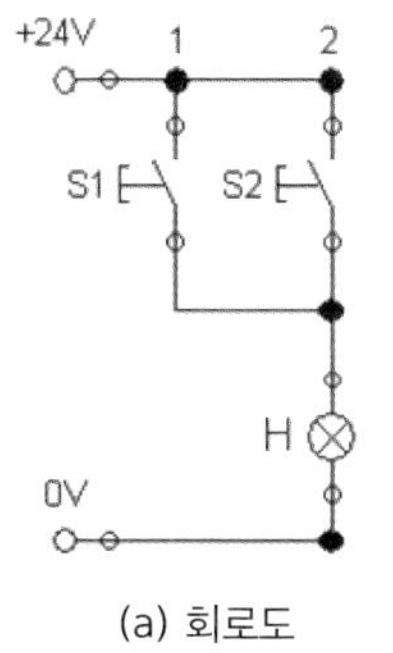

(a) 회로도

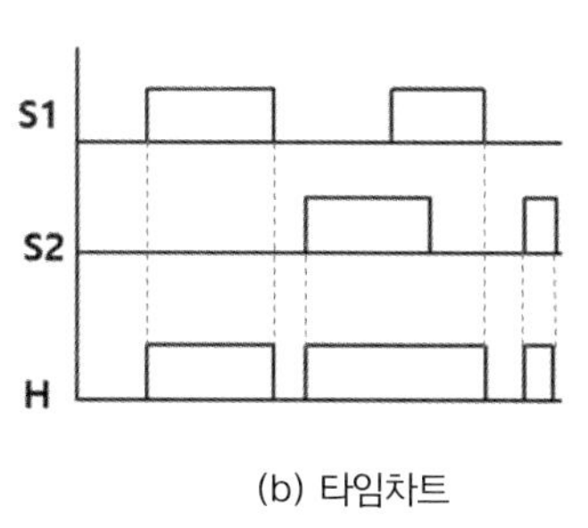

(b) 타임차트

입력 1	입력 2	출력
S1	S2	H
0	0	0
1	0	1
0	1	1
1	1	1

(c) OR논리의 진리표

그림 5.4 **OR논리**

5. NAND(논리곱 부정)논리

NAND(논리곱 부정)논리는 2개의 입력 신호가 모두 존재할 때는 출력 신호가 존재하지 않는 논리이며, 2개의 입력 신호 중 어느 하나만 존재하거나 둘 다 존재하지 않을 때는 출력이 존재한다. 즉, AND논리의 역이다. 이 경우는 a접점 스위치 2개를 직렬연결하고 릴레이 코일과 릴레이 b접점을 이용한다.

예를 들면, 야간에 등대 불을 계속 켜두고 아침에는 꺼야 되는 경우, 스위치 2개를 모두 ON시키면 등대불이 꺼져야 될 때(밤에는 어떤 사고에 의해 1개의 스위치가 눌리더라도 등대불이 켜 있어야 될 때) 이 논리가 적용될 수 있다.

이 회로는 그림 5.5에 표시하였다.

릴레이 접점(relay contact)을 b접점으로 하여 스위치 S1, S2가 모두 OFF되거나 어느 하나

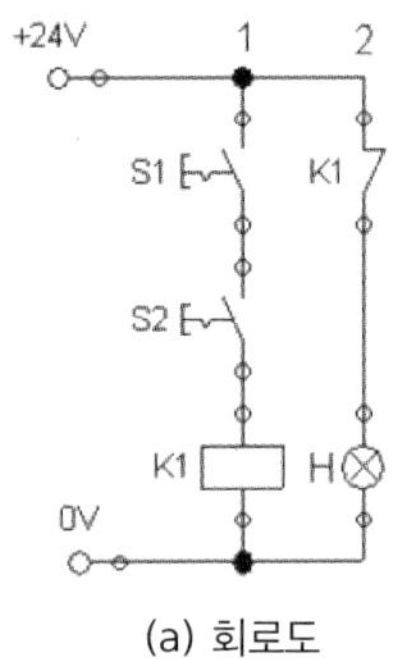

(a) 회로도

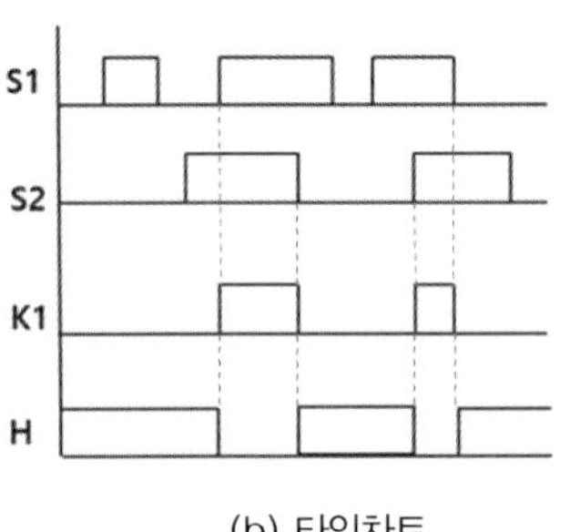

(b) 타임차트

입 력 1	입 력 2	릴레이	출 력
S1	S2	K1	H
0	0	0	1
1	0	0	1
0	1	0	1
1	1	1	0

(c) NAND논리의 진리표

그림 5.5 NAND논리

만 ON되면 릴레이 코일 K1은 작동하지 않으므로 전류는 K1접점을 그대로 통하여 램프에 불이 켜진다. 그러나 스위치 S1, S2가 모두 ON되어 릴레이 코일 K1이 작동하면 b접점인 K1의 릴레이 접점이 열려 램프에 불이 꺼지게 된다.

NAND회로의 논리식은 다음과 같다.

$$Y = \overline{X_1 \cdot X_2} \tag{5.5}$$

6. NOR(논리합 부정)논리

NOR(논리합 부정)논리는 2개의 입력 신호 중 어느 하나 또는 둘 다 존재하면 출력 신호가 존재하지 않는 논리이며, 2개의 입력 신호 모두 존재하지 않는 경우에만 출력이 존재한다. 즉, OR회로의 역이다.

이 경우에는 2개의 a접점 스위치를 병렬로 연결하고 그와 릴레이 코일을 연결하며 릴레이 접점은 b접점을 이용하여 구성할 수 있다. 예를 들면, 대문에 장착한 등을 문 안과 밖에 각각 스위치를 설치하여 아무 스위치나 ON시킬 때 그 등이 꺼지게 하는 경우로서 회로도를 그림 5.6에 나타내었다.

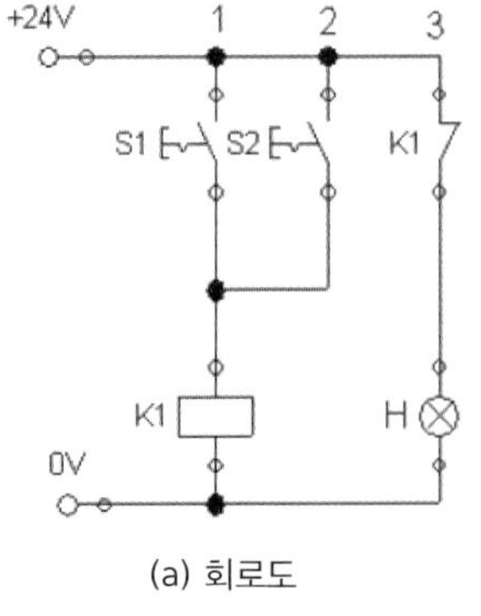

(a) 회로도

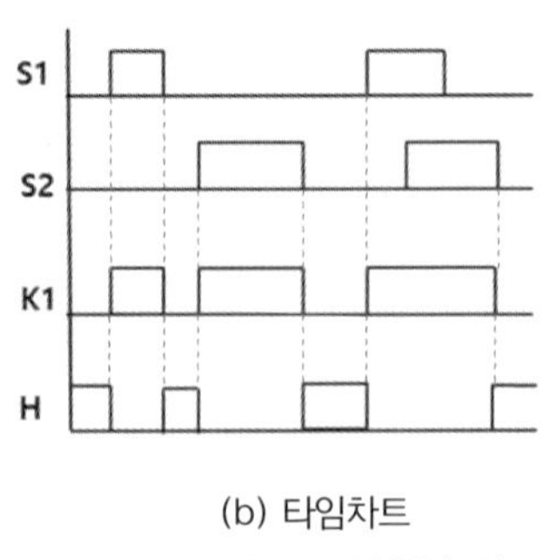

(b) 타임차트

입 력 1	입 력 2	릴레이	출 력
S1	S2	K1	H
0	0	0	1
1	0	1	0
0	1	1	0
1	1	1	0

(c) NOR논리의 진리표

그림 5.6 NOR논리

대문 안과 밖에 각각 S1, S2스위치를 설치하여 어느 한 스위치만 작동하여도 릴레이 코일 K1이 작동하고 K1릴레이 접점이 b접점이므로 등불이 꺼지게 된다.

NOR회로의 논리식은 다음과 같이 표시된다.

$$Y = \overline{X_1 + X_2} \quad (5.6)$$

7. 일치 /Coincidence or Equivalence/ 논리

이것은 복수의 신호(입력)의 일치를 검출하는 회로이다.

일치논리는 두 개의 입력 신호가 모두 존재하거나 또는 모두 존재하지 않는 경우에 출력이 존재한다. 이와 같이 두 개의 입력이 존재 또는 부재의 상태가 일치하는 경우에만 출력이 존재하는 회로를 일치논리회로라 한다.

그림 5.7은 **일치논리회로** 및 타임차트, 진리표를 나타낸다.

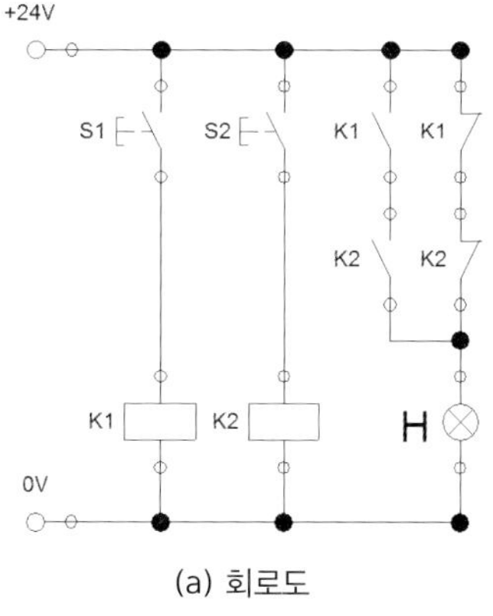

(a) 회로도

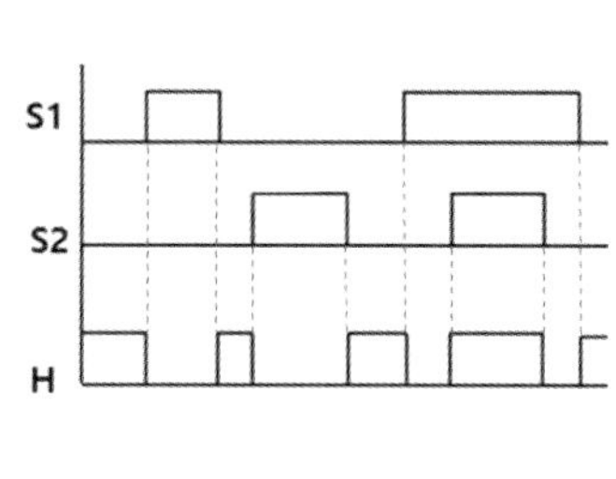

(b) 타임차트

입력1	입력2	출력
S1	S2	H
0	0	1
1	0	0
0	1	0
1	1	1

(c) 일치논리의 진리표

그림 5.7 **일치논리**

일치논리의 논리식은 다음과 같이 표시된다.

$$Y = X_1 \cdot X_2 + \overline{X_1} \cdot \overline{X_2} \quad (5.7)$$

8. 불일치 /EXOR : Exclusive OR/ 논리(배타적논리합)

불일치논리(배타적논리합)는 복수인 신호(입력)의 불일치를 검출하는 회로이다.

불일치논리는 두 개의 입력 신호 중 어느 한쪽이 존재하고 다른 쪽은 존재하지 않는 경우에만 출력이 존재한다.

즉, 양방의 입력이 모두 존재하거나 또는 존재하지 않는 경우에는 출력이 존재하지 않는다. 전술한 일치논리와는 정반대의 기능을 갖는 논리이다.

그림 5.8은 **배타적논리합회로**, 타임차트, 진리표를 나타낸다.

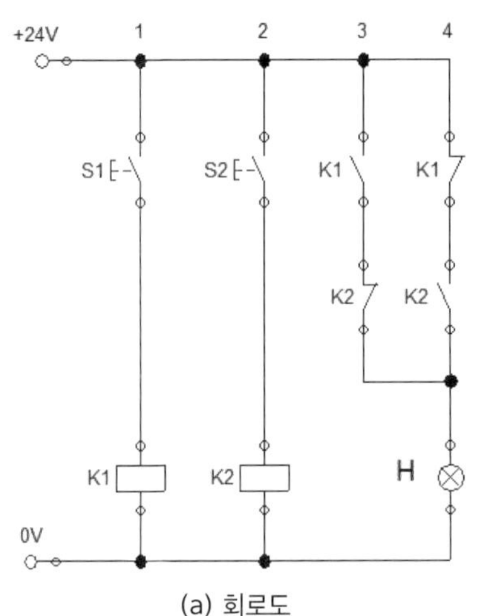

(a) 회로도

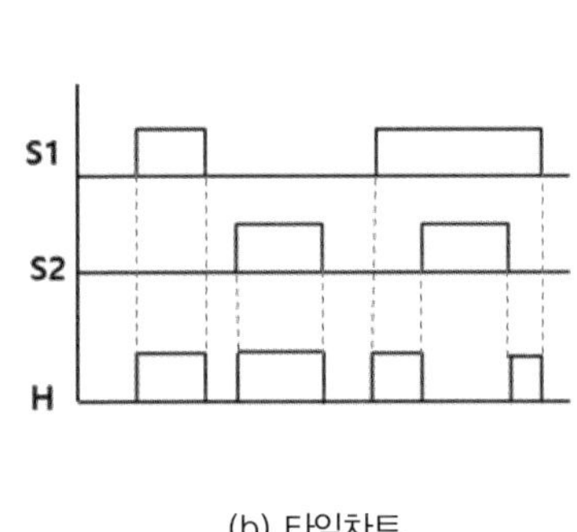

(b) 타임차트

입력 1	입력 2	출력
S1	S2	H
0	0	0
1	0	1
0	1	1
1	1	0

(c) 배타적 논리합의 진리표

그림 5.8 **배타적 논리**

배타적 논리합의 논리식은 다음과 같다.

$$Y = \overline{X_1} \cdot X_2 + X_1 \cdot \overline{X_2} \tag{5.8}$$

6 시퀀스 제어 기본회로

Chapter

시퀀스 제어는 미리 정해진 순서에 따라서 제어과정의 각 단계를 순차적으로 수행하는 제어이며, 1.2절에서 기술한 3가지의 제어 방식이 각각 단독으로 또는 조합하여 이용되고 있다.

- 순서 제어
- 조건 제어
- 시간 제어

이들의 제어회로를 구성하고 있는 하나하나의 회로와 더욱이 이들을 조합시켜 이루어지는 회로가 "논리회로"라는 기본회로이다.

이 장에서는 시퀀스 제어를 위한 기본회로에 대하여 기술한다.

6.1 직접회로와 간접회로

1. 직접회로

직접회로는 입력 신호와 출력 신호를 접속선으로 직접 연결하는 회로이다. 이 회로는 입력 신호를 공급하면 출력이 바로 나온다. 그림 6.1은 직접회로의 한 예로서 푸시버튼 스위치(PB)를 ON하면 바로 램프(H)가 ON된다.

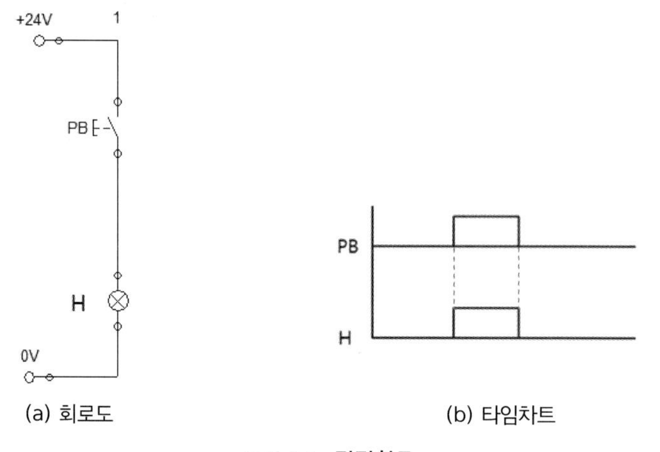

(a) 회로도 (b) 타임차트

그림 6.1 **직접회로**

2. 간접회로

간접회로는 입력 신호가 릴레이를 통해 전달되며 릴레이 접점을 이용하여 출력요소에 연결한다. 그림 6.2는 간접회로의 한 예로서 푸시버튼(PB)을 ON하면 릴레이 접점 K1을 통해 램프(H)와 부저(B)가 ON된다.

이 회로는 직접회로와 동작이 같지만 릴레이의 접점이 여러 개 있으므로 하나의 입력 신호에 의하여 여러 개의 출력을 얻을 수 있는 것이 직접회로와 다른 점이다.

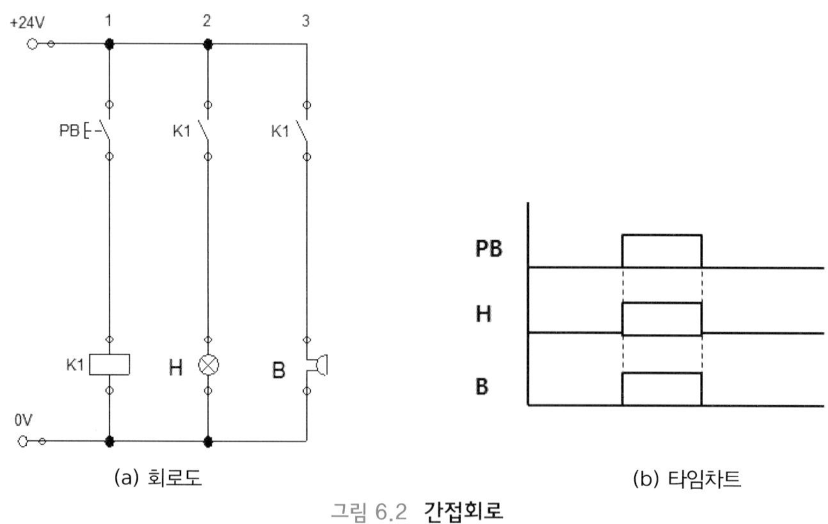

(a) 회로도 (b) 타임차트

그림 6.2 **간접회로**

6.2 금지회로

금지회로는 AND회로의 한 입력 신호에 금지 입력(출력신호를 0으로 하는 입력)으로서 NOT회로를 조합시켜 이 금지입력이 1로 될 때는 다른 입력 신호가 1이어도 출력 신호가 0이 되는 회로이다.

입력 신호 하나가 다른 모든 입력 신호에 우선하여 출력 신호를 0이 되게 하므로 이 회로를 금지회로라 한다. 금지회로는 다수의 입력 신호가 모두 존재해도 금지입력을 입력하여 필요정지를 시켜야 하는 경우에 이용한다.

그림 6.3은 금지회로로서 금지입력 PB2가 우선하여 출력 H를 0으로 하고 있다. 왜냐하면 PB2가 ON되면 릴레이 K2가 여자되어 릴레이 K3가 소자되므로 램프 H는 ON될 수 없다.

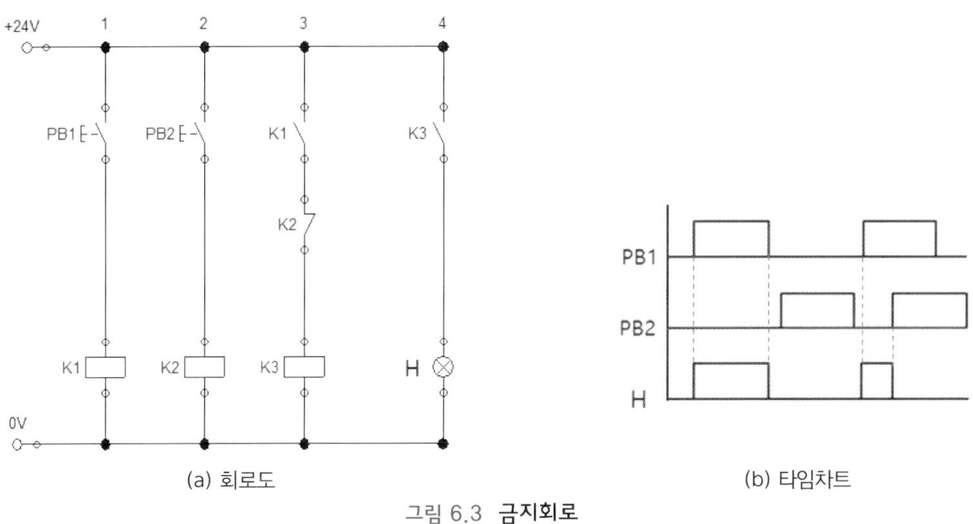

(a) 회로도
(b) 타임차트

그림 6.3 **금지회로**

6.3 자기유지회로

자기유지회로(self holding circuit)는 릴레이의 접점을 이용하여 자신의 동작을 유지하는 회로이다. 이 회로는 펄스입력(PB1을 터치함)을 가해도 출력(릴레이 K1)이 해제 신호가 들어갈 때까지 유지되고 있으므로 **기억회로**라고도 한다. 그림 6.4에는 자기유지회로와 타임차트를 표시하였다.

이 회로는 푸시버튼 스위치 PB1을 누르면 릴레이 K1이 여자되어 릴레이 a접점 K1이 ON되므로 램프 H가 점등한다. PB1에서 손을 떼어도 PB1과 병렬로 접속되어 있는 릴레이 접

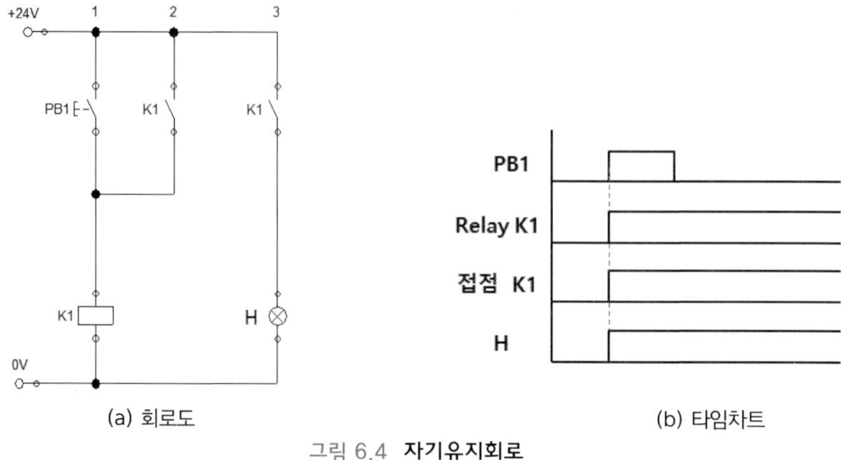

(a) 회로도 (b) 타임차트

그림 6.4 **자기유지회로**

점 K1에 의해 릴레이 K1이 계속 여자되어 램프가 점등을 유지한다. 즉, PB1을 터치하면 램프가 ON상태를 유지한다.

그림 6.4의 자기유지회로는 일단 푸시버튼 스위치를 누르면 램프가 점등하여 그 상태를 유지하며, 램프를 소등시킬 수 없다. 이와 같은 자기유지의 해제(reset)기능을 갖는 회로에는 그림 6.5의 **OFF우선 자기유지회로**와 그림 6.6의 **ON우선 자기유지회로**의 두 가지가 있다. 이 회로들에 대하여 살펴보자.

1. OFF우선(reset우선) 자기유지회로

그림 6.5에서 보듯이 PB1을 누르면 릴레이 K1이 여자되어 자기유지되므로 램프 H가 점등상태를 유지하며 해제신호 PB2를 터치하면 자기유지가 해제되어 릴레이 K1이 소자되므로 램프 H는 소등된다.

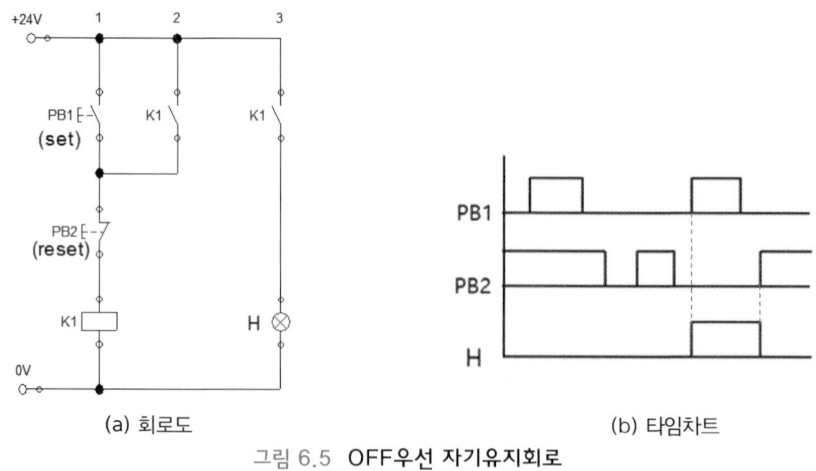

(a) 회로도 (b) 타임차트

그림 6.5 **OFF우선 자기유지회로**

이 회로에서는 리셋버튼 PB2를 누르면 셋 입력의 PB1을 눌러도 램프 H가 점등하지 않는다. 즉, 셋 입력보다 리셋이 우선하는 회로이다. 이러한 자기유지회로를 OFF 우선 자기유지회로 또는 리셋(reset) 우선 자기유지회로라 한다. 실제의 제어회로는 OFF신호가 ON신호보다 우선되어야 하므로 이 방식이 이용되고 있다.

2. ON우선(set우선) 자기유지회로

그림 6.6의 자기유지회로는 ON 우선 자기유지회로이다. 이 회로는 OFF우선 자기유지회로와 같이 자기유지 및 자기유지 해제가 동작하지만 리셋버튼 PB2를 눌러도 셋 입력의 PB1을 누르면 램프 H가 점등하고, PB1을 누르지 않으면 램프가 점등하지 않으므로 셋 입력이 리셋보다 우선하는 회로이다. 따라서 이 회로를 셋(set) 우선 자기유지회로라고도 한다.

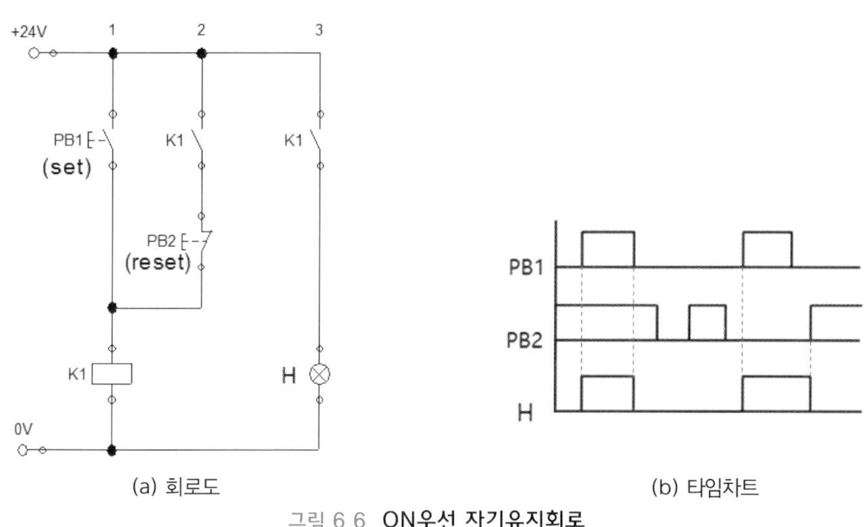

그림 6.6 ON우선 자기유지회로

6.4 인칭회로

인칭회로(inching회로, 순간동작회로, 촌동회로)는 입력신호가 ON되어 있는 동안만 출력이 존재하는 회로이다. 이것은 자기유지회로가 아닌 회로로 구분하기 위해 순간동작을 의미하는 인칭회로의 명칭을 사용한다.

그림 6.7은 인칭회로를 나타낸다.

a접점의 PB1버튼은 누르면 누르는 동안만 램프 H1이 켜지고, b접점의 PB2버튼은 신호를 주면 램프가 꺼지는데 누르는 동안만 램프가 꺼진다.

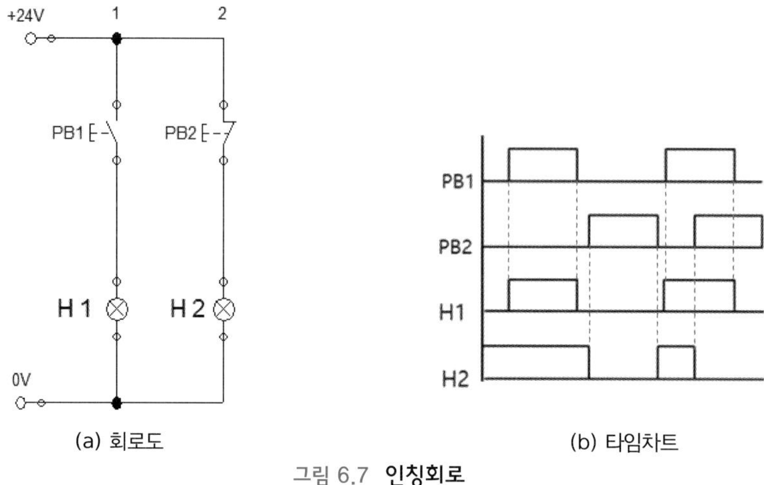

(a) 회로도

(b) 타임차트

그림 6.7 **인칭회로**

6.5 인터록회로

인터록(inter-lock)회로는 2개 이상의 입력 중 최초로 동작한 쪽이 우선하며, 다른 쪽의 동작을 금지하는 회로로서, **선행(先行)우선회로**라고도 한다.

이 회로를 구성하기 위해서는 다접점 스위치를 이용하거나 릴레이의 접점을 이용하여 반대 신호를 차단시켜 준다. 또는 다접점 스위치와 릴레이 접점을 이용하여 이중으로 인터록 회로를 구성할 수도 있다. 인터록회로는 전동기의 정회전/역회전회로 등에 이용되고 있다.

1. 선 입력우선회로

그림 6.8에 **선 입력우선회로**인 인터록회로의 시퀀스도 및 타임차트를 나타내었다.

이 회로는 최초에 푸시버튼 스위치 PB1을 누르면 릴레이 K1이 여자되어 K1의 a접점이 닫혀 램프 H1이 점등한다. 그러나 K1의 b접점 K1이 열려 푸시버튼 스위치 PB2를 눌러도 릴레이 K2를 여자시킬 수 없으므로 램프 H2를 ON시킬 수 없다.

마찬가지로 최초에 푸시버튼 스위치 PB2를 누르면 릴레이 K2가 여자되어 b접점 K2가 열려 램프 H2가 점등한다. 그러나 푸시버튼 스위치 PB1을 ON시켜도 램프 H1이 점등하지 못한다. 그리고 a접점 K2가 닫혀 램프 H2가 점등한다.

그림 6.8에 나타낸 인터록회로는 최초로 동작한 쪽이 우선하고 다른 쪽의 동작을 금지하는 회로이다.

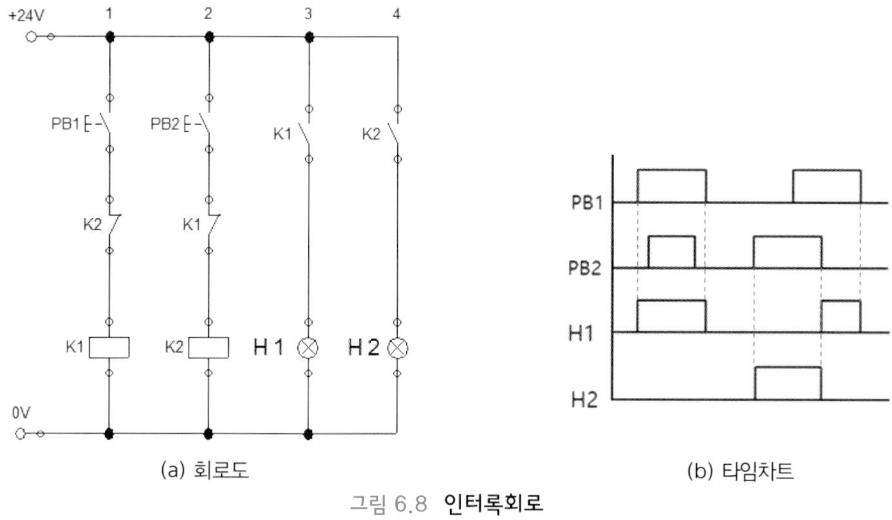

(a) 회로도 (b) 타임차트

그림 6.8 **인터록회로**

2. 후 입력우선회로

그러나 나중에 조작한 쪽을 우선하는 회로는 **후 입력(後 入力)우선회로** 또는 **신 입력우선회로**라 하며, 이 회로의 시퀀스도를 그림 6.9에 타임차트와 함께 도시하였다.

이 회로는 최초에 푸시버튼 스위치 PB1을 누르면 릴레이 K1이 여자되고 릴레이 a접점 K1이 ON되어 자기유지상태로 되며 램프 H1이 점등한다.

다음에 푸시버튼 스위치 PB2를 누르면 릴레이 K2가 여자되어 릴레이 b접점 K2가 열리므로 K1코일의 자기유지상태가 해제되며, 램프 H1에 전류가 끊겨 램프 H1이 소등된다. 동시에 릴레이 K2의 a접점 K2가 닫혀 자기유지상태가 되며 램프 H2가 점등한다.

이와 같이 이 회로는 나중에 입력한 쪽을 우선하는 회로가 된다.

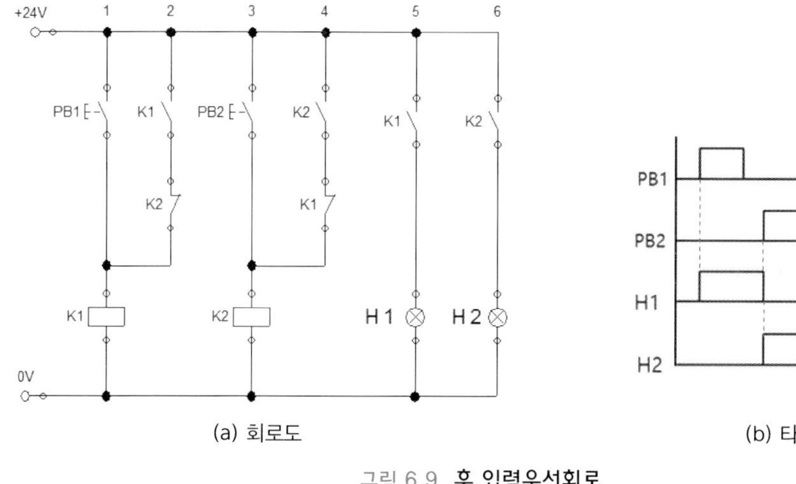

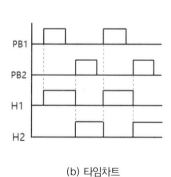

(a) 회로도 (b) 타임차트

그림 6.9 **후 입력우선회로**

3. 직렬우선회로

여러 대의 기계나 장치에서 그들 간에 서로 전기적으로 또는 기계적으로 관련이 있으며, 미리 정해 놓은 순서로 시동해야 하는 경우가 있다. 여러 대의 기계나 장치가 서로 독립적인 경우와 독립된 한 대의 기계 중에 각각의 여러 운동요소가 존재하는 경우도 있으며, 그림 6.10은 전자의 경우 제어회로의 예이다. 독립적인 3대의 기계 M1, M2, M3가 각각의 릴레이 K1, K2, K3에 의해 운전된다고 하자. 우선 최초에 푸시버튼 스위치 PB1을 누름에 따라 릴레이 K1이 자기유지되어 M1을 운전 상태로 한 후 PB2에 의해 M2를 운전하고, 이어서 PB3에 의해 M3를 운전한다. 순서를 바꾸면 운전할 수 없다. 이와 같이 정해진 순서로 입력해야 그에 해당되는 출력이 나오는 회로를 **직렬우선회로**라 한다.

이 회로에 있어서 정지 시는 푸시버튼 stop을 누르면 3대 모두 동시에 정지한다.

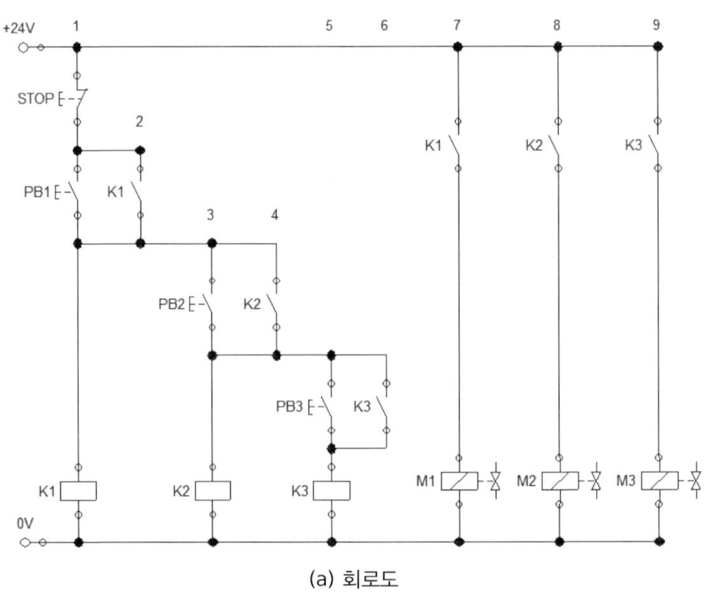

(a) 회로도

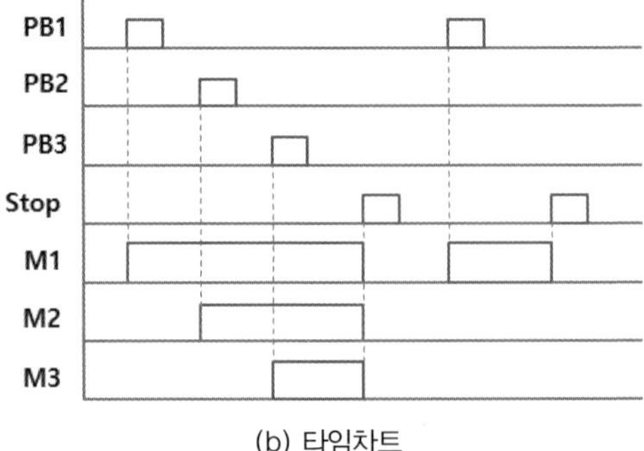

(b) 타임차트

그림 6.10 **직렬우선회로**

4. 병렬우선회로

병렬우선회로는 몇 개의 자기유지회로가 병렬로 연결되어 있고, 그중 어느 하나의 입력 스위치를 눌러 자기유지시키면 다른 모든 회로가 동작할 수 없게 되어 기본적으로 선 입력우선회로와 동일한 기능을 갖는 회로이다.

그림 6.11에 3개의 자기유지회로인 경우를 나타내었다. 회로의 수는 몇 개라도 같은 원리이다. 결국 각각의 자기유지회로에 있어서 자기의 릴레이가 갖는 b접점이 다른 모든 자기유지회로에 들어 있으므로 그들의 동작을 금지하고 있다. 회로를 초기화시키기 위해서는 stop 스위치를 터치한다.

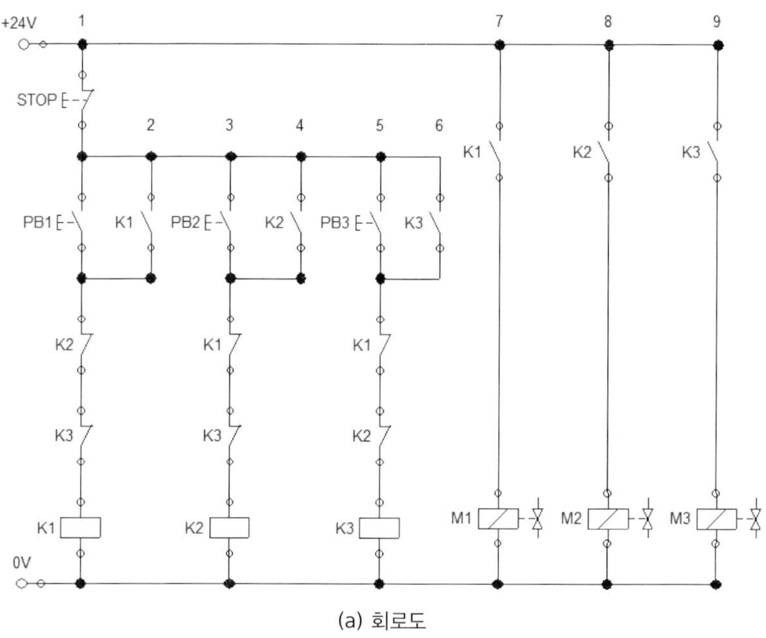

(a) 회로도

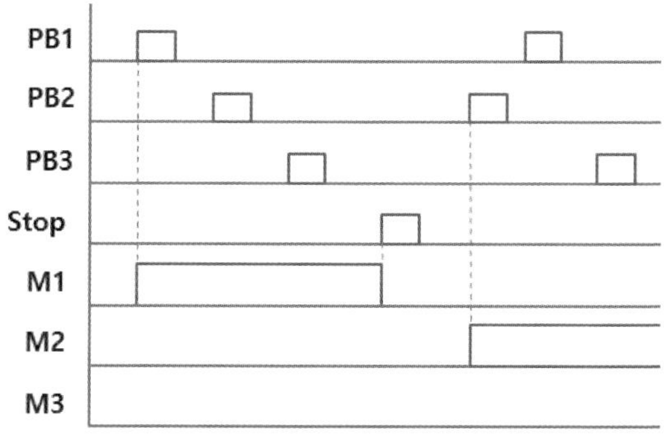

(b) 타임차트

그림 6.11 **병렬우선회로**

5. 순위별우선회로

그림 6.12와 같이 입력 신호의 우선순위를 PB1, PB2, PB3로 정해 놓으면 우선순위가 높은 입력 신호에 의해 출력이 나오는 회로이다. 우선순위가 낮은 경우에 입력 신호를 주어 출력이 존재하고 있어도 우선순위가 더 높은 입력 신호가 공급되면 우선순위가 낮은 쪽의 출력은 제거되고, 높은 쪽의 출력만 나온다. 이러한 회로를 **순위별우선회로**라 한다.

예를 들어, PB3에 의해 K3에 의한 출력 M3가 존재하는 경우, PB1이나 PB2를 누르면 K1이나 K2에 의한 출력 M1이나 M2가 나오며, K3에 의한 출력 M3은 제거된다.

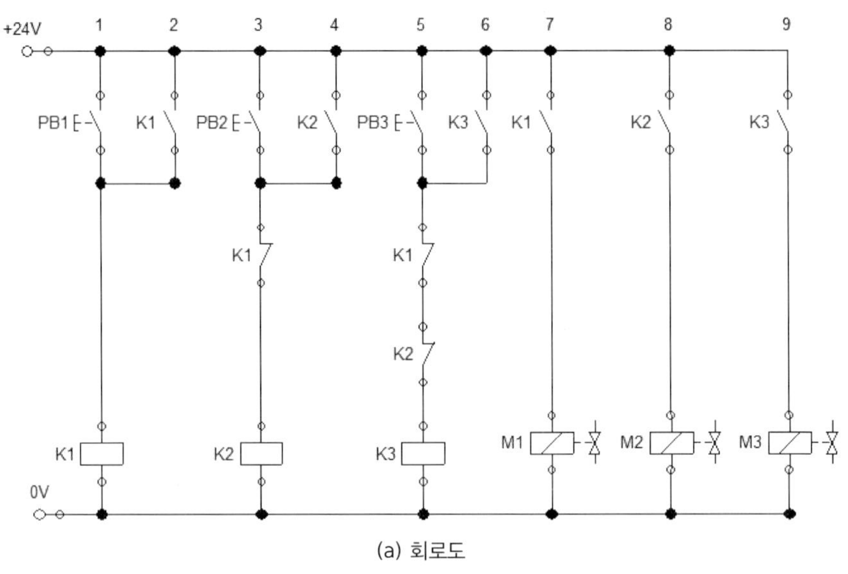

(a) 회로도

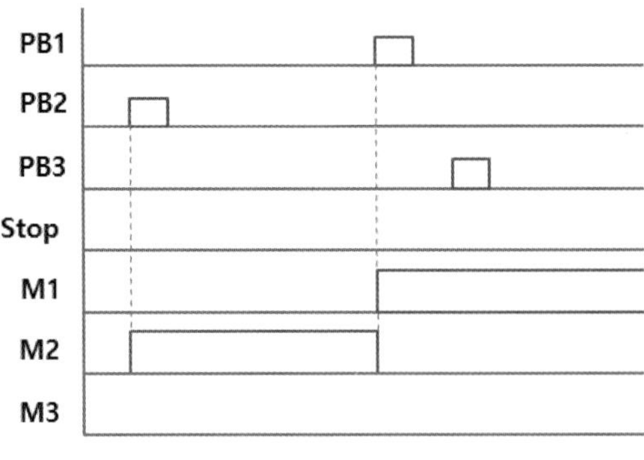

(b) 타임차트

그림 6.12 **순위별 우선회로**

6.6 순서회로

순서회로는 전원에 대하여 우선순위가 높은 쪽으로부터 순서대로 입력을 가해야 출력이 존재하는 회로이다. 순서회로의 시퀀스도를 타임차트와 함께 그림 6.13에 나타내었다.

이 회로는 푸시버튼 스위치 PB1을 누르면 릴레이 K1이 여자되며 a접점 K1이 닫혀 자기유지 상태로 되고, 다음에 푸시버튼 스위치 PB2를 누르면 릴레이 K2가 여자되고 a접점 K2가 닫혀 자기유지 상태로 되며, 램프 H가 점등한다. 이 회로의 경우에는 최초에 푸시버튼 PB2를 누르고 다음에 PB1을 누르면 램프가 점등하지 않는다. 이와 같이 PB1의 다음에 PB2를 순서대로 입력해야 점등하도록 되어 있다.

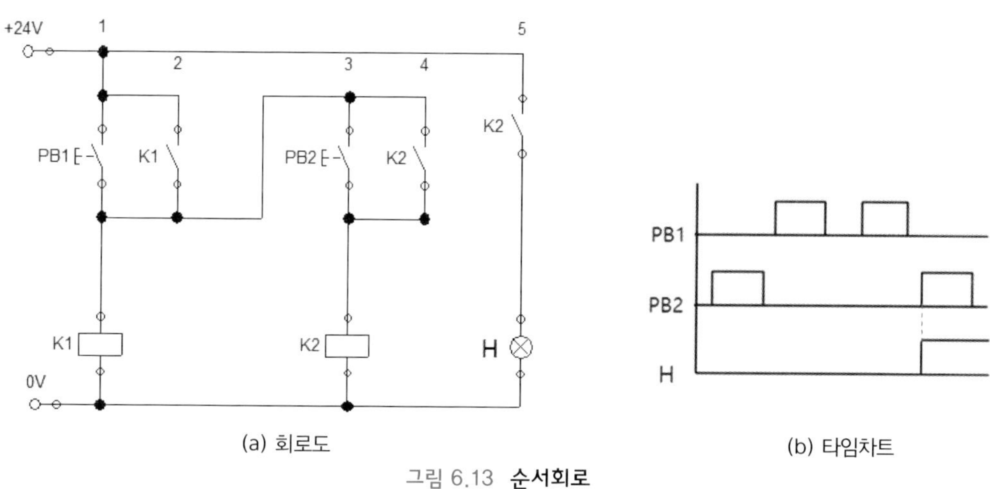

(a) 회로도 (b) 타임차트

그림 6.13 **순서회로**

6.7 타이머 제어회로

타이머회로에는 동작 신호를 받고부터 동작개시까지 일정 시간만큼 지연시키는 ON delay형(限時動作形)과 정지신호를 받고부터 정지하기까지 일정 시간만큼 지연시키는 OFF delay형(限時復歸形)이 있다.

1. ON delay 타이머회로

그림 6.14는 릴레이에 의한 자기유지회로와 타이머를 조합시킨 **ON delay 타이머회로**와 타임차트이다. PB1에 의해 릴레이 K1이 자기유지되고, K1의 a접점에 의해 타이머 T1이 구동

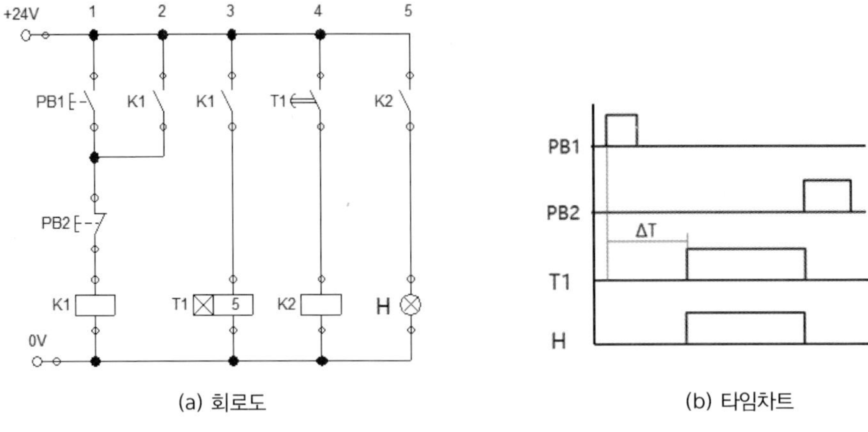

(a) 회로도 (b) 타임차트

그림 6.14 ON delay 타이머회로(지연동작회로)

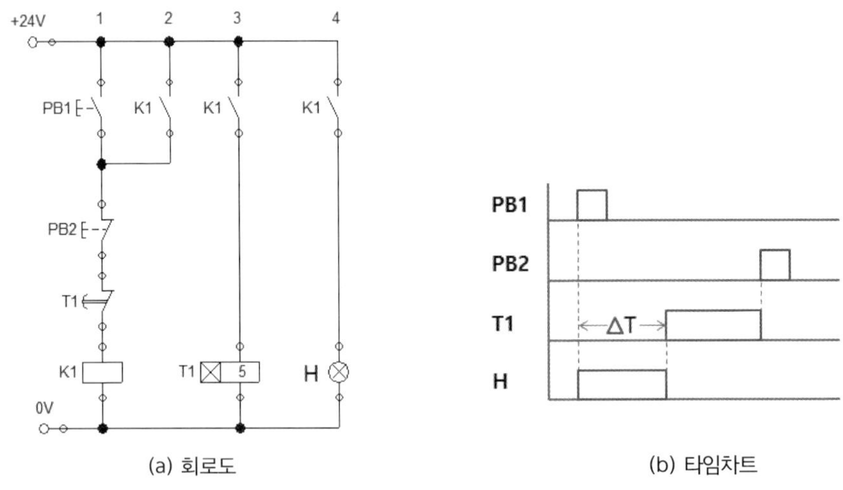

(a) 회로도 (b) 타임차트

그림 6.15 ON delay 타이머회로(일정시간 동작회로)

되며, 미리 설정된 시간(ΔT)만큼 지연된 후 T1의 a접점이 동작하여 릴레이 K2를 여자시켜 K2의 a접점에 의해 램프 H가 점등한다. 이 회로를 **지연동작회로**라 한다.

그림 6.15는 ON delay 타이머회로이지만 그림 6.14의 회로와는 다른 동작을 한다. 릴레이 K1의 자기유지회로에 타이머의 b접점이 들어 있다. PB1에 의해 릴레이 K1이 자기유지되고 K1의 a접점에 의해 램프 H가 점등하며 설정시간 후에 ON delay 타이머 T1이 구동되어 T1의 b접점이 열려 K1의 자기유지가 해제된다. 따라서 K1의 a접점이 다시 떨어져 램프가 소등된다.

이와 같이 릴레이 K1이 타이머 T1에 설정된 시간만큼 ON되는 회로를 **일정시간 동작회로**라 한다.

2. OFF delay 타이머회로

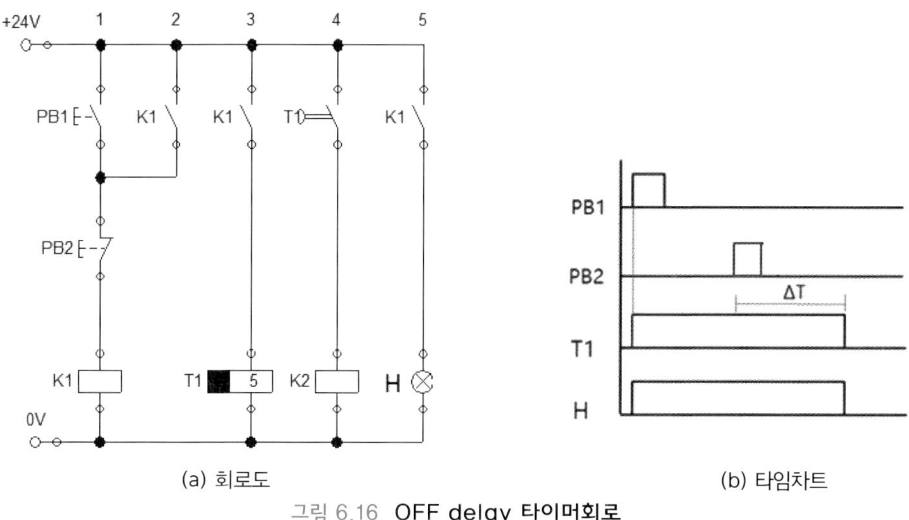

(a) 회로도 (b) 타임차트

그림 6.16 OFF delay 타이머회로

그림 6.16은 OFF delay 타이머회로이다. PB1에 의해 릴레이 K1이 자기유지되고 타이머 T1도 구동되어 그 a접점은 ON되어 릴레이 K2를 동작시키며 K2의 a접점이 ON되어 램프가 점등한다.

PB2를 누름에 따라 릴레이 K1의 자기유지가 해제되면 K1의 a접점이 다시 열려 설정시간 후에 OFF delay 타이머 T1은 OFF되고 T1의 a접점이 열린다. 따라서 릴레이 K2가 OFF되어 K2의 a접점이 열려 램프가 소등된다.

이와 같이 작동신호가 OFF되고 나서 설정시간 후에 출력이 OFF되는 회로를 OFF delay 타이머회로라 한다.

6.8 플리커회로

플리커(**Flicker**)회로는 타이머를 이용하여 출력 신호를 반복하여 ON/OFF시키는 회로이다. 이 회로는 경보나 신호용으로 사용하기 위해 입력 신호의 공급과 동시에 출력의 점멸동작이 수행된다. 임의의 점멸시간은 설정이 가능하다.

횡단보도의 신호에서 어느 시간 간격으로 출력이 ON과 OFF를 반복하는 회로는 플리커회로의 응용 예이다.

그림 6.17은 2개의 타이머를 이용하여 나타낸 플리커회로이다. 유지형 푸시버튼 PB가 작동하면 타이머 T1에서 설정시간 $\Delta T1$이 경과한 후 T1의 a접점이 ON된다. 동시에 램프가

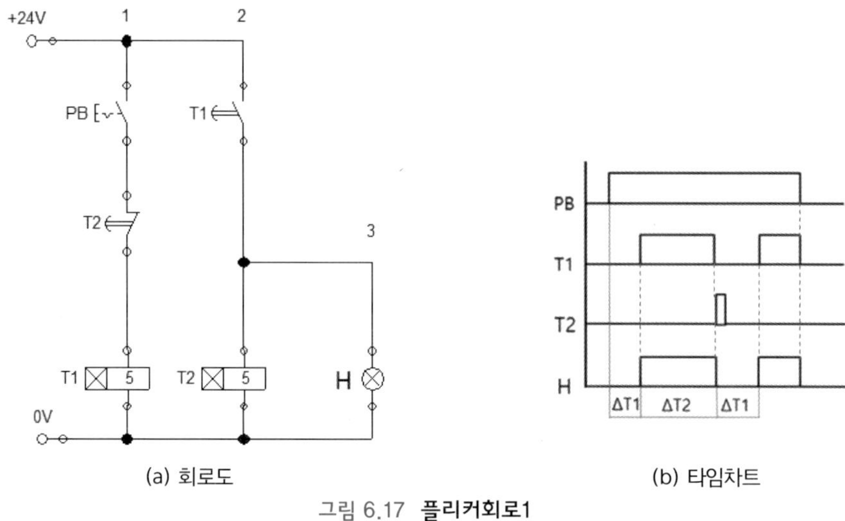

(a) 회로도

(b) 타임차트

그림 6.17 **플리커회로1**

점등한다. 그 시각으로부터 타이머 T2에서 설정한 시간 $\Delta T2$가 경과하면 타이머 T2의 b접점이 열려 타이머 T1이 초기상태로 돌아간다. 타이머 T1이 초기상태로 돌아가면 T1의 a접점이 OFF되고 램프가 소등된다. 이러한 동작이 반복된다.

6.9 펄스회로

펄스회로는 **신호발생 검출회로**라고도 하며, 단펄스 발생회로와 장펄스 발생회로로 나눈다.

1. 단펄스 발생회로

단펄스(Pulse)회로는 그림 6.18에 나타낸 바와 같이 입력이 ON되면 출력이 바로 ON되며, 설정시간(일반적으로 펄스에 필요한 시간은 짧음)이 지나면 출력이 OFF되는 회로를 말한다.

회로에서 유지형 푸시버튼 PB를 ON하면 릴레이 K1이 ON되며, 그 a접점 K1이 ON되어 램프가 ON된다. 그 후 타이머 T1에서 설정한 시간이 지나면 타이머의 b접점 T1이 열려 램프가 OFF된다.

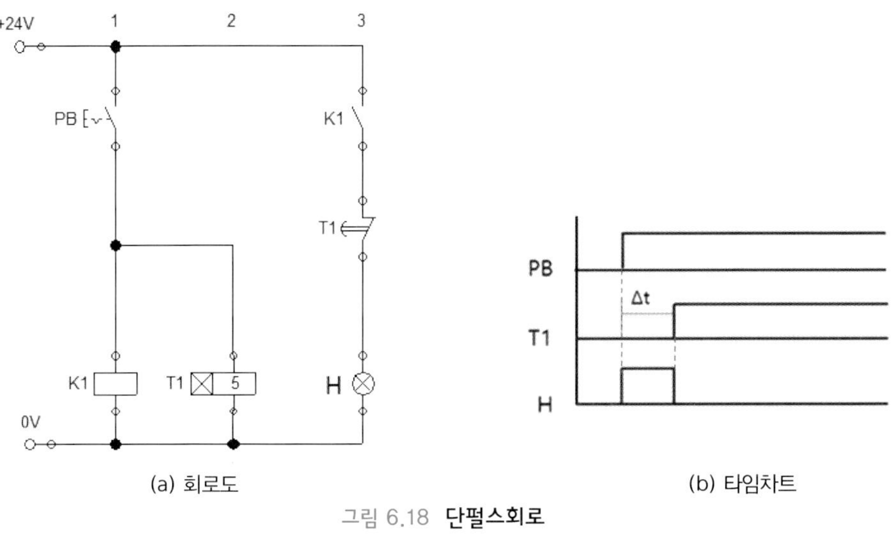

(a) 회로도 (b) 타임차트

그림 6.18 **단펄스회로**

2. 장펄스 발생회로

그림 6.19는 **장펄스회로**이다. 입력 신호 PB1이 ON되면 OFF dealy timer T2가 ON되고 동시에 T2의 a접점이 작동하여 출력 램프 H가 점등한다. 그 점등을 유지하는 시간은 ON delay timer T1에서 설정한 시간과 OFF dealy timer T2에서 설정한 시간의 합이 된다. 따라서 램프의 점등시간이 펄스발생시간이 되어 장펄스 발생회로라 한다.

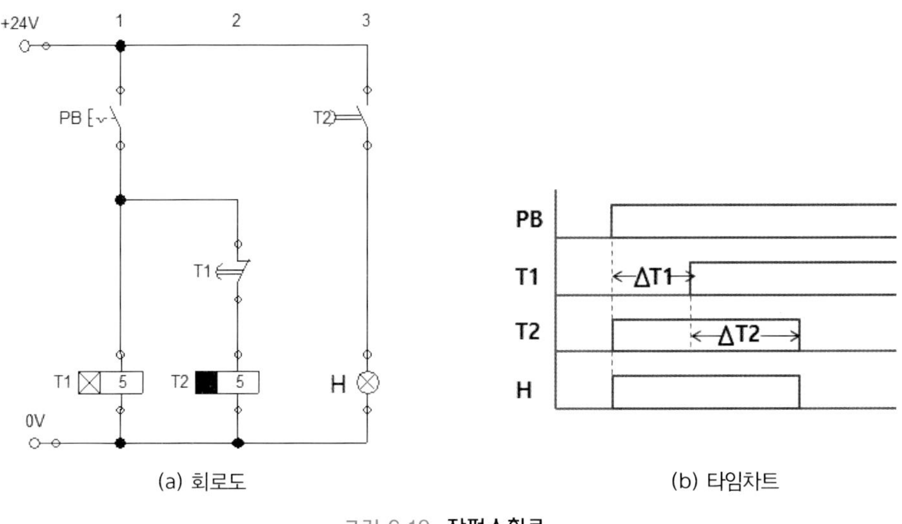

(a) 회로도 (b) 타임차트

그림 6.19 **장펄스회로**

3. 신호완료 검출회로

그림 6.20은 **신호완료 검출회로**이며, 외부로부터 입력 신호가 들어와 그 신호가 끝났을 때 완료된 것을 검출하는 회로이다. 이 회로에서 초기에 램프 H는 소등상태이다.

PB1의 입력 신호가 들어오면 릴레이 코일 K1이 작동하여 K1의 a접점이 ON됨으로써 릴레이 코일 K2가 작동하여 자기유지된다. 이 상태에서는 K1코일이 작동하고 있으므로 K1의 b접점이 열려 램프 H는 계속 소등상태이다.

그러나 PB1의 입력 신호가 제거되면 K1코일이 OFF되어 K1의 b접점이 닫히고 K2의 a접점은 ON 상태이므로 램프가 점등된다. 즉, PB1의 외부 신호가 완료되는 순간에 램프가 점등되어 신호완료를 검출하는 것이다.

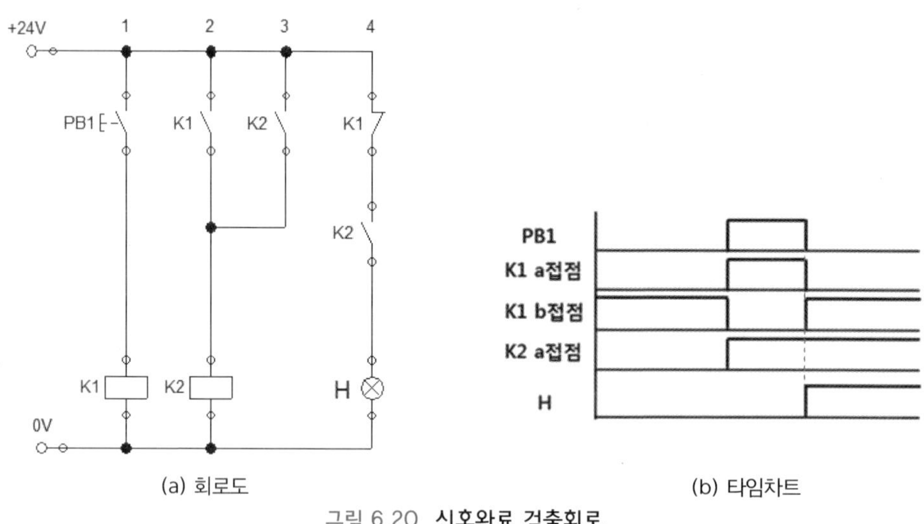

그림 6.20 **신호완료 검출회로**

6.10 신호 차단회로

신호 차단회로는 입력 신호를 ON시켜 출력을 ON시키고 설정시간 후에 입력 신호를 차단시켜 출력을 OFF시키는 회로이다.

그림 6.21은 그 예로서 푸시버튼 PB를 순간터치하면 K1코일이 작동하여 자기유지되며, 램프 H가 점등된다. ON delay 타이머 T1은 그 시각으로부터 설정시간 후에 ON되어 T1의 b접점이 열려 K1코일이 OFF되므로 램프는 OFF된다. 푸시버튼 PB를 계속 누르고 있어도 작동은 동일하다. 그림 6.21과 같이 접속선이 두 열 사이를 가로지르는 형태의 회로를 **교차회로**라 한다.

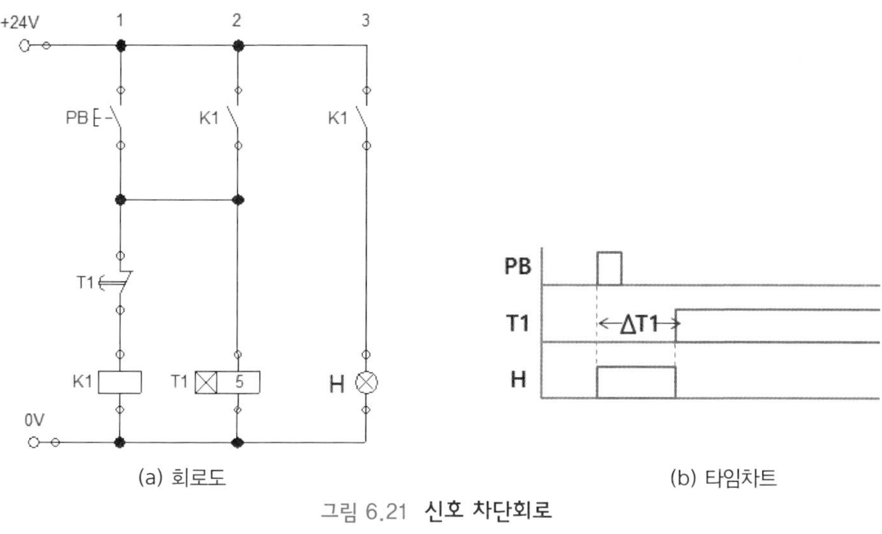

(a) 회로도 (b) 타임차트

그림 6.21 **신호 차단회로**

6.11 카운터/Counter/회로

물체의 수나 동작의 횟수 등을 계수하는 기기로서 **카운터**(계수기)가 있다. 카운터에는 입력 신호의 수를 표시하는 토탈 카운터(total counter)와 입력 신호의 수가 set된 수치가 되었을 때 출력 신호를 내는 프리셋 카운터(preset counter)가 있다. 여기서는 프리셋 카운터를 사용한다.

그림 6.22는 **카운터회로**의 예를 타임차트와 함께 제시하였다. PB1 버튼을 터치하면 릴레이 코일 K1이 작동하여 자기유지된다. 그 상태에서 카운터에 설정된 횟수만큼 센서가 작동

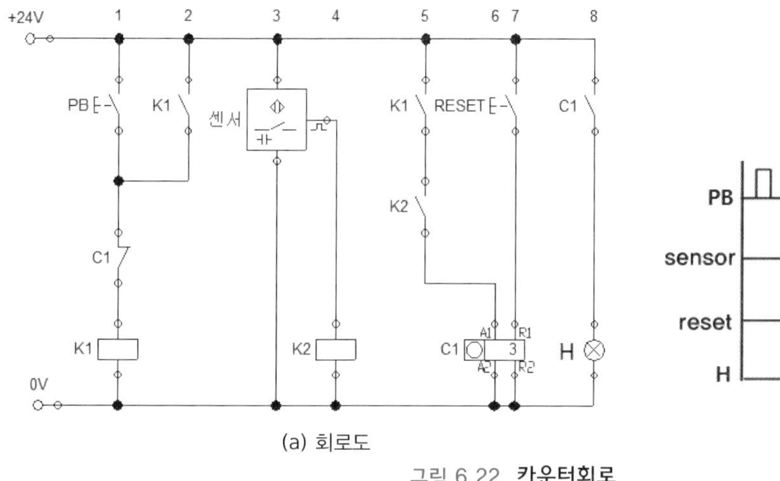

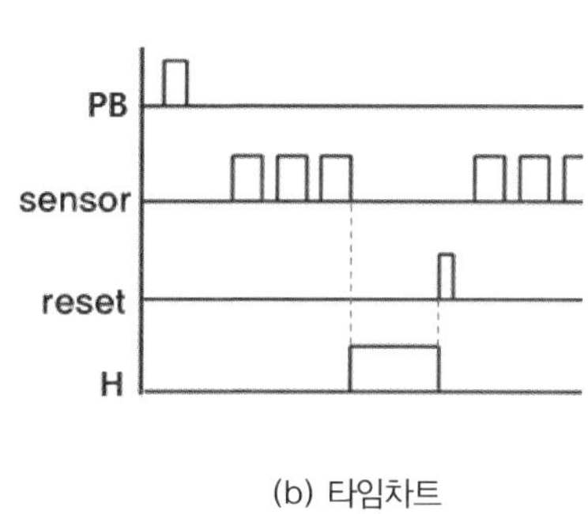

(a) 회로도 (b) 타임차트

그림 6.22 **카운터회로**

하면 카운터 C1이 작동하고 C1의 b접점이 열려 코일 K1은 자기유지가 해제되며, 동시에 C1의 a접점은 닫혀 램프 H가 점등한다. 리셋버튼을 터치하면 카운터 C1은 초기화된다.

릴레이 코일 K1의 자기유지가 해제된 상태에서는 센서가 작동하여도 카운터에 계수되지 않는다. 따라서 다시 카운터를 작동시키려면 리셋버튼을 터치하여 계수기를 초기화시킨 후 PB1버튼을 작동시켜야 한다.

Exercise 6.1 3인의 퀴즈회로

제어조건 3인의 퀴즈참가자(A, B, C)에 의한 퀴즈장치의 시퀀스회로도를 작성한다. 이 장치는 자신의 푸시버튼 스위치를 가장 빨리 누르는 사람의 램프만 점등하고, 다른 사람의 램프는 점등하지 않는다. 단 푸시버튼 스위치로부터 손을 떼어도 램프는 점등상태를 계속 유지하는 것으로 한다.

이 문제는 인터록과 자기유지회로를 사용하여 시퀀스회로도를 작성한다. 작성한 시퀀스 회로도는 그림 6.23에 나타내었다.

이 회로에서는 3인의 퀴즈참가자 1, 2, 3에게 각각 황색(PB1), 녹색(PB2), 적색(PB3)버튼을 배정한다. 각각의 버튼을 ON하면 그 버튼의 색과 같은 색의 램프가 점등하게 되어 있다.

이 회로에서는 최초로 누른 버튼, 예를 들면 녹색버튼 PB2를 누르면 릴레이 코일 K2에 전류가 흘러 K2의 a접점이 닫히고 K2의 b접점은 열리므로 녹색 램프 H2가 점등한다. 다음에 적색버튼 PB3를 눌러도 K2의 b접점이 열려 있으므로 릴레이 코일 K3에 전류가 흐르지 못하게 되어 적색램프 H3는 점등할 수 없다. 황색버튼 PB1을 눌러도 마찬가지이다.

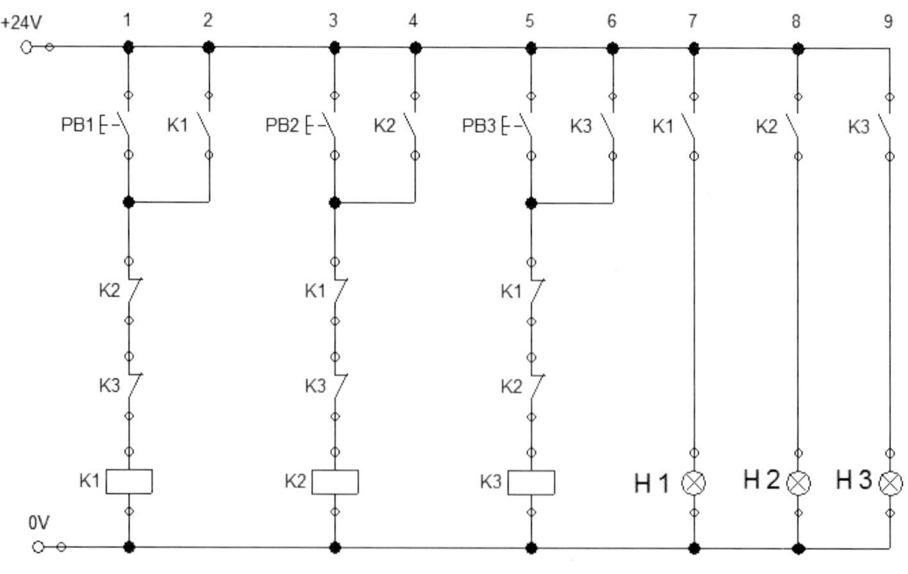

그림 6.23 **퀴즈회로**

Exercise 6.2 교통신호회로

제어조건　PB버튼을 누르면 바로 교통신호기가 녹색으로 되고 20초 후에 황색으로 바뀌며, 그 후 10초 후에 적색으로 변경되는 신호기의 시퀀스회로도를 작성하고자 한다.

이 문제는 ON delay 타이머회로를 사용하여 작성한다. 작성한 시퀀스회로도는 그림 6.24와 같다.

이 회로에서는 푸시버튼 PB를 터치하면 릴레이 코일 K1이 여자되어 K1의 a접점이 ON되므로 녹색램프가 점등한다. 또한 ON delay 타이머 T1에도 전류가 흘러 20초 후에 T1의 a접점이 닫혀 릴레이 코일 K2가 여자되므로, 녹색램프가 소등됨과 동시에 황색램프가 점등한다. 이때 ON delay 타이머 T2에도 전류가 흘러 10초 후에 T2의 a접점이 닫히고 릴레이 코일 K3가 여자된다. 따라서 황색램프는 소등되고 적색램프가 점등한다.

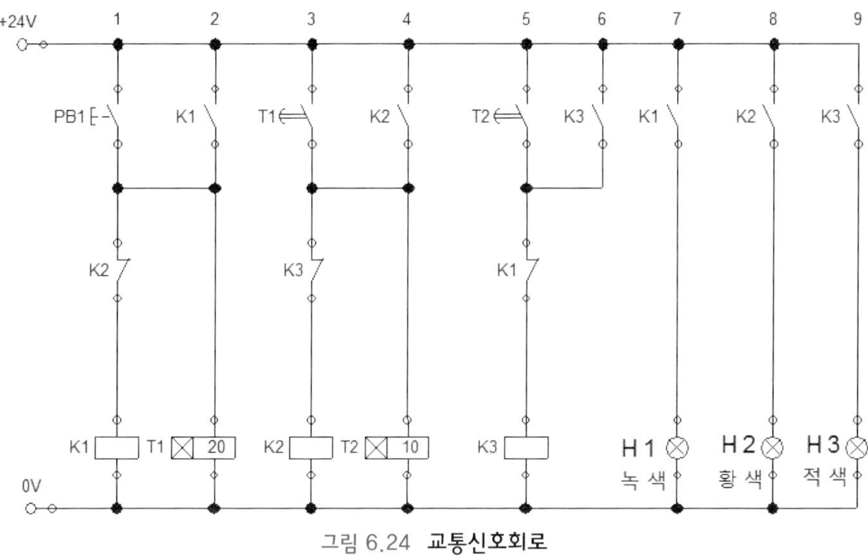

그림 6.24 **교통신호회로**

Exercise 6.3 제품 계수장치회로

제어조건　금속제품의 수를 계수하는 장치의 시퀀스회로도를 작성하려 한다. 단 금속제품을 감지하면 황색램프가 점등하고, 계수기가 금속제품을 5개 계수했을 때 적색램프가 점등하게 된다. 이때 reset버튼을 누르면 계수기가 리셋된다.

이 문제는 근접스위치회로, 카운트회로와 자기유지회로를 사용하여 작성한다. 작성한 시퀀스회로도를 그림 6.25에 나타내었다.

이 회로는 금속제품을 감지하면 감지하는 시간동안 릴레이 코일 K1이 여자되어 K1의 a접점이 닫히므로 황색램프 H1이 점등하며, 이러한 계수가 5회 이루어지면 계수기 C1이 ON되어 C1의 a접점이 닫히므로 릴레이 코일 K2가 여자되어 자기유지되며, K2의 a접점이 닫혀 적색램프 H2의 점등이 계속 유지된다.

리셋버튼을 누르면 릴레이 코일 K10이 여자되고 그 a접점이 닫혀 계수기 코일 C1을 초기화시킨다. 동시에 K10의 b접점이 작동하여 코일 K2가 소자되며 그 a접점이 열리므로 적색램프가 소등된다.

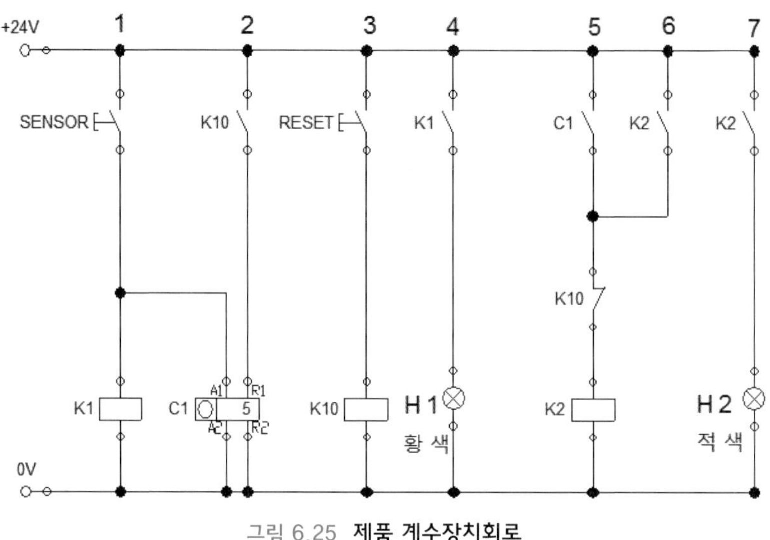

그림 6.25 **제품 계수장치회로**

연습문제

01 두 개의 버튼스위치를 동시에 누르면 램프가 작동하는 회로를 설계하여라.

02 두 개의 버튼 중 어느 하나 또는 둘 모두 누르면 램프가 작동하는 회로를 설계하여라.

03 한 개의 버튼을 누르면 두 개의 램프가 점등하는 회로를 설계하여라.

04 상시 램프가 점등하는 장치에서 푸시버튼을 누르면 램프가 소등하는 회로를 설계하여라.

05 상시 점등램프(H1)와 상시 소등램프(H2)가 있다. 푸시버튼을 누르면 H1은 소등하고 H2는 점등하는 회로를 설계하여라.

06 푸시버튼 2개(PB1, PB2)와 램프 4개(H1, H2, H3, H4)가 있다. 푸시버튼 2개를 모두 누르면 램프1이 점등, PB1만 누르면 램프2가 점등, PB2만 누르면 램프3이 점등, 푸시버튼을 둘 모두 누르지 않는 경우에는 램프4가 점등하는 회로를 설계하여라.

07 시내버스 내에 정차 버튼이 4개 있다. 승객들이 그중 하나를 누르면 모든 정차 표시용 램프(4개)가 점등한다. 정차하여 그 정류장에서 내릴 승객이 모두 내리고 운전자가 소등용 버튼(PBS)을 누르면 모든 램프가 소등한다. 이 회로를 설계하여라.

08 푸시버튼 3개(PB1, PB2, PB3)와 램프 3개(H1, H2, H3)가 있다. 푸시버튼을 PB1 → PB2 → PB3의 순서로 터치하면 램프1부터 램프2, 램프3의 순서로 점등/소등해 간다. 그러나 PB3 → PB2 → PB1의 역순으로 터치하면 램프3부터 램프2, 램프1의 순서로 점등이 유지되지만 한 단계 전의 램프는 소등한다. 즉, PB3에 의해서는 램프3, PB2에 의해서는 램프3 및 램프2, PB1에 의해서는 램프2 및 램프1이 점등한다. 이러한 회로를 설계하여라.

09 푸시버튼을 누르고 5초가 지나면 램프가 점등하는 회로를 설계하여라.

10 푸시버튼을 터치하면 램프가 5초 동안 점등 후 소등하는 회로를 설계하여라(one shot회로).

11 푸시버튼을 누르고 있으면 램프1이 2초 후에 점등하고 그 후 2초 후에 램프2가 점등하는 회로를 설계하여라.

12 start버튼을 터치한 후 푸시버튼을 5회 터치하면 램프가 점등하는 회로를 설계하여라.

13 푸시버튼1을 누르면 램프1이 점등하며, 이때 푸시버튼2를 눌러도 램프2가 점등하지 않는다. 푸시버튼2를 누르면 램프2가 점등하고, 이때 푸시버튼1을 눌러도 램프1이 점등하지 않는 인터록회로를 설계하여라.

14 두 개의 푸시버튼(PB1, PB2)을 순서대로 작동시켜야 램프가 점등하는 회로를 설계하여라.

15 3개의 푸시버튼(PB1, PB2, PB3) 중 PB1을 누르면 램프1이 점등, PB2를 누르면 램프2가 점등, PB3를 누르면 램프1과 램프2가 동시에 점등하는 회로를 설계하여라.

연습문제 풀이

문제01

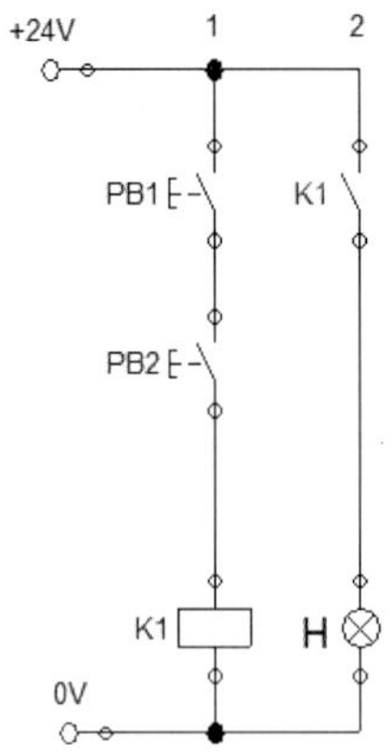

문제02

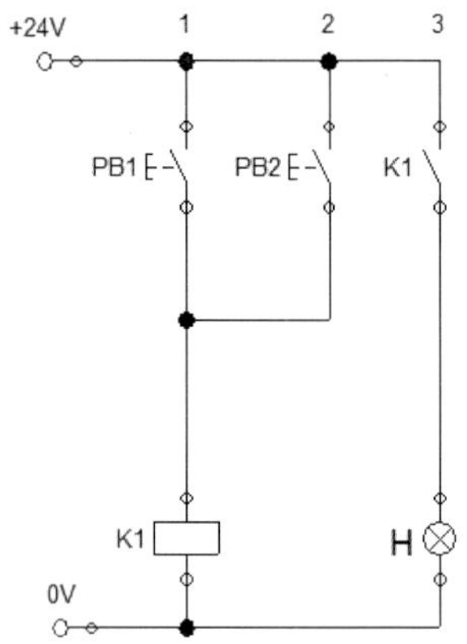

문제03

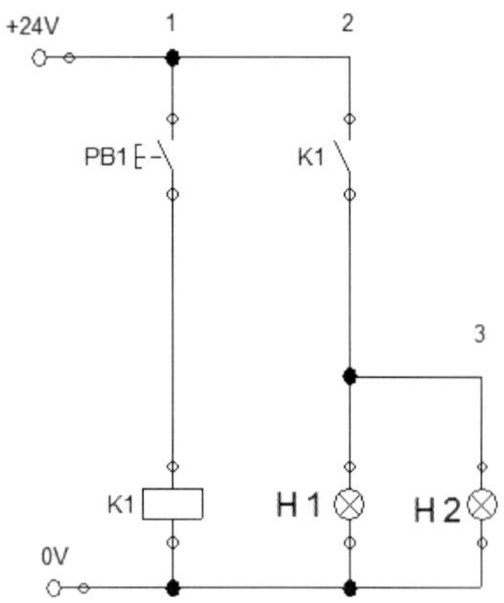

문제04

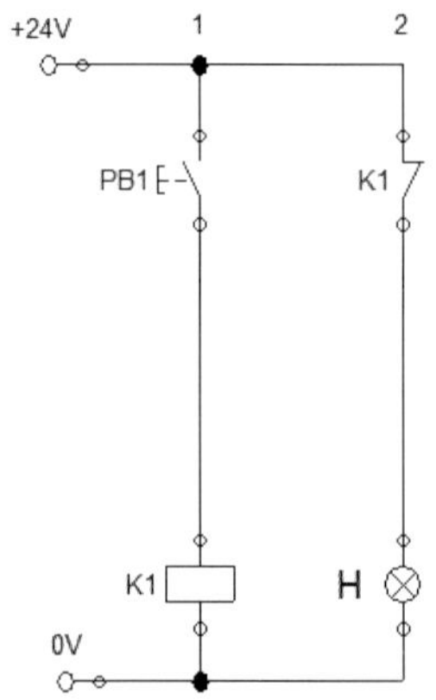

문제05

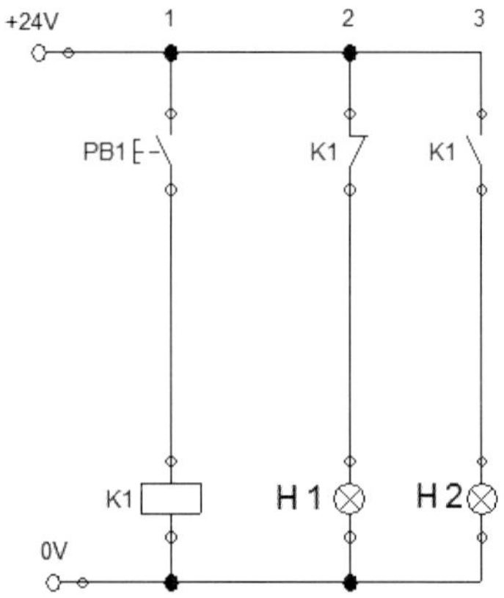

문제06

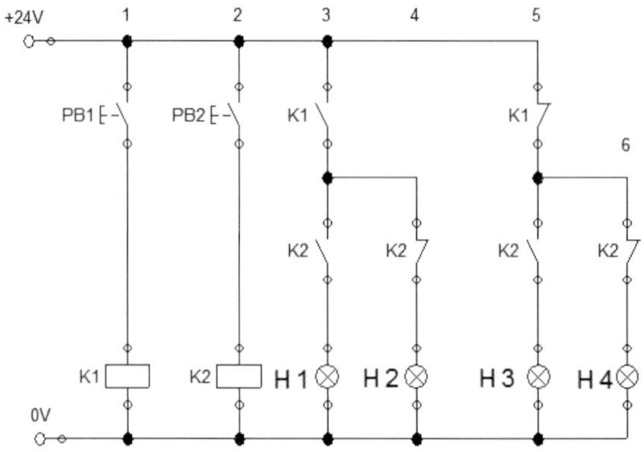

문제07

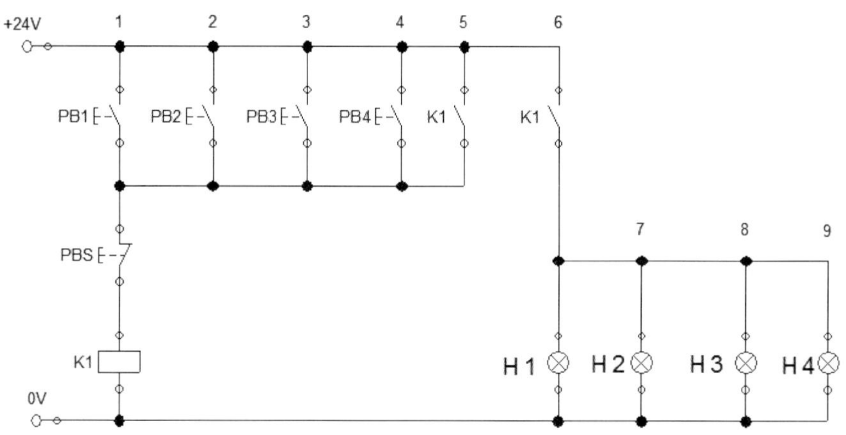
+24V
1
2
3
4
5
6
PB1
PB2
PB3
PB4
K1
K1
PBS
7
8
9
K1
H1
H2
H3
H4
0V

문제08

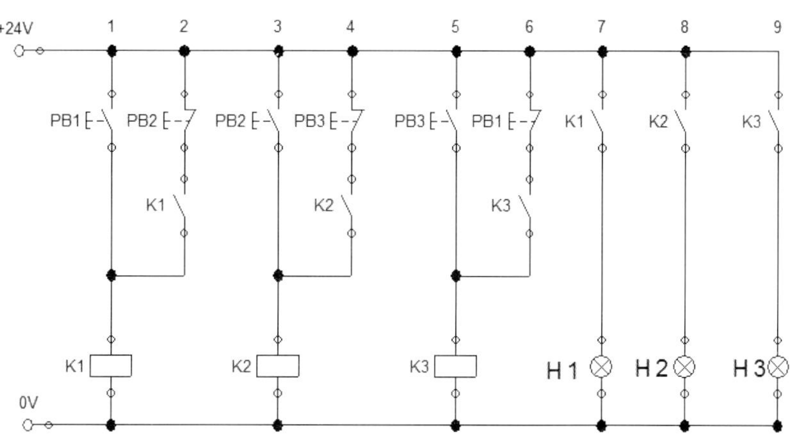
+24V
1
2
3
4
5
6
7
8
9
PB1
PB2
PB2
PB3
PB3
PB1
K1
K2
K3
K1
K2
K3
K1
K2
K3
H1
H2
H3
0V

문제09

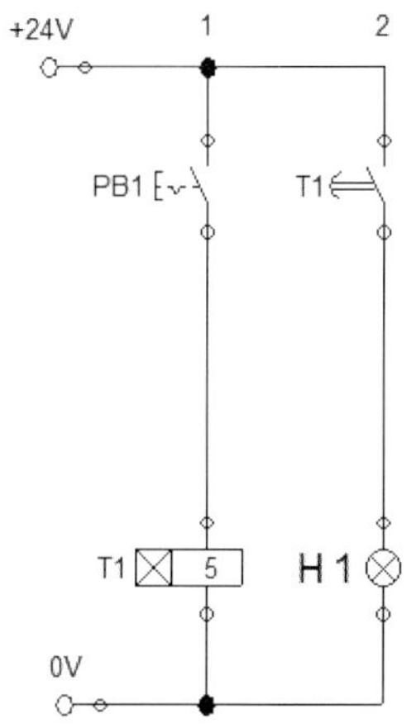
+24V
1
2
PB1
T1
T1
5
H1
0V

문제10

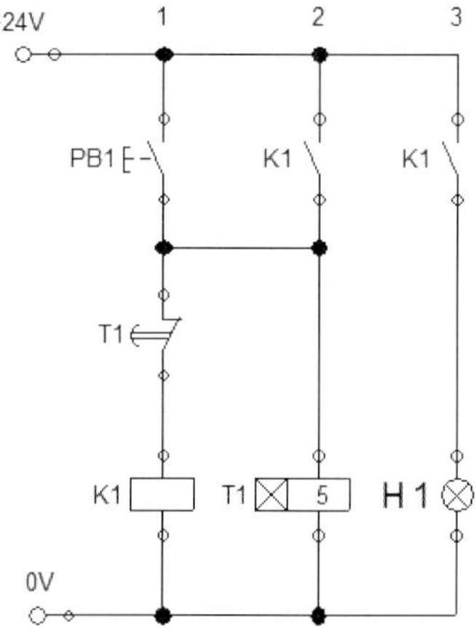
+24V
1
2
3
PB1
K1
K1
T1
K1
T1
5
H1
0V

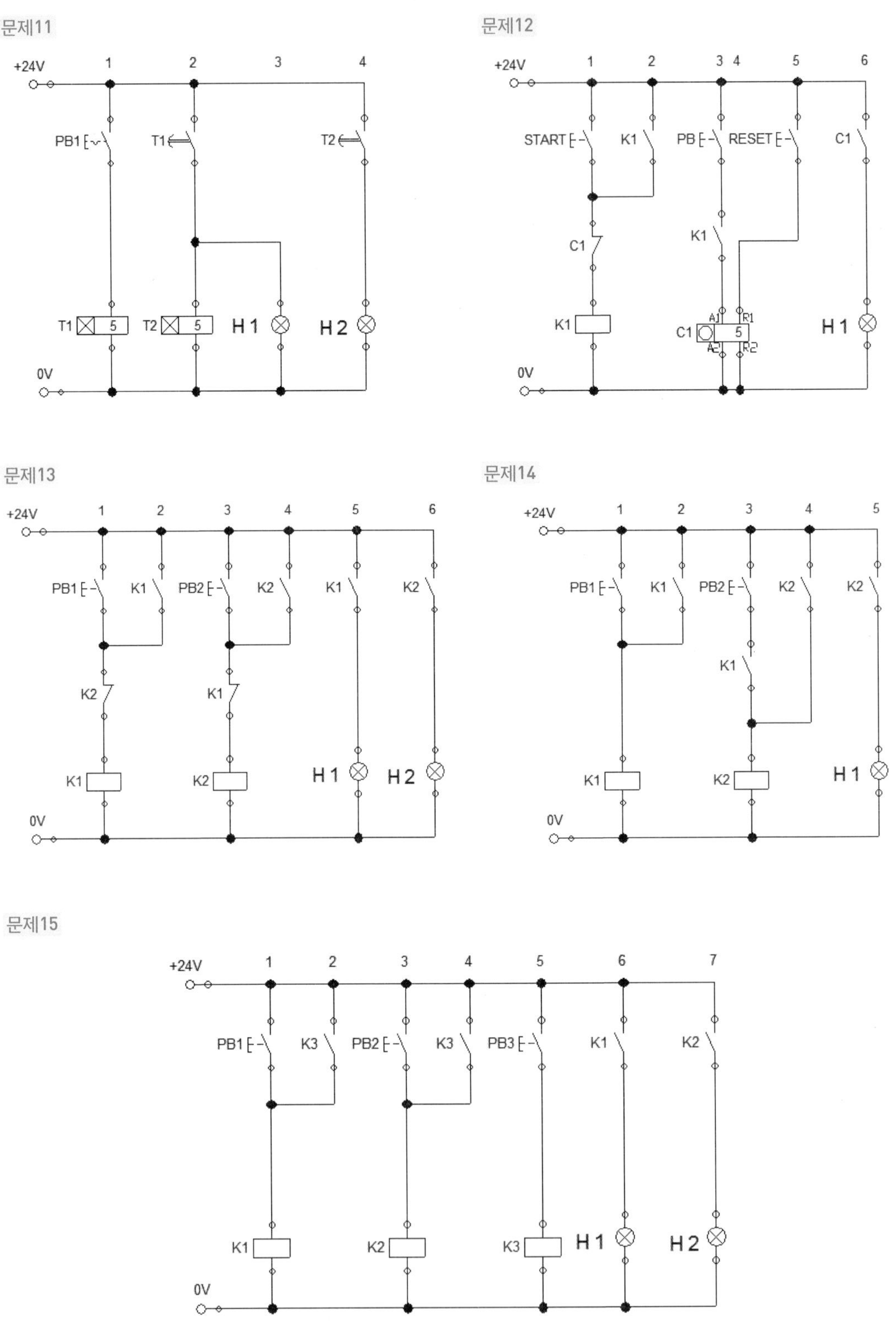
문제11
+24V
1
2
3
4
PB1
T1
T2
T1
5
T2
5
H1
H2
0V
문제12
+24V
1
2
3 4
5
6
START
K1
PB
RESET
C1
C1
K1
K1
A1
R1
C1
5
A2
R2
H1
0V
문제13
+24V
1
2
3
4
5
6
PB1
K1
PB2
K2
K1
K2
K2
K1
K1
K2
H1
H2
0V
문제14
+24V
1
2
3
4
5
PB1
K1
PB2
K2
K2
K1
K1
K2
H1
0V
문제15
+24V
1
2
3
4
5
6
7
PB1
K3
PB2
K3
PB3
K1
K2
K1
K2
K3
H1
H2
0V

7 Chapter 전기-공압 실린더의 제어

지금까지 릴레이를 사용하는 제어방법을 학습하였으며, 이 방법을 응용하여 기계장치 중에서 자주 이용되는 공기압 액추에이터를 제어하는 회로를 기술한다.

공압 실린더의 종류 및 구조와 작동방법은 2.4절의 3에서 다루었고, 솔레노이드 밸브의 종류와 구조 및 제어방법에 대해서는 3.2절에서 기술하였다. 또 논리의 정의 및 단일 출력을 위한 논리회로의 구성에 대해서는 5장에서 설명하였다.

여러 개의 실린더를 제어 순서에 따라 작동시킬 때 신호간섭이 일어나는 경우에는 캐스케이드회로 설계방법 또는 스테퍼회로 설계방법을 이용해야 하며, 이러한 내용들을 이용하여 공압 액추에이터의 제어회로에 대하여 기술한다.

7.1 단일 실린더의 시퀀스 기본회로

1. AND논리 회로(직렬회로)

(1) 편 솔레노이드 밸브를 사용하는 경우

AND논리회로는 여러 개의 입력요소를 사용하여 그들을 동시에 ON하면 실린더(단동 실린더 또는 복동 실린더)가 전진하고, 입력요소 중 어느 하나라도 OFF하면 후진하여 초기상태로 돌아가는 회로이다.

공압회로도와 전기회로도를 그림 7.1에 도시하였다.

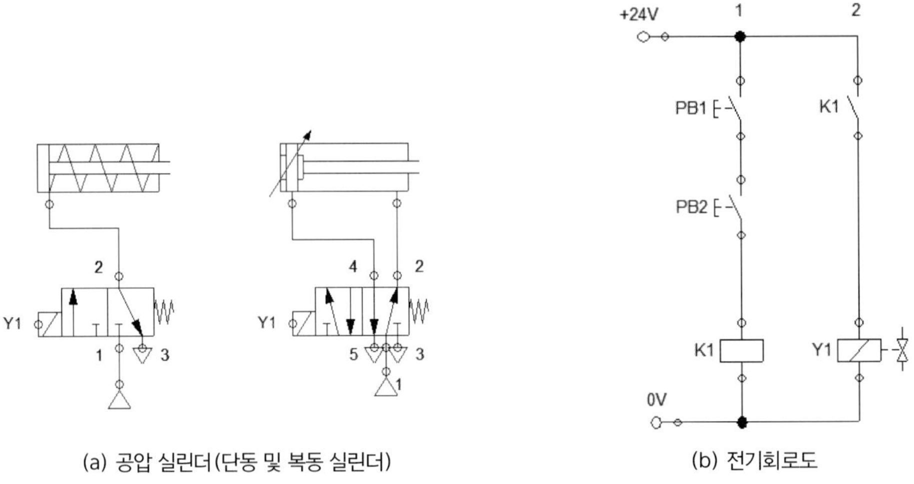

(a) 공압 실린더(단동 및 복동 실린더)

(b) 전기회로도

그림 7.1 AND논리회로(편 솔레노이드 밸브 사용)

그림 7.1에서 직렬연결(AND논리)된 푸시버튼 PB1과 PB2를 동시에 ON시키면 릴레이 코일 K1이 여자되고, 그 a접점 K1이 ON되어 솔레노이드 Y1이 ON되므로 실린더가 전진한다.

만일 두 개의 푸시버튼 중 어느 하나라도 OFF시키면 K1릴레이 코일이 소자되고, a접점 K1이 OFF되어 Y1이 OFF되므로 솔레노이드 밸브에 전류가 끊어져 밸브의 스프링력에 의해 실린더가 후진하여 초기상태로 돌아간다.

(2) 양 솔레노이드 밸브를 사용하는 경우

양 솔레노이드 밸브는 메모리 기능을 갖는다. 따라서 한쪽 솔레노이드가 작동하면 밸브의 위치가 변환되며, 그 솔레노이드가 OFF되어도 반대쪽 솔레노이드가 작동하기 전까지는 밸브의 위치가 변환되지 않는다.

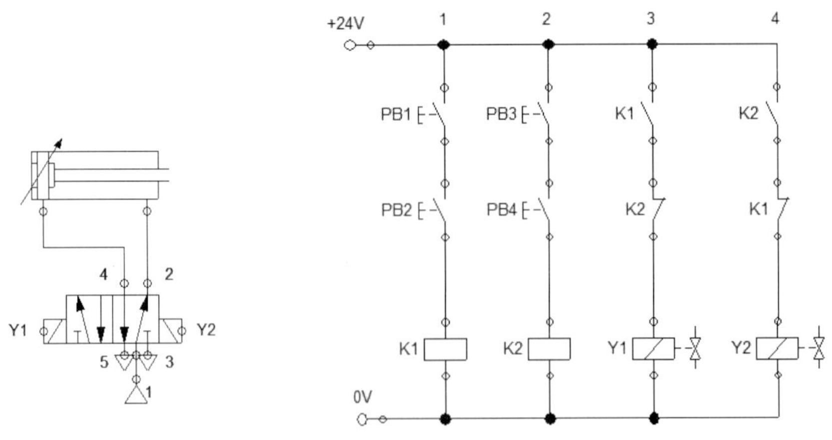

그림 7.2 AND논리회로(양 솔레노이드 밸브 사용)

그림 7.2의 경우 Y1솔레노이드가 작동하면 밸브위치가 변환되어 실린더가 전진하며, Y1 솔레노이드가 OFF되어도 밸브위치는 메모리 기능으로 인하여 변환되지 않으므로 실린더가 전진상태를 유지한다.

밸브의 위치를 변환시키려면 먼저 작동된 솔레노이드를 OFF시키고 반대쪽 솔레노이드를 ON시켜야 한다. 따라서 그림 7.2에서 PB1과 PB2를 동시에 ON하여 릴레이 코일 K1이 여자되고 그 a접점이 ON되면 솔레노이드 Y1이 여자되어 실린더가 전진한다. 이때 PB3와 PB4를 동시에 ON하여 릴레이 코일 K2가 여자되면 Y1을 소자시키고 동시에 솔레노이드 Y2가 여자되므로 실린더가 후진한다. 결국 한쪽 솔레노이드를 ON시킬 때는 반대쪽 솔레노이드가 OFF되어야 한다.

2. OR논리회로(병렬회로)

(1) 편 솔레노이드 밸브를 사용하는 경우

OR논리회로는 여러 개의 입력요소 중 어느 한 요소라도 ON되면 실린더가 전진하고, 그 입력요소가 OFF되면 실린더가 후진하는 회로이다.

OR논리회로를 그림 7.3에 도시하였다.

그림 7.3에서 푸시버튼 PB1이나 PB2 중 어느 하나 또는 둘 모두를 ON시키면 릴레이 코일 K1이 여자되고 그 a접점이 ON되어 솔레노이드 Y1이 ON되므로 실린더가 전진한다. 그 푸시버튼을 OFF시키면 Y1이 OFF되므로 실린더가 후진한다.

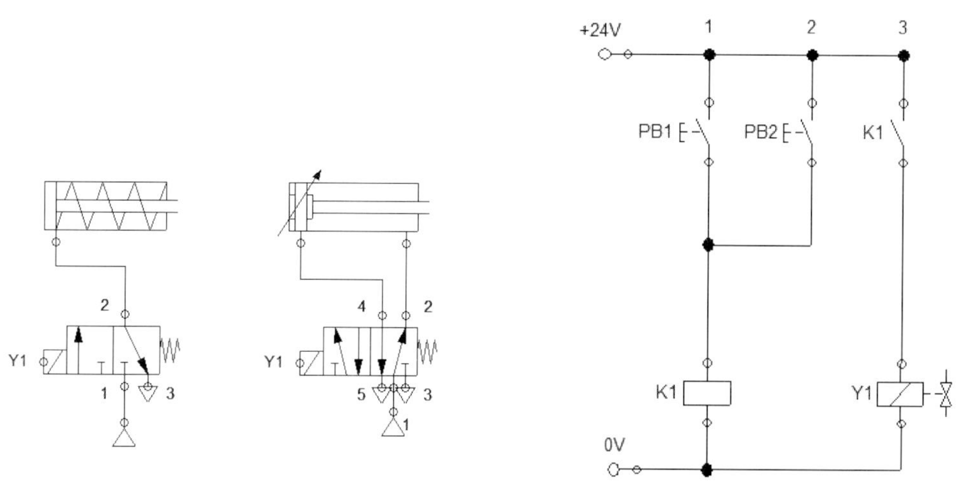

그림 7.3 OR논리회로(편 솔레노이드 밸브 사용)

(2) 양 솔레노이드 밸브를 사용하는 경우

그림 7.4는 양 솔레노이드를 사용하는 경우의 OR논리회로이다. 푸시버튼 PB1과 PB2를 병렬연결하고 그 둘 중에 어느 하나 또는 둘 모두를 터치하면 릴레이 코일 K1이 ON되고 그 a접점 K1이 작동하여 솔레노이드 Y1이 여자되므로 실린더가 전진한다. 후진을 위해서는 푸시버튼 PB3를 터치하여 릴레이 코일 K2를 ON시키면 Y1을 소자시키면서 동시에 Y2가 여자되므로 실린더가 후진한다.

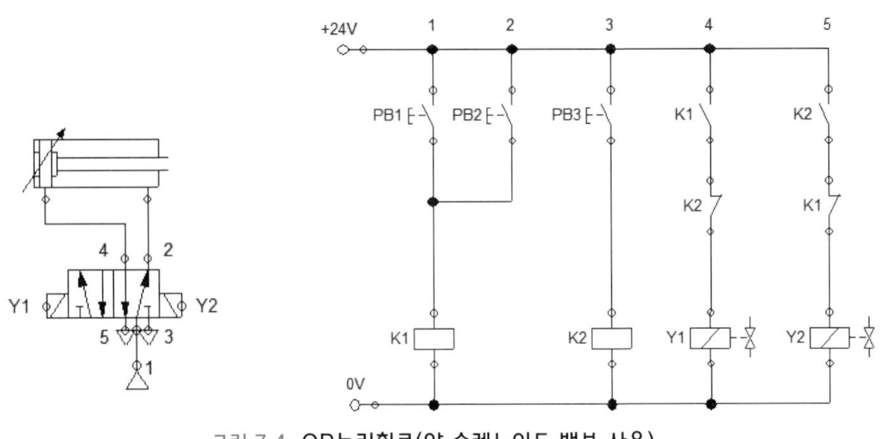

그림 7.4 **OR논리회로(양 솔레노이드 밸브 사용)**

3. 자기유지회로

6.3절에서 기술한 바와 같이 **자기유지회로**(self holding circuit)는 릴레이의 접점을 이용하여 자기의 동작을 유지하는 회로이다. 실린더의 경우에 자기유지회로를 그림 7.5에 표시하였다.

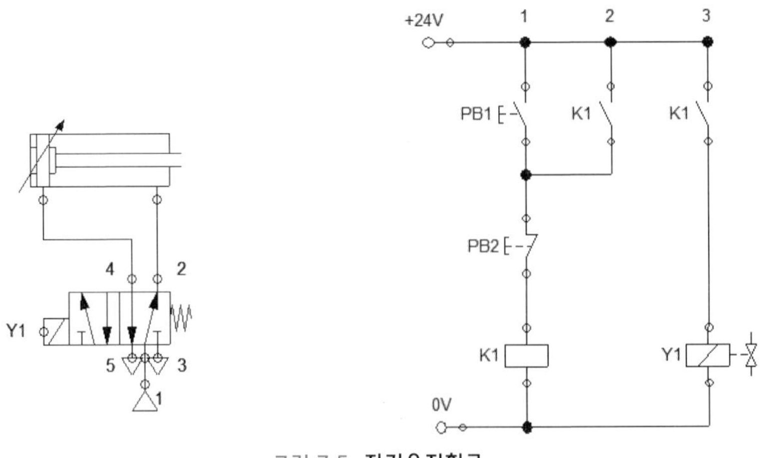

그림 7.5 **자기유지회로**

푸시버튼 PB1을 터치하면 릴레이 코일 K1이 여자되고, 그 a접점 K1이 ON되어 자기유지된다. 그와 동시에 솔레노이드 Y1이 ON되므로 실린더가 전진하여 그 상태를 유지한다.

자기유지를 해제시키려면 푸시버튼 PB2를 터치하면 된다. 그러면 K1코일이 소자되어 그 a접점이 열리므로 Y1이 OFF됨으로써 밸브 스프링력에 의하여 실린더가 후진하여 초기상태로 된다.

4. ON delay 타이머회로

그림 7.6은 릴레이에 의한 자기유지회로와 타이머를 조합시킨 **ON delay 타이머회로**이다. PB1에 의해 릴레이 K1이 ON되어 자기유지되고, K1의 a접점에 의해 타이머 T1이 구동되며, 미리 설정된 시간(ΔT)만큼 지연된 후 T1의 a접점이 동작하여 솔레노이드 Y1이 여자되므로 실린더가 전진한다. PB2를 ON하면 K1 릴레이의 자기유지가 해제되고, 따라서 타이머 T1이 OFF되어 솔레노이드 Y1이 소자되므로 실린더는 후진한다. 이 회로는 **지연동작회로**라 한다.

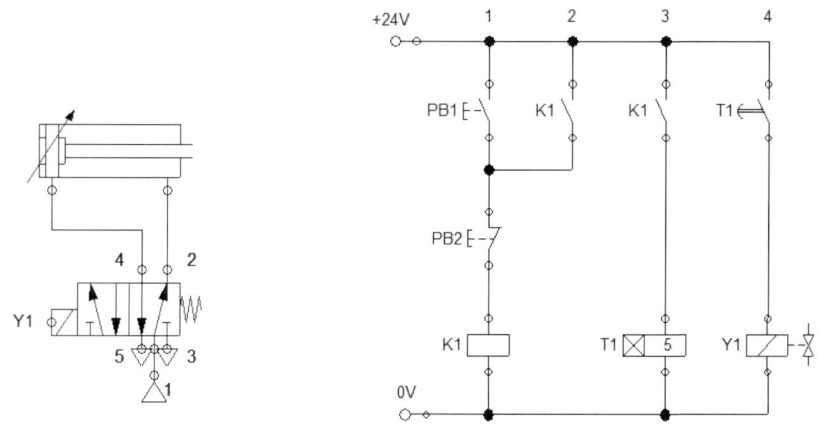

그림 7.6 ON delay 타이머회로(지연동작회로)

그림 7.7은 ON delay 타이머회로이지만 그림 7.6의 회로와는 다른 동작을 한다. PB1에 의해 릴레이 K1이 여자되어 자기유지되고 K1의 a접점에 의해 솔레노이드 Y1이 ON되어 실린더가 전진한다.

동시에 ON delay 타이머 T1이 구동되므로 일정 시간 후에 타이머 T1이 ON되어 T1의 b접점이 열리므로 K1의 자기유지가 해제된다. 따라서 K1의 a접점이 열려 솔레노이드 Y1이 OFF되므로 실린더가 후진한다. 결국 릴레이 K1이 타이머 T1에 설정된 시간만큼 여자되어 실린더가 전진상태를 유지하는 회로로서 **일정시간 동작회로**이다. 설정된 시간 내에 실린더를 후진시키려면 푸시버튼 PB2를 터치하면 된다.

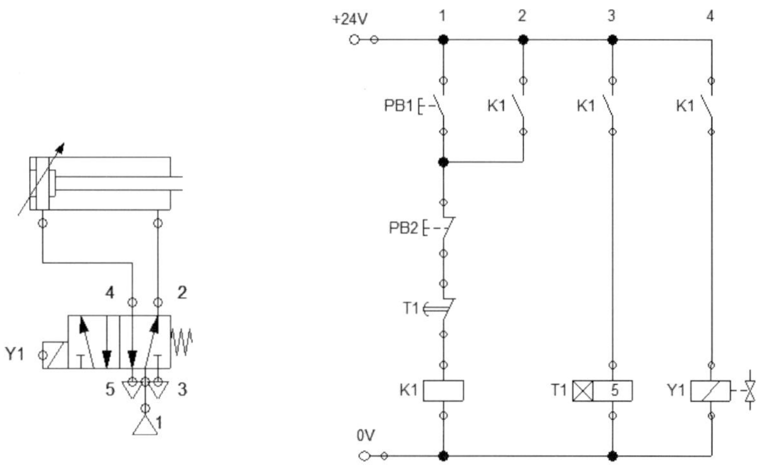

그림 7.7 ON delay 타이머회로(일정시간 동작회로)

5. OFF delay 타이머회로

그림 7.8은 **OFF delay 타이머회로**이다. PB1에 의해 릴레이 K1이 여자되어 자기유지되고, 동시에 OFF delay 타이머 코일 T1도 구동되며 그 a접점 T1이 ON되어 솔레노이드 Y1이 ON되므로 실린더가 전진한다.

PB2를 누름에 따라 릴레이 K1의 자기유지가 해제되면 그 순간부터 OFF delay 타이머 T1은 한시동작을 개시하고, 설정시간 후에 T1의 a접점이 열려 솔레노이드 Y1이 OFF된다. 따라서 실린더가 후진한다.

이와 같이 동작 신호가 OFF되고 나서 설정시간 후에 출력이 OFF되는 회로를 OFF delay 타이머회로라 한다.

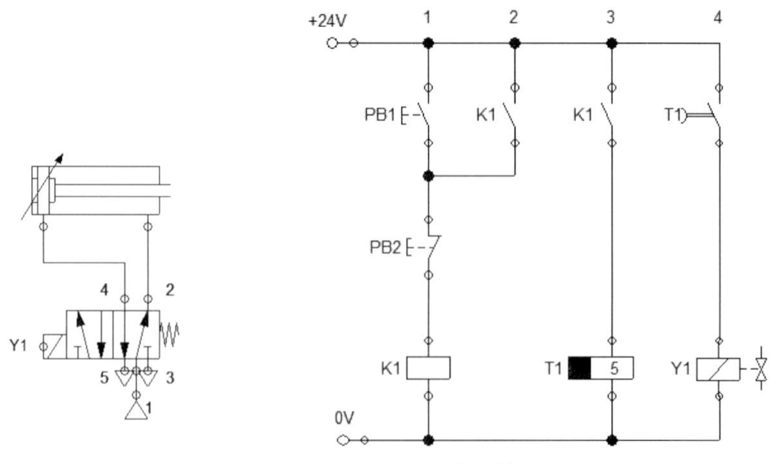

그림 7.8 OFF delay 타이머회로

6. 실린더의 전후진회로

(1) 편 솔레노이드 밸브를 사용하는 경우

그림 7.9는 실린더의 전후진회로이다. 전진용 푸시버튼 PB1을 터치하면 릴레이 코일 K1이 여자되어 자기유지되고 K1의 a접점이 작동하여 솔레노이드 Y1이 ON되므로 실린더가 전진한다. 푸시버튼 PB2를 터치하면 릴레이 코일 K1의 자기유지가 해제되어 K1의 a접점이 열려 Y1이 OFF되므로 실린더가 후진한다.

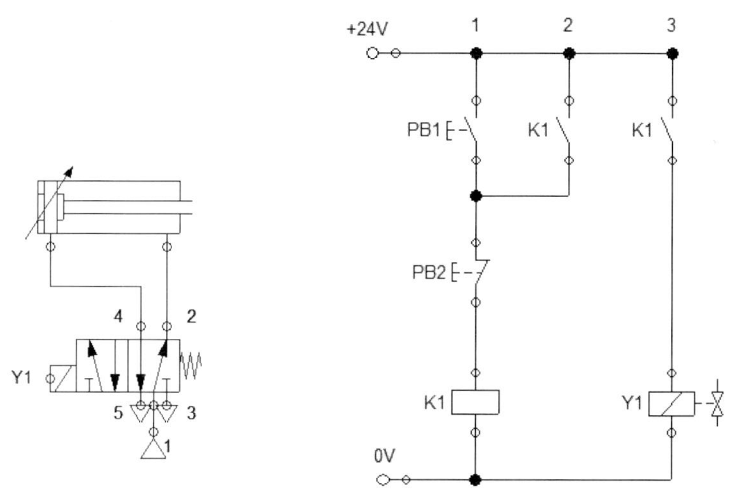

그림 7.9 **실린더의 전후진회로(편 솔레노이드 밸브 사용)**

(2) 양 솔레노이드 밸브를 사용하는 경우

그림 7.10은 양 솔레노이드 밸브를 사용하는 경우의 전후진회로이다. 전진용 푸시버튼 PB1을 누르면 릴레이 코일 K1이 여자되고, 따라서 그 a접점 K1이 작동하여 솔레노이드 Y1이 ON되므로 실린더가 전진한다. PB1에서 손을 떼면 Y1이 OFF되지만 양 솔레노이드 밸브는 메모리 기능이 있어서 변경된 위치의 상태를 유지하므로 실린더는 전진상태를 유지한다.

PB2를 누르면 동일한 원리에 의해서 솔레노이드 Y2가 ON되어 실린더가 후진하고 그 상태를 유지한다.

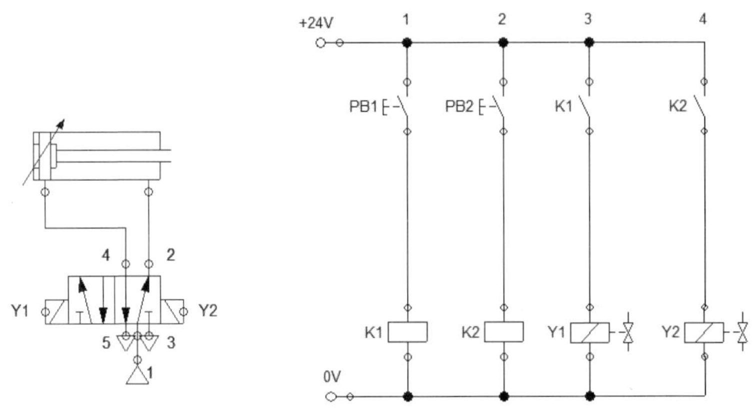

그림 7.10 **실린더의 전후진회로(양 솔레노이드 밸브 사용)**

7. 실린더의 1회 왕복운동회로

(1) 편 솔레노이드 밸브를 사용하는 경우

그림 7.11은 **실린더의 1회 왕복운동회로**로서 편 솔레노이드 밸브를 사용하는 경우, 실린더의 전후진단에 각각 S1, S2의 리밋스위치가 장착되어 있으며, 후진단의 리밋스위치는 ON상태이다.

이 회로에서 푸시버튼 PB1을 터치하면 릴레이 코일 K1이 여자되어 자기유지되고 그 a접점 K1이 ON되어 솔레노이드 Y1이 ON되므로 실린더가 전진한다.

전진을 완료하면 전진단의 리밋스위치 S2가 작동하여 릴레이 코일 K1의 자기유지가 해제됨으로써 K1의 a접점이 열려 Y1이 OFF되므로 실린더가 후진하여 1회의 왕복운동이 종료된다.

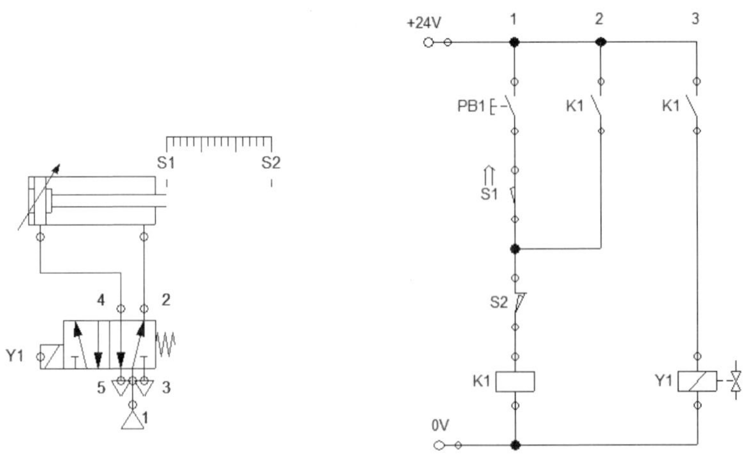

그림 7.11 **실린더의 1회 왕복운동회로(편 솔밸브를 사용)**

(2) 양 솔레노이드 밸브를 사용하는 경우

그림 7.12는 양 솔레노이드 밸브를 사용하고, 실린더의 전후진단에 각각 S1, S2의 리밋스위치가 장착되어 있는 경우 실린더의 1회 왕복운동회로이다.

후진단의 리밋스위치 S1이 초기상태에서는 ON상태이며, PB1을 누르면 릴레이 코일 K1이 여자되어 그 a접점 K1이 ON되므로 솔레노이드 Y1을 ON시켜 실린더가 전진한다.

전진이 완료되면 리밋스위치 S2가 ON되어 K2코일이 여자되며 그 a접점 K2가 작동하여 Y2를 ON시키므로 실린더가 후진한다(이때 Y1은 OFF된 상태임). 따라서 1회의 왕복운동이 종료된다.

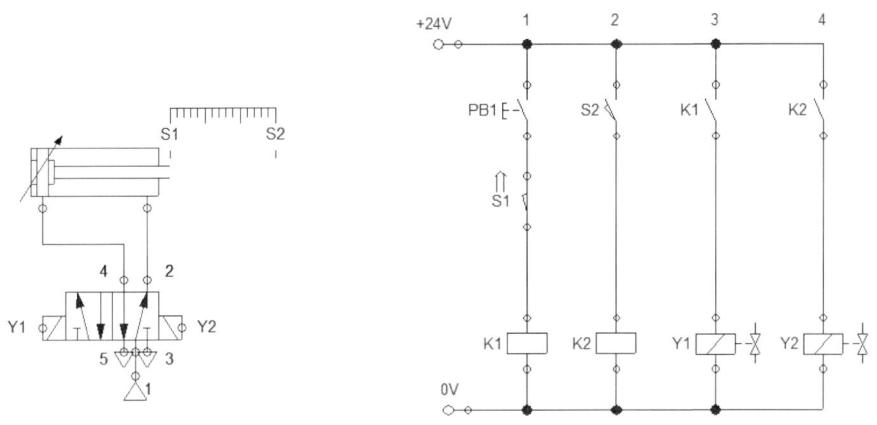

그림 7.12 **실린더의 1회 왕복운동회로(양 솔밸브를 사용)**

8. 실린더의 연속 왕복운동회로

(1) 편 솔레노이드 밸브를 사용하는 경우

그림 7.13은 편 솔레노이드 밸브를 사용하는 경우의 **연속왕복운동회로**이다.

유지형 푸시버튼 PB1을 ON시키면 릴레이 코일 K1이 여자되어 자기유지된다. 동시에 그 a접점 K1이 ON되어 솔레노이드 Y1이 ON되므로 실린더가 전진한다.

전진이 완료되면 전진단 리밋스위치 S2가 ON되어 코일 K1의 자기유지가 해제되므로 Y1이 OFF되어 실린더가 후진한다. 그러면 후진단 리밋스위치 S1이 ON되고, 전진단 리밋스위치 S2는 OFF되어 다시 코일 K1이 여자되므로 자기유지되어 실린더가 전진하고 다시 후진하는 과정이 반복된다.

연속왕복운동을 정지시키기 위해서는 푸시버튼 PB2를 터치해야 한다.

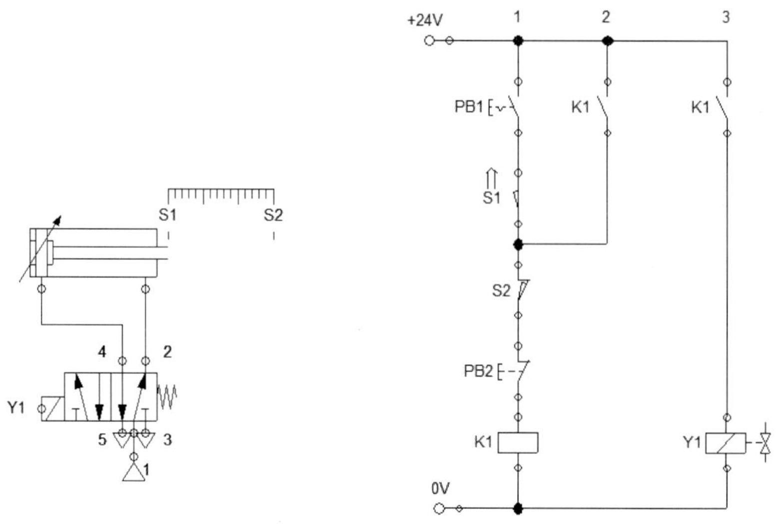

그림 7.13 **연속왕복운동회로(편 솔밸브 사용)**

(2) 양 솔레노이드 밸브를 사용하는 경우

그림 7.14는 양 솔레노이드 밸브를 사용하는 경우의 연속왕복운동회로이다.

푸시스위치 PB1을 ON상태로 하면 릴레이 코일 K1이 여자되어 K1의 a접점이 ON되고 솔레노이드 Y1이 ON되므로 실린더가 전진하고, 리밋스위치 S2가 작동하여(이때 S1은 OFF) 릴레이 코일 K2가 여자되며 K2의 a접점이 ON되고 솔레노이드 Y2가 ON되므로(이때 Y1은 OFF 상태임) 실린더가 후진하여 한 사이클이 완료된다.

그러면 다시 S1이 ON되므로 새로운 사이클이 시작되어 실린더의 왕복운동이 계속된다. PB1을 OFF하면 실린더는 그 행정이 완료된 후 정지한다.

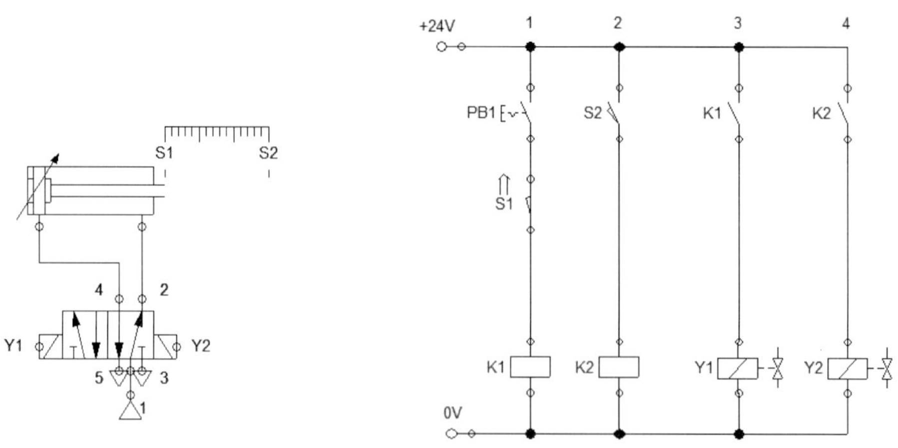

그림 7.14 **연속왕복운동회로(양 솔밸브 사용)**

9. 실린더의 계수회로

(1) 편 솔레노이드 밸브를 사용하는 경우

그림 7.15는 실린더의 피스톤이 전후진의 왕복횟수를 제어하는 **계수회로**이다.

초기에 후진단 리밋스위치는 ON상태이며, 이때 유지형 푸시버튼 PB1을 누르면 릴레이 코일 K1이 여자되어 자기유지된다. 따라서 K1의 a접점이 작동하여 솔레노이드 Y1이 ON되므로 실린더가 전진한다.

전진을 완료하면 리밋 스위치 S2가 ON되고 카운터 C1이 계수를 한다. 동시에 릴레이 코일 K2가 여자되므로 K2의 b접점이 열려 릴레이 코일 K1이 소자되면서 실린더가 후진하여 한 사이클이 종료된다.

그러면 최초와 같은 상태로 돌아가 리밋스위치 S1이 ON된 상태로부터 릴레이 K1이 자기유지되는 과정부터 새롭게 사이클이 반복되어 설정한 횟수만큼 사이클이 수행되고 나면, 계수코일 C1이 동작하여 C1의 b접점이 열리므로 릴레이 코일 K1이 OFF되어 회로의 동작이 모두 종료되는 것이다.

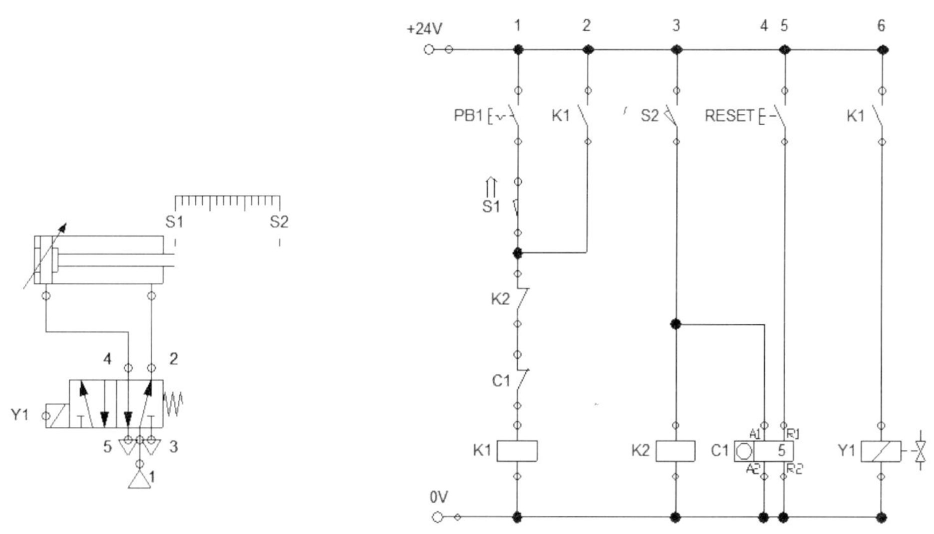

그림 7.15 **계수회로(편 솔밸브 사용)**

(2) 양 솔레노이드 밸브를 사용하는 경우

그림 7.16은 양 솔레노이드 밸브를 사용하는 실린더의 왕복운동 횟수를 제어하는 회로이다. 유지형 버튼 PB1을 누르면 릴레이 코일 K1이 여자되어 그 a접점이 ON됨으로써 솔레노이드 Y1이 ON되므로 실린더가 전진한다.

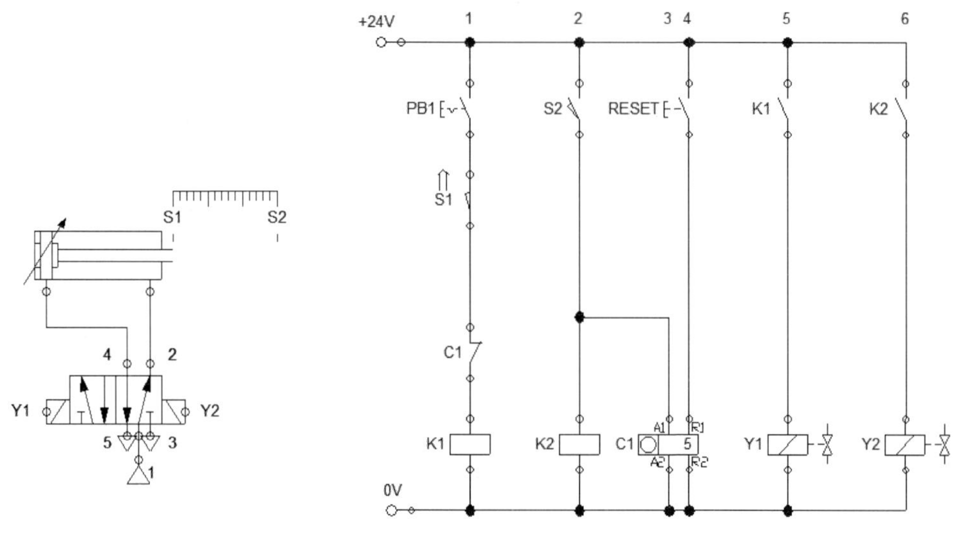

그림 7.16 **계수회로(양 솔밸브 사용)**

전진을 완료하면 리밋스위치 S2가 ON되며 카운터 C1이 계수한다. 동시에 릴레이 코일 K2가 여자됨으로써 K2의 a접점이 작동하여 Y2를 ON시키므로 실린더가 후진하여 한 사이클이 종료되고 초기상태로 돌아가며, 또 그와 같은 사이클이 설정횟수만큼 반복된다.

7.2 부가조건을 갖는 실린더의 제어

전기-공압 실린더계의 자동화 시스템에서 기본적으로 시동스위치와 리밋스위치 또는 센서가 필요하다. 그리고 기본적인 자동화회로 및 작업자가 좀 더 편리한 작업이 되게 하는 조건 또는 기계 및 작업자가 위험으로부터 안전할 수 있는 조건이 필요하다. 이러한 조건들을 회로의 **부가조건**이라 하며, 그 구성은 1사이클 동작의 기본회로를 설계한 후 삽입한다.

부가조건은 여러 가지가 있으며 대표적인 조건을 열거하면 다음과 같다.

① 제어계의 시동과 정지 제어

시동스위치의 작동으로 제어계의 작업이 시작되며, 단속/연속 사이클 작업의 선택을 할 수 있는 경우에는 먼저 단속 또는 연속작업을 선택한 후 시동스위치를 작동시켜야 시동이 되게 한다.

연속 사이클 작업기능이 있는 회로의 경우 정지신호가 입력되면 현재 수행되는 작업을 완료한 후에 정지한다.

② 자동 및 수동 제어

자동작업과 수동작업을 선택할 때는 일반적으로 위치고정형 선택스위치(selector switch)가 사용된다. 자동작업의 위치에서 시동스위치를 ON시키면 시퀀스의 단속/연속 사이클 작업의 선택이 가능하며, 수동작업의 위치에서는 각 실린더를 임의의 순서대로 작동이 가능하게 한다.

③ 단속운전 및 연속운전 제어

단속 사이클 작업은 시동스위치를 ON시키면 제어계가 1사이클을 수행한 후 초기 위치에서 정지하고, 연속 사이클 작업은 정지신호나 비상정지신호가 입력될 때까지 연속 작업이 수행되어야 한다.

④ 제어계의 세팅 제어

세팅 스위치는 모든 제어계가 시동이 가능하도록 초기위치로 돌아올 수 있는 신호이다.

⑤ 공작물의 검출

공작물의 검출(magazine monitoring)은 부품 매거진이나 가공 위치에서의 공작물의 존재 유무를 검출하는 신호로서, 리밋스위치나 비접촉 센서 등이 주로 이용된다. 만일 부품 매거진에 부품이 없는 경우에는 시동스위치를 ON시켜도 시동이 되지 않게 해야 되므로 시작조건과 직렬 연결한다.

⑥ 제어계의 비상정지 제어

비상정지신호(emergency stop signal)가 입력되면 모든 기계는 즉각 정지되며, 전기장치들이 동력원으로부터 모두 차단되어야 한다. 또한 프로그램이 즉시 중단되며 비상정지신호가 제거되면 제어계는 또 다시 시동될 수 있는 위치로 바뀌어야 한다.

위에서 열거한 부가 조건은 실제의 제어계에서 단독 또는 몇 가지가 조합하여 적용된다. 이 절에서는 단일 실린더의 제어에서 부가 조건을 갖는 경우에 대하여 기술한다.

1. 시동과 정지 제어

그림 7.17은 편 솔레노이드 밸브를 사용하는 실린더에서 시동(start)스위치를 ON하면 솔레노이드 Y1이 작동하여 실린더가 전진한다. 이때 정지(stop)스위치를 누르면 실린더가 후진하여 정지한다.

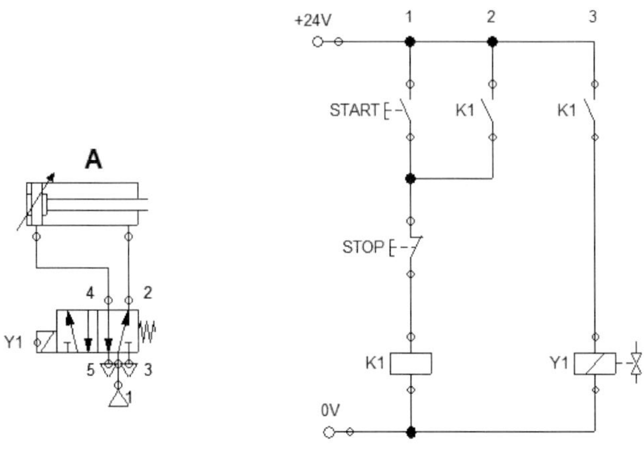

그림 7.17 **제어계의 시동과 정지 제어**

2. 자동 및 수동 제어의 선택회로

그림 7.18은 회로의 한 사이클 동작을 자동으로 할 것인가 수동에 의해 한 사이클을 수행하는가를 선택할 수 있다. AUTO-MAN의 C접점 스위치를 AUTO(자동)로 선택하고 start버튼을 누르면 릴레이 코일 K1이 여자되어 K1의 a접점이 닫히므로 솔레노이드 Y1이 ON되어 실린더가 전진한다. 전진이 완료되면 리밋스위치 S2가 ON되어 K2코일이 여자되고 K2의 a접점이 닫히므로 솔레노이드 Y2가 ON되어(이때 Y1은 OFF상태임) 실린더가 후진함으로써 한 사이클이 자동으로 수행된다.

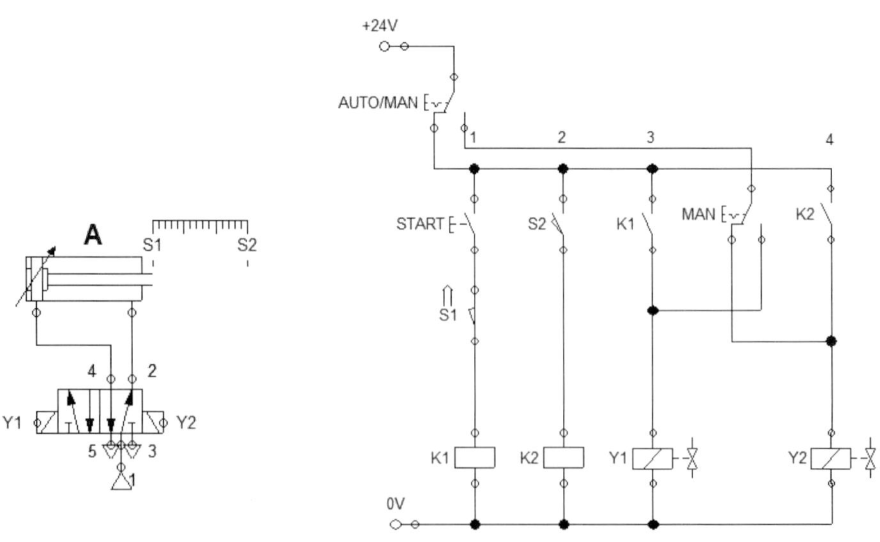

그림 7.18 **자동 및 수동 제어의 선택회로**

한편 AUTO-MAN의 C접점 스위치를 MAN(수동)으로 선택하고 MAN의 C접점 스위치를 ON하면 Y1이 ON되므로 실린더가 전진하며, MAN의 C접점 스위치를 OFF시키는 경우에는 Y2가 ON되어 실린더가 후진하는 수동조작이 된다.

3. 자동 단속/연속, 정지 제어회로

그림 7.19는 실린더를 왕복운동시킬 때 1회의 단속운동 또는 연속운동의 선택이 가능하며, 연속운전 시 정지스위치에 의해 그 사이클이 완료된 후 정지시킬 수 있다. 즉, 단속스위치를 터치하면 릴레이 코일 K1이 여자되고 K1의 a접점이 닫혀 자기유지되며, 동시에 솔레노이드 Y1이 ON되므로 실린더가 전진한다. 전진이 완료되면 리밋스위치 S2가 ON되어 K2코일이 여자되고 K2의 b접점이 열려 K1코일이 OFF되므로 K1의 a접점이 열려 Y1이 OFF되므로 실린더가 후진하여 한 사이클이 완료된다.

연속스위치를 터치하면 K3코일이 여자되어 자기유지되며 K3의 a접점이 닫히므로 동작이 단속 사이클의 경우와 동일하지만, 한 사이클이 완료된 후 K3코일이 자기유지되어 K1코일의 작동과 동시에 자기유지되어 그 다음 사이클이 수행되어 연속운동이 되며, 정지스위치를 터치하면 K3코일의 자기유지가 해제되어 그 사이클이 종료된다.

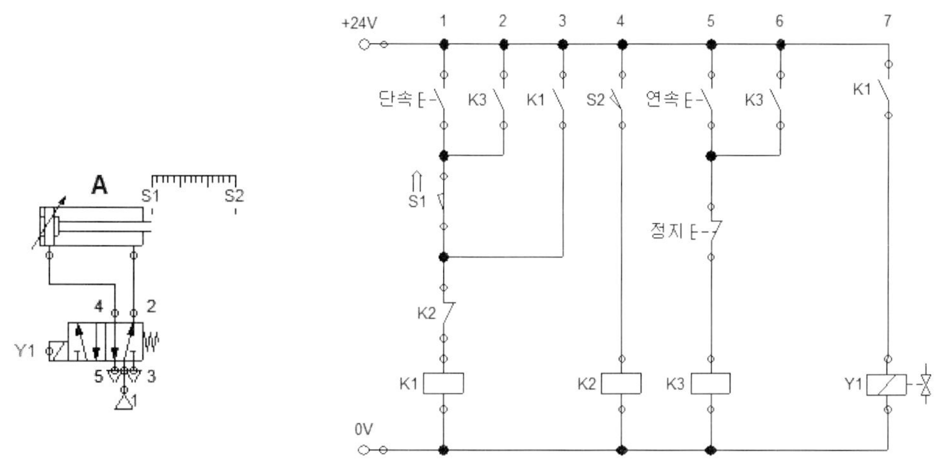

그림 7.19 **자동 단속/연속, 정지 제어회로**

4. 카운팅 /Counting/ / 세팅 /Setting/ 회로

양 솔레노이드 밸브를 이용할 때 실린더의 왕복횟수의 계수 및 제어회로를 세팅하여 초기화시키는 회로를 표시하면 그림 7.20과 같다.

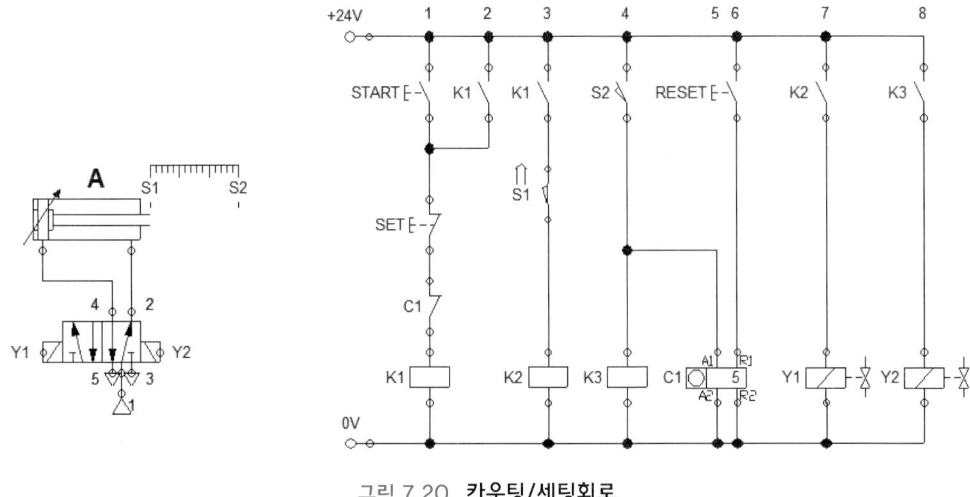

그림 7.20 **카운팅/세팅회로**

start스위치를 누르면 릴레이 K1이 ON되어 자기유지되며 K2 릴레이 코일이 여자된다. 따라서 솔레노이드 Y1이 작동하여 실린더는 전진하며, 전진단의 리밋스위치 S2가 ON되면 이때 카운터 릴레이 C1에 설정한 횟수로부터 1이 감소되고, 동시에 K3 릴레이 코일이 여자되어 Y2솔레노이드가 작동하므로 실린더는 후진한다.

카운터 릴레이의 값이 0에 도달하지 않는 상태에서는 K1이 계속 여자된 상태이므로 왕복운동을 계속한다. 설정된 횟수만큼 왕복운동이 수행되면 설정계수가 0이 되어 계수기 C1이 ON되고, 따라서 C1의 b접점이 열림으로써 K1이 소자하므로 그 사이클을 수행한 후 정지한다.

설정횟수를 초기화하기 위해서는 counter reset(카운트 세팅) 스위치를 ON시키며, 이 제어회로를 세팅하기 위해서는 set(회로의 세팅)스위치를 ON시키면 된다.

5. 비상정지회로

(1) 편 솔레노이드 밸브를 사용하는 경우

그림 7.21은 편 솔레노이드를 이용한 경우의 **비상정지회로**이다. start버튼을 터치하면 릴레이 코일 K1이 여자되어 자기유지되고 K1의 a접점이 ON되어 실린더가 전진한다. 전진완료 시 b접점의 리밋스위치 S2가 작동하여 K1코일이 소자되므로 K1의 a접점이 OFF되어 Y1이 OFF되므로 실린더가 후진하여 한 사이클이 종료된다.

비상정지(emergency stop) 스위치를 누르면 릴레이 코일 K1은 어느 경우에도 소자되므로 솔레노이드 Y1도 OFF되어 실린더는 어느 위치에서도 후진하여 정지한다.

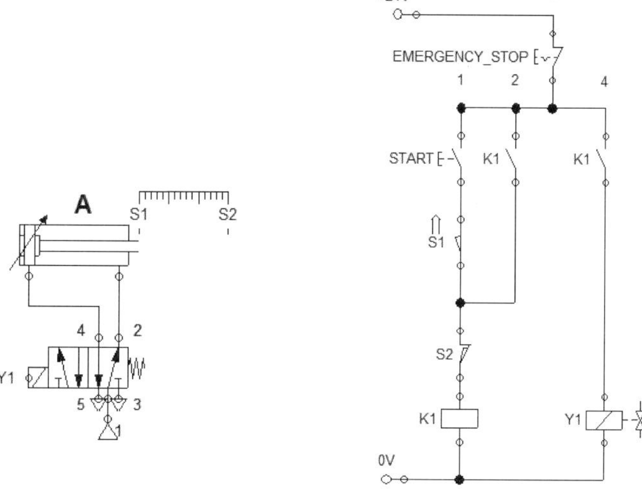

그림 7.21 **편 솔레노이드 밸브를 사용하는 경우의 비상정지회로**

(2) 양 솔레노이드 밸브를 사용하는 경우

그림 7.22의 회로도에서 start스위치를 ON시키면 릴레이 코일 K1이 여자되어 K1의 a접점이 ON되므로 솔레노이드 Y1이 ON되어 실린더가 전진한다.

전진이 완료되면 리밋스위치 S2가 ON되어 릴레이 코일 K2가 여자되며 K2의 a접점이 ON되어 솔레노이드 Y2가 ON되므로 실린더가 후진한다.

이러한 작동 중에 비상스위치를 누르면 K3코일이 소자되어 K3의 a접점은 열리지만, b접점이 닫혀 언제나 Y2가 ON되므로 실린더가 후진하게 되어 초기위치로 귀환한다.

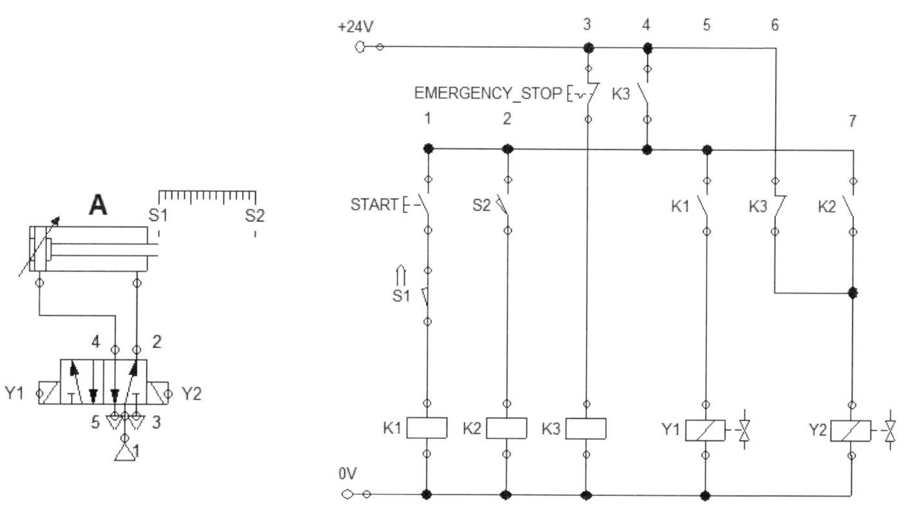

그림 7.22 **양 솔레노이드 밸브를 사용하는 경우의 비상정지 회로**

Chapter 8 다수의 실린더에 대한 시퀀스 제어

8.1 다수의 실린더에 대한 시퀀스 제어 설계방법

여러 개의 실린더가 주어진 조건이 충족되면 미리 정해진 순서대로 제어 신호가 출력되어 순차적으로 작업이 행해지는 제어를 여러 실린더의 **시퀀스 제어(sequence control)**라 한다.

전술한 바와 같이 시퀀스 제어는 시간적 시퀀스 제어와 위치적 시퀀스 제어방법이 있으며, 전자는 일정한 시간이 경과하면 그 다음 단계의 작업이 행해지는 제어방법이다. 또한 후자는 전 단계의 작업완료 여부를 센서(리밋스위치 등) 등으로 확인하여 다음 단계의 작업이 행해지는 제어방법이다. 여기서는 위치적 시퀀스 제어방법에 대하여 설명한다.

1. 실린더 작동에 대한 변위단계선도와 제어선도

이 절에서는 그림 8.1의 실린더 A와 실린더 B의 작동순서가 "실린더 A 전진 → 실린더 B 전진 → 실린더 A 후진 → 실린더 B 후진"으로 작동할 때 변위단계선도, 변위시간선도, 제어선도에 대하여 기술한다. 단 상기한 작동순서를 간략하게 그림 8.2와 같이 표시한다.

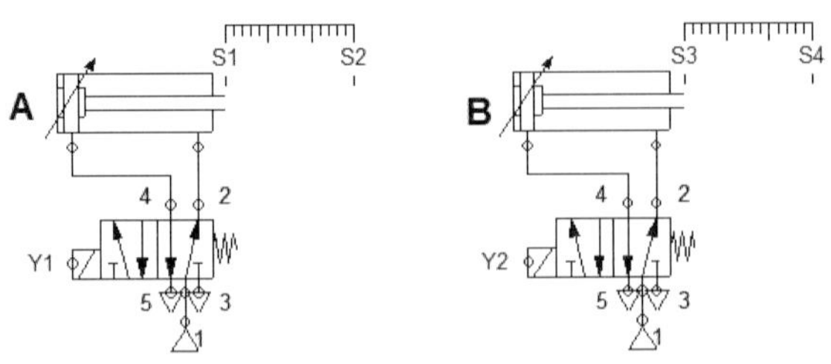

그림 8.1 실린더의 제어(S1~S4 : 리밋스위치)

A+B+A-B-

그림 8.2 **실린더의 작동순서**

이 표기 중 "+" 기호는 전진, "−" 기호는 후진을 의미하며, 전 단계의 리밋스위치가 그 후 단계의 운동방향을 결정한다.

예를 들어, 실린더 A의 전진(A+)은 전 단계 B−의 위치(실린더 B의 후진단)에 있는 리밋스위치 S3의 신호에 의해 수행되며, 실린더 B의 전진(B+)은 전 단계 A+(실린더 A의 전진단)의 위치에 있는 리밋스위치 S2의 신호에 의해 수행된다. 이 신호를 **체크백**(check back) **신호**라 하며 표 8.1과 같이 나타낼 수 있다.

표 8.1 **작동순서와 체크백 신호**

작동순서	A+	B+	A−	B−
체크백 신호	S3	S2	S4	S1

(1) 변위단계선도

변위단계선도(displacement step diagram)는 다수의 실린더가 동작을 시작하여 끝날 때까지 변위를 각 실린더별, 단계별로 도표화한 것으로서 일반적으로 **시퀀스 차트(sequence chart)**라고도 한다. 이 선도를 정확히 작성하면 회로를 설계할 때 편리하다.

이 선도는 작동단계에 따라 실린더(피스톤)의 변위를 다음 규칙에 따라 작성한다.

- 각 실린더별로 일정한 간격의 두 평행선을 그리고, 실린더 사이의 간격은 그 간격의 약 1/2 간격으로 띄운다.
- 전 시스템의 "단계수+1" 만큼의 단계선(스텝번호선: 수직선)을 실린더의 작동시간과 관계없이 동일 간격으로 그린다.
- 실린더의 동작은 스텝번호선에서 변화시켜 그린다.
- 작동상태의 표시는 전진의 경우는 상향 대각선, 후진의 경우는 하향 대각선, 정지상태는 수평선으로 표시하며, 후진상태는 0, 전진상태는 1로 표시한다.
- 리밋 밸브나 센서 등이 작동하는 위치는 단계선상이며, 그 작동에 뒤따르는 실린더의 작동 개시점까지 화살표로 연결한다.
- 최종 스텝번호선은 바로 최초 스텝번호선과 일치함을 의미한다.

이 방법에 따라 작성된 변위단계선도는 그림 8.3과 같다. 즉, 초기에 실린더 A, B가 후진상태에서 리밋스위치 S1은 ON상태이며, start 스위치 ⓢ를 ON시키면 실린더 A가 전진하

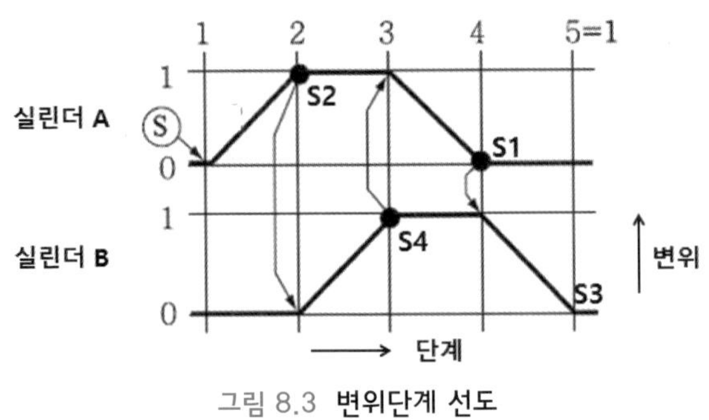

그림 8.3 변위단계 선도

고, 실린더 A의 전진 끝단의 리밋밸브 S2가 동작하여 실린더 B를 전진시킨다(실린더 A는 전진상태 유지).

전진이 완료되면 실린더 B의 전진 끝단의 리밋 밸브 S4가 작동하여 실린더 A가 후진하고 (실린더 B는 전진상태 유지) 후진이 완료되면 실린더 A의 후진 끝단의 리밋 밸브 S1이 작동하여 실린더 B가 후진하며, 리밋스위치 S3가 ON상태로 1사이클이 종료된다.

(2) 변위시간선도

변위시간선도(displacement time diagram)는 각 요소의 변위를 시간의 함수로 나타낸 것이다. 변위단계선도와 달리 각 단계별로 걸리는 시간을 간격으로 그리고 작동순서에 따른 각 요소들의 시간과의 관계를 표시한다(그림 8.4 참조).

변위시간선도에서 횡축의 간격은 요구되는 시간과 시간축(횡축)의 눈금의 크기에 의해 결정된다. 변위단계선도에서는 요소간의 상호관계가 명백히 나타나지만, 변위시간선도에서는 중첩과 작동속도의 관계가 명백하게 나타난다.

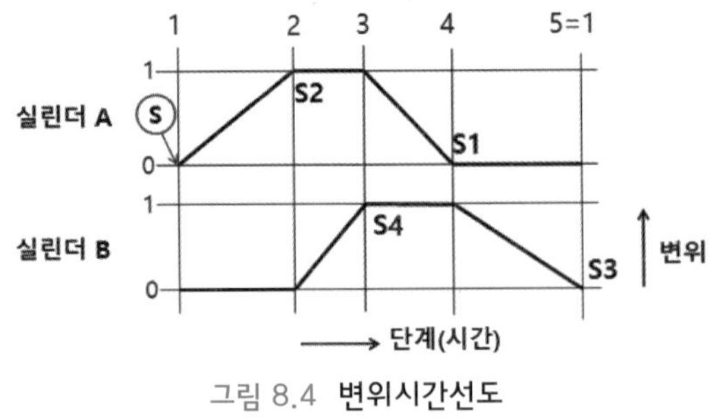

그림 8.4 변위시간선도

(3) 제어선도

제어선도(control diagram)는 실린더의 동작변화에 따라 리밋 밸브나 센서 등의 작동상태를 나타내는 선도이다. 이 선도는 신호중복의 여부를 확인하는 데 유효하다.

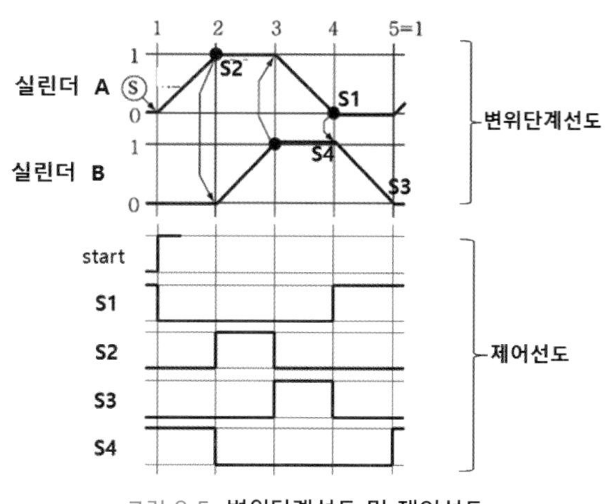

그림 8.5 **변위단계선도 및 제어선도**

제어선도는 각 리밋 밸브별로 가로축은 작동스텝, 세로축은 그 밸브의 ON(1로 표시), OFF(0으로 표시) 상태를 펄스 형태로 나타내며(일반적으로 이 선도는 변위단계선도의 아래쪽에 나타낸다), 그림 8.5는 위의 예에 대한 제어선도를 변위단계선도와 함께 나타내었다.

표 8.1에서 실린더 A의 운동에 관련되는 센서는 S3과 S4이다. 그런데 그림 8.5의 제어선도상에서 S3과 S4의 신호 중첩현상이 없다. 또 실린더 B의 운동에 관련되는 센서는 S1과 S2임을 알 수 있으며, 역시 그림 8.5의 제어선도상에서 S1과 S2의 신호중첩은 없으므로 이 작동에서 제어신호 간섭현상은 일어나지 않고 있음을 알 수 있다. 그러나 이러한 경우는 20~30% 정도이며, 후술하는 간섭현상이 일어나는 시퀀스가 70~80% 정도이므로 제어 신호의 간섭현상과 그것을 제거할 수 있는 방법에 대하여 알아보자.

2. 제어 신호의 간섭현상

(1) 간섭현상이 일어나지 않는 일반적인 경우

앞에서 설명한 그림 8.1의 시스템에서 두 실린더의 시퀀스는 A+B+A−B−이며, 실린더 A의 전후진 관련 신호는 리밋스위치 S3과 S4이고, 실린더 B의 전후진 관련 신호는 리밋스위치 S2와 S1이다. 그런데 그림 8.5의 제어선도상에서 실린더 A에 대한 제어 신호의 간섭이 없으며, 실린더 B에 대한 제어 신호의 간섭도 없게 나타나고 있다. 이러한 경우는 제어 신호의 간섭현상이 일어나지 않는 일반적인 경우이다.

(2) 간섭현상이 일어나는 경우의 예와 제거방법

전술한 그림 8.1의 시스템에서 두 실린더의 시퀀스가 A+B+B−A−인 경우, 변위단계선도와 제어선도를 표시하면 그림 8.6과 같다.

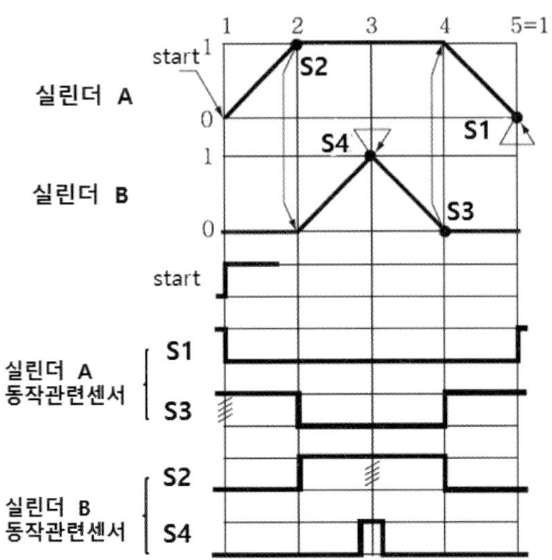

그림 8.6 **A+B+B−A−시퀀스에 대한 변위단계선도 및 제어선도**

이 선도에서 실린더 A의 동작 신호인 S1과 S3이 제1단계에서 신호중첩이 생겨 간섭현상이 발생하며, 실린더 B의 동작 신호인 S2와 S4가 제3단계에서 간섭현상이 발생하고 있음을 확인할 수 있다.

이와 같이 시퀀스 제어에서는 상반된 제어 신호가 동시에 존재하게 되면 문제가 발생하며, 이를 제어 신호의 **간섭현상**이라 한다. 즉, 같은 실린더의 전진운동 제어 신호와 후진운동 제어 신호가 동시에 작용하면 기능을 발휘할 수 없게 되며 솔레노이드밸브에서는 코일의 소손원인이 된다. 따라서 상반된 제어 신호가 동시에 존재하게 되는 제어 신호의 중첩현상이 발생하지 않아야 하며, 시퀀스 제어에서 제어 신호의 중첩현상을 제거하기 위한 몇 가지 방법이 있다. 즉,

- 전기 방향성 리밋스위치의 이용
- 전기 타이머의 이용
- 캐스케이드(Cascade) 설계방법의 이용
- 스테퍼(stepper) 설계방법의 이용

일반적으로 제어 신호의 중첩현상은 한 번 입력된 제어 신호가 너무 길게 지속되므로 펄스 신호화하면 해결할 수 있다.

순수 공압 밸브를 이용하는 경우에는 제어 신호를 펄스화하기 위해 공압타이머나 방향성 리밋 밸브 등이 이용되지만 전기공압에서는 그들이 거의 사용되지 않는다. 왜냐하면 전기 타임릴레이는 고가이고, 전기 방향성 리밋스위치는 작은 작동력으로도 작동될 수 있으므로 작동의 신뢰성을 보장할 수 없기 때문이다.

따라서 전기 릴레이를 이용하는 시퀀스 제어는 회로상으로 해결하는 캐스케이드(cascade) 회로 설계방법과 스테퍼(stepper)회로 설계방법 두 가지가 주로 이용되고 있다.

캐스케이드 제어에서는 주로 양 솔레노이드 밸브가 사용되며, 스테퍼 제어에서는 양 솔레노이드 밸브 또는 편 솔레노이드 밸브를 모두 사용할 수 있다.

여기서는 여러 개의 실린더에 대한 시퀀스 제어를 위한 설계방법으로서 양 솔레노이드 밸브를 사용하는 경우, 제어 신호의 간섭현상을 방지할 수 있는 캐스케이드회로 설계방법과 양 솔레노이드뿐 아니라 편 솔레노이드 밸브 모두에 대하여 적용할 수 있는 스테퍼회로 설계방법에 대하여 기술한다.

3. 캐스케이드/Cascade/ 제어회로 설계

전기 공압에서 작동 시퀀스를 몇 개의 제어그룹으로 분류하고, 필요한 제어그룹에만 에너지를 공급하게 되면 간섭현상을 제거할 수 있다. 제어그룹을 분류하기 위해 작동 시퀀스를 실린더의 전진동작의 표시는 (+), 후진동작의 표시는 (−)로 표시한다.

예를 들면, A+B+B−A−C+C−의 작동 시퀀스에서 동일 실린더가 동일그룹에 속하지 않도록 그룹을 나눈다. 이 경우에는 다음과 같이 3개의 그룹으로 나누어진다.

A+B+	/ B−A−C+	/ C− /
1그룹	2그룹	3그룹

이 경우 필요한 릴레이 코일의 수와 그룹라인의 수는 그룹의 수와 동일하다. 단 그룹의 수가 2개인 경우는 릴레이 코일의 수는 1개가 필요하지만, 그룹라인의 수는 그룹의 수인 2개가 필요하다.

캐스케이드 제어회로의 작성방법에 대하여 (1) 그룹의 수가 2개인 시퀀스 제어회로, (2) 그룹의 수가 3개 이상인 시퀀스 제어회로에 대하여 각각 알아보기로 한다.

(1) 그룹의 수가 2개인 캐스케이드 제어회로의 작성방법

그림 8.7(a)의 배치도와 같이 2개의 실린더를 이용하여 플라스틱 부품에 엠보싱 작업을 하는 장치의 제어회로(시퀀스 : A+B+B−A−)를 캐스케이드 방법으로 작성하기로 한다.

- 제어조건 : 플라스틱 부품을 엠보싱 장치의 홀더에 넣고 스타트 스위치를 누르면 실린더 A가 이 부품을 엠보싱 위치로 이송시키고, 실린더 B가 전진하여 엠보싱 작업이 끝나면 실린더 B가 복귀한 후 실린더 A가 귀환한다(A+B+B−A−).

① 제1단계

시스템의 배치도와 제어조건에 따른 변위단계선도를 작성한다. 그림 8.7(a)는 시스템의 배치도이며, 그림 8.7(b)는 변위단계선도이다.

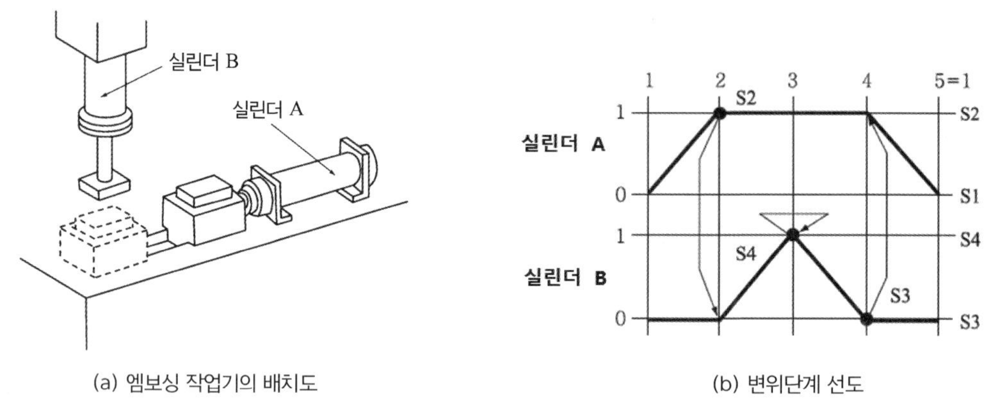

(a) 엠보싱 작업기의 배치도

(b) 변위단계 선도

그림 8.7 **엠보싱 작업기의 배치도 및 변위단계선도**

② 제2단계

작동순서에 대하여 제어그룹을 분류하고 캐스케이드 제어라인을 작성한다.

그림 8.7의 엠보싱작업기의 작동순서를 약호로 나타내고 간섭현상이 발생되지 않도록 그룹을 나누면 그림 8.8(a)와 같으며, 양 솔레노이드 밸브를 제어요소로 하는 공압회로도는 그림8.8(b)와 같이 표시하고, 그룹의 수와 동일한 수의 그룹라인을 갖는 제어회로도(그림 8.8(c))를 작성한다.

작동순서	A+	B+	B-	A-
체크백 신호	S2	S4	S3	S1
그룹	1		2	

(a) 작동순서와 그룹

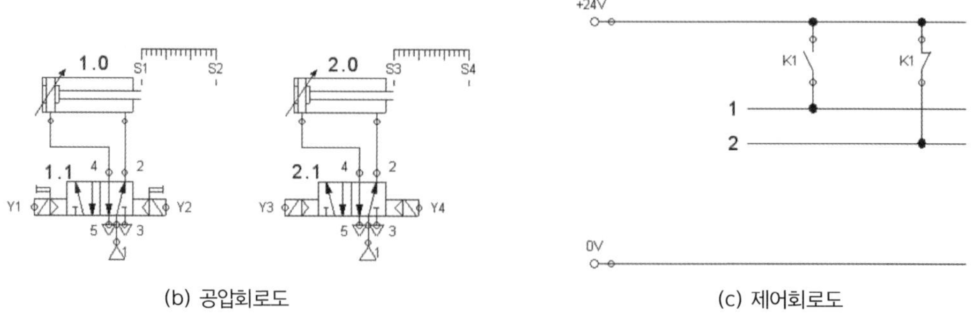

(b) 공압회로도

(c) 제어회로도

그림 8.8 **2단계의 캐스케이드 제어회로도**

여기서 S1, S2, …S4는 각각 실린더의 운동 완료 여부를 확인하는 리밋스위치를 나타낸다. 전기 공압회로도에서 공압실린더는 상단에, 전기제어부는 하단에 위치시키며, 그림 8.8에서 1, 2라인은 각각 1그룹 에너지라인, 2그룹 에너지라인을 나타내며, 그림 8.9에서 Y1, Y2, …는 솔레노이드, K1은 릴레이 접점(1그룹에는 K1의 a접점, 2그룹에는 K1의 b접점)을 나타낸다.

③ 제3단계 : A+ 작업의 회로작성

A+ 작업은 제1그룹에 속하므로 1번 그룹라인에 에너지가 공급되기 위해서 K1 릴레이의 a접점이 ON되어야 한다. 최종 그룹의 최종 작업인 A−의 완료를 나타내는 리밋스위치 S1과 스타트 스위치 S5가 릴레이 코일 K1을 ON시켜 주어야 하며, K1 릴레이가 ON되면 자기유지회로로 하여 S1이 OFF되어도 K1이 작동된 상태로 유지시킨다.

A+ 작업을 담당하는 Y1 솔레노이드는 K1 릴레이를 통해 에너지를 받아 여자되므로 실린더 A가 전진한다. 따라서 제3단계의 제어회로도는 그림 8.9와 같다.

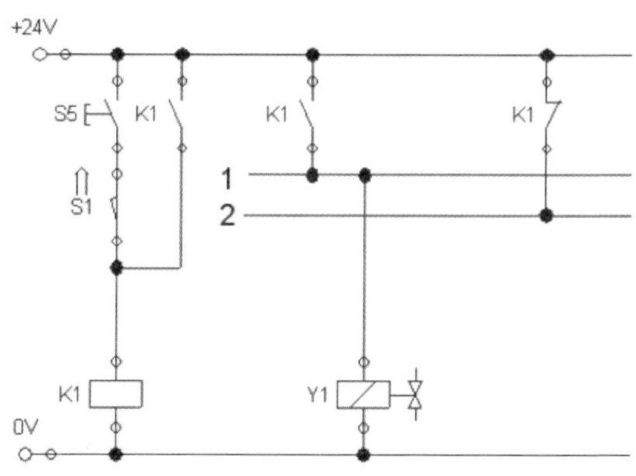

그림 8.9 **제3단계의 캐스케이드 제어회로도**

④ 제4단계 : B+ 작업의 회로작성

B+ 작업은 앞의 A+ 작업과 동일그룹이므로 그룹라인은 그대로 첫 번째 그룹라인 1을 이용한다. 즉, A+의 작업완료를 확인하는 S2 리밋스위치가 1번 그룹라인으로부터 에너지를 받아 솔레노이드 Y3를 작동시켜 실린더 B가 전진한다. 따라서 제4단계의 제어회로도는 그림 8.10과 같다.

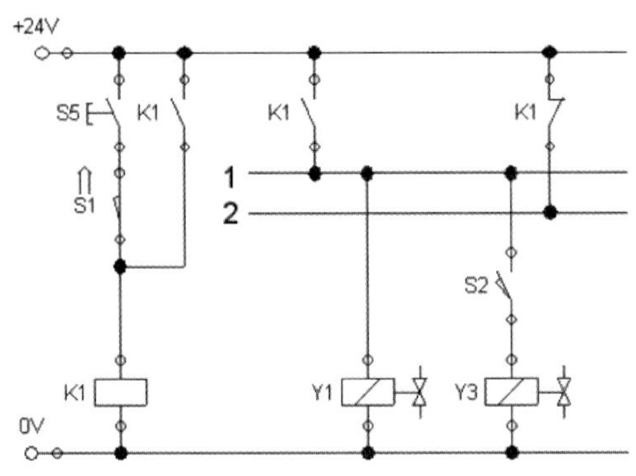

그림 8.10 **제4단계의 캐스케이드 제어회로도**

⑤ 제5단계 : B- 작업의 회로작성

B- 작업은 제2그룹에 속하므로 우선 에너지 공급을 1번 그룹라인으로부터 2번 그룹라인으로 바꿔야 한다. 그러기 위하여 K1 릴레이를 OFF시켜야 하므로 제1그룹의 최종 작업인 B+의 완료를 확인하는 S4 리밋스위치가 ON될 때 K1을 OFF시키기 위해 b접점으로 start스위치 S5와 직렬 연결시켜 2번 그룹라인으로 바뀌게 되며, 솔레노이드 Y4가 2번 그룹라인으로부터 직접 에너지를 공급받아 실린더 B가 후진한다.

따라서 제5단계의 제어회로도는 그림 8.11과 같다.

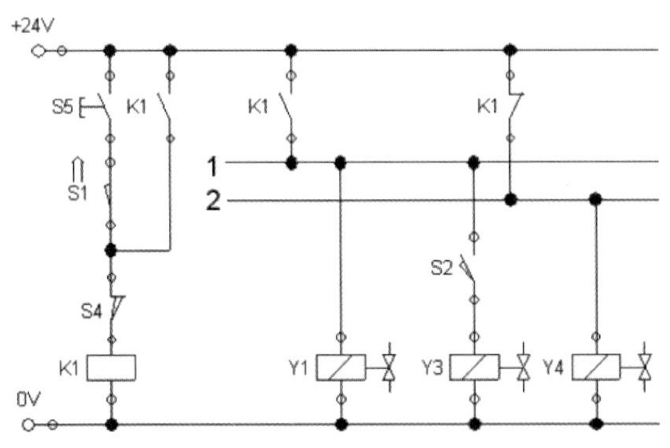

그림 8.11 **제5단계의 캐스케이드 제어회로도**

⑥ 제6단계 : 공압회로도와 전기회로도를 완성한다.

A-작업은 제2그룹이므로 그룹라인은 2번 그룹라인 그대로이다. 전 단계인 B-의 완료를 확인하는 S3 리밋스위치를 통하여 솔레노이드 Y2가 2번 그룹라인으로부터 에너지를 받아 실린더 A가 후진하여 한 사이클의 시퀀스가 완료되며, 완성된 캐스케이드 제어회로를 나타내면 그림 8.12와 같다.

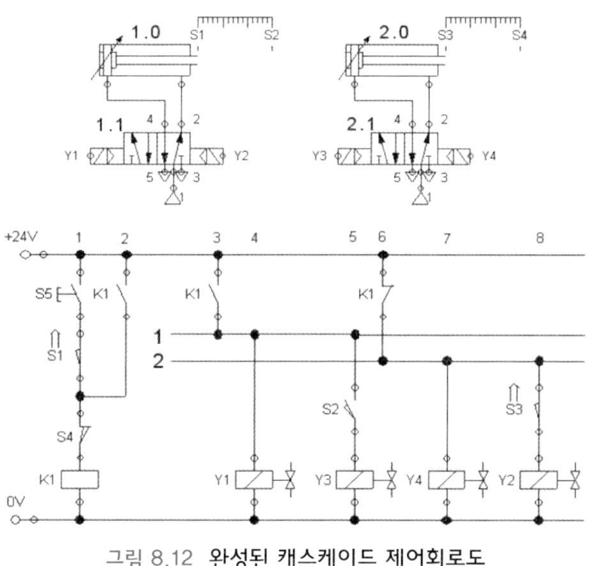

그림 8.12 **완성된 캐스케이드 제어회로도**

(2) 그룹의 수가 3개 이상인 캐스케이드 제어회로의 작성방법

그림 8.14(a)와 같은 스탬핑 장치(stamping device)에 대하여 캐스케이드회로를 작성한다. 공작물을 수동으로 삽입하고 실린더 A를 이용하여 스탬핑을 하고 나서 실린더 B가 공작물을 밀어내는 작업이다. 시퀀스(작업순서)는 A+A-B+B-이며, 변위단계선도는 그림 8.15와 같다.

- 참고로 작업순서 A+A-B+B-의 변위단계선도와 제어선도를 작성하면 그림 8.13과 같다. 이 선도에서 실린더 A와 실린더 B의 작동상에 모두 간섭현상이 발생하고 있음을 확인할 수 있다.

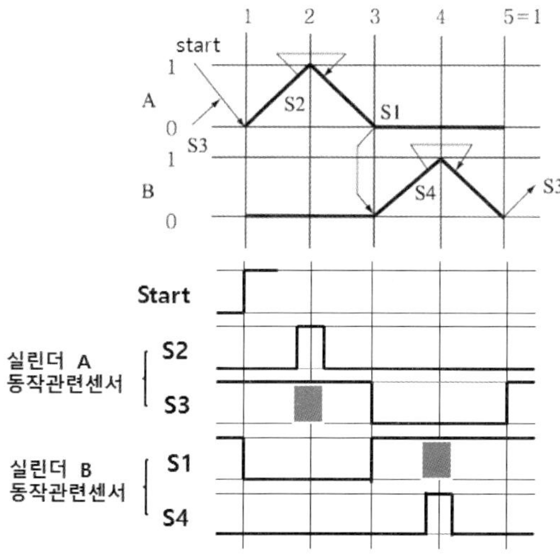

그림 8.13 **스탬핑 장치의 변위단계선도 및 제어선도**

캐스케이드 제어회로의 설계순서는 다음과 같다.

① 시스템 배치도와 공압회로도를 작성하고 리밋스위치를 배치한다.

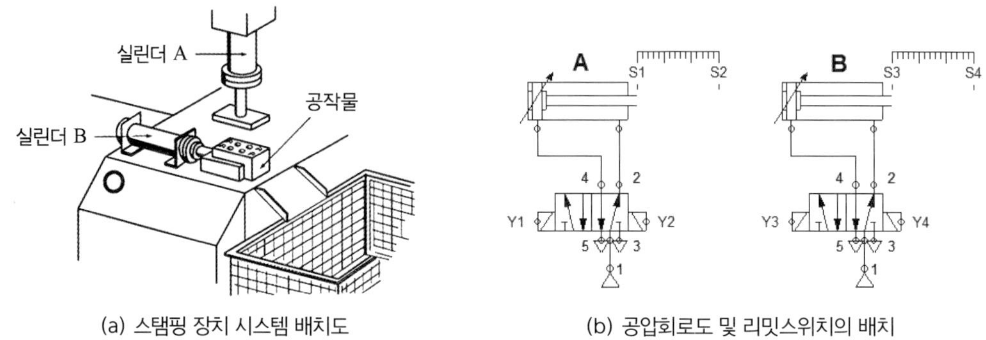

(a) 스탬핑 장치 시스템 배치도 (b) 공압회로도 및 리밋스위치의 배치

그림 8.14 **시스템 배치도와 공압회로도 및 리밋스위치의 배치**

② 변위단위계선도를 작성한다.

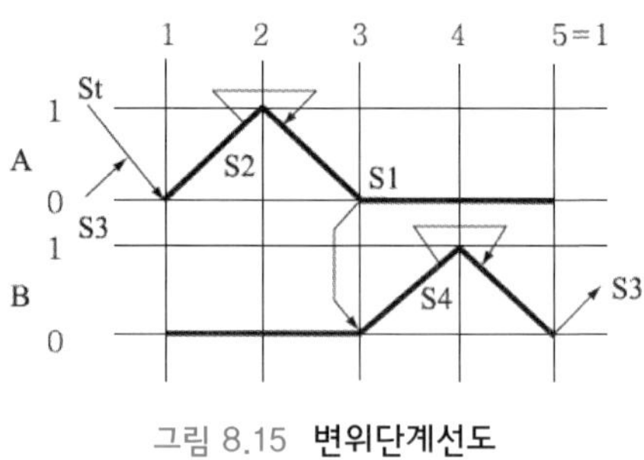

그림 8.15 **변위단계선도**

③ 작동순서, 체크 백(check back) 신호, 작동 릴레이 코일, 작동 솔레노이드의 표를 작성한다.

한 그룹 내에는 동일한 실린더가 포함되지 않아야 하며 그룹의 수와 동일한 수의 릴레이 및 그룹라인이 필요하다. 단 그룹의 수가 2개인 경우에는 1개의 릴레이로 제어할 수 있다.

A+ / A−B+ / B−

K1 K2 K3

시퀀스에 대한 그룹을 나누고 체크 백 신호 및 각 그룹을 담당하는 릴레이 코일을 배정하여 표로 표시하면 다음과 같다.

그룹	1그룹	2그룹		3그룹
실린더 작동순서	A+	A-	B+	B-
체크 백 신호	S2	S1	S4	S3
작동 릴레이 코일	K1	K2		K3
작동 솔레노이드	Y1	Y2	Y3	Y4

④ 양 솔레노이드 밸브 사용 시 릴레이 코일의 ON상태 조건식

시퀀스회로에서 사용되는 릴레이 코일이 여자(ON)되는 조건은 자기유지와 인터록 조건을 고려해야 하며, 각 그룹의 릴레이 코일이 ON되는 조건의 식은 다음과 같다. 이 식은 시퀀스회로를 설계하는 데 편리하게 사용할 수 있다.

일반 릴레이 코일의 ON상태 조건식은 식 8.1, 최종 릴레이의 ON상태 조건은 식 8.2로 표시한다. 단 이 식들은 양 솔레노이드 밸브를 사용하는 경우에 이용할 수 있다. 편 솔레노이드 밸브를 사용하는 경우의 관계식은 후술할 것이다.

일반 릴레이 코일의 ON상태 조건식은 다음과 같다.

$$K_n = [(LS \cdot K_{n-1}) + K_n] \cdot \overline{K_{n+1}} \tag{8.1}$$

최종 릴레이 코일의 ON상태 조건식은 다음과 같다.

$$K_{last} = [(LS \cdot K_{last-1}) + K_{last} + reset\, S/W] \cdot \overline{K_1} \tag{8.2}$$

여기서 좌변의 K는 릴레이 코일이며, 우변의 각 요소들은 다음과 같다.

K : 릴레이 코일 K의 a접점

$\overline{K}$: 릴레이 코일 K의 b접점

• : 직렬연결

$+$: 병렬연결

LS : 전 단계의 도달 센서

그룹의 수가 2개일 경우에는 1개의 릴레이에서 각각 a접점과 b접점인 K_1과 $\overline{K_1}$이 필요하다.

⑤ 평행한 2개의 모선을 긋고 식 8.1, 8.2를 이용하여 릴레이 K가 ON되는 조건을 고려하여 회로 내의 좌측에 그룹 순으로 릴레이 제어회로를 작성한다.

⑥ 회로 내의 우측에 그룹별로 솔레노이드 작동회로를 작성한다.

두 모선 사이에 그룹수만큼의 그룹라인(평행선)을 긋고 모선과 그룹라인을 해당 릴레이의 접점으로 연결한다. 그리고 솔레노이드를 하단측에 단계순으로 배치하고 동일 그룹의 솔레노이드는 동일 그룹라인에 연결한다. 한 그룹 내에 여러 개의 솔레노이드가 배치되는 경우에는 해당 그룹라인에 직접 연결하고, 다음 단계의 솔레노이드는 바로 앞 단계의 센서(리밋스위치)를 직렬로 연결한다.

⑦ 순서대로 작동되는지를 검토한다.

⑧ 부가조건이 필요하면 회로도에 첨가한다.

위의 스탬핑 장치의 K1~K3의 ON상태 조건식을 식 8.1, 8.2를 적용하여 나타내면 다음

과 같다.

$$K1 = [(start \cdot S3 \cdot K3) + K1] \cdot \overline{K2}$$
$$K2 = [(S2 \cdot K1) + K2] \cdot \overline{K3}$$
$$K3 = [(S4 \cdot K2) + K3 + reset\, S/W] \cdot \overline{K1}$$

따라서 설계순서에 따라 제어회로도를 작성하면 그림 8.16과 같다.

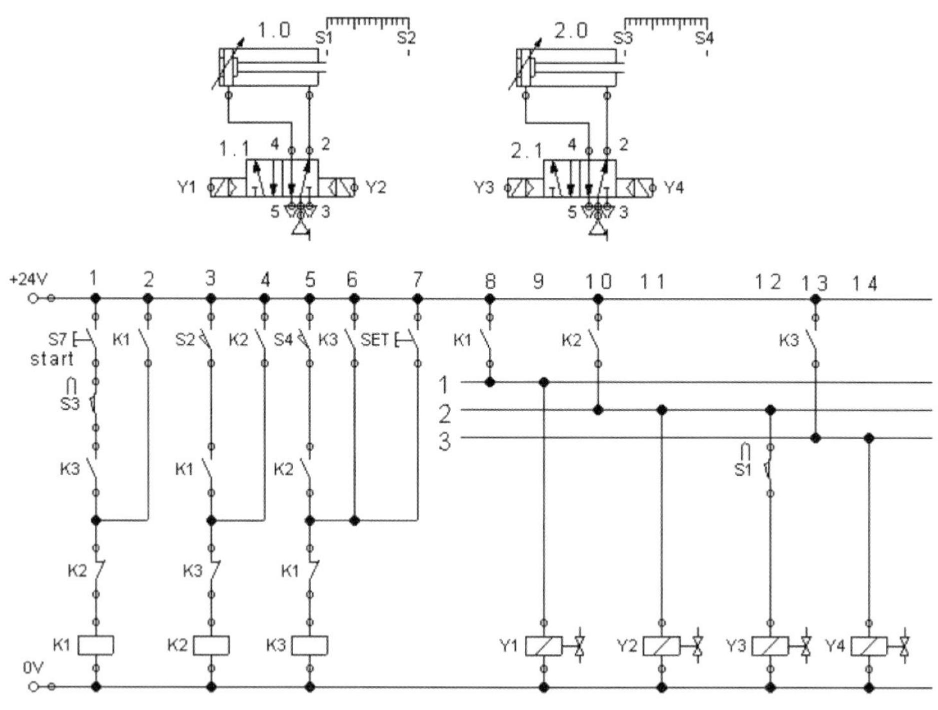

그림 8.16 **스탬핑 장치의 캐스케이드 제어회로도**

이 회로는 인터록(inter-lock)회로로서 K1이 작동하면 전 단계의 릴레이 K3는 작동하지 않으며, K2가 작동하면 K1이 작동하지 않는다. 즉, 솔레노이드 Y1, Y2 중 하나만 작동하는 회로이다. b접점을 이용한 인터록회로는 상대동작을 금지하는 회로로서 양 솔레노이드 밸브의 간섭현상을 방지하는 회로이다.

먼저 reset(SET로 표시) 스위치를 누르면 릴레이 코일 K3가 작동하여 자기유지된다. 따라서 K1의 a접점이 ON상태이므로 start스위치를 누르면 코일 K1이 ON되어 자기유지되며, 24 V 모선으로부터 K1의 a접점이 ON되어 1그룹라인에 전기에너지가 들어와 Y1이 작동하므로 실린더 A가 전진한다. 전진 완료 후 S2가 ON되면 K1은 ON상태이므로 K3가 OFF되며 코일 K2가 ON되어 자기유지된다(K1은 OFF되어 Y1이 OFF됨). 따라서 접점 K2를 통해 모선으로부터 2그룹라인에 에너지가 들어와 Y2가 작동하여 실린더 A가 후진한다.

후진을 완료하면 같은 그룹라인에서 S1이 ON되므로 Y3가 작동하여 실린더 B가 전진하고, S4를 ON시키면 K2는 ON상태이고 K1이 OFF되어 있으므로 코일 K3이 ON되며 자기유지된다(K2는 OFF되어 Y3는 OFF됨). 따라서 a접점 K3을 통하여 모선으로부터 3그룹 라인에 에너지가 들어와 Y4를 작동시켜 실린더 B가 후진함으로써 한 사이클이 완료된다.

4. 스테퍼/stepper/ 제어회로 설계

캐스케이드 제어(cascade control)방법은 가장 적은 개수의 릴레이 코일이 소요되므로 가장 경제적이라 할 수 있다. 그러나 캐스케이드 제어방법은 하나의 릴레이 코일이 한 그룹 전체를 담당하게 되어 비상스위치나 수동조작스위치 등의 부가조건이 삽입되면 제어회로가 복잡해진다. 따라서 배선이 복잡하고 운전 중 시스템에 문제가 발생하면 고장해결(trouble shooting)에 어려움이 따른다. 따라서 그런 경우에는 다음에 설명하는 스테퍼 제어방법을 사용할 수 있다.

스테퍼 제어**(stepper control)**의 설계방법은 다음과 같이 두 가지로 나눌 수 있다.

- 양 솔레노이드 밸브를 이용할 때 스테퍼 제어회로 설계방법
- 편 솔레노이드 밸브를 이용할 때 스테퍼 제어회로 설계방법

이들 방법은 작동시퀀스 하나하나를 하나의 제어그룹으로 간주하는 것이다. 이렇게 하면 전기 릴레이 코일은 캐스케이드 제어의 경우보다 많이 필요하지만, 제어회로도의 작성이 용이하고 복잡한 부가조건이 요구되는 경우에도 쉽게 해결할 수 있다.

그러나 편 솔레노이드 밸브를 사용하는 경우에는 캐스케이드 설계방법을 적용할 수 없으므로 스테퍼 제어를 적용해야 한다.

이 절에서는 위에서 열거한 두 가지 스테퍼 제어 설계방법에 대하여 기술한다.

(1) 양 솔레노이드 밸브를 사용하는 경우의 스테퍼 제어회로 설계

위에서 언급한 바와 같이 스테퍼 제어방법에서는 시퀀스 하나하나를 한 그룹으로 생각하므로 캐스케이드 방식을 확장한 형식이라 할 수 있다. 따라서 양 솔레노이드 밸브를 사용하는 경우 캐스케이드 방식에서의 모든 규칙이 그대로 적용된다. 물론 실린더를 제어하는 제어 밸브는 메모리 기능이 있는 양 솔레노이드를 사용하므로 불시에 정전사태가 발생하여도 제어 밸브가 그때의 위치를 기억하기 때문에 실린더가 돌발적인 운동을 하지 않는 장점이 있다. 그러나 양 솔레노이드 밸브는 값이 비싸며, 제어회로도가 복잡해진다.

이 제어회로의 각 릴레이에는 DC전원을 이용하는 경우, 스위칭 OFF시간을 지연시키기 위하여 파일럿 램프(pilot lamp) 또는 저항을 연결해야 한다.

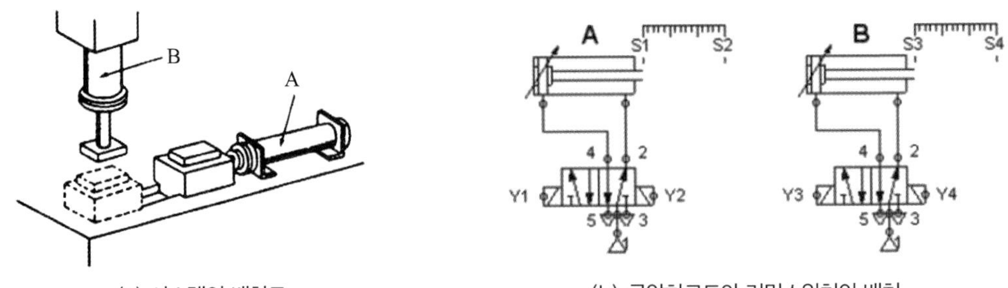

(a) 시스템의 배치도

(b) 공압회로도와 리밋스위치의 배치

그림 8.17 **시스템과 공압회로도**

시퀀스의 응용 예로서 앞에서 언급한 엠보싱 작업기의 시퀀스 제어회로(A+B+B－A－)에 대하여 스테퍼 제어회로 설계방법을 적용하여 회로도를 작성해 보자.

① 시스템(엠보싱 작업기)의 배치도와 공압회로도를 작성하고 리밋스위치를 배치한다.
② 시퀀스를 각 단계 순서로 릴레이 코일을 배정한다.

$$A+ \quad B+ \quad B- \quad A-$$

K1 K2 K3 K4

③ 변위단계선도를 작성한다.

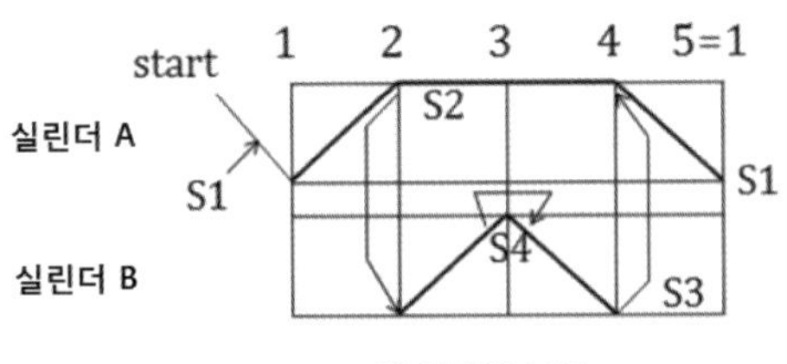

그림 8.18 **변위단계선도**

④ 작동순서, 체크 백(check back)신호, 작동 릴레이 코일, 작동 솔레노이드 표를 작성한다.

작동순서	A+	B+	B-	A-
체크 백 신호	S2	S4	S3	S1
작동 릴레이 코일	K1	K2	K3	K4
작동 솔레노이드	Y1	Y3	Y4	Y2

⑤ 각 릴레이 코일의 ON상태 조건식은 식 8.1과 식 8.2를 이용하여 표시한다.

$$K1 = [(start \cdot S1 \cdot K4) + K1] \cdot \overline{K2}$$

$$K2 = [(S2 \cdot K1) + K2] \cdot \overline{K3}$$

$$K3 = [(S4 \cdot K2) + K3] \cdot \overline{K4}$$

$$K4 = [(S3 \cdot K3) + K4 + reset\, S/W] \cdot \overline{K1}$$

⑥ 평행한 두 모선을 긋고 좌측 부분에 릴레이 코일이 ON되는 조건을 고려하여 단계의 순서대로 릴레이 제어회로를 작성한다(그림 8.19).

각 단계를 수행하는 릴레이 코일은 전 단계의 도달 센서와 릴레이 코일이 작동함으로써 여자되고, 후 단계의 릴레이 코일이 여자되면 그 전 단계의 릴레이 코일은 소자되게 한다.

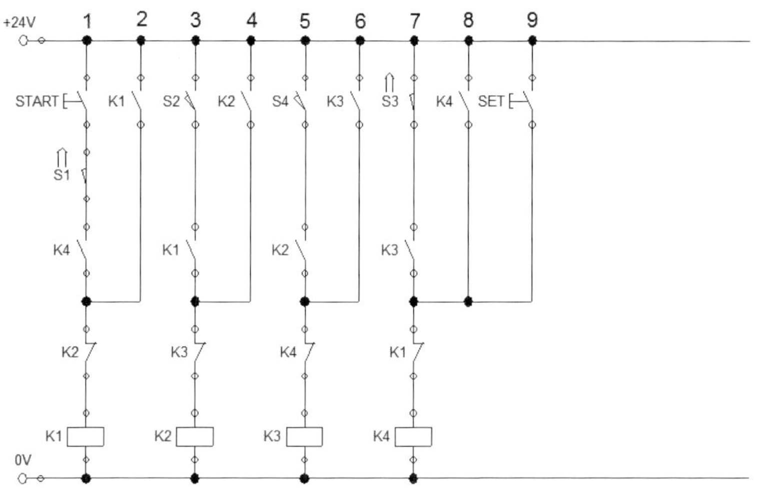

그림 8.19 **6단계 릴레이 코일의 관련 회로 작성**

⑦ 두 모선의 우측 부분에는 단계 순서대로 솔레노이드 작동회로를 작성한다(그림 8.20).

릴레이 코일이 여자되면 그 릴레이 코일에 접속된 a접점으로부터 그 단계의 시퀀스가 수행되는 솔레노이드를 여자시킨다.

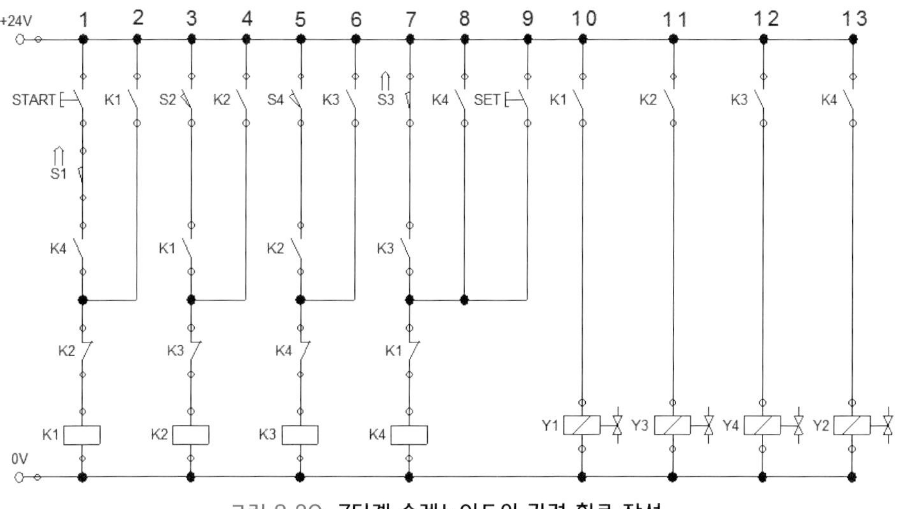

그림 8.20 **7단계 솔레노이드의 관련 회로 작성**

⑧ 설계 순서대로 작동하는지 시뮬레이션을 통해 검토한다.
⑨ 부가조건이 필요하면 회로도에 추가한다.
⑩ 완성된 시퀀스회로도는 공압회로도와 전기회로도를 함께 표시한다(그림 8.21).

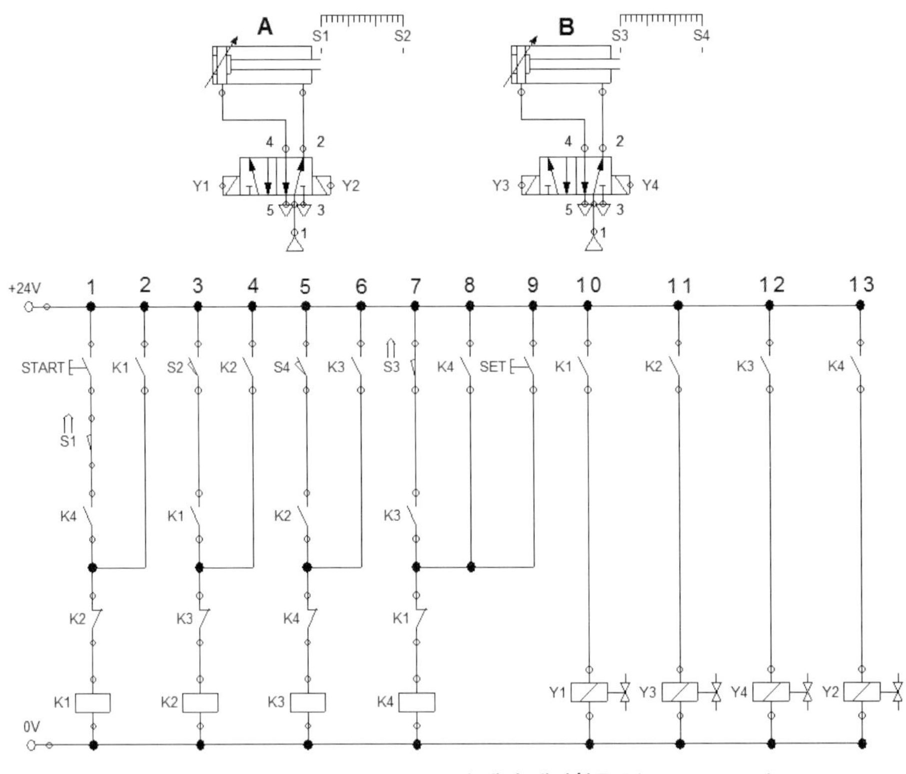

그림 8.21 **엠보싱 작업기의 완성된 스테퍼 제어회로도(A+B+B−A−)**

이 회로는 먼저 set버튼을 터치하여 릴레이 코일 K4를 여자시켜 자기유지시킨다. 그리고 start버튼을 터치하면 릴레이 코일 K1이 여자되어 자기유지되며 K1의 a접점이 작동하여 솔레노이드 Y1이 여자되므로 실린더 A가 전진한다.

실린더 A가 전진을 완료하면 리밋스위치 S2가 ON되므로 K2코일이 여자되어 자기유지된다. 그러면 K2의 b접점은 K1코일을 소자시키고 K2의 a접점은 솔레노이드 Y3를 여자시켜 실린더 B가 전진한다.

실린더 B가 전진을 완료하면 리밋스위치 S4가 ON되므로 K3코일이 여자되어 자기유지된다. 그러면 K3의 b접점은 K2코일을 소자시키고 K3의 a접점은 솔레노이드 Y4를 여자시켜 실린더 B가 후진한다.

실린더 B가 후진을 완료하면 리밋스위치 S3가 ON되므로 K4코일이 여자되어 자기유지된다. 그러면 K4의 b접점은 K3코일을 소자시키고 K4의 a접점은 솔레노이드 Y2를 여자시켜 실린더 A가 후진하여 한 사이클이 완료된다.

(2) 편 솔레노이드 밸브를 사용하는 경우의 스테퍼 제어회로 설계

전술한 캐스케이드 방법과 양 솔레노이드 밸브를 이용한 스테퍼 제어방법은 모두 실린더를 제어하는 밸브로서 양 솔레노이드 밸브를 사용한다. 양 솔레노이드 밸브를 사용하면 갑자기 전원이 차단되어도 제어 밸브는 기계적으로 그때의 제어 위치를 유지하므로 실린더가 돌발적인 운동을 하지 않는 장점은 있으나 배선이 복잡하고 밸브가 고가이다. 따라서 실린더 제어에 편 솔레노이드 밸브를 이용하는 스테퍼 제어방법이 널리 이용되고 있다.

그런데 편 솔레노이드 밸브는 솔레노이드와 복귀스프링에 의해 방향전환이 이루어진다. 즉, 실린더의 전진운동은 솔레노이드에 의하여 이루어지며 솔레노이드에 전원을 차단하면 스프링에 의하여 실린더가 복귀한다.

응용 예로서 그림 8.14의 스탬핑 장치의 제어를 편 솔레노이드를 이용한 스테퍼 제어회로로 구성해 보자.

편 솔레노이드 밸브를 이용한 스테퍼 방식의 회로설계 순서는 양 솔레노이드 밸브를 이용한 스테퍼 방식의 경우와 같으나 ④단계가 달라진다. 즉, 작동순서, 체크 백 신호, 작동 릴레이, 작동 솔레노이드 표의 작성방법이 다음과 같이 다르다.

제어조건은 다음과 같다.

$$A+\ A-\ B+\ B-$$

① 시스템(스탬핑 장치)의 배치도와 공압회로도를 작성하고 리밋스위치를 배치한다(그림 8.22).

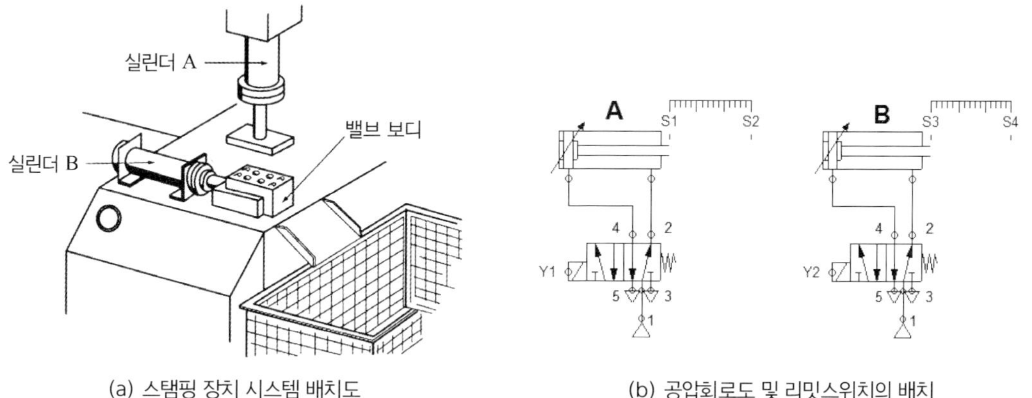

(a) 스탬핑 장치 시스템 배치도 (b) 공압회로도 및 리밋스위치의 배치

그림 8.22 **시스템 배치도와 공압회로도 및 리밋스위치의 배치**

② 시퀀스를 각 단계 순서로 릴레이 코일을 배정한다.

$A+$	$A-$	$B+$	$B-$
K1	K2	K3	K4

③ 변위단계선도를 작성한다.

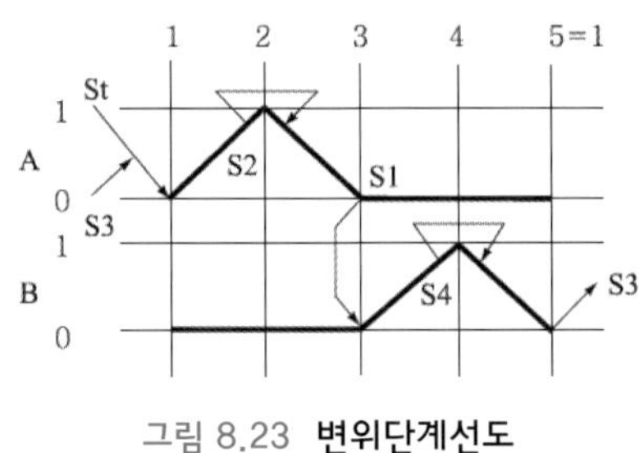

그림 8.23 **변위단계선도**

④ 작동순서, 체크 백(check back) 신호, 작동 릴레이 코일, 작동 솔레노이드의 표를 작성한다.

시퀀스에 대한 그룹을 나누고 체크 백 신호 및 각 그룹을 담당하는 릴레이 코일을 배정하여 표로 표시하면 다음과 같다.

작동순서	A+	A-	B+	B-
체크 백 신호	S2	S1	S4	S3
작동 릴레이 코일	K1	K2	K3	K4
작동 솔레노이드	Y1		Y2	
소자 솔레노이드		Y1		Y2

⑤ 편 솔레노이드 밸브 사용 시 릴레이 코일의 ON상태 조건식은 다음과 같다.

제1단계의 릴레이 코일의 ON상태 조건식은 다음과 같다.

$$K_1 = [(start \cdot LS) + K_1] \cdot \overline{K_{last}} \tag{8.3}$$

일반 릴레이 코일의 ON상태 조건식은 다음과 같다.

$$K_n = [LS + K_n] \cdot K_{n-1} \tag{8.4}$$

최종 릴레이 코일의 ON상태 조건식은 다음과 같다.

$$K_{last} = (LS) \cdot K_{last-1} \text{ or } [LS + K_{last}] \cdot K_{last-1} \tag{8.5}$$

위의 식 8.3~8.5를 이용하여 스탬핑 장치의 제어에 대한 릴레이 코일 K1~K4의 ON상태 조건식을 적용하면 다음과 같다.

$$K_1 = (start \cdot S_3 \cdot K_1) \cdot \overline{K_4}$$
$$K_2 = (S_2 + K_2) \cdot K_1$$
$$K_3 = (S_1 + K_3) \cdot K_2$$
$$K_4 = (S_4) \cdot K_3 \quad \text{or} \quad (S_4 + K_4) \cdot K_3$$

⑥ 평행한 두 모선을 긋고 좌측 부분에 릴레이 코일이 ON되는 조건을 고려하여 단계의 순서대로 릴레이 제어회로를 작성한다(그림 8.24).

각 단계를 수행하는 릴레이 코일은 전 단계의 도달 센서와 릴레이 코일이 작동함으로써 여자된다. 단 첫 단계는 최종 단계의 릴레이 코일의 b접점이 필요하며, 최종 단계의 릴레이 코일이 여자되면 모든 단계의 릴레이 코일은 소자되어 결국 최종 릴레이 코일도 소자된다.

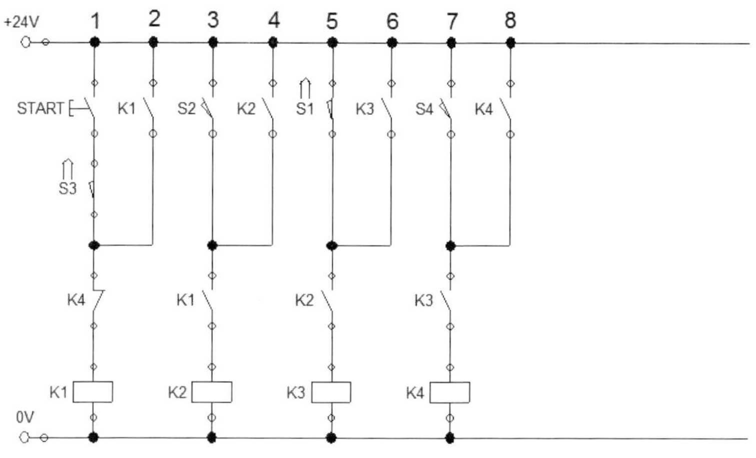

그림 8.24 **6단계 릴레이 코일의 관련 회로 작성**

⑦ 두 모선의 우측 부분에는 단계 순서대로 솔레노이드 작동회로를 작성한다(그림 8.25).

릴레이 코일이 여자되면 그 릴레이 코일에 접속된 a접점으로부터 그 단계의 시퀀스가 수행되는 솔레노이드를 여자시킨다. 솔레노이드를 소자시키기 위해서는 해당 릴레이 코일에 접속된 b접점을 사용한다.

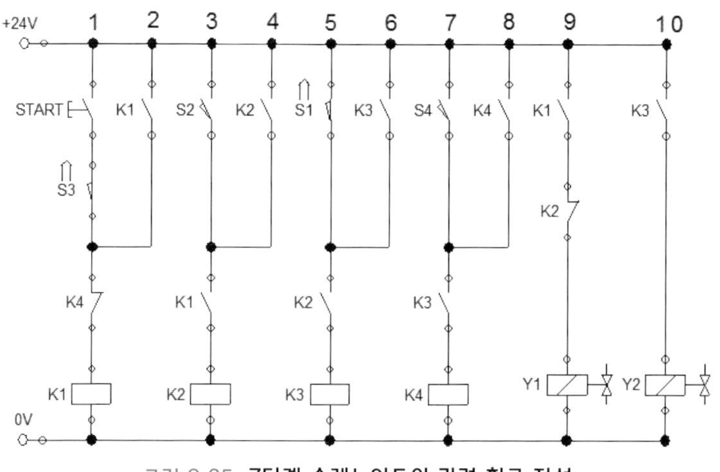

그림 8.25 **7단계 솔레노이드의 관련 회로 작성**

⑧ 설계 순서대로 작동하는지 시뮬레이션을 통해 검토한다.

⑨ 부가조건이 필요하면 회로도에 추가한다.

⑩ 완성된 시퀀스회로도에는 공압회로도와 전기회로도를 함께 표시한다(그림 8.26).

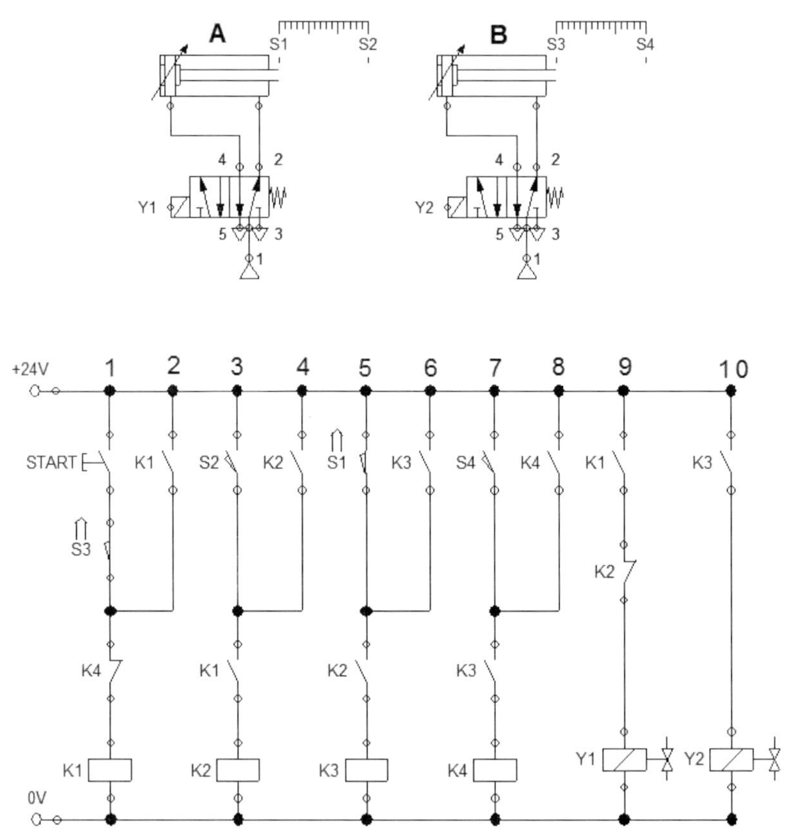

그림 8.26 **스탬핑 장치의 완성된 스테퍼 제어회로도(A+A−B+B−)**

start버튼을 터치하면 릴레이 코일 K1이 여자되어 자기유지되며, K1의 a접점이 작동하여 솔레노이드 Y1이 여자되므로 실린더 A가 전진한다.

실린더 A가 전진을 완료하면 리밋스위치 S2가 ON되므로 K2코일이 여자되어 자기유지되며, K2의 b접점이 작동하여 Y1이 소자되므로 실린더 A가 후진한다.

실린더 A가 후진을 완료하면 리밋스위치 S1이 ON되므로 K3코일이 여자되어 자기유지되며, K3의 a접점이 작동하여 Y2가 여자되므로 실린더 B가 전진한다.

실린더 B가 전진을 완료하면 리밋스위치 S4가 ON되므로 K4코일이 여자되어 자기유지되며, K4의 b접점이 작동하여 코일 K1~K4가 차례로 모두 소자되므로 Y2가 소자되어 실린더 B가 후진함으로써 한 사이클이 완료된다.

1. 스탬핑 장치1의 제어

(1) 제어조건 : A+B+(3초)B-A-

그림 8.27a에서 공작물은 수동으로 작업대에 장착하고 실린더 A가 공작물을 작업위치까지 이송하면 실린더 B가 전진하여 공작물에 스탬핑 작업(3초간)을 한 후 복귀한다. 그 후에 실린더 A가 후진하는 회로를 설계한다. 두 실린더 모두 편 솔레노이드 밸브를 사용하며, 설계방법은 스테퍼 방식으로 한다.

(2) 시스템도 및 변위단계선도

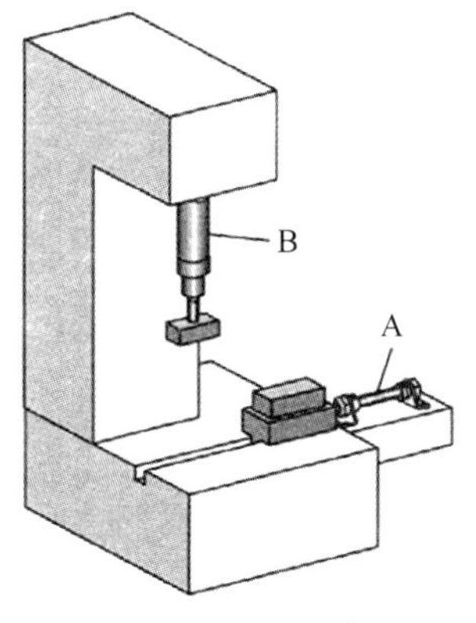

그림 8.27a 스탬핑 장치1

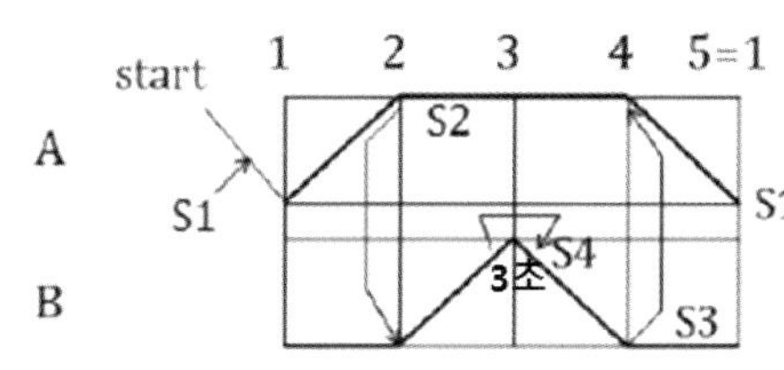

그림 8.27b 변위단계선도

(3) 스탬핑 장치1의 제어회로도

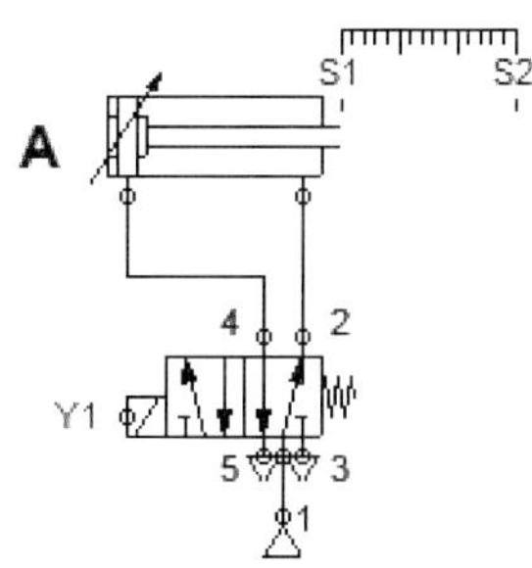

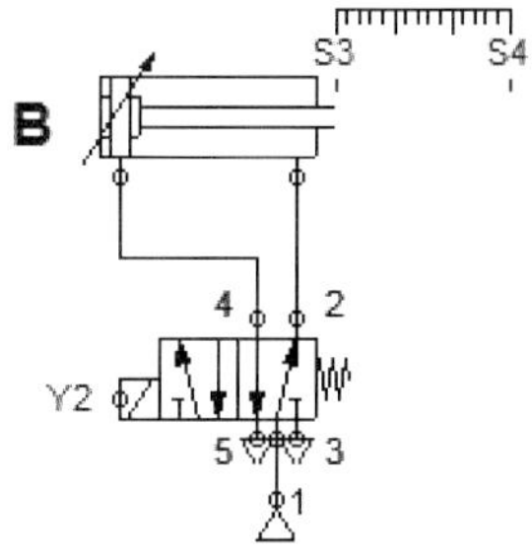

(계속)

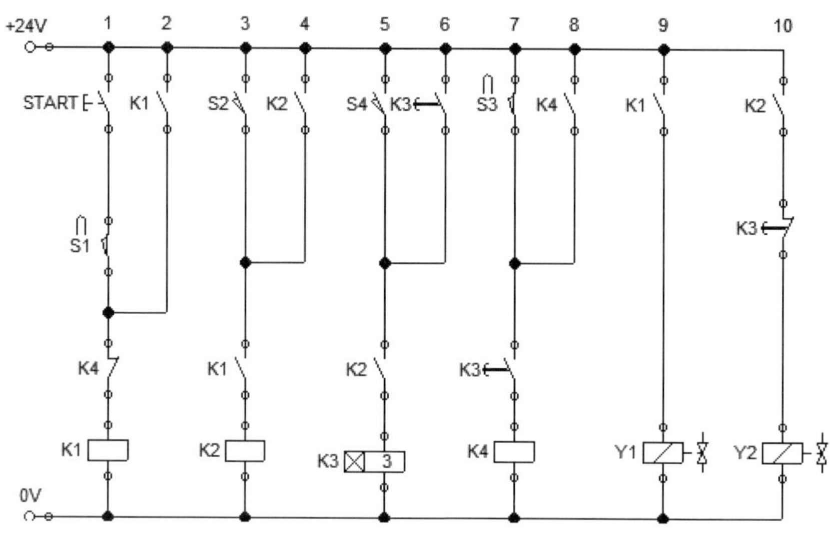

그림 8.27c **스탬핑 장치1의 제어회로도**

작동원리 그림 8.27c에서 start스위치를 순간터치하면 릴레이 코일 K1이 작동하여 솔레노이드 Y1이 여자됨에 따라 실린더 A가 전진하고, 리밋스위치 S2가 작동하여 K2코일의 작동에 따라 Y2가 여자되어 실린더 B가 전진한다.

실린더 B가 전진을 완료한 후 리밋스위치 S4가 ON되면 On delay timer K3이 3초 후에 작동하여 솔레노이드 Y2를 소자시키므로 실린더 B가 후진한다. 그 후 리밋스위치 S3이 작동하여 K4코일이 ON되므로 모든 릴레이 코일이 소자된다. 따라서 실린더 A가 후진하여 사이클이 종료된다.

2. 공작물 이송 제어

(1) 제어조건 : A+B+A-B-

그림 8.28a의 공작물 이송장치(아래쪽 컨베이어로부터 위쪽 컨베이어로 상자를 이송함)에서 2개의 복동 실린더의 전후진단에 각각 리밋 밸브가 장착되어 있다. start버튼을 터치하면 실린더 A가 전진 후 실린더 B가 전진한다. B가 전진을 완료한 후 바로 A가 후진한 후에 B가 후진한다.

두 실린더 모두 편 솔레노이드 밸브를 사용하며, 스테퍼 방식의 회로를 설계한다.

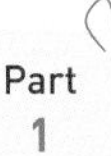

(2) 시스템도 및 변위단계선도

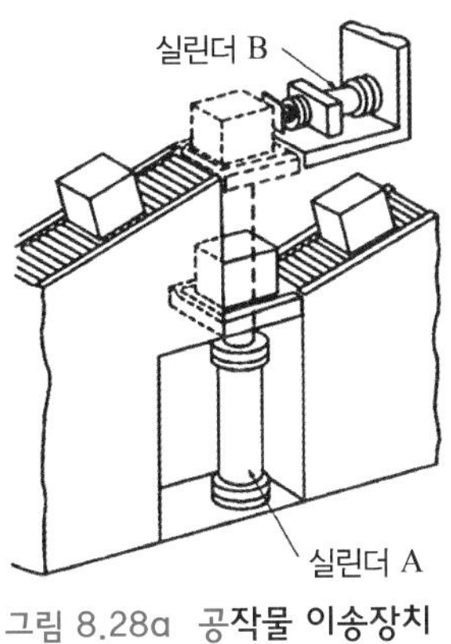

그림 8.28a 공작물 이송장치

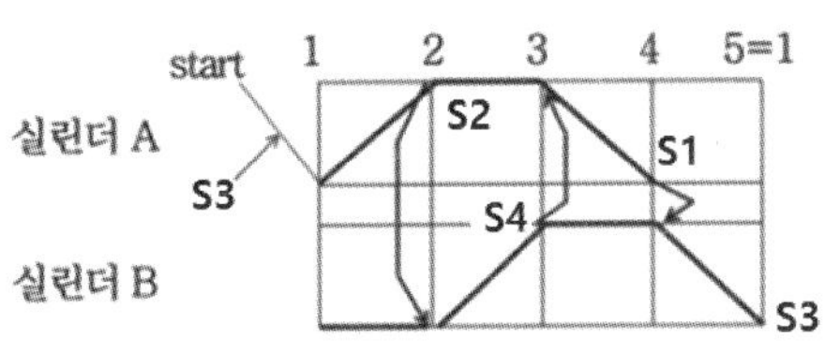

그림 8.28b 변위단계선도

(3) 공작물 이송장치의 제어회로도

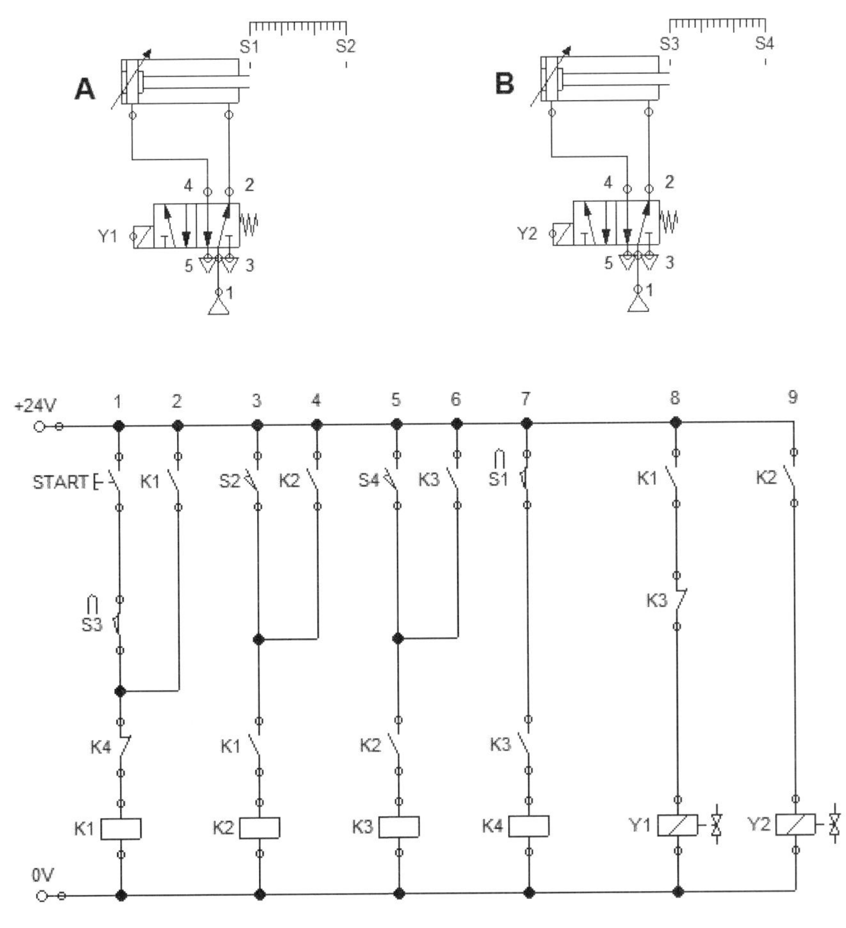

그림 8.28c 공작물 이송장치의 제어회로도

3. 일정량의 모래 공급장치 제어

(1) 제어조건 : A-(5초)A+ B-B+

그림 8.29a는 일정량의 모래 공급장치이며, 두 개의 공압 실린더를 이용하여 호퍼에 담긴 모래를 하방향으로 일정량을 공급한다. 실린더 A, B가 모두 양 솔레노이드 밸브를 사용하고 초기상태에서 전진상태에 있으며, start버튼을 터치하면 실린더 A가 후진하고 5초 후 전진하며 다음에 실린더 B가 후진 후 전진하여 한 사이클이 완료된다.

(2) 시스템도 및 변위단계선도

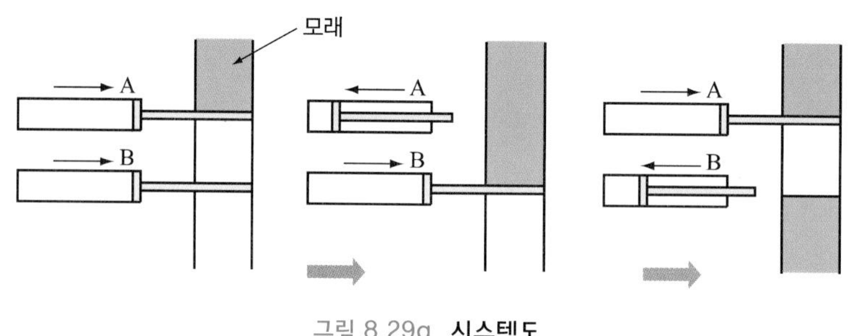

그림 8.29a **시스템도**

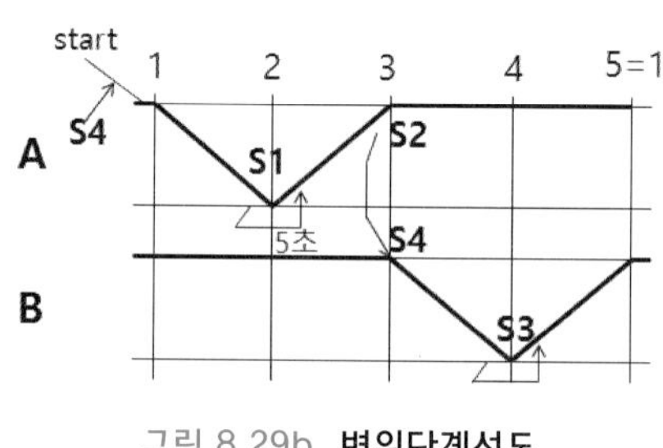

그림 8.29b **변위단계선도**

(3) 일정량의 모래 공급장치의 제어회로도

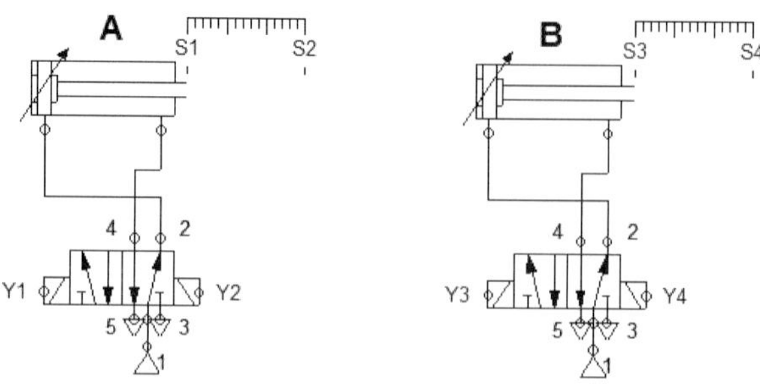

(계속)

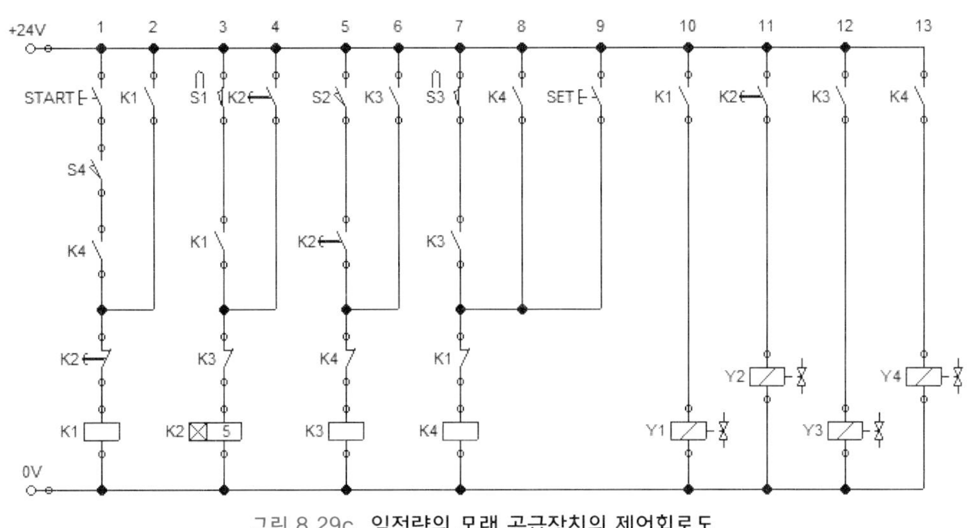

그림 8.29c **일정량의 모래 공급장치의 제어회로도**

작동원리　실린더 A, B가 모두 초기에 전진상태에 있으며, 그림 8.29c에서 SET버튼을 먼저 터치한 후 start버튼을 터치하면 릴레이 코일 K1이 작동하여 자기유지된다. 릴레이 코일 K1의 a접점 K1이 ON되어 솔레노이드 Y1이 여자되므로 실린더 A가 후진한다. 그러면 리밋스위치 S1이 ON되고 5초 후 ON delay timer K2가 작동하여 타이머 K2의 a접점이 ON되어 Y2가 여자되므로 실린더 A가 전진한다.

실린더 A가 전진을 완료하면 리밋스위치 S2가 ON되므로 K3코일이 작동하여 자기유지되며, K3의 a접점이 ON되어 Y3이 여자되므로 실린더 B가 후진한다. 따라서 리밋스위치 S3이 ON되어 K4코일이 작동하여 자기유지되며, K4의 a접점이 ON되어 Y4가 여자되므로 실린더 B가 전진함으로써 한 사이클이 종료된다.

4. 매거진 내 제품의 이송장치

(1) 제어조건 : A+B+A-B-

그림 8.30a의 장치에서 매거진에 적재되어 있는 공작물을 실린더 A가 전진하여 작업위치로 이송하고, 실린더 B가 전진하여 상자 속으로 밀어 넣은 후 A, B실린더의 순으로 후진하는 회로를 설계한다.

실린더 A(전후진단에 각각 전기리드 스위치 B1, B2장착)는 편 솔레노이드 밸브를 사용하고 실린더 B(전후진단에 각각 리밋스위치 S1, S2장착)는 양 솔레노이드 밸브를 시용한다.

(2) 시스템도 및 변위단계선도

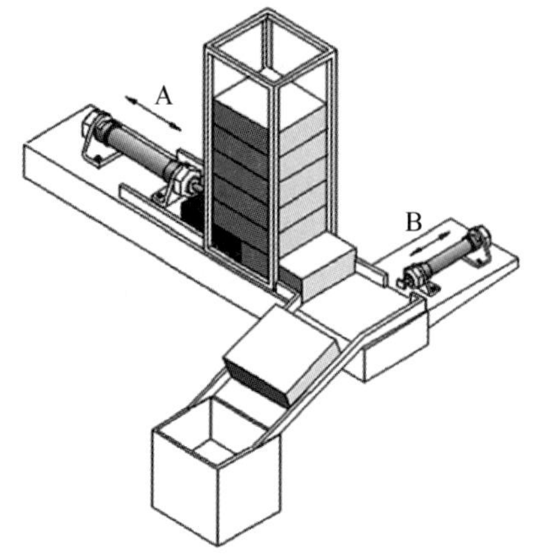

그림 8.30a 매거진 내 제품의 이송장치

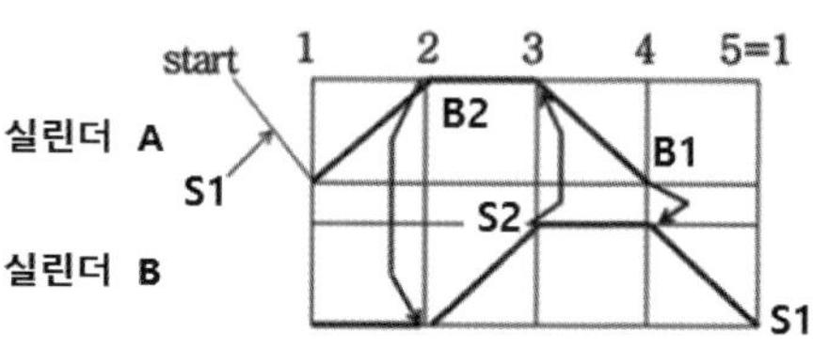

그림 8.30b 변위단계선도

(3) 매거진 내 제품의 이송장치의 제어회로도

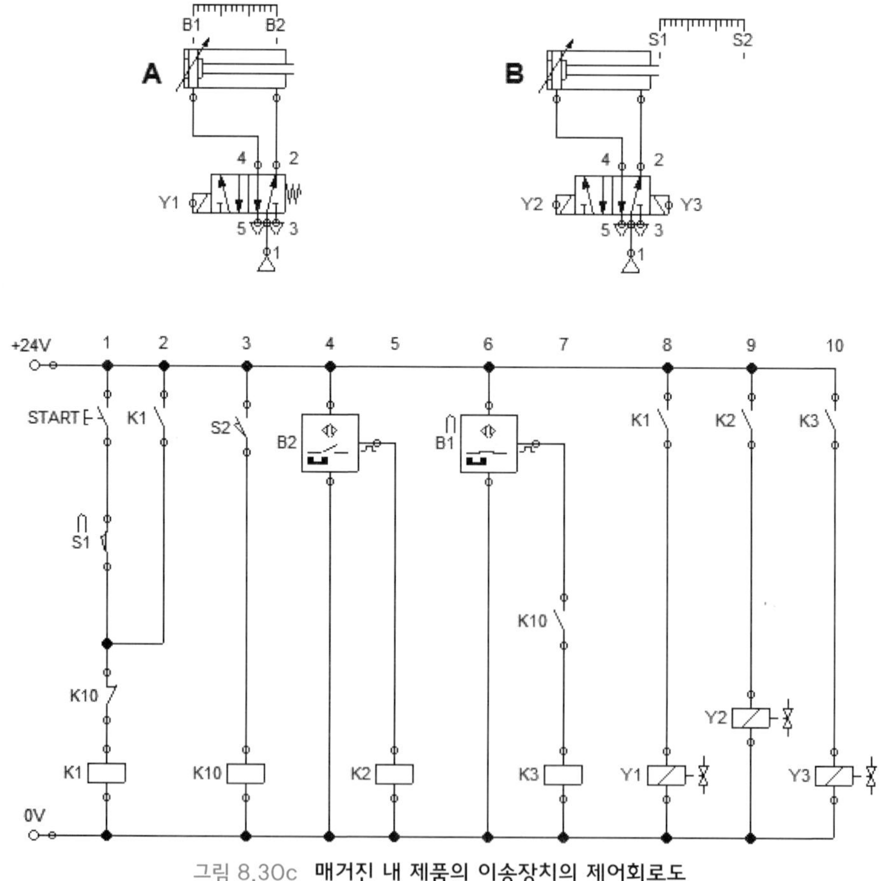

그림 8.30c 매거진 내 제품의 이송장치의 제어회로도

작동원리 그림 8.30c의 회로도에서 start스위치를 터치하면 릴레이 코일 K1이 여자되어 자기유지되고 K1의 a접점이 ON되어 솔레노이드 Y1이 작동하므로 실린더 A가 전진한다.

A가 전진완료 후 리드스위치 B2가 ON되어 코일 K2가 여자되므로 솔레노이드 Y2가 여자되어 실린더 B가 전진하며, 그 후 리밋스위치 S2가 작동하므로 코일 K10이 작동하여 코일 K1은 소자되므로 Y1이 소자되어 실린더 A가 후진한다.

그러면 리드스위치 B1이 ON되고 K10은 ON상태이므로 코일 K3가 여자되며 솔레노이드 Y3가 여자되므로 실린더 B가 후진한다(이때 이미 실린더 A는 후진상태이므로 B2가 OFF되어 K2는 OFF상태이므로 Y2가 OFF상태임).

5. 부품조립기1 제어

(1) 제어조건 : A+A-A+B+B-A-

그림 8.31a의 부품조립기1에서 원주형 공작물의 횡방향에 핀을 삽입하는 공정이다. 공작물과 핀은 수동으로 위치시킨다.

start스위치를 터치하면 실린더 A가 전진하여 공작물을 압입한 후 후진하고, 확실히 하기 위해 다시 실린더 A를 전진시킨 상태에서 실린더 B가 전진하여 핀을 삽입한 후 후진한다. 그 후 실린더 A가 후진하여 복귀하는 회로를 설계한다.

두 실린더 모두 편 솔레노이드 밸브를 사용하며 각 실린더의 전후진단에는 각각 리밋스위치가 설치되어 있다. 회로의 설계는 스테퍼 방식으로 한다.

(2) 시스템도 및 변위단계선도

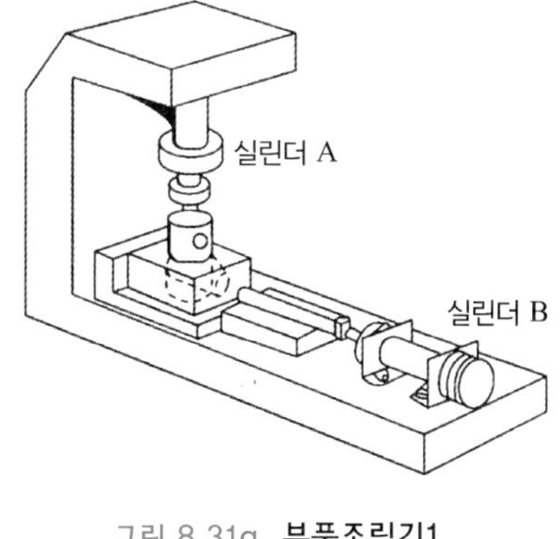

그림 8.31a **부품조립기1**

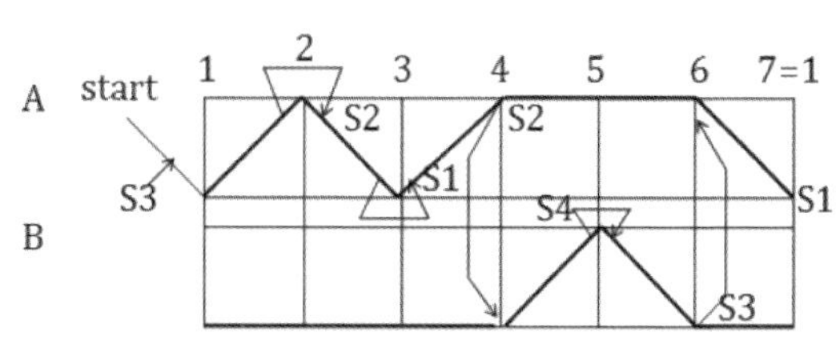

그림 8.31b **변위단계선도**

(3) 부품조립기1의 제어회로도

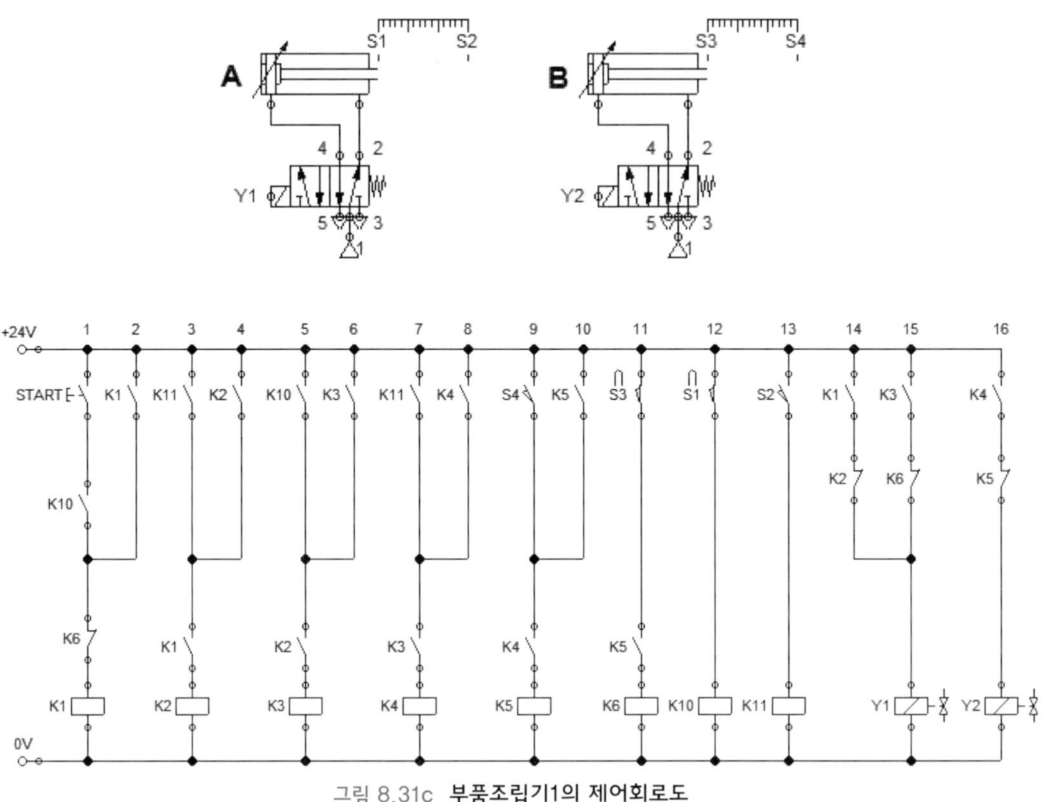

그림 8.31c **부품조립기1의 제어회로도**

작동원리 그림 8.31c의 회로도에서 start스위치 on → K1코일 on → 솔레노이드 Y1 on → 실린더 A 전진 → 리밋스위치 S2 on → K2코일 on → Y1 off → 실린더 A 후진 → S1 on → K3코일 on → Y1 on → 실린더 A 전진 → S2 on → K4코일 on → Y2 on → 실린더 B전진 → S4 on → K5코일 on → Y2 off → 실린더 B 후진 → S3 on → K6코일 on → K1~K6코일 off → 실린더 A 후진.

6. 공작물 공급제어

(1) 제어조건 : A+A-B+A+A-B-

그림 8.32a의 공작물 공급기에서 레일을 타고 오는 공작물을 실린더 A가 전진하여 공작물을 픽업 후 후진하고 실린더 B의 전진에 의해 회전반으로 이송시킨다. 그 후 A실린더가 전진하여 공작물을 탈착 후 후진하면 실린더 B가 레일 쪽으로 복귀하는 회로를 설계한다. 두 실린더는 모두 양 솔레노이드 밸브를 사용하며, 설계방법은 캐스케이드 회로의 방식으로 한다.

(2) 시스템도 및 변위단계선도

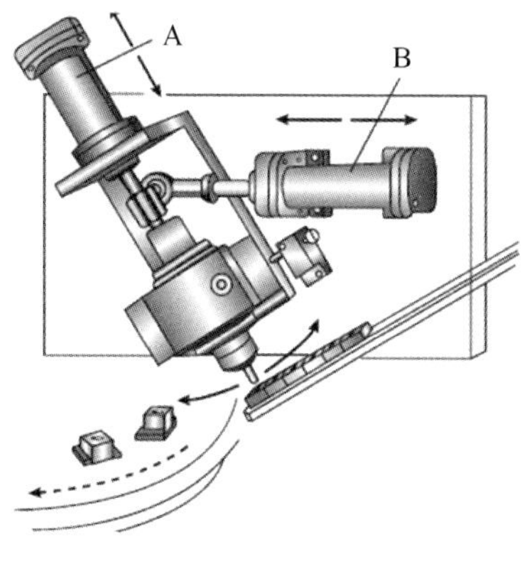

그림 8.32a 공작물 공급기

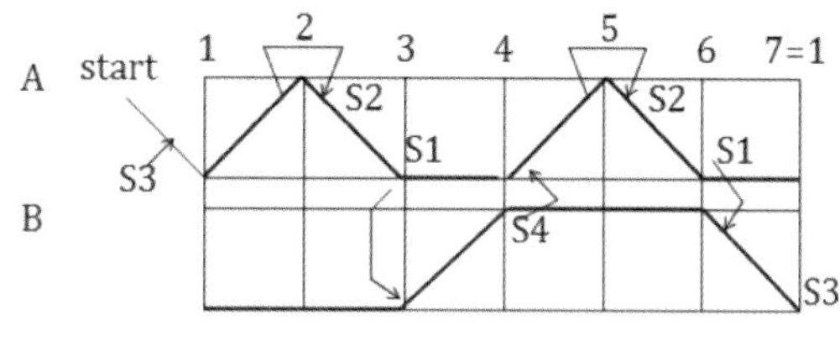

그림 8.32b 변위단계선도

(3) 공작물 공급기의 제어회로도

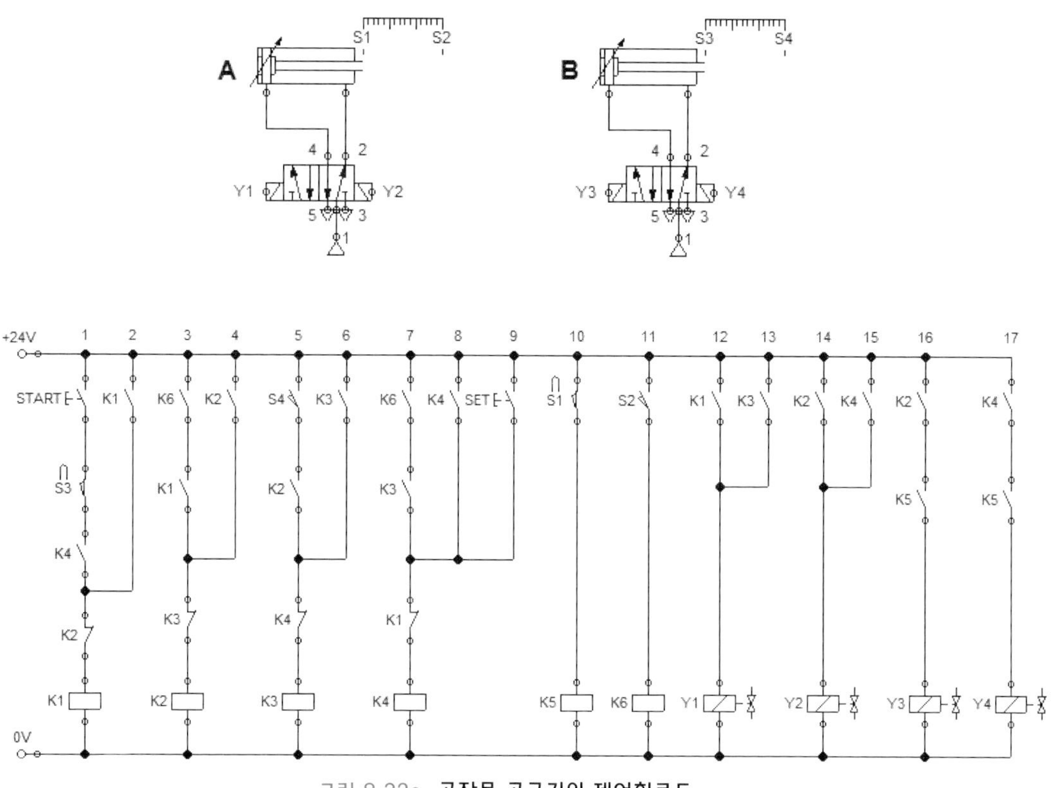

그림 8.32c 공작물 공급기의 제어회로도

작동원리　그림 8.32c의 회로도에서 reset스위치 SET on → start스위치 on→ K1코일 on → Y1 on → 실린더 A 전진 → S2 on → K2코일 on → Y2 on → 실린더 A 후진 → S1 on → Y3 on→ 실린더 B 전진 → S4 on → K3코일 ON → Y1 on → 실린더 A 전진 → S2 on → K4코일 ON → Y2 on → 실린더 A 후진 → S1 on → Y4 on → 실린더 B 후진.

7. 밀링작업의 제어

(1) 제어조건 : A+B+B-B+B-A-

그림 8.33a의 밀링머신에서 실린더 A가 전진하여 공작물을 클램핑하고 실린더 B가 테이블을 전후진 왕복 2회 이송시켜 가공한 후 실린더 A가 복귀하는 회로이다. 실린더 A는 양 솔레노이드 밸브, 실린더 B는 편 솔레노이드 밸브를 사용한다. 설계방식은 스테퍼 방식으로 한다.

(2) 시스템도 및 변위단계선도

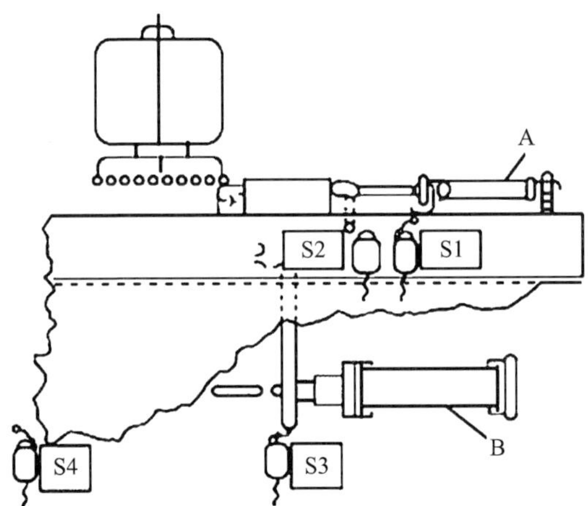

그림 8.33a 밀링머신

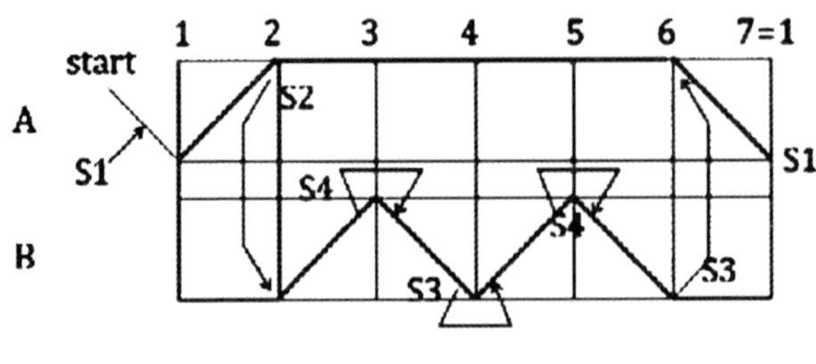

그림 8.33b 변위단계선도

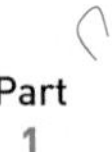

(3) 밀링머신의 제어회로도

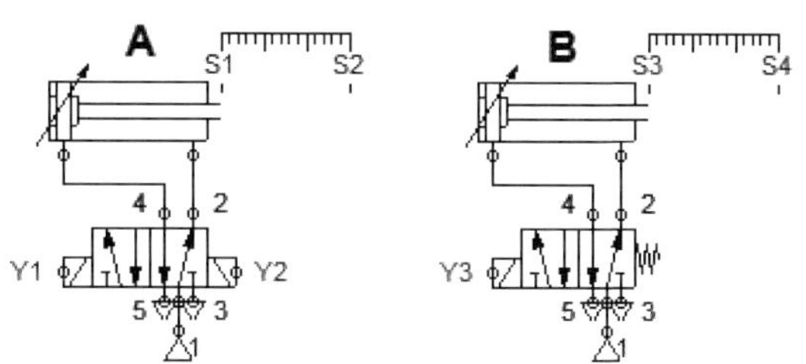

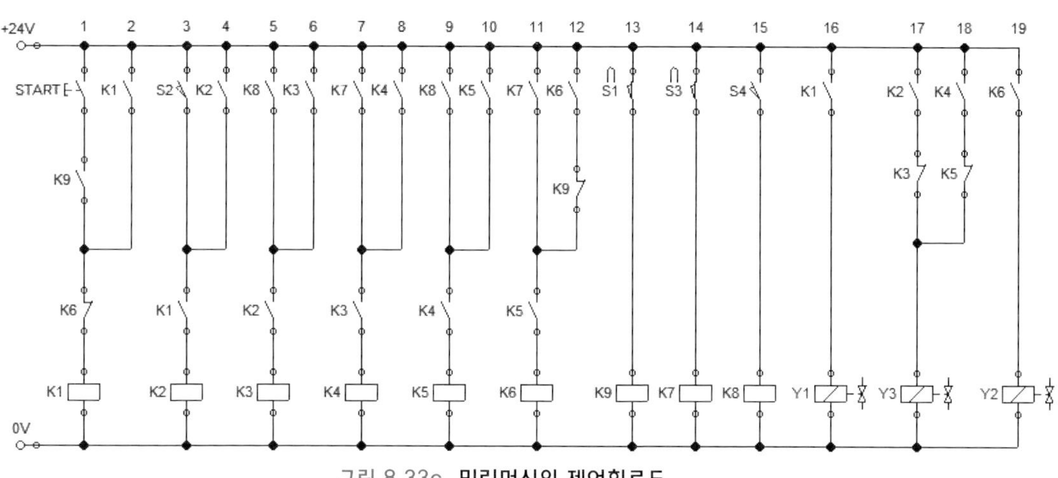

그림 8.33c **밀링머신의 제어회로도**

작동원리　그림 8.33c의 회로도에서 start스위치 on → K1코일 on → 솔레노이드 Y1 on → 실린더 A 전진 → 리밋스위치 S2 on → K2코일 on → Y3 on → 실린더 B 전진 → S4 on → K3코일 on → Y3 off → 실린더 B 후진 → S3 on → K4코일 on → Y3 on → 실린더 B 전진 → S4 on → K5코일 on → Y3 off → 실린더 B 후진 → S3 on → K6코일 on → Y2 on → 실린더 A 후진.

8. 두 실린더의 시퀀스 제어

(1) 제어조건 : 동시(A+B+)B-B+동시(A-B-)

그림 8.34a의 시스템도에서 양 솔레노이드 밸브를 사용하는 두 개의 실린더(A, B)가 동시(A+B+)B－B+동시(A－B－)의 시퀀스로 작동하는 회로이다. 각 실린더는 전후진단에 리밋스위치가 장착되어 있으며, 설계는 캐스케이드 방식을 이용한다.

(2) 시스템도 및 변위단계선도

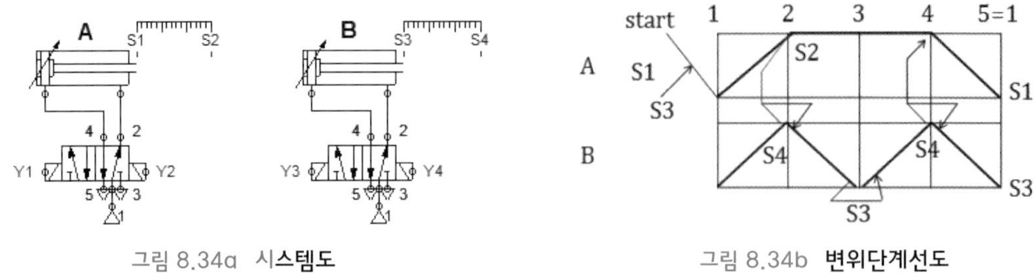

그림 8.34a **시스템도** 그림 8.34b **변위단계선도**

(3) 두 실린더의 시퀀스 제어회로도

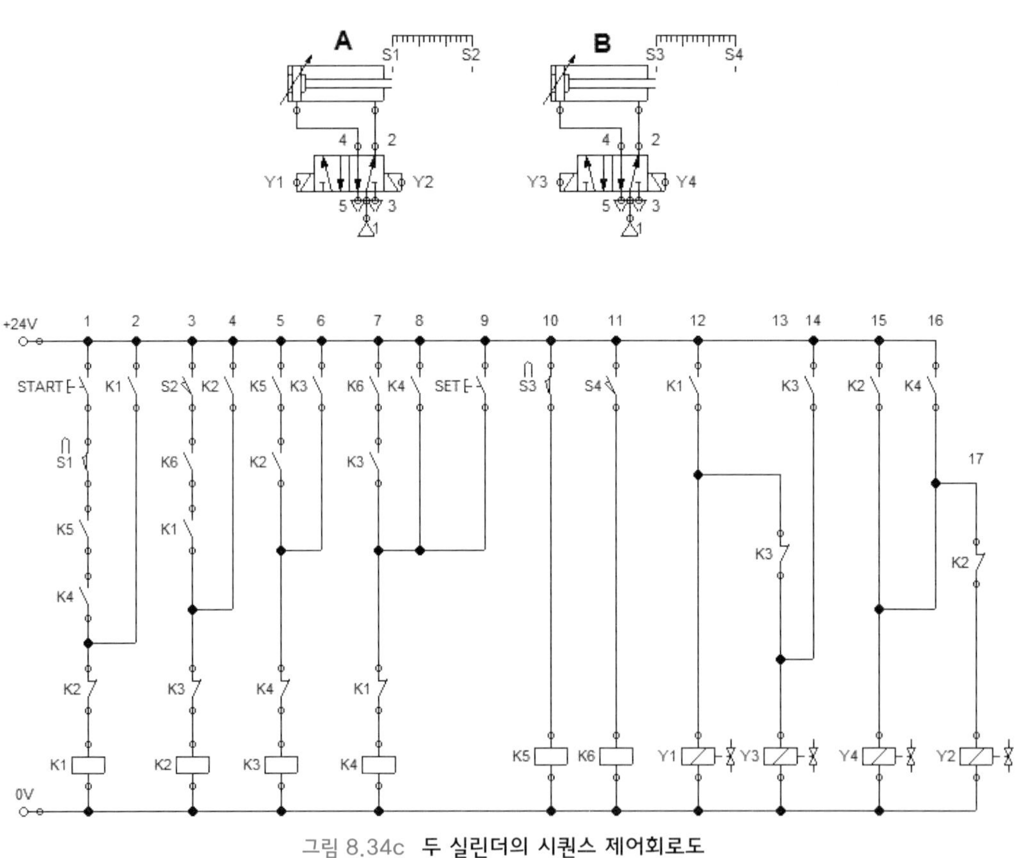

그림 8.34c **두 실린더의 시퀀스 제어회로도**

작동원리 그림 8.34c의 제어회로도에서 reset스위치 SET on → start스위치 on → K1코일 on → 솔레노이드 Y1과 Y3 on → 실린더 A와 B가 전진 → 리밋스위치 S2와 S4 on → K2코일 on → Y4 on → 실린더 B 후진 → S3 on → K3코일 on → Y3 on → 실린더 B 전진 → S4 on → K4코일 on → Y4와 Y2 on → 실린더 B와 A가 동시후진.

9. 볼 베어링의 두 상자 채우기 제어

(1) 제어조건 : A-(2초)A+B+A-(2초)A+B-

그림 8.35a와 같은 장치에서 두 개의 서로 다른 위치에 있는 용기에 작은 크기의 베어링을 채우려 한다. 실린더 A를 후진시켜서 셔터를 열어 2초간 용기1에 베어링을 충진시키고 셔터를 닫은 후 실린더 B가 전진하여 용기2를 충진위치로 이동시켜 충진(2초간)시킨 후 후진한다. 충진시간은 용기의 크기에 따라 설정할 수 있다. 각 실린더는 편 솔레노이드 밸브를 사용한다. 초기에 실린더 A는 전진상태에 있으며, 스테퍼 방식의 설계를 한다.

(2) 시스템도 및 변위단계선도

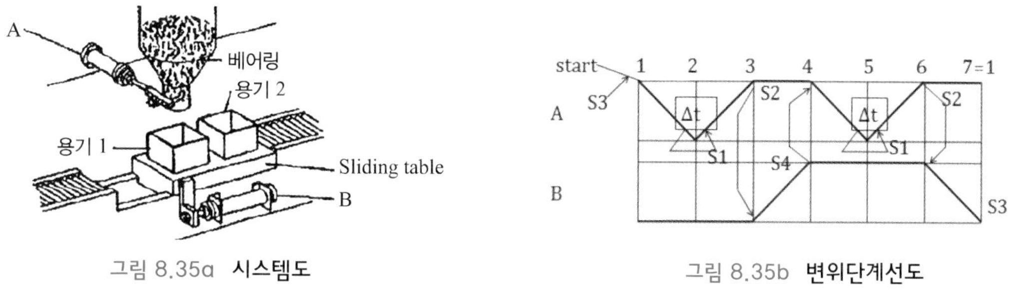

그림 8.35a 시스템도

그림 8.35b 변위단계선도

(3) 볼 베어링의 두 상자 채우기 시스템의 제어회로도

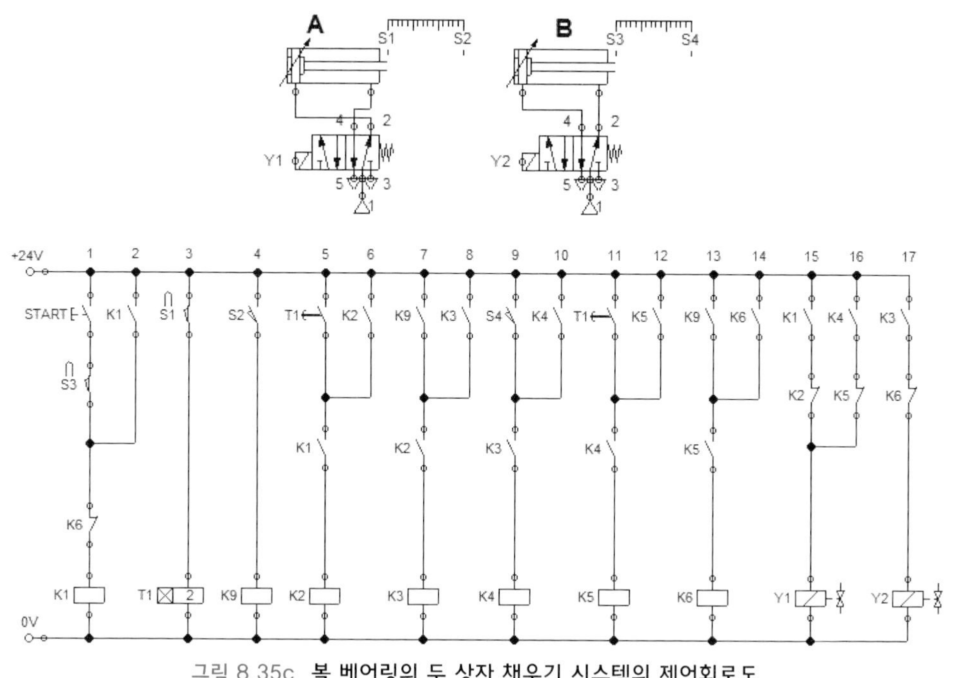

그림 8.35c 볼 베어링의 두 상자 채우기 시스템의 제어회로도

작동원리 그림 8.35c의 회로도에서 start스위치 ST on → K1코일 on → 솔레노이드 Y1 on → 실린더 A 후진 → 리밋스위치 S1 on → on delay timer T1 on → 2초 후 K2코일 on → Y1 off → 실린더 A 전진 → S2 on → K9 코일 on → K3코일 on → Y2 on → 실린더 B 전진 → S4 on → K4코일 on → Y1 on → 실린더 A 후진 → S1 on → on delay timer T1 on → 2초 후 K5코일 on → Y1 off → 실린더 A 전진 → S2 on → K9코일 on → K6코일 on → Y2 off → 실린더 B 후진.

10. 벤딩작업기1의 제어

(1) 제어조건 : A+B+B-C+C-A-

그림 8.36a의 벤딩작업기1에서 소재는 수동으로 작업대에 장착시킨다. 실린더 A가 전진하여 판재를 클램핑하고 실린더 B가 전진하여 1차 벤딩을 한 후 후진한다. 실린더 C가 2차 벤딩을 하고 후진하면 실린더 A가 후진하여 클램핑을 해제함으로써 사이클이 완료되는 회로이다. 두 실린더 모두 양 솔레노이드 밸브를 사용하며, 캐스케이드 회로의 설계방법을 이용한다.

(2) 시스템도 및 변위단계선도

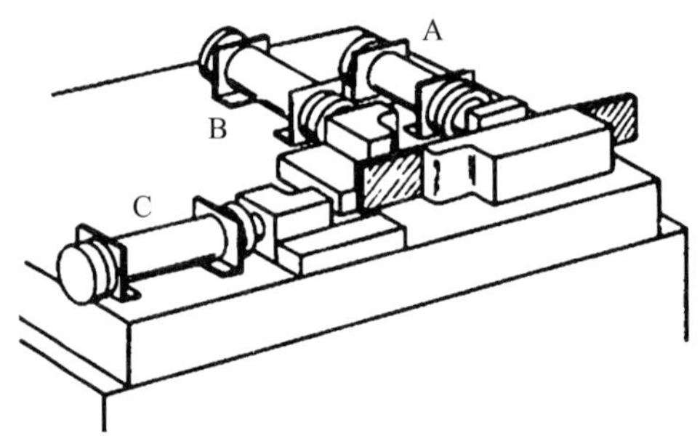

그림 8.36a **벤딩작업기1**

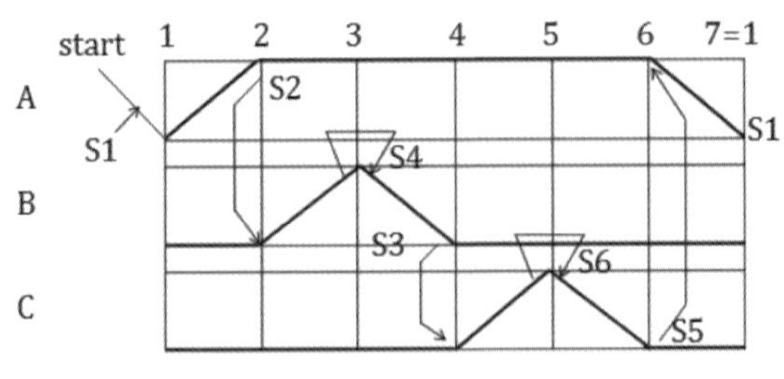

그림 8.36b **변위단계선도**

(3) 벤딩작업기1의 제어회로도

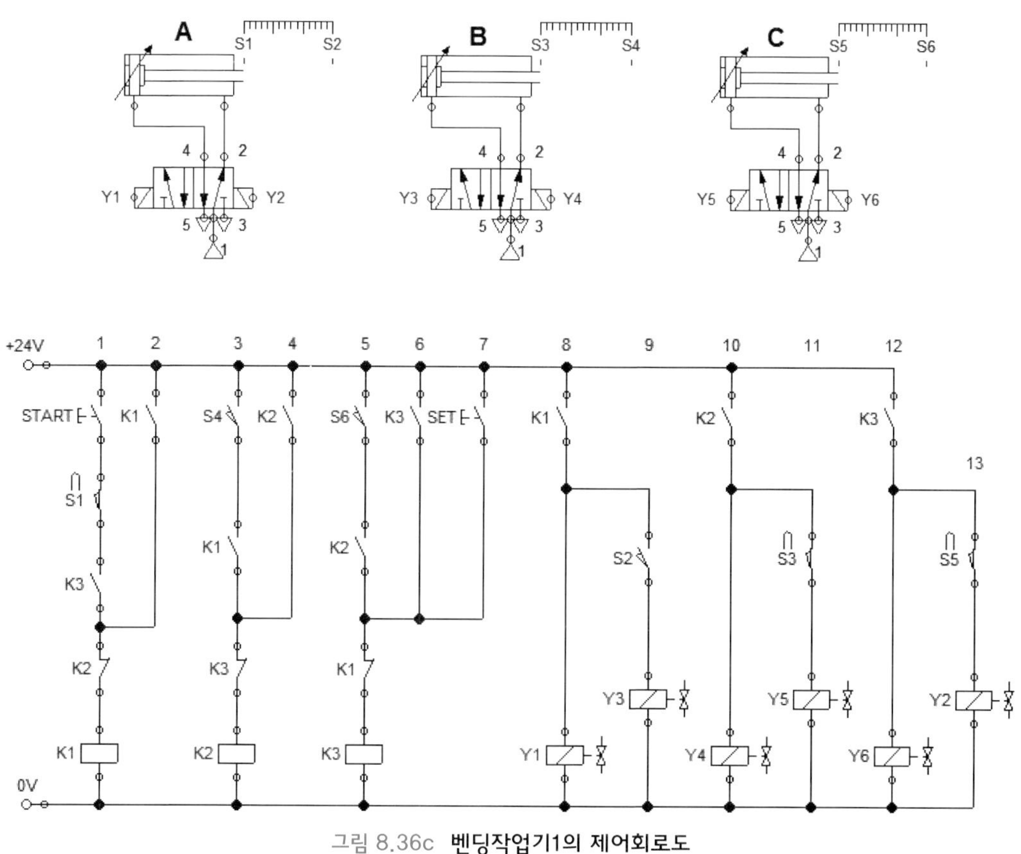

그림 8.36c **벤딩작업기1의 제어회로도**

작동원리 그림 8.36c의 제어회로도에서 SET버튼을 터치한 후 start버튼을 터치하면 릴레이 코일 K1이 여자되어 자기유지되며, K1의 a접점이 ON되어 솔레노이드 Y1이 여자되므로 실린더 A가 전진한다.

실린더 A가 전진을 완료한 후 리밋스위치 S2가 ON되어 Y3가 여자되므로 실린더 B가 전진하며, 리밋스위치 S4가 ON되면 K2코일이 여자되어 자기유지되고 K2의 a접점이 ON되어 Y4가 여자되므로 실린더 B가 후진한다. 그리고 리밋스위치 S3가 ON되어 Y5가 여자 되므로 실린더 C가 전진한다.

실린더 C가 전진을 완료하면 S6가 ON되고 K3코일이 여자되어 자기유지되며, K3의 a접점이 ON되어 Y6가 여자되므로 실린더 C가 후진한다. 그러면 S5가 ON되며 Y2가 여자되므로 실린더 A가 후진함으로써 한 사이클이 종료된다.

11. 드릴머신1의 제어

(1) 제어조건 : A+B+B-A-C+C-

그림 8.37a의 드릴머신1과 같이 매거진 내의 공작물을 실린더 A가 전진하여 작업위치에 이송하여 클램핑하고, 실린더 B가 전후진하여 드릴작업을 하고 나면 실린더 A가 후진하여 클램핑을 해제한다. 그 후 실린더 C가 전진하여 공작물을 상자 내로 밀어 넣고 후진하는 스테퍼 방식의 제어회로이다. 각 실린더의 전후진단에는 각각 리밋스위치가 장착되어 있으며, 양 솔레노이드 밸브를 사용한다.

(2) 시스템도 및 변위단계선도

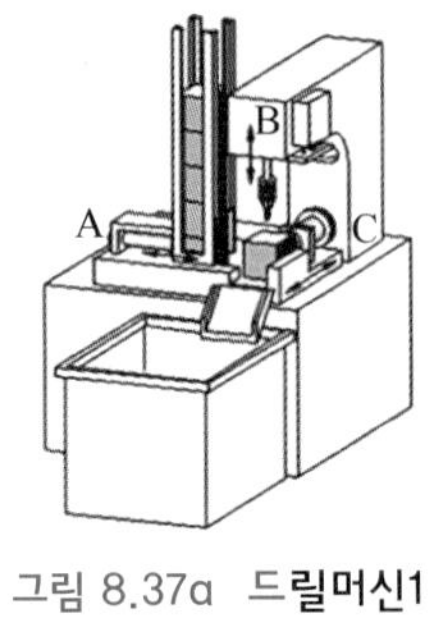

그림 8.37a 드릴머신1

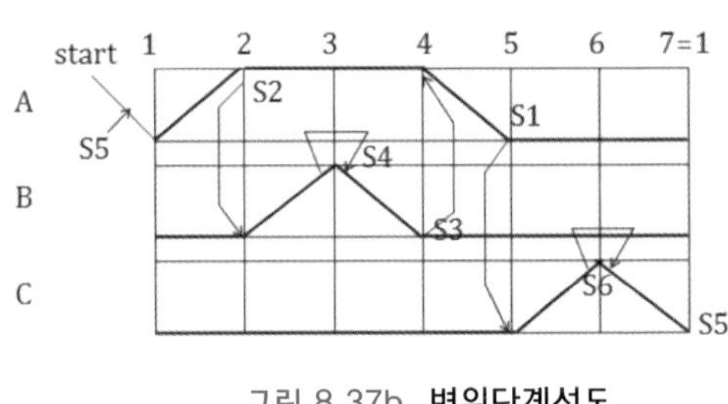

그림 8.37b 변위단계선도

(3) 드릴머신1의 제어회로도

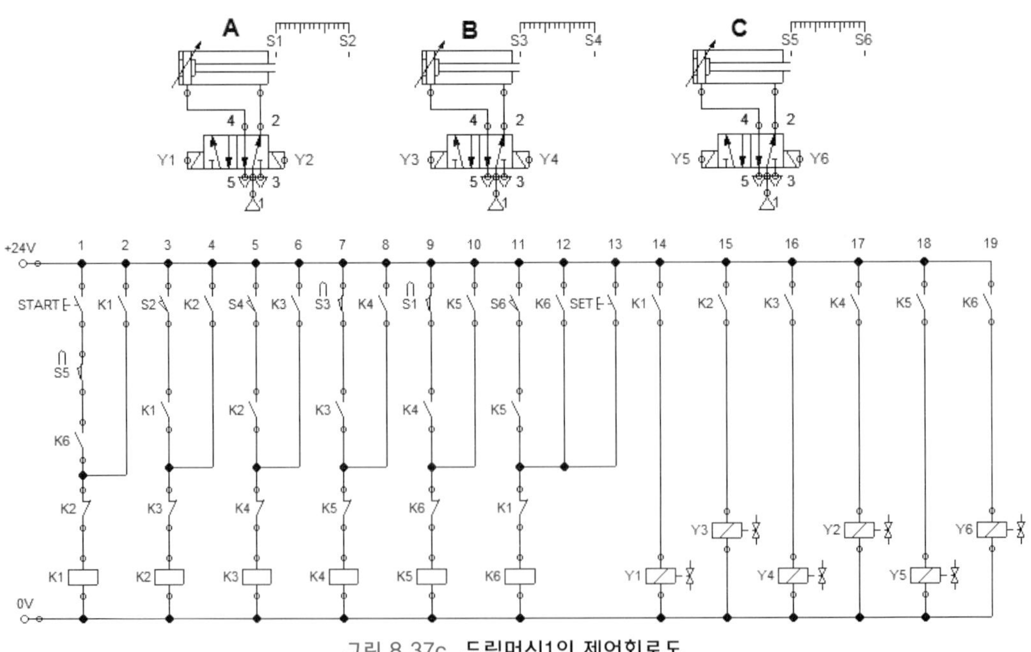

그림 8.37c 드릴머신1의 제어회로도

작동원리 그림 8.37c의 제어회로도에서 reset스위치 SET on → start스위치 on → K1코일 on → 솔레노이드 Y1 on → 실린더 A 전진 → 리밋스위치 S2 on → K2코일 on → Y3 on → 실린더 B 전진 → S4 on → K3코일 on → Y4 on → 실린더 B 후진 → S3 on → K4코일 on → Y2 on → 실린더 A 후진 → S1 on → K5코일 on → Y5 on → 실린더 C 전진 → S6 on → K6코일 on → Y6 on → 실린더 C 후진.

12. 부품조립기2의 제어

(1) 제어조건 : A+B+C+동시(A-C-)B-

그림 8.38a의 부품조립기2에서 매거진내의 공작물을 실린더 A가 전진하여 조립작업 위치로 이송시켜 클램핑하면 실린더 B가 전진하여 제1부품을 조립하고, 실린더 C가 전진하여 제2부품을 조립한다. 그 후 실린더 A와 C가 동시에 후진하고 최종적으로 실린더 B가 후진한다. 각 실린더는 모두 양 솔레노이드 밸브를 사용하며, 각 전후진단에는 리밋스위치가 장착되어 있다. 캐스케이드 제어방식의 회로를 설계한다.

(2) 시스템도 및 변위단계선도

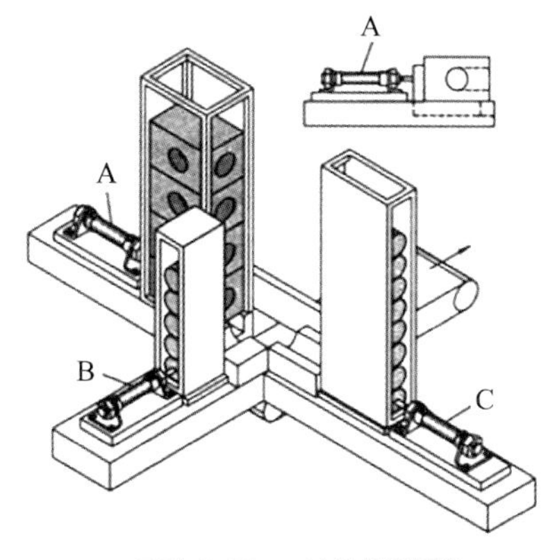

그림 8.38a 부품조립기2

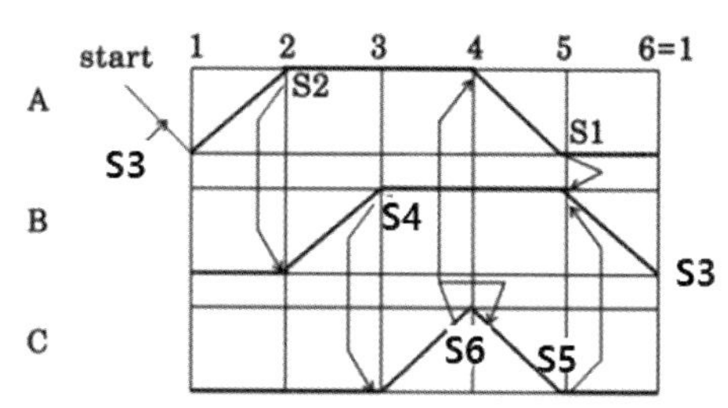

그림 8.38b 변위단계선도

(3) 부품조립기2의 제어회로도

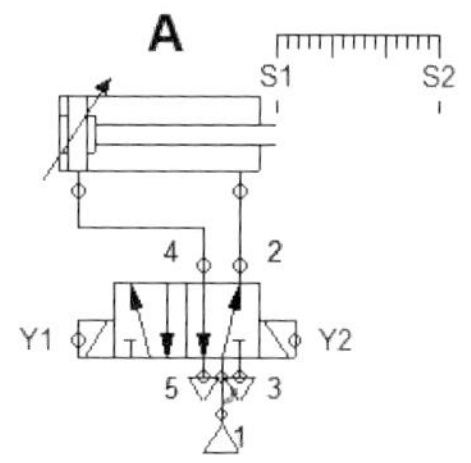

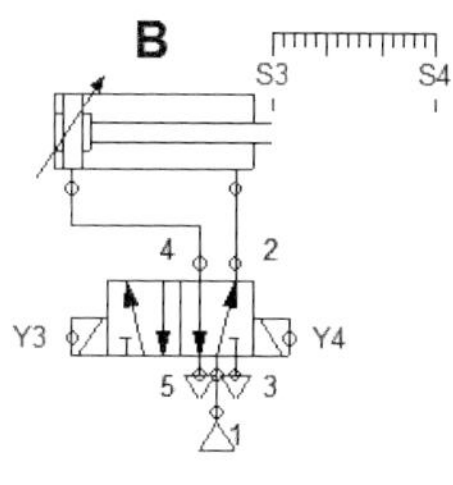

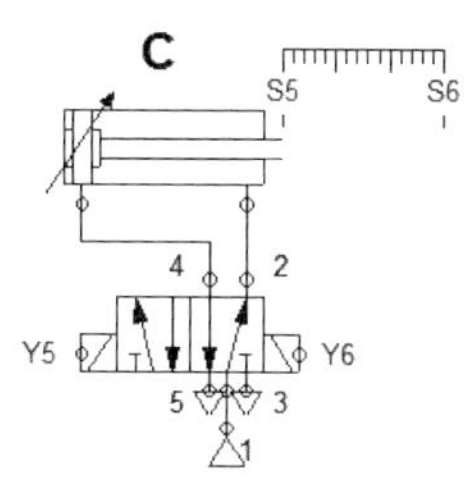

(계속)

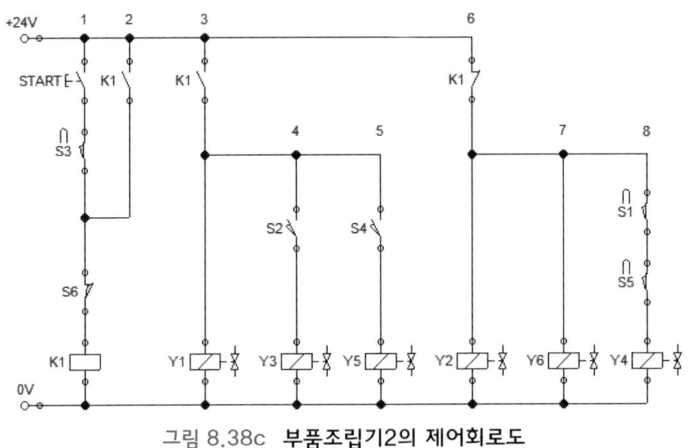

그림 8.38c **부품조립기2의 제어회로도**

작동원리 그림 8.38c의 제어회로도에서 start버튼을 터치하면 릴레이 코일 K1이 여자되어 자기유지되며, K1의 a접점이 ON되어 솔레노이드 Y1이 여자되므로 실린더 A가 전진한다.

실린더 A가 전진을 완료하면 리밋스위치 S2가 ON되어 Y3가 여자되므로 실린더 B가 전진하고 리밋스위치 S4가 ON되므로 Y5가 여자되어 실린더 C가 전진한다.

그러면 S6이 ON되어 K1코일의 자기유지가 해제되고 따라서 K1의 b접점이 닫혀 Y2와 Y6가 여자된다. 따라서 실린더 A와 C가 동시에 후진하며 그에 따라 리밋스위치 S1과 S5가 ON되어 Y4가 여자됨으로써 실린더 B가 후진하여 한 사이클이 종료된다.

13. 스탬핑 장치2의 제어

(1) 제어조건 : A+(2초)A-B+(2초)B-C+(2초)C-

그림 8.39a의 스탬핑 장치2에서 공작물은 수동으로 장착시키며, A, B, C실린더가 차례로 전진하여 각각 2초간 정지 후 후진하여 세 군데에 스탬핑을 하는 회로이다. 세 실린더는 모두 양 솔레노이드 밸브를 사용하고, 설계방식은 캐스케이드 방식을 적용한다.

(2) 시스템도 및 변위단계선도

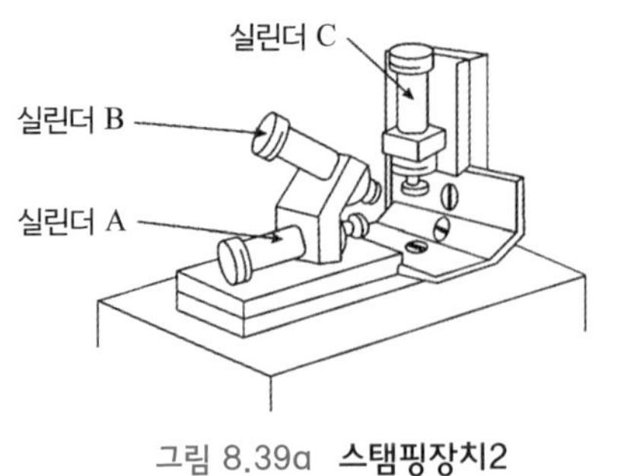

그림 8.39a **스탬핑장치2**

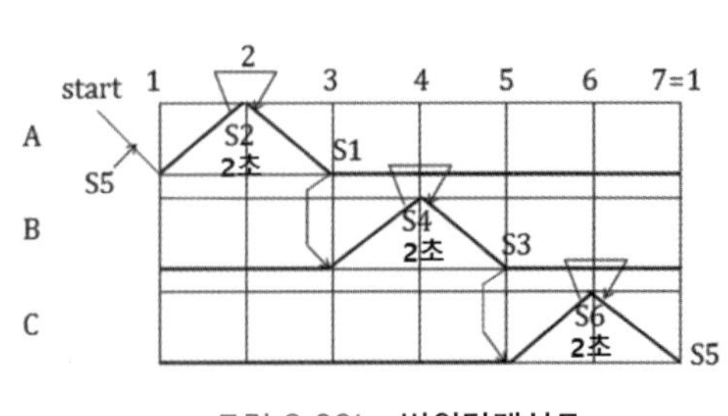

그림 8.39b **변위단계선도**

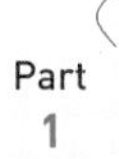

(3) 스탬핑 장치2의 제어회로도

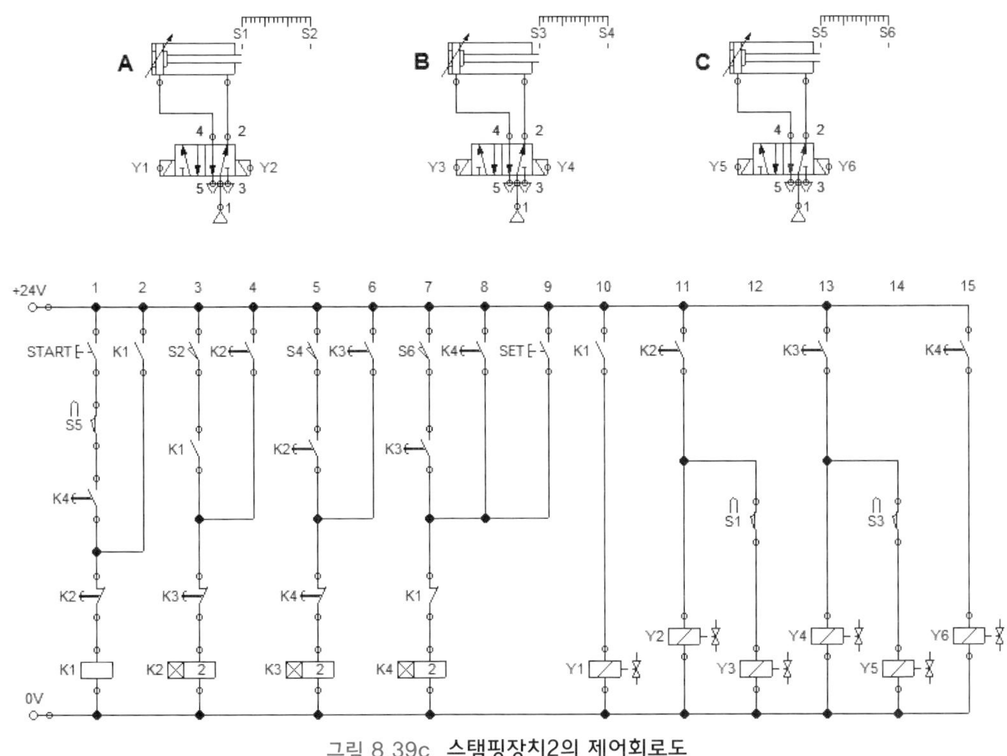

그림 8.39c **스탬핑장치2의 제어회로도**

작동원리 그림 8.39c의 제어회로도에서 최초에 set스위치를 설정시간(2초) 이상 눌러 ON delay timer K4를 ON시킨다. start스위치 → K1코일 on → Y1솔레노이드 on → 실린더 A 전진 → 리밋스위치 S2 on → 2초 후 타이머 K2 on → Y2솔레노이드 on → 실린더 A 후진 → S1 on → Y3 on → 실린더 B 전진 → S4 on → 2초 후 타이머 K3 on → Y4 on → 실린더 B 후진 → S3 on → Y5 on → 실린더 C 전진 → S6 on → 2초 후 타이머 K4 on → Y6 on → 실린더 C 후진하여 한 사이클이 종료된다.

14. 드릴머신2의 제어

(1) 제어조건 : A+B+C+(5초)C-A-B-

그림 8.40a의 드릴머신2의 제어내용은 실린더 A가 공작물을 작업대로 이송시킨 후 실린더 B가 전진하여 클램핑하면 드릴링 실린더 C가 전진하여 5초간 작업 후 후진한다. 그리고 실린더 A가 후진한 후 실린더 B가 후진하여 클램핑을 해제하는 회로이다.

모든 실린더는 양 솔레노이드 밸브를 사용하며 전후진단에 각각 리밋스위치가 장착되어 있다. 설계방식은 캐스케이드 회로방식으로 한다.

(2) 시스템도 및 변위단계선도

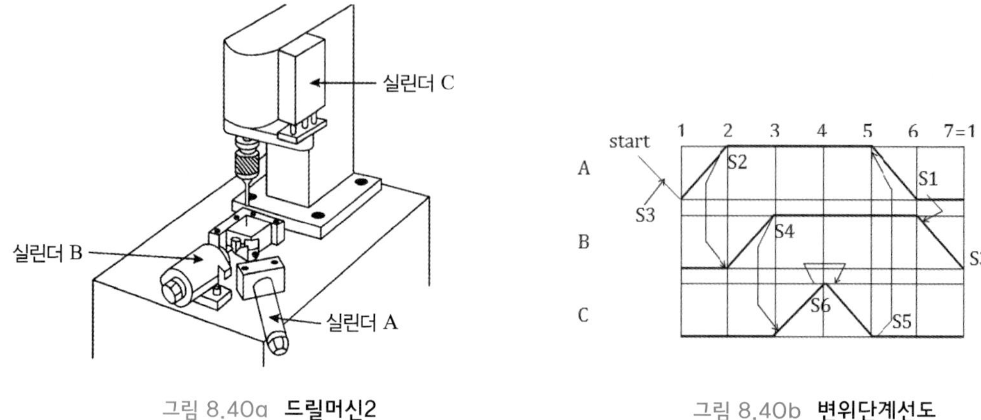

그림 8.40a 드릴머신2

그림 8.40b 변위단계선도

(3) 드릴머신2의 제어회로도

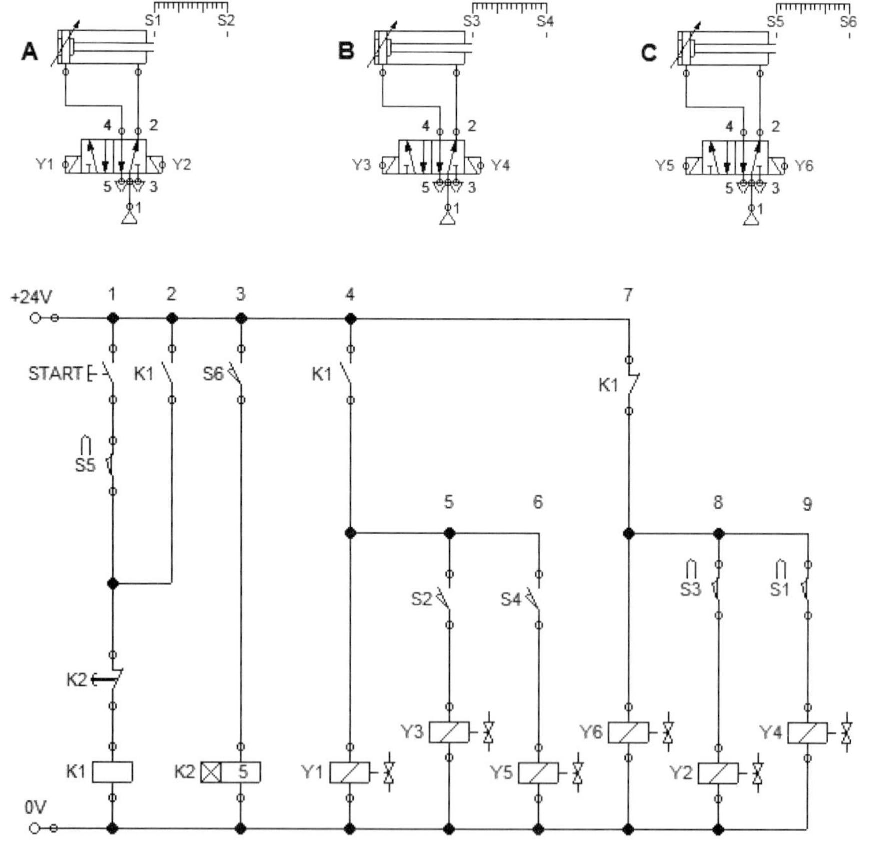

그림 8.40c 드릴머신2의 제어회로도

작동원리 그림 8.40c의 제어회로도에서 start스위치를 터치하면 K1코일이 여자되어 Y1솔레노이드를 여자시킴으로써 실린더 A가 전진, S2의 리밋스위치가 작동하여 Y3가 여자되므로 실린더 B가 전진, S4가 작동하여 Y5가 여자되므로 실린더 C가 전진, S6이 작동하여 5초 후에 ON delay timer K2코일이 ON되어 릴레이 코일 K1이 소자되며, K1의 b접점이 닫혀 Y6이 여자되므로 실린더 C가 후진, S5가 작동하여 Y2가 여자되므로 실린더 A가 후진, S1이 작동하여 Y4가 여자되므로 실린더 B가 후진하여 사이클이 완료된다.

15. 세 실린더의 시퀀스 제어

(1) 제어조건 : A+B+B-C+C-A-

그림 8.41a의 시스템도에서 복동 실린더 3개를 이용하여 A+B+B－C+C－A－의 시퀀스로 작동하는 회로이다. 모든 실린더는 편 솔레노이드 밸브를 사용하며 실린더의 전후진단에는 리밋스위치가 장착되어 있다. 회로설계 방식은 스테퍼회로의 방식으로 한다.

(2) 시스템도 및 변위단계선도

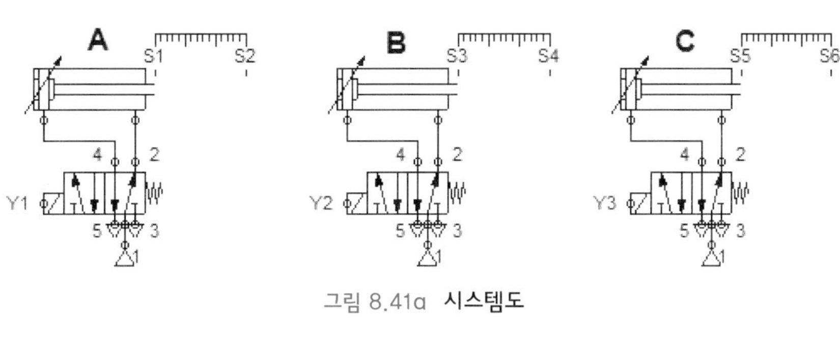

그림 8.41a 시스템도

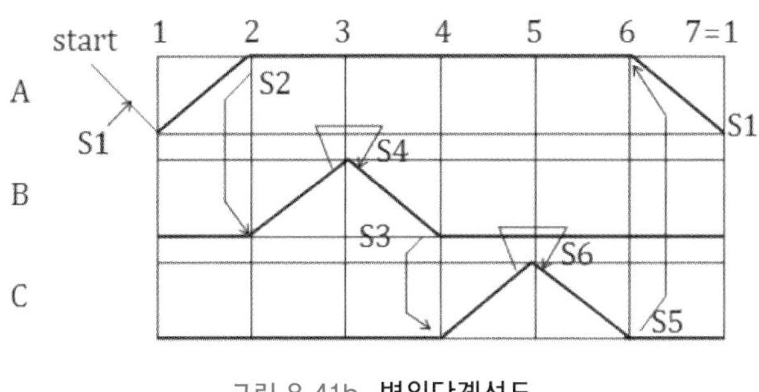

그림 8.41b 변위단계선도

(3) 세 실린더의 시퀀스 제어회로도

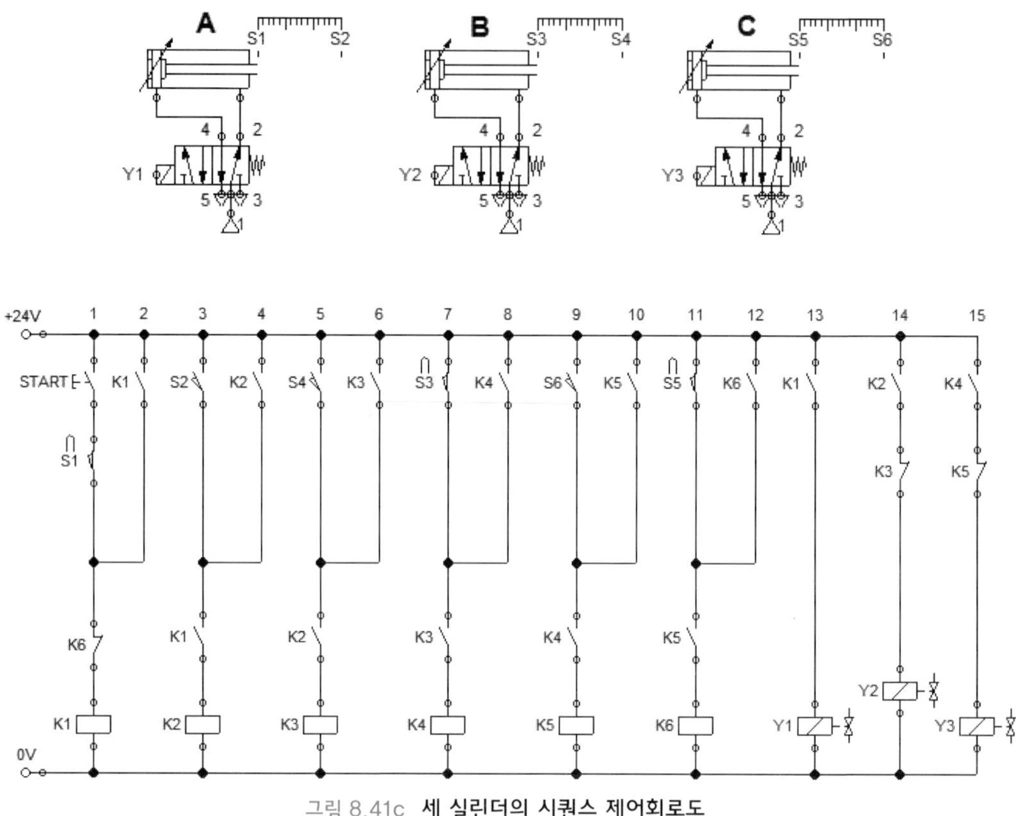

그림 8.41c **세 실린더의 시퀀스 제어회로도**

작동원리 그림 8.41c의 회로도에서 start스위치 on → K1코일 on → 솔레노이드 Y1 on → 실린더 A 전진 → 리밋스위치 S2 on → K2코일 on → Y2 on → 실린더 B 전진 → S4 on → K3코일 on → Y2 off → 실린더 B 후진 → S3 on → K4코일 on → Y3 on → 실린더 C 전진 → S6 on → K5코일 on → Y3 off → 실린더 C 후진 → S5 on → K6코일 on → K1~K6코일 off → 실린더 A 후진.

16. 리벳작업의 제어

(1) 제어조건 : A+동시(B+C+)D+(3초)동시(B-C-D-)A-

그림 8.42a의 리벳팅 작업기에서 소재인 bracket은 수동으로 작업대에 삽입한다. 실린더 A가 전진하여 소재를 클램핑하고 실린더 B와 C가 동시에 전진하여 소재에 리벳을 삽입한 후 실린더 D가 전진하여 3초간 소재의 양쪽에 리벳팅 작업을 한다. 그 후 실린더 B, C, D가 동시에 후진한 후 실린더 A가 후진하는 회로이다.

모든 실린더는 양 솔레노이드 밸브를 사용하며, 전후진단에 각각 리밋스위치가 장착되어 있다. 설계방식은 캐스케이드회로 방식으로 한다.

(2) 시스템도 및 변위단계선도

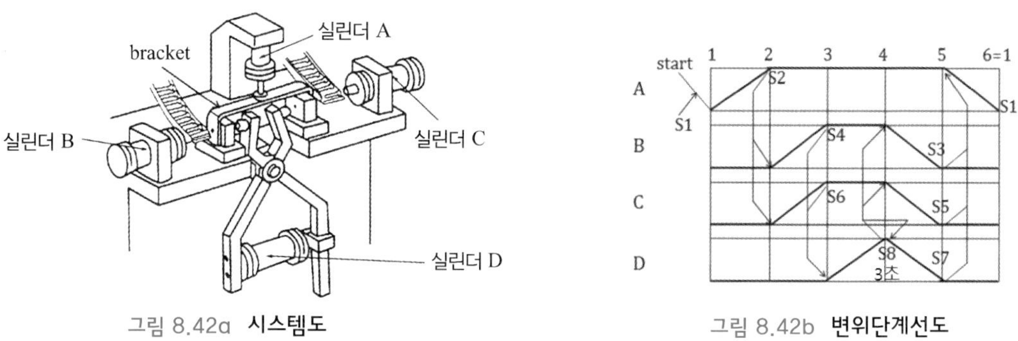

그림 8.42a **시스템도**

그림 8.42b **변위단계선도**

(3) 리벳 작업의 제어회로도

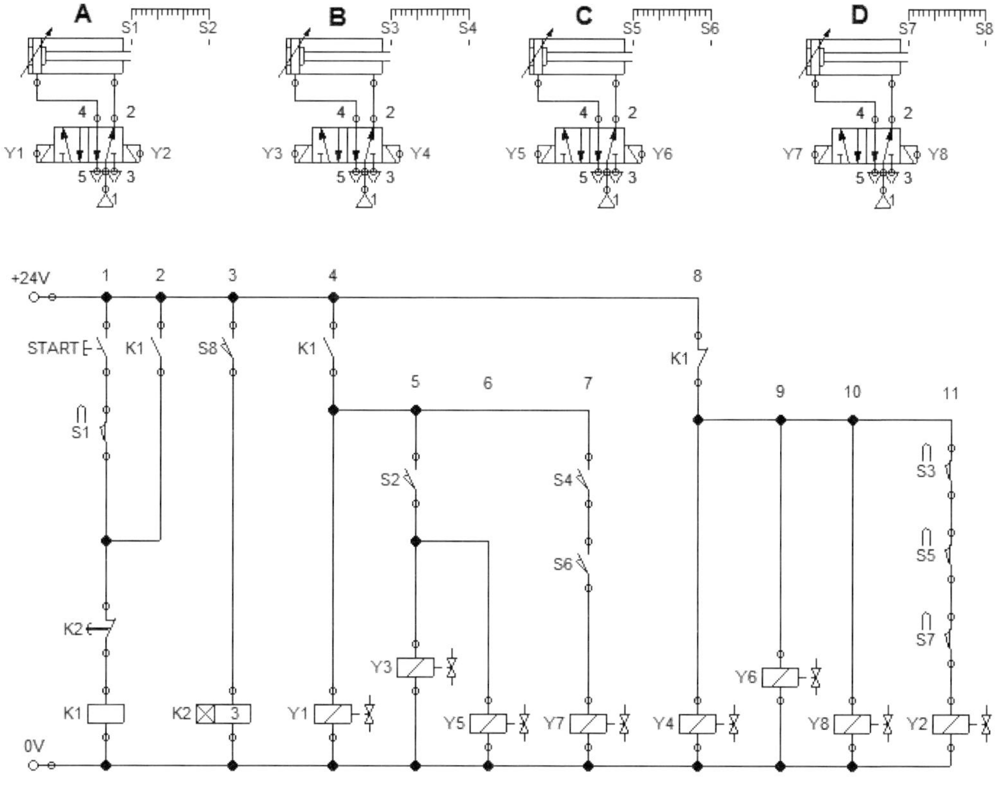

그림 8.42c **리벳 작업의 제어회로도**

작동원리 그림 8.42c의 회로도에서 start스위치를 터치하면 K1코일 on → 솔레노이드 Y1 on → 실린더 A 전진 → 리밋스위치 S2 on → Y3 와 Y5 on → 실린더 B와 C 전진 → S4와 S6 on → Y7 on → 실린더 D 전진 → S8 on → 3초 후 K2의 ON delay timer가 열림 → K1코일 off → Y4와 Y6와 Y8 on → 실린더 B, C, D 동시 후진 → S3, S5, S7 on → Y2 on → 실린더 A 후진.

17. Sand blasting 제어

(1) 제어조건 : A+B+(2초)B-C-B+(2초)B-동시(A-C+)

그림 8.43a의 장치에서 가공물을 수동으로 삽입하고 실린더 A가 전진하여 클램핑한다. 그 후 실린더 B의 전진에 의해 노즐이 작동하여 일정 시간동안 sand blasting 작업을 한 후 실린더 B의 복귀에 의해 노즐작동이 정지한다. 그 후 실린더 C에 의해 노즐의 위치를 바꾸어(실린더 C의 피스톤 로드와 노즐블록이 체결되어 있음) 두 번째 blasting을 한다. 작업이 완료되면 실린더 C는 원위치로 복귀하고 동시에 실린더 A의 클램핑이 해제되는 회로이다.

각 실린더의 전후진단에는 리밋스위치가 장착되어 있고, 모두 편 솔레노이드 밸브를 사용한다. 최초에 실린더 C는 전진상태이다. 설계는 스테퍼 방식을 적용한다.

(2) 시스템도 및 변위단계선도

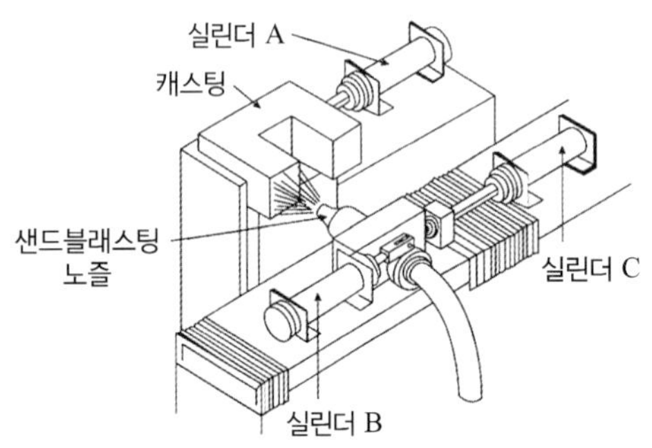

그림 8.43a Sand blasting 제어장치

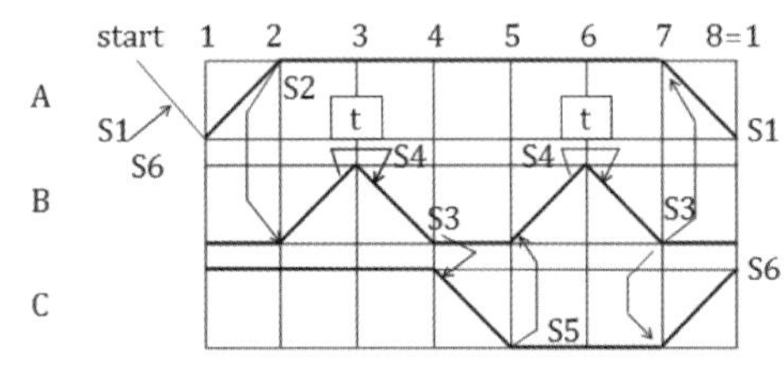

그림 8.43b 변위단계선도

(3) Sand blasting 제어장치의 제어회로도

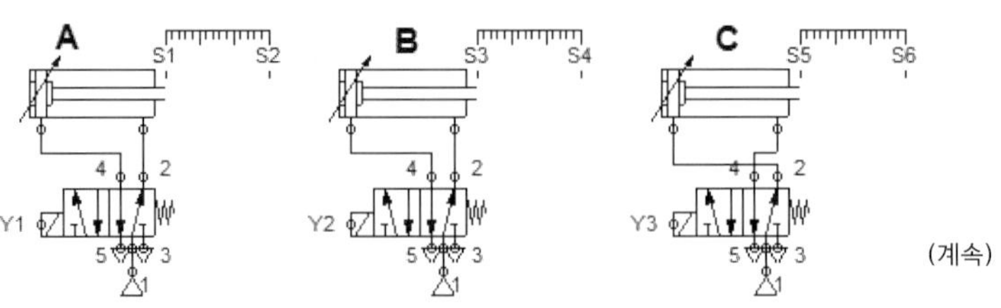

(계속)

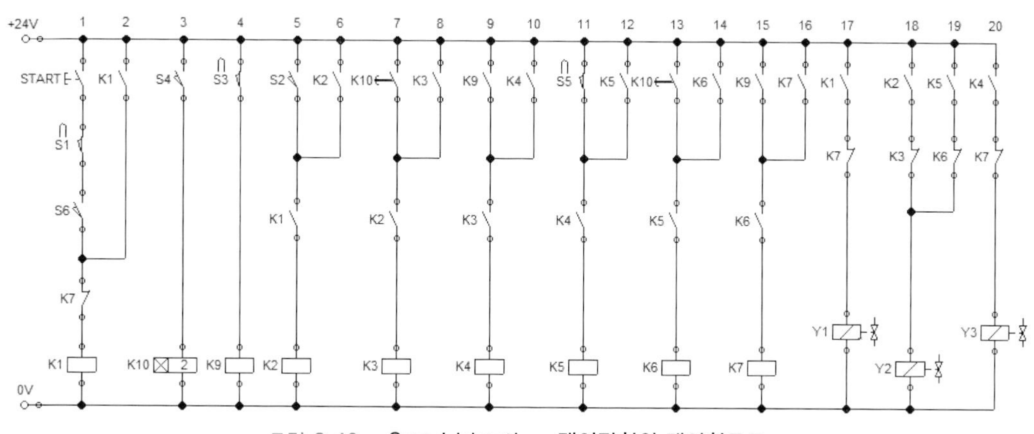

그림 8.43c Sand blasting 제어장치의 제어회로도

작동원리 그림 8.43c의 회로도에서 최초에 실린더 C는 전진상태에 있으며, 다른 실린더는 후진상태에 있다. start스위치 on → K1코일 on → 솔레노이드 Y1 on → 실린더 A 전진 → 리밋스위치 S2 on → K2코일 on → Y2 on → 실린더 B 전진(노즐 분사) → S4 on → on delay timer K10 on → 2초 후 K3 on → Y2 off → 실린더 B 후진(분사 정지) → S3 on → K2코일 on → K4코일 on → Y3 on → 실린더 C 후진 → S5 on → K5코일 on → Y2 on → 실린더 B 전진(노즐 분사) → S4 on → on delay timer K10 on → 2초 후 K6 on → Y2 off → 실린더 B 후진(분사정지) → S3 on → K7코일 on → Y1과 Y3 off → 실린더 A 후진 동시에 실린더 C 전진.

8.3 부가조건을 갖는 다수 실린더의 시퀀스 제어

1. 밀링머신의 제어

(1) 제어조건 : A+B+B-A-(비상시 즉시 B-A-)

그림 8.44a와 같은 밀링머신에서 실린더 A가 전진하여 공작물을 클램핑하고, 실린더 B가 전진하여 공작물을 전진시켜 가공한 후 후진하면 실린더 A가 후진하여 클램핑을 해제하는 회로이다. 두 실린더에 사용하는 밸브를

① 양 솔레노이드 밸브를 사용하는 경우
② 편 솔레노이드 밸브를 사용하는 경우

스테퍼회로로 각각 설계한다.

각 실린더의 전후진단에는 각각 리밋스위치가 장착되어 있다. 비상시 실린더 B가 먼저 후진하고 실린더 A가 후진해야 한다.

(2) 시스템도 및 변위단계선도

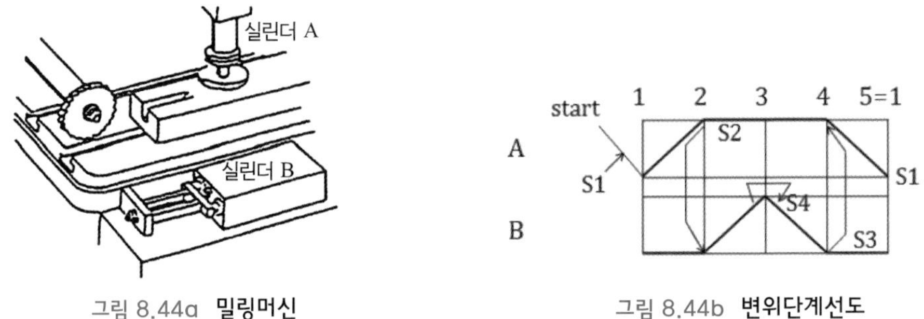

그림 8.44a 밀링머신

그림 8.44b 변위단계선도

(3) 밀링머신의 제어회로도

① 양 솔레노이드 밸브를 사용하는 경우

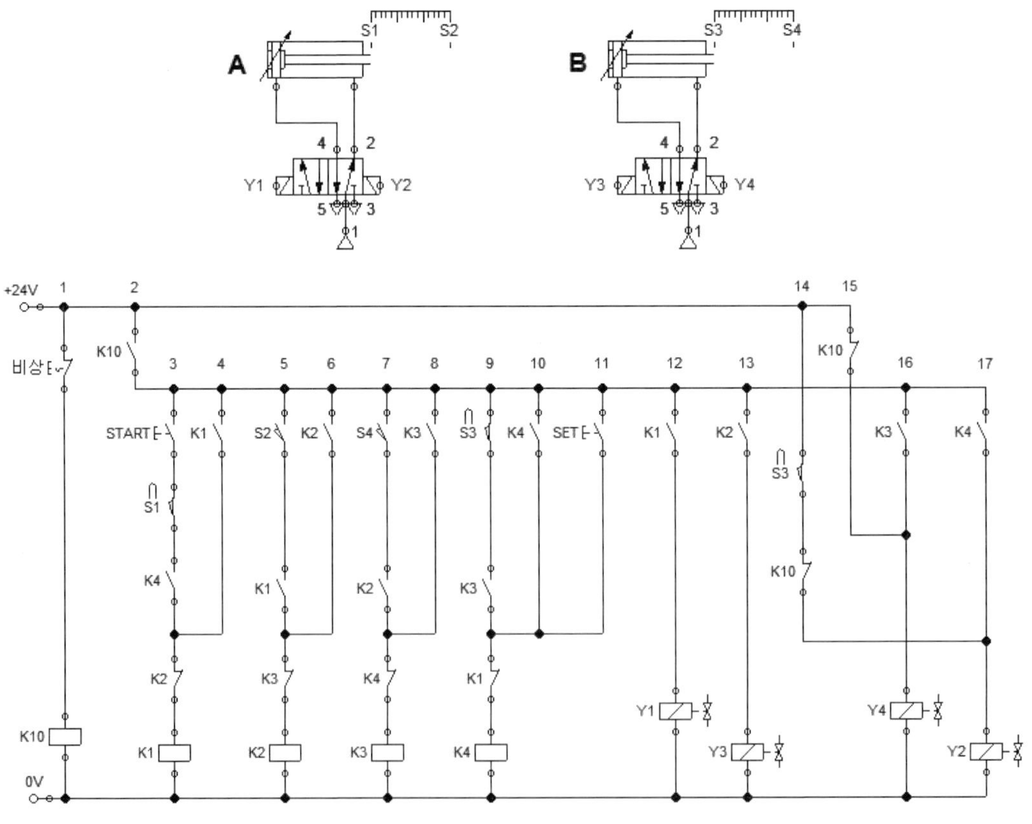

그림 8.44c 밀링머신의 제어회로도(양 솔레노이드 밸브를 사용하는 경우)

작동원리 그림 8.44c의 회로도에서 reset스위치 SET on → start스위치 on → K1코일 on → 솔레노이드 Y1 on → 실린더 A 전진 → S2 on → K2코일 on → Y3 on → 실린더 B 전진 → S4 on → K3코일 on → Y4 on → 실린더 B 후진 → S3 on → K4코일 on → Y2 on → 실린더 A 후진.

비상스위치 ON → Y4 on → 실린더 B 후진 → S3 on → Y2 on → 실린더 A 후진.

② 편 솔레노이드 밸브를 사용하는 경우

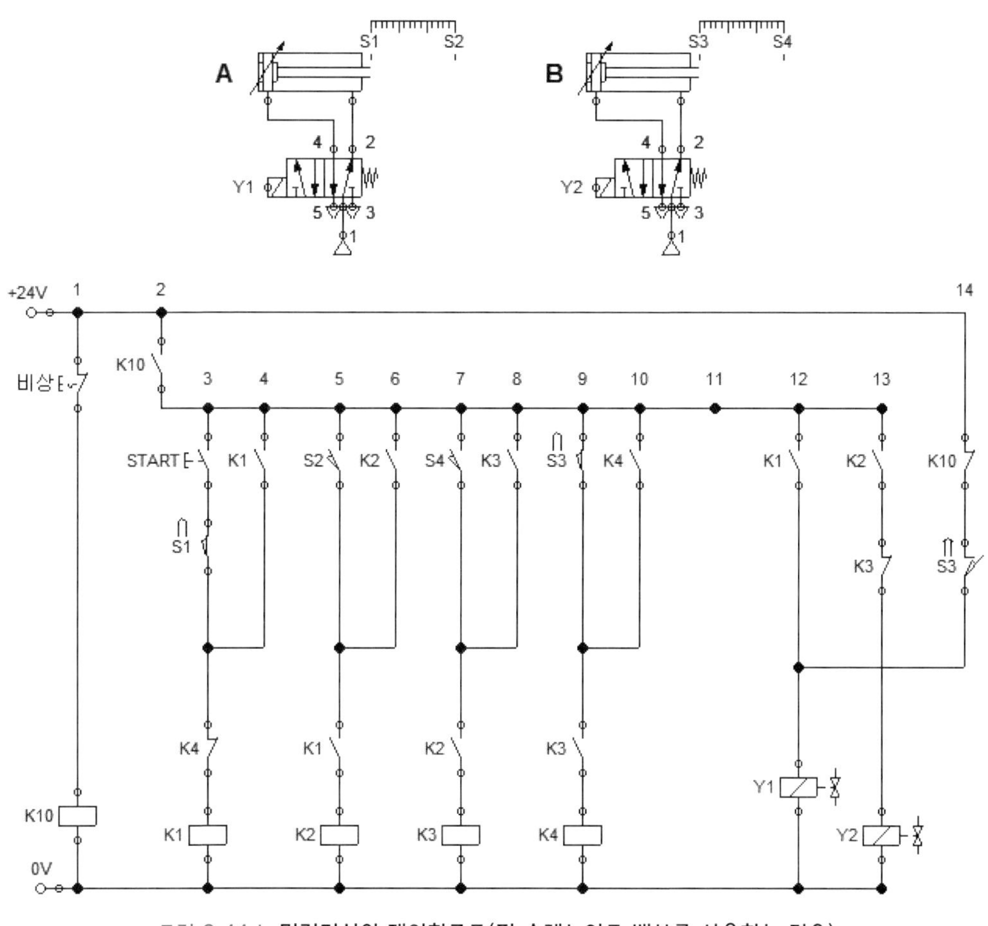

그림 8.44d 밀링머신의 제어회로도(편 솔레노이드 밸브를 사용하는 경우)

작동원리 그림 8.44d의 회로도에서 start스위치 on → K1코일 on → Y1 on → 실린더 A 전진 → S2 on → K2코일 on → Y2 on → 실린더 B 전진 → S4 on → K3코일 on → Y2 off → 실린더 B 후진 → S3 on → K4코일 on → Y1 off → 실린더 A 후진.

비상스위치 on → K10코일 off → Y2 off → 실린더 B 후진 → S3 on → Y1 off → 실린더 A 후진.

2. 부품조립의 제어

(1) 제어조건 : A+B+C+동시(A-C-)B-, 자동/수동 선택

그림 8.45a의 부품조립장치에서 매거진 내의 공작물을 실린더 A가 전진하여 조립작업 위치로 이송시켜 클램핑하면 실린더 B가 전진하여 제1부품을 조립하고, 실린더 C가 전진하여 제2부품을 조립한다. 그 후 실린더 A와 C가 동시에 후진하고 최종적으로 실린더 B가 후진한다. 이 작업을 자동/수동선택을 할 수 있어야 하며, 각 실린더를 수동으로 제어할 수 있어야 한다.

각 실린더는 모두 양 솔레노이드 밸브를 사용하며, 각 전후진단에는 리밋스위치가 장착되어 있다. 회로는 스테퍼 방식으로 설계한다.

(2) 시스템도 및 변위단계선도

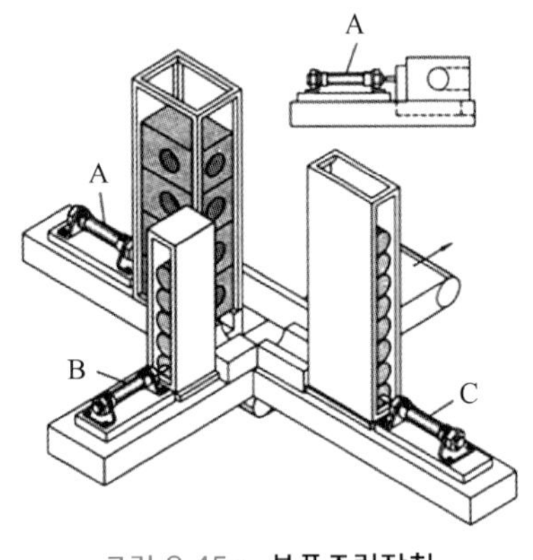

그림 8.45a **부품조립장치**

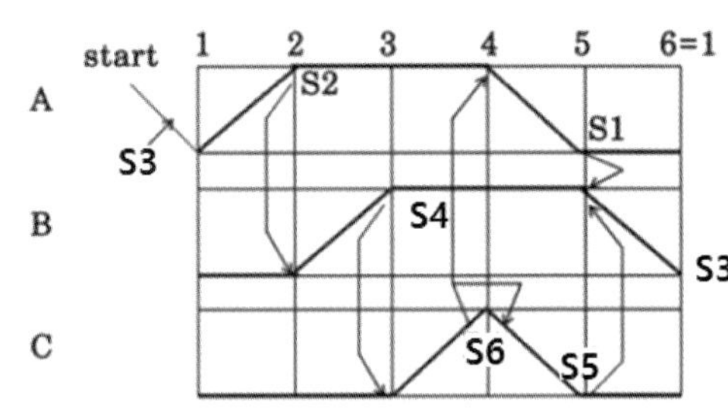

그림 8.45b **변위단계선도**

(3) 부품조립장치의 제어회로도

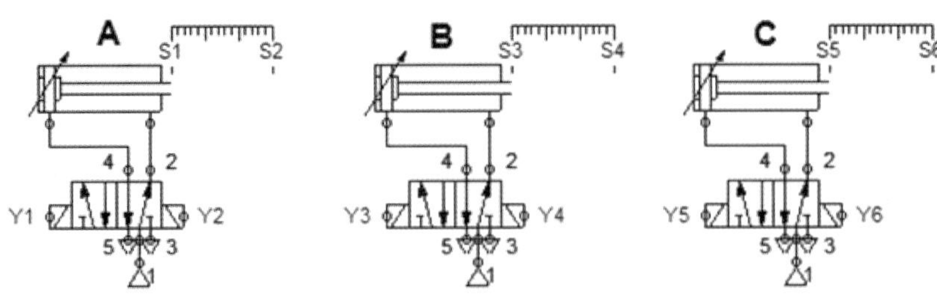

(계속)

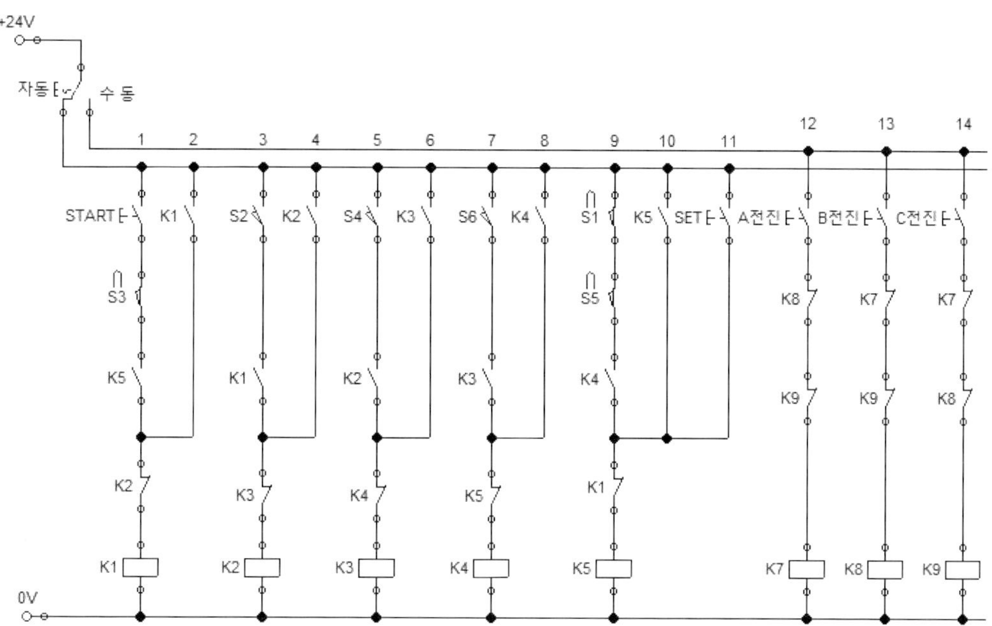

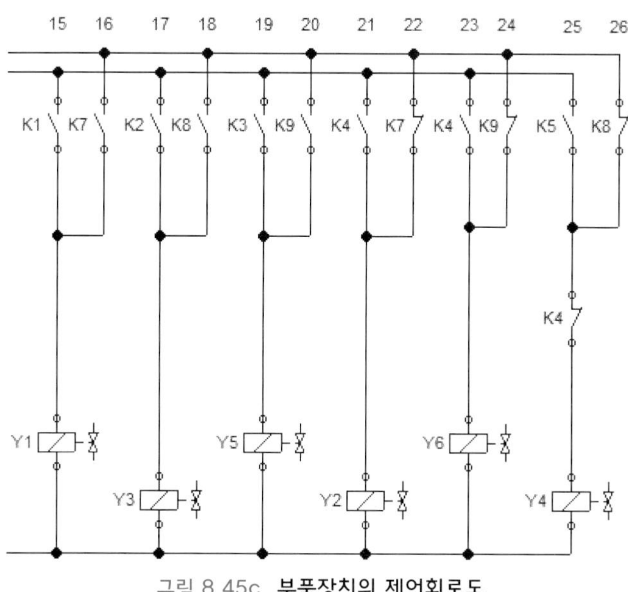

그림 8.45c **부품장치의 제어회로도**

작동원리 그림 8.45c의 회로도에서 reset스위치 SET on → start스위치 ST on → 코일 K1 on → 솔레노이드 Y1 on → 실린더 A 전진 → 리밋스위치 S2 on → K2 on → Y3 on → 실린더 B 전진 → 리밋스위치 S4 on → K3 on → Y5 on → 실린더 C 전진 → 리밋스위치 S6 on → K4 on → Y2와 Y6 on → 실린더 A와 C 후진 → S1과 S5 on → K5 on → Y4 on → 실린더 B 후진.

수동으로 하는 경우는 자동/수동 스위치를 수동으로 연결시키고 나서 버튼스위치 A 전진을 ON시키면 실린더 A가 전진, OFF시키면 후진, B 전진 스위치의 경우는 실린더 B, C 전진 스위치의 경우는 실린더 C가 각각 동일한 작동을 한다.

3. 3개의 실린더 시퀀스 제어, 3회

(1) 제어조건 : A+B+B-C+C-A-, 3회 카운팅

복동 실린더 3개를 이용하여 양 솔레노이드 밸브를 사용하는 경우, 캐스케이드회로로서 A+B+B－C+C－A－의 시퀀스로 작동하는 회로를 3회 수행하여 카운팅하는 회로이다.

실린더의 전후진단에는 리밋스위치가 장착되어 있다.

(2) 시스템도 및 변위단계선도

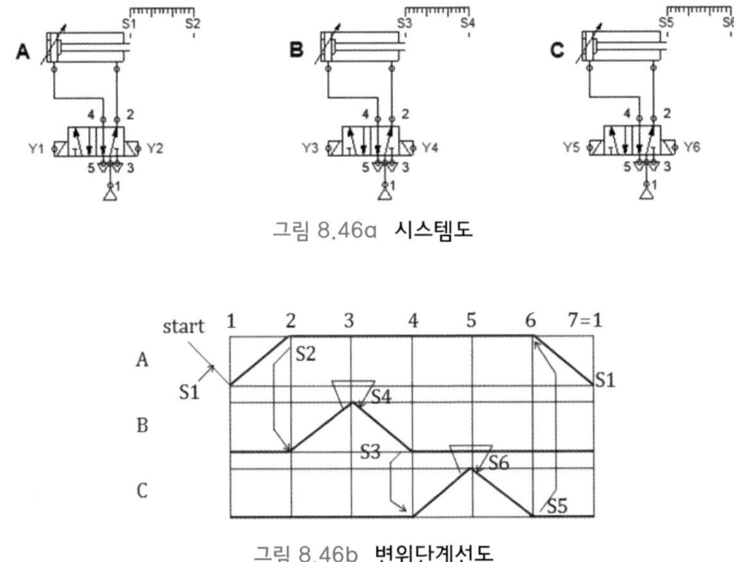

그림 8.46a **시스템도**

그림 8.46b **변위단계선도**

(3) 3개의 실린더 시퀀스 제어회로도

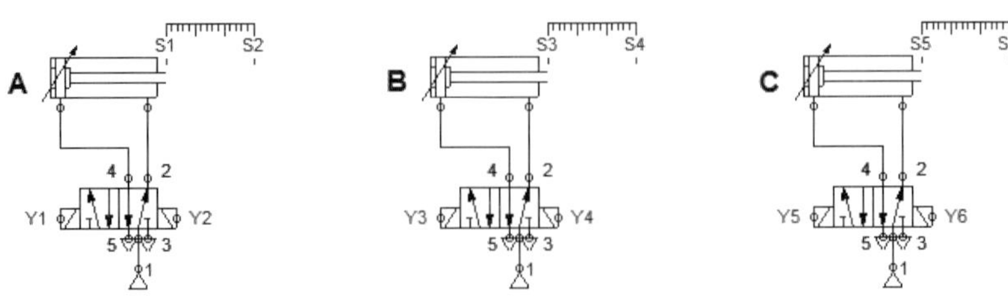

(계속)

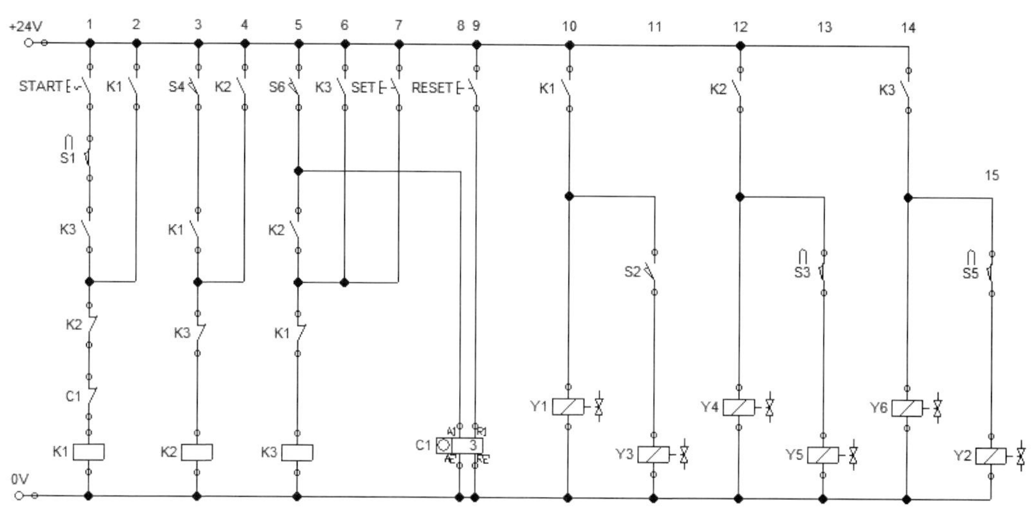

그림 8.46c **3개의 실린더 시퀀스 제어회로도**

작동원리 그림 8.46c의 회로도에서 스위치 SET on → start스위치 on → K1코일 on → 솔레노이드 Y1 on → 실린더 A 전진 → 리밋스위치 S2 on → Y3 on → 실린더 B 전진 → S4 on → K2코일 on → Y4 on → 실린더 B 후진 → S3 on → Y5 on → 실린더 C 전진 → S6 on → K3코일 on → Y6 on → 실린더 C 후진 → S5 on → Y2 on → 실린더 A 후진.

위의 과정이 3회 수행된 후 정지하며, reset스위치를 터치하면 또 3회를 수행한다.

4. 상자 크기별 분리 제어

(1) 제어조건 : A+C+C-A-와 A+B+B-A-의 선택, 검출

그림 8.47a의 상자분리장치에서 실린더 A와 B는 편 솔레노이드 밸브, 실린더 C는 양 솔레노이드 밸브를 사용하며, 컨베이어를 타고 오는 공작물이 큰 경우는 센서 B0가 감지하여 작동되며 실린더 A가 전진하여 밀어 올렸을 때 A+C+C－A－의 시퀀스로, 공작물이 작아서 B0의 센서가 감지하지 못하여 작동하지 않는 경우는 A+B+B－A－의 시퀀스로 작동하는 회로이다.

각 실린더의 전후진단에는 각각 리밋스위치가 장착되어 있다.

(2) 시스템도 및 변위단계선도

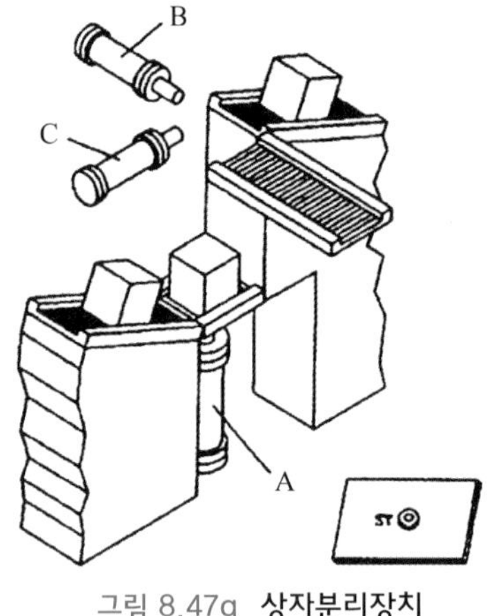

그림 8.47a **상자분리장치**

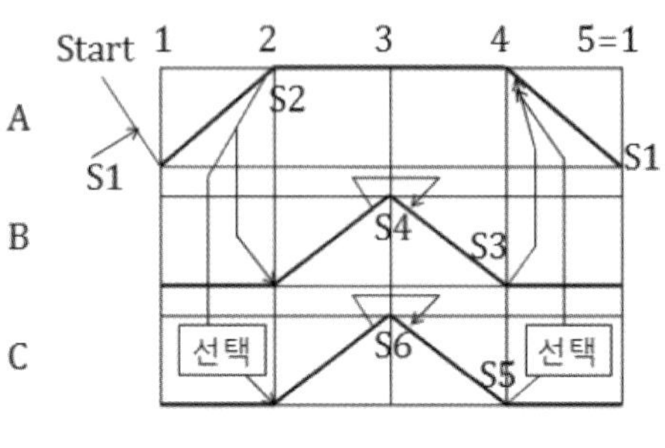

그림 8.47b **변위단계선도**

(3) 상자분리장치의 제어회로도

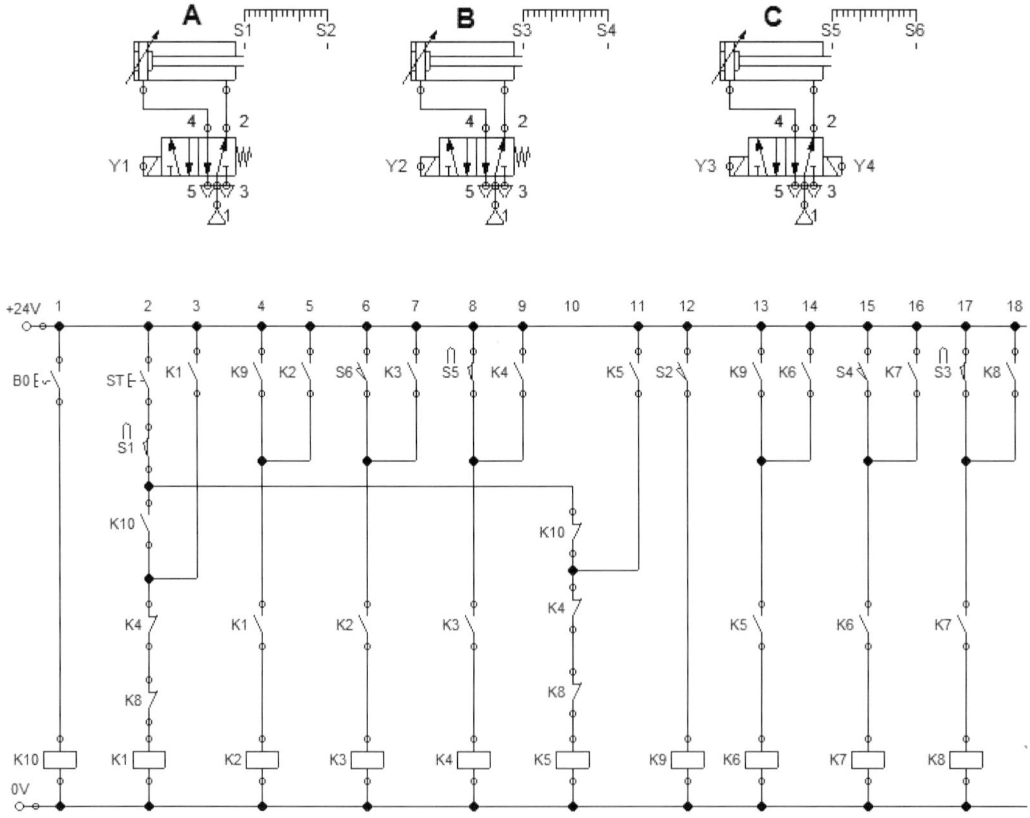

(계속)

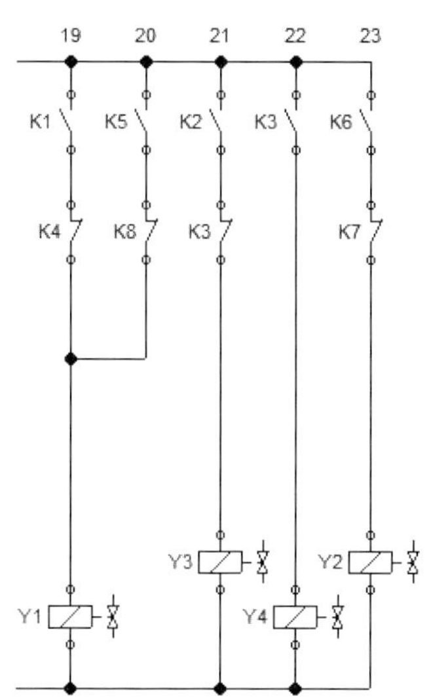

그림 8.47c 상자분리장치의 제어회로도

작동원리 그림 8.47c의 회로도에서

① 센서 B0가 작동하는 경우(선택스위치 작동 : 상자 크기가 큰 경우)

start스위치 on → K1코일 on → 솔레노이드 Y1 on → 실린더 A 전진→ 리밋스위치 S2(K9) on → K2코일 on → Y3 on → 실린더 C 전진 → S6 on → K3코일 on → Y4 on → 실린더 C 후진 → S5 on → K4코일 on → Y1 off → 실린더 A 후진.

② 센서 B0가 작동하지 않는 경우(선택스위치 작동하지 않음 : 상자 크기가 작은 경우)

start스위치 on → K5코일 on → 솔레노이드 Y1 on → 실린더 A 전진 → 리밋스위치 S2(K9) on → K6코일 on → Y2 on → 실린더 B 전진 → S4 on → K7코일 on → Y2 off → 실린더 B 후진 → S3 on → K8코일 on → Y1 off → 실린더 A 후진.

5. 캔뚜겅 조립기 제어

(1) 제어조건 : A+A-B+(2초)B-, 비상, 자동/수동 선택, 단속/연속 선택, 카운터

그림 8.48a의 캔뚜껑 조립기에서 캔에 뚜껑을 닫으려 한다. 실린더A가 뚜껑을 공급하면 실린더B가 뚜껑을 닫는데 닫는 시간을 약간 지연시킨다. 부가조건은 다음과 같다.

비상스위치, 자동/수동 선택스위치, 시동스위치, 정지스위치, 연속/단속 선택스위치, 카운터 리셋스위치, 비상램프, 자동 작업램프, 수동 작업램프, 카운터, 작업완료 램프.

모든 실린더는 편 솔레노이드 밸브를 사용하며 전후진단에 각각 리밋스위치가 장착되어 있다.

(2) 시스템도 및 변위단계선도

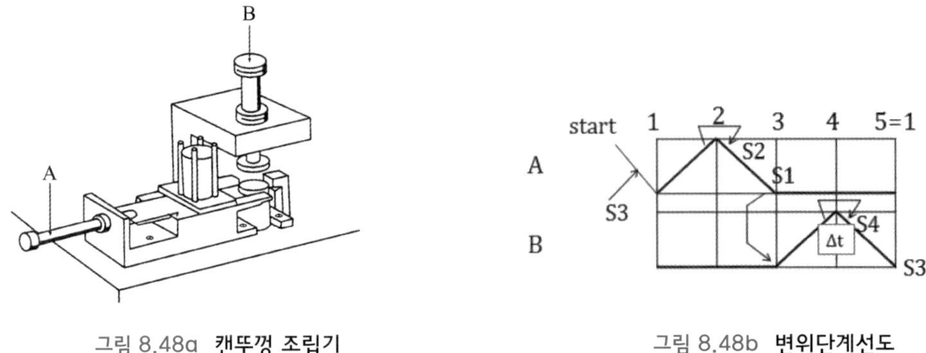

그림 8.48a **캔뚜껑 조립기** 그림 8.48b **변위단계선도**

(3) 캔뚜껑 조립기의 제어회로도

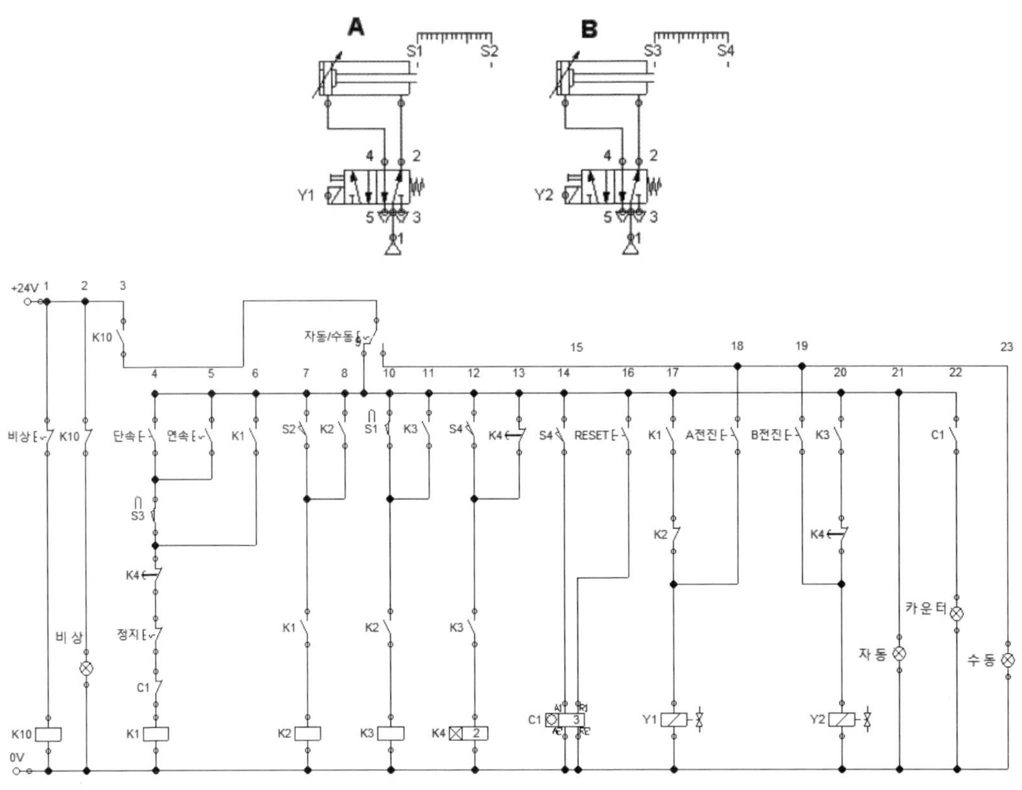

그림 8.48c **캔뚜껑 조립기의 제어회로도**

작동원리 그림8.48c의 회로에서 단속 스위치 on → K1코일 on → 솔레노이드 Y1 on → 실린더 A 전진 → 리밋스위치 S2 on → K2코일 on → Y1 off → 실린더 A 후진 → S1 on → K3코일 on → Y2 on → 실린더 B 전진 → S4 on → 카운터 C1계수감산 → 2초 후

on delay timer K4 on → Y2 off → 실린더 B 후진.

연속 스위치를 누르면 단속 스위치를 터치했을 때의 과정을 연속적으로 반복하며, 그 반복은 카운터가 설정횟수만큼 사이클이 수행되었을 때까지이다. 즉, C1이 ON되어 K1코일을 OFF시키기 때문이다. 도중에 정지하려면 정지스위치를 ON시킨다. 그러면 그 사이클이 끝난 후에 초기상태에서 정지한다.

수동 스위치를 선택하여 “A 전진” 스위치를 ON하면 실린더 A가 전진하고 OFF하면 후진하며, “B 전진” 스위치를 ON하면 실린더 B가 전진하고 OFF하면 후진한다.

비상스위치를 ON하면 회로에 전류가 차단되므로 모든 실린더는 초기상태로 복귀한 후 정지한다. 비상, 카운터 ON, 자동스위치 선택, 수동스위치 선택에 따라 그에 상당하는 램프가 ON된다.

6. 드릴/리밍 작업의 선택

(1) 제어조건 : A+A-B+C+C-B-(드릴/리밍작업)와 A+A-(드릴작업)의 선택

그림 8.49a의 드릴/리밍 작업 기계는 편 솔레노이드 밸브를 사용하는 3개의 실린더(A, B, C)에 각각 전후진단에 리밋스위치가 장착되어 있다. 선택스위치 ABC를 ON하면 드릴/리밍 작업(A+A－B+C+C－B－)의 시퀀스로, 선택스위치 A를 ON하면 드릴 작업(A+A－)의 시퀀스로 작동하는 회로이다.

선택스위치 ABC의 작업은 드릴/리밍 작업으로서 공작물은 수동으로 작업위치에 고정하고, 실린더 A가 전후진하여 드릴 작업을 한 후 실린더 B가 전진하여 리머의 위치로 이송시키고 실린더 C가 전진하여 리밍 작업을 한 후 후진하며, 그 후 실린더 B가 후진한다.

선택스위치 A의 작업은 드릴 작업으로서 실린더 A가 전진하여 드릴링하고 후진함으로써 드릴 작업만 하는 회로이다.

(2) 시스템도 및 변위단계선도

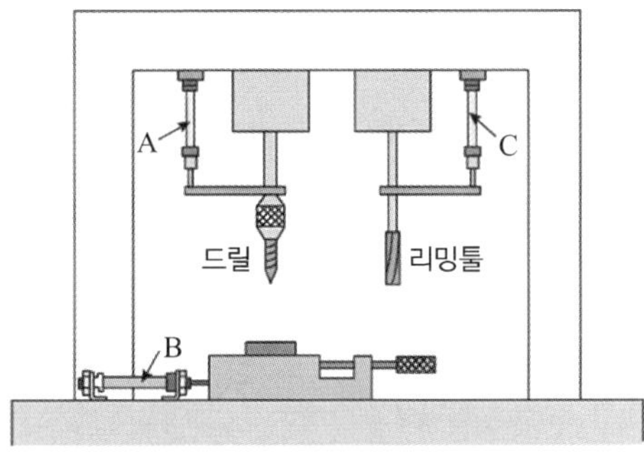

그림 8.49a 드릴/리밍 작업 기계

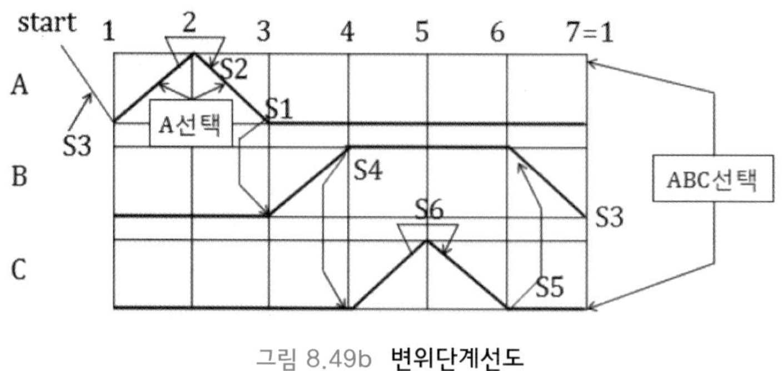

그림 8.49b **변위단계선도**

(3) 드릴/리밍 작업 기계의 선택작업 제어회로도

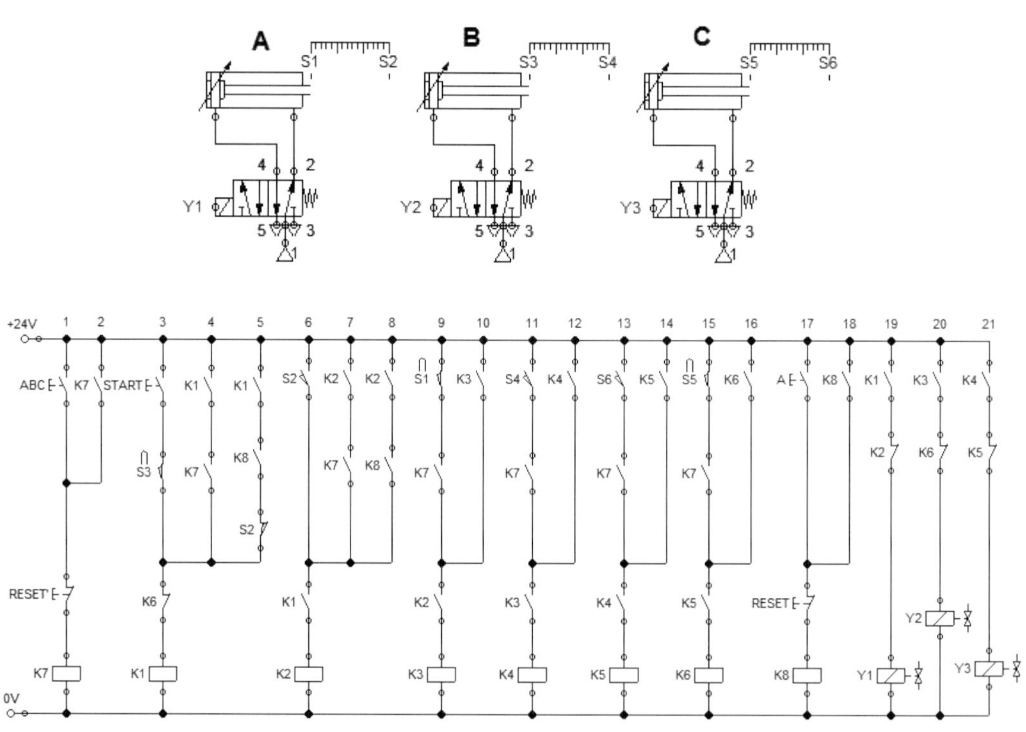

그림 8.49c **드릴/리밍 작업 기계의 선택작업 제어회로도**

작동원리 그림 8.49c의 제어회로도에서 선택을 바꾸려면 reset스위치를 터치한 후 해당 선택스위치를 클릭한다.

① ABC스위치 선택 시(코일 K7이 여자되어 자기유지됨) : 드릴/리밍 작업

ABC스위치 → start스위치 on → K1코일 on → 솔레노이드 Y1 on → 실린더 A 전진 → 리밋스위치 S2 on → K2코일 on → Y1 off → 실린더 A 후진 → S1 on → K3코일 on →

Y2 on → 실린더 B 전진 → 리밋스위치 S4 on → K4코일 on → Y3 on → 실린더 C 전진 → S6 on → K5코일 on → Y3 off → 실린더 C 후진 → S5 on → K6코일 on → Y2 off → 실린더 B 후진.

다시 시작하려면 start스위치를 터치하면 된다.

② A스위치 선택 시(코일 K8이 여자되어 자기유지됨) : 드릴 작업

A스위치 → start스위치 on → K1코일 on → Y1 on → 실린더 A전진 → S2 on → K2코일 on → Y1 off → 실린더 A 후진.

이 시퀀스를 다시 시작하려면 start스위치를 터치한다(그림 8.49c).

연습문제

01 펄스회로 : start스위치를 ON하면 램프가 켜지고 start스위치를 OFF하면 설정시간 후에 램프가 꺼지는 회로를 설계하라.

02 양 솔레노이드 밸브를 사용하는 단일 실린더의 연속/단속 선택회로를 설계하라.

03 5/3way 중립위치 닫힘형 솔레노이드 밸브를 사용하는 실린더의 전진단에 리밋스위치가 장착되어 있는 경우, 비상스위치를 작동하지 않은 경우는 start스위치에 의해 실린더가 전후진한다. 비상스위치를 ON시키면 전원공급이 차단되어 밸브가 중립위치로 되며 실린더에 공기공급이 중단되므로 현 상태에서 피스톤이 정지한다. 비상해제가 되면 그 다음의 단계로 작동이 이어진다. 이 회로를 설계하라.

04 Off delay timer회로 : 양 솔레노이드 밸브를 사용하는 실린더의 전후진단에 각각 리밋스위치가 장착되어 있다. Off delay timer를 사용하여 실린더가 전진해서 3초간 정지한 후 후진하는 회로를 설계하라.

05 5/3중립위치 차단형 양 솔레노이드 밸브에 의해 복동 실린더를 제어한다. 자동/수동 선택이 가능하고, 자동상태에서는 start스위치를 터치하면 전후진 왕복운동을 하고 정지한다. 수동으로 하면 전진스위치에 의해 실린더가 전진, 후진스위치에 의해 실린더가 후진하는 회로를 설계하라.

06 5/2way 양 솔레노이드 밸브와 3/2way 편 솔레노이드 밸브를 직렬 연결하여 사용하는 실린더의 1회 왕복운동회로에서 비상스위치를 ON하면 실린더가 그 행정이 완료되는 즉시 정지하는 회로를 설계하라.

07 편 솔레노이드 밸브를 사용하는 2개의 실린더(위치도 참조, 각 실린더의 전후진단에 리밋스위치 장착되어 있음)를 사용한다. 실린더 A가 전진하여 3초 동안 스탬핑을 한 후 후진하고 실린더 B가 전후진하여 공작물을 추출시키는 회로를 설계하라. 단, 비상스위치를 ON시키면 모든 실린더는 초기위치로 복귀하여 정지해야 한다(A+(3초)A-B+B-).

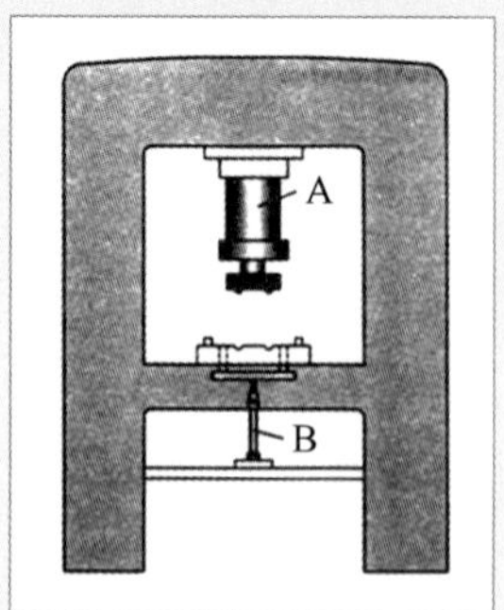

시스템도(문제07)

08 프로그램 선택회로 : 편 솔레노이드 밸브를 사용하는 3개의 실린더(전후진단에 리밋스위치 장착)가 A+A-B+B-의 시퀀스가 기본이고, 선택스위치를 ON하면 A+A-C+C-의 시퀀스로 작동하는 회로를 설계하라.

09 프로그램 선택회로 : 편 솔레노이드 밸브를 사용하는 2개의 실린더(전후진단에 리밋스위치 장착)가 A+B+B-A-의 시퀀스로, 선택스위치를 ON하면 A+B+B-A-B+B-의 시퀀스로 작동시키는 회로를 설계하라.

10 드릴 작업 : 매거진 내의 공작물을 A실린더가 작업위치로 이송하여 클램핑하고 B실린더가 전후진하여 드릴 작업을 하고 나면 A실린더가 후진하고 C실린더가 전후진하여 공작물을 상자로 밀어내고 복귀하는 회로를 설계하라(각 실린더는 편 솔레노이드 밸브를 사용하고 전후진단에는 리밋스위치가 장착되어 있다). A+B+B-A-C+C.

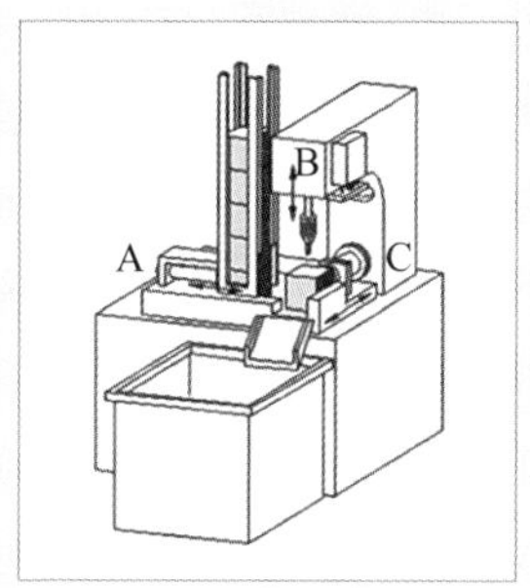

시스템도(문제10)

11 양 솔레노이드 밸브를 사용하는 실린더의 시퀀스가 다음과 같이 작동하는 캐스케이드회로를 설계하라. 단 각 실린더의 전후진단에는 리밋스위치가 장착되어 있다.

A+동시(A-B+)동시(C+B-)C-

12 양 솔레노이드 밸브를 사용하는 실린더(각 실린더의 전후진단에는 리밋스위치가 장착)의 시퀀스가 A+B+B-A-C+C-가 되는 회로를 캐스케이드회로로 설계하라.

13 3개의 실린더(전후진단에 리밋스위치 장착, 편 솔레노이드 밸브 사용)가 다음의 시퀀스로 작동하는 회로를 설계하라. 초기에 A 및 B실린더는 전진상태이다.

C+C-A-C+C-B-C+C-A+C+C-B+

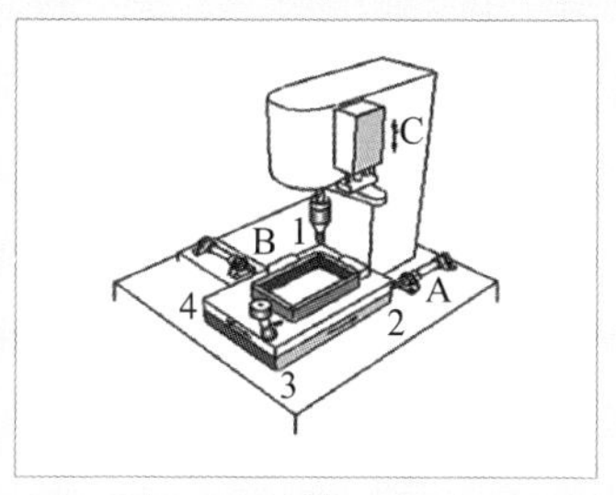

시스템도(문제13)

14 편 솔레노이드 밸브를 사용하는 3개의 실린더(각각 전후진단에 리밋스위치 장착)가 다음의 작동순서로 작동하는 회로를 설계하라.

A+(5초) A-B+C+(흡착on)C-B-(흡착off)

플라스틱 접시를 제작하기 위해 ball형태의 재료를 성형기(실린더 A)로 압착하고 후진하면, 실린더 B가 전진한 후 실린더 C가 하강하면 성형된 접시를 흡착컵으로 흡착하여 실린더 C가 상승한 후 실린더 B가 후진하여 접시의 흡착을 해제함으로써 성형된 접시를 이송하는 작업이다.

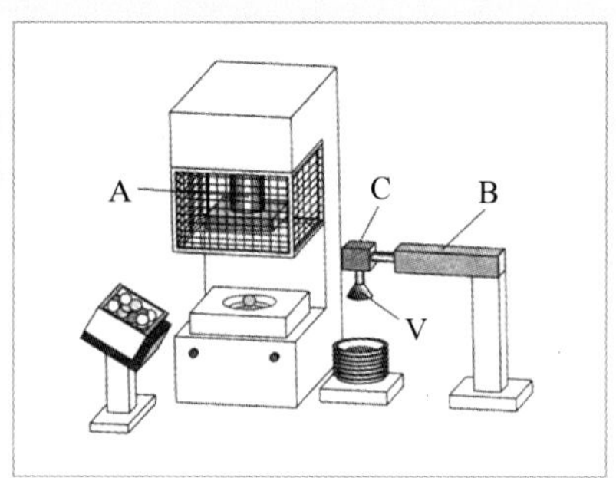

시스템도(문제14)

15 조립장치에서 양 솔레노이드 밸브를 사용하는 실린더 4개(A, B, C, D 각각 전후진단에 리밋스위치 장착)와 공기분사노즐(E)의 시퀀스가 다음과 같이 작동하는 회로를 설계하라.

A+B-C+A-동시(B+C-)D+동시(D-E+)

단, 실린더 B는 초기에 전진상태에 있다.

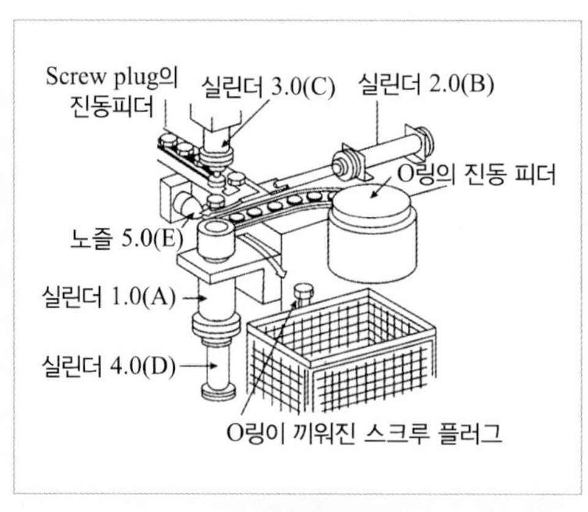

시스템도(문제15)

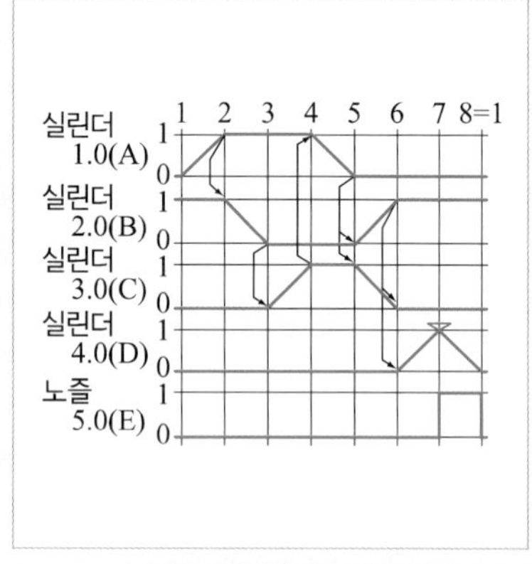

변위단계선도(문제15)

(밸브에 사용되는 screw plug에 O링을 삽입시킨다. O링과 screw plug는 진동 feeder에 의해 공급된다.)

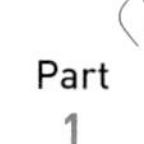

문제01

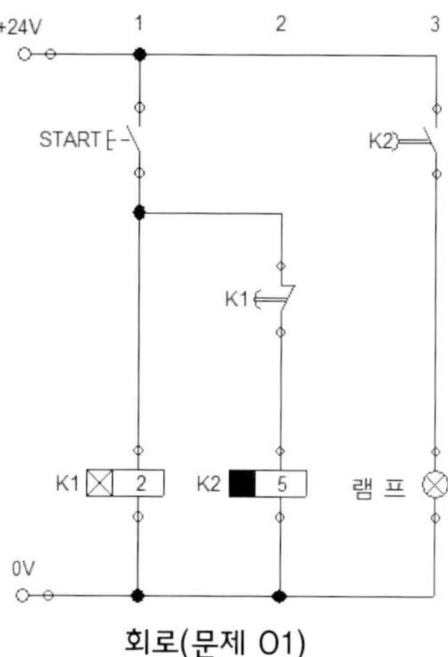

회로(문제 01)

start스위치를 ON상태로 하면 Off delay timer K2는 바로 ON되지만 On delay timer K1은 설정시간 2초 후에 작동한다. 따라서 start스위치를 ON하면 바로 K2의 a접점이 ON되어 램프가 ON되며, start스위치가 OFF된 후 Off delay timer에서 설정한 시간 5초가 지나면 K2코일이 OFF되므로 램프가 OFF된다. 그러나 start스위치를 계속 누르고 있으면 K1코일에서 설정한 시간과 K2코일에서 설정한 시간을 합한 시간이 지나야 램프가 OFF된다.

문제02

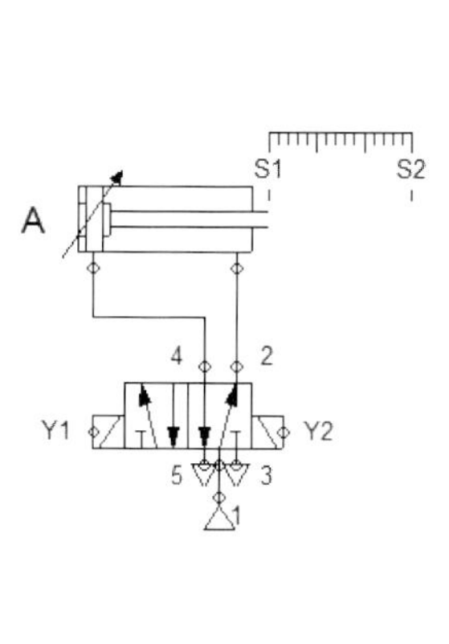

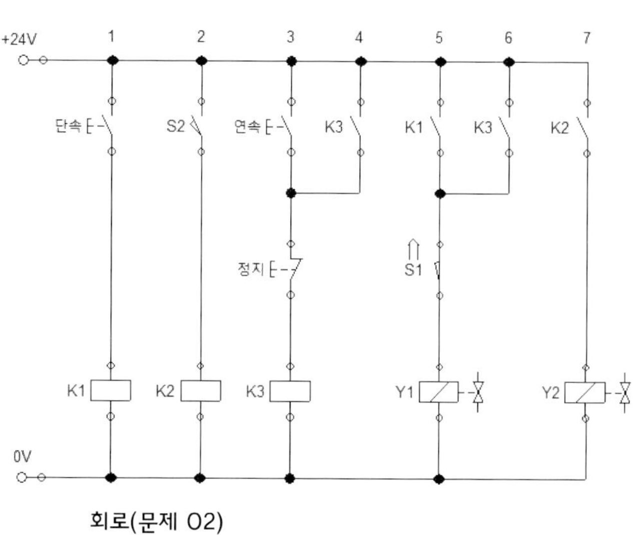

회로(문제 02)

문제03

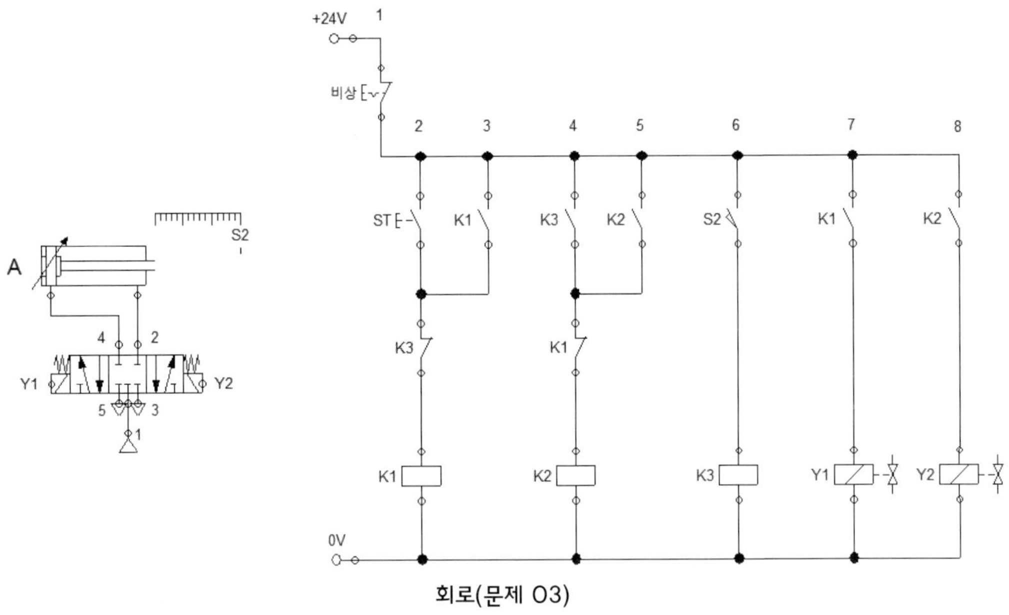

회로(문제 03)

문제04

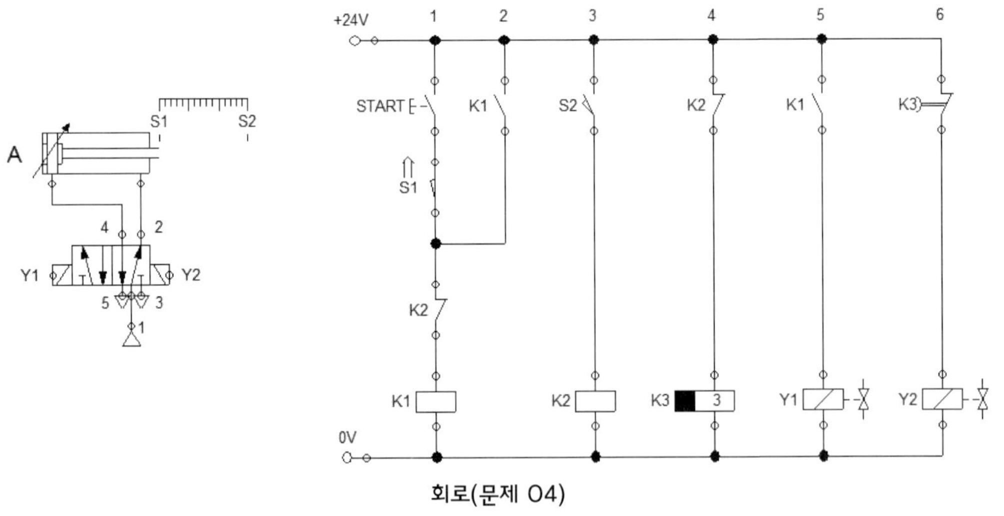

회로(문제 04)

start스위치를 순간터치하면 코일 K1이 작동하여 K1의 a접점이 ON되어 Y1이 작동하므로 실린더가 전진한다(이때 K2의 b접점에 의해 Off delay timer K3가 작동하여 K3의 b접점은 열려 있으므로 Y2는 OFF 상태임). 리밋스위치 S2가 ON되면 코일 K2가 ON되어 Off delay timer K3에서 설정한 시간이 흐르면 코일 K3가 OFF되어 K3의 b접점이 복귀되므로 Y2가 작동함으로써 실린더는 후진한다. 이때 K2가 ON 시 코일 K1이 OFF되므로 Y1은 OFF 상태이다.

문제05

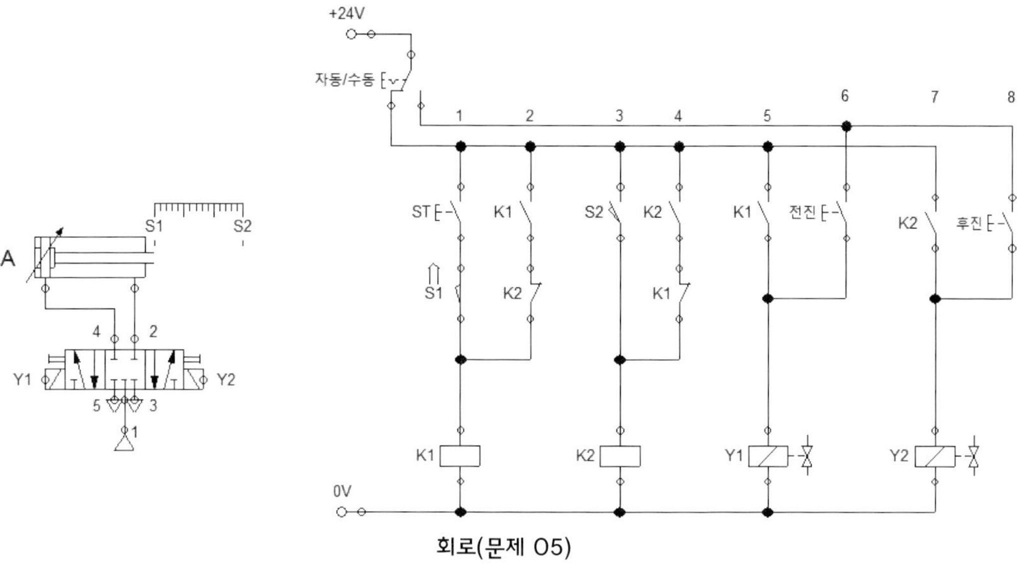

회로(문제 05)

문제06

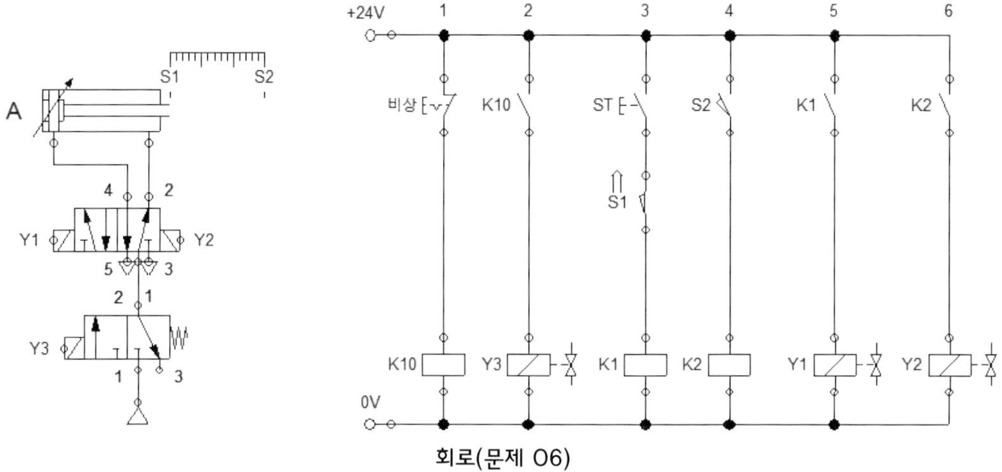

회로(문제 06)

비상스위치가 작동되지 않는 경우에는 솔레노이드 Y3이 작동하여 실린더에 압축공기가 공급되므로 start스위치 ST에 의해 실린더가 1회 왕복운동을 한다. 그러나 비상스위치가 ON되면 솔레노이드 Y3이 OFF되어 3/2way밸브가 위치변환되므로 실린더에 공기공급이 차단되어 시퀀스가 불가능하다. 이때 피스톤로드에 외력이 가해지면 그 방향으로 이동할 수 있다.

문제07

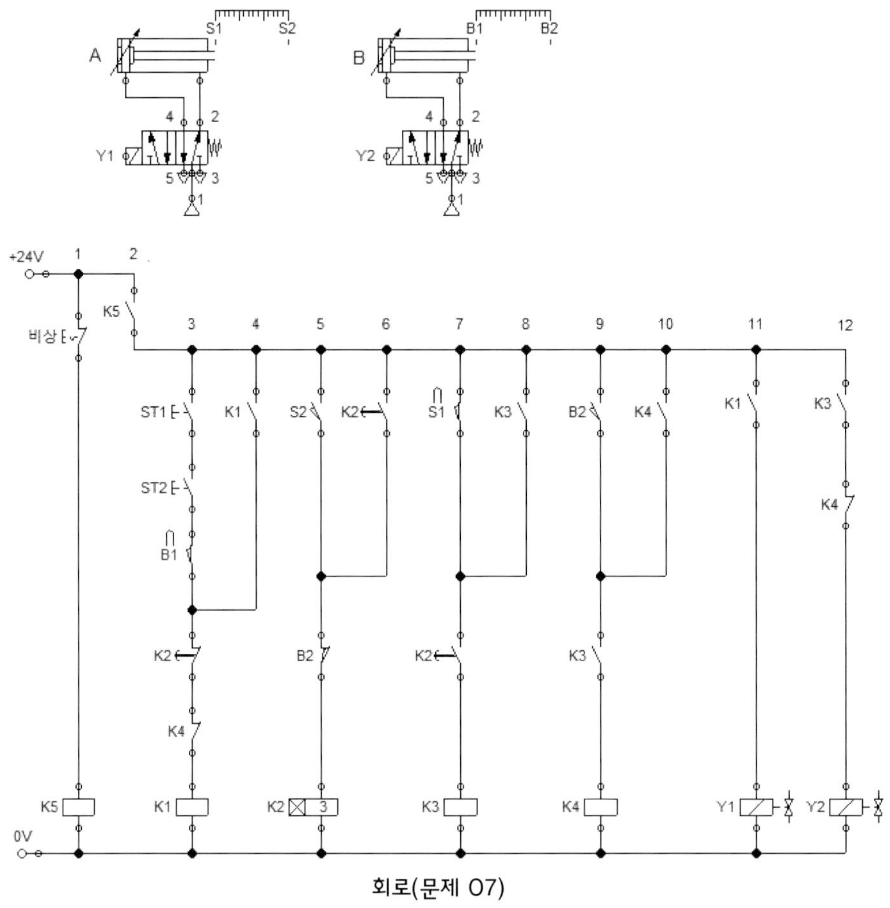

회로(문제 07)

ST1과 ST2스위치를 동시에 ON시키면 실린더 A가 전진한 후 3초가 지나면 후진한다. 실린더 B는 그 후 전진, 후진하여 한 사이클이 종료된다. 작동 중에 비상스위치를 ON시키면 모든 실린더는 초기의 위치로 복귀하여 정지한다.

문제08

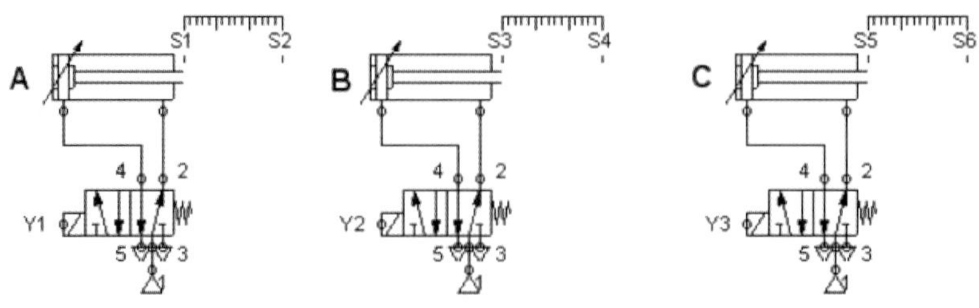

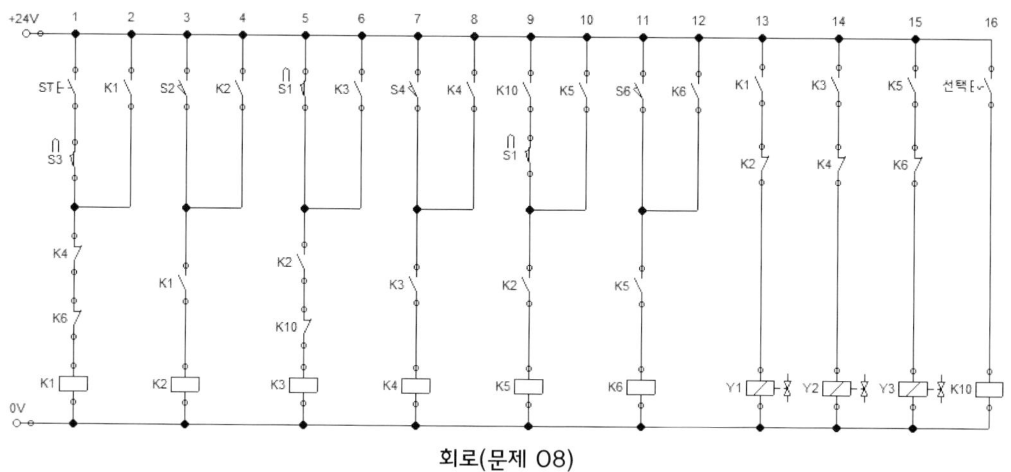

회로(문제 08)

문제09

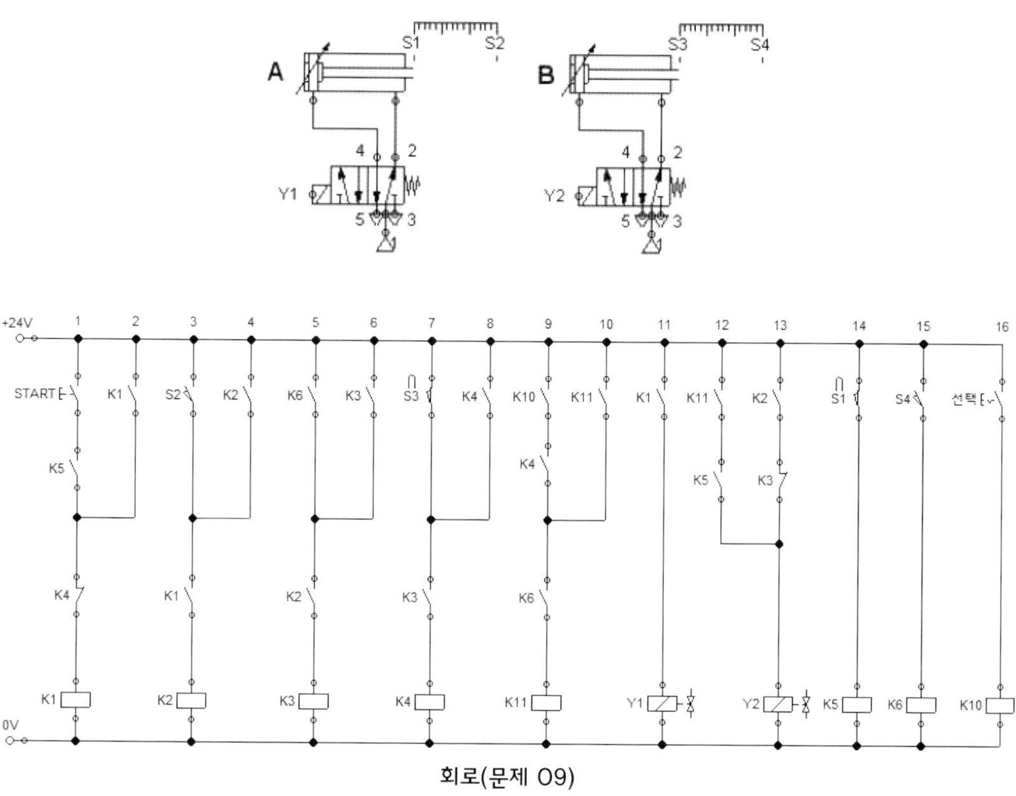

회로(문제 09)

문제10

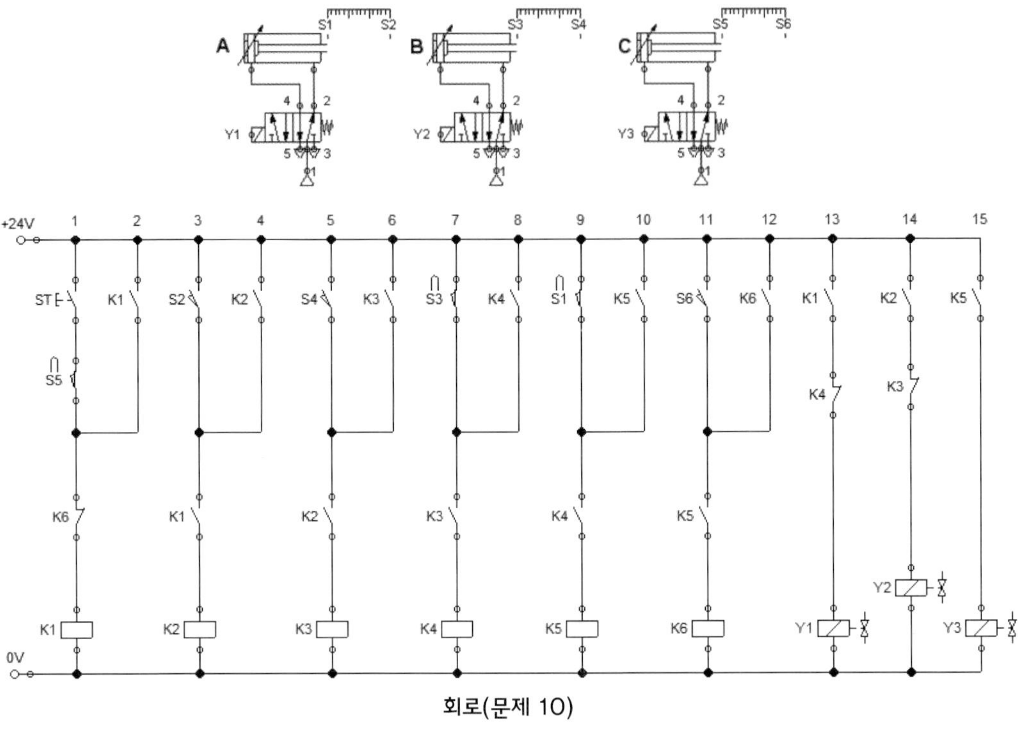

회로(문제 10)

문제11

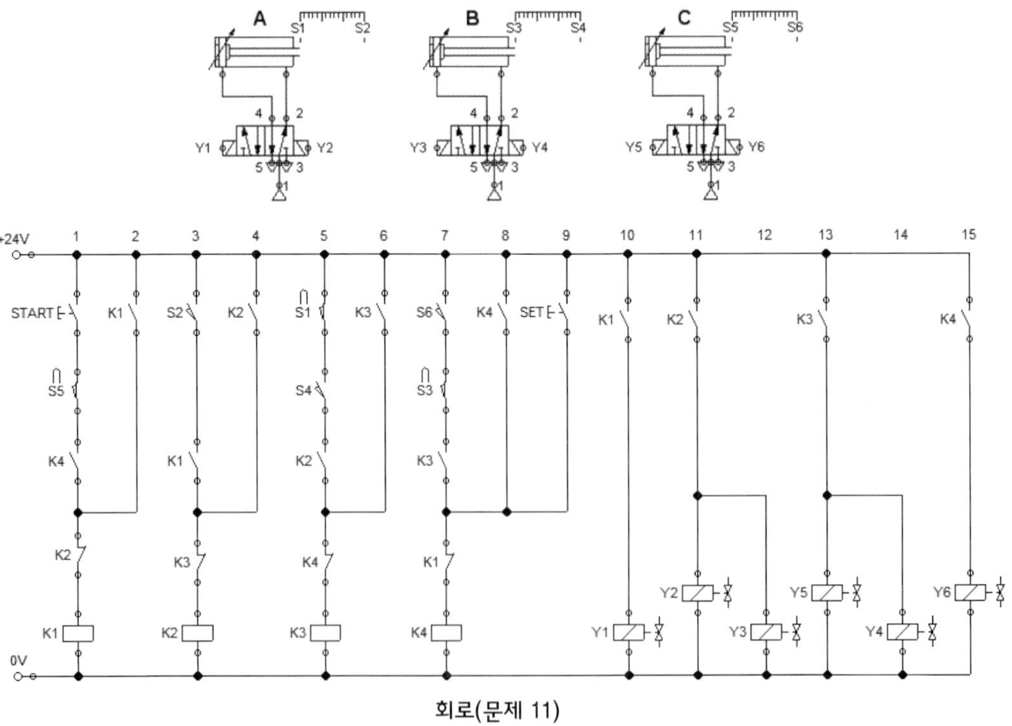

회로(문제 11)

문제12

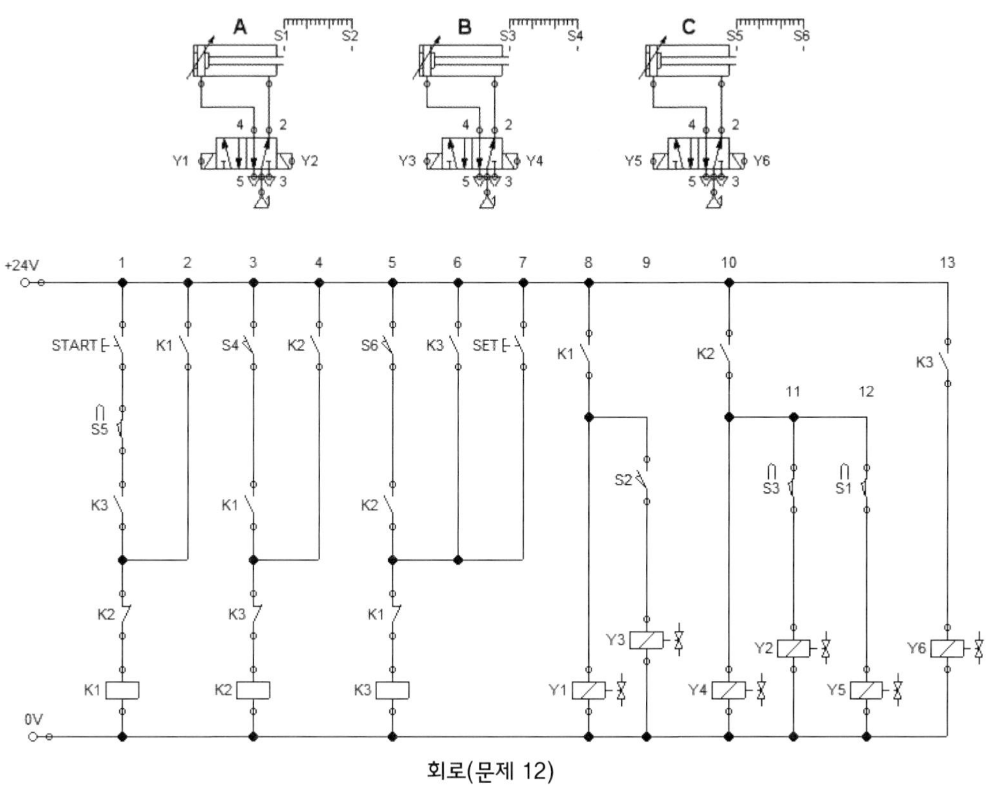

회로(문제 12)

작동원리 reset스위치 SET on → start스위치 on → K1코일 on → 솔레노이드 Y1 on → 실린더 A 전진 → 리밋스위치 S2 on → Y3 on → 실린더 B 전진 → S4 on → K2코일 on → Y4 on → 실린더 B 후진 → S3 on → Y2 on → 실린더 A 후진 → S1 on → Y5 on → 실린더 C 전진 → S6 on → K3코일 on → Y6 on → 실린더 C 후진.

문제13

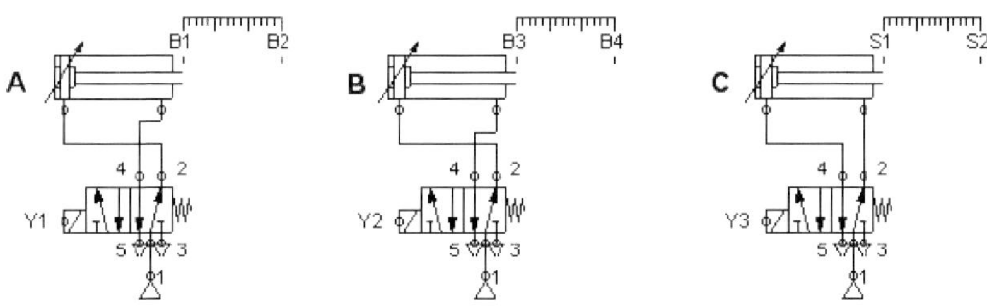

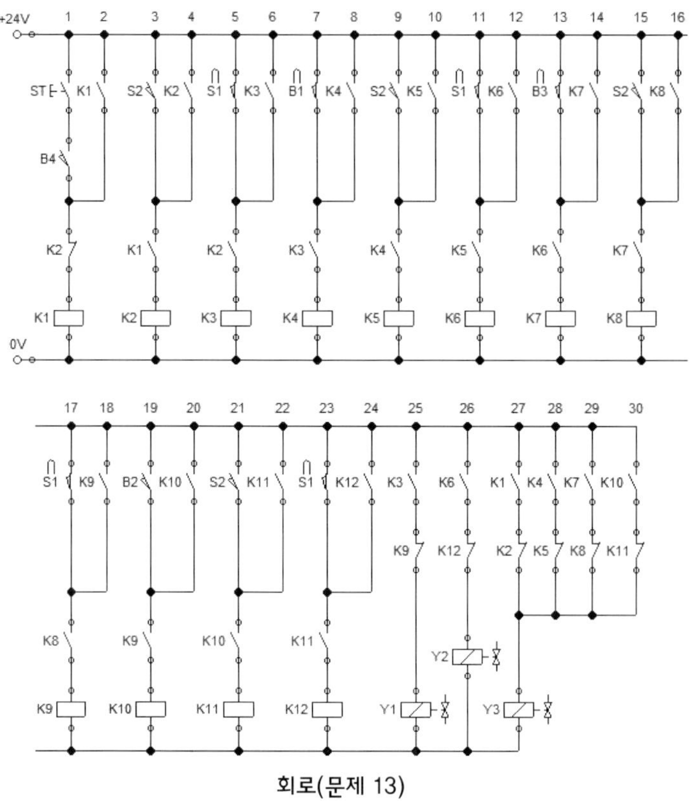

회로(문제 13)

문제14

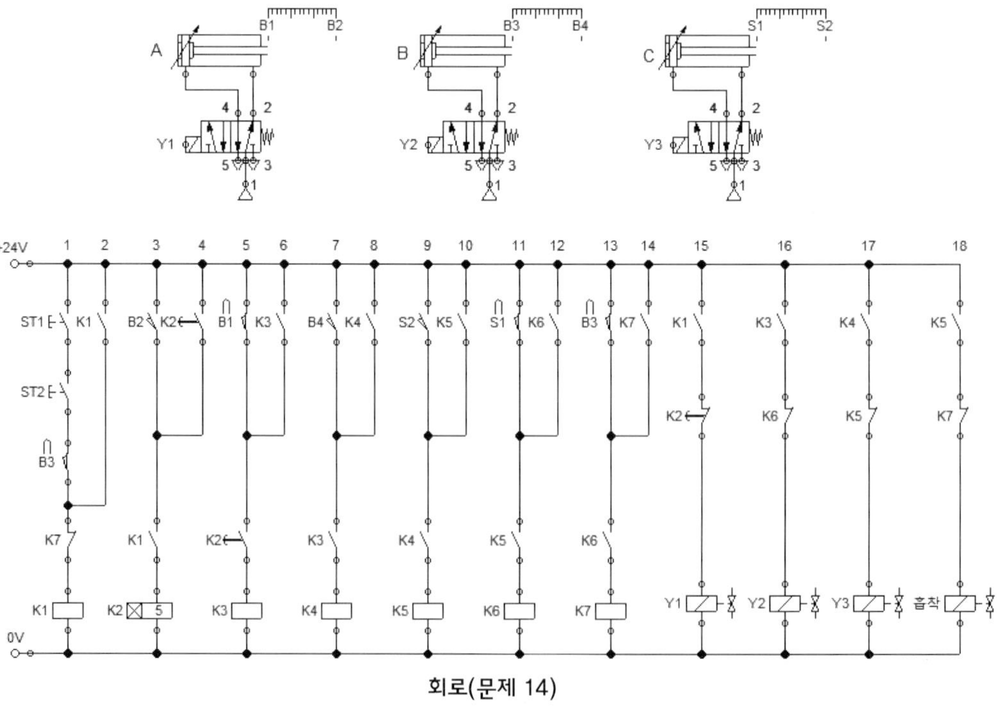

회로(문제 14)

문제15

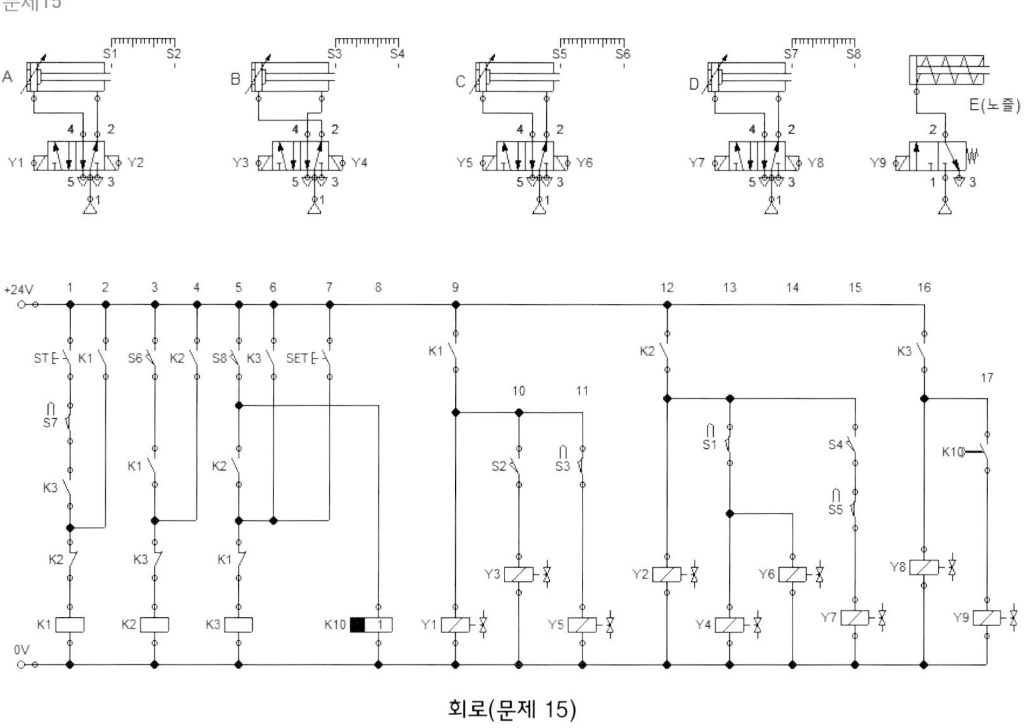
A
B
C
D
E(노즐)
S1
S2
S3
S4
S5
S6
S7
S8
Y1
Y2
Y3
Y4
Y5
Y6
Y7
Y8
Y9
+24V
0V
ST
SET
K1
K2
K3
K10

회로(문제 15)

9 전동기의 제어회로

Chapter

9.1 직류전동기 /DC Motor/ 의 제어

1. DC모터의 기동과 정지제어1

(1) 제어조건

푸시버튼 스위치를 누르고 있는 동안에는 DC모터가 회전하고, 스위치에서 손을 떼면 DC모터가 정지한다.

(2) 사용기기

사용기기	수 량
푸시버튼	1
릴레이	1
DC모터	1

(3) 회로도

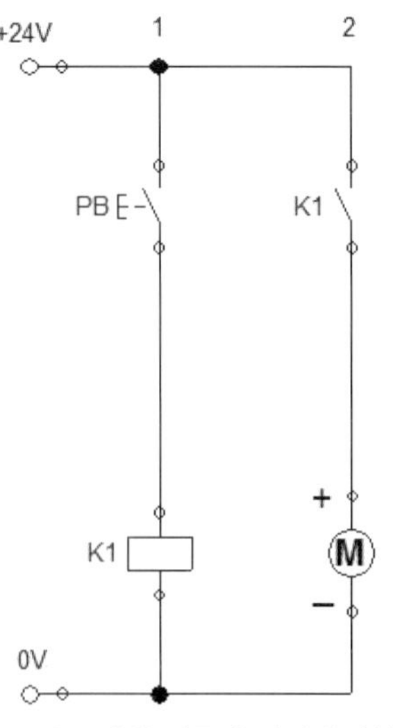

그림 9.1 DC모터의 기동과 정지제어회로도1

(4) 작동원리

푸시버튼 PB를 ON하면 릴레이 코일 K1이 여자되고 K1의 a접점 K1이 ON되어 DC모터 M이 정방향(시계방향)으로 회전한다. 푸시버튼 PB를 OFF하면 모터가 정지한다.

2. DC모터의 기동과 정지제어2

(1) 제어조건

푸시버튼 PB1을 터치하면 DC모터가 회전하고, 푸시버튼 PB2를 터치하면 DC모터가 정지한다.

(2) 사용기기

사용기기	수 량
푸시버튼	2
릴레이	1
DC모터	1

(3) 회로도

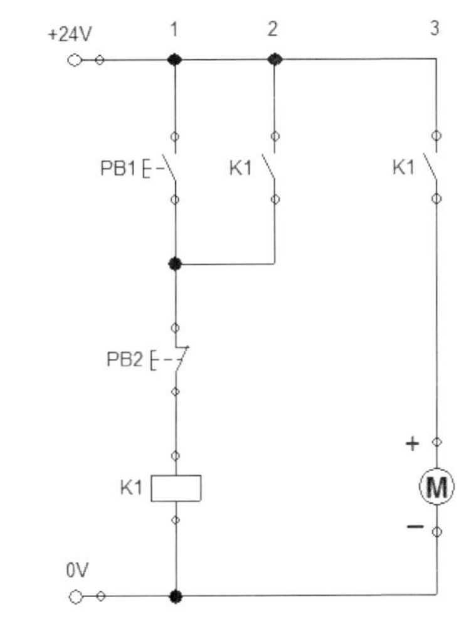

그림 9.2 DC모터의 기동과 정지제어회로도2

(4) 작동원리

푸시버튼 PB1을 터치하면 릴레이 코일 K1이 여자되고 K1의 a접점 K1이 ON되어 DC모터 M이 정방향(시계방향)으로 회전한다. 푸시버튼 PB2를 터치하면 K1코일이 소자되어 K1의 a접점이 열리므로 모터가 정지한다.

3. DC모터의 정역회전 제어1

(1) 제어조건

푸시버튼1을 터치하면 DC모터가 정방향(CW) 회전하고, 이것을 역방향(CCW) 회전시키려면 정지버튼을 눌러 모터를 정지시킨 후 푸시버튼3을 터치해야 한다. 같은 방법으로 푸시버튼2를 터치하면 모터가 역회전을 하며, 회전방향을 정회전으로 변경하려면 정지버튼을 누른 후 푸시버튼 2를 터치해야 한다. 릴레이를 이용하여 간접제어를 한다.

(2) 사용기기

사용기기	수 량
푸시버튼	3
릴레이	3
DC모터	1

(3) 회로도

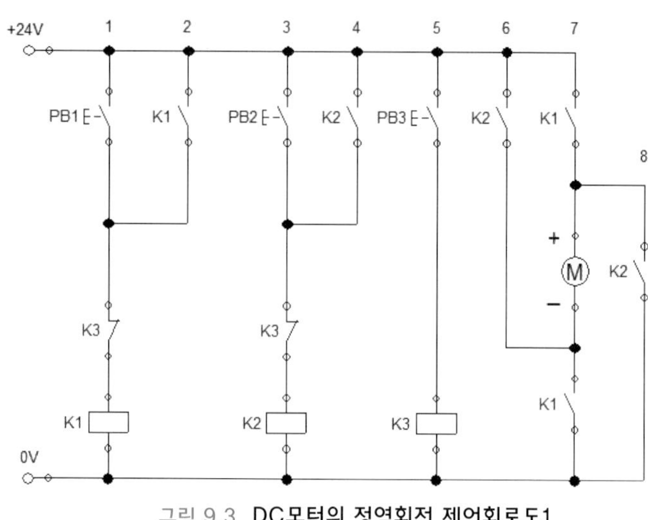

그림 9.3 DC모터의 정역회전 제어회로도1

(4) 작동원리

푸시버튼 PB1을 터치하면 릴레이 코일 K1이 여자되며 K1의 a접점이 ON되어 모터가 정회전한다. 모터의 회전을 정지시키려면 정지버튼 PB3를 터치한다. 회전방향을 역회전으로 변경하려면 정지버튼 PB3를 누른 후에 푸시버튼 PB2를 터치하면 릴레이 코일 K2가 여자되어 K2의 a접점이 ON되므로 모터가 역회전한다(모터에 공급되는 전원의 +. −가 반대로 됨).

이 회로는 안전장치가 없다. 따라서 두 개의 버튼을 동시에 누르면 코일 K1과 K2가 동시에 ON되어 쇼트가 발생하므로 두 개의 버튼을 동시에 누르지 않도록 해야 한다.

4. DC모터의 정역회전 제어2

(1) 제어조건

스위치1을 터치하면 DC모터가 정방향(CW) 회전하고, 스위치2를 터치하면 DC모터가 역방향(CCW) 회전해야 한다. 스위치1과 스위치2의 조작으로 DC모터의 회전방향의 변경이 될 수 있어야 한다. 모터를 정지시키려면 스위치3을 터치한다.

안전회로를 구성하여 두 개의 동작 신호가 동시에 발생하여도 선입된 신호가 우선되도록 동작해야 한다(인터록회로).

(2) 사용기기

사용기기	수 량
푸시버튼	2
릴레이	3
DC모터	1

(3) 회로도

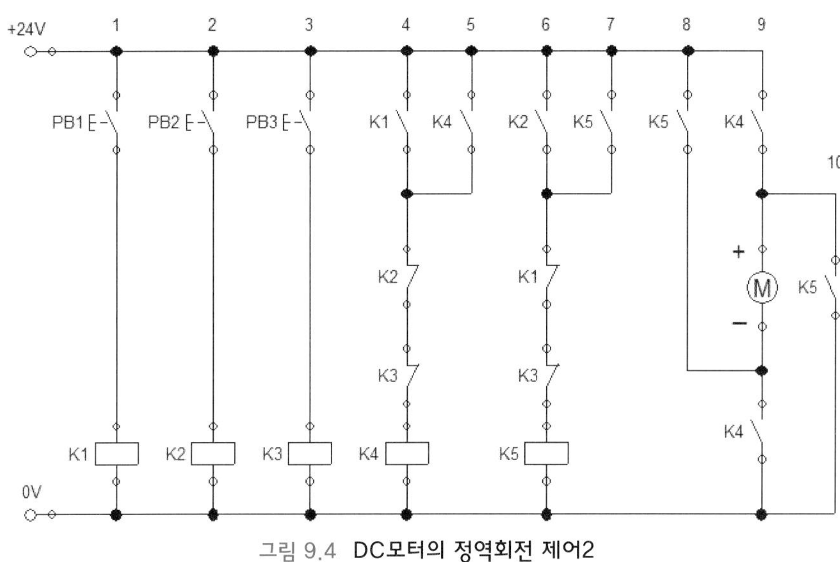

그림 9.4 DC모터의 정역회전 제어2

(4) 작동원리

푸시버튼 PB1을 터치하면 릴레이 코일 K1이 여자되며, 코일 K4가 여자되어 자기유지되므로 K4의 a접점이 ON되어 DC모터가 정회전(CW)한다. 이때 PB2를 터치하면 코일 K4는 소자되고 코일 K5가 여자되어 K5의 a접점이 ON되며 모터가 정회전으로부터 역회전으로 회전방향이 바뀐다.

다시 PB1을 터치하면 모터가 정회전으로 바뀌게 되어 회전방향을 용이하게 변경할 수 있다. 두 개의 버튼을 동시에 누르는 경우에 인터록되어 있으므로 모터가 정지하며 먼저 터치된 코일만 여자되어 쇼트가 일어나지 않으므로 안전하다. 동작 중인 모터를 정지시키려면 푸시버튼3을 터치하면 된다.

9.2 3상 유도전동기의 제어

1. 3상 유도전동기의 자동/수동운전 제어회로

(1) 제어조건

자동을 선택하고 자동스위치를 터치하면 3상 유도전동기와 적색램프가 설정시간 동안 작동한 후 정지한다. 수동으로 선택하고 수동스위치를 터치하면 3상 유도전동기와 적색램프가 작동하며 정지스위치에 의해 그들을 정지시킬 수 있다.

(2) 사용기기

사용기기	수 량	사용기기	수 량
배선용 차단기 MCCB, (전원스위치)	1	3상 유도전동기 IM	1
전자접촉기 MC	1	릴레이	1
적색램프 RL	1	ON delay timer T	1
녹색램프 GL	1	선택스위치	1
열동 과전류 릴레이 THR	1	푸시버튼 자동용, 수동용, 정지용	3

MC : Electro Magnetic Contactor
THR : Thermal Relay
MCCB : Molded Case Circuit Breaker
IM : Induction Motor

(3) 구성도 및 회로도

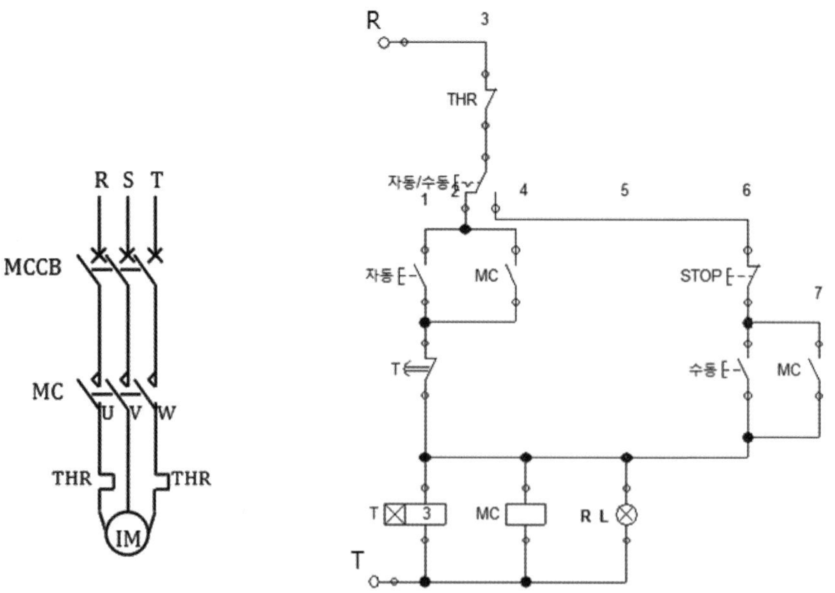

그림 9.5 3상 유도전동기의 자동/수동운전 제어회로

(4) 작동원리

전원 스위치인 배선용 차단기 MCCB를 ON(MCCB가 연결)한 후 자동/수동 선택스위치를 자동으로 선택하고 자동스위치를 터치하면 전자접촉기 MC와 적색램프 RL(전동기가 작동 중임을 표시함)이 ON되어 3상 유도전동기가 작동하고, 동시에 RL이 점등하며 ON delay timer T에서 설정시간 동안이 지나면 3상 유도전동기는 정지, RL은 소등된다. 선택스위치를 수동으로 선택하고 수동스위치를 터치하면 MC와 RL이 ON되어 3상 유도전동기가 운전되고 RL이 점등한다. 이때 stop스위치를 ON하면 3상 유도전동기가 정지하고 RL이 소등된다.

2. 1개의 스위치로 3상 유도전동기 운전/정지 제어회로

(1) 제어조건

푸시버튼 스위치 1개로 기동/정지하는 회로는 사고의 위험이 거의 없으면서 자주 개폐를 필요로 할 때 사용한다. start/stop푸시버튼 PB를 한 번 터치하면 MC를 동작시키므로 3상 유도전동기가 운전되며, 적색램프 RL도 점등한다. 다시 PB를 터치하면 RL이 소등되고 3상 유도전동기가 정지한다.

(2) 사용기기

사용기기	수 량	사용기기	수 량
배선용 차단기 MCCB(전원스위치)	1	3상 유도전동기 IM	1
전자접촉기 MC	1	릴레이	3
과전류계전기 EOCR	1	푸시버튼 PB1	1
적색램프 RL	1		

(3) 구성도 및 회로도

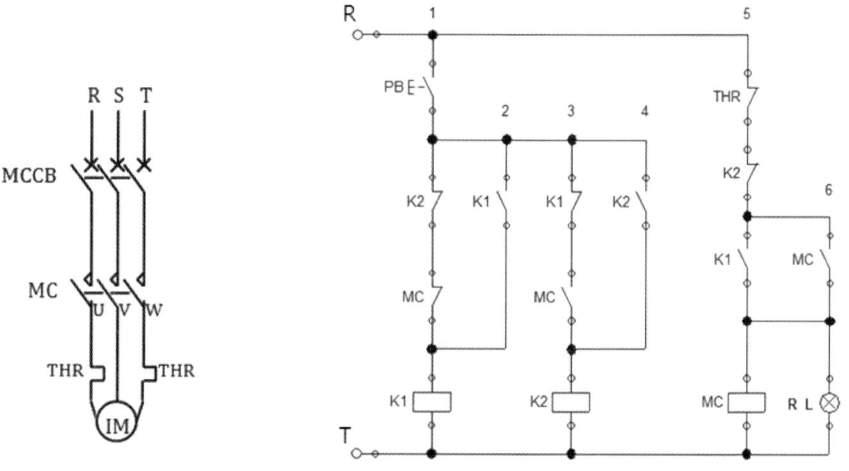

그림 9.6 1개의 푸시버튼으로 3상 유도전동기 운전/정지 제어회로

(4) 작동원리

전원 스위치인 배선용 차단기 MCCB를 ON하고 푸시버튼 PB를 처음 터치하면 릴레이 코일 K1이 여자되어 K1의 a접점이 ON되므로, MC와 RL이 작동(모터가 작동, 적색램프가 켜짐)하고 자기유지된다. 다시 PB를 터치하면 MC접점이 ON되어 있으므로 릴레이 코일 K2가 여자되어 K2의 b접점이 열려 MC와 RL이 OFF된다. THR(Rhermal relay)은 열동식 과전류계전기이다.

3. 전동기의 직입기동 · 정지회로

5 kW 이하의 소용량 모터는 기동장치를 따로 사용하지 않고 처음부터 직접 전원전압(전전압)을 가하여 기동한다. 이것을 **전전압 기동(line starting)**이라 하며, 소용량 모터는 전전압을 가해도 기동전류가 작으므로 전원 및 모터에 지장이 없다.

이 기동은 별도의 기동장치 없이 전자개폐기만 설치하여 간단한 조작에 의해 큰 기동토크를 얻을 수 있으므로, 전원용량이 모터의 용량에 비해 충분히 여유가 있는 경우에는 큰 모터에도 이 방식을 사용할 수 있다.

(1) 제어조건

시동버튼 PB1을 ON시키면 모터가 기동·운전되고, 동시에 적색램프가 점등한다. 정지버튼 PB2를 ON시키면 모터가 정지하는 동시에 녹색램프가 점등한다.

(2) 사용기기

사용기기	수 량	사용기기	수 량
배선용 차단기 MCCB (전원스위치)	1	녹색램프 GL	1
전자접촉기 MC	1	3상 유도전동기 IM	1
과전류 릴레이	1	릴레이	1
적색램프 RL	1	푸시버튼 PB1(기동용), PB2(정지용)	2

(3) 구성도와 회로도

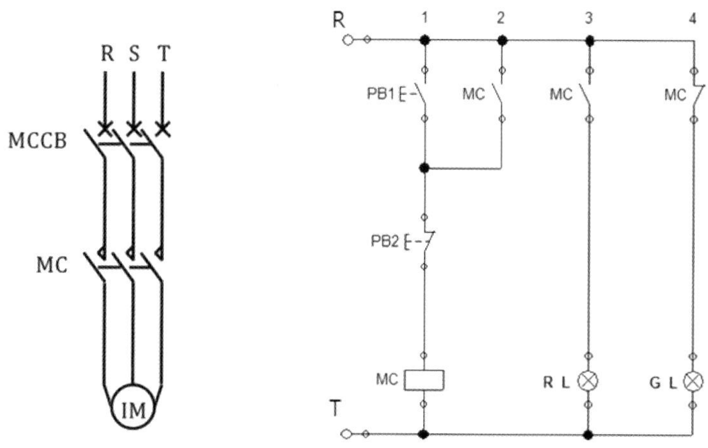

그림 9.7 **전동기의 직입기동-정지회로**

(4) 작동원리

배선용 차단기 MCCB(molded case circuit breaker)를 ON하고 기동버튼 PB1을 터치하면 전자접촉기 MC(magnetic contactor)가 작동하여 MC의 a접점이 연결되므로 자기유지되며 모터(IM)가 기동·운전된다. 이때 적색램프 RL이 점등한다.

정지버튼 PB2를 터치하면 전자접촉기 MC가 소자되어 모터는 정지하고 녹색램프가 점등되며 동시에 RL은 소등된다(IM은 induction motor).

4. 전동기의 스타-델타($Y-\Delta$) 기동회로

3상 유도전동기의 전전압 기동법은 기동전류가 정격전류의 약 5~7배가 되므로 시스템에 전압강하를 일으켜 다른 기기에 영향을 주게 된다. 따라서 5~15 kW 이하의 유도전동기는 Y결선으로 기동하여 전원전압의 $1/\sqrt{3}$ 을 가함으로써 기동전류를 적게 한다. 모터가 가속되면 Δ결선으로 변환하여 운전하면 전원전압(선간전압)이 모두 가해져 정상운전이 되게 한다. 이것을 $Y-\Delta$ 기동이라 한다.

다시 말하면 모터의 용량이 5~15 kW 정도이면 전전압 기동이 아니고, $Y-\Delta$ 기동기를 사용하여 기동한다. 그림 9.8과 같이 권선의 R, S, T단자에 3상 교류전압을 가해주면 기동 시에는 고정자 코일을 Y결선으로 하여 기동하고, 정상속도에 근접하면 전자개폐기를 Δ결선으로 전환한다. 이 방법에 의하여 Y결선 기동 시에는 고정자 각 상의 권선에 정격전압의 $1/\sqrt{3}$ 의 전압이 가해져 기동전류가 Δ결선 기동 시의 1/3이 되므로 안전한 기동이 되며, 기동전류는 전부하 전류의 200~250%로 제한된다.

그러나 토크는 전압의 제곱에 비례하므로 기동토크도 1/3로 감소한다. 이 기동법은 선반, 프라이스반과 같은 공작기계, 윈치, 하역기기 등에 이용된다.

(1) 제어조건

기동 시에는 고정자 코일을 Y결선으로 하여 기동하고, 정상속도에 근접하면 전자개폐기를 Δ결선으로 전환한다.

(2) 사용기기

사용기기	수 량	사용기기	수 량
배선용 차단기 MCCB(전원스위치)	1	푸시버튼 PB1(기동용), PB2(정지용)	2
Y결선 전자접촉기 YMC	1	On delay timer T	1
Δ결선 전자접촉기 DMC	1	과전류 릴레이 THR	2
황색램프(기동표시) OL	1	릴레이	3
적색램프(운전표시) RL	1	모터 IM	1

(3) 구성도와 회로도

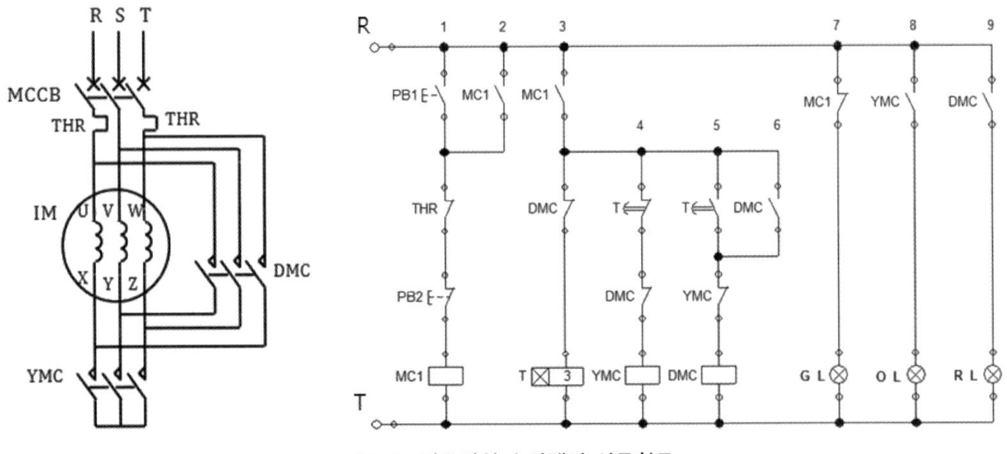

그림 9.8 **전동기의 스타델타 시동회로**

(4) 작동원리

전원 스위치 MCCB(배선용 차단기)를 ON하고 기동버튼 PB1을 ON시키면 MC1코일이 여자되어 On delay timer T에서 설정한 시간까지는 스타결선 전자접촉기 YMC가 작동하므로 스타결선(Y결선)에 의해 모터가 기동·작동하며, 설정시간이 경과하면 timer T가 작동하여 Δ결선 전자접촉기 DMC가 작동하여 Δ결선에 의해 모터가 평상운전하여 자기유지된다.

전원스위치 MCCB(배선용 차단기)를 연결하면 녹색램프 GL이 점등하여 “정지”를 표시하고, 스타(Y)결선으로 모터가 기동 중에는 황색램프 OL이 점등하며, 델타결선(Δ결선)에 의해 모터가 평상운전 중에는 적색램프 RL이 점등한다. 정지스위치 PB2를 터치하면 델타결선(Δ결선)에 의한 모터가 정지하고 녹색램프 GL이 점등상태로 된다.

5. 전동기의 시한제어회로

모터를 일정시간만 운전하고, 그 시간이 경과하면 자동정지하는 회로이다.

(1) 제어조건

모터를 설정한 시간동안 운전한 후 자동으로 정지하며, 운전 중에는 적색램프, 정지 중에는 녹색램프가 점등한다.

(2) 사용기기

사용기기	수 량	사용기기	수 량
전자접촉기 MC	1	푸시버튼 PB1(시동용)	1
On delay timer T1	1	배선용 차단기 MCCB(전원 스위치)	1
녹색램프 GL	1	릴레이	1
적색램프 RL	1	모터 IM	1

(3) 구성도와 회로도

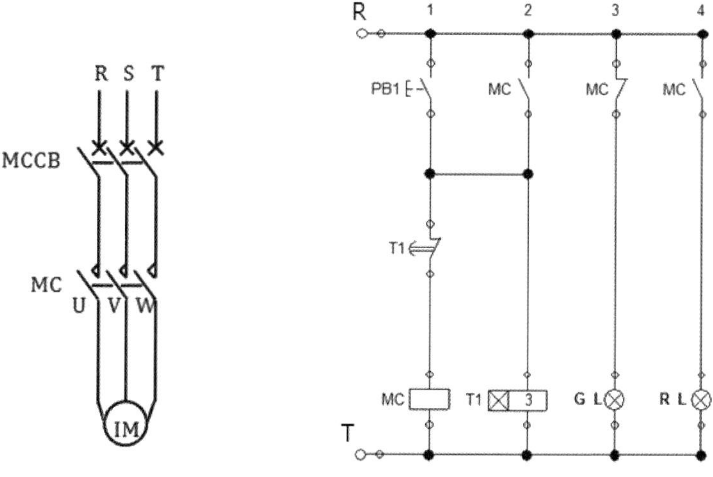

그림 9.9 **전동기의 시한제어회로**

(4) 작동원리

전원 스위치로서 배선용 차단기 MCCB를 사용하며, 회로의 개폐는 전자접촉기 MC로 한다. 시동용 버튼 PB1을 ON시키면 전자접촉기 MC가 여자되어 자기유지되며, 모터가 회전하고 적색램프 RL이 점등한다(전원 투입 시에는 MC가 작동하지 않으므로 녹색램프 GL이 점등되며 정지 상태임).

ON delay timer T1에서 설정시간이 경과하면 작동하여 T1의 b접점이 열려 MC가 OFF되므로 모터가 정지하고 RL이 OFF되며 GL이 ON된다.

6. 전동기의 정역전 제어회로

전동기가 회전할 때 정방향, 역방향은 그림 9.10에서 보는 바와 같이 전동기에 부하가 연결되어 있는 반대측에서 보아 시계방향을 정방향, 반시계방향을 역방향이라 하며, 전동기의 U, V, W상이 3상 전원의 R, S, T상에 대해 R과 U상, S와 V상, T와 W상을 접속할 때 전동기가 정방향으로 회전한다. R, S, T상 중에서 두 개의 상을 바꿔 전동기의 고정자 권선에 접속하면 역방향으로 회전한다. 예로 R과 V상, S와 U상, T와 W상을 접속하면 전동기가 역회전한다.

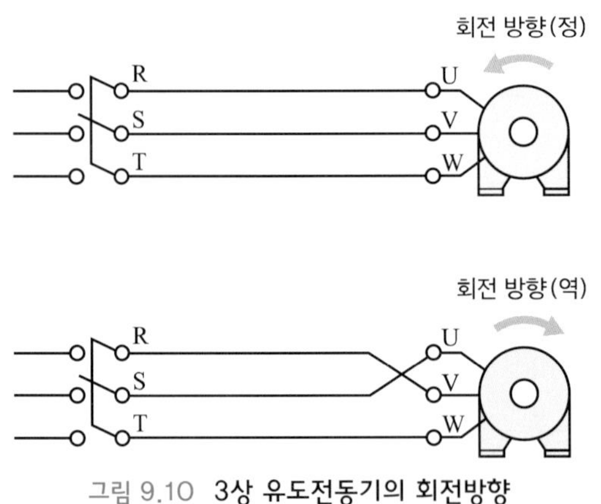

그림 9.10 **3상 유도전동기의 회전방향**

(1) 제어조건

모터의 회전방향을 정방향 버튼에 의해서는 정방향으로, 역방향 버튼에 의해서는 역방향으로 방향제어를 한다. 단 어느 방향으로 회전 중에는 바로 반대방향으로 회전시킬 수 없고 정지버튼을 누른 후에 가능하다.

(2) 사용기기

사용기기	수 량	사용기기	수 량
정회전용 전자접촉기 FMC	1	푸시버튼 PBF(정회전용), PBR(역회전용), PB2(정지용)	3
역회전용 전자접촉기 RMC	1	배선용 차단기 MCCB(전원 스위치)	1
녹색램프 GL	1	릴레이	2
적색램프 RL	1	모터 IM	1

(3) 구성도와 회로도

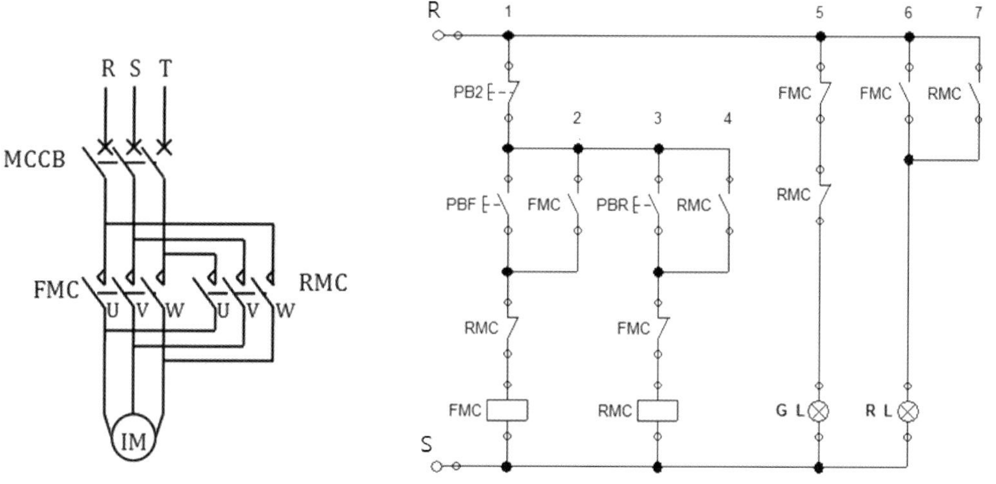

그림 9.11 **전동기의 정역전 제어회로**

(4) 작동원리

배선용 차단기 MCCB를 투입하여 전원을 ON하고 정회전용 버튼 PBF를 ON시키면 정회전용 전자접촉기 FMC가 작동하여 자기유지되며, R상과 U상, S상과 V상, T상과 W상이 접속되므로 모터가 정방향으로 회전한다. 이때 역회전용 버튼 PBR을 ON시켜도 FMC의 b접점이 열려 있는 상태이므로 인터록되어 역회전용 전자접촉기 RMC는 ON상태가 될 수 없다.

정지용 버튼 PB2를 터치하면 모터가 정지한다. 그 후 역회전용 버튼 PBR을 ON시키면 역회전용 전자접촉기 RMC가 작동하여 자기유지되며, R상과 W상, S상과 V상, T상과 U상이 접속되어 모터가 역회전한다. 이때 역시 PBF를 ON시켜도 FMC는 작동될 수 없다.

이것은 만일 모터의 정회전용과 역회전용 전자접촉기가 동시에 작동하면 전원회로에 단락(쇼트)사고가 일어나므로 인터록회로로 구성한다.

7. 전동기의 인칭운전 제어회로

인칭(inching)운전 제어는 인칭버튼을 누르고 있는 동안만 모터가 회전하고, 인칭버튼을 OFF하면 정지하는 제어를 말하며, **촌동운전** 또는 **조그(jog)운전**이라고도 한다. 이러한 인칭운전은 기계의 조작을 짧은 시간동안 반복해서 해야 하는 경우, 즉 선반작업의 초기작업, 펌프의 회전방향 회전 등에 이용된다.

(1) 제어조건

하나의 버튼을 ON/OFF조작으로 모터의 운전을 ON/OFF하는 제어회로이다.

(2) 사용기기

사용기기	수 량	사용기기	수 량
전자접촉기 MC	1	푸시버튼 PB1(기동용), PB2(정지용), PBI(인칭용)	3
적색램프(운전용) RL	1	배선용 차단기 MCCB(전원 스위치)	1
릴레이	1	모터 IM	1

(3) 구성도와 회로도

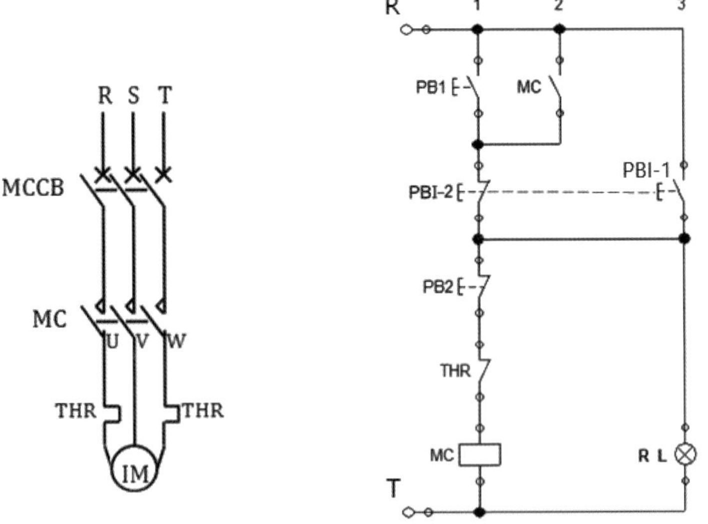

그림 9.12 **전동기의 인칭운전 제어회로**

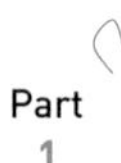

(4) 작동원리

이 회로는 연속운전을 할 수 있는 기동버튼 PB1과 정지용 버튼 PB2 외에도 인칭버튼 PBI는 a접점과 b접점을 연동상태로 하여 전자접촉기 MC를 ON상태로 할 수 있다. 이러한 인칭운전 시에는 적색램프 RL이 점등한다.

인칭버튼을 ON하면 PBI-2는 열리고 잠시 후(a접점의 연결시간과 b접점의 탈착시간의 차) PBI-1은 닫히므로 전자접촉기 MC가 작동하고 적색램프 RL이 점등되어 모터가 기동, 회전하며 MC의 a접점이 닫혀 있어도 인칭버튼 PBI-2가 열려 있으므로 자기유지되지는 않는다.

인칭버튼을 OFF하면 PBI-1이 먼저 열리고 PBI-2는 그보다 늦게 닫혀(열리고 닫히는데 걸리는 시간차) 전자접촉기 MC가 작동하지 않게 되어 모터는 정지한다.

따라서 인칭버튼을 누르면 모터가 회전하고 손을 떼면 정지하므로 짧은 시간의 운전을 할 수 있다.

8. 컨베이어의 일시정지 제어회로

컨베이어상의 공작물을 공정상 정해진 위치에서 가공하기 위해 운전 중인 컨베이어를 작업시간 동안 정지시킨 후 재시동하는 제어이다. 리밋스위치 LS1과 LS2는 약간의 거리가 떨어져 있다.

(1) 제어조건

작동하는 컨베이어를 설정한 위치에서 설정시간 동안 정지 후 재시동한다.

(2) 사용기기

사용기기	수 량	사용기기	수 량
전자접촉기 MC	1	리밋스위치 LS2	1
On delay timer T	1	릴레이	2
열동 과전류 릴레이 THR	2	컨베이어	1
기동용 버튼 PB1	1	모터 IM	1
정지용 버튼 PB2	1	배선용 차단기 MCCB(전원 스위치)	1
제1공정 위치의 리밋스위치 LS1	1		

(3) 구성도와 회로도

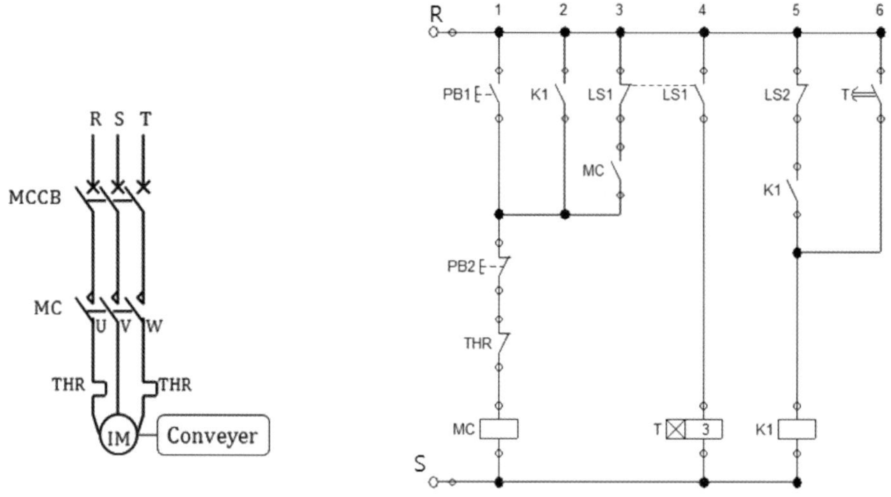

그림 9.13 **컨베이어의 일시정지회로**

(4) 작동원리

배선용 차단기 MCCB(전원 스위치)를 ON하고, 기동용 버튼 PB1을 터치하면 전자접촉기 MC가 작동하여 자기유지되므로 모터가 회전하여 컨베이어가 이동한다.

컨베이어에 설치되어 있는 도그가 리밋스위치 LS1과 접촉하여 LS1이 작동하면 LS1의 b접점이 열리고 전자접촉기 MC가 OFF되어 모터가 정지하므로 컨베이어가 이동을 중지한다. 동시에 타이머 T에서 설정한 시간(작업시간 3초)이 경과하면 타이머 T가 작동하여 보조릴레이 K1이 여자되므로 K1의 a접점이 ON된다. 따라서 MC가 다시 작동하여 자기유지되므로 모터가 회전하며 컨베이어가 이동한다.

LS1의 접촉이 끊기는 상태에서 타이머 T는 OFF되며, 리밋스위치 LS2와 도그가 접촉하면 릴레이 K1이 OFF되지만 MC는 ON상태이므로 컨베이어가 정지용 버튼 PB2를 ON시킬 때까지 이동을 계속한다.

9. 콤프레서의 압력제어회로(자동 스위칭)

콤프레서의 구동모터를 ON/OFF시키는 전자접촉기 MC의 수동운전은 기동버튼 PB1과 정지버튼 PB2로 하고, 자동운전을 하기 위해서는 하한용 압력스위치 PL과 상한용 압력스위치 PH를 이용하여 공기탱크의 압력을 검출하여 수행한다. 콤프레서가 운전 시에는 적색램프 RL이 점등하고, 정지 시에는 녹색램프 GL이 점등하게 한다.

(1) 제어조건

콤프레서를 구동하는 모터를 ON/OFF할 때 수동운전은 기동버튼과 정지버튼을 이용하고, 공기탱크 내 공기압력이 하한치 이하로 되면 모터가 자동으로 운전되고 압력이 상한치까지 상승하면 OFF시킨다. 그 압력은 하한용 압력스위치 PL, 상한용 압력스위치 PH에 의해 검출한다.

(2) 사용기기

사용기기	수 량	사용기기	수 량
전자접촉기 MC	1	상한용 압력스위치 PH(상한압력 이상에서 작동)	1
녹색램프 GL	1	하한용 압력스위치 PL(하한압력 이상에서 작동)	1
적색램프 RL	1	공기탱크	1
열동 과전류 릴레이 THR	2	컴프레서	1
기동용 버튼 PB1	1	모터 IM	1
정지용 버튼 PB2	1	배선용 차단기 MCCB(전원 스위치)	1

(3) 구성도와 회로도

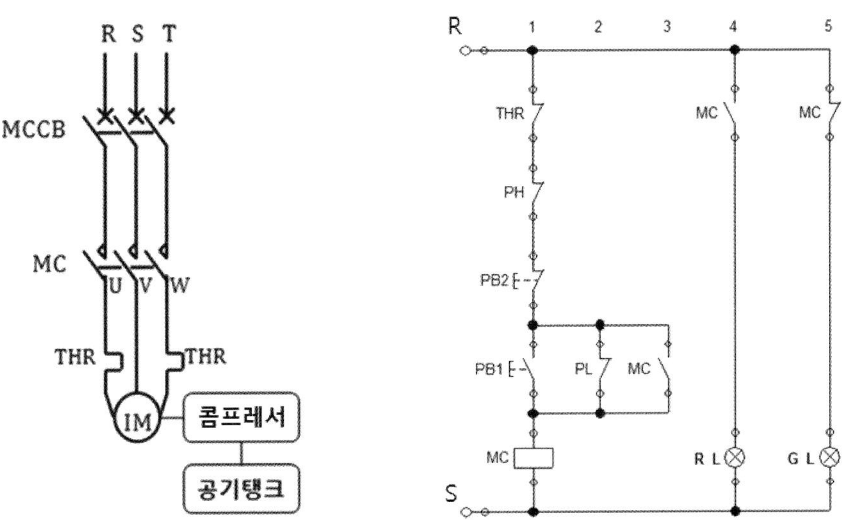

그림 9.14 **콤프레서의 자동스위칭회로**

(4) 작동원리

① 수동운전

전원을 연결한 후 기동용 버튼 PB1을 ON시키면 전자접촉기 MC가 ON되어 자기유지되므로, 모터가 회전하여 콤프레서가 작동하므로 콤프레서에서 생산되는 압축공기가 공기탱크에 저장된다. 이때 적색램프 RL이 점등한다. 이 수동작동은 상한압력 이상에서는 PH가 작동하여 PH의 b접점이 열리므로 불가능하다. 즉, 상한압력 이하에서만 MC가 ON될 수 있다.

수동용 정지버튼 PB2를 ON시키면 MC가 OFF되어 모터가 정지하므로 녹색램프 GL이 점등한다.

② 자동운전

공기탱크 내 압력이 하한 압력스위치 PL의 설정압력(최저압력) 이하에서는 PL의 b접점이 닫혀 있으므로 전자접촉기 MC가 작동하여 자기유지된다. 따라서 모터가 기동하여 콤프레서가 운전되며, 적색램프 RL이 점등한다. 이때 압력이 상승하여 PL이 작동하면 PL의 b접점이 열리지만 MC가 자기유지되어 있으므로 모터는 계속 운전된다.

압력이 더 상승하여 상한 압력스위치 PH의 설정압력(최고압력) 이상이 되면 PH가 작동하여 PH의 b접점이 열리므로 모터는 작동을 중지한다. 계속 공기탱크 내의 압축공기가 소비되면 압력은 다시 하강하고 PH가 OFF되어 다시 복귀한다(닫힘). 그러나 PL의 b접점이 열려 있고 MC의 자기유지도 해제되어 있으므로 모터는 작동을 하지 않는다. 그 후 압력이 PL의 하한압력까지 떨어지면 PL이 OFF되어 PL의 b접점이 복귀되므로 모터가 다시 작동한다.

10. 호이스트의 상승·하강 반전제어회로

(1) 제어조건

전동기의 정역전 제어를 호이스트의 작동에 이용하여 1층과 2층 사이에서 1층으로부터 2층으로 전동기를 정회전시켜 호이스트가 상승하여 2층 리밋스위치 LS2를 작동시키면 설정시간(물건을 싣고 내리는데 소요되는 시간) 동안 정지한 후 전동기를 역회전시켜 호이스트가 하강하여 1층의 리밋스위치 LS1이 동작하면 정지하게 한다.

(2) 사용기기

사용기기	수 량	사용기기	수 량
정회전용 전자접촉기 FMC	1	1층 리밋스위치 LS1	1
역회전용 전자접촉기 RMC	1	2층 리밋스위치 LS2	1
열동 과전류 릴레이 THR	2	On delay timer T1	1
기동용 버튼 PB1	1	배선용 차단기 MCCB(전원 스위치)	1
정지용 버큰 PB2	1	모터 IM	1
릴레이	2		

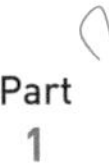

(3) 시스템도

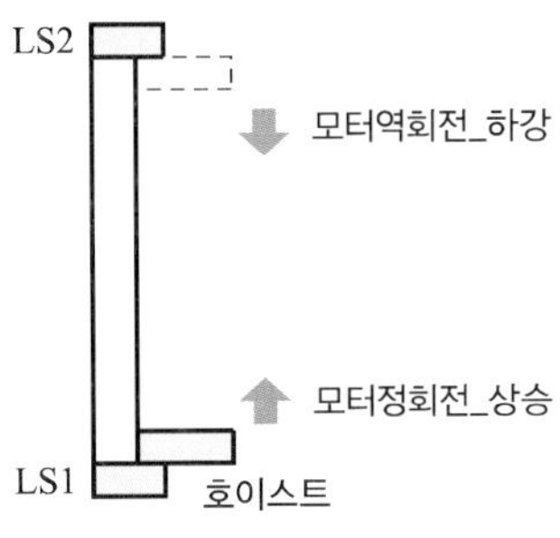

그림 9.15 **호이스트 시스템도**

(4) 구성도 및 회로도

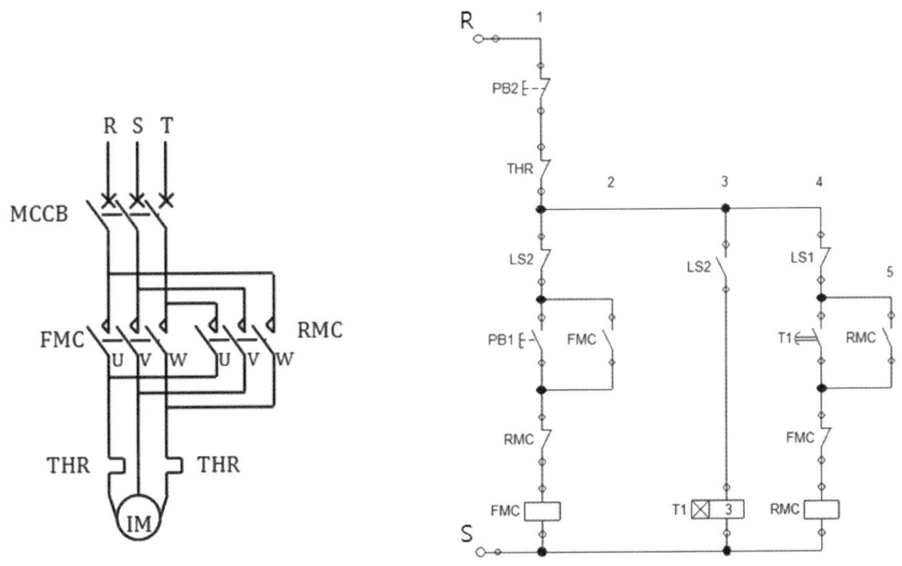

그림 9.16 **호이스트의 상승 · 하강회로**

(5) 작동원리

시동용 버튼 PB1을 ON시키면 정회전용 전자접촉기 FMC가 작동하여 자기유지되므로 전동기가 정회전하여 상승한다. 2층까지 상승하여 2층의 리밋스위치 LS2가 작동되면 FMC가 OFF되어 전동기는 정지하고, 호이스트는 2층에서 자동정지하며 On delay timer T1에서 설정한 시간이 지나면 역회전용 전자접촉기 RMC가 작동하여 전동기는 역회전하며 호이스트가 하강한다.

1층까지 하강한 호이스트가 1층의 리밋스위치 LS1을 ON시키면 RMC가 OFF되어 전동기가 정지한다. 이 회로는 정회전용 전자접촉기와 역회전용 전자접촉기가 인터록되어 있으므로 정회전 중 역회전 전자접촉기가 작동될 수 없다. 정지용 버튼 PB2를 ON시키면 그 위치에서 전동기가 정지하여 호이스트가 정지한다.

11. 주차장 셔터의 자동 상승·하강 제어회로

(1) 제어조건

주차장 등에 설치되어 있는 셔터(도어)에 자동차가 접근하여 입구 광전센서 PH1이 작동하면 셔터가 열리고 상한 리밋스위치에 의해 정지한다. 자동차가 셔터를 통과한 후 내부 광전센서 PH2가 작동하면 셔터가 닫히고 하한 리밋스위치에 의해 정지한다. 비상스위치를 누르면 셔터가 상승한다.

(2) 사용기기

사용기기	수 량	사용기기	수 량
정회전용 전자접촉기 FMC	1	상한 리밋스위치 LSU	1
역회전용 전자접촉기 RMC	1	하한 리밋스위치 LSD	1
열동 과전류 릴레이 THR	2	비상스위치	1
입구 광전센서 PH1	1	배선용 차단기 MCCB(전원 스위치)	1
내부 광전센서 PH2	1	모터 IM	1
릴레이	3		

(3) 시스템도

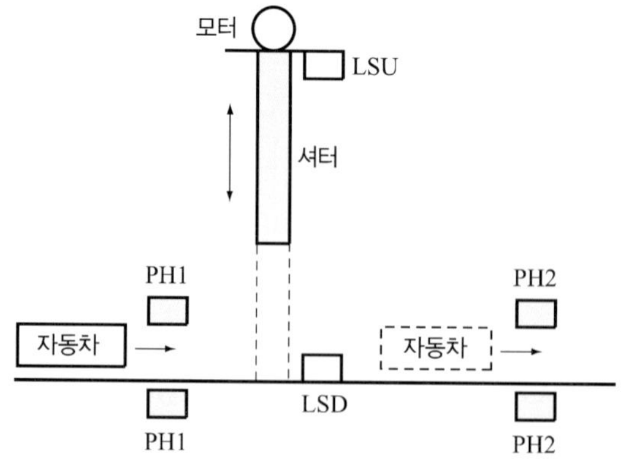

그림 9.17 **주차장 셔터 개폐회로**

(4) 구성도 및 회로도

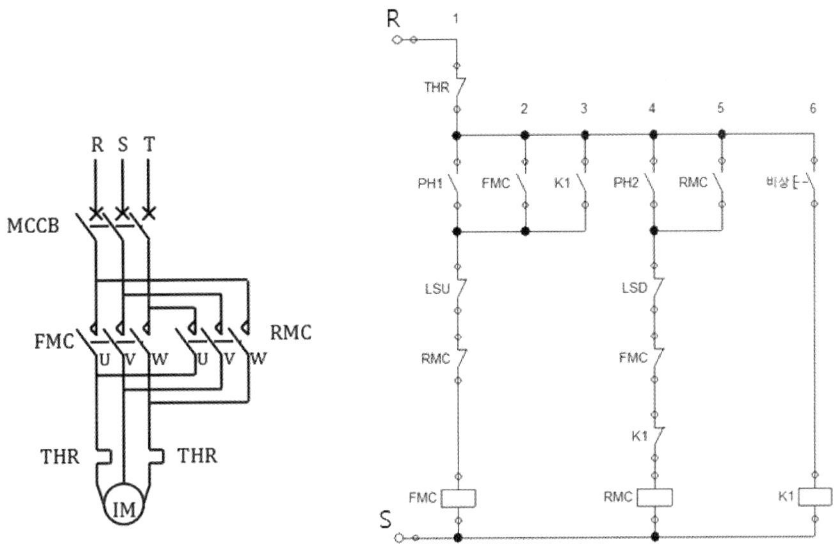

그림 9.18 **주차장 셔터의 자동 상승 · 하강회로**

(5) 작동원리

배선용 차단기 MCCB(전원 스위치)를 투입하고 자동차가 주차장에 접근하여 입구 광전센서 PH1이 ON되면 상승용 전자접촉기 FMC가 작동하여 자기유지되므로 전동기가 정회전하며 셔터가 상승하여 열린다. 셔터가 상한까지 상승하여 상한 리밋스위치 LSU를 동작시키면 FMC가 OFF되어 전동기가 정지하므로 셔터가 정지한다.

자동차가 주차장 내로 진입하여 내부 광전센서 PH2가 ON되면 하강용 전자접촉기 RMC가 작동하여 자기유지되므로 전동기가 역회전하여 셔터가 하강한다. 셔터가 하한 위치까지 하강하여 하한 리밋스위치 LSD를 작동시키면 RMC가 OFF되므로 전동기가 정지하여 셔터가 정지한다.

비상버튼을 작동시키면 셔터가 상승한다.

12. 펌프의 반복운전 제어회로

(1) 제어조건

펌프를 일정시간 운전 후 정지하고 일정시간 정지 후 다시 자동 운전하는 펌프의 반복운전 제어이다.

(2) 사용기기

사용기기	수 량	사용기기	수 량
전자접촉기 MC	1	정지시간용 타이머 T2	1
열동 과전류 릴레이 THR	2	배선용 차단기 MCCB(전원 스위치)	1
Start버튼(유지형)	1	펌프	1
보조릴레이 K1	1	모터 IM	1
운전시간용 타이머 T1	1		

(3) 구성도 및 회로도

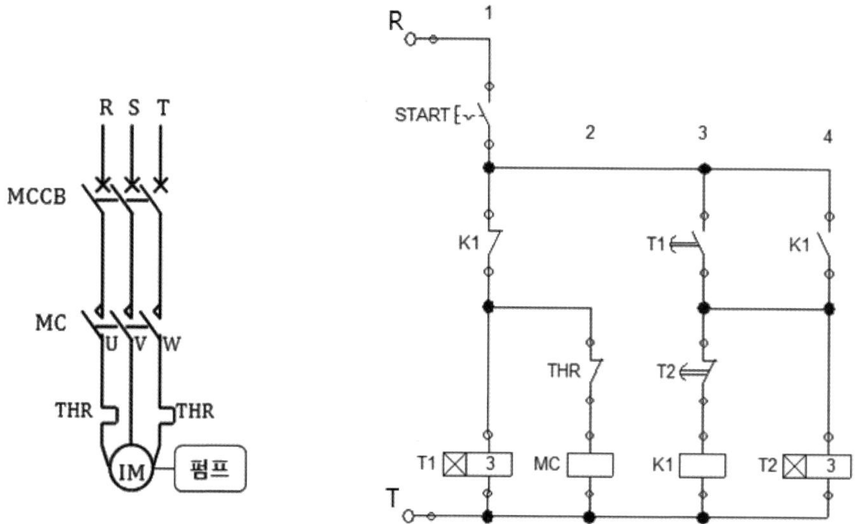

그림 9.19 **펌프의 반복운전회로**

(4) 작동원리

시동버튼 start버튼(유지형)을 ON시키면 전자접촉기 MC가 작동하여 전동기가 회전하므로 펌프가 작동한다. ON delay timer T1에서 설정한 시간(펌프 작동시간)이 경과하면 보조릴레이 K1이 여자되어 자기유지되며, MC가 OFF되어 펌프가 정지하고 동시에 T1도 OFF되며 ON delay timer T2에서 설정시간(펌프 정지시간)이 경과하면 릴레이 K1이 OFF되어 열려있던 K1의 b접점이 다시 닫히므로 MC가 다시 작동하여 전동기가 회전하고 펌프가 작동하여 새로운 사이클이 시작된다.

Start버튼을 OFF시킬 때까지 이러한 운전상태가 반복된다.

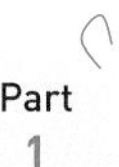

13. 펌프의 순차시동 제어회로

(1) 제어조건

두 대의 펌프를 순차적으로 기동하고 정지 시에는 두 펌프가 동시에 정지한다.

(2) 사용기기

사용기기	수 량	사용기기	수 량
전자접촉기 MC1, MC2	2	On delay timer T1	1
열동 과전류 릴레이 THR1 2개, THR2 2개	4	모터 M1, M2	2
시동용 버튼 PB1	1	배선용 차단기 MCCB(전원 스위치)	1
정지용 버튼 PB2	1	펌프1, 펌프2	2
보조릴레이 K1	1	릴레이	3

(3) 구성도 및 회로도

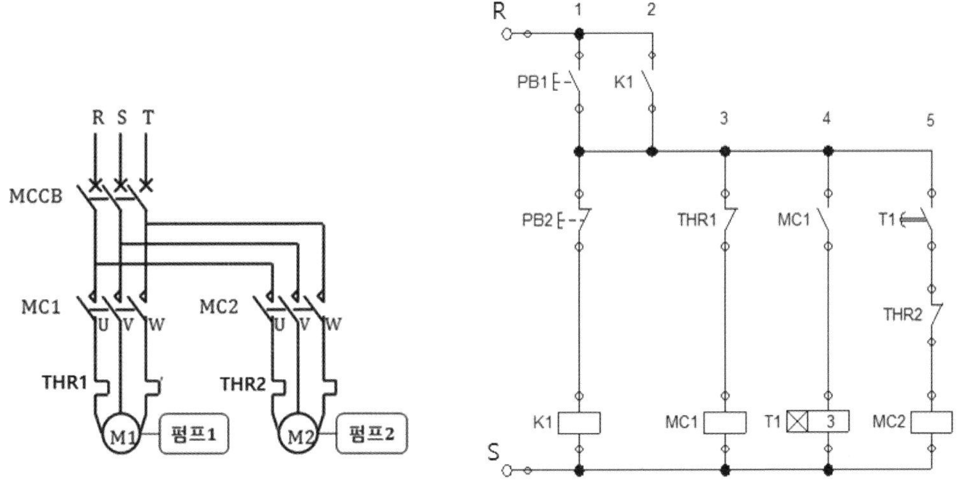

그림 9.20 **펌프의 순차시동회로**

(4) 작동원리

시동용 버튼 PB1을 터치하면 보조릴레이 코일 K1이 여자되어 자기유지된다. 동시에 제1 전자접촉기 MC1이 작동하여 제1 전동기가 회전하므로 제1 펌프가 작동한다. 그 시각으로부터 On delay timer T1에서 설정한 시간이 경과하면 제2 전자접촉기 MC2가 작동하여 제2 전동기가 회전하므로 제2 펌프가 작동한다.

정지용 버튼 PB2를 터치하면 코일 K1이 OFF되어 모든 전동기가 정지하므로 모든 펌프가 정지한다.

Part 02

PLC에 의한 시퀀스 제어

10 PLC의 개요 및 구성

Chapter

10.1 PLC의 개요

시퀀스 제어회로는 장치의 자동화에 있어서 기본적인 시스템회로이며 조작용 스위치, 리밋스위치, 전자계전기, 표시등, 솔레노이드 등의 접점간이나 기구의 단자 사이를 배선에 의해 접속하여 제어회로가 구성되고 있다.

릴레이 시퀀스에서는 생산설비의 성능·기능이 복잡해질수록 릴레이 등의 부품수가 늘어나고, 그것에 부수적으로 배선시간이 증대하며, 회로변경 작업이나 관리가 곤란해진다. 그 때문에 배선시간을 줄이기 위해 조작회로에 이용되는 기기나 기구의 접점간 및 단자간의 배선 부분에 컴퓨터를 이용하여 작성하고, PLC(programmable Logic Controller)로 실행하는 경우가 많아지고 있다.

현재의 PLC는 마이크로프로세서를 사용하여 소프트웨어에 의해 동작하며 D/A변환, A/D변환, 아날로그 처리, PID제어 등이 가능하게 되었다.

PLC는 1968년 미국의 자동차 메이커인 GM사가 개발을 시작하였으며, 생산현장에 설치가 가능하고 현장의 기술자가 간단히 프로그래밍할 수 있는 제어장치로서, 현재의 PLC는 각종 산업의 기계 및 설비의 주요한 제어장치로서 사용되고 있다.

PLC는 시퀀서**(sequencer)** 또는 PC**(Programmable Controller)**라고 불러져 왔지만, 미국 전기공업회 규격에서 PLC**(Programmable Logic Controller)**로 명명하고 "디지털 또는 아날로그 입출력 모듈을 통하여 로직, 시퀀싱, 타이밍, 카운팅, 연산과 같은 특수한 기능을 수행하기 위하여 프로그램이 가능한 메모리를 사용하고 여러 종류의 기계나 프로세서를 제어하는 디지털 동작의 전자 장치"로 정의하고 있다.

특히 Programmable Controller를 PC라는 약어로 표현하는 것은 Personal Computer와 혼동하는 경우가 있으므로 사용하지 않는 것이 좋겠다.

10.2 PLC의 기본구성

PLC는 마이크로컴퓨터와 부속회로로 이루어지고, 기본적으로는 CPU, 메모리부(기억부), 입력부, 출력부, 전원부로 구성되어 있다(그림 10.1).

퍼스널컴퓨터를 이용하여 시퀀스 제어에 필요한 프로그램을 PLC 내의 메모리부에 써 넣는다. 관련되는 조작용 스위치나 센서로부터의 신호가 입력되면 CPU는 프로그램에 따라 시퀀스 제어 처리를 하고 출력부를 통하여 솔레노이드나 표시등과 같은 출력기기를 동작시킨다.

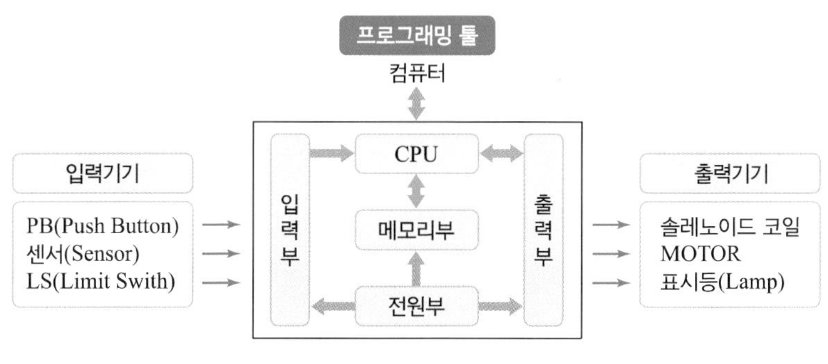

그림 10.1 PLC의 기본 구성도

1. CPU부

중앙 연산처리 장치 CPU(**Central Processing Unit**)는 프로그램의 저장 및 데이터의 저장기능, 시스템의 작동 및 프로그램의 실행기능을 갖는다. CPU는 프로그램에 따라서 센서 및 내부의 데이터 메모리로부터의 신호를 처리하고 연산기능을 가지며, 액추에이터로의 신호를 생성한다.

2. 입/출력부(I/O)

입/출력부는 입력부를 Input, 출력부를 Output의 첫문자를 취해 I/O라고 표현한다.

입력부에는 조작용 버튼스위치, 검출용 리밋스위치, 근접센서, 광전센서 등의 입력기기가 접속되며, PLC의 프로그램에서 지정하는 방향으로 출력한다.

출력부에는 전자개폐기, 전자접촉기, 표시등, 모터, 솔레노이드 등의 출력기기가 접속되며, 조건 및 데이터를 이용하여 PLC의 프로그램에서 연산을 수행하여 그 결과를 출력한다.

PLC에서 출력부의 접점 등은 용량이 작으므로 램프나 모터 등 비교적 용량이 작은 부하

밖에 제어할 수 없다. 따라서 부하의 용량이 큰 경우에는 PLC의 외부에 전자개폐기나 전자 접촉기를 사용하여 대용량 부하의 제어를 행한다.

3. 메모리부

퍼스널컴퓨터 등에서 작성된 프로그램은 PLC의 메모리 내에 써 넣는다. **메모리**는 프로그램을 기억하고 연산결과를 일시적으로 기억하는 부분이며, PLC가 취급하는 각종 초기설정 정보(시스템 프로그램)가 저장되는 시스템 메모리, 명령에 의해 액세스할 수 있는 데이터 메모리, 프로그램을 저장하는 프로그램 메모리, 외부 메모리인 하드디스크, 플래시 메모리로 나누어진다.

프로그램 메모리는 제어하고자 하는 시스템 규격에 따라 작성된 프로그램이 저장되는 영역으로서, 프로그램을 변경할 수 있어야 하므로 RAM이 사용된다.

데이터 메모리는 데이터를 일시적으로 기억하는데 사용되는 RAM이 사용되고 있다. PLC는 I/O메모리의 정보를 읽고 쓰면서 프로그램을 실행한다.

시스템 메모리는 제작회사에서 작성한 시스템 프로그램을 저장하는 영역으로서, PLC의 명령에 관련된 프로그램과 자기진단 기능에 관련되는 프로그램, 프로그램 툴(Program tool)과의 통신을 위한 프로그램 등이며 ROM에 저장한다.

데이터 메모리의 일부 영역은 백업 메모리(플래시 ROM)에 보존이 가능하게 되어 있으며, PLC의 전원을 끊어도 데이터를 보존할 수 있다.

4. 전원부

PLC 본체를 동작시키는 **전원부**에는, 교류 100 V로부터 240 V까지의 전압을 사용하는 AC 전원 타입과 직류 24 V를 사용하는 DC전원 타입이 있다.

10.3 PLC의 장점

PLC는 컴팩트하므로 생산현장에서 기능을 수행할 수 있으며, 또 일반 컴퓨터와 마찬가지로 프로그램의 작성, 읽기 등이 가능하다. PLC의 장점은 다음과 같다.

- 수치연산(덧셈, 뺄셈, 곱셈, 나눗셈)이 가능하며 프로그램의 고속연산처리가 가능하다.
- 여러 가지 프로그래밍 언어를 이용할 수 있다.

- 릴레이회로의 제어방법을 이용하여 PLC의 프로그래밍이 가능하다.
- 시퀀스 제어를 비롯하여 피드백 제어도 가능하다.
- 프로그램에 의한 제어에 자기진단 기능을 갖는다.
- 용도에 따라서 접점수를 거의 무제한으로 사용할 수 있다.
- PLC를 동작시키기 위한 시스템 설정이나 프로그램은 ROM 메모리 내에 백업되어 있으므로, 전원을 끊어도 프로그램이 유지될 수 있는 안정성이 우수하다.
- 회로의 내용변경이 용이하다. 릴레이 시퀀스에서는 회로를 수정하는 경우에 배선변경이 필요하지만, PLC는 소프트웨어상의 프로그램만을 변경하여 제어회로를 변경할 수 있다.

10.4 PLC의 규격과 기능

그림 10.2와 같은 시퀀스 제어반을 모델로 하여 PLC의 규격 및 기능을 검토해 보자.

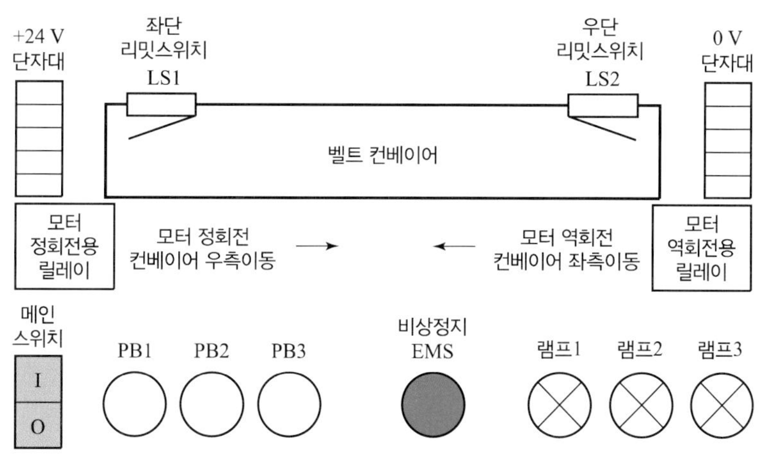

그림 10.2 **시퀀스 제어반 모델**

이 제어반에서 메인 스위치를 ON하면 직류전원으로서 +24 V 단자대에 +24 V가, 0 V 단자대에는 0 V가 출력된다. 입력기기는 푸시버튼 스위치 PB1, PB2, PB3, 리밋스위치 LS1, LS2, 비상정지 스위치 EMS, 출력기기는 램프 1, 2, 3, 모터 구동용 릴레이는 제어반 내부에서 각 단자에 접속되어 있다.

다음의 순서에 따라 제어반의 각 단자와 PLC의 입출력 단자간의 접속을 한다.

(1) PLC 규격과 성능 확인

PLC에는 블록타입과 모듈타입이 있다. **블록타입**은 CPU부와 입출력부가 하나의 케이스 내에 설치되어 있으며, I/O점수가 수십점 정도로서 소규모 시스템용이다. 이 타입은 외부전원을 사용하지 않고도 PLC에 내장된 전원으로 입출력기기를 동작시킬 수 있다.

모듈타입은 베이스 유닛과 베이스 유닛에 0~7의 각 슬롯에 전원모듈, CPU모듈, 입출력모듈, A/D 및 D/A모듈, 통신모듈 등을 선택하여 장착할 수 있으며, 제어대상에 따라서 모듈을 증설할 수 있으므로 확장이 가능하여 중·대규모 시스템용이다(그림 10.3 참조).

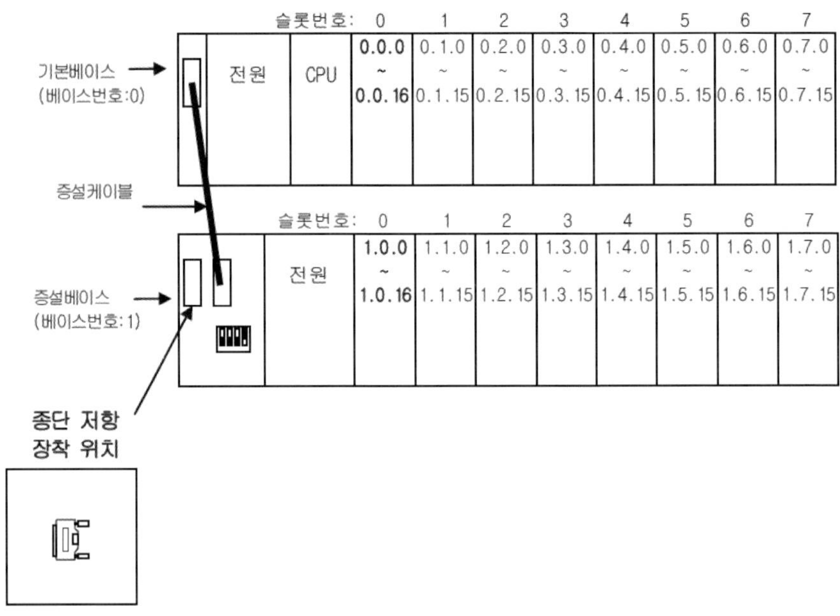

그림 10.3 **모듈타입의 구성**

사용할 PLC의 규격 및 성능사양을 검토한다.

예를 들어, 표 10.1은 모듈타입인 LS산전의 XGI PLC의 규격 및 성능을 나타내는 사양 예이다.

표 10.1 **XGI PLC의 규격, 성능**

항 목	XGI-CPUE	XGI-CPUS	XGI-CPUH	XGI-CPUU	XGI-CPUU/D	비 고
연산방식	반복 연산, 정주기 연산, 고정주기 스캔					
입·출력 제어방식	스캔동기 일괄처리 방식(리프레시 방식), 명령어에 의한 다이렉트 방식					
프로그램 언어	래더 다이어그램(Ladder Diagram), SFC(Sequential Function Chart), ST(Structured Text)					

(계속)

항 목			XGI-CPUE	XGI-CPUS	XGI-CPUH	XGI-CPUU	XGI-CPUU/D	비 고
명령어 수	연산자		18개					
	기본 펑션		136종+실수연산 펑션					
	기본 펑션블록		43개					
	전용 펑션블록		특수기능 모듈별 전용 펑션블록, 통신전용 펑션블록(p2p)					
연산처리 속도 (기본 명령)	기 본		0.084 μs / 명령어	0.028 μs / 명령어				
	MOVE		0.252 μs / 명령어	0.084 μs / 명령어				
	실수연산		± : 1.142 μs(S), 2.87 μs(D) × : 1.948 μs(S), 4.186 μs(D) ÷ : 1.442 μs(S), 4.2 μs(D)	± : 0.392 μs(S), 0.924 μs(D) × : 0.86 μs(S), 2.240 μs(D) ÷ : 0.924 μs(S), 2.254 μs(D)				S : 단장 D : 배장
프로그램 메모리 용량			64 KB	128 KB	512 KB	1 KB		
입 · 출력 점수(설치 가능)			1,536점	3,072점	6,144점			
최대 입 · 출력 메모리 점수			32,768점		131,072점			
데이터 메모리	자동변수영역 (A)		64 KB (최대 32 KB 리테인 설정가능)	128 KB (최대 64 KB 리테인 설정가능)	512 KB (최대 256 KB 리테인 설정가능)			
	입력변수(I)		4 KB		16 KB			
데이터 메모리	출력변수(Q)		4 KB		16 KB			
	직접 변수	M	32 KB (최대 16 KB 리테인 설정가능)	128 KB (최대 64 KB 리테인 설정가능)	256 KB (최대 128 KB 리테인 설정가능)			
		R	32 KB×1블록	64 KB ×1블록	64 KB×2블록		64 KB ×16블록	
		W	32 KB	64 KB	128 KB		1,024 KB	R과 동일영역
	플래그 변수	F	4 KB					시스템 플래그
		K	4 KB		16 KB			PID 운전영역
		L	22 KB					고속링크 플래그
		N	42 KB					p2p 파라미터 설정
		U	2 KB	4 KB	8 KB			아날로그데이터 리플레시영역
플래시 영역			1 MB, 16블록	2 MB, 32블록				R디바이스 이용

(계속)

항 목		XGI-CPUE	XGI-CPUS	XGI-CPUH	XGI-CPUU	XGI-CPUU/D	비 고
타이머		점수제한 없음 시간범위 : 0.001초~4,294,967,294초(1,193시간)					1점당 자동변수 영역의 8바이트 점유
카운터		점수제한 없음 계수범위 : 64비트 표현 범위					1점당 자동변수 영역의 8바이트 점유
프로그램 구성	총프로그램수	256개					
	초기화 태스크	1개					
	정주기 태스크	32개					
	내부 디바이스 태스크	32개					
운전 모드		RUN, STOP, DEEUG					
리스타트 모드		콜드, 웜					
자기진단 기능		연산지연감시, 메모리 이상, 입·출력 이상, 배터리 이상, 전원 이상 등					
정전 시 데이터 보존 방법		기본 파라미터에서 리테인 영역 설정					
최대 증설 베이스		1단	3단	7단			총연장 15 m
내부 소비전류		940 mA		960 mA			
중량		0.12 kg					

* source : ㈜ LS산전의 XGT Series 카탈로그

① 제어 방식

제어 방식은 반복연산 방식으로서 메모리에 저장된 명령(프로그램)을 순서대로 실행하여 프로그램의 최후 명령인 END명령까지 가면 다시 처음의 명령을 실행하는 방식이다. 또 정주기 연산이나 고정주기 스캔이 가능하다.

② 입출력제어 방식

PLC의 입력과 출력의 처리 방식에는 리프레시 방식과 다이렉트 방식이 있다. 리프레시 방식은 입출력의 ON/OFF를 스캔하기 전에 받아들인 후 프로그램의 스캔을 하고, 프로그램의 연산 도중에 입출력이 변화해도 받아들이지 않으며, END명령을 실행한 후에 전체 입출력을 한 번에 변환하는 방식이다. 다이렉트 방식은 수시로 입출력 명령의 동작을 처리하는 방식이다.

③ 처리속도

처리속도란 하나의 명령을 실행하여 처리하는데 필요한 시간으로서, XGI PLC에서는 하나의 명령어 처리시간으로 종류에 따라 0.084~0.028 μs가 걸린다. 명령어의 종류와 연산하는

데이터의 크기에 따라서 실행처리시간이 다르다.

④ 프로그램 및 데이터 메모리 용량

프로그램 메모리 용량이란 프로그램이 프로그램 메모리에 저장될 수 있는 최대용량이며, 데이터 메모리 용량은 각종 변수의 최대 사용량으로 CPU의 타입에 따라 다르다.

⑤ 증설 베이스

PLC에는 각 필요한 모듈을 설치할 수 있는 기본 베이스와 확장이 필요할 때 베이스를 증설할 수 있는 증설 베이스가 종류마다 다르므로 프로그램의 크기와 필요한 모듈의 개수에 따라 최대 증설 베이스의 수를 확인한다.

(2) 입출력의 어드레스 할당

PLC에 접속하는 입력기기(스위치와 센서 등)와 출력기기(모터와 솔레노이드, 릴레이 등)를 입출력 단자에 접속시키는 것을 PLC의 입출력 어드레스 할당(I/O할당)이라 하며, PLC로 입출력기기를 접속하는 단자의 번호를 어드레스 번호(디바이스 번호, I/O넘버라고도 함)라 한다.

예를 들어, 시퀀스 제어반 모델을 제어하기 위해 표 10.2와 같이 입출력기기의 어드레스 할당을 한다.

표 10.2 **입출력 할당표**

입력			출력		
명칭	기호	I/O No.	명칭	기호	I/O No.
푸시버튼 스위치1	PB1	%IX0.0.0	램프1	L1	%QX0.1.0
푸시버튼 스위치2	PB2	%IX0.0.1	램프2	L2	%QX0.1.1
푸시버튼 스위치3	PB3	%IX0.0.2	램프3	L3	%QX0.1.2
좌단 리밋스위치	LS1	%IX0.0.3	모터정전	MCW	%QX0.1.3
우단 리밋스위치	LS2	%IX0.0.4	모터역전	MCCW	%QX0.1.4
비상정지스위치	EMS	%IX0.0.5	타이머	T1 ~ T5	
			카운터	C1 ~ C5	
			내부 릴레이	%MX1 ~ %MX10	

모듈타입의 PLC를 사용하는 경우에는 전원모듈, CPU모듈, 입출력모듈, A/D변환 등의 각종 모듈을 베이스 유닛의 슬롯(Slot)에 장착하며, 각종 모듈의 어드레스는 베이스 유닛과 장착하는 슬롯의 순번에 의해 할당된다. 예를 들면, 0번째의 슬롯에 16점 입력모듈, 1번째의 슬롯에 16점 출력모듈, 2번째 슬롯에 16점 입력모듈을 장착하면 표 10.3과 같이 할당 정리된다.

표 10.3 **모듈 타입의 PLC구성 예**

슬롯 번호	모듈명	입출력 비트번호
슬롯0	16점 입력모듈	%IX0.0.0 ~ %IX0.0.15
슬롯1	16점 출력모듈	%QX0.1.0 ~ %QX0.1.15
슬롯2	16점 입력모듈	%IX0.2.0 ~ %IX0.2.15

현재 시퀀스 제어 프로그램의 작성 및 모니터링은 컴퓨터를 이용하고, 전용 소프트웨어(XGT PLC의 경우 : XG5000)를 사용한다.

(3) PLC의 입력부와 출력부의 타입

입력부는 접속된 외부기기로부터 입력 신호를 CPU로 전달하고 프로그램에 의해 연산하여 출력하게 된다.

그림 10.4는 DC입력부회로의 예로서 LED는 입력이 들어가는 것을 표시하며 입력부와 CPU 사이를 포토커플러에 의해 전기적으로 절연시켜 외부의 노이즈를 차단시키고 광학적 신호에 의해 전송된다.

PLC입력부 타입에는 그림 10.4의 DC(직류)입력 타입과 그림 10.5의 AC(교류) 타입이 있으며, DC입력 타입에는 **소스(source) 타입**과 **싱크(sink) 타입**이 있다.

AC입력타입(그림 10.5)에는 교류전압을 전원으로서 이용할 수 있다. 교류전압은 100 V~240 V이다.

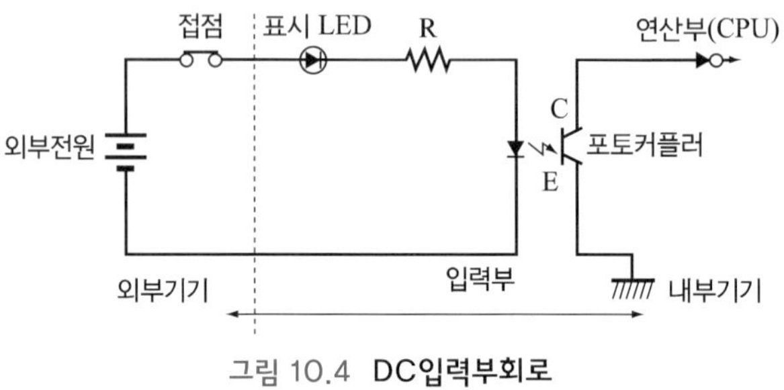

그림 10.4 **DC입력부회로**

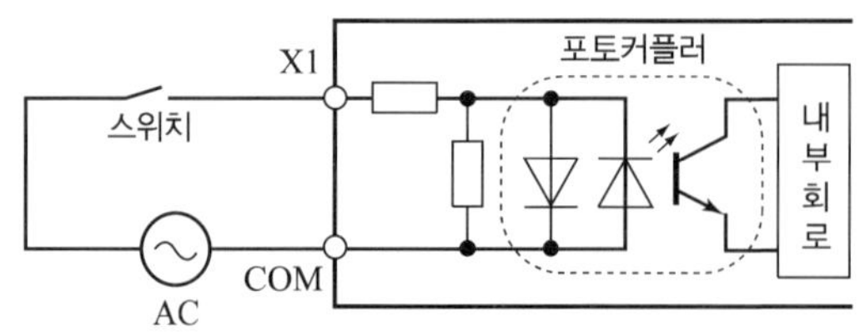

그림 10.5 **AC입력부회로**

PLC의 출력타입에는 트랜지스터(transistor) 출력타입(소스(source)타입, 싱크(sink)타입), 릴레이(relay) 접점 출력타입, 트라이악(triac) 출력타입이 있다.

그림 10.6은 트랜지스터 출력부회로이며, LED는 출력 데이터가 출력되고 있음을 표시한다. 역시 포토커플러를 사용하여 외부 노이즈로부터 보호한다.

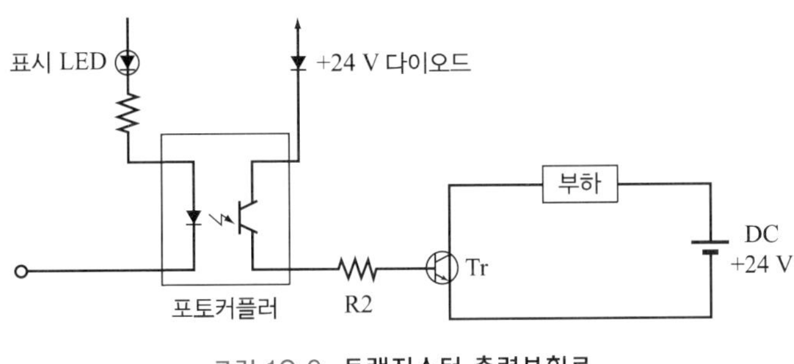

그림 10.6 **트랜지스터 출력부회로**

트랜지스터 출력타입은 스위칭을 트랜지스터에 의해 행한다. 반도체 소자인 트랜지스터는 무접점 출력이므로 수명이 길고, 접속할 수 있는 출력기기는 DC전원(12~24 V)으로 구동해야 한다.

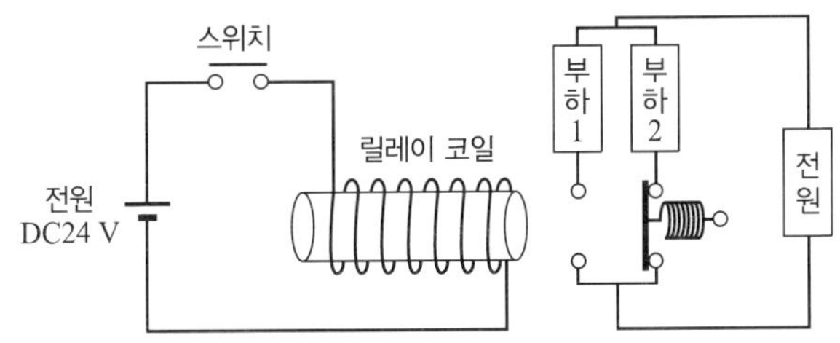

그림 10.7 **릴레이 출력부 형식**

릴레이 접점 출력타입은 릴레이에 의한 유접점 출력이며, 전류의 방향에 제한이 없으므로 교류나 직류전원을 사용할 수 있다. 그림 10.7에 표시한 릴레이 출력부회로는 DC 24 V용 릴레이로서 스위치를 ON시키면 릴레이 코일에 자력이 생성되어 부하에 접속된 접점을 흡인하여 접속된다.

릴레이 접점 출력타입을 사용하는 경우에 주의할 점은 기계적인 접점출력이므로 기계적 수명이 있으며, 트랜지스터 출력과 비교하여 출력응답시간이 길다는(OFF-ON 10 ms 정도) 점이다.

트라이악(Triac) 출력타입은 AC사양의 기기를 접속하며, 트랜지스터 출력타입과 마찬가지로 외부전원과 직렬로 부하를 접속하여 사용한다.

(4) 프로그램의 작성과 쓰기

PLC에 프로그램을 써 넣는 방법은 컴퓨터를 이용하여 PLC 프로그래밍 전용 소프트웨어(예 : XG5000)를 이용한다. 프로그램 쓰기를 종료하면 시스템 전체의 안전을 확보한 후에 실행한다. 대규모 프로그램의 경우에는 기능마다 프로그램의 확인과 수정을 행한다.

(5) 시뮬레이션

PLC 프로그램 전용 소프트웨어를 이용하여 프로그램 작성이 완료되면 시뮬레이션을 수행하여 제어조건을 만족하는지 확인하고, 미진하거나 오류가 발생하면 프로그램을 수정한다.

(6) 배선작업

입출력 할당표에 따라서 PLC와 입출력기기를 배선하여 접속한다.

(7) 전원의 투입

입출력기기의 접속을 확인한 후 PLC에 전원을 투입한다. 만일 PLC와 각 유닛에 이상이나 에러가 있으면 이상·에러 램프가 점등하게 되므로 에러를 해결해야 한다.

(8) 입출력기기의 접속 체크

입력기기의 접속체크는 푸시버튼 스위치와 검출용 센서 등의 입력기기를 ON/OFF시키고, 입력 할당표에 대응하는 PLC의 비트 램프의 점등/소등으로 확인한다. 출력기기의 접속체크는 컴퓨터의 전용 소프트웨어를 이용하여 강제적으로 PLC의 출력단자에 출력 신호를 보내 출력기기가 동작하는지를 확인한다. 여기서 출력기기를 동작시키는 경우에는 오동작에 의해 기기나 사람에 위험이 되지 않도록 안전을 확보해야 한다.

11 Chapter PLC 프로그래밍의 기호와 작성규칙

11.1 프로그래밍 언어의 종류

PLC의 프로그래밍 언어는 IEC 61131-3에 규격화 되어 있으며, 도형식 언어로서 래더도(Ladder Diagram : LD) 언어, 기능블록도(Function Block Diagram : FBD) 언어, SFC(Sequential Function Chart), 텍스트 형식 언어로서 명령리스트(Instruction List : IL) 언어, 구조화 텍스트(Structured Text : ST) 언어의 5종류가 있다. 그중에 래더도가 가장 많이 사용(80% 이상)되고 있으며, 그 다음에 SFC와 FBD라는 도식 언어가 사용되고 있다.

여기서는 래더도 언어를 이용하기로 한다.

11.2 래더도 언어 및 변수

1. 래더도 기호

JIS에서는 래더도의 정의를 "접점, 코일, 도형으로 표시된 기능, 그 외의 형식으로 표시된 기능, 기능 블록 및 이들에 관련되는 데이터, 레이블로 이루어지는 1개 또는 그 이상의 네트워크를 좌우의 모선 내에 기술한 그림"으로 정의하고 있다. 래더도 언어는 PLC의 래더 프로그램을 작성하기 위한 언어이며, 유접점 릴레이회로의 기호와 유사하다.

래더 프로그램은 좌우의 모선 사이에 접점, 코일, 타이머와 카운터 등의 펑션 또는 펑션블록을 연결하여 작성한다. 래더 프로그램은 표 11.1~11.4에 나타내듯이 규격화된 기호를 이용하여 작성한다.

(1) 모선 /母線/

모선기호는 래더회로의 전원라인(좌측 모선, 예 24 V)과 0 V라인(우측 모선)을 표시하는 기호이며, 표 11.1과 같이 수직선으로 표시한다. 우측모선은 표시하지 않는 경우도 있다.

표 11.1 **모선**

No	기호	이름	설명
1	╟	왼쪽 모선	BOOL 1의 값을 갖는다.
2	╢	오른쪽 모선	값이 정해져 있지 않다.

표 11.2 **연결선(가로선, 세로선)**

No	기호	이름	설명
1	──	가로 연결선	왼쪽의 값을 오른쪽으로 전달
2	│	세로 연결선	왼쪽에 있는 가로 연결선들의 논리합

(2) 연결선

왼쪽 모선의 BOOL 1값은 작성한 프로그램에 따라 오른쪽으로 전달된다. 그 전달되는 선을 **전원 흐름선** 또는 **연결선**이라 하며, 접점이나 코일에 연결되어 있는 선이다. LD의 각 요소를 연결하는 연결선에는 가로 연결선과 세로 연결선이 있다(표 11.2).

(3) 접점

접점은 입출력 접점 또는 메모리 변수의 ON/OFF상태를 표시한다. **a접점**은 상시 열린접점으로서 그 변수의 상태가 ON일 때 좌측의 상태가 우측으로 전달되며, OFF일 때 우측의 상태는 OFF로 된다.

b접점은 상시 닫힘접점으로서 그 변수의 상태가 OFF일 때 좌측의 상태가 우측으로 전달되며, ON일 때 우측의 상태는 OFF로 된다.

또 양변환 검출접점은 상승에지 펄스입력으로서 접점의 상태가 ON되는 순간 1스캔동안 우측으로 전달되며, 음변환 검출접점은 하강에지 펄스입력으로서 접점의 상태가 OFF되는 순간 1스캔동안 우측으로 전달된다.

표준접점 기호는 표 11.3과 같다.

표 11.3 **정적 접점**

No	기 호	이 름	설 명
1	*** ─┤ ├─	평상시 열린접점 (Normally Open Contact)	BOOL 변수('***'로 표시된 것)의 상태가 on일 때에는 왼쪽의 연결선 상태는 오른쪽의 연결선으로 복사된다. 그렇지 않을 경우에는 오른쪽의 연결선 상태가 off이다.
2	*** ─┤/├─	평상시 닫힌접점 (Normally Closed Contact)	BOOL 변수('***'로 표시된 것)의 상태가 off일 때에는 왼쪽의 연결선 상태는 오른쪽의 연결선으로 복사된다. 그렇지 않을 경우에는 오른쪽의 연결선 상태가 off이다.
3	*** ─┤P├─	양변환 검출접점 (Positive Transition-Sensing Contact)	BOOL 변수('***'로 표시된 것)의 값이 전 스캔에서 off였던 것이 현재 스캔에서 on으로 되고, 왼쪽 연결선 상태가 on되어 있는 경우에 한해서 오른쪽의 연결선 상태는 현재 스캔 동안에 on이 된다.
4	*** ─┤N├─	음변환 검출접점 (Negative Transition-Sensing Contact)	BOOL 변수('***'로 표시된 것)의 값이 전 스캔에서 off되고 왼쪽 연결선 상태가 on되어 있는 경우에 한해서 오른쪽의 연결선 상태는 현재 스캔 동안에 on이 된다.

(4) 코일

코일은 그 좌측에 있는 입력 조건에 따라 연결되는 출력요소, 릴레이를 ON/OFF시키는 것으로 코일과 역코일, 셋코일과 리셋코일, 양변환 검출코일과 음변환 검출코일이 있으며, 그 기호와 기능은 표 11.4와 같다. 코일은 래더도에서 가장 우측에만 올 수 있다.

표 11.4 **코일**

임시 코일(Momentary Coils)			
No	기 호	이 름	설 명
1	*** ─( )─	코일 (Coil)	왼쪽에 있는 연결선의 상태를 관련된 BOOL 변수('***'로 표시된 것)에 넣는다.
2	*** ─(/)─	역코일 (Negated Coil)	왼쪽에 있는 연결선 상태의 역(Negated)값을 관련된 BOOL 변수('***'로 표시된 것)에 넣는다. 즉, 왼쪽 연결선 상태가 off이면 관련된 변수를 on시키고, 왼쪽 연결선 상태가 on이면 관련된 변수를 off시킨다.
래치 코일(Latched Coils)			
No	기 호	이 름	설 명
3	*** ─(S)─	Set(Latch) Coil	왼쪽의 연결선 상태가 on이 되었을 때에는 관련된 BOOL 변수('***'로 표시된 것)는 on이 되고 Reset 코일에 의해 off되기 전까지는 on되어 있는 상태로 유지된다.
4	*** ─(R)─	Reset(Unlatch) Coil	왼쪽의 연결선 상태가 on이 되었을 때에는 관련된 BOOL 변수('***'로 표시된 것)는 off되고 set 코일에 의해 on되기 전까지는 off되어 있는 상태로 유지된다.

(계속)

상태 변환 검출 코일(Transition-Sensing Coils)			
No	기 호	이 름	설 명
5	*** —(P)—	양변환 검출코일 (Positive Transition-Sensing Coil)	왼쪽의 연결선 상태가 바로 전 스캔에서 off였던 것이 현재 스캔에서 on이 되어 있는 경우에 관련된 BOOL 변수의 값은 현재 스캔 동안만 on이 된다.
6	*** —(N)—	음변환 검출코일 (Negative Transition-Sensing Coil)	왼쪽의 연결선 상태가 바로 전 스캔에서 on이었던 것이 현재 스캔에서 off되어 있는 경우에 관련된 BOOL 변수('***'로 표시된 것)의 값은 현재 스캔 동안만 on이 된다.

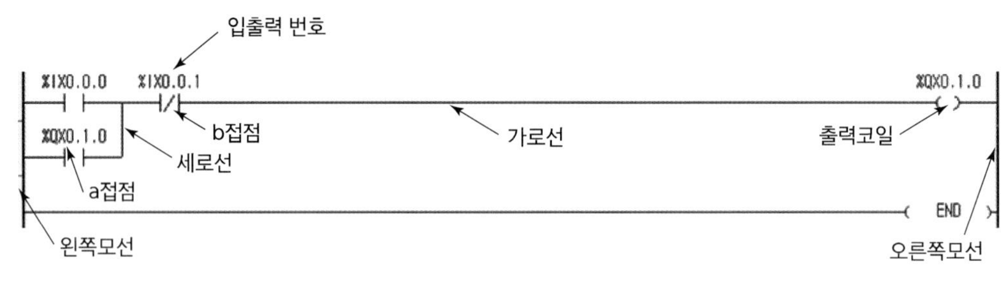

그림 11.1 **래더도의 예**

래더도의 예를 그림 11.1에 도시하였다. 릴레이 시퀀스도에서는 입출력기기에 따라 그림 기호가 정의되어 있지만 래더도에서는 입출력기기가 달라도 기호가 다르지 않다. 따라서 프로그램을 작성할 때는 접점과 코일에 입출력 번호 또는 명칭을 붙여 접속하는 기기를 구별한다.

2. 변수의 표현

PLC 프로그램 내에서 사용하는 데이터는 프로그램 실행 중 값이 변화하지 않는 상수와 그 값이 변화하는 변수가 있으며, 그 **변수**는 다음에 설명하는 직접 변수와 네임드 변수의 두 가지 표현방법을 이용한다.

(1) 직접 변수

직접 변수는 PLC의 입·출력 또는 기억장소를 직접 표현하는 것으로서, 사용자가 이름을 부여하지 않고 메이커에 의해 이미 지정된 메모리 영역의 식별자를 사용하며, 여기서는 XGI PLC에 대한 식별자를 소개한다.

직접 변수에는 입력 변수(%I), 출력 변수(%Q), 내부 메모리 변수(%M, %R, %W)가 있으며, 입·출력 변수와 내부 메모리 변수의 크기는 PLC의 종류에 따라 차이가 있다.

직접 변수는 퍼센트 문자(%)로 시작하고, 다음에 위치 접두어와 크기 접두어를 붙이며, 마침표로 분리되는 하나 이상의 부호 없는 정수의 순으로 나타낸다.

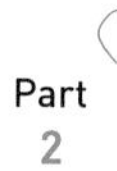

① XGI 시리즈 PLC의 입·출력 메모리의 할당은 다음의 5가지 인자로 표시한다.

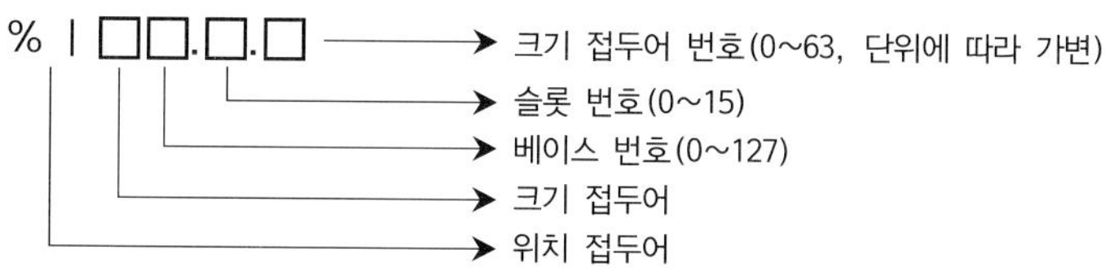

그림 11.2 **입력 및 출력 메모리 할당**

• 위치 접두어 : 위치 접두어는 변수의 종류를 나타내며, 표 11.5와 같이 다섯 종류가 있다.

표 11.5 **위치 접두어**

접두어	의 미	접두어	의 미
I	입력 위치(Input Location)	R	내부 메모리 중 R영역 위치(Memory Location)
Q	출력 위치(Output Location)	W	내부 메모리 중 W영역 위치(Memory Location)
M	내부 메모리 중 M영역 위치(Memory Location)		

• 크기 접두어 : 크기 접두어는 변수가 차지하는 메모리 공간의 크기를 나타내며, 표 11.6과 같이 여섯 종류가 있다.

표 11.6 **크기 접두어**

접두어	의 미	접두어	의 미
X	1비트의 크기	W	1워드(16비트)의 크기
None	1비트의 크기	D	1더블 워드(32비트)의 크기
B	1바이트(8비트)의 크기	L	1롱 워드(64비트)의 크기

• 베이스 번호 : CPU가 장착되어 있는 베이스(기본 베이스)를 0번 베이스라 하며, 증설 시스템을 구성했을 때 기본 베이스에 접속된 순서에 따라 베이스 번호가 1번부터 증가된다.
• 슬롯 번호 : 슬롯 번호는 기본 베이스의 경우 CPU의 우측이 0번이 되며, 그 우측으로 갈수록 번호가 1씩 증가한다. 증설 베이스의 경우에는 전원부의 우측이 0번이 되며, 그 우측으로 갈수록 번호가 1씩 증가한다.
• 크기 접두어 번호 : 슬롯에 장착되어 있는 접점들을 0번 비트부터 크기 접두어 단위로 나누었을 때 몇 번째 크기 접두어 단위가 되는지를 나타낸다. 예를 들면, 0번 슬롯에 32점 입력모듈이 장착되어 있고, 비트 단위로 표현하는 경우는 %IX0.0.0~%IX0.0.31과 같이 각 비트마다 크기 접두어 번호가 배정되며, 이것을 바이트 단위로 나누어 사용한다면 처음의 8점(%IX0.0.0~%IX0.0.7)은 %IB0.0.0이 되고, 그 다음 8점(%IX0.0.8~%IX0.0.15)은 %IB0.0.1이 되며, 그 다음 8점(%IX0.0.16~%IX0.0.23)은 %IB0.0.2가 된다. 그리고 마지막

8점(%IX0.0.24~%IX0.0.31)은 %IB0.0.3이 된다.

그리고 1번 슬롯에 32점 출력모듈이 장착되어 있고, 이것을 워드단위로 나누어 사용한다면 처음의 16점(%QX0.1.0~%QX0.1.15)은 %QW0.1.0이 되며, 그 다음의 16점(%QX0.1.16~%QX0.1.31)은 %QW0.1.1이 된다.

접두어는 소문자가 올 수 없으며, 크기 접두어를 붙이지 않으면 그 변수는 1비트로 처리된다.

크기 접두어의 배열에 의한 메모리 어드레스를 그림 11.3에 나타내었다.

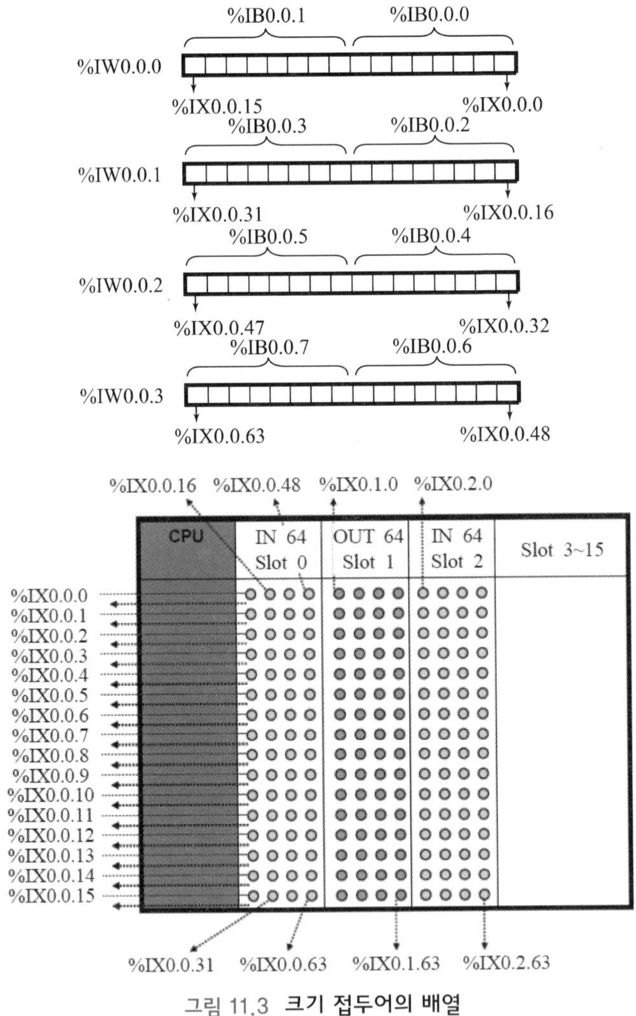

그림 11.3 **크기 접두어의 배열**

② 내부 메모리의 할당

내부 메모리의 할당은 위에서 설명한 입·출력 메모리의 할당과 기본적인 방법은 동일하나 베이스 번호와 슬롯 번호를 지정하지 않는다.

내부 메모리를 표현하는 방법은 다음의 두 가지가 있다.

• 크기 접두어 단위의 표현

% M X N_1 (N_1은 숫자)
① ② ③

①번 항목 %M은 내부 메모리를 나타내는 위치 접두어이다.
②번 항목은 크기 접두어로서 입·출력 메모리와 동일하다.
③번 항목은 비트 번호를 나타낸다.

예를 들어, %MX0은 0의 위치에 있는 비트단위의 접점 번호이며, 베이스 번호 및 슬롯 번호는 없다.

• 크기 접두어를 이용한 비트 표현

% M B N_1 . N_2 (N_1, N_2는 숫자)
① ② ③ ④

①번 항목 %M은 내부 메모리를 나타내는 위치 접두어이다.
②번 항목은 크기 접두어로서 X를 제외한 B, W, D, L을 사용할 수 있다.
③번 항목은 크기 접두어 번호를 나타낸다.
④번 항목은 비트 번호이다.

예를 들어, %MW100.3이라고 하면 100워드의 3번 비트를 의미한다. 역시 베이스 번호 및 슬롯 번호는 없다.

그림 11.4는 내부 메모리에 대하여 크기 접두어의 비트, 바이트, 워드 표현을 그림으로 나타내었다.

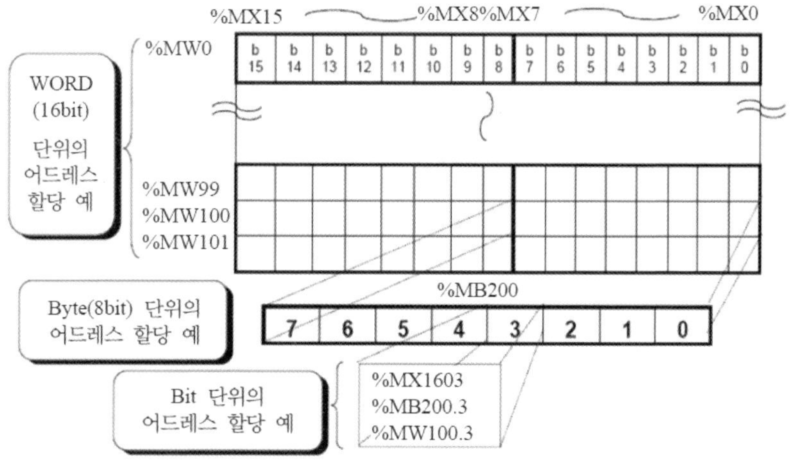

그림 11.4 **내부 메모리 크기 접두어의 표현**

(2) 네임드 변수

프로그램을 구성하는 구성요소에서 사용할 변수는 (1)항에서 기술한 직접 변수(메모리 할당에 의한 어드레스)가 있으며, 사용자가 변수이름과 데이터 타입 등을 선언하고 메모리 할당(자동할당 또는 사용자가 직접 할당)을 하여 사용하는 네임드 변수(**Named variable**)가 있다.

네임드 변수의 이름은 일반적으로 글자수의 제한이 없으며 한글, 영문, 숫자 및 밑줄문자(_)를 조합하여 사용할 수 있다. 영문자의 경우 대·소문자 모두 입력이 가능하며, 이때 동일한 문자면 모두 같은 변수로 인식한다. 그러나 변수이름에 빈칸을 포함해서는 안 된다.

네임드 변수의 변수선언 절차는 다음과 같다.

① 데이터 타입(Type) 지정 → ② 변수속성의 설정 → ③ 메모리 할당

① 네임드 변수의 데이터 타입

데이터 타입은 수치(ANY_NUM)와 비트 상태(ANY_BIT)로 구분한다. 수치의 대표적인 경우는 정수(INT, Integer)이며, 셀 수 있고 산술 연산을 할 수 있다.

비트 상태는 BOOL(Boolean, 1비트), BYTE(8개의 비트열), WOTD(16개의 비트열) 등이 있는데, 비트열의 On/Off 상태를 나타내며 논리 연산을 할 수 있다. 또 비트 상태는 산술연산이 불가능하지만 형(Type)변환 펑션(후술)을 사용하여 수치로 변환하면 산술 연산이 가능하다. 비트 상태의 예로서는 입력 스위치의 On/Off 상태, 출력 램프의 소등/점등 상태 등이 있다.

BCD는 10진수를 4비트의 2진 코드로 나타낸 것이므로 비트 열(ANY_BIT)에 해당된다.

그림 11.5는 네임드 변수의 데이터 타입을 나타내며, 그 크기 및 범위는 표 11.7에 표시하였다.

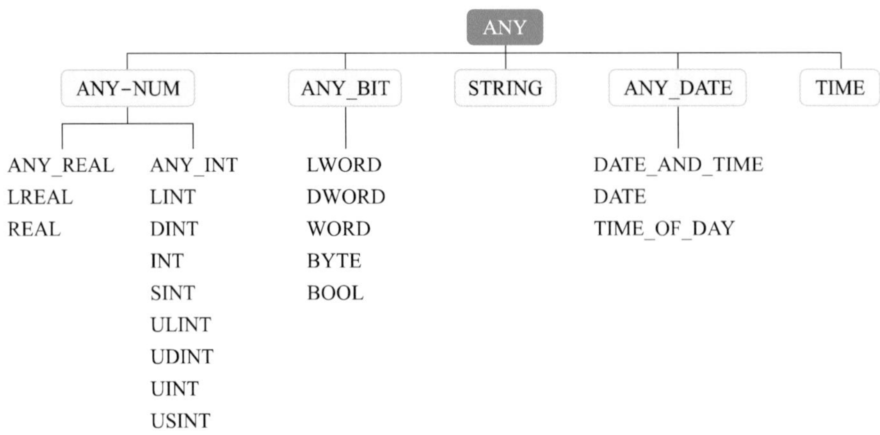

그림 11.5 **네임드 변수의 데이터 타입**

표 11.7 **기본 데이터 타입**

구 분	예약어	데이터형	크기 (비트)	범 위
수 치 (ANY_NUM)	SINT	Short Integer	8	-128 ~ 127
	INT	Integer	16	-32768 ~ 32767
	DINT	Double Integer	32	-2147483648 ~ 2147483647
	LINT	Long Integer	64	$-2^{63} \sim 2^{63}-1$
	USINT	Unsigned Short Integer	8	0 ~ 255
	UINT	Unsigned Integer	16	0 ~ 65535
	UDINT	Unsigned Double Integer	32	0 ~ 4294967295
	ULINT	Unsigned Long Integer	64	$0 \sim 2^{64}-1$
	REAL	Real Numbers	32	-3.402823466e+038 ~ 1.175494351e - 038 or 0 or 1.175494351e - 038 ~ 3.402823466e+038
	LREAL	Long Reals	64	-1.7976931348623157e+308 ~ -2.22507385850720142e - 308 or 0 or 2.22507385850720142e ~ 308 ~ 1.7976931348623157e+308
시 간	TIME	Duration	32	T#0S ~ T#49D17H2M47S295MS
날 짜	DATA	Date	16	D#1984 - 01 - 01 ~ D#2163 - 6 - 6
	TIME_OF_DAT	Time Of Day	32	TOD#00 : 00 : 00 ~ TOD#23 : 59 : 59.999
	DATE_AND_TIME	Date And Time Of Day	64	DT#1984 - 01 - 01 - 00 : 00 : 00 ~ DT#2163 - 12 - 31 - 23 : 59 : 59.999
문자열	STRING	Character String	30*8	—
비트 상태 (ANY_BIT)	BOOL	Boolean	1	0, 1
	BYTE	Bit String Of Length 8	8	16#0 ~ 16#FF
	WORD	Bit String Of Length 16	16	16#0 ~ 16#FFFF
	DWORD	Bit String Of Length 32	32	16#0 ~ 16#FFFFFFFF
	LWORD	Bit String Of Length 64	64	16#0 ~ 16#FFFFFFFFFFFFFFFF

데이터 타입의 구조를 비트열과 BCD에 대하여 나타내면 그림 11.6과 같다.

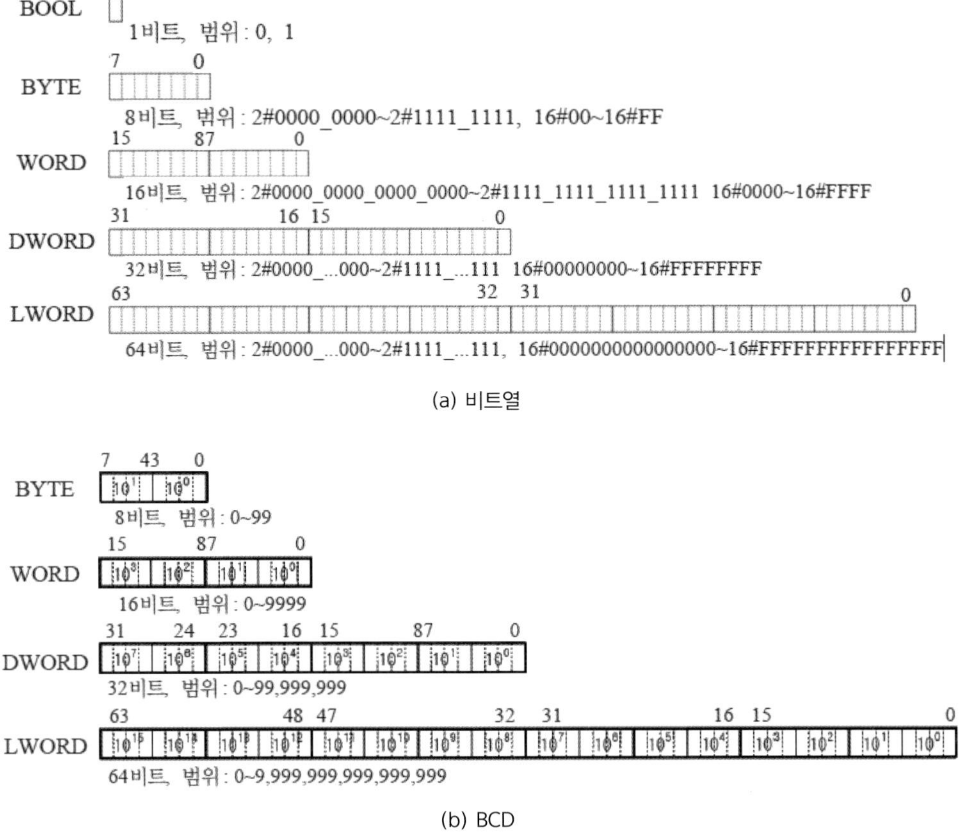

그림 11.6 **데이터 타입의 구조**

② 네임드 변수 속성의 설정

변수의 용도에 따라 표 11.8과 같이 변수의 종류(속성)를 설정할 수 있다.

표 11.8 **네임드 변수의 속성**

변수 종류	내 용
VAR	읽고 쓸 수 있는 일반적인 변수
VAR_RETAIN	정전유지 변수
VAR_CONSTANT	항상 고정된 값을 가지고 있는 읽기만 할 수 있는 변수(상수)
VAR_EXTERNAL	VAR_GLOBAL로 선언된 변수를 사용하기 위한 선언

주) 정전유지 설정은 XG5000 변수 편집 창에 있는 "리테인 설정"을 체크한다.

③ 네임드 변수의 메모리 할당

네임드 변수의 메모리 할당에는 자동할당과 사용자 정의가 있다.

- **자동할당**은 컴파일러가 내부 메모리 영역에 변수의 위치를 자동으로 지정한다. 예를 들어, "밸브"란 변수를 자동 메모리 할당으로 지정할 경우에 변수의 내부 위치는 프로그램이 작성된 후 컴파일(Compile) 과정(LD프로그램을 기계어로 바꾸어 주는 과정)에서 정해지게 된다.

  선언된 변수는 외부의 입·출력과 관계없이 내부 연산 도중에 신호의 중계, 신호상태(내부 정보)의 일시 저장, 타이머나 카운터의 접점이름(펑션블록의 인스턴스) 지정 등에 사용된다. 자동할당 지정은 XG5000의 변수 편집창에서 메모리 할당란을 블랭크로 하면 된다.
- **사용자 정의**(사용자 메모리 할당 지정)는 사용자가 직접 변수(%I, %Q 및 %M, %R)를 사용하여 강제로 위치를 지정한다. 선언된 변수는 입·출력용(%I, %Q) 변수와 내부 메모리 영역(%M)에 사용한다. 이것은 XG5000의 변수 편집창에서 메모리 할당란에 입·출력 주소를 직접 입력한다.

3. 래더도 작성의 규칙

래더도 언어로 프로그래밍을 할 때 다음과 같은 몇 가지 지켜야 할 사항이 있다.

(1) 회로는 가로로 작성한다.

릴레이 시퀀스도를 그리는 경우에는 세로쓰기와 가로쓰기 방식이 있지만, 래더도는 가로쓰기 방식을 사용한다.

(2) 신호는 왼쪽으로부터 오른쪽으로 전달한다.

양쪽 수직모선 사이에 접점기호와 코일기호 및 펑션, 펑션블록을 사용하여 회로를 작성하며, 신호는 왼쪽으로부터 오른쪽으로 향하여 전달하도록 작성한다.

(3) 회로는 위로부터 아래쪽으로 순번으로 작성한다.

회로는 동작 순으로 위로부터 아래쪽으로 작성한다. 출력 내용은 아래쪽에 배치하고 관련되는 내용은 분산시키지 않는 것이 편리하다.

(4) 접점과 코일에는 요소번호(BOOL변수, 디바이스 번호, I/O No.라고 불림) 또는 변수명을 표시하며, 요소번호와 변수명을 함께 표시할 수도 있다(그림 11.7 참조). PLC 내부에 있는 타이머, 카운터 등의 펑션블록에는 임시 변수명(instance name)을 붙인다.

그림 11.7

(5) 시퀀스 제어의 프로그램은 기능별로 나누어 작성하면 프로그램 전체를 이해하기 쉽다. 또 프로그램 내에 신호이름이나 설명문(코멘트)을 삽입하면 이해가 쉬워진다.

(6) 입력측 모선(왼쪽 모선)에 출력코일을 직접 접속해서는 안 되며, 상시 출력을 On하고자 하는 경우에는 그림 11.8(c)와 같이 상시 ON접점(_ON)을 사용한다.

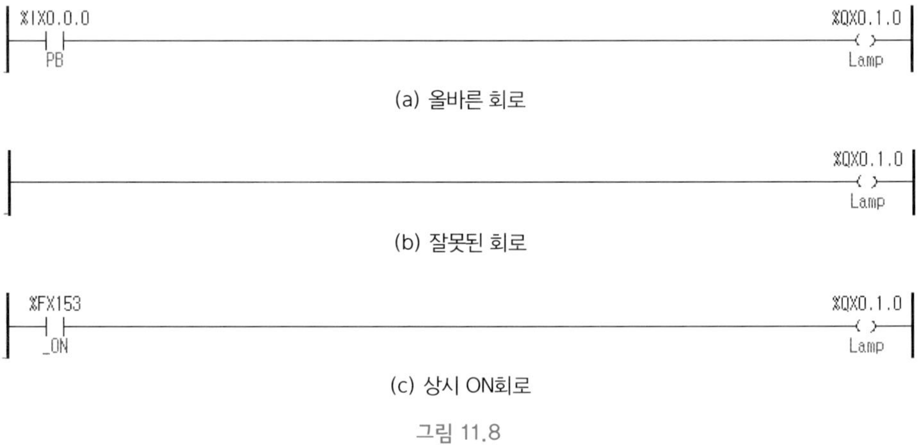

(a) 올바른 회로

(b) 잘못된 회로

(c) 상시 ON회로

그림 11.8

(7) 출력측 모선(오른쪽 모선)에 접점을 직접 접속해서는 안 되며, 출력측 모선 쪽에는 출력코일이나 응용명령(타이머, 카운터 등)을 접속한다(그림 11.9).

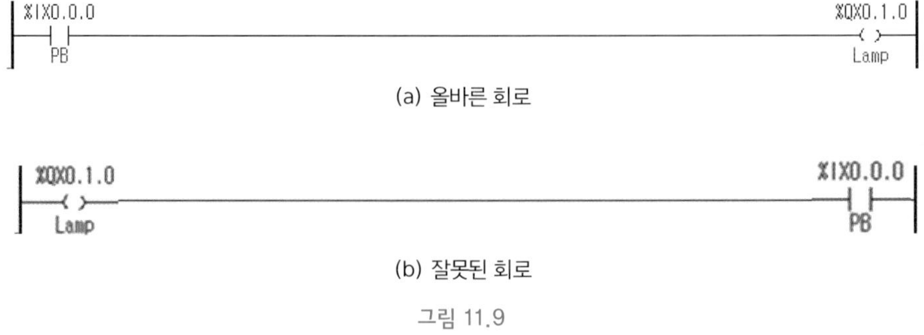

(a) 올바른 회로

(b) 잘못된 회로

그림 11.9

(8) 동일한 출력코일을 여러 개 중복하여 사용해서는 안 된다(그림 11.10).

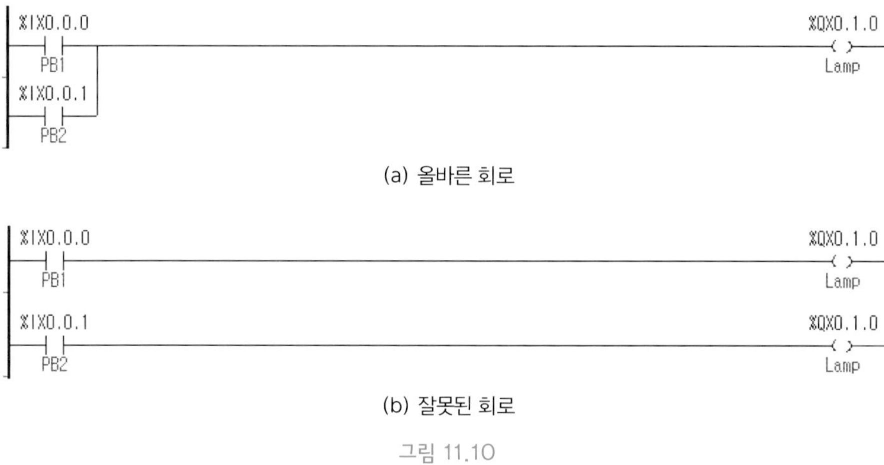

(a) 올바른 회로

(b) 잘못된 회로

그림 11.10

(9) 출력코일이나 타이머 명령 등의 응용명령은 연속하여 출력할 수 없다. 단 출력코일은 병렬로 접속할 수 있지만 직렬로 접속해서는 안 된다(그림 11.11).

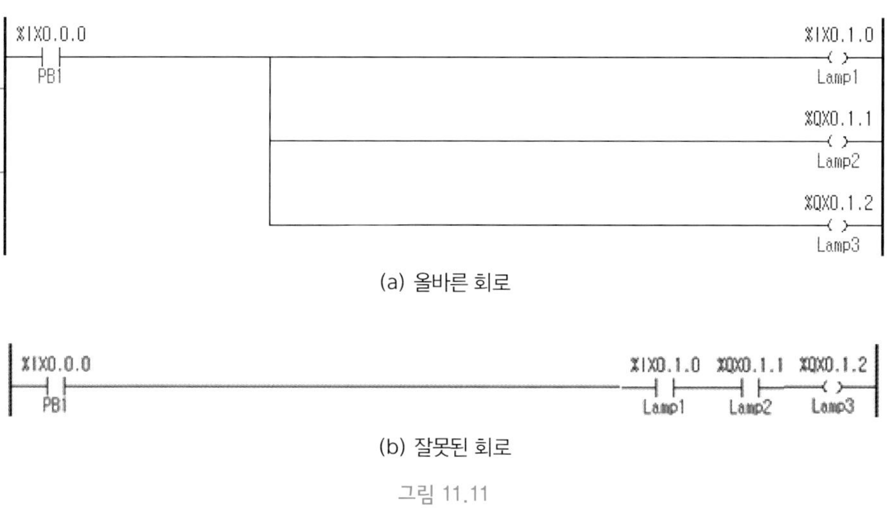

(a) 올바른 회로

(b) 잘못된 회로

그림 11.11

4. 타임차트

타임차트란 그림 11.12와 같이 종축에 입출력기기, PLC 내부의 카운터, 타이머 등의 상태를 표시하고, 횡축에는 시간의 변화를 표시한 것으로서, 입출력기기와 내부 릴레이, 타이머 등의 움직임을 시간에 따라 ON과 OFF의 두 값으로 표시한다. 타이머의 설정시간은 숫자로

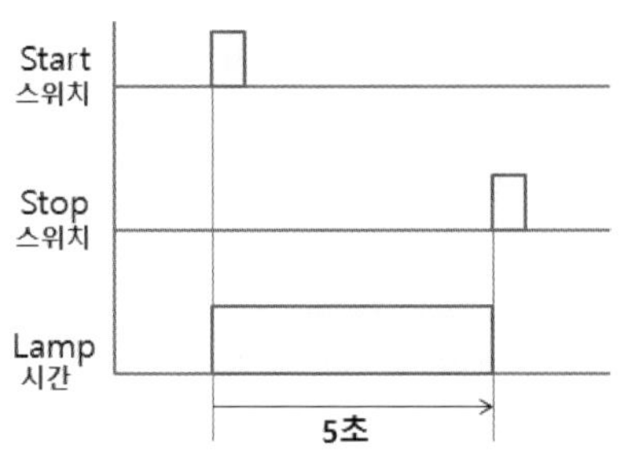

그림 11.12 **타임차트의 예**

표기한다. 타임차트는 모든 요소의 변화상태를 읽을 수 있고, 또 필요한 시점에서의 입력과 출력의 관계를 확실히 알 수 있다. 따라서 타임차트를 충분히 이해하면 래더도를 쉽게 작성할 수 있다.

5. 수치체계

일반적으로 수치는 10진법으로 계산을 하지만 PLC의 내부(마이크로 프로세서)에서는 2진법으로 산술연산을 처리한다. 그러나 2진법에 의한 수치는 0과 1로 이루어지므로 0과 1의 수가 많아져 복잡하다. PLC의 시퀀스 제어에서는 10진수의 표현 외에 2진수 표현, 16진수 표현이나 BCD 표현이 사용되고 있으며, 8진수 표현을 사용하는 경우도 있다.

데이터의 전송, 수치연산, 데이터 비교 등을 수행할 경우 2진수, 8진수, 16진수, BCD코드 등의 데이터 표현방법을 이해할 필요가 있으며, 표 11.9에 10진수에 대응되는 2진수, 8진수, 16진수, BCD표현의 수치를 나타내었다.

(1) 10진수 /Decimal Code/

10진수는 일상생활에서 사용하고 있는 수치의 표기법이다. 예를 들면, 10진수의 123은

$$123 = 1 \times 10^2 + 2 \times 10^1 + 3 \times 10^0$$

가 되며, 각 항은 0~9의 수치에 10의 가중치를 곱하여 합계한 값이다.

(2) 2진수 /Binary Code/

수치를 2진수의 형식으로 표현하면 1개의 신호선(信號線)에서 2개의 상태를 표현할 수 있다.

컴퓨터는 전자회로로 구성되므로 모든 수치가 0, 1의 두 종류로 표현하는 **2진수**로 치환된다. 예를 들면, 2진수 1101은

$$1101 = 1\times2^3 + 1\times2^2 + 0\times2^1 + 1\times2^0 \rightarrow 13$$

이며, 10진수로 표현하면 각 항의 0 또는 1의 수치에 1항에는 2의 가중치 2^0를, 2항에는 2^1, 3항에는 2^2, 4항에는 2의 가중치 2^3을 곱한 합계치 13으로 된다.

2진수로 표현한 각 항은 0과 1밖에 없으므로 **비트(bit)**라 하며, 더욱이 8항의 2진수인 8비트를 **1바이트(1Byte)**라 한다.

표 11.9 **데이터의 표현방법**

10진수	2진수	8진수	16진수	BCD
0	0000 0000 0000 0000	0 0 0 0 0 0	0 0 0 0	0 0 0 0 0
1	0000 0000 0000 0001	0 0 0 0 0 1	0 0 0 1	0 0 0 0 1
2	0000 0000 0000 0010	0 0 0 0 0 2	0 0 0 2	0 0 0 0 2
3	0000 0000 0000 0011	0 0 0 0 0 3	0 0 0 3	0 0 0 0 3
4	0000 0000 0000 0100	0 0 0 0 0 4	0 0 0 4	0 0 0 0 4
5	0000 0000 0000 0101	0 0 0 0 0 5	0 0 0 5	0 0 0 0 5
6	0000 0000 0000 0110	0 0 0 0 0 6	0 0 0 6	0 0 0 0 6
7	0000 0000 0000 0111	0 0 0 0 0 7	0 0 0 7	0 0 0 0 7
8	0000 0000 0000 1000	0 0 0 0 1 0	0 0 0 8	0 0 0 0 8
9	0000 0000 0000 1001	0 0 0 0 1 1	0 0 0 9	0 0 0 0 9
10	0000 0000 0000 1010	0 0 0 0 1 2	0 0 0 A	0 0 0 1 0
11	0000 0000 0000 1011	0 0 0 0 1 3	0 0 0 B	0 0 0 1 1
12	0000 0000 0000 1100	0 0 0 0 1 4	0 0 0 C	0 0 0 1 2
13	0000 0000 0000 1101	0 0 0 0 1 5	0 0 0 D	0 0 0 1 3
14	0000 0000 0000 1110	0 0 0 0 1 6	0 0 0 E	0 0 0 1 4
15	0000 0000 0000 1111	0 0 0 0 1 7	0 0 0 F	0 0 0 1 5
16	0000 0000 0001 0000	0 0 0 0 2 0	0 0 1 0	0 0 0 1 6
.	2^{15} … 2^1	8^5 … 8^1	16^3 … 16^0	
.	2^0	8^0		
.				
255	0000 0000 1111 1111	0 0 0 3 7 7	0 0 F F	
256	0000 0001 0000 0000	0 0 0 4 0 0	0 1 0 0	
.				
.				
.				
1000	0000 0011 1110 1000	0 0 1 7 5 0	0 3 E 8	
.				
.				
.				6 5 5 3 5
65535	1111 1111 1111 1111	1 7 7 7 7 7	F F F F	

$8^0\times7+8^1\times7+8^2\times3=255$

$16^0\times8+16^1\times14+16^2\times3=1000$

(3) 8진수

8진수의 표현은 2진수 표현에서 3개의 신호선을 1단위로 취급하여 0~7까지의 수치를 표현한다. 즉, 2진 표현의 항(비트)을 하위로부터 3항씩 구분하고, 구분한 3비트에서 0~7의 수를 표현한다. 8진수 표현의 각 항은 8을 기수(基數)로 하는 가중치를 갖는다.

8진수 377을 10진수로 표시하면 다음과 같이 255가 된다.

$$3\times8^2+7\times8^1+7\times8^0 \rightarrow 255$$

(4) 16진수 /Hexa Decimal Code/

2진수로 큰 수치를 표현하면 항의 수가 많아져 취급이 어렵다.

16진수의 표현에서는 4개의 신호선을 사용하여 16종류의 상태(수치로는 0~15까지)를 표현한다. 즉, 2진수 표현의 항을 하위로부터 4항씩 구분하여, 구분한 4비트에서 0~15의 수를 표현한다.

16진수 표현에서 한 개의 항에서는 10 이상의 수를 표현할 수 없으므로 0~9까지는 숫자인 0~9를 사용하고, 10~15에는 알파벳의 A~F를 사용한다. 16진 표현의 각 항은 16을 기수로 하는 가중치를 갖는다. 2진수를 4비트씩 나누어 그룹화 한 것이 16진수에 의한 표현이다.

10진수와 16진수를 구별하기 위해 16진수에서는 앞에 H를 붙인다. 예를 들면, H123은

$$H123=1\times16^2+2\times16^1+3\times16^0 \rightarrow 291$$

이며, 10진수로 나타내면 각 항의 0~F의 수치에 16의 가중치를 곱한 합계치 291이다. PLC 프로그램에서는 데이터의 비교 등을 10진수나 16진수 형식으로 하는 경우가 많다.

(5) 2진화 10진수 /Binary Coded Decimal : BCD/

BCD(2진화 10진수) 표현은 16진수 표현과 마찬가지로 2진수 표현의 항을 하위로부터 4비트씩 구분하고, 4비트에서 10진수의 0~9를 표현한다. 디지털 스위치에서 0~9의 수(설정치)를 PLC로 입력하는 경우에는 BCD코드(형식)가 이용된다.

즉, 2진화 10진수는 컴퓨터에 있어서 수치표현 방법의 하나이며, 10진수 각 항의 0~9의 수치를 4비트의 2진수로 표시한 것이다.

BCD형식의 입출력기기를 사용하는 경우 PLC 내부에서 행하는 연산처리는 2진수 형식이므로 PLC의 프로그램에서는 BCD형식으로 입력한 2진수 형식의 데이터로 변환하는 명령(BIN)이나, 2진수로 가감산 등의 연산처리한 데이터를 BCD형식으로 변환하여 출력하는 명령(BCD)이 이용되고 있다.

12 Chapter 논리회로와 그 프로그램

여기서는 릴레이 시퀀스에서 학습한 논리회로를 PLC 프로그램으로 표현하여 작성하는 방법에 대하여 서술한다.

12.1 ON/OFF회로와 프로그램

그림 12.1과 같이 a접점의 푸시버튼 스위치1(PB1)과 램프1을 접속하는 경우, 이 회로를 ON회로라 한다. 또 b접점의 푸시버튼 스위치2(PB2)와 램프2를 접속하는 경우, 이 회로는 OFF회로(NOT회로 또는 부정회로라 함)라 한다.

ON회로에서는 입력 PB1을 누르면 출력의 램프1이 점등하고, 입력 PB1을 누르지 않을 때는 출력 램프1은 소등한다. OFF회로에서는 입력 PB2를 누르지 않을 때 출력 램프2가 점등하고, 입력 PB2를 누르면 출력 램프2가 소등한다.

그림 12.1은 모멘터리 스위치(누르는 동안에만 동작하는 스위치)에 의한 ON/OFF회로이며, 그림 12.2는 알터네이트 스위치(유지형 스위치)의 ON/OFF회로이다.

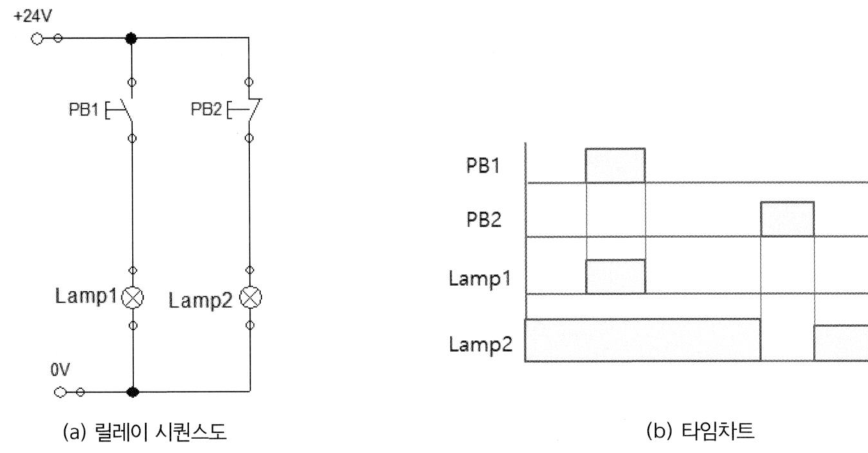

(a) 릴레이 시퀀스도

(b) 타임차트

%IX0.0.0 %QX0.1.0
PB1 Lamp1
%IX0.0.1 %QX0.1.1
PB2 Lamp2

(c) PLC 래더도

(d) 시뮬레이션 모니터링

그림 12.1 **ON/OFF회로와 프로그램**

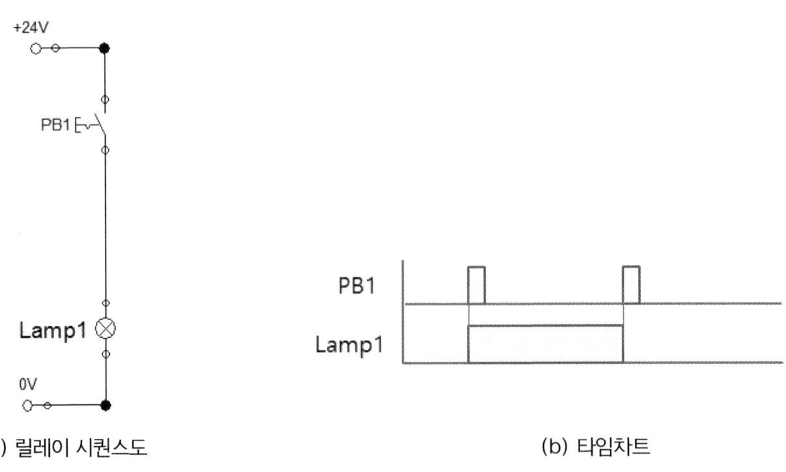

(a) 릴레이 시퀀스도

(b) 타임차트

(계속)

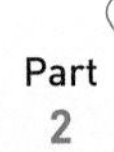

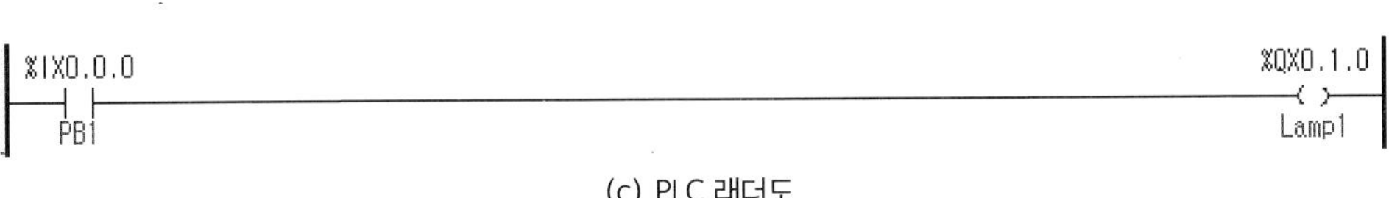

(c) PLC 래더도

(d) 시뮬레이션 모니터링

그림 12.2 **ON회로와 프로그램**

12.2 AND회로(논리곱회로)

그림 12.3과 같이 a접점의 스위치1(PB1)과 a접점의 스위치2(PB2)를 직렬로 접속하고, 그것을 램프1에 직렬로 접속한다. 이 회로를 **AND회로** 또는 **논리곱회로**라 하며, PB1과 PB2를 동시에 ON시키는 경우에만 램프1이 점등한다. 이 회로는 양손으로 동시에 두 개의 스위치를 눌러야 기계가 기동하는 프레스의 안전장치로 사용되고 있다.

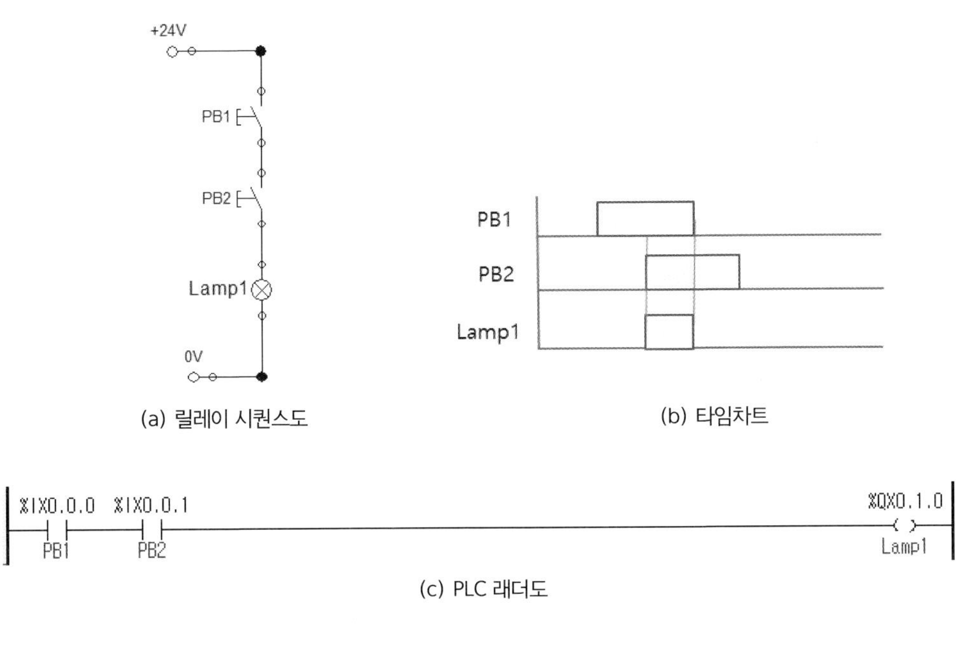

(a) 릴레이 시퀀스도

(b) 타임차트

(c) PLC 래더도

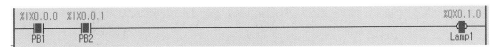

(d) 시뮬레이션 모니터링

그림 12.3 **AND회로와 프로그램**

12.3 OR회로(논리합회로)

그림 12.4와 같이 a접점의 스위치1(PB1)과 a접점의 스위치2(PB2)를 병렬로 접속하고, 그것을 램프1에 직렬로 접속한다. 이것을 **OR회로** 또는 **논리합회로**라 하며, 2개의 스위치 중에 어느 한 스위치를 ON하거나 두 개 모두 ON하면 OR조건이 성립하여 램프1이 점등한다.

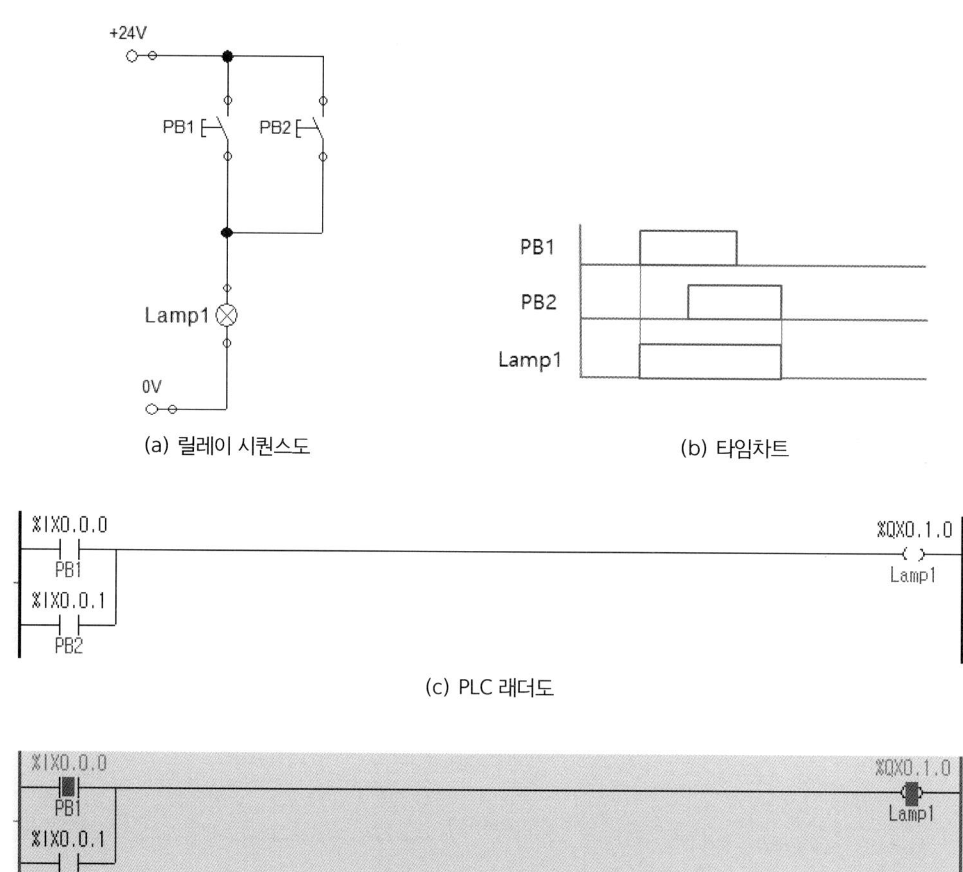

(a) 릴레이 시퀀스도

(b) 타임차트

(c) PLC 래더도

(d)시뮬레이션 모니터링1

(e) 시뮬레이션 모니터링2

그림 12.4 **OR회로와 프로그램**

12.4 NAND회로(부정 논리곱회로)

그림 12.5에 표시한 바와 같이 b접점의 스위치1(PB1) 및 스위치2(PB2)를 직렬로 접속하고 그것을 램프1에 직렬로 접속한다. 이와 같은 회로를 NAND회로 또는 부정 논리곱회로라 하며, AND회로와 OFF회로(NOT회로)의 조합회로이다. 이 회로는 PB1과 PB2를 동시에 누르지 않는 경우에 램프1이 점등하고, 양 스위치 중 어느 하나라도 누르면 램프1이 소등한다.

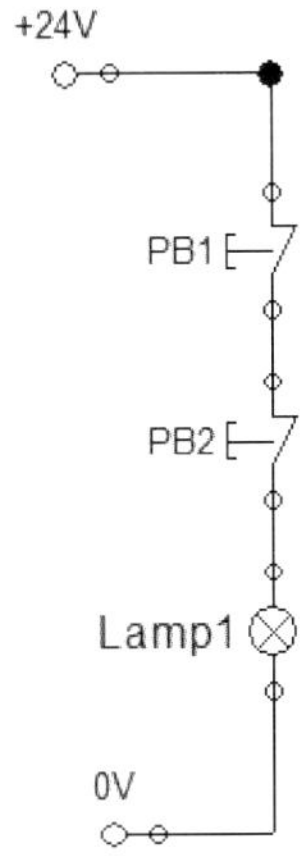

(a) 릴레이 시퀀스도

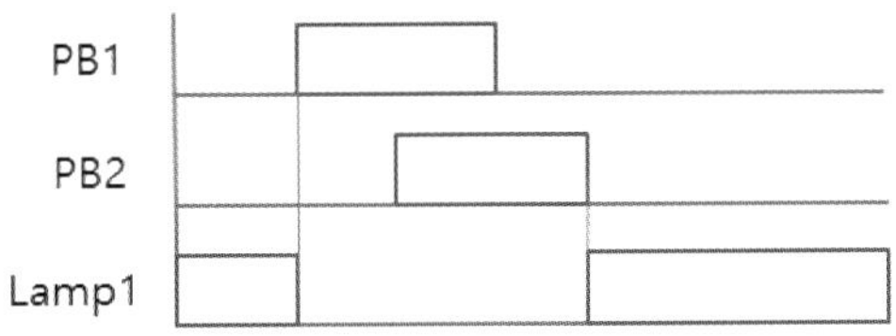

(b) 타임차트

(c) PLC 래더도

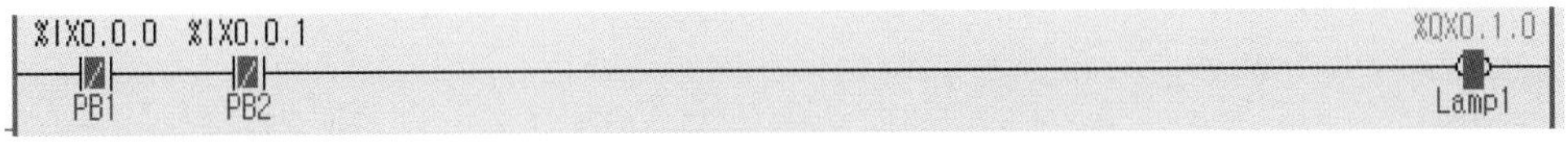

(d) PB1과 PB2가 모두 OFF상태인 경우

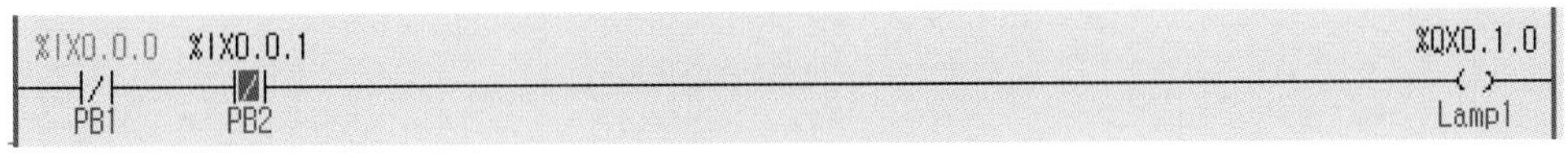

(e) PB1만 ON 상태인 경우

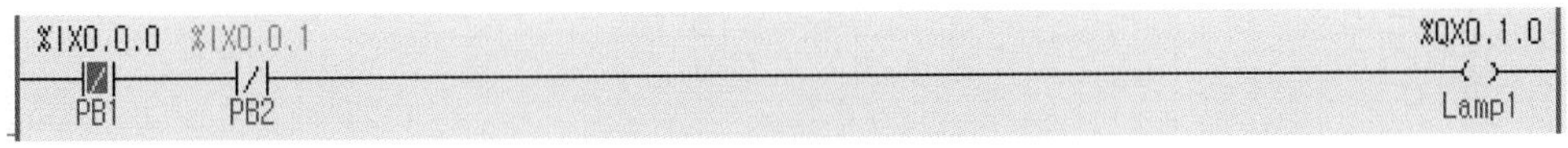

(f) PB2만 ON상태인 경우

그림 12.5 **NAND회로와 프로그램**

12.5 NOR회로(부정 논리합회로)

그림 12.6과 같이 b접점의 스위치1(PB1)과 스위치2(PB2)를 병렬로 접속하고 그것을 램프1에 직렬로 접속한다. 이 회로를 **NOR회로** 또는 **부정 논리합회로**라 하며, OR회로와 OFF회로(NOT회로)의 조합회로이다. 이 회로에서는 두 개의 스위치를 동시에 누르면 램프1이 소등하고 그 외의 경우에는 램프1이 점등한다.

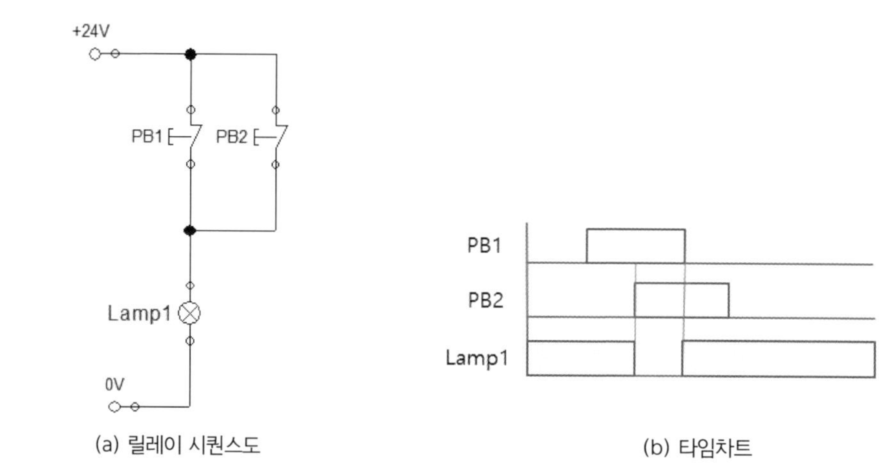

(a) 릴레이 시퀀스도

(b) 타임차트

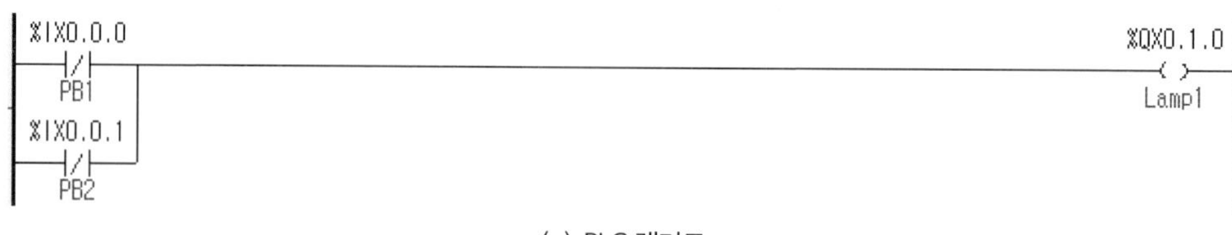

(c) PLC 래더도

(d) PB1과 PB2 모두 ON상태인 경우

(e) PB1과 PB2 중 어느 하나 ON상태인 경우(PB1이 ON상태)

그림 12.6 NOR회로와 프로그램

12.6 일치회로

그림 12.7과 같이 a접점의 스위치1(PB1) 및 스위치2(PB2)를 직렬접속한 회로와 b접점의 스위치1 및 스위치2를 직렬접속한 회로를 병렬로 접속하고 그것을 램프1에 직렬로 접속한다. 이와 같은 회로를 **일치회로**라 하며, 스위치1과 스위치2를 동시에 누르는 경우 또는 둘 모두 누르지 않는 경우에 램프1이 점등한다. 두 스위치 중에 어느 하나라도 누르면 램프1이 점등하지 않는다.

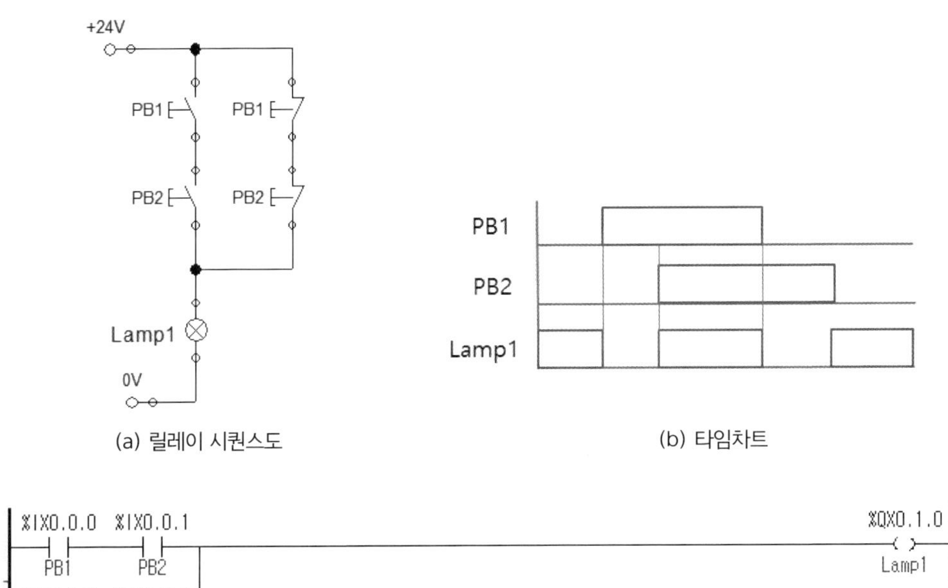

(a) 릴레이 시퀀스도 (b) 타임차트

(c) PLC 래더도

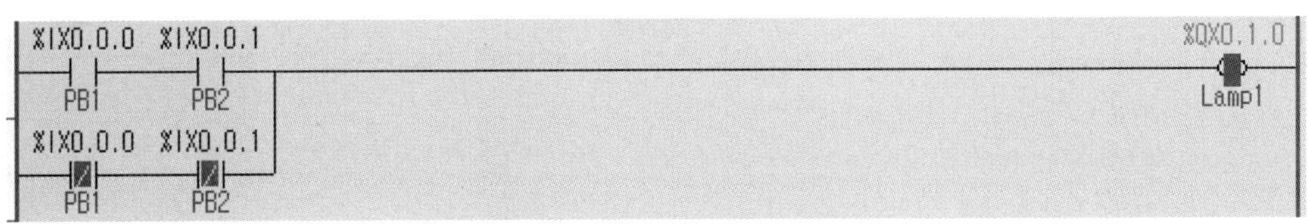

(d) PB1과 PB2 모두 OFF상태인 경우

(e) PB1과 PB2 모두 ON상태인 경우

(계속)

(f) PB1만 ON상태인 경우

그림 12.7 **일치회로와 프로그램**

12.7 불일치회로(배타적 논리합회로)

그림 12.8과 같이 a접점의 스위치1(PB1)과 b접점의 스위치2(PB2)를 직렬접속한 회로와 b접점의 스위치1과 a접점의 스위치2를 직렬접속한 회로를 병렬로 접속하고 그것을 램프1에 접속한다. 이러한 회로를 불일치회로 또는 배타적 논리합회로라 한다. 이 회로에서는 두 개의 스위치 중에 어느 하나를 누를 때 램프1이 점등하고, 양쪽의 스위치를 모두 눌렀을 때와 모두 누르지 않을 때는 램프1이 점등하지 않는다.

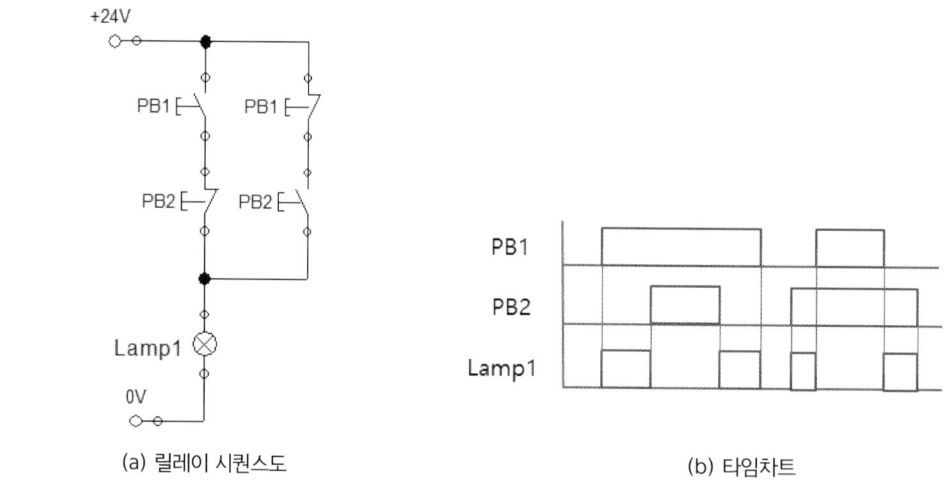

(a) 릴레이 시퀀스도

(b) 타임차트

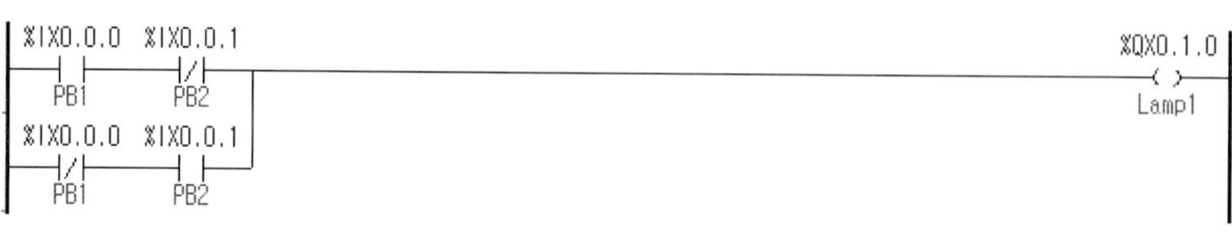

(c) PLC 래더도

(계속)

(d) PB1과 PB2 모두 ON 상태인 경우

(e) PB1과 PB2 모두 OFF상태인 경우

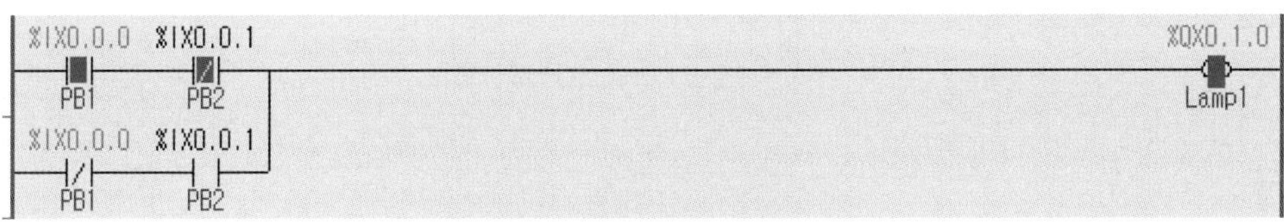

(f) PB1만 ON상태인 경우

그림 12.8 **불일치회로와 프로그램**

12.8 금지회로

그림 12.9와 같이 a접점의 스위치1(PB1)과 b접점의 스위치2(PB2)를 직렬로 접속하고 그것을 램프1에 직렬로 접속한다. 이 회로를 금지회로라 하며, 금지입력인 스위치2(PB2)를 누르면 PB1을 눌러도 램프1이 점등하지 않는다. 금지입력 PB2를 누르지 않을 때 PB1을 누르면 램프1이 점등한다.

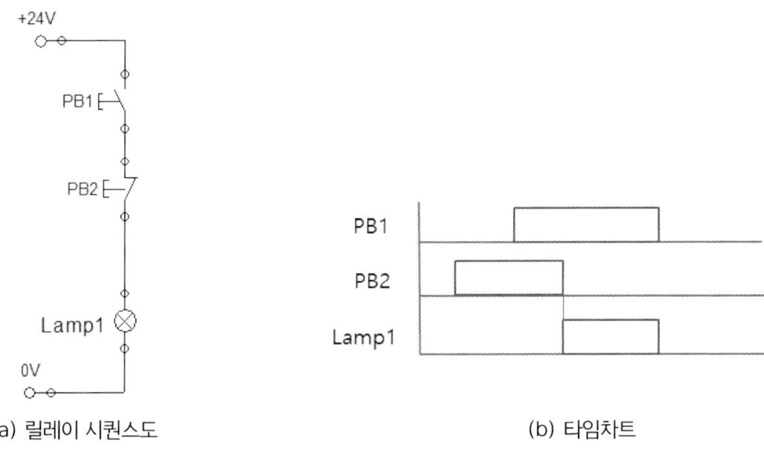

(a) 릴레이 시퀀스도

(b) 타임차트

(계속)

(c) PLC 래더도

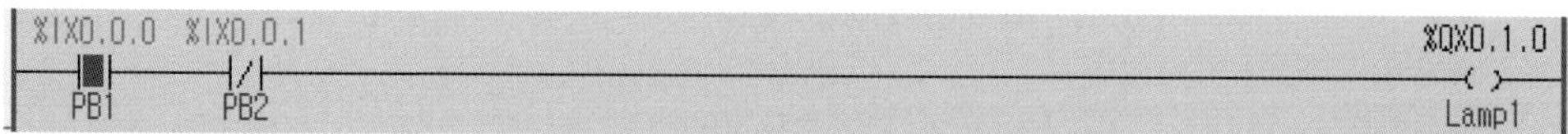

(d) PB2가 ON상태에서 PB1을 ON한 경우

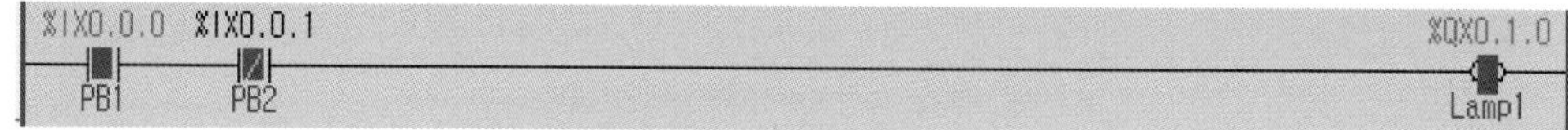

(e) PB2를 OFF한 상태에서 PB1을 ON한 경우

그림 12.9 **금지회로와 프로그램**

13 기본회로와 그 프로그램

Chapter

이 절에서는 시퀀스 제어와 PLC 제어에서 기본적으로 많이 사용되고 있는 회로 및 프로그램의 작성방법과 기능에 대하여 기술한다.

13.1 자기유지회로

1. 기본회로

(1) ON회로

그림 13.1의 ON회로에 있어서 모멘터리 스위치(PB1, 누르고 있는 동안만 ON됨)를 ON하면 출력 Lamp가 ON(점등)된다.

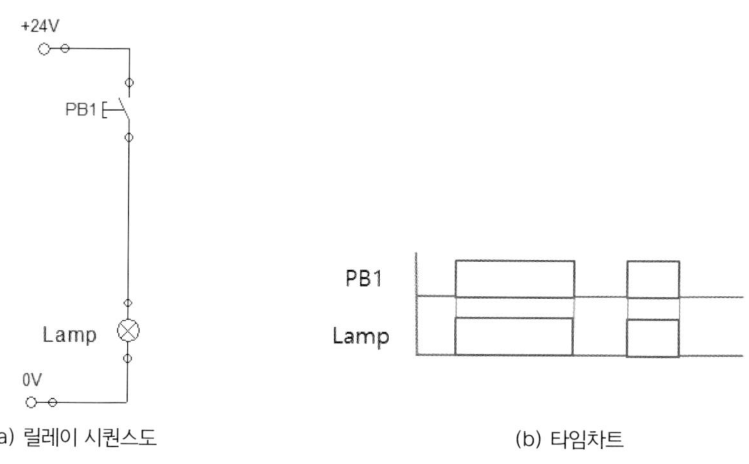

(a) 릴레이 시퀀스도

(b) 타임차트

(계속)

%IX0.0.0 %QX0.1.0
PB1 Lamp

(c) PLC 래더도

그림 13.1 ON회로

(2) 자기유지회로

그림 13.1의 회로에서 일단 점등한 램프가 PB1에서 손을 떼어도 점등한 상태를 그대로 유지하고자 하는 경우에는 자기유지회로를 사용한다.

즉, PB1에서 손을 떼어도 램프를 점등상태로 유지하기 위해서는, 릴레이 코일(K1)과 그 a접점을 사용하여 그림 13.2(a)와 같이 구성한다. 여기서 PB를 누르면 릴레이 코일 K1이 여자되고, 그 a접점이 ON되어 PB를 OFF시켜도 릴레이 코일은 ON상태를 유지하는 자기유지 상태로 된다. 따라서 3행의 K1의 a접점이 ON되어 램프가 점등상태를 유지한다.

PLC 프로그램인 그림 13.2(c)에서도 내부릴레이 %MX0과 그 a접점이 동일한 역할을 하므로 램프가 점등상태를 계속 유지한다. 이와 같은 회로를 **자기유지회로**라 하며, 자기유지회로는 출력코일의 ON상태를 유지(기억)하는 기능을 갖는다.

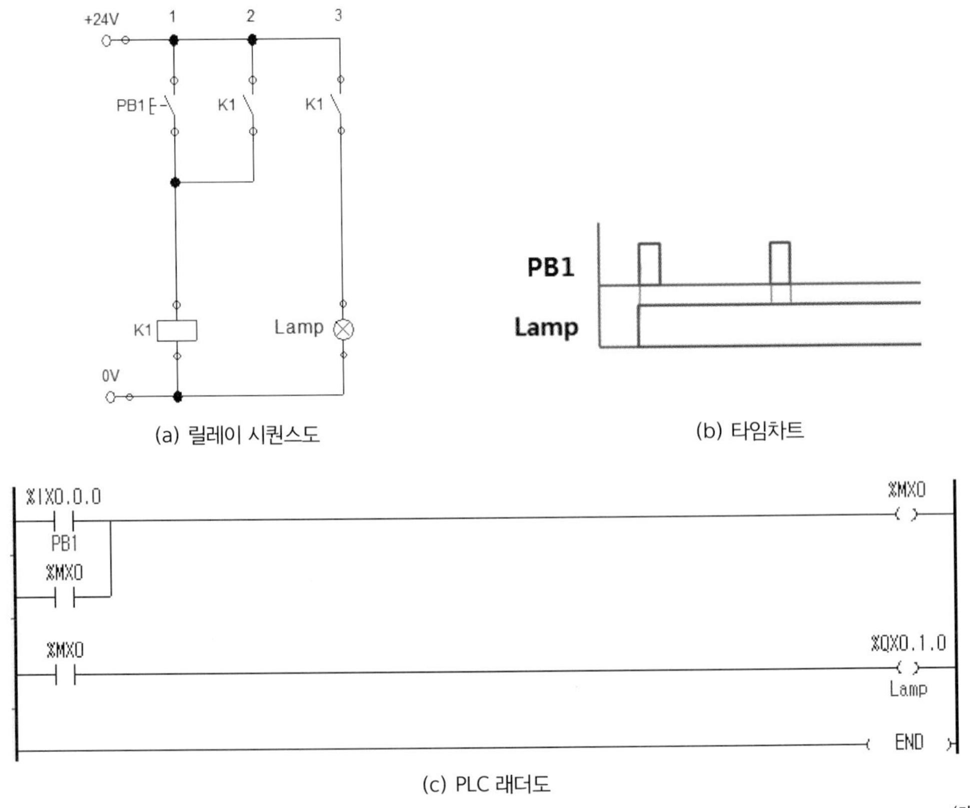

(a) 릴레이 시퀀스도

(b) 타임차트

(c) PLC 래더도

(계속)

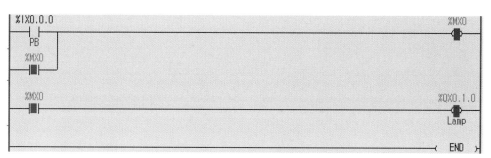

(d) 시뮬레이션 모니터링 : PB를 터치한 경우

그림 13.2 **자기유지회로**

그림 13.2의 자기유지회로는 내부 릴레이 %MX0의 a접점이 ON으로 되어 있으므로 장치의 주 전원을 차단하지 않는 한 내부 릴레이 %MX0을 OFF할 수 없다.

자기유지 상태를 해제할 수 있게 하기 위해서는 그림 13.3에 표시하듯이 내부 릴레이 %MX0까지의 경로에 b접점의 PB2를 삽입한다. 이 회로에서는 자기유지 상태일 때 PB2를 눌러 내부 릴레이를 OFF함에 따라 자기유지 상태를 해제할 수 있다.

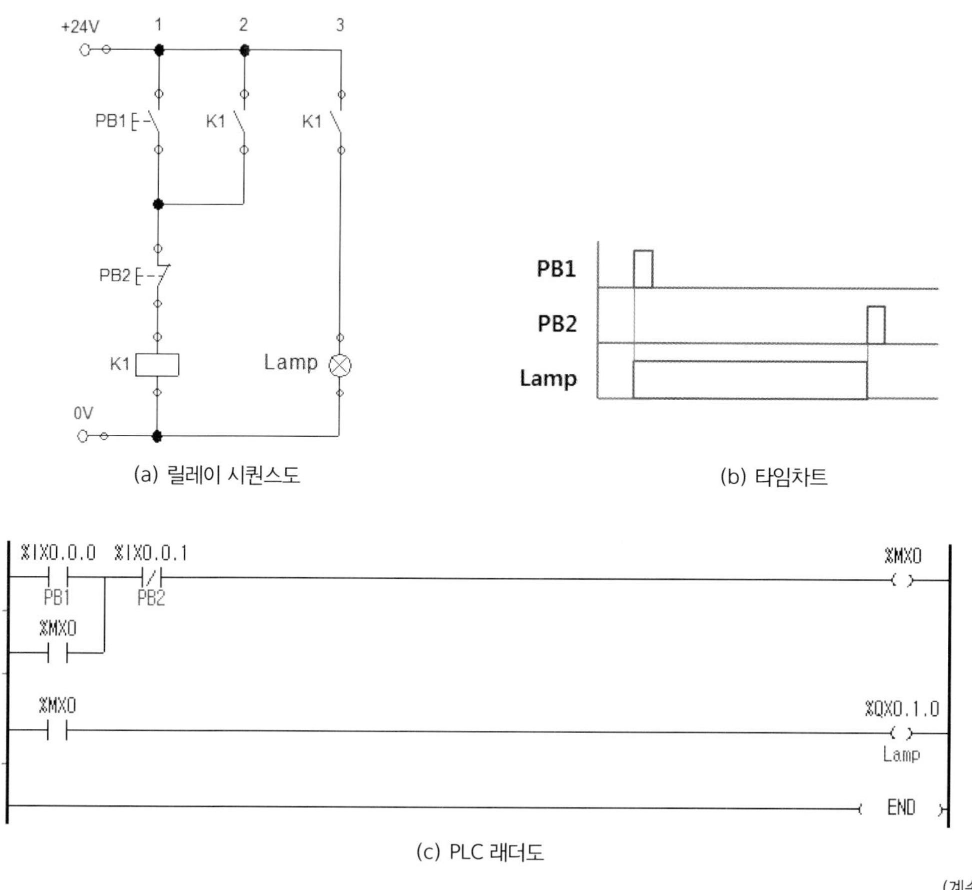

(a) 릴레이 시퀀스도

(b) 타임차트

(c) PLC 래더도

(계속)

(d) 시뮬레이션 모니터링 : PB1을 터치한 경우

(e) 시뮬레이션 모니터링 : PB1이 ON, PB2가 ON상태인 경우

그림 13.3 **해제할 수 있는 자기유지회로**

2. OFF우선 자기유지회로와 ON우선 자기유지회로

자기유지회로에는 자기유지를 해제하는 b접점 스위치의 삽입 위치에 따라 OFF우선형과 ON우선형이 있다.

(1) OFF우선(reset우선) 자기유지회로

그림 13.4와 같이 자기유지의 해제조건(b접점 스위치 PB2)을 배치하는 경우 스위치1(PB1, ON조건)과 스위치2(PB2, OFF조건)의 양쪽을 동시에 ON하면 OFF조건인 PB2의 b접점이 열리므로 출력코일이 OFF상태로 된다. 결국, ON조건의 ON/OFF에 관계없이 OFF조건의 작동이 우선한다. 이러한 회로를 OFF우선 자기유지회로 또는 reset우선 자기유지 회로라 한다.

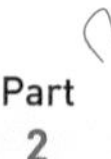

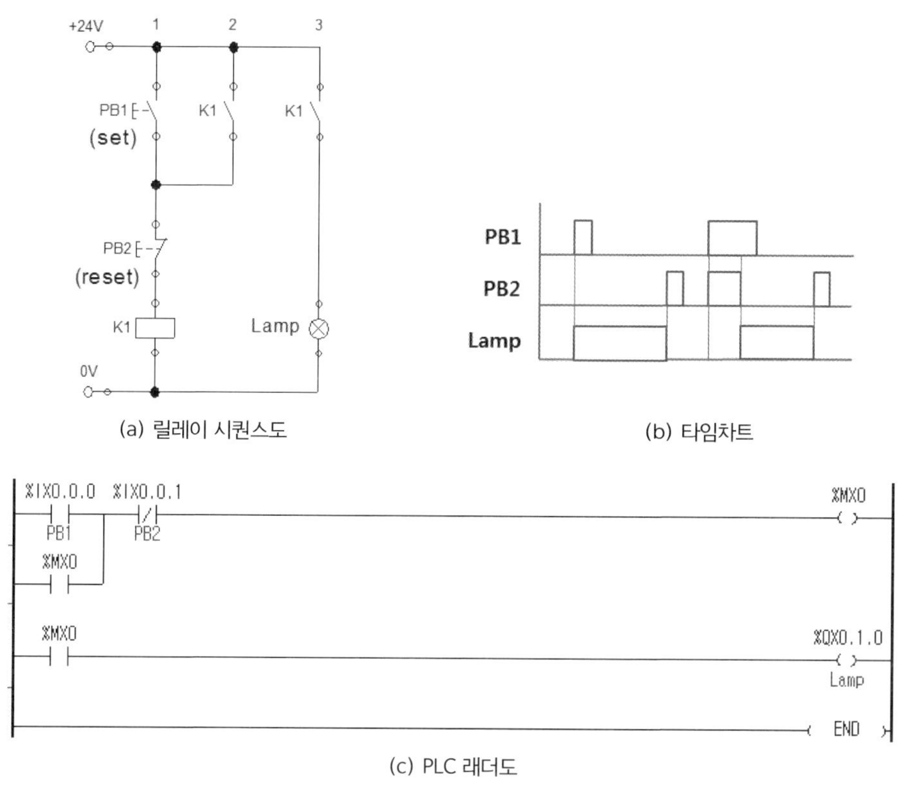

(a) 릴레이 시퀀스도 (b) 타임차트

(c) PLC 래더도

그림 13.4 OFF우선(reset우선) 자기유지회로

(2) ON우선(set우선) 자기유지회로

그림 13.5에 표시한 위치에 자기유지 해제조건인 스위치2(PB2)를 배치하면 PB1(ON조건)과 PB2(reset조건)의 양쪽이 동시에 성립하면 PB2를 작동시켜도 자기유지회로의 ON조건인 PB1이 ON상태인 경우에 출력 릴레이는 ON상태로 된다. 결국 OFF조건의 ON/OFF에 관계없이 ON조건이 우선한다. 이러한 회로를 **ON우선 자기유지회로** 또는 **set우선 자기유지회로**라 한다.

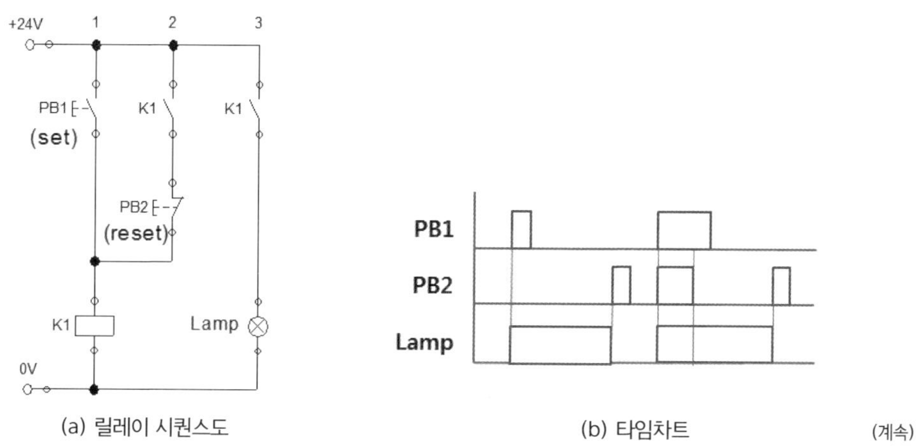

(a) 릴레이 시퀀스도 (b) 타임차트 (계속)

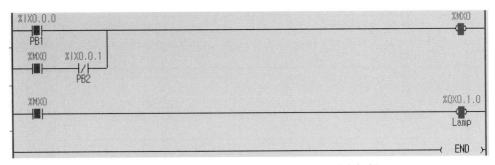

(c) PLC 래더도

(d) 시뮬레이션 모니터링 : PB1과 PB2가 동시에 ON상태인 경우

그림 13.5 **ON우선(set우선) 자기유지회로**

3. Set명령과 Reset명령을 이용하는 자기유지회로

Set명령 및 **Reset명령**은 릴레이 코일과 내부 릴레이에 대하여 적용할 수 있다. Out명령에서는 출력코일을 구동시키는 접점이 ON에서 OFF로 되면 출력코일도 ON에서 OFF로 된다. 그러나 Set코일 명령은 왼쪽의 연결선 상태가 ON되었을 때에는 관련된 BOOL 변수의 코일이 ON되고, 출력 코일을 구동시키는 접점이 ON으로부터 OFF로 변화해도 출력코일은 ON 상태로 유지된다. 그 출력코일을 OFF시키려면 동일한 변수명의 Reset명령을 이용해야 하며, 결국 Set코일 명령은 동작유지 명령이다.

따라서 그림 13.6과 같이 Set/Reset명령을 이용하여 자기유지회로를 작성할 수 있다.

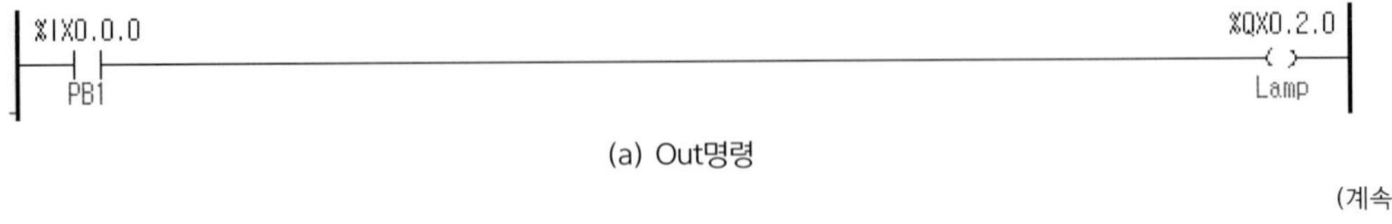

(a) Out명령

(계속)

(a_1) Out명령의 시뮬레이션 모니터링

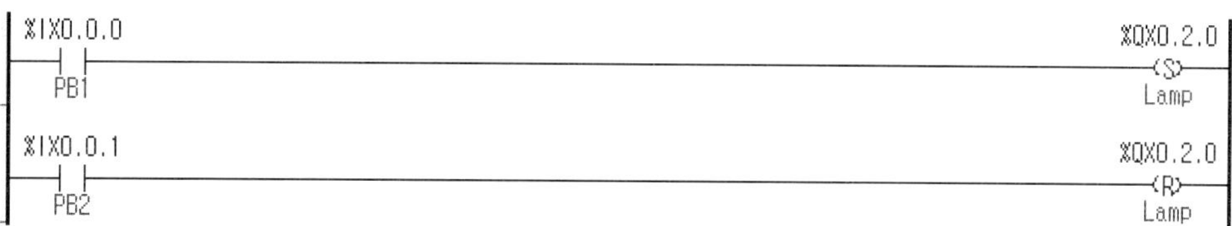

(b) Set/Reset명령

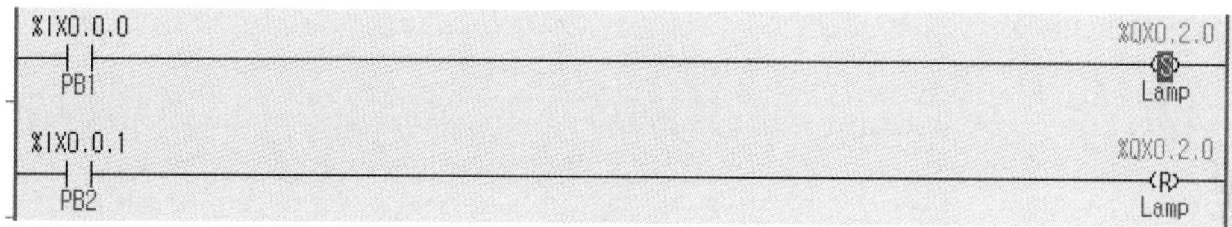

(b_1) Set/Reset명령의 시뮬레이션 모니터링 : PB1을 터치한 경우

(b_2) Set/Reset명령의 시뮬레이션 모니터링 : PB2를 ON시킨 경우

그림 13.6 **Set과 Reset회로**

4. 순차제어회로

여러 개의 출력을 정해진 순서대로 ON시키려면 그 수만큼의 자기유지회로를 이용한다. 그림 13.7은 램프1과 램프2가 순서대로 점등하는 회로의 예로서 두 개의 자기유지회로가 사용되었으며, 이 회로에서 스위치1(PB1)을 누르면 램프1이 점등하고, 다음에 스위치2(PB2)를 누르면 램프2가 점등한다. 이와 같이 정해진 순서대로 출력을 ON시키는 회로를 **순차제어회로**라 한다.

램프2의 자기유지 성립조건으로서 한 단계 전의 자기유지회로의 출력 릴레이의 a접점(K1 또는 %MX0)을 사용하므로 PB1보다 전에 PB2를 누르면 램프2는 점등하지 못한다. stop스위치 PB3을 누르면 램프1과 램프2가 소등된다.

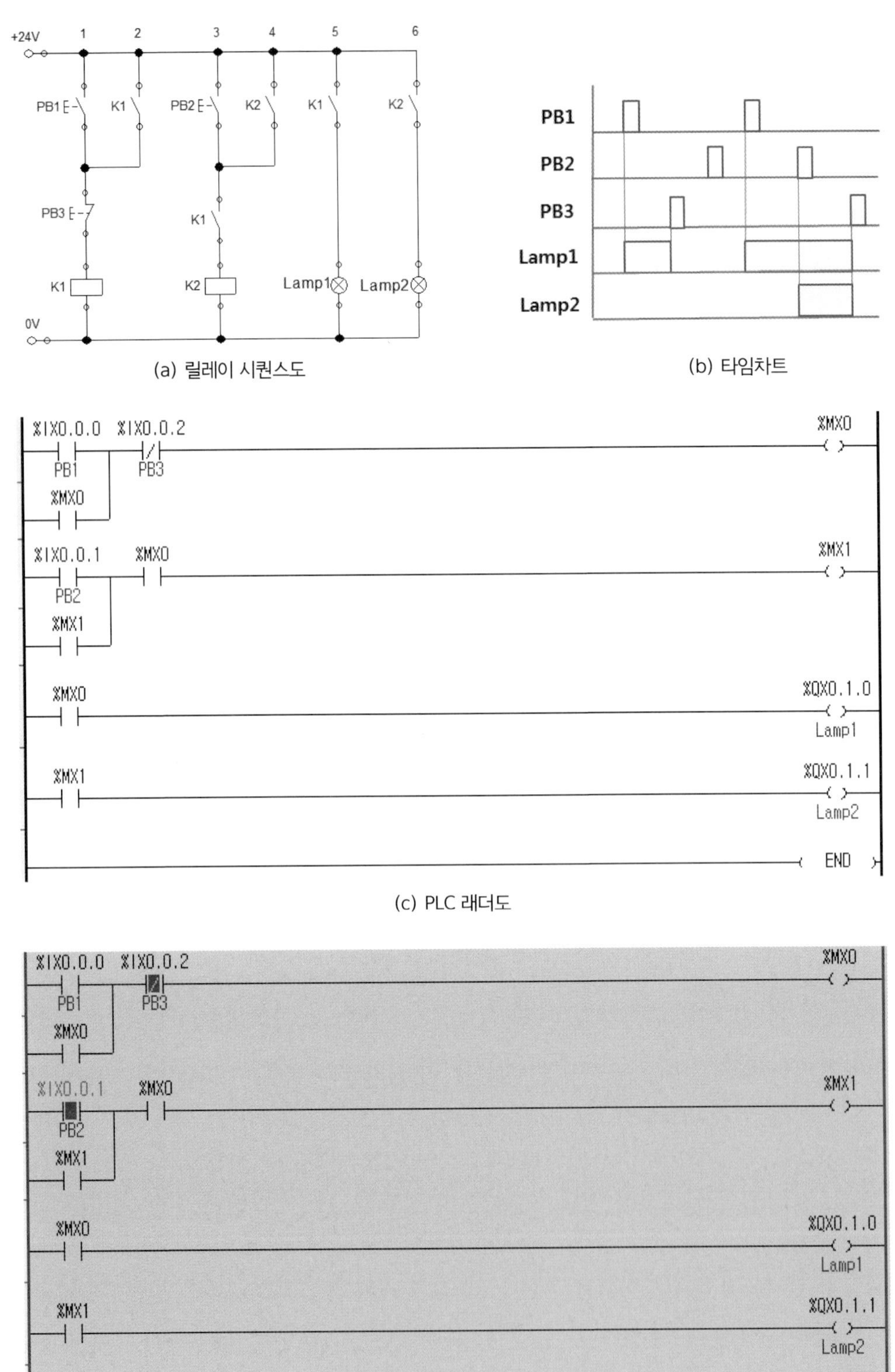

(a) 릴레이 시퀀스도

(b) 타임차트

(c) PLC 래더도

(d) PB2를 먼저 ON시킨 경우

(계속)

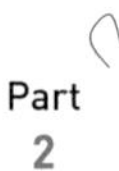

(e) PB1을 ON한 후 PB2를 ON한 경우

그림 13.7 **순차제어회로의 예**

13.2 인터록 /interlock/ 회로

인터록회로는 기기의 보호 또는 사용자의 안전을 목적으로 사용되며, 기기의 동작상태를 나타내는 접점을 이용하여 상호 관련되는 기기의 동작을 구속하는 회로로서 다음과 같은 기능이 요구될 때 적용한다.

(1) 상호 동작을 제한하는 기능

예를 들어, 모터 1대가 필요에 따라 정회전과 역회전을 하는 경우 정회전과 역회전의 명령을 동시에 하게 되면 모터가 발열하여 소손될 수 있다(그림 13.8).

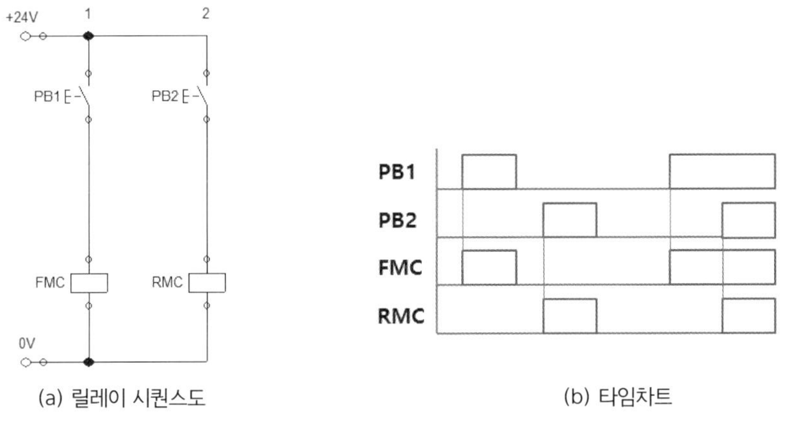

(a) 릴레이 시퀀스도 (b) 타임차트

(계속)

%IX0.0.0 %QX0.1.0
PB1 FMC
%IX0.0.1 %QX0.1.1
PB2 RMC
END

(c) PLC 래더도

그림 13.8 **인터록이 없는 모터구동회로**

이러한 경우 그림 13.9와 같이 정회전용 출력 릴레이의 접점 %QX0.1.0(전기회로에서는 정회전 릴레이 FMC)과 역회전용 릴레이 접점 %QX0.1.1(전기회로에서는 역회전 릴레이 RMC)을 서로 상대쪽 라인에 b접점으로 넣어 어느 한쪽의 명령(먼저 적용한 명령)만 출력이 나오도록 제한작용을 하게 한다.

이와 같이 인터록회로는 상반되는 출력의 동작이 동시에 발생하지 않는 기능을 갖는다.

그런데 인터록을 적용하지 않은 그림 13.8의 회로에서는 PB1을 누르면 모터가 정회전(FMC)하고, PB1이 OFF상태에서 PB2를 누르면 모터가 역회전(RMC)한다. 그러나 동시에 PB1과 PB2를 누르면 모터가 동작하지 않는다.

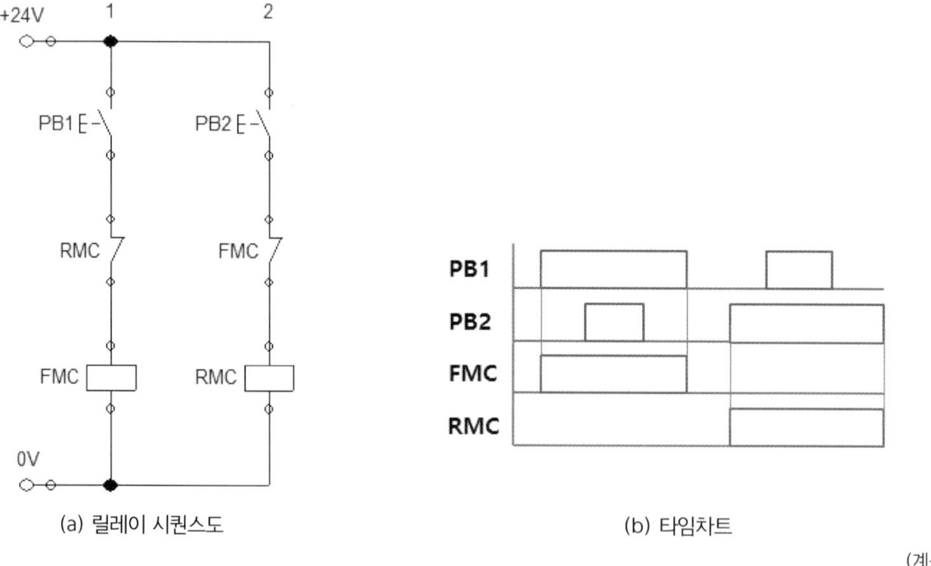

(a) 릴레이 시퀀스도

(b) 타임차트

(계속)

%IX0.0.0 %MX2 %MX1
PB1
%IX0.0.1 %MX1 %MX2
PB2
%MX1 %QX0.1.0
FMC
%MX2 %QX0.1.1
RMC
END

(c) PLC 래더도

(d) 시뮬레이션 모니터링 : PB1을 먼저 ON, 그 후 PB2를 ON한 경우

(e) 시뮬레이션 모니터링 : PB2를 ON한 경우

그림 13.9 **인터록이 있는 모터구동회로**

그림 13.9의 인터록회로에서는 PB1을 누르면 모터가 정회전(FMC)한다. 그 동안에 PB2를 누르면 정회전 릴레이의 b접점(FMC)이 열려 모터가 역회전(RMC)을 하지 못한다. 마찬가

지로 먼저 PB2를 누르고 있으면 모터가 역회전(RMC)한다. 이때 PB1을 누르면 역회전 릴레이의 b접점이 열려 모터는 정회전할 수 없다.

(2) 안전 조건이 만족되지 않으면 기기가 기동하지 않는 기능

다음과 같은 특정 조건하에서 기계장치나 설비의 오동작 또는 불필요한 동작을 방지하기 위해 다음의 경우에 인터록 신호를 사용하여 구동을 제한한다.

- 전원에 이상이 생겼거나 불량상태인 경우, 구동기기가 고장인 경우, 윤활유 부족발생 등의 신호가 나타나는 경우
- 비상 상태나 일시 정지 중의 신호가 나타나는 경우
- 사람 또는 기계가 동작 중인 신호가 나타나는 경우

(3) 인터록회로를 이용한 예

벨트 컨베이어 구동기구(그림 13.10)에서 인터록을 사용하는 시퀀스 프로그램을 작성한다. 벨트 컨베이어 구동기구의 제어조건은 다음과 같다.

- 우측이동 스위치(PB1)를 ON하면 모터가 정회전(FMC, 우측이동)하여 벨트 컨베이어가 우측으로 이동함으로써 공작물을 우측으로 이동시킬 수 있다. 공작물이 우측으로 이동하고 있는 도중에 좌측이동 스위치(PB2)를 눌러도 공작물이 좌측으로 이동하지 않는다.
- 공작물에 의해서 우측단 리밋스위치 LS2가 ON되면 벨트 컨베이어는 정지한다.
- 좌측이동 스위치(PB2)를 ON시키면 모터가 역회전(RMC, 좌측이동)하여 벨트 컨베이어가 좌측으로 이동함으로써 공작물을 좌측으로 이동시킬 수 있다. 그 동안에 우측이동 스위치(PB1)를 눌러도 공작물이 우측으로 이동하지 않는다.
- 공작물에 의해서 좌측단 리밋스위치 LS1이 ON되면 벨트 컨베이어는 정지한다.

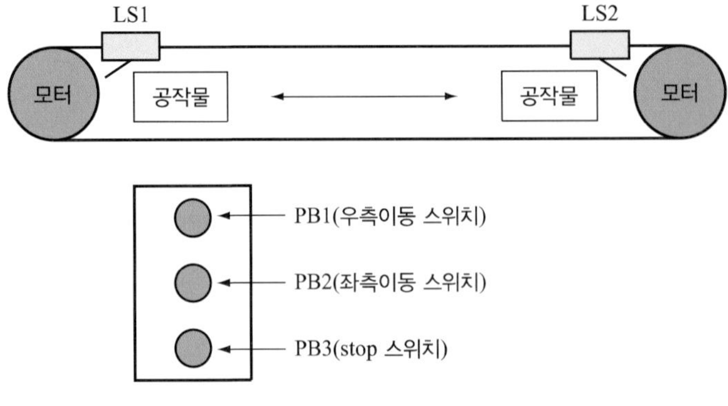

그림 13.10 **벨트 컨베이어 장치**

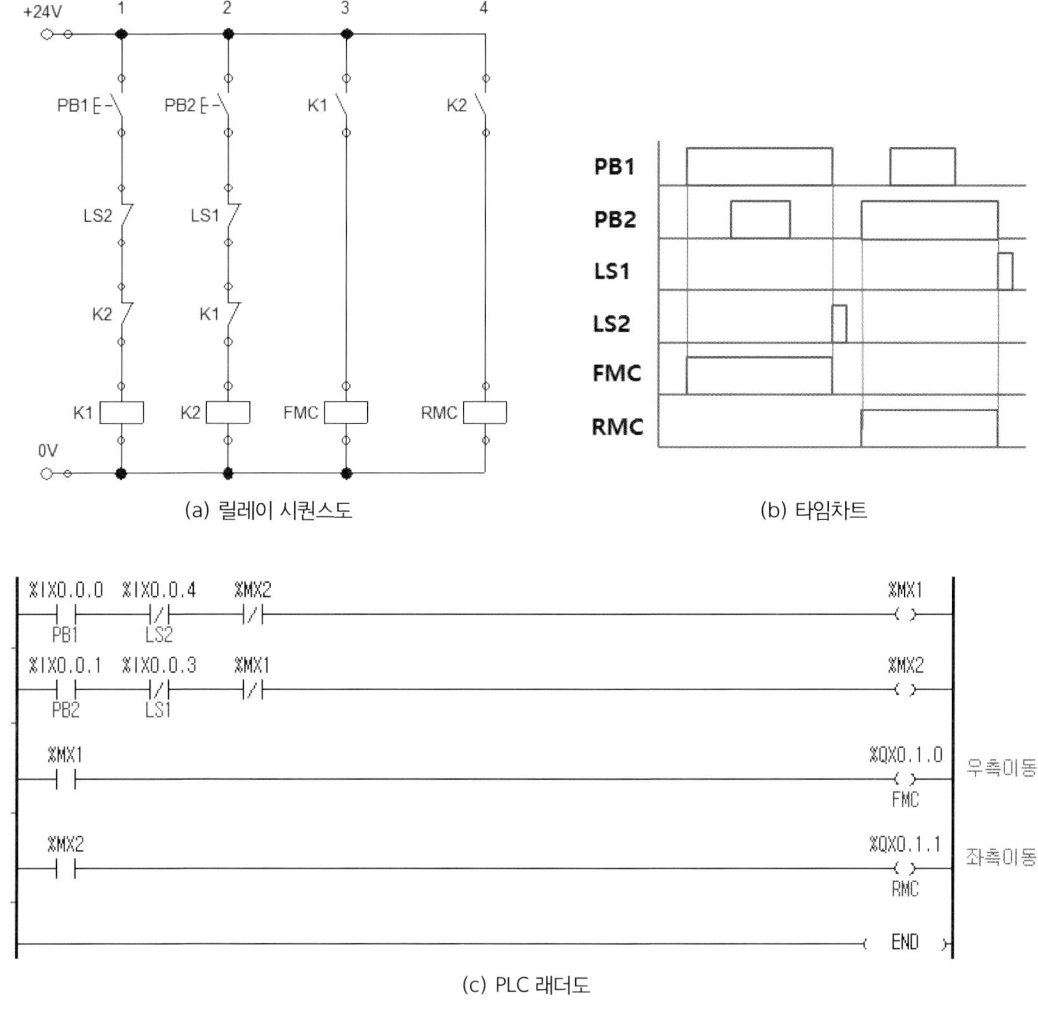

그림 13.11 **벨트 컨베이어 구동기구의 시퀀스회로(수동)**

그림 13.11은 이 기구의 릴레이회로도와 PLC 래더도(수동)이다. 이 회로에서 PB1 또는 PB2를 누르고 있는 동안에 벨트 컨베이어가 구동하여 공작물이 이동하는 수동운전회로이며, 이 경우 PB1을 먼저 누르고 있다면 컨베이어가 우측이동하고 그 동안에 PB2를 눌러도 좌측이동하지 않고 우측이동을 한다.

그림 13.12는 PB1이나 PB2를 계속 누르지 않고 터치하여 자기유지를 이용한 자동운전 회로로서, 작동원리는 그림 13.11과 동일하지만 공작물이 이동하는 동안에 stop스위치(PB3)를 누르면 벨트 컨베이어는 정지하며, 그 후 다른 방향의 이동 스위치를 누르면 이동방향을 바꿀 수 있다.

(a) PLC 래더도

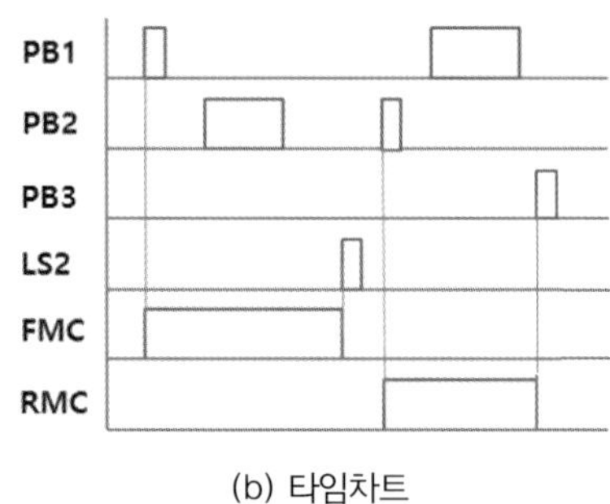

(b) 타임차트

그림 13.12 **벨트 컨베이어 구동기구의 시퀀스회로(자동)**

그림 13.12로부터 PB1을 ON했을 때 벨트 컨베이어가 구동하여 공작물이 좌로부터 우측으로 이동하고 다시 좌측으로 이동하는 1회 왕복동작회로를 생각하자.

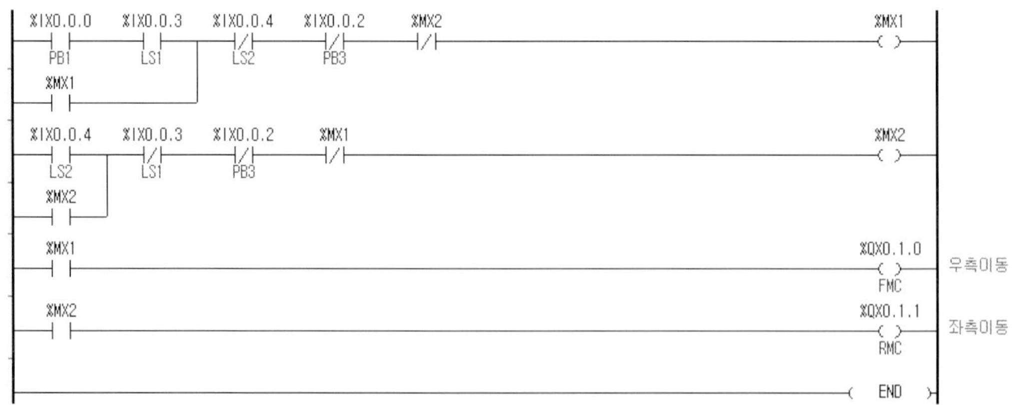

그림 13.13 **벨트 컨베이어 구동기구의 시퀀스회로(1회 왕복동작)**

그림 13.13과 같이 회로를 구성하면 공작물이 좌측단에 있을 때 PB1을 누르면 공작물이

우측으로 이동한다. 공작물이 우측단에 도달하면 모터가 역회전하여 공작물이 좌측으로 이동하고, 공작물이 좌측단에 도달하면 정지한다.

13.3 내부 릴레이 코일

내부 릴레이 코일은 프로그램 내에서만 자유로 이용할 수 있는 가상적인 릴레이 코일이다. 내부 릴레이 코일의 수는 PLC에 따라 다르므로 PLC의 사양을 확인하고 사용하는 것이 좋다.

일반적으로 PLC의 전원이 OFF되면 내부 릴레이 코일은 OFF되므로 전원이 차단 시에도 전원 상태를 유지하고 싶은 경우에는 유지 릴레이 코일을 사용한다.

내부 릴레이 코일을 표시하는 방법에는 PLC의 종류에 따라 다를 수 있지만 일반적으로 대문자 M을 붙여 표시한다(%MX1, %MX2 등).

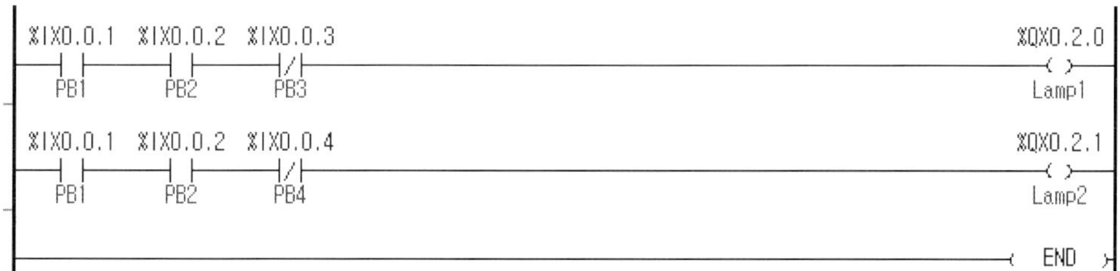

(a) 내부 릴레이 코일을 사용하지 않은 프로그램

(a_1) (a)의 시뮬레이션 모니터링

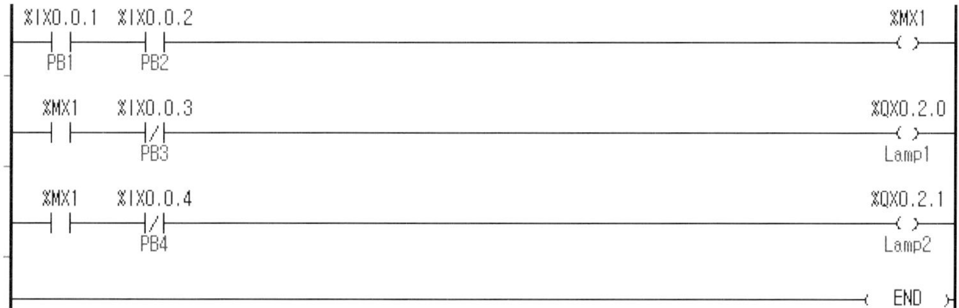

(b) 내부 릴레이 코일을 사용한 프로그램

(계속)

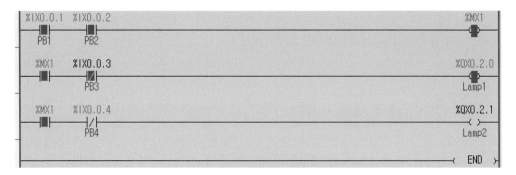

(b_1) (b)의 시뮬레이션 모니터링

그림 13.14 **내부 릴레이 코일을 이용한 프로그램의 예**

그림 13.14(a)는 내부 릴레이 코일을 사용하지 않은 프로그램이지만, 그림 13.14(b)는 동일한 내용의 프로그램에 내부 릴레이 코일을 사용한 프로그램으로서 복잡한 회로를 내부 릴레이 코일로 치환하여 간단하게 하는 기능을 갖는다.

다른 기능으로서는 내부 릴레이 코일을 이용하여 자기유지회로로 하면 입력기기의 상태를 일시적으로 기억하는 기능을 이용할 수 있다. 예를 들어, 그림 13.15와 같은 프로그램에서 PB1의 일시적인 ON상태를 내부 릴레이 코일 %MX0가 기억한다. 따라서 PB1과 PB2가 동시에 ON상태가 되어야 Lamp1이 점등하는데, PB1을 순간적으로 ON하면 %MX0가 기억하고 있으므로 언제든지 PB2만 ON되면 Lamp1이 점등할 수 있다. 소등을 하려면 PB3을 터치하면 된다.

(a) 내부 릴레이의 사용

(계속)

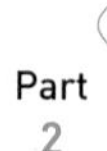

(a_1) (a)도의 시뮬레이션 모니터링

그림 13.15 **내부 보조 릴레이의 일시기억 기능 프로그램**

13.4 펄스명령

펄스명령은 입력 신호를 펄스 신호로 변환하여 출력하는 명령이다. 스위치가 OFF에서 ON으로 변화하는 상승에지를 취해 1스캔 시간만 ON하는 것이 상승에지 펄스명령(양변환 검출접점 : PB1)이며, 스위치가 ON에서 OFF로 변화하는 하강에지를 취해 1스캔 시간만 ON으로 하는 것이 하강에지 펄스명령(음변환 검출접점 : PB2)이다.

%IX0.0.1
PB1
%MX0
%IX0.0.2
PB2
%MX1
%MX0
%MX1
%MX2
%MX2
%MX2
%QX0.2.0
Lamp1
END

(a) 양변환 검출접점 및 음변환 검출접점을 이용한 프로그램

(계속)

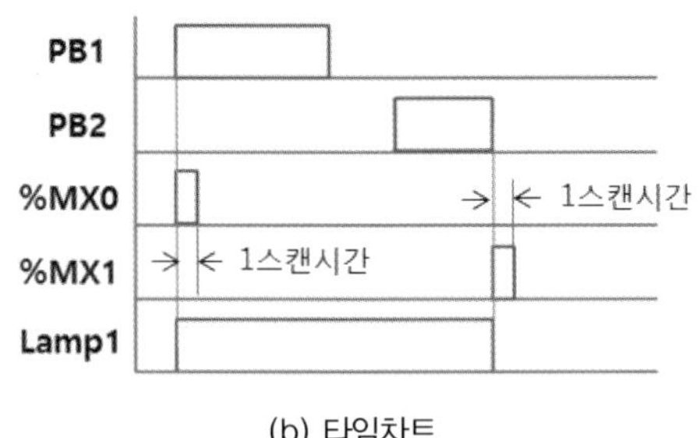

(b) 타임차트

(c) PB2가 ON상태에서 PB1을 터치한 경우

그림 13.16 **양변환 검출접점과 음변환 검출접점을 이용한 프로그램**

그림 13.16은 PB1을 누르는 순간 내부 릴레이 %MX0이 1스캔 시간 동안 ON하며 이때 Lamp1이 점등하여 자기유지된다. 이때 자기유지를 해제하기 위해서는 PB2를 누르고 있다가 떼는 순간 내부 릴레이 %MX1이 1스캔 시간 동안 ON하여 %MX2를 OFF시키고 자기유지회로를 해제시켜 Lamp1이 소등하게 된다.

13.5 타이머

타이머는 시간제어를 위해 사용되며 릴레이 제어반에서의 타이머는 한시 타이머(ON delay timer), 순시 타이머(OFF delay timer)가 릴레이로서 접점이 접속되어 있지만, PLC에서 사용되는 타이머는 PLC 내부에 있는 타이머이다.

XGI PLC에서 사용하는 타이머의 종류는 TON(ON delay timer), TOF(OFF delay timer), TP(Pulse timer), TMR(적산 타이머)가 있으며, 이들의 표시방법과 기능은 표 13.1~13.4에서 설명한다.

PLC의 프로그램에서 이용하는 타이머는 타이머 코일과 타이머 접점(a접점, b접점)으로 구성된다. PLC에서의 타이머는 릴레이 시퀀스의 타이머와 마찬가지로 타이머 코일을 순간 ON하는 것만으로는 동작하지 않고 설정 시간 이상 타이머 코일을 ON함으로써 동작한다.

일반적으로 많이 사용되는 타이머는 타이머의 코일이 ON되고부터 설정한 시간이 경과했을 때 타이머의 접점이 작동하는 ON delay timer와, 타이머의 코일이 ON에서 OFF로 복귀하고부터 설정한 시간이 경과했을 때 타이머의 접점이 작동하는 OFF delay timer이다.

① TON(ON delay timer)

표 13.1 ON delay timer(TON) : 한시 타이머

펑션 블록	설 명
TON BOOL — IN Q — BOOL TIME — PT ET — TIME	• 입력 IN : 타이머 기동 조건 PT : 설정 시간(Preset Time) • 출력 Q : 타이머 출력 ET : 경과 시간(Elapsed Time)

• 기능

- IN이 1이 된 후 경과시간이 ET로 출력된다.
- 만일 경과시간 ET가 설정시간에 도달하기 전에 IN이 0이 되면, 경과시간 ET는 0으로 된다.
- Q가 1이 된 후 IN이 0이 되면 Q는 0이 된다.

• 타임차트

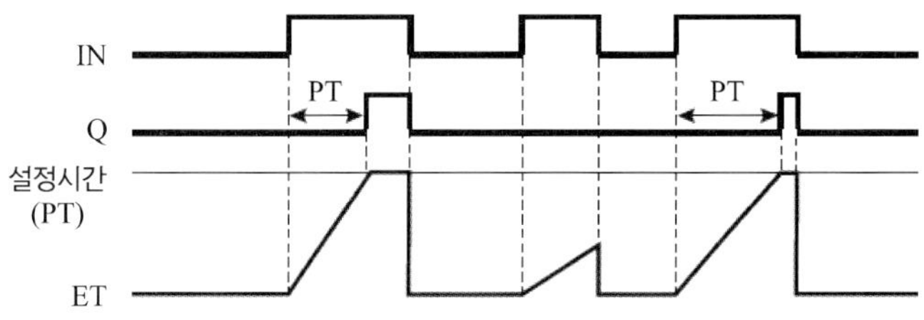

② TOF(OFF delay timer)

표 13.2 OFF delay timer(TOF) : 순시 타이머

펑션 블록	설 명
TOF BOOL — IN Q — BOOL TIME — PT ET — TIME	• 입력 IN : 타이머 기동 조건 PT : 설정 시간(Preset Time) • 출력 Q : 타이머 출력 ET : 경과 시간(Elapsed Time)

• 기능

- 기동조건 IN이 1이 되는 순간 Q는 1이 되고, IN이 0이 된 후부터 PT에 의하여 지정된 설정시간이 경과한 후 Q가 0이 된다.
- IN이 0이 된 후 경과시간이 ET로 출력된다.
- 만일 경과시간 ET가 설정시간에 도달하기 전에 IN이 1이 되면, 경과시간은 다시 0으로 된다.

• 타임차트

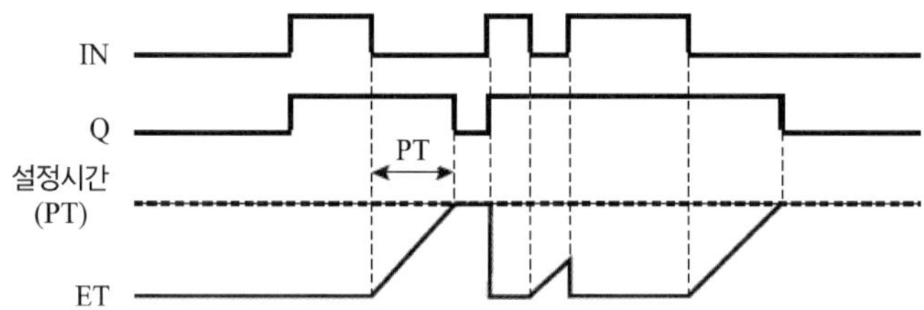

③ TP(Pulse timer)

표 13.3 Pulse timer(TP) : 펄스 타이머

펑션 블록	설 명
TP BOOL — IN Q — BOOL TIME — PT ET — TIME	• 입력 IN : 타이머 기동 조건 PT : 설정 시간(Preset Time) • 출력 Q : 타이머 출력 ET : 경과 시간(Elapsed Time)

• 기능

- IN이 1이 되면 PT에 의해서 지정된 설정시간 동안만 Q가 1이 되고, ET가 PT에 도달하면 자동으로 Q가 0이 된다.
- 경과시간 ET는 IN이 1이 되었을 때부터 증가하며 PT에 이르면 값을 유지하다가 IN이 0이 될 때 0의 값이 된다.
- ET가 증가할 동안은 IN이 0이 되거나 재차 1이 되어도 영향이 없다.

• 타임차트

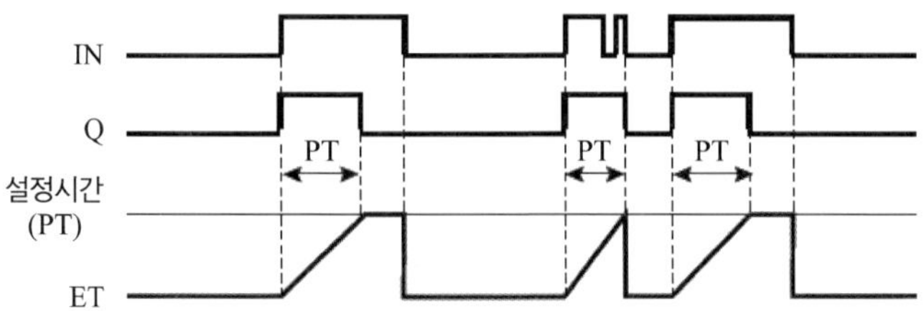

④ TMR(적산 타이머)

표 13.4 **적산 타이머(TMR)**

펑션 블록	설 명
TMR BOOL – IN　Q – BOOL TIME – PT　ET – TIME BOOL – RST	• 입력　IN : 타이머 기동 조건 PT : 설정 시간(Preset Time) RST : 리셋 입력(Reset) • 출력　Q : 타이머 출력 ET : 경과 시간(Elapsed Time)

- 기능
  - IN이 1이 된 후 경과시간이 ET로 출력된다.
  - 경과시간 ET가 설정시간에 도달하기 전에 IN이 0이 되어도 현재의 경과시간을 유지하다가 IN이 다시 1이 되면 경과시간을 다시 증가시킨다.
  - 경과시간이 설정시간에 도달하면 Q가 1이 된다.
  - Reset 입력조건이 성립되면 Q는 0이 되며 경과시간도 0이 된다.
- 타임차트

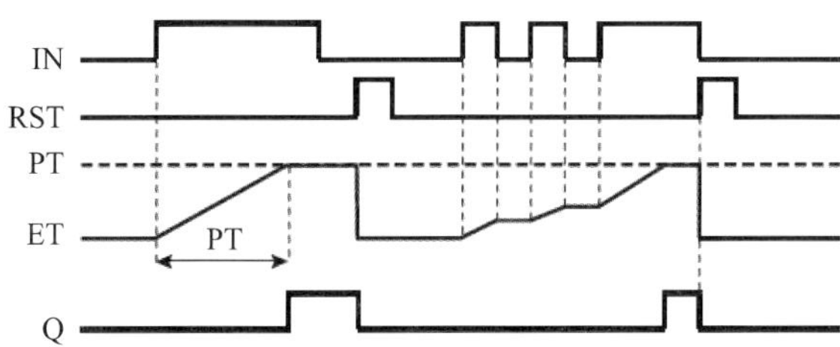

1. 타이머의 기본회로

그림 13.17은 스위치1(PB1)을 ON상태로 5초 경과하면 타이머 접점 T1이 ON되어 Lamp가 점등하는 릴레이 시퀀스도, PLC 래더도, 타임차트를 나타낸다. 타이머의 구동 중에 PB1을 OFF하면 타이머의 현재치가 0으로 되어 타이머 T1이 OFF되므로 그 a접점도 OFF되어 Lamp가 소등한다.

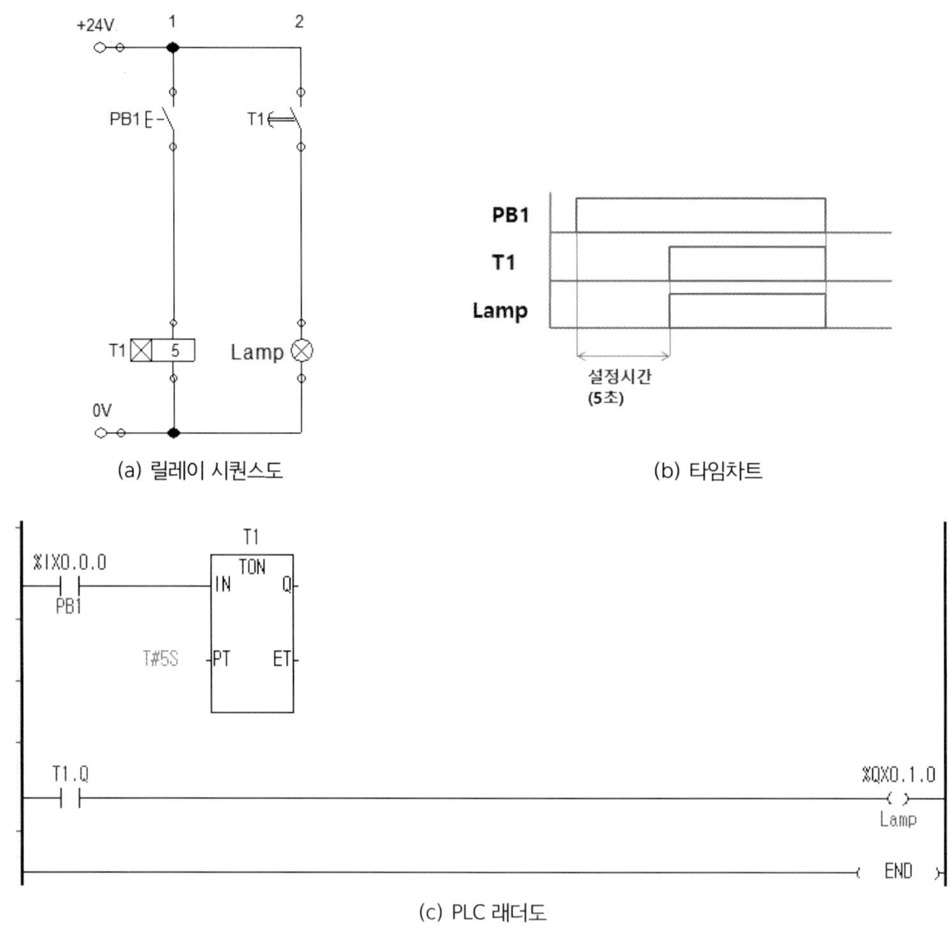

그림 13.17 **타이머의 기본회로**

2. 타이머를 이용한 회로

(1) ON delay timer회로

그림 13.17 회로는 타이머 T1에서 설정한 시간 이상으로 스위치1(PB1)을 계속 누르고 있지 않으면 타이머가 작동할 수 없다. PB1을 순간적으로 터치해도(한 번 눌렀다가 놓음) 타이머가 작동하기 위해서는 그림 13.18과 같이 릴레이 시퀀스에서는 릴레이(K1), PLC에서는 내부 릴레이(%MX1)을 이용한 자기유지회로로 해야 한다.

PLC 래더도에서 PB1을 눌러 %MX1을 ON하면 내부 릴레이의 접점과 내부 릴레이가 연결되어 PB1을 OFF시켜도 내부 릴레이 %MX1은 자기유지되어 ON상태로 된다. 이때 ON delay timer T1은 설정시간이 지난 후 ON되며, 따라서 T1의 a접점 T1.Q가 동작하여 Lamp가 점등한다. Lamp를 소등시키려면 PB2를 ON시키면 된다.

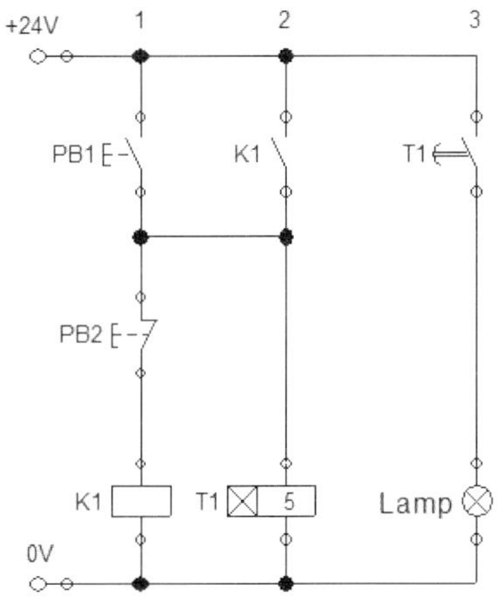

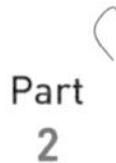

(a) 릴레이 시퀀스도

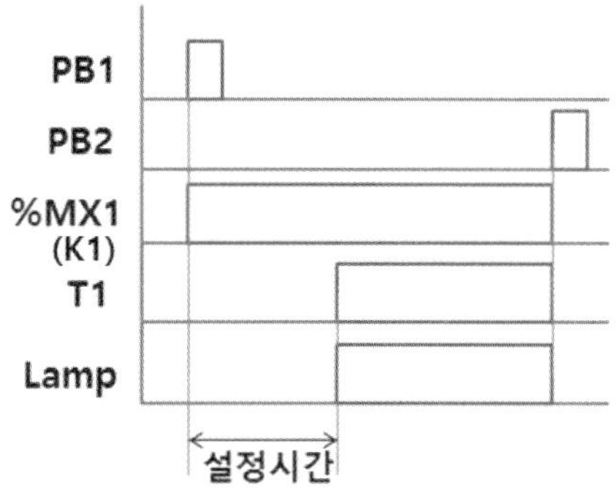

(b) 타임차트

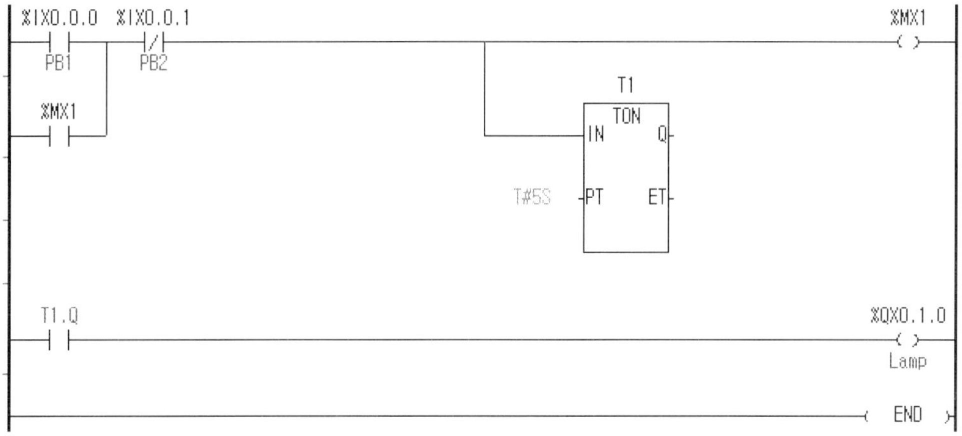

(c) PLC 래더도

그림 13.18 ON delay 타이머를 이용한 회로

(2) One Shot회로

타이머를 이용하여 짧은 시간동안 신호를 발생시키는 회로를 One Shot회로라 한다. 그림 13.19(a)는 릴레이 시퀀스도이며 스위치1(PB1)을 터치하면 릴레이 코일 K1이 ON되어 K1의 a접점이 닫혀 자기유지되고 Lamp가 점등한다. PB1을 터치하고 나서 타이머 설정시간이 지나면 ON delay timer T1이 ON되며, 그 T1의 b접점이 열려 자기유지가 해제되므로 K1코일이 OFF된다. 따라서 K1의 a접점도 닫혀 있던 상태로부터 열리게 되므로 Lamp가 OFF(소등)된다.

그림 13.19(c)의 PLC 래더도에서는 K1 대신에 %MX1으로 표시하였으며, 이것은 내부 릴레이로서 실제의 코일과 실제의 타이머가 아닌 프로그램으로 그 처리가 이루어진다.

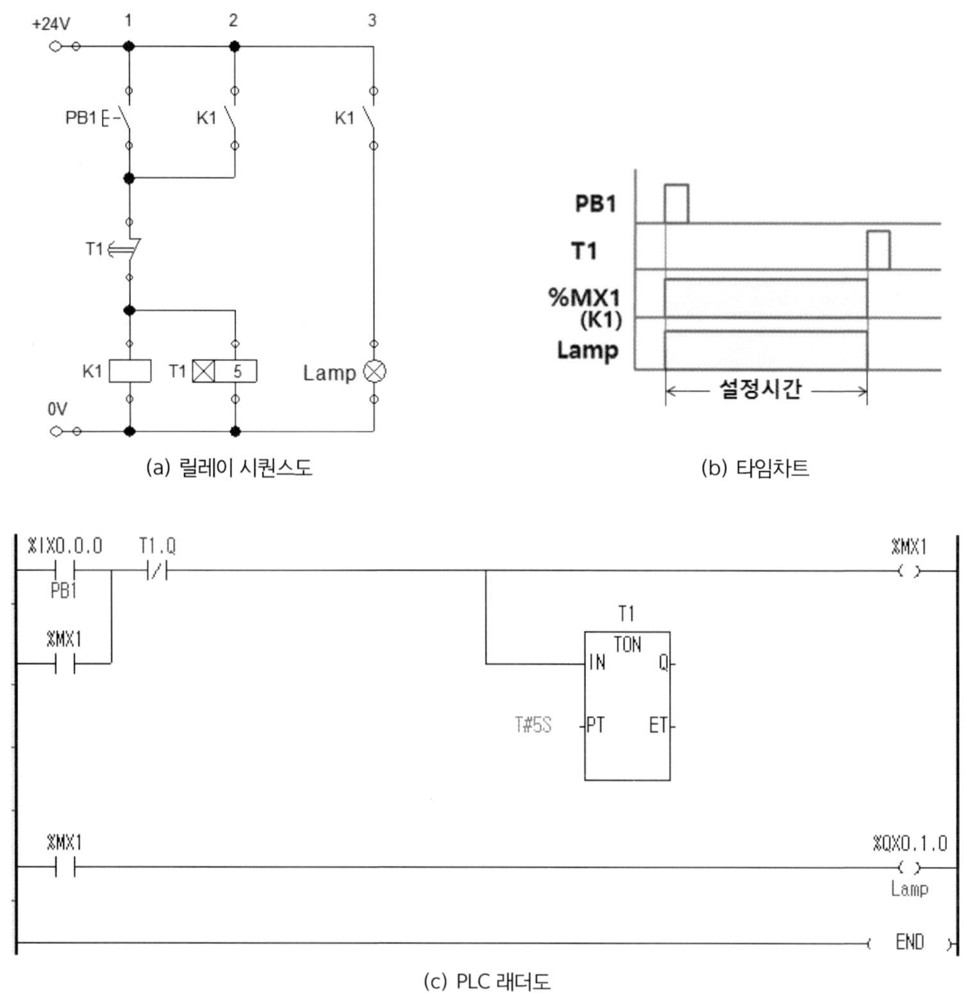

그림 13.19 One Shot회로

(3) 플리커회로

어떤 시간간격으로 출력이 ON과 OFF를 반복하는 회로를 플리커(Flicker)회로라 한다. 자동화 설비에 있어서 표시등이 점멸하여 주의를 유발시킬 필요가 있는 경우, 명령과 실제의 작업이 일치하지 않는 경우 또는 변화가 진행 중임을 표시하고자 할 때 플리커회로를 이용한다. 이러한 플리커회로를 구성하는 방법으로서 다음의 두 가지 방법을 들 수 있다.

① 2개의 타이머를 이용하는 방법

그림 13.20은 2개의 ON delay 타이머를 이용한 플리커회로의 예이다. 스위치1(PB1)을 계속 누르고 있는 동안에(유지형 스위치를 이용하면 편리함) 다음의 (a)~(c)의 동작을 반복한다.

(a) PB1을 누르면 설정된 시간 후에 타이머 T1(설정시간 1초)이 ON되어 T1의 a접점이 ON된다.

(b) 타이머 T1의 a접점이 ON되면 동시에 램프1이 점등한다. 그로부터 타이머 T2의 설정시간(2초) 후에 타이머 T2가 ON된다. 따라서 T2의 b접점이 열려 T1이 OFF되고 T1의 a접점이 닫힌 상태로부터 열리므로 Lamp1이 소등된다.

(c) 그러면 다시 T2가 OFF되어 T2의 b접점이 원래상태로 돌아가 PB1이 ON상태라면 새로운 사이클이 반복되어 Lamp1을 1초간 소등 후 2초간 점등하는 과정이 반복된다.

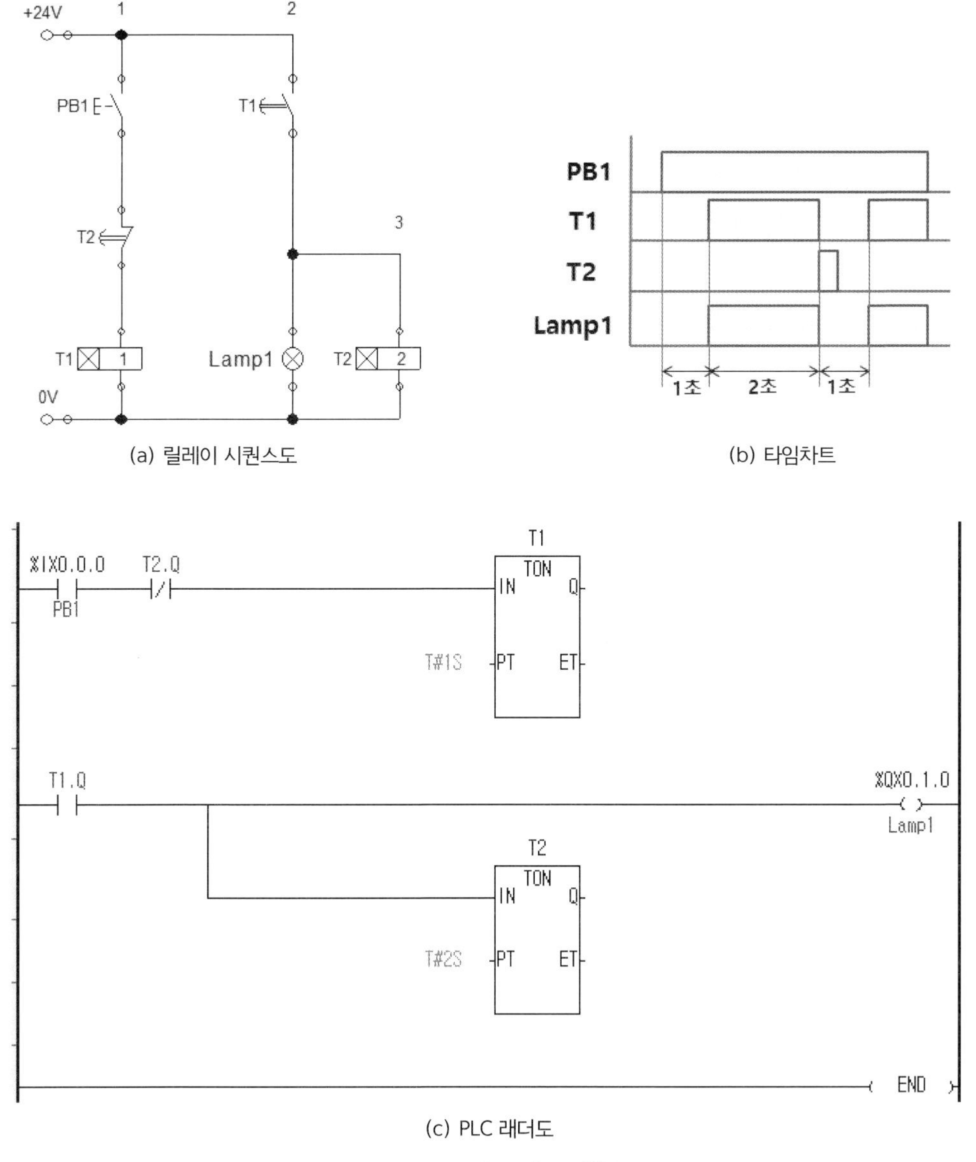

(a) 릴레이 시퀀스도

(b) 타임차트

(c) PLC 래더도

그림 13.20 One Shot회로

그림 13.20의 플리커회로는 Lamp1이 일정시간 간격으로 ON/OFF(점멸)를 계속하려면 스위치1(PB1)을 계속 누르고 있어야 하는데, 그림 13.21과 같이 자기유지회로로 변경하면 스위치1을 순간터치하기만 해도 Lamp1을 계속 점멸시킬 수 있다. 만일 그 점멸상태를 정지하려면 스위치2(PB2)를 터치하면 된다. 또 그림 13.20(a)의 릴레이 시퀀스도에서는 PB1을 유지형 스위치로 하고 직렬로 PB2의 b접점 스위치를 설치하면 된다.

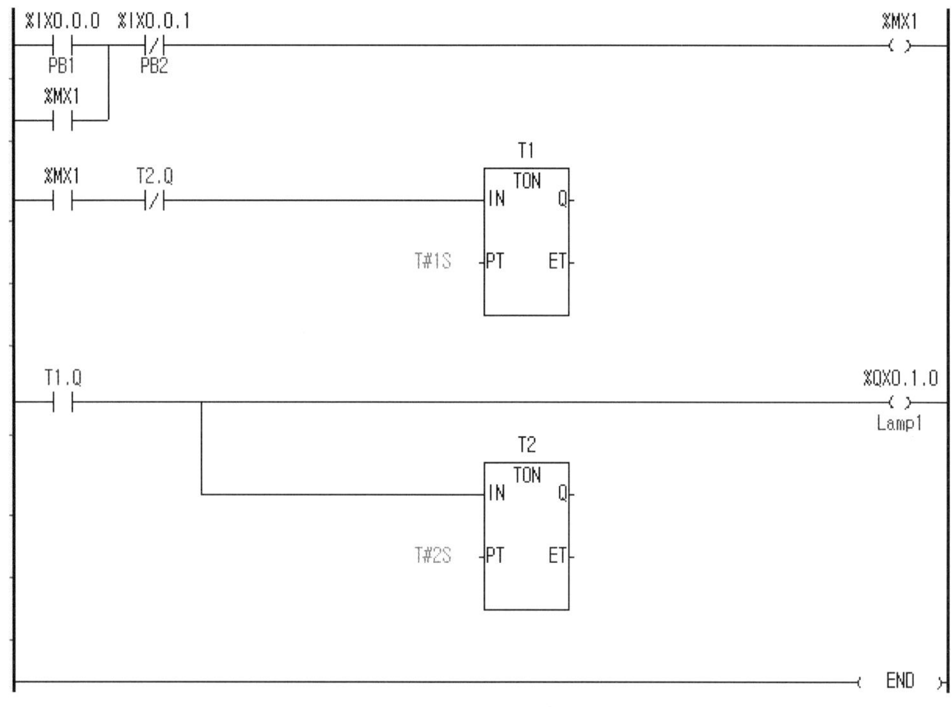

그림 13.21 **PLC 래더도**

② 플래그를 이용하는 방법

PLC에는 특수한 기능을 갖는 플래그가 내장되어 있다. 그 플래그에는 표 13.5에 표시하듯이 20 ms~60 s 간격 등으로 ON과 OFF를 반복하는 플래그이며, 이들을 이용하면 플리커회로를 용이하게 작성할 수 있다.

표 13.5 **사용자 플래그**

플래그명	타 입	내 용
_T20MS	BOOL	20 ms 주기의 CLOCK
_T100MS	BOOL	100 ms 주기의 CLOCK
_T200MS	BOOL	200 ms 주기의 CLOCK

(계속)

플래그명	타 입	내 용
_T1S	BOOL	1 s 주기의 CLOCK
_T2S	BOOL	2 s 주기의 CLOCK
_T10S	BOOL	10 s 주기의 CLOCK
_T20S	BOOL	20 s 주기의 CLOCK
_T60S	BOOL	60 s 주기의 CLOCK

그림 13.22는 1초 클럭 기능을 갖는 플래그 _T1S를 이용한 플리커회로의 예이다. PB1을 터치하면 내부 릴레이 %MX1이 ON되어 자기유지되며, 그 a접점이 닫혀 1초 간격으로 Lamp가 점멸한다. 그것을 정지시키려면 PB2를 터치하면 된다.

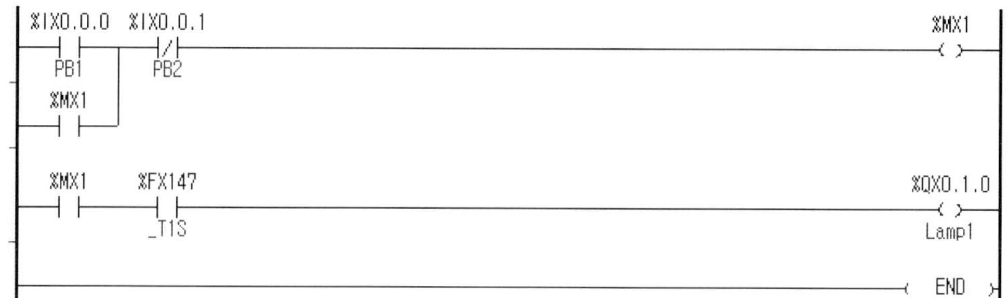

그림 13.22 **특수 릴레이를 이용한 플리커회로**

(4) 순차 점등회로

그림 13.23은 2개의 타이머를 이용한 순차 점등회로의 예이다. 이 회로는 다음과 같이 동작한다.

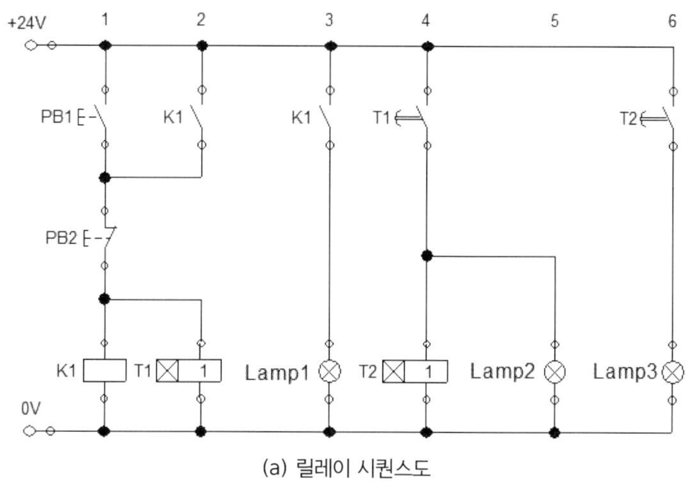

(a) 릴레이 시퀀스도

(계속)

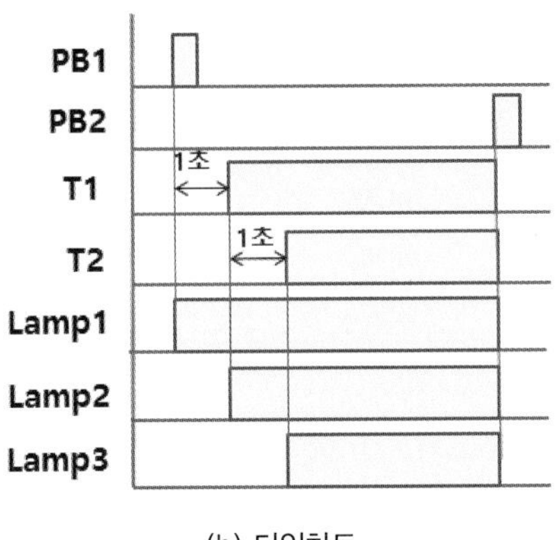

(b) 타임차트

%IX0.0.0 %IX0.0.1 %MX1
PB1 PB2
%MX1
%QX0.1.0
Lamp1
T1
TON
IN Q
T#1S PT ET
T1.Q %QX0.1.1
Lamp2
T2
TON
IN Q
T#1S PT ET
T2.Q %QX0.1.2
Lamp3
END

(c) PLC 래더도

그림 13.23 **순차 점등회로**

스위치1(PB1)을 터치하면 램프1이 점등하고 1초 후에 타이머1의 T1이 ON된다. 이때 T1의 a접점이 작동하여 램프2가 점등한다. 그리고 1초 후에 타이머2의 T2가 ON되어 T2의 a접점이 작동하여 램프3이 점등한다. 스위치2(PB2)를 터치하면 모든 램프가 소등된다.

(5) OFF delay timer회로

그림 13.24의 릴레이 시퀀스도와 PLC 래더도에서는 OFF delay timer를 이용한 회로로서, 푸시버튼 PB를 누르면 출력 램프가 바로 점등하고, PB를 OFF시키면 설정시간 후에 램프가 소등한다.

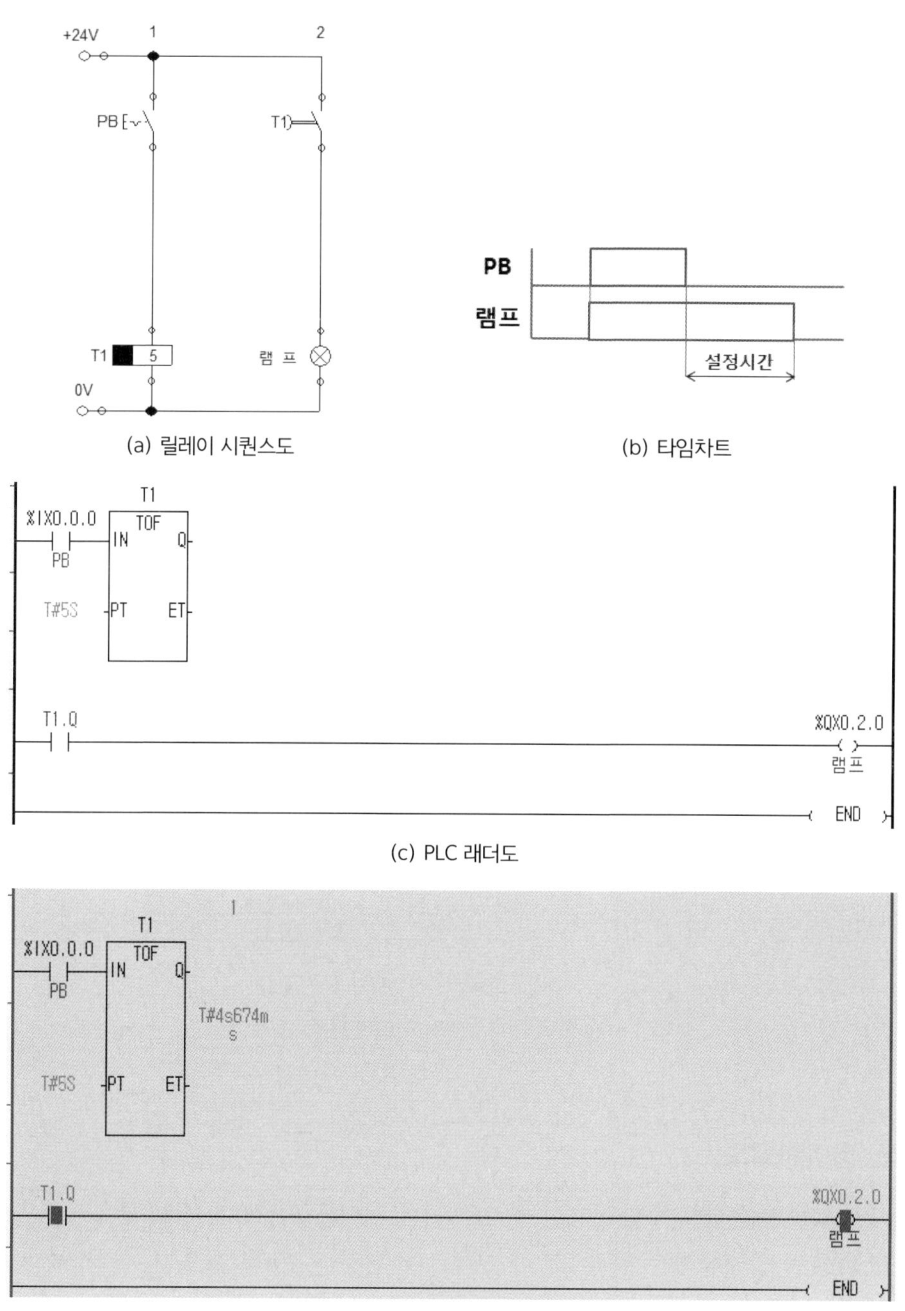

(a) 릴레이 시퀀스도

(b) 타임차트

(c) PLC 래더도

(d) 시뮬레이션 모니터링

그림 13.24 OFF Delay timer회로

(6) 펄스 타이머회로

그림 13.25는 펄스 타이머를 이용한 회로로서, 푸시버튼 PB를 ON하면 출력 램프가 설정 시간 동안 점등했다가 소등한다. 점등 중에 PB가 OFF되거나 다시 ON되어도 출력의 동작에는 영향이 없다.

(a) PLC 래더도

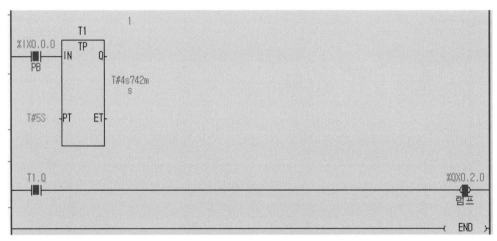

(b) 시뮬레이션 모니터링

그림 13.25 **Pulse timer회로**

(7) 적산 타이머회로

그림 13.26은 적산 타이머를 이용한 회로로서, 푸시버튼 PB가 ON상태에서는 경과시간이 증가하고 OFF인 상태에서는 경과시간이 그대로 유지된다. PB를 필요에 따라 ON과 OFF를 행할 때 ON시간의 합산시간이 설정시간과 같아지면 출력(램프)이 ON된다. reset스위치를 터치하면 경과시간이 0으로 리셋되며 출력도 OFF된다.

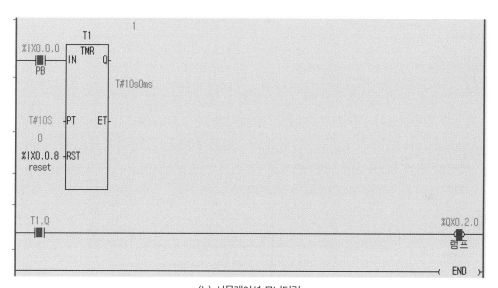

(a) PLC 래더도

(b) 시뮬레이션 모니터링

그림 13.26 **적산 타이머회로**

13.6 카운터 /Counter/

카운터는 요구조건의 횟수를 계수하는 요소로서, 입력이 ON될 때마다 현재값을 1씩 증가 또는 감소시켜 설정값이 되면 출력을 ON시킨다. 릴레이 제어반의 카운터는 저항이나 반도체 등의 전자부품으로 구성된 카운터이지만, PLC의 카운터는 PLC 내부에 있는 카운터이다.

카운터는 카운트 입력이 OFF에서 ON으로 변화하는 상승에지일 때 계수를 하며, 리셋입력이 ON되면 현재값이 리셋되어 0이 되고, 이때 카운터 접점도 OFF된다.

카운터에는 가산식과 감산식이 있으며, XGI PLC의 경우는 가산식의 CTU(Up Counter, 가산 카운터), 감산식의 CTD(Down Counter, 감산 카운터), 가산식과 감산식을 합성한 가감산식의 CTUD(Up Down Counter, 가감산 카운터) 명령이 있다(표 13.6~13.8 참조). 그 표시 기호와 기능에 대하여 기술한다.

① CTD(Down Counter, 감산 카운터)

표 13.6 Down Counter

펑션 블록	설 명
BOOL — CD CTD Q — BOOL BOOL — LD CV — ANY *ANY_INT — PV	• 입력 CD : 다운_카운트(Down_Count) 펄스 입력 LD : 설정값 입력(Load) PV : 설정값(Preset Value) • 출력 Q : 다운_카운트(Down_Count) 출력 CV : 현재값(Current Value)

• 기능

- 감산 카운터 펑션블록 CTD는 감산 카운터 펄스입력 CD가 0에서 1이 되면, 현재값 CV가 이전값보다 1만큼 감소하는 카운터이다. 단 CV는 설정값 PV의 최솟값(예 : -32768)보다 클 때만 감소하고, 최솟값이 되면 더 이상 감소하지 않는다.
- 설정값 입력 LD가 1이 되면 현재값 CV에는 설정값인 PV값이 로드된다(CV = PV).
- 출력 Q는 CV가 0 이하일 때만 1이 된다.

• 타임차트

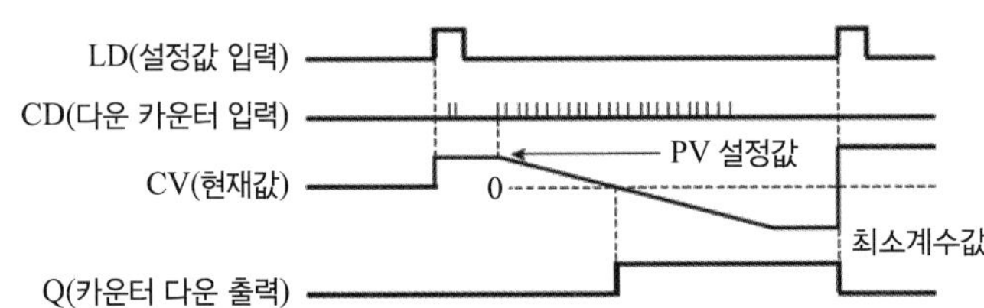

② CTU(Up Counter, 가산 카운터)

표 13.7 Up Counter

펑션 블록	설 명
BOOL — CU CTU Q — BOOL BOOL — R CV — *ANY_INT *ANY_INT — PV	• 입력 CU : 업_카운트(Up_Count) 펄스 입력 R : 리셋 입력(Reset) PV : 설정값(Preset Value) • 출력 Q : 업_카운트(Up_Count) 출력 CV : 현재값(Current Value)

• 기능

- 가산 카운터 펑션블록 CTU는 업 카운터 펄스입력 CU가 0에서 1이 되면 현재값 CV가 이전값보다 1만큼 증가하는 카운터이다. 단 CV가 설정치 PV의 최댓값(예 : 32767) 미만일 때만 증가하고, 최댓값이 되면 더 이상 증가하지 않는다.
- 리셋 입력 R이 1이 되면 현재값 CV는 0으로 클리어(Clear)된다.
- 출력 Q는 CV가 PV값 이상이 될 때만 1이 된다.
- PV값은 CTU 펑션블록을 수행 시 설정값을 새롭게 가져와 연산한다.

• 타임차트

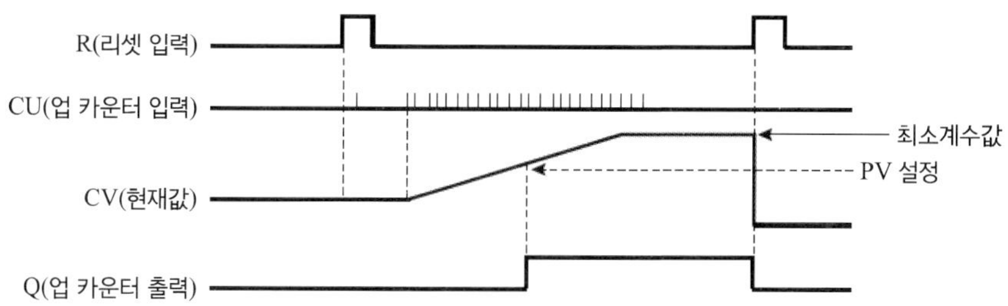

③ CTUD(Up Down Counter, 가감산 카운터)

표 13.8 Up Down Counter

펑션 블록	설 명
CTUD BOOL — CU QU — BOOL BOOL — CD QD — BOOL BOOL — R CV — *ANY_INT BOOL — LD *ANY_INT — PV	• 입력 CU : 업_카운트(Up_Count) 펄스 입력 CD : 다운_카운트(Down_Count) 펄스 입력 R : 리셋 입력(Reset) LD : 설정값 입력(Load) PV : 설정값(Preset Value) • 출력 QU : 카운트_업(Count_Up) 출력 QD : 카운트_다운(Count_Down) 출력 CV : 현재값(Current Value)

• 기능

- 가감산 카운터 펑션블록 CTUD는 업카운터 펄스입력 CU가 0에서 1이 되면 현재값 CV가 이전값보다 1만큼 증가하고, 다운 카운터 펄스입력 CD가 0에서 1이 되면 현재값 CV가 이전값보다 1만큼 감소하는 카운터이다. 단 CV가 PV의 최솟값과 최댓값 사이의 값을 가지며 최대, 최솟값에 이르면 각각 더 이상 증가, 감소하지 않는다.
- 설정값 입력 LD가 1이 되면 현재값 CV에는 설정값 PV가 로드된다(CV=PV).
- 리셋 입력 R이 1이 되면 현재값 CV는 0으로 클리어(Clear)된다(CV=0).
- 출력 QU는 CV가 PV 이상이면 1이 되고, 출력 QD는 CV가 0 이하일 때 1이 된다.

– 각 입력 신호에 대해서 R > LD > CU > CD 순으로 동작을 수행하며, 신호의 중복 발생 시 우선순위가 높은 동작 하나만 수행한다.

• 타임차트

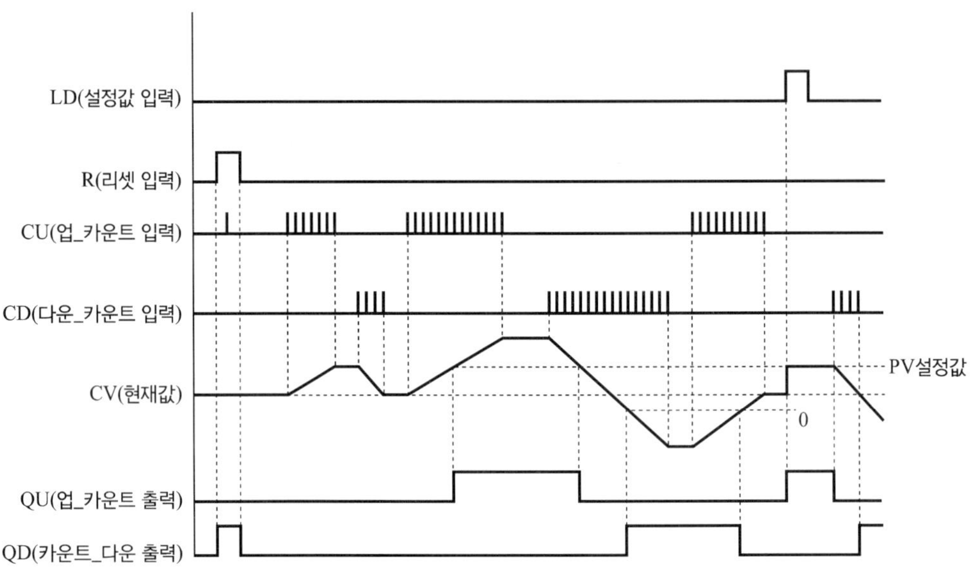

1. 카운터를 이용하는 회로

(1) CTD를 이용하는 회로

제어조건 로드스위치를 눌러 현재값을 5로 로딩하고 푸시버튼 PB를 5회 터치하면 현재값이 5로부터 1씩 감소하여 현재값이 0이 되면 램프가 점등한다.

릴레이 시퀀스도인 그림 13.27(a)에서는 카운터가 감산방식으로서 회로에 전원이 인가되면 카운터 C1에 설정치가 입력되고, 푸시버튼 PB를 ON시킬 때마다 현재값이 감소되어 그 값이 0이 될 때 C1코일이 ON되고 그 a접점 C1이 닫혀 램프가 점등하며, reset스위치를 누르면 현재값이 설정치로 리셋된다.

그림 13.27(c)도의 PLC 프로그램에서는 릴레이 시퀀스도의 reset스위치를 로드스위치로 표시하였으며 현재값이 설정치로 로드된다. 그 후 PB를 5회 터치하면 현재값 CV가 0이 되어 카운터 출력 C1.Q가 ON되므로 램프가 점등한다.

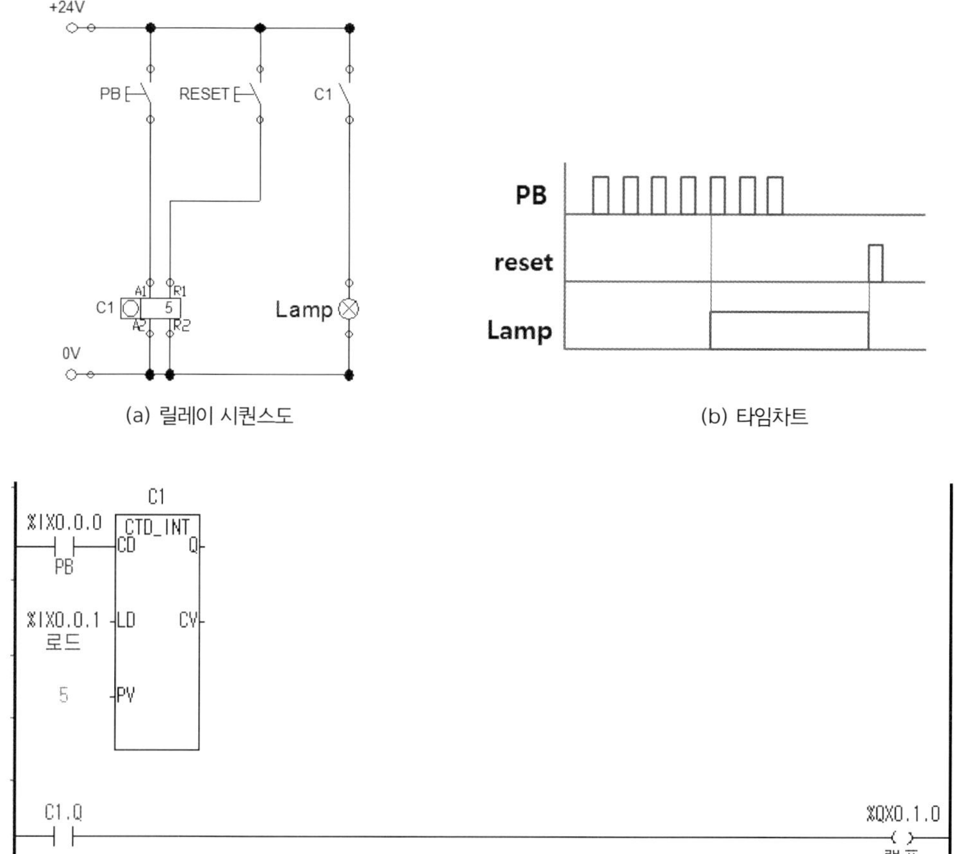

(a) 릴레이 시퀀스도

(b) 타임차트

(c) PLC 래더도

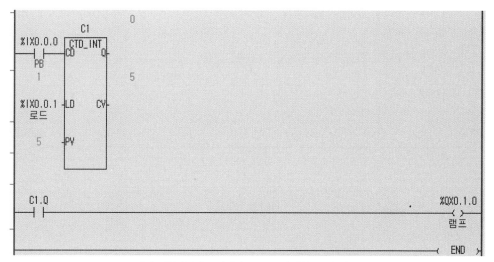

0
C1
%IX0.0.0
CTD_INT
CD
Q
PB
1
5
%IX0.0.1
LD
CV
로드
5
PV
C1.Q
%QX0.1.0
램프
END

(d) 시뮬레이션 모니터링 : 로드스위치를 ON한 경우

(계속)

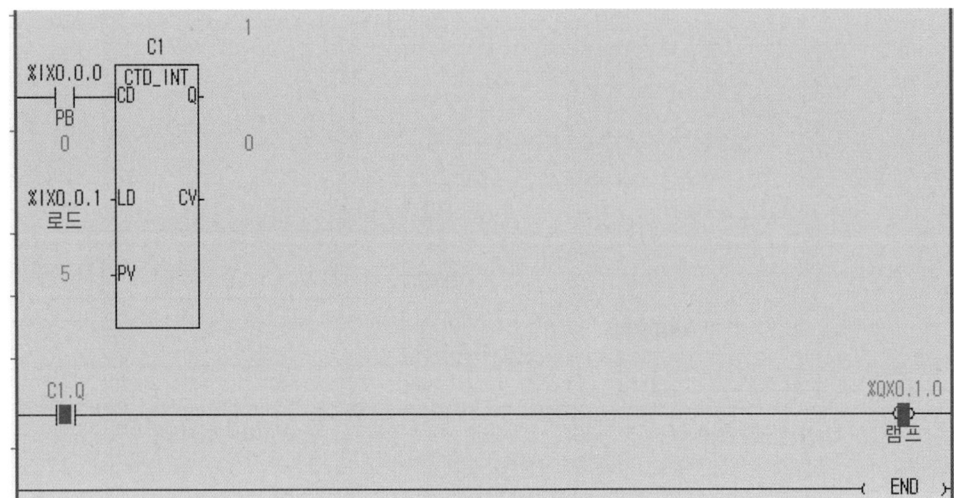

(e) 시뮬레이션 모니터링 : PB를 5회 터치한 경우

그림 13.27 **CTD회로**

(2) CTU를 이용하는 회로1

제어조건 푸시버튼 PB를 5회 터치하면 램프가 점등하고 리셋스위치를 터치하면 현재값이 초기화되며, 램프가 소등된다. PLC 래더도는 그림 13.28과 같다.

(a) PLC 래더도

(계속)

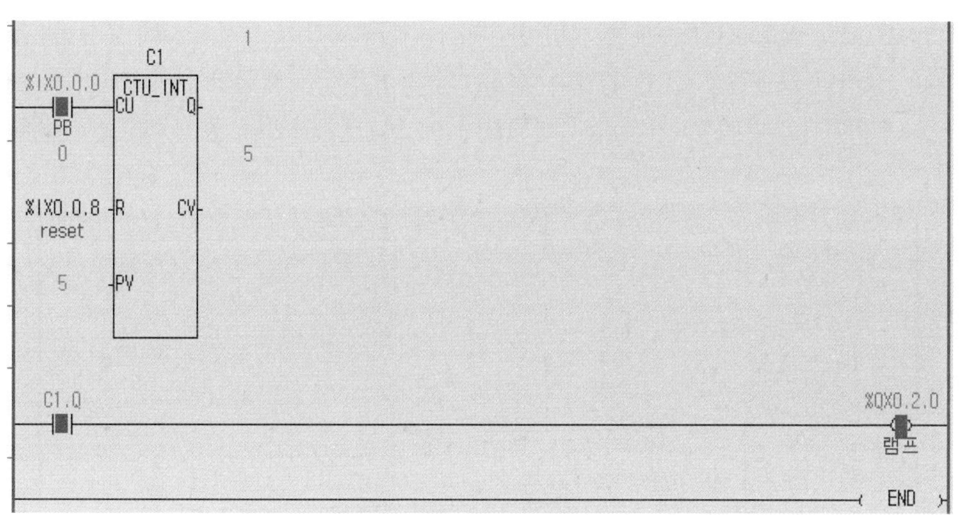

(b) 시뮬레이션 모니터링

그림 13.28 CTU회로

그림 13.28(a)의 PLC 래더도는 PB를 5회 터치하면 램프가 점등하는 회로이다. 카운트 입력용 스위치 PB를 5회 터치하면 현재치 CV가 증가하여 설정치 PV의 값(5)에 도달하면 가산카운터 C1의 출력 C1.Q가 ON되어 램프가 점등하며, reset스위치를 ON하면 카운터의 CV(현재치)가 0으로 초기화되며, C1.Q가 OFF되므로 램프는 소등한다. 현재치가 설정치에 미달한 상태에서도 reset스위치를 ON하면 0으로 초기화된다.

(3) CTU를 이용하는 회로2

제어조건 그림 13.29는 벨트 컨베이어에 의해서 이동하는 공작물의 수를 계수하기 위한 장치이다. 즉, 스위치1(PB1)을 ON시키면 벨트 컨베이어가 작동하고 공작물이 벨트 컨베이어에서 우측으로 이송할 때 우측단의 리밋스위치 LS2가 동작하여 카운트하고, 설정된 수가 카운트되면 벨트 컨베이어가 정지하는 제어조건을 PLC 래더도에 의해서 작성한다.

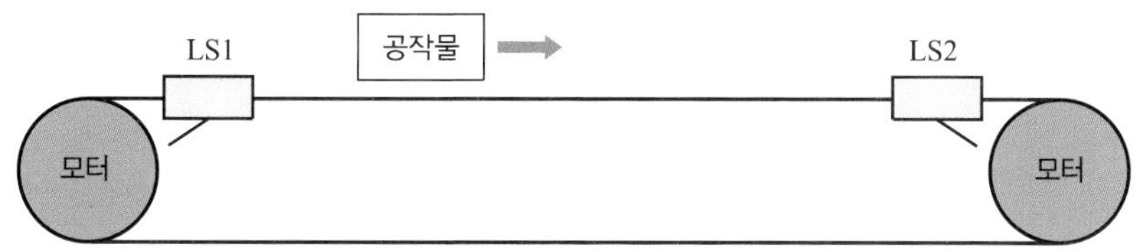

그림 13.29 공작물 이송을 위한 벨트 컨베이어 장치

그림 13.30(a)에서 푸시버튼 스위치 PB1을 터치하면 내부 릴레이 %MX1이 ON되어 자기유지되며, 컨베이어가 기동한다. 공작물 5개가 벨트 컨베이어를 타고 움직여 차례로 리밋스

위치 LS2를 5회 작동 시 계수하게 되면 카운터 C1의 현재값이 설정치(5)에 도달하여 출력을 낸다. 그러면 그 b접점 C1.Q가 열려 %MX1의 자기유지가 해제되어 컨베이어가 정지한다. reset스위치를 터치하면 카운터의 현재값이 0으로 초기화되며 출력 C1.Q는 해제된다.

(a) PLC 래더도

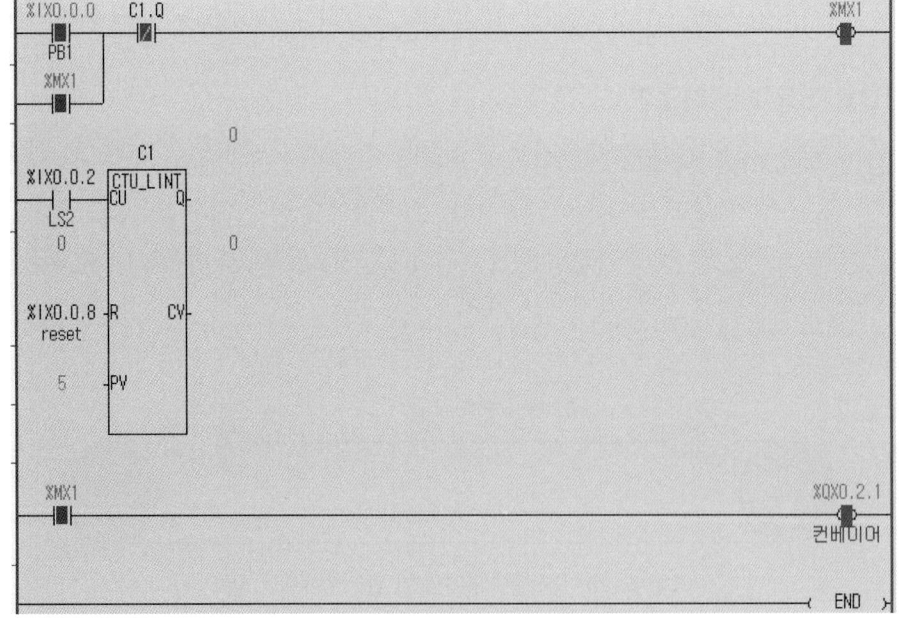

(b) 시뮬레이션 모니터링 : PB1을 ON한 경우

(계속)

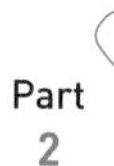

(c) 시뮬레이션 모니터링 : LS2가 5회 터치된 경우

그림 13.30 **공작물 이송회로**

(4) CTU를 이용하는 회로3

제어조건 설정치가 큰 경우 2개의 카운터를 이용하여 첫 번째 카운터가 설정치에 달했을 때 두 번째 설정치를 1 증가하여 최종적으로 두 번째 카운터의 설정치에 달하면 카운터 횟수는 두 카운터의 설정치를 곱한 수만큼이 된다.

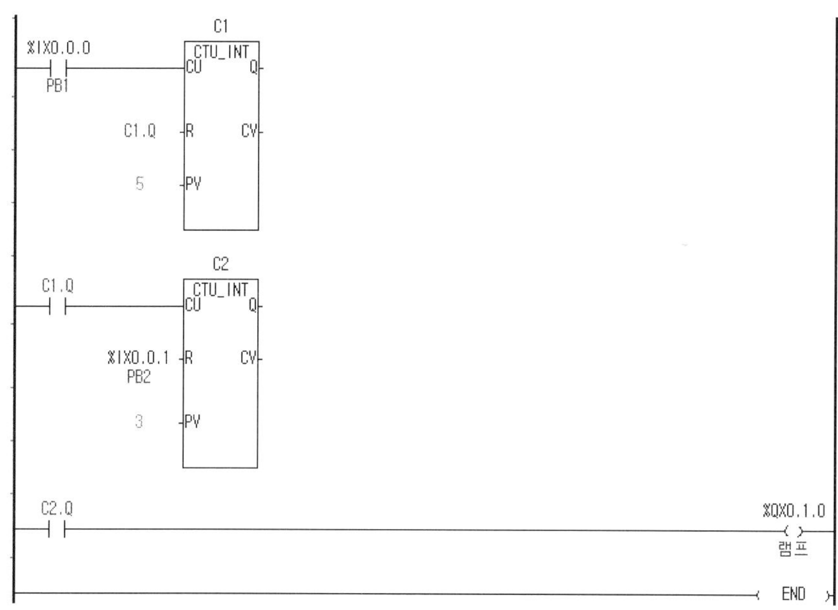

(a) PLC 래더도

(계속)

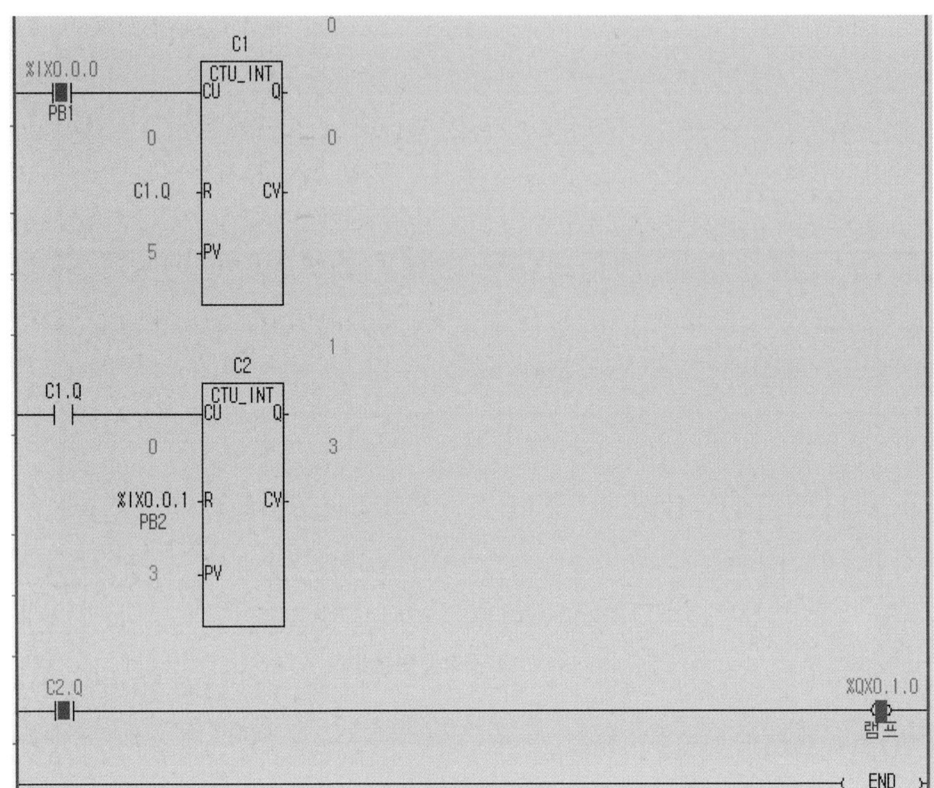

(b) 시뮬레이션 모니터링

그림 13.31 **2개의 카운터 이용 회로**

그 조건이 되었을 때 램프가 점등하는 회로를 작성해 보자. 카운터1의 설정치를 5, 카운터2의 설정치는 3으로 설정하고, 카운터1은 스위치1(PB1)에 의해, 카운터2는 카운터1의 설정치 도달완료에 의해 카운트한다. 카운터2의 설정치에 도달하면 램프가 점등하며, reset스위치(PB2)에 의해 카운터2가 초기화되고 램프는 소등한다(그림 13.31).

그림 13.31은 2개의 카운터를 이용한 회로의 예이다. 카운터 C1은 설정치를 5, 카운터 C2는 설정치를 3으로 하여 스위치 PB1을 이용하여 카운터 C1의 설정치에 달하면 출력 C1.Q가 ON되어 카운터 C1은 리셋시키고 카운터 C2의 현재치를 1 증가시킨다. 이렇게 하여 카운터2의 설정치에 달하면 출력 C2.Q가 작동하여 램프가 점등한다. 결국 카운터의 총 횟수는 15회이다. reset스위치(PB2)를 터치하면 카운터2의 현재치가 0으로 초기화되어 C2.Q가 OFF되므로 램프가 소등한다.

(5) CTUD를 이용하는 회로

제어조건 초기에 첫 스캔에서 가감산 카운터의 현재값에 3을 입력(후술하는 MOVE명령 이용)시키고, Up스위치와 Down스위치를 이용하여 현재값이 5가 되면 램프1이 점등하고,

현재값이 0이 되면 램프2가 점등한다. 로드스위치를 ON하면 현재값이 설정치로 로드되고, 리셋스위치를 ON하면 현재값이 0으로 된다(그림 13.32).


```
%FX155        MOVE
──┤ ├────EN      ENO
  _1ON
     3 ──IN      OUT── C1.CV

              C1
%IX0.0.0     CTUD_INT
──┤ ├────CU       QU
Up스위치
%IX0.0.1 ──CD      QD
Down스위치
%IX0.0.3 ──R       CV
리셋스위치
%IX0.0.2 ──LD
로드스위치
     5 ──PV

 C1.QU                                   %QX0.2.0
──┤ ├─────────────────────────────────────( )──
                                          램프1
 C1.QD                                   %QX0.2.1
──┤ ├─────────────────────────────────────( )──
                                          램프2
──────────────────────────────────────── END ──
```

(a) PLC 래더도

```
%FX155        MOVE
──┤ ├────EN      ENO
  _1ON                  5
     3 ──IN      OUT── C1.CV

                        1
              C1
%IX0.0.0     CTUD_INT
──┤■├────CU       QU
Up스위치
     0                  0
%IX0.0.1 ──CD      QD
Down스위치
     0                  5
%IX0.0.3 ──R       CV
리셋스위치
     0
%IX0.0.2 ──LD
로드스위치
     5 ──PV
```

(계속)

(b) 시뮬레이션 모니터링 : Up스위치를 2회 ON/OFF한 경우

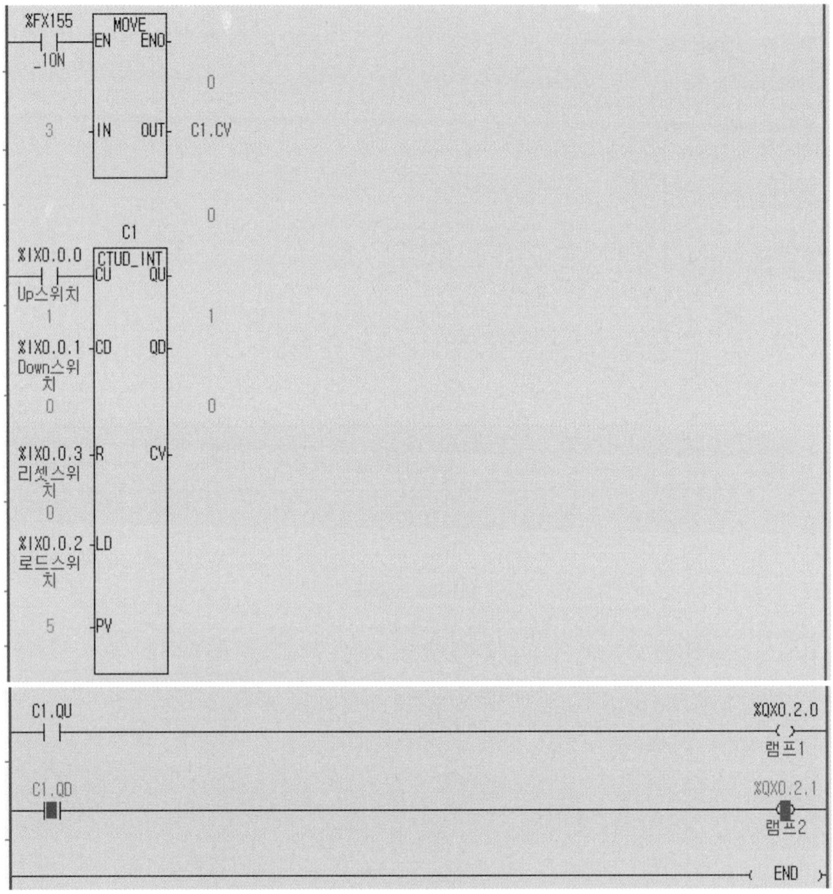

(c) 시뮬레이션 모니터링 : Down스위치를 3회 ON/OFF한 경우

그림 13.32 **CTUD회로**

13.7 전송명령

MOVE명령은 데이터의 **전송명령**으로서, 표 13.9와 같이 표시되며 IN단자에 입력한 내용이 OUT단자로 전송된다.

표 13.9 MOVE(데이터 복사) 명령

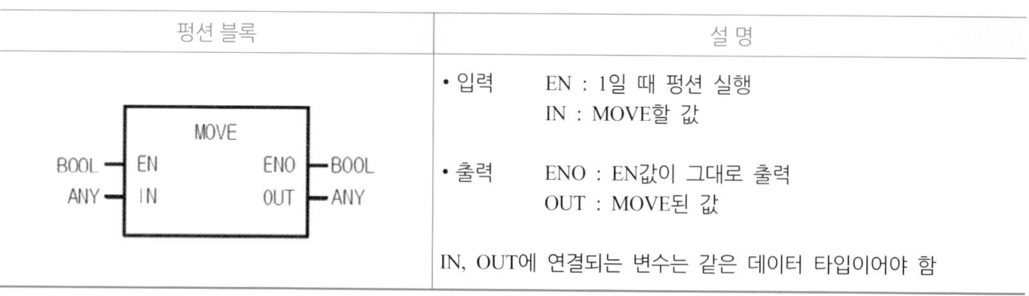

펑션 블록	설 명
MOVE BOOL — EN ENO — BOOL ANY — IN OUT — ANY	• 입력 EN : 1일 때 펑션 실행 IN : MOVE할 값 • 출력 ENO : EN값이 그대로 출력 OUT : MOVE된 값 IN, OUT에 연결되는 변수는 같은 데이터 타입이어야 함

- 기능

  IN의 값을 OUT으로 이동한다.

(1) Move(전송)를 이용한 프로그램

%IW0.1.0의 데이터 내용을 스위치1(PB1)에 의해서 data1(%QW0.2.0)에 전송하고, 스위치2(PB2)에 의해서는 data2(%QW0.3.0)에 전송하는 PLC 프로그램이다. 이 프로그램에서 %IW0.1.0에 16진수로 16#8330의 데이터가 들어 있다면 PB1을 눌렀을 때 %QW0.2.0으로 그 데이터가 복사되어 저장된다. 또한 PB2를 누르면 그 데이터가 %QW0.3.0으로 복사되어 저장된다(그림 13.33).

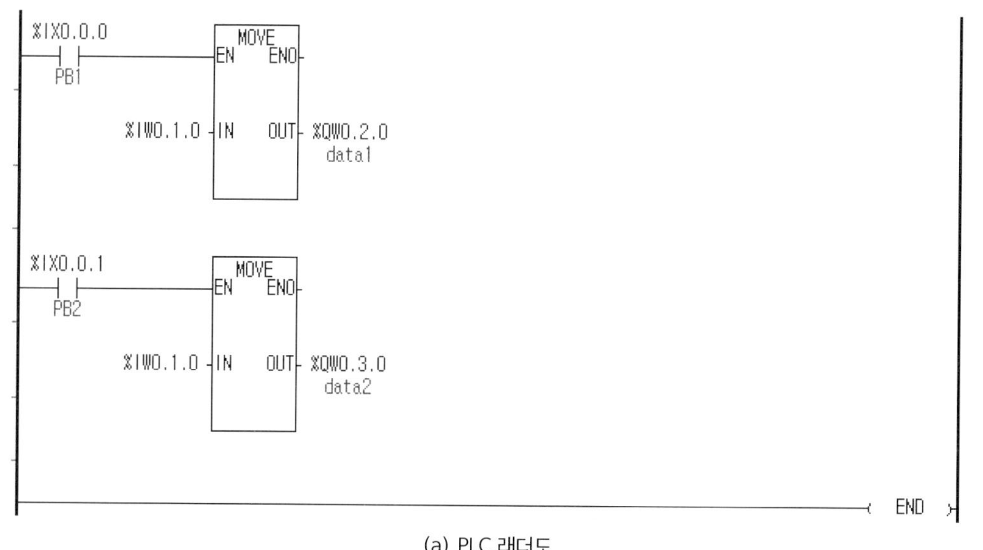

(a) PLC 래더도

(계속)

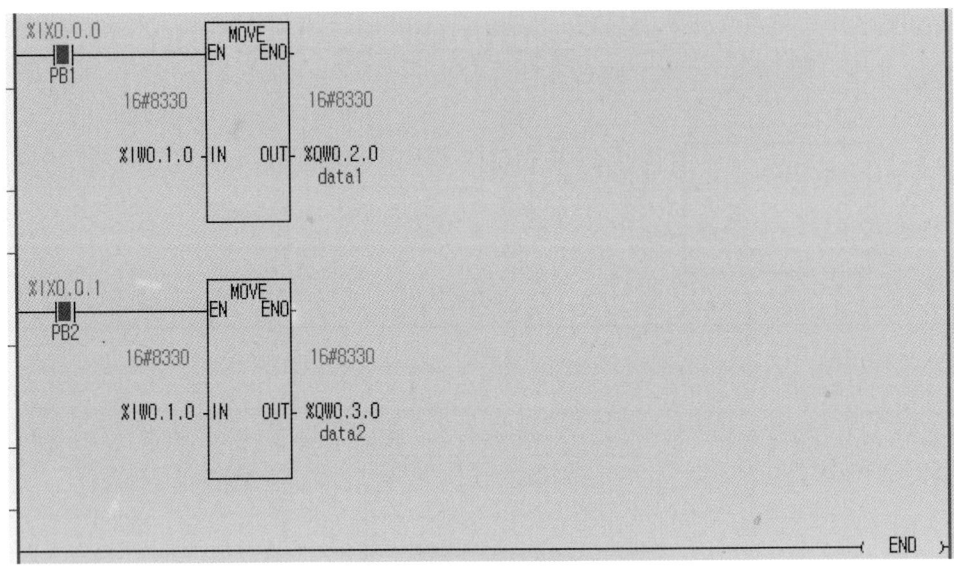

(b) 시뮬레이션 모니터링

그림 13.33 **전송명령을 이용한 프로그램**

13.8 수치연산 명령

수치연산 명령은 덧셈, 뺄셈, 곱셈, 나눗셈 및 나머지의 명령어가 있으며, 각각 ADD, SUB, MUL, DIV, MOD의 펑션으로 각각의 정의를 표 13.10에 나타내었다.

표 13.10 **수치연산 명령어**

■ ADD(덧셈)

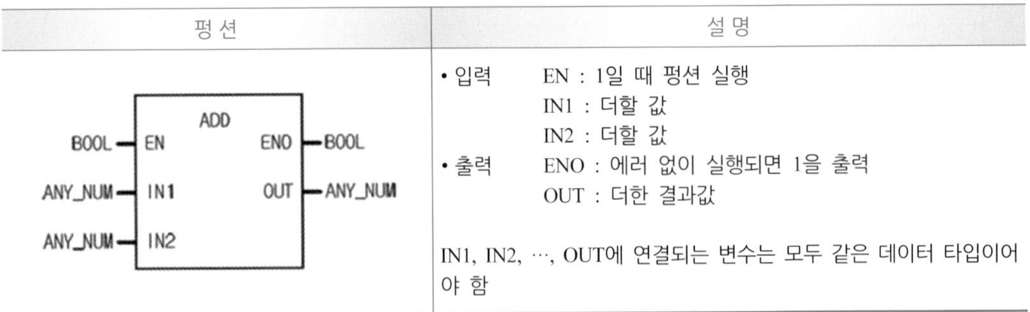

펑션	설명
BOOL — EN [ADD] ENO — BOOL ANY_NUM — IN1 OUT — ANY_NUM ANY_NUM — IN2	• 입력 EN : 1일 때 펑션 실행 IN1 : 더할 값 IN2 : 더할 값 • 출력 ENO : 에러 없이 실행되면 1을 출력 OUT : 더한 결과값 IN1, IN2, …, OUT에 연결되는 변수는 모두 같은 데이터 타입이어야 함

■ SUB(뺄셈)

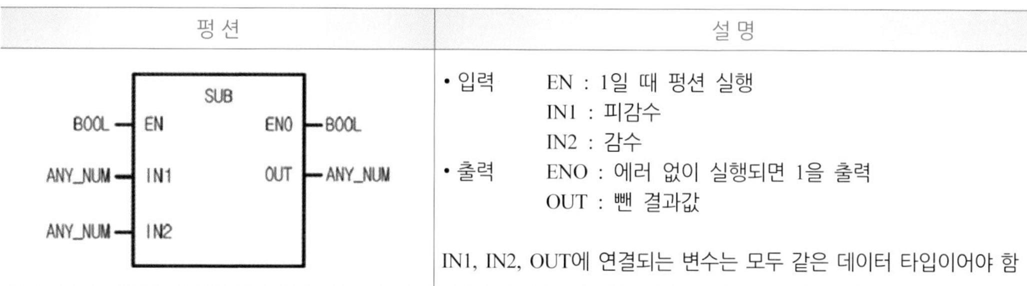

펑션	설명
SUB BOOL — EN ENO — BOOL ANY_NUM — IN1 OUT — ANY_NUM ANY_NUM — IN2	• 입력 EN : 1일 때 펑션 실행 IN1 : 피감수 IN2 : 감수 • 출력 ENO : 에러 없이 실행되면 1을 출력 OUT : 뺀 결과값 IN1, IN2, OUT에 연결되는 변수는 모두 같은 데이터 타입이어야 함

■ MUL(곱셈)

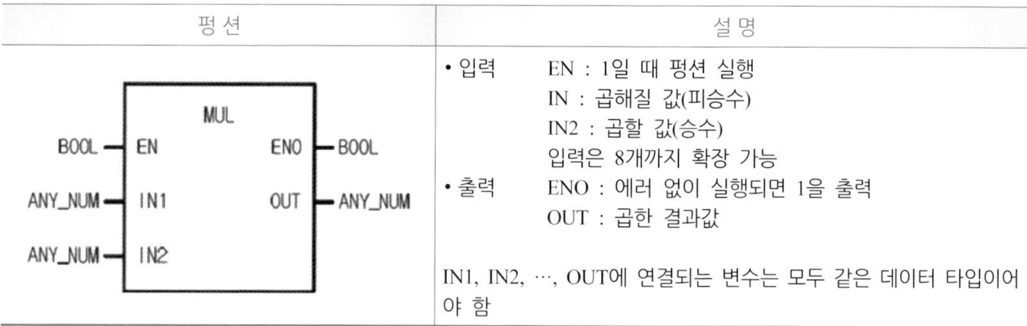

펑션	설명
MUL BOOL — EN ENO — BOOL ANY_NUM — IN1 OUT — ANY_NUM ANY_NUM — IN2	• 입력 EN : 1일 때 펑션 실행 IN : 곱해질 값(피승수) IN2 : 곱할 값(승수) 입력은 8개까지 확장 가능 • 출력 ENO : 에러 없이 실행되면 1을 출력 OUT : 곱한 결과값 IN1, IN2, …, OUT에 연결되는 변수는 모두 같은 데이터 타입이어야 함

■ DIV(나눗셈)

펑션	설명
DIV BOOL — EN ENO — BOOL ANY_NUM — IN1 OUT — ANY_NUM ANY_NUM — IN2	• 입력 EN : 1일 때 펑션 실행 IN1 : 나누어질 값(피제수) IN2 : 나눌 값(제수) • 출력 ENO : 에러 없이 실행되면 1을 출력 OUT : 나눈 결과값(몫) IN1, IN2, OUT에 연결되는 변수는 모두 같은 데이터 타입이어야 함

■ MOD(나눗셈 나머지)

펑션	설명
MOD BOOL — EN ENO — BOOL ANY_INT — IN1 OUT — ANY_INT ANY_INT — IN2	• 입력 EN : 1일 때 펑션 실행 IN1 : 나누어질 값(피제수) IN2 : 나눌 값(제수) • 출력 ENO : EN값이 그대로 출력 OUT : 나눈 결과값(나머지) IN1, IN2, OUT에 연결되는 변수는 모두 같은 데이터 타입이어야 함

• 기능

- ADD(덧셈) : 입력 IN1, IN2, …, INn(n은 입력개수, 8개까지 가능)을 더해서 OUT으로 출력시킨다.
- SUB(뺄셈) : 입력 IN1에서 입력 IN2를 빼서 OUT으로 출력시킨다.
- MUL(곱셈) : 입력 IN1, IN2, …, INn(n은 입력개수, 8개까지 가능)를 곱해서 OUT으로 출력시킨다.
- DIV(나눗셈) : 입력 IN1을 입력 IN2로 나눠서 그 몫 중에서 소수점 이하를 버린 값을 OUT으로 출력시킨다.
- MOD(나눗셈 나머지) : 입력 IN1을 입력 IN2로 나눠서 그 나머지를 OUT으로 출력시킨다.

(1) ADD와 SUB를 이용하는 프로그램

PB1을 눌러 data1에 50을 전송시키고, data2에는 100을 전송시킨다. 그리고 PB2를 눌러 두 개의 수치를 더한 결과와 data2로부터 data1을 뺀 값을 각각 ADD와 SUB명령을 이용하여 구한다(그림 13.34).

각 변수 및 메모리 할당은 다음과 같다.

	변수 종류	변수	타입	메모리 할당	초기값	리테인	사용 유무	설명문
1	VAR	data1	INT			☐	☑	
2	VAR	data2	INT			☐	☑	
3	VAR	PB1	BOOL	%IX0.0.0		☐	☑	
4	VAR	PB2	BOOL	%IX0.0.1		☐	☑	
5	VAR	덧셈결과	INT			☐	☑	
6	VAR	뺄셈결과	INT			☐	☑	

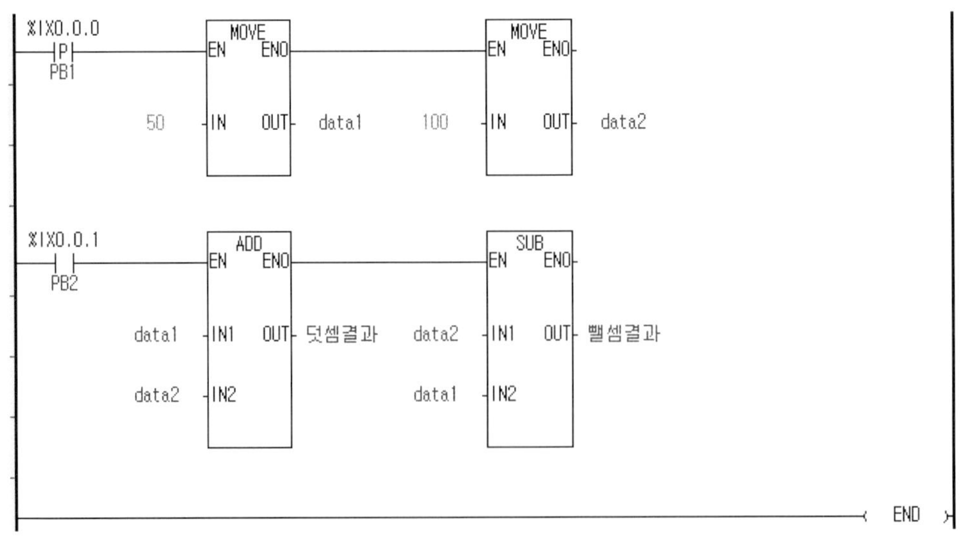

(a) PLC 래더도

(계속)

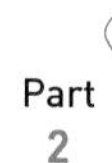

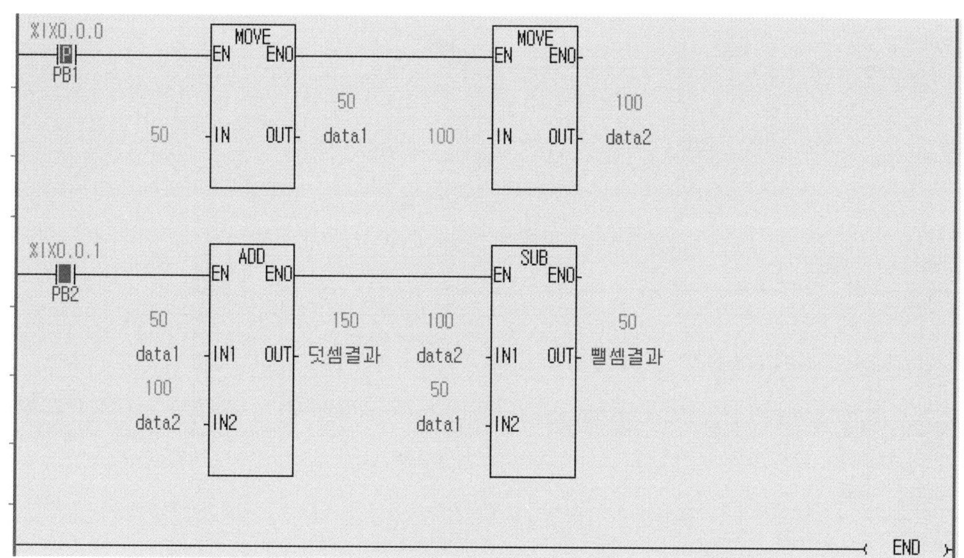

(b) 시뮬레이션 모니터링

그림 13.34 **수치연산을 이용한 덧셈, 뺄셈의 연산 프로그램**

(2) MUL, DIV, MOD를 이용하는 프로그램

Data1에 10을 전송하고 data2에는 20을 전송한다. 그리고 30과 두 개의 값을 곱하여 곱셈결과에, 곱셈결과를 175로 나누어 몫은 나눗셈결과에, 나머지는 나머지에 표시한다(그림 13.35).

변수 및 메모리 할당은 다음과 같다.

	변수 종류	변수	타입	메모리 할당	초기값	리테인	사용 유무	설명문
1	VAR	data1	INT			☐	☑	
2	VAR	data2	INT			☐	☑	
3	VAR	PB1	BOOL	%IX0.0.0		☐	☑	
4	VAR	PB2	BOOL	%IX0.0.1		☐	☑	
5	VAR	곱셈결과	INT			☐	☐	
6	VAR	나눗셈결과	INT			☐	☐	
7	VAR	나머지	INT			☐	☐	

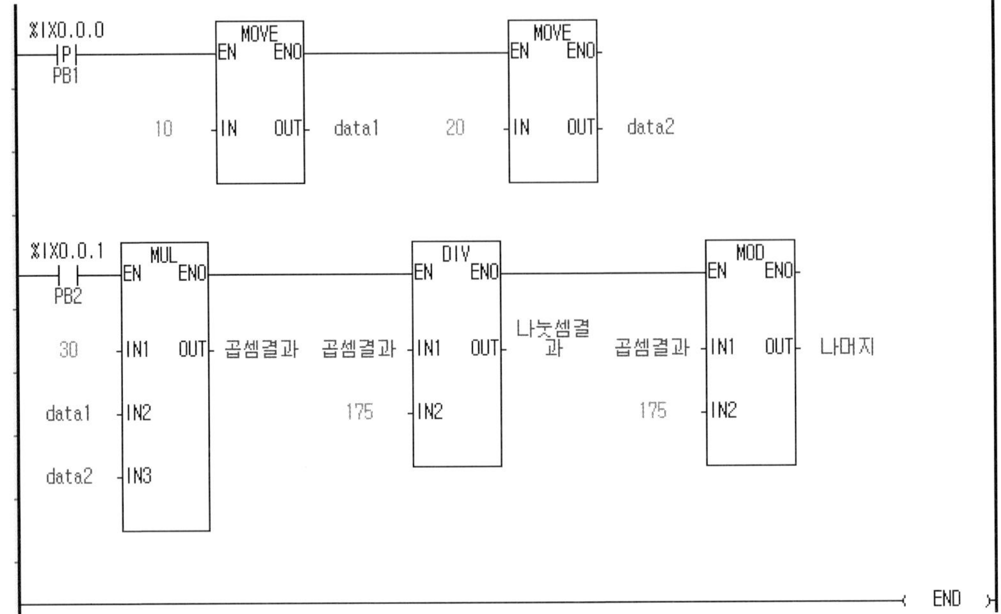

(a) PLC 래더도

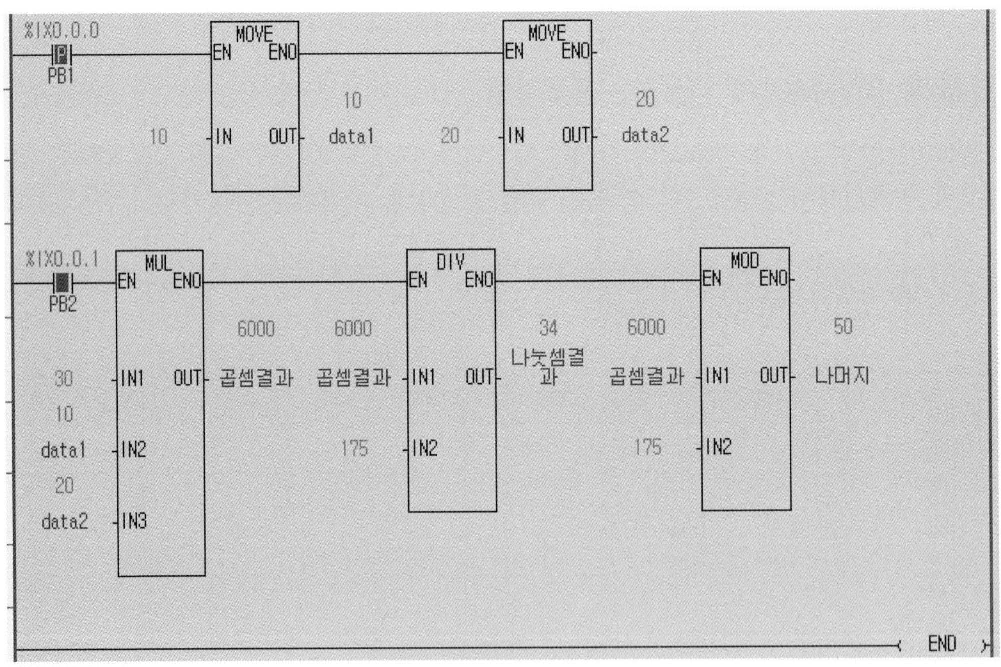

(b) 시뮬레이션 모니터링

그림 13.35 **수치연산을 이용한 곱셈, 나눗셈, 나머지의 연산 프로그램**

13.9 비교연산 명령

비교연산 명령은 2개 이상의 16비트의 입력 데이터 또는 32비트의 입력 데이터를 비교하여 그 결과가 지정한 명령(GT, GE, EQ, LE, LT, NE)에 합치하는 경우에 그 명령부가 ON되어 OUT단자로 출력이 나온다.

대표적으로 GT, GE, LT, LE, EQ, NE의 명령어를 표 13.11에 나타내었다.

표 13.11 **비교 명령어(GT, GE, LT, LE, EQ, NE)**

■ GT(보다 크다)

펑션	설명
GT BOOL — EN　ENO — BOOL ANY — IN1　OUT — BOOL ANY — IN2	• 입력　EN : 1일 때 펑션 실행 IN1 : 비교할 값 IN2 : 비교할 값 입력은 8개까지 확장 가능 IN1, IN2, …는 모두 같은 타입이어야 함 • 출력　ENO : EN값이 그대로 출력 OUT : 비교 결과값

■ GE(크거나 같다)

펑션	설명
GE BOOL — EN　ENO — BOOL ANY — IN1　OUT — BOOL ANY — IN2	• 입력　EN : 1일 때 펑션 실행 IN1 : 비교할 값 IN2 : 비교할 값 입력은 8개까지 확장 가능 IN1, IN2, …는 모두 같은 타입이어야 함 • 출력　ENO : EN값이 그대로 출력 OUT : 비교 결과값

■ LT(보다 작다)

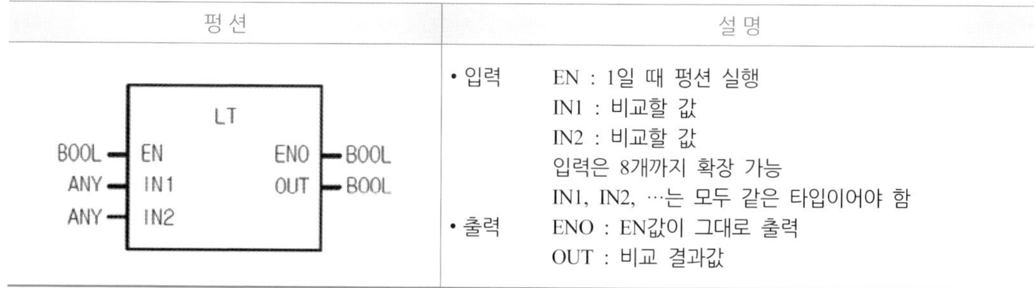

펑션	설명
LT BOOL — EN　ENO — BOOL ANY — IN1　OUT — BOOL ANY — IN2	• 입력　EN : 1일 때 펑션 실행 IN1 : 비교할 값 IN2 : 비교할 값 입력은 8개까지 확장 가능 IN1, IN2, …는 모두 같은 타입이어야 함 • 출력　ENO : EN값이 그대로 출력 OUT : 비교 결과값

■ LE(보다 작거나 같다)

펑 션	설 명
LE BOOL ─ EN　　ENO ─ BOOL ANY ─ IN1　　OUT ─ BOOL ANY ─ IN2	• 입력　EN : 1일 때 펑션 실행 IN1 : 비교할 값 IN2 : 비교할 값 입력은 8개까지 확장 가능 IN1, IN2, …는 모두 같은 타입이어야 함 • 출력　ENO : EN값이 그대로 출력 OUT : 비교 결과

■ EQ(같다)

펑 션	설 명
EQ BOOL ─ EN　　ENO ─ BOOL ANY ─ IN1　　OUT ─ BOOL ANY ─ IN2	• 입력　EN : 1일 때 펑션 실행 IN1 : 비교할 값 IN2 : 비교할 값 입력은 8개까지 확장 가능 IN1, IN2, …는 모두 같은 타입이어야 함 • 출력　ENO : EN값이 그대로 출력 OUT : 비교 결과값

■ NE(같지 않다)

펑 션	설 명
NE BOOL ─ EN　　ENO ─ BOOL ANY ─ IN1　　OUT ─ BOOL ANY ─ IN2	• 입력　EN : 실행 허용 IN1 : 비교할 값 IN2 : 비교할 값 IN1, IN2는 같은 타입이어야 함 • 출력　ENO : EN값이 그대로 출력 OUT : 비교 결과값

• 기능

각 명령어는 입력치 IN1, IN2 …의 크기를 비교하여 명령어의 내용과 일치하면 OUT단자로 출력을 내보내는 명령어이다. 각 명령어의 정의는 다음과 같다.

- GT(보다 크다) : 입력값의 결과 IN1>IN2>IN3…>INn(n은 입력개수, 8개까지 가능)이면 OUT으로 1이 출력된다.
- GE(크거나 같다) : 입력값의 비교결과 IN1≥IN2≥IN3...≥INn(n은 입력개수, 8개까지 가능)이면 OUT으로 1이 출력된다.
- LT(보다 작다) : 입력의 비교결과 IN1<IN2<IN3…<INn(n은 입력개수, 8개까지 가능)이면 OUT으로 1이 출력된다.
- LE(작거나 같다) : 입력의 비교결과 IN1≤IN2≤IN3…≤INn(n은 입력개수, 8개까지

가능)이면 OUT으로 1이 출력된다.

- EQ(같다) : 입력값의 비교결과 IN1=IN2=IN3⋯=INn(n은 입력개수, 8개까지 가능)이면 OUT으로 1이 출력된다.
- NE(같지 않다) : IN1과 IN2를 비교하여 그 결과가 같지 않으면 OUT으로 1이 출력된다.

(1) GE를 이용하는 프로그램

푸시버튼1(PB1)을 누를 때마다 data1의 값이 1씩 증가하며, 푸시버튼2(PB2)를 누를 때 마다 data2의 값이 1씩 증가한다. data1과 data2의 크기를 비교하여 data1이 data2보다 크거나 같으면 램프가 점등해야 한다(그림 13.36).

프로그램의 변수와 메모리 할당은 다음과 같다.

	변수 종류	변수	타입	메모리 할당	초기값	리테인	사용 유무	설명문
1	VAR	data1	INT			☐	☑	
2	VAR	data2	INT			☐	☑	
3	VAR	PB1	BOOL	%IX0.0.0		☐	☑	
4	VAR	PB2	BOOL	%IX0.0.1		☐	☑	
5	VAR	램프	BOOL	%QX0.2.0		☐	☐	

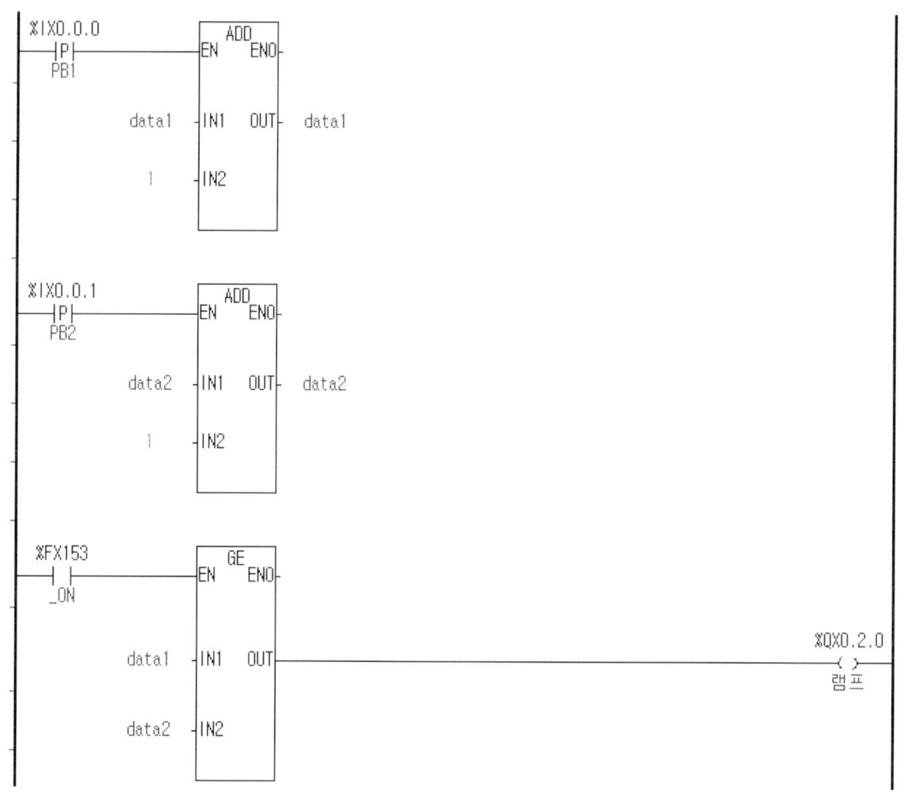

(a) PLC 래더도

(계속)

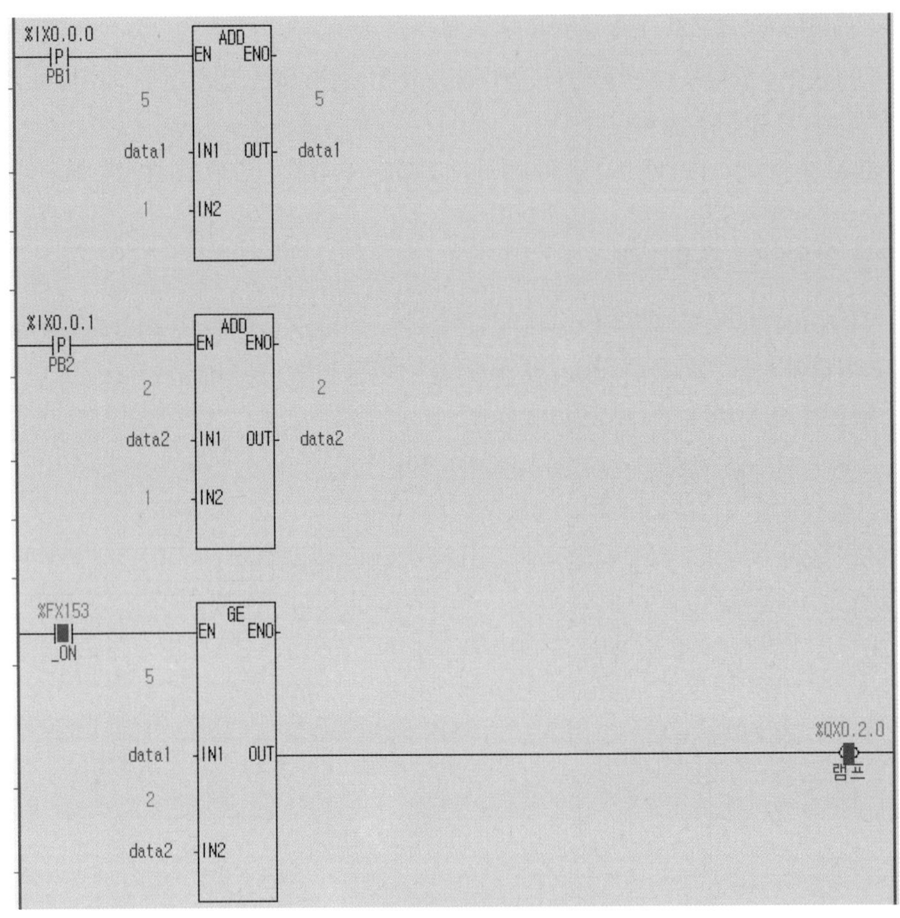

(b) 시뮬레이션 모니터링

그림 13.36 **비교명령을 이용한 프로그램**

(2) GT, GE, LT, LE, EQ, NE를 이용하는 프로그램

30을 데이터에 전송시키고 그 값과 비교할 값을 임의로 강제입력한 후 데이터(30)과 비교할 값 간에 크기를 비교하여 더 큰가, 크거나 같은가, 같은 값인가, 더 작은가, 작거나 같은가, 같지 않은가에 따라 램프가 각각 점등 또는 소등해야 한다(그림 13.37).

프로그램에 사용되는 변수 및 메모리 할당은 다음과 같다.

	변수 종류	변수	타입	메모리 할당	초기값	리테인	사용 유무	설명문
1	VAR	램프1	BOOL	%QX0.2.0		☐	☐	
2	VAR	램프2	BOOL	%QX0.2.1		☐	☐	
3	VAR	램프3	BOOL	%QX0.2.2		☐	☐	
4	VAR	램프4	BOOL	%QX0.2.3		☐	☐	
5	VAR	램프5	BOOL	%QX0.2.4		☐	☐	
6	VAR	램프6	BOOL	%QX0.2.5		☐	☐	
7	VAR	데이터	INT			☐	☐	
8	VAR	비교할값	INT			☐	☐	

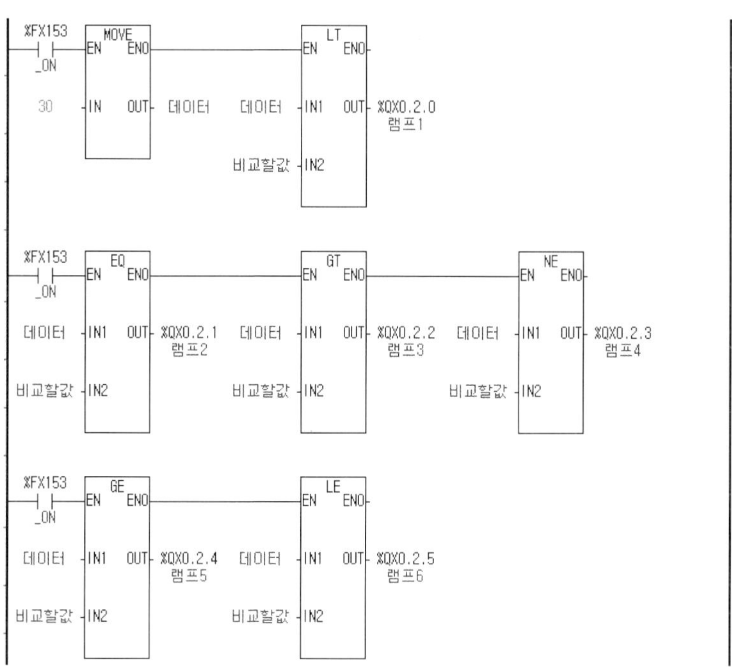

(a) PLC 래더도

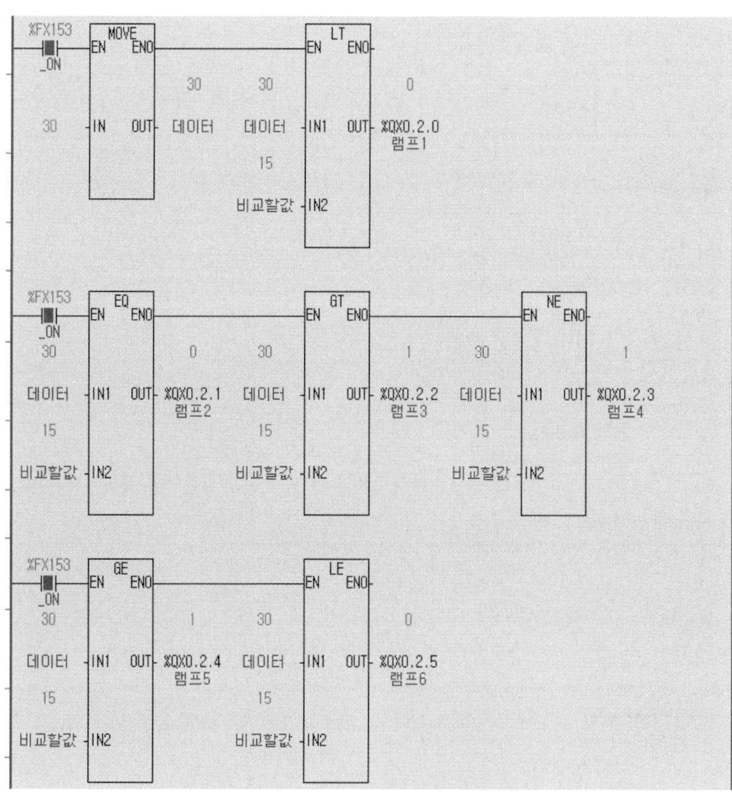

(b) 시뮬레이션 모니터링

그림 13.37 **비교명령어를 이용한 프로그램**

13.10 비트 시프트 명령

비트 시프트 명령은 비트열의 지정 비트에 입력을 하여 주어진 비트수만큼 주어진 방향으로 이동 또는 회전시키는 명령어이다(표 13.12). 이동 명령어는 SHL, SHR, 회전 명령어는 ROL, ROR이 있으며. 각각에 대하여 표시기호와 기능을 설명한다.

표 13.12 **비트 시프트 명령어**

■ SHL(Shift Left) : 좌측으로 이동

펑션	설명
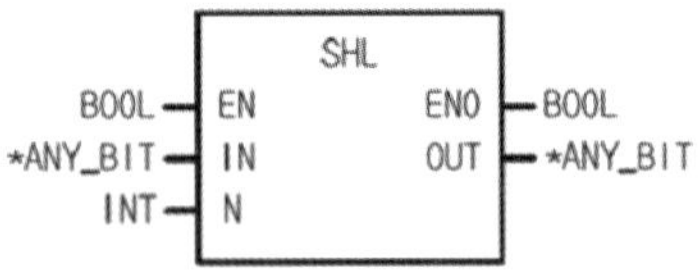 SHL BOOL — EN / ENO — BOOL *ANY_BIT — IN / OUT — *ANY_BIT INT — N	• 입력 EN : 1일 때 펑션 실행 IN : 이동될 비트열 N : 이동할 비트수 • 출력 ENO : EN값이 그대로 출력 OUT : 이동된 값

■ SHR(Shift Right) : 우측으로 이동

펑션	설명
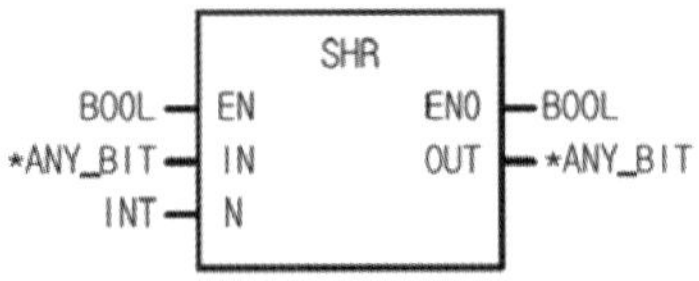 SHR BOOL — EN / ENO — BOOL *ANY_BIT — IN / OUT — *ANY_BIT INT — N	• 입력 EN : 1일 때 펑션 실행 IN : 이동될 비트열 N : 이동할 비트수 • 출력 ENO : EN값이 그대로 출력 OUT : 이동된 값

■ ROL(Rotate Left) : 좌측으로 회전

펑션	설명
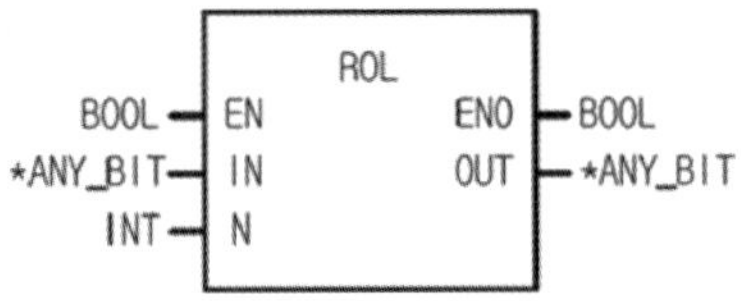 ROL BOOL — EN / ENO — BOOL *ANY_BIT — IN / OUT — *ANY_BIT INT — N	• 입력 EN : 1일 때 펑션 실행 IN : 회전될 값 N : 회전할 비트수 • 출력 ENO : EN값이 그대로 출력 OUT : 회전된 값

■ ROR(Rotate Right) : 우측으로 회전

펑션	설명
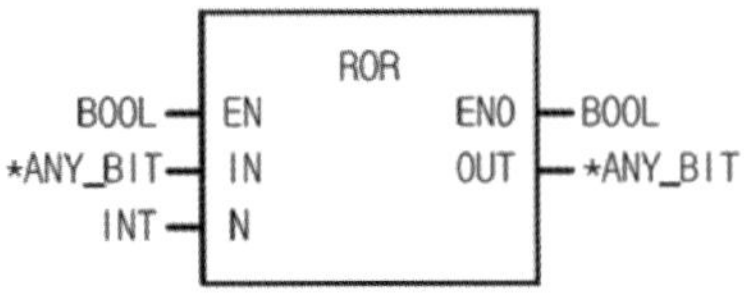 ROR BOOL — EN / ENO — BOOL *ANY_BIT — IN / OUT — *ANY_BIT INT — N	• 입력 EN : 1일 때 펑션 실행 IN : 회전될 값 N : 회전할 비트수 • 출력 ENO : EN값이 그대로 출력 OUT : 회전된 값

• 기능

각 명령어의 정의 및 기능은 다음과 같다.

- SHL(Shift Left : 좌측으로 이동) : 입력 IN을 N비트수만큼 왼쪽으로 이동한다. 입력 IN의 맨 오른쪽에 있는 N개 비트는 0으로 채워진다.

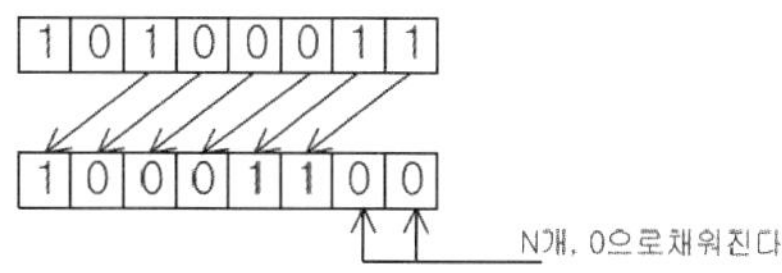

- SHR(Shift Right : 우측으로 이동) : 입력 IN을 N비트수만큼 오른쪽으로 이동한다. 입력 IN의 맨 왼쪽에 있는 N개 비트는 0으로 채워진다.

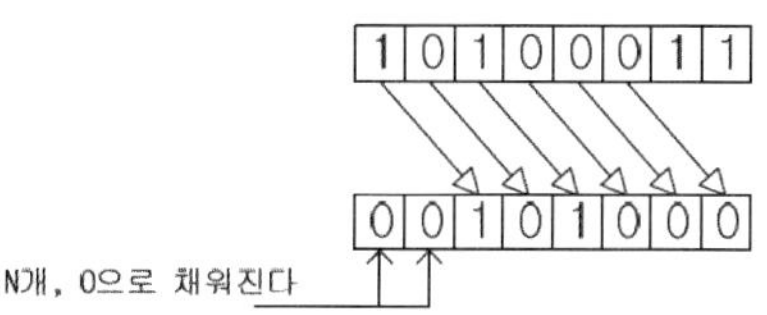

- ROL(Rotate Left : 좌측으로 회전) : 입력 IN을 N비트수만큼 왼쪽으로 회전시킨다.

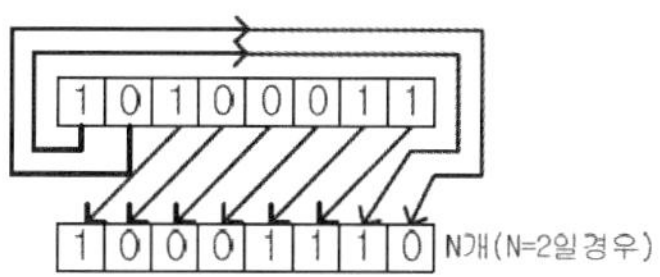

- ROR(Rotate Right : 우측으로 회전) : 입력 IN을 N비트수만큼 오른쪽으로 회전시킨다.

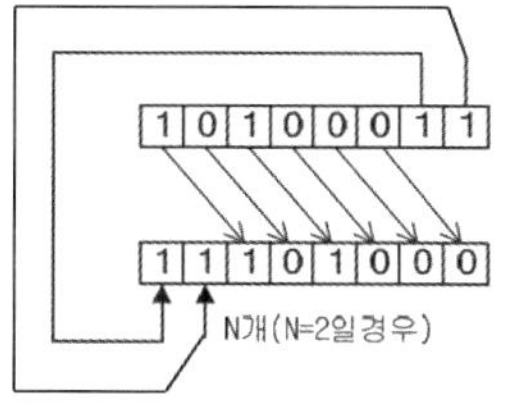

(1) SHL을 이용하는 프로그램

이송버튼을 눌러 비트열(16비트)의 첫 번째 비트(0번 비트)에 출력(LED가 점등)을 이송하고, 좌 이동버튼을 ON시키면 0번부터 15번 비트까지 1초 간격으로 출력(LED)이 이동해야 한다(그림 13.38). 이 프로그램에 사용되는 변수 및 메모리 할당은 다음과 같다.

	변수 종류	변수	타입	메모리 할당	초기값	리테인	사용 유무	설명문
1	VAR	이송버튼	BOOL	%IX0.0.0		☐	☐	
2	VAR	좌이동버튼	BOOL	%IX0.0.1		☐	☐	
3	VAR	출력	WORD	%QW0.1.0		☐	☐	

(a) PLC 래더도

(b) 시뮬레이션 모니터링(프로그램 모니터링)

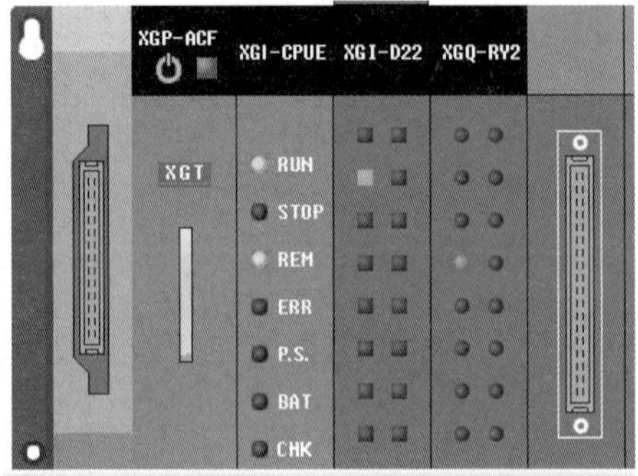

(c) 시뮬레이션 모니터링(시스템 모니터링)

그림 13.38 **SHR(좌측이동)을 이용한 프로그램**

(2) SHL과 ROL을 이용하는 프로그램

출력1은 비트열(16비트, %QW0.1.0))의 첫 번째 비트(0번 비트)에 출력(LED가 점등)을 이송하고, 출력2는 비트열(16비트, %QW0.2.0)의 아홉 번째 비트(8번 비트)에 출력(LED)을 이송한 후 좌 이동버튼을 ON시키면, 출력1은 0번부터 15번 비트까지 1초 간격으로 출력(LED)이 이동해야 하고, 출력2는 8번부터 15번 후 다시 0번부터 15번까지 1초 간격으로 출력(LED)이 이동을 계속해야 하며, 좌 이동버튼을 OFF시키면 출력1과 출력2의 이동이 멈추어야 한다(그림 13.39).

이 프로그램에 사용되는 변수 및 메모리 할당은 다음과 같다.

	변수 종류	변수	타입	메모리 할당	초기값	리테인	사용 유무	설명문
1	VAR	이송버튼	BOOL	%IX0.0.0				
2	VAR	좌이동버튼	BOOL	%IX0.0.1				
3	VAR	출력1	WORD	%QW0.1.0				
4	VAR	출력2	WORD	%QW0.2.0				

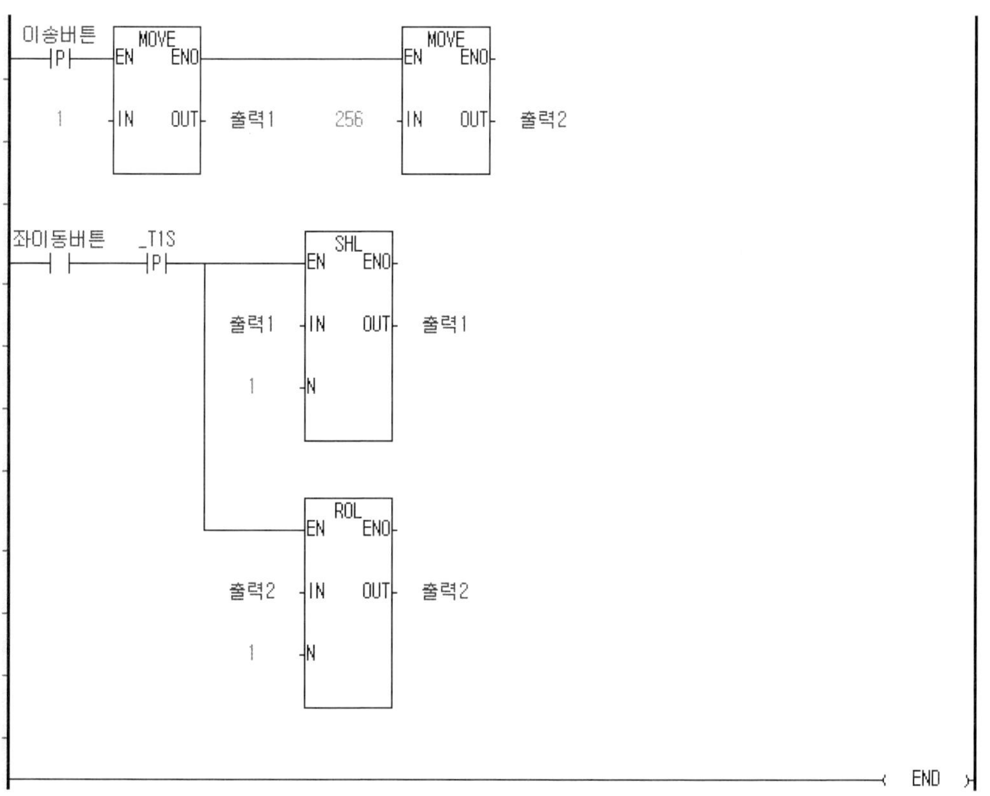

(a) PLC 래더도

(계속)

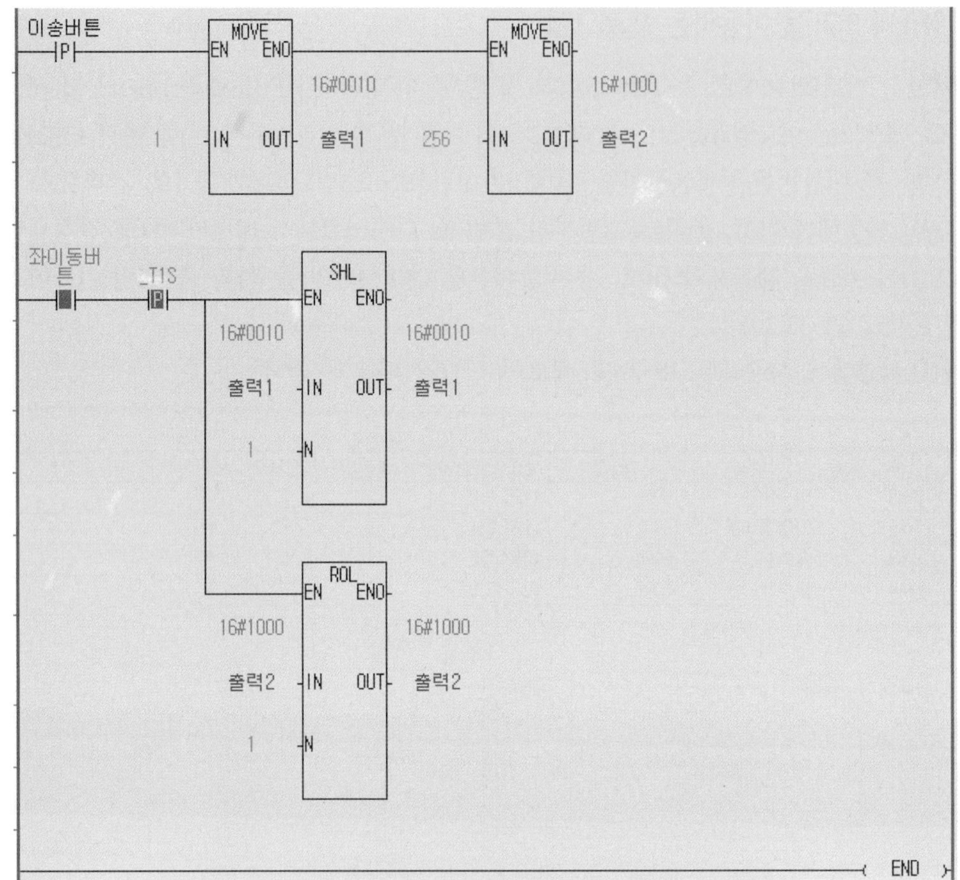

(b) 시뮬레이션 모니터링(프로그램 모니터링)

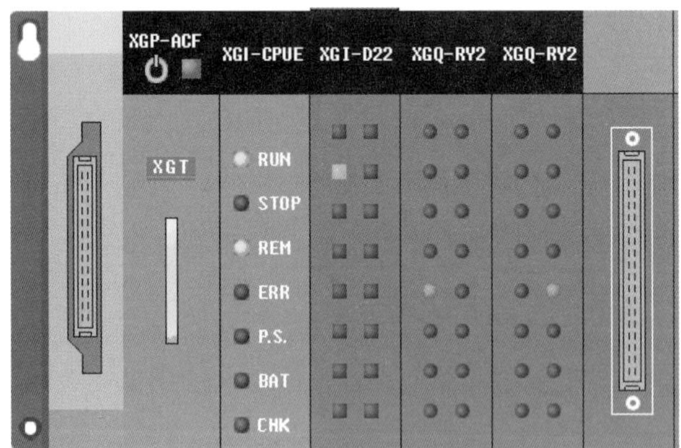

(c) 시뮬레이션 모니터링(시스템 모니터링)

그림 13.39 SHL(좌측이동) 및 ROL(좌측회전)을 이용한 프로그램

(3) SHR과 ROR을 이용하는 프로그램

출력1은 비트열(16비트, %QW0.1.0))의 여덟 번째 비트(7번 비트)에 출력(LED)을 이송하고, 출력2는 다른 비트열(16비트, %QW0.2.0)의 여덟 번째 비트(7번 비트)에 출력(LED)을 이송한 후 우 이동버튼을 ON시키면, 출력1은 7번부터 0번 비트까지 1초 간격으로 출력(LED)이 이동해야 하고, 출력2는 7번부터 0번 후 다시 15번부터 0번까지 1초 간격으로 출력(LED)이 이동을 계속해야 하며, 우 이동버튼을 OFF시키면 출력1과 출력2의 이동이 멈추어야 한다(그림 13.40).

이 프로그램에 사용되는 변수 및 메모리 할당은 다음과 같다.

	변수 종류	변수	타입	메모리 할당	초기값	리테인	사용 유무	설명문
1	VAR	이송버튼	BOOL	%IX0.0.0		☐	☑	
2	VAR	우이동버튼	BOOL	%IX0.0.1		☐	☑	
3	VAR	출력1	WORD	%QW0.1.0		☐	☑	
4	VAR	출력2	WORD	%QW0.2.0		☐	☑	

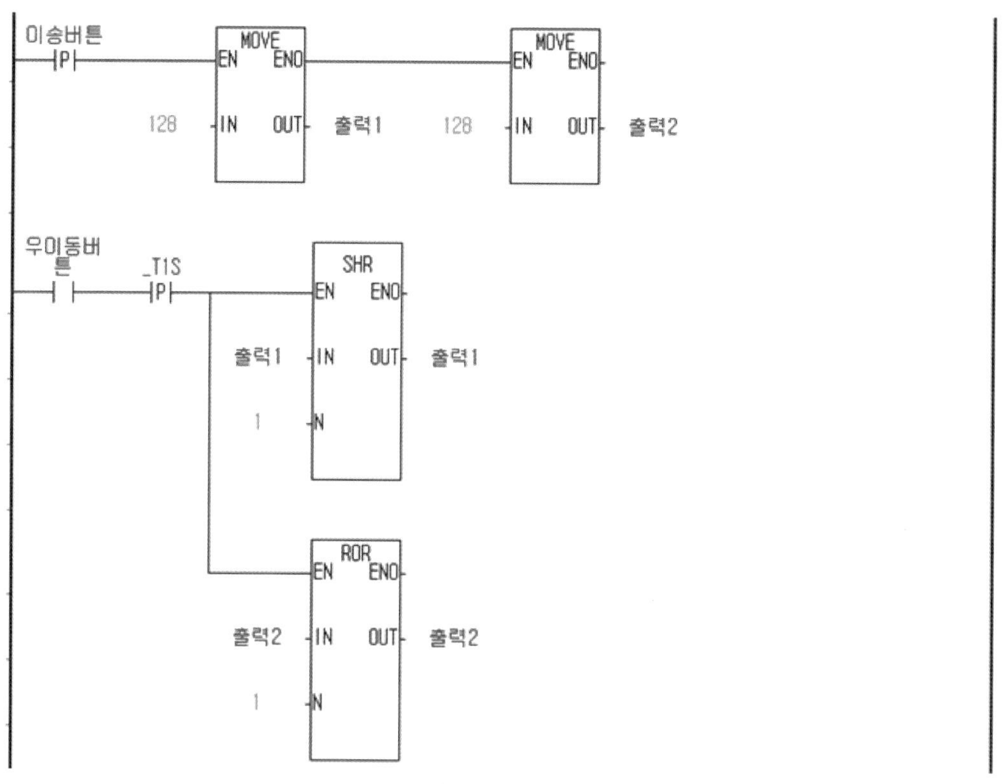

(a) PLC 래더도

(계속)

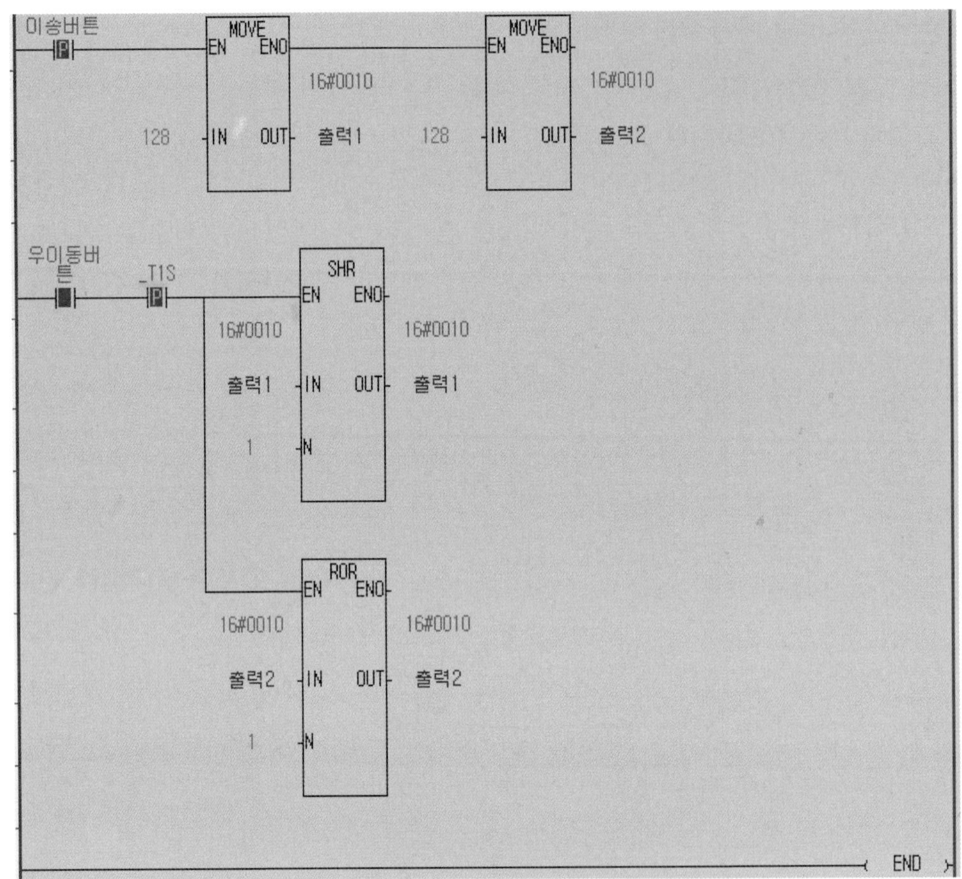

(b) 시뮬레이션 모니터링(프로그램 모니터링)

(c) 시뮬레이션 모니터링(시스템 모니터링)

그림 13.40 **SHR(우측이동) 및 ROR(우측회전)을 이용한 프로그램**

13.11 형 변환 명령

각각의 입력 데이터 타입을 출력 데이터 타입으로 변환하는 명령어이다.

표 13.13에는 예로서 Integer타입의 데이터를 임의의 ***타입으로 변환시키는 형 변환 명령어의 종류(INT_TO_***)와 BCD타입의 데이터를 임의의 ***타입으로 변환시키는 형 변환 명령어의 종류(BCD_TO_***)를 열거하였으며, 표 13.14에는 그 표시기호와 기능을 나타내었다.

표 13.13 INT_TO_*** 및 BCD_TO_***변환 명령어

펑션 그룹	펑션 이름	입력 데이터 타입	출력 데이터 타입	비 고
INT_TO***	INT_TO_SINT	INT	SINT	—
	INT_TO_DINT	INT	DINT	—
	INT_TO_LINT	INT	LINT	—
	INT_TO_USINT	INT	USINT	—
	INT_TO_UINT	INT	UINT	—
	INT_TO_UDINT	INT	UDINT	—
	INT_TO_ULINT	INT	ULINT	—
	INT_TO_BOOL	INT	BOOL	—
	INT_TO_BYTE	INT	BYTE	—
	INT_TO_WORD	INT	WORD	—
	INT_TO_DWORD	INT	DWORD	—
	INT_TO_LWORD	INT	LWORD	—
	INT_TO_REAL	INT	REAL	—
	INT_TO_LREAL	INT	LREAL	—
	INT_TO_STRING	INT	STRING	—
	INT_TO_BCD_WORD	INT	BCD	—
BCD_TO***	BYTE_BCD_TO_SINT	BYTE(BCD)	SINT	—
	WORD_BCD_TO_INT	WORD(BCD)	INT	—
	DWORD_BCD_TO_DINT	DWORD(BCD)	DINT	—
	LWORD_BCD_TO_LINT	LWORD(BCD)	LINT	—
	BYTE_BCD_TO_USINT	BYTE(BCD)	USINT	—
	WORD_BCD_TO_UINT	WORD(BCD)	UINT	—
	DWORD_BCD_TO_UDINT	DWORD(BCD)	UDINT	—
	LWORD_BCD_TO_ULINT	LWORD(BCD)	ULINT	—

표 13.14 **형 변환 명령어**

■ INT_TO_***(Integer타입을 ***타입으로 변환)

펑션	설명
INT_TO_*** BOOL — EN ENO — BOOL INT — IN OUT — *ANY	• 입력 EN : 1일 때 펑션 실행 IN : 타입 변환할 Integer값 • 출력 ENO : 에러 없이 실행되면 1을 출력 OUT : 타입 변환된 데이터

* ANY: ANY 타입 중 INT, TIME, DATE, TOD, DT 제외

■ BCD_TO_***(BCD타입을 ***타입으로 변환)

펑션	설명
BCD_TO_*** BOOL — EN ENO — BOOL *ANY_BIT — IN OUT — ANY_INT	• 입력 EN : 1일 때 펑션 실행 IN : BCD 형태의 데이터를 갖고 있는 ANY 타입 입력 • 출력 ENO : EN값이 그대로 출력 OUT : 타입 변환된 데이터

* ANY_BIT : ANY_BIT 중 BOOL 타입 제외

• 기능

형 변환 명령어에 대한 각각의 기능은 다음과 같다.

- INT_TO_*** : IN의 정수를 형 변환해서 OUT으로 출력시킨다.
- BCD_TO_*** : IN의 BCD를 형 변환해서 OUT으로 출력시킨다.

(1) INT_TO_BCD를 이용하는 프로그램

푸시버튼 PB를 ON하면 정수값1에 입력한 정수 수치가 BCD표시기1(%QW0.1.0)에 BCD로 형 변환되어 출력하고, 정수값2에 입력한 정수 수치는 BCD표시기2(%QW0.2.0)에 BCD로 형 변환되어 출력되어야 한다(그림 13.41).

이 프로그램에 사용되는 변수 및 메모리 할당은 다음과 같다.

	변수 종류	변수	타입	메모리 할당	초기값	리테인	사용 유무	설명문
1	VAR	BCD표시기1	WORD	%QW0.1.0		☐	☑	
2	VAR	BCD표시기2	WORD	%QW0.2.0		☐	☑	
3	VAR	PB	BOOL	%IX0.0.0		☐	☑	
4	VAR	정수값1	INT			☐	☑	
5	VAR	정수값2	INT			☐	☑	

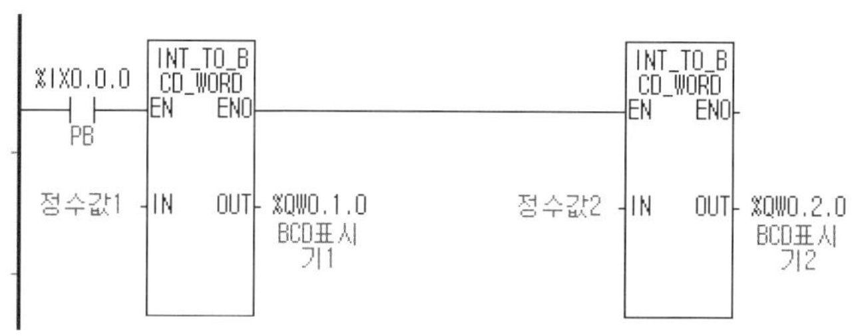

(a) PLC래더도

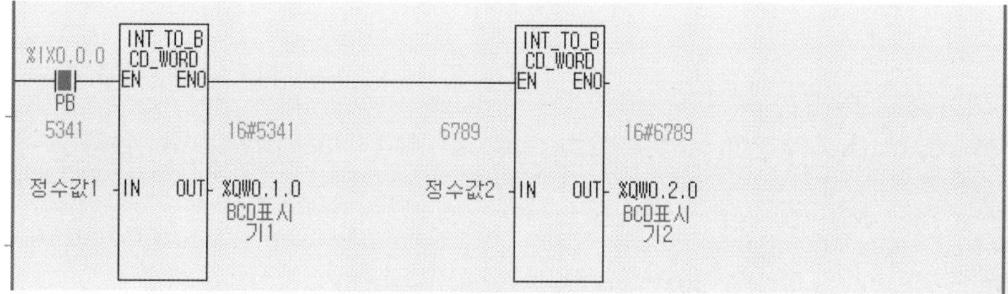

(b) 시뮬레이션 모니터링(프로그램 모니터링)

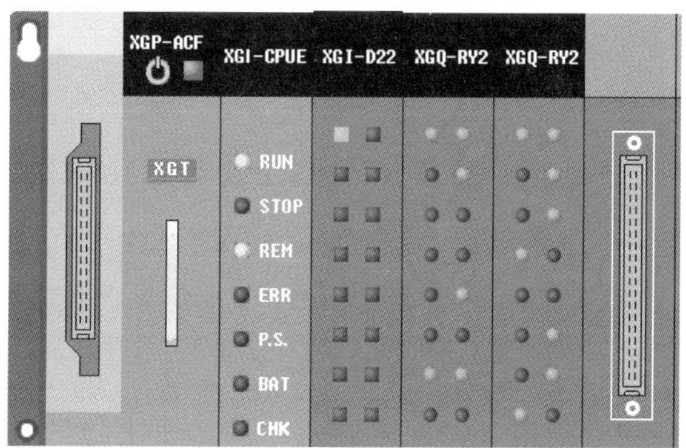

(c) 시뮬레이션 모니터링(시스템 모니터링)

그림 13.41 **정수 → BCD 형 변환 프로그램**

(2) BCD_TO_INT를 이용하는 프로그램

BCD입력기에 BCD값을 입력하여 정수값으로 형 변환시킨다. 푸시버튼을 ON시키면 그 값이 9880 이상의 값이면 램프가 점등해야 한다(그림 13.42).

이 프로그램에 사용되는 변수 및 메모리 할당은 다음과 같다.

	변수 종류	변수	타입	메모리 할당	초기값	리테인	사용 유무	설명문
1	VAR	BCD값_입력	WORD	%IW0.1.0		☐	☑	
2	VAR	PB	BOOL	%IX0.0.0		☐	☑	
3	VAR	램프	BOOL	%QX0.2.0		☐	☑	
4	VAR	정수값	INT			☐	☑	

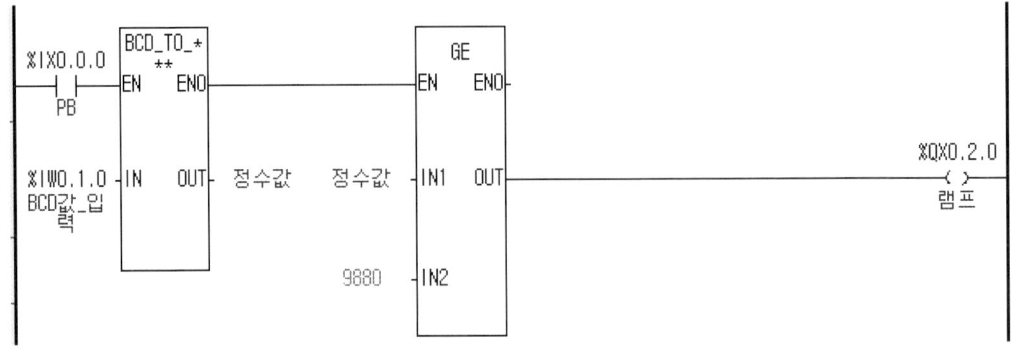

(a) PLC 래더도

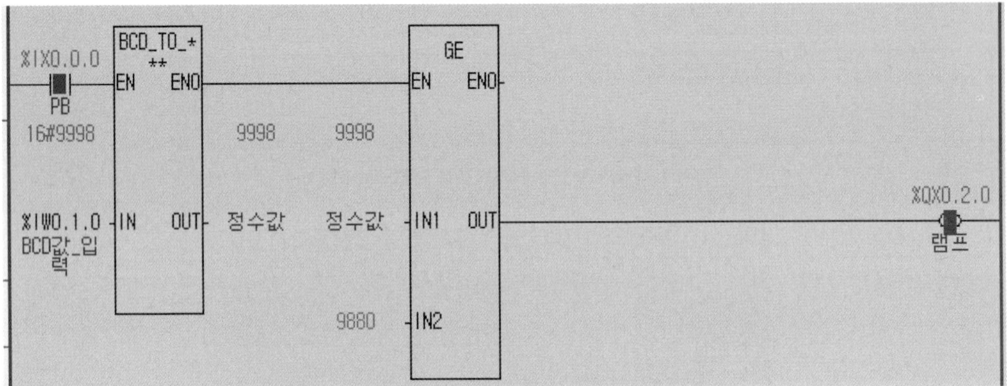

(b) 시뮬레이션 모니터링(프로그램 모니터링)

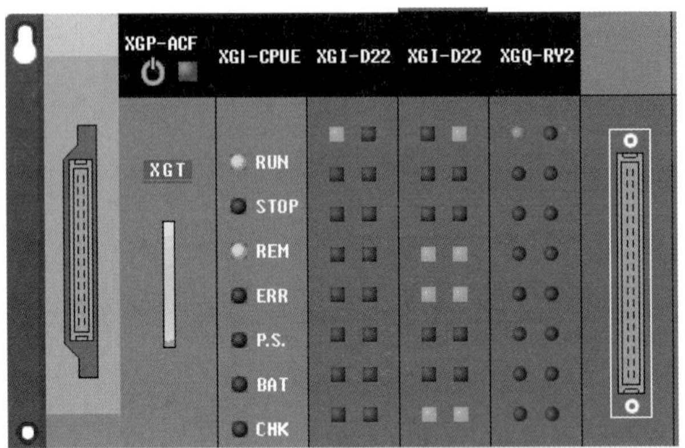

(c) 시뮬레이션 모니터링(시스템 모니터링)

그림 13.42 **정수 → BCD 형 변환 프로그램**

13.12 확장명령

확장명령은 분기명령인 점프(jump)명령, 호출명령인 서브루틴(Subroutine)명령, 루프명령인 FOR~NEXT명령 등이 있다. 표 13.15는 이들 명령어의 표시기호와 기능을 각각 나타내었다.

표 13.15 **확장명령어**

■ JMP(jump, 점프) : 분기명령

펑션	설명
——(JMP LABLE)	LABLE 위치로 점프

• 기능

- JMP명령의 입력접점이 On되면 지정 레이블(LABLE) 이후로 Jump하며 JMP와 레이블 사이의 모든 명령은 처리되지 않는다.
- 레이블은 중복되게 사용할 수 없다. JMP는 중복사용이 가능하다.

■ FOR/NEXT : 루프명령

펑션	설명
——(FOR | N)	FOR~NEXT 구간을 n번 실행
——(NEXT)	

• 기능

- PLC가 RUN모드에서 FOR를 만나면 FOR~NEXT 명령 간의 처리를 n회 실행한 후 NEXT 명령의 다음 스텝을 실행한다.
- n은 1~65,535까지 지정 가능하다.
- FOR~NEXT의 가능한 NESTING 개수는 16개이다.
- FOR~NEXT 루프를 빠져나오는 방법은 BREAK 명령을 사용한다.
- 스캔시간이 길어질 수 있으므로 WDT 설정치(위치독 시간)를 넘지 않도록 주의해야 한다.

■ CALL/SBRT(Subroutine) : 호출명령

펑션	설명
——(CALL NAME)	SBRT 루틴 호출
——(SBRT NAME)	CALL에 의해 호출될 루틴

• 기능

- 프로그램 수행 중 입력조건이 성립하면 CALL n 명령에 따라 해당 SBRT n~RET 명령 사이의 프로그램을 수행한다.
- CALL n은 중첩되어 사용 가능하며 반드시 SBRT n~RET 명령 사이의 프로그램은 END 명령 뒤에 있어야 한다.
- SBRT 내에서 다른 SBRT를 CALL하는 것이 가능하다. SBRT 내에서는 END 명령을 사용하지 않는다.
- FOR~NEXT 루프를 빠져나오려면 BREAK 명령을 사용한다.

(1) JMP를 이용하는 프로그램

분기명령을 사용하지 않으면 모든 입출력이 작동하지만 분기명령을 사용하면 분기명령 라인과 분기의 레이블이 있는 라인 사이의 프로그램은 작동을 하지 않는다. 이 프로그램에 사용되는 변수 및 메모리 할당은 다음과 같다(그림 13.43).

	변수 종류	변수	타입	메모리 할당	초기값	리테인	사용 유무	설명문
1	VAR	분기버튼	BOOL	%IX0.0.0		☐	☐	
2	VAR	PB1	BOOL	%IX0.0.1		☐	☐	
3	VAR	PB2	BOOL	%IX0.0.2		☐	☐	
4	VAR	램프1	BOOL	%QX0.1.0		☐	☐	
5	VAR	램프2	BOOL	%QX0.1.1		☐	☐	

L0 %IX0.0.0 분기버튼 JMP 분기이동
L1 %IX0.0.1 PB1 %QX0.1.0 램프1
레이블 분기이동:
L3 %IX0.0.2 PB2 %QX0.1.1 램프2
L4 END

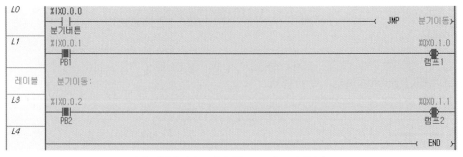

(a) PLC 래더도

(b) 시뮬레이션 모니터링(프로그램 모니터링1)

(계속)

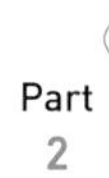

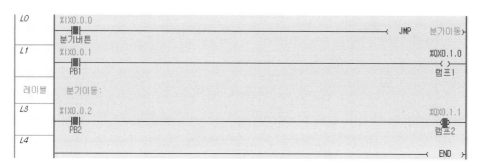

(c) 시뮬레이션 모니터링(프로그램 모니터링2)

그림 13.43 **분기명령을 이용한 프로그램**

(2) FOR/NEXT 명령을 이용하는 프로그램

2를 10회 곱하면 결과가 나와야 하며, FOR/NEXT 명령을 사용하여 그 루프를 빠져 나오려면 Break명령을 이용한다(그림 13.44). 이 프로그램에 사용되는 변수 및 메모리 할당은 다음과 같다.

	변수 종류	변수	타입	메모리 할당	초기값	리테인	사용 유무	설명문
1	VAR	STOP	BOOL	%IX0.0.1		☐	☑	

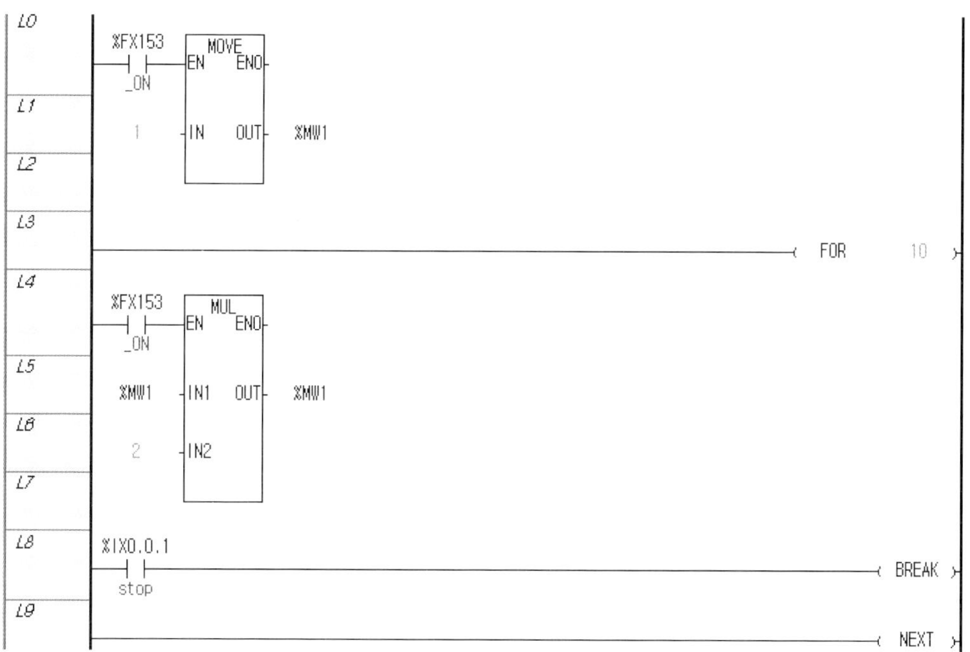

(a) PLC 래더도

(계속)

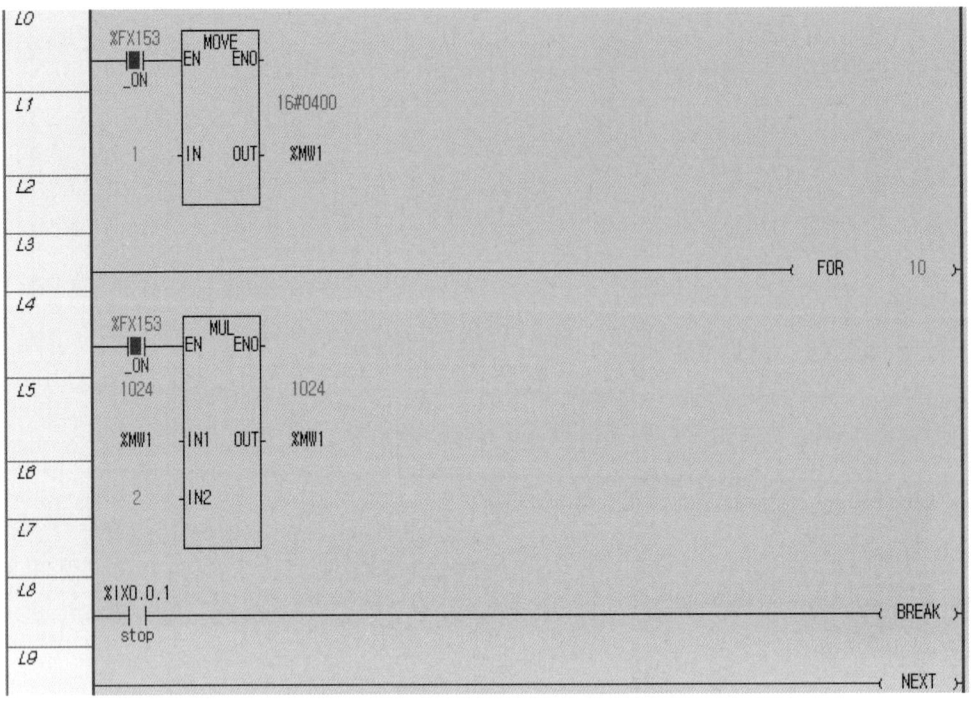

(b) 시뮬레이션 모니터링(프로그램 모니터링)

그림 13.44 **FOR/NEXT의 루프명령어를 이용하는 프로그램**

(3) CALL, SBRT를 이용하는 프로그램

그림 13.45와 같이 실린더A와 실린더B에 각각 편 솔레노이드 밸브가 장착되어 있다. 메인 프로그램에서는 실린더A가 5회 왕복운동을 하고 정지하며, 그 후 서브루틴 프로그램을 작동시켜 실린더B가 3회 왕복운동을 해야 한다(그림 13.46). 이 프로그램에 사용되는 변수 및 메모리 할당은 다음과 같다.

	변수 종류	변수	타입	메모리 할당	초기값	리테인	사용 유무	설명문
1	VAR	C1	CTU_INT			☐	☑	
2	VAR	C2	CTU_INT			☐	☑	
3	VAR	Reset1	BOOL	%IX0.0.9		☐	☐	
4	VAR	Reset2	BOOL	%IX0.0.10		☐	☐	
5	VAR	S1	BOOL	%IX0.0.1		☐	☐	
6	VAR	S2	BOOL	%IX0.0.2		☐	☐	
7	VAR	S3	BOOL	%IX0.0.3		☐	☐	
8	VAR	S4	BOOL	%IX0.0.4		☐	☐	
9	VAR	start	BOOL	%IX0.0.0		☐	☐	
10	VAR	stop	BOOL	%IX0.0.8		☐	☐	
11	VAR	Y1	BOOL	%QX0.2.0		☐	☐	
12	VAR	Y2	BOOL	%QX0.3.0		☐	☐	

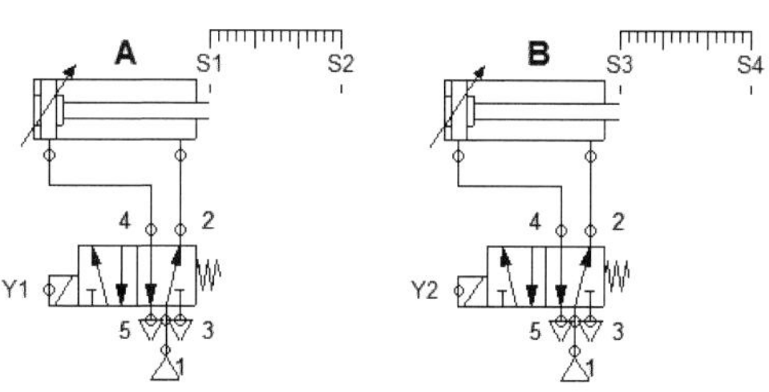

그림 13.45 **시스템도**

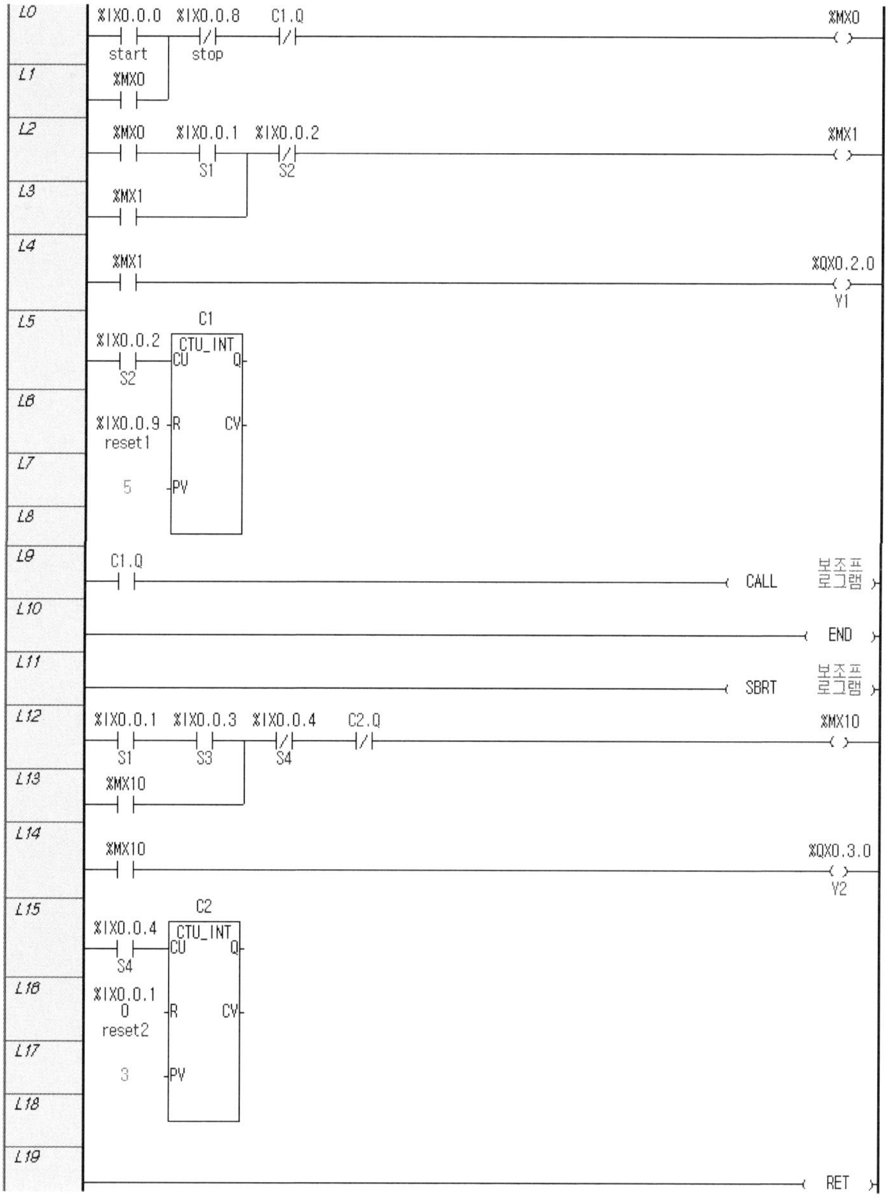

```
L0   %IX0.0.0(start)  %IX0.0.8(stop)-/-  C1.Q-/-                          %MX0 ( )
L1   %MX0
L2   %MX0  %IX0.0.1(S1)  %IX0.0.2(S2)-/-                                  %MX1 ( )
L3   %MX1
L4   %MX1                                                                 %QX0.2.0 ( ) Y1
L5   %IX0.0.2(S2) -CU   C1 CTU_INT   Q
L6   %IX0.0.9 reset1 -R              CV
L7   5 -PV
L8
L9   C1.Q                                                        CALL   보조프로그램
L10                                                              END
L11                                                              SBRT   보조프로그램
L12  %IX0.0.1(S1)  %IX0.0.3(S3)  %IX0.0.4(S4)-/-  C2.Q-/-                 %MX10 ( )
L13  %MX10
L14  %MX10                                                                %QX0.3.0 ( ) Y2
L15  %IX0.0.4(S4) -CU   C2 CTU_INT   Q
L16  %IX0.0.10 reset2 -R             CV
L17  3 -PV
L18
L19                                                              RET
```

(a) PLC 래더도

(계속)

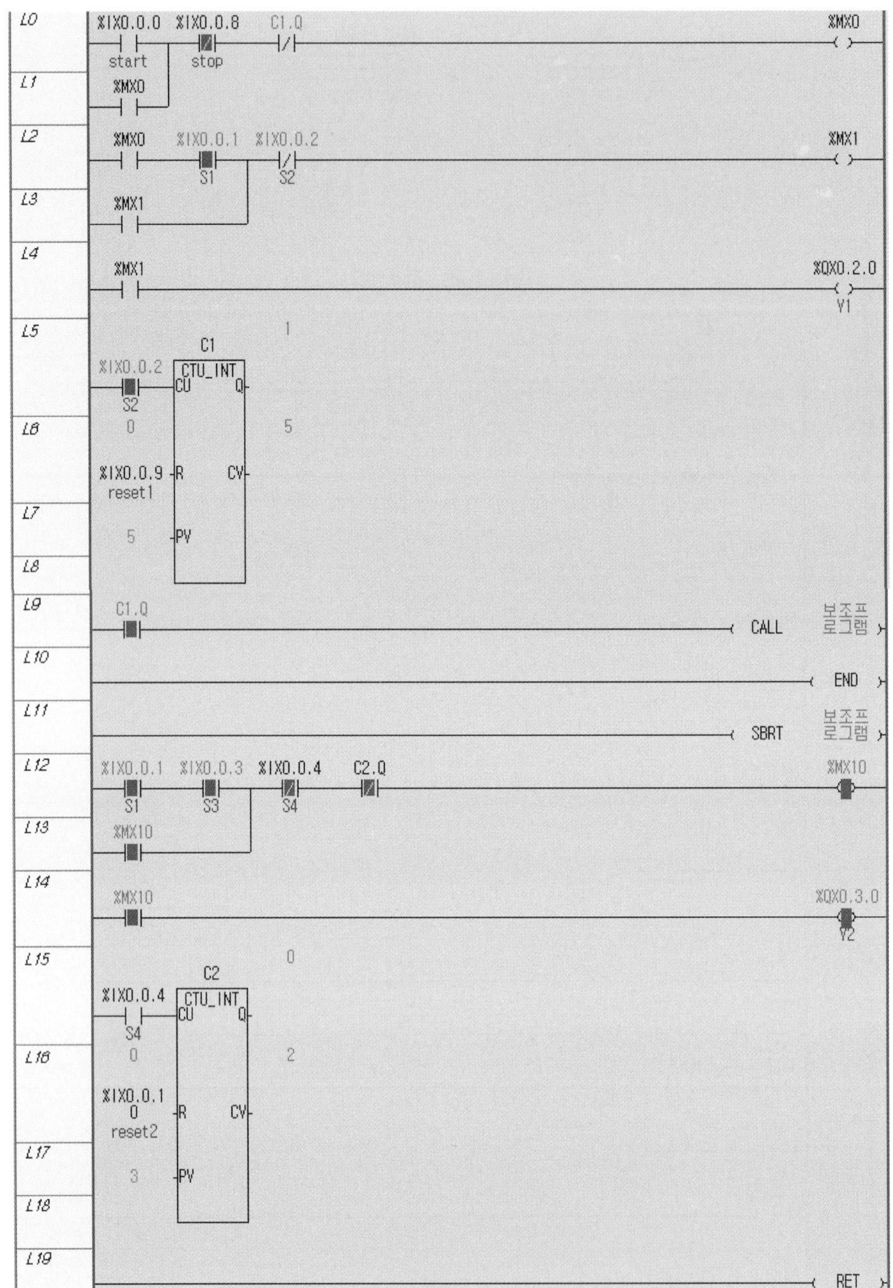

(b) 시뮬레이션 모니터링(프로그램 모니터링)

그림 13.46 **서브루틴 프로그램을 이용하는 프로그램**

13.13 마스터 컨트롤 명령 MCS/MCSCLR

네스팅(nesting)이란 다중 마스터 컨트롤 사용에 의한 제어를 의미하며, 도식적으로 나타내면 다음과 같다.

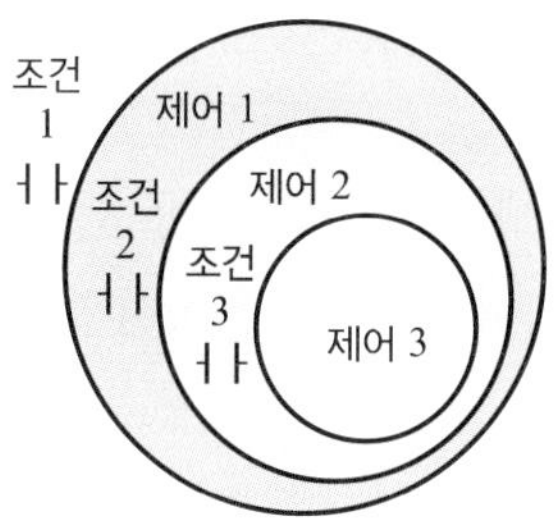

제어의 수행 조건
- 제어 1 : 조건 1 ON
- 제어 2 : 조건 1, 조건 2 ON
- 제어 3 : 조건 1, 조건 2, 조건 3 ON

제어의 정지 조건
- 조건 1 OFF : 제어 1, 2, 3 수행 정지
- 조건 2 OFF : 제어 2, 3 수행 정지
- 조건 3 OFF : 제어 3 수행 정지

표 13.16 **마스터 컨트롤 명령어**

■ MCS(Master Control)

펑션	설명
MCS BOOL — EN ENO — BOOL INT — NUM	• 입력 EN : 1일 때 펑션 실행 NUM : Nesting(0~15) • 출력 ENO : MCS 명령이 실행되면 1을 출력

■ MCSCLR(Master Control Clear)

펑션	설명
MCSCLR BOOL — EN ENO — BOOL INT — NUM	• 입력 EN : 1일 때 펑션 실행 NUM : Nesting(0~15) • 출력 ENO : MCSCLR 명령이 실행되면 1을 출력

• 기능

마스터 컨트롤 명령어의 각각에 대한 기능은 다음과 같다.

- MCS(Master Control)
  - EN이 On이면 Master Control이 수행된다. 이 경우 MCS 펑션에서 MCSCLR 펑션 사이의 프로그램은 정상적으로 수행된다.
  - EN이 Off인 경우 MCS 펑션에서 MCSCLR 펑션 사이의 프로그램은 다음과 같이 수행된다.

명령어	명령어 상태
Timer	현재값은 0이 되고, 출력(Q)은 off된다.
Counter	출력(Q)은 off되고, 현재값은 현재 상태를 유지한다.
코일	모두 off된다.
역코일	모두 off된다.
셋 코일, 리셋 코일	현재값을 유지한다.
펑션, 펑션블록	현재값을 유지한다.

- Master Control 명령은 Nesting해서 사용될 수 있다. 즉, Master Control 영역이 Nesting (NUM)에 의해 구분될 수 있다. Nesting(NUM)은 0에서 15까지 설정이 가능하고, 만약 16 이상으로 설정한 경우 Master Control이 정상적으로 동작하지 않는다.
- MCSCLR 없이 MCS명령을 사용한 경우 MCS 펑션에서 프로그램의 마지막 행까지 Master Control이 수행된다.

– MCSCLR(Master Control Clear)

- Master Control 명령을 해제한다. 그리고 Master Control 영역의 마지막을 가리킨다.
- MCSCLR 펑션 동작 시 Nesting(NUM)의 값보다 같거나 작은 모든 MCS 명령을 해제한다.
- MCSCLR 펑션 앞에는 접점을 사용하지 않는다.

(1) 마스터 컨트롤을 이용하는 프로그램

네스팅 넘버(Nesting Number)가 0, 1, 2인 마스터 컨트롤을 사용하는 프로그램에서 네스팅 넘버가 0인 조건의 입력 PB0이 ON이면 %IX0.1.0과 %IX0.1.4에 의한 램프0, 램프4가 점등하고, PB0와 네스팅 넘버 1인 조건의 PB1이 ON이면 %IX0.1.1과 %IX0.1.3에 의한 램프1, 램프3이 점등된다. PB0, PB1과 네스팅 넘버 2인 조건의 PB2가 ON이면 %IX0.1.2에 의한 램프2가 점등한다. 그리고 아무 조건 없이 %IX0.1.5에 의한 램프5가 점등한다(그림 13.47).

이 프로그램에 사용되는 변수 및 메모리 할당은 다음과 같다.

	변수 종류	변수	타입	메모리 할당	초기값	리테인	사용 유무	설명문
1	VAR	PB0	BOOL	%IX0.0.0		☐	☑	
2	VAR	PB1	BOOL	%IX0.0.1		☐	☐	
3	VAR	PB2	BOOL	%IX0.0.2		☐	☐	
4	VAR	램프0	BOOL	%QX0.2.0		☐	☐	
5	VAR	램프1	BOOL	%QX0.2.1		☐	☐	
6	VAR	램프2	BOOL	%QX0.2.2		☐	☐	
7	VAR	램프3	BOOL	%QX0.2.3		☐	☐	
8	VAR	램프4	BOOL	%QX0.2.4		☐	☐	
9	VAR	램프5	BOOL	%QX0.2.5		☐	☐	

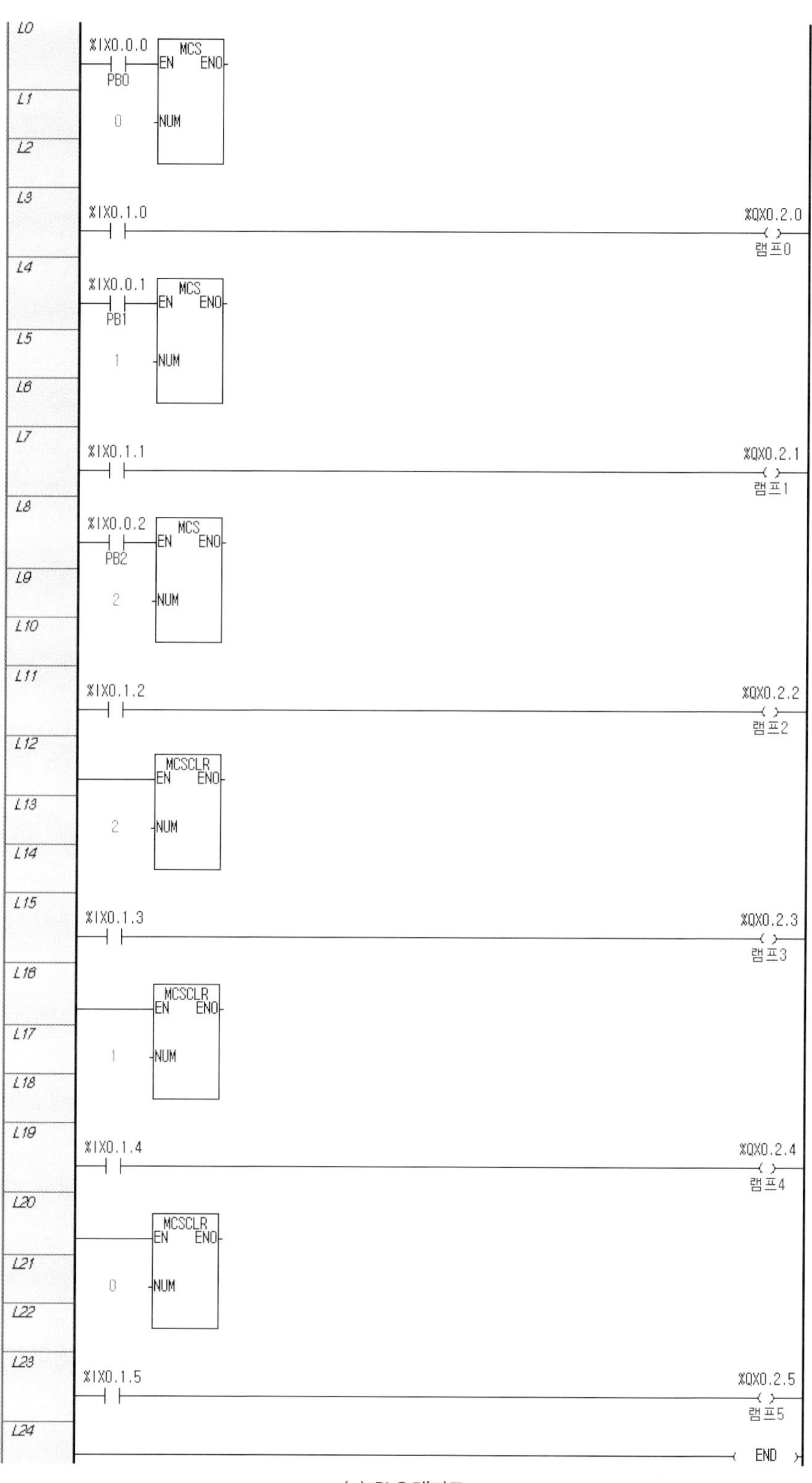
L0
%IX0.0.0
MCS
EN ENO
PB0
L1
0
NUM
L2
L3
%IX0.1.0
%QX0.2.0
램프0
L4
%IX0.0.1
MCS
EN ENO
PB1
L5
1
NUM
L6
L7
%IX0.1.1
%QX0.2.1
램프1
L8
%IX0.0.2
MCS
EN ENO
PB2
L9
2
NUM
L10
L11
%IX0.1.2
%QX0.2.2
램프2
L12
MCSCLR
EN ENO
L13
2
NUM
L14
L15
%IX0.1.3
%QX0.2.3
램프3
L16
MCSCLR
EN ENO
L17
1
NUM
L18
L19
%IX0.1.4
%QX0.2.4
램프4
L20
MCSCLR
EN ENO
L21
0
NUM
L22
L23
%IX0.1.5
%QX0.2.5
램프5
L24
END

(a) PLC 래더도

(계속)

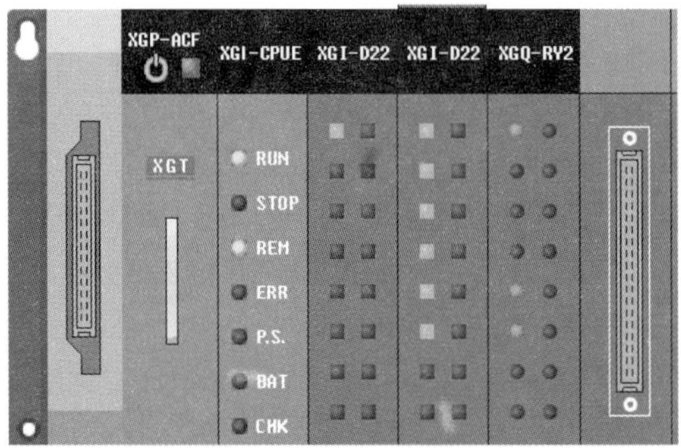

Ⓐ PB0이 ON인 경우(램프 0, 4, 5 ON)

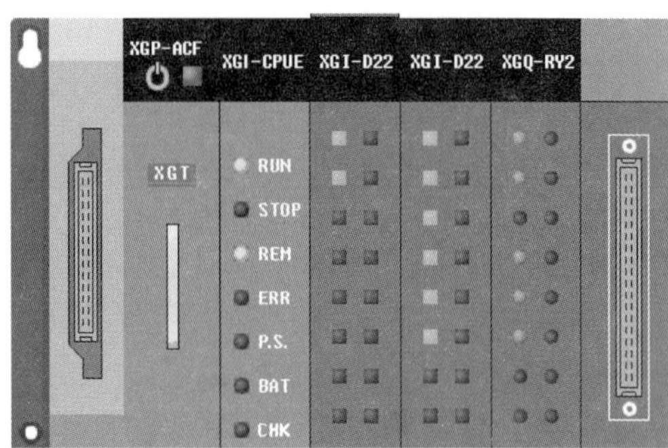

Ⓑ PB0과 PB1이 ON인 경우(램프 0, 1, 3, 4, 5 ON)

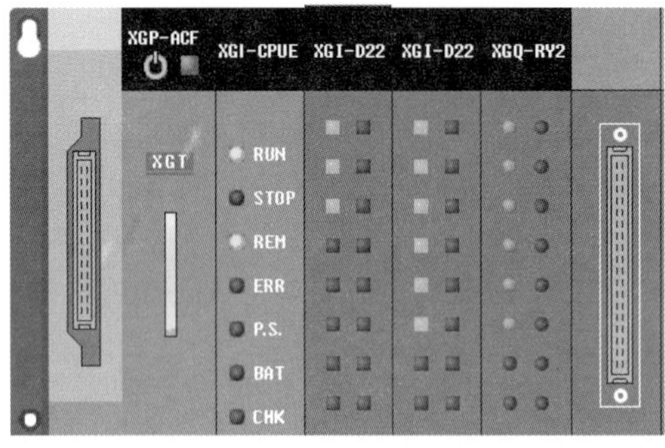

Ⓒ PB0, PB1, PB2가 ON인 경우(램프 0, 1, 2, 3, 4, 5 ON)

Ⓓ 아무 버튼도 ON되지 않은 경우(램프 5 ON)

(b) 시뮬레이션 모니터링(시스템 모니터링)

그림 13.47 **마스터 컨트롤을 이용하는 프로그램**

13.14 SCON /Step Controller/

표 13.17 Step Controller 명령어

펑션	설명
SCON BOOL — REQ　　DONE — BOOL BOOL — ST_0/JP_1　　S — ARRAY OF BOOL INT — SET　　CUR_S — INT	• 입력　REQ : 1일 때 펑션 블록 실행 ST_0/JP_1 : 0이면 SET 동작을 지정하고, 1이면 OUT 동작을 지정 SET : 스텝의 번호(0~99) • 출력　DONE : 펑션 블록 실행이 에러 없이 종료된 경우 on되며, 에러가 발생하거나 펑션 블록 실행 요구가 없으면 off S : Set된 bit array CUR_S : 현재 스텝 번호를 출력

• 기능

– 순차작업 조의 설정

펑션블록의 인스턴스 이름이 하나의 순차작업 조의 이름이 된다(펑션블록 선언 예 : S00, G01, 제조1, 스텝 접점 예 : S00.S[1], G01.S[1], 제조1.S[1]).

– Set 동작일 경우(ST_0/JP_1 = 0) : 순차 동작

동일 조 내에서 바로 이전의 스텝번호가 On되었을 때 현재 스텝번호가 On된다. 현재 스텝번호가 On되면 자기유지되어 입력접점이 Off되어도 On의 상태를 유지한다. 입력 조건 접점이 동시에 On되어도 한 조 내에서는 한 스텝 번호만 On된다. Sxx.S[0]가 On 되면 모든 Set출력이 Clear된다.

– JUMP 동작일 경우(ST_0/JP_1 = 1) : 후입우선 동작

동일 조 내에서 입력조건 접점이 다수가 On하여도 한 개의 스텝번호만 On된다. 입력 조건이 동시에 On하면 나중에 프로그램된 것이 우선으로 출력된다. 현재 스텝번호가 On되면 자기유지되어 입력조건이 Off되어도 On상태를 유지한다. Sxx.S[0]이 On되면 초기 스텝으로 복귀한다.

(1) SCON을 이용하는 프로그램

S_J가 Off(0)인 경우 Set동작을 하고(step0부터 순차적으로 작동), S_J가 On(1)되면 OUT 동작(순서에 관계없이 현재 step에서 작동)을 한다(그림 13.48).

① S_J 스위치가 0인 경우(Off)

step0(스위치0), step1(스위치1), step2(스위치2), step3(스위치3)은 반드시 순차적으로 1단계씩만 진행된다. step1이 호출되면 실행 중인 step0은 Reset되고 step1이 On된다.

PB0부터 차례로 PB2까지 ON시킨다.

② S_J 스위치가 1인 경우(On)

어느 step이든 후입우선 동작이 되어, step 전진, 후진 및 점프 등의 동작이 가능하다. PB1과 PB3을 차례로 ON시킨다.

이 프로그램에 사용되는 변수 및 메모리 할당은 다음과 같다.

	변수 종류	변수	타입	메모리 할당	초기값	리테인	사용 유무	설명문
1	VAR	bit	ARRAY[0..99]			☐	☑	
2	VAR	num	INT			☐	☑	
3	VAR	PB0	BOOL	%IX0.0.0		☐	☑	
4	VAR	PB1	BOOL	%IX0.0.1		☐	☑	
5	VAR	PB2	BOOL	%IX0.0.2		☐	☑	
6	VAR	PB3	BOOL	%IX0.0.3		☐	☑	
7	VAR	SC_1	SCON			☐	☑	
8	VAR	SC_2	SCON			☐	☐	
9	VAR	S_J	BOOL	%IX0.0.8		☐	☑	
10	VAR	램프0	BOOL	%QX0.2.0		☐	☑	
11	VAR	램프1	BOOL	%QX0.2.1		☐	☑	
12	VAR	램프2	BOOL	%QX0.2.2		☐	☑	
13	VAR	램프3	BOOL	%QX0.2.3		☐	☑	

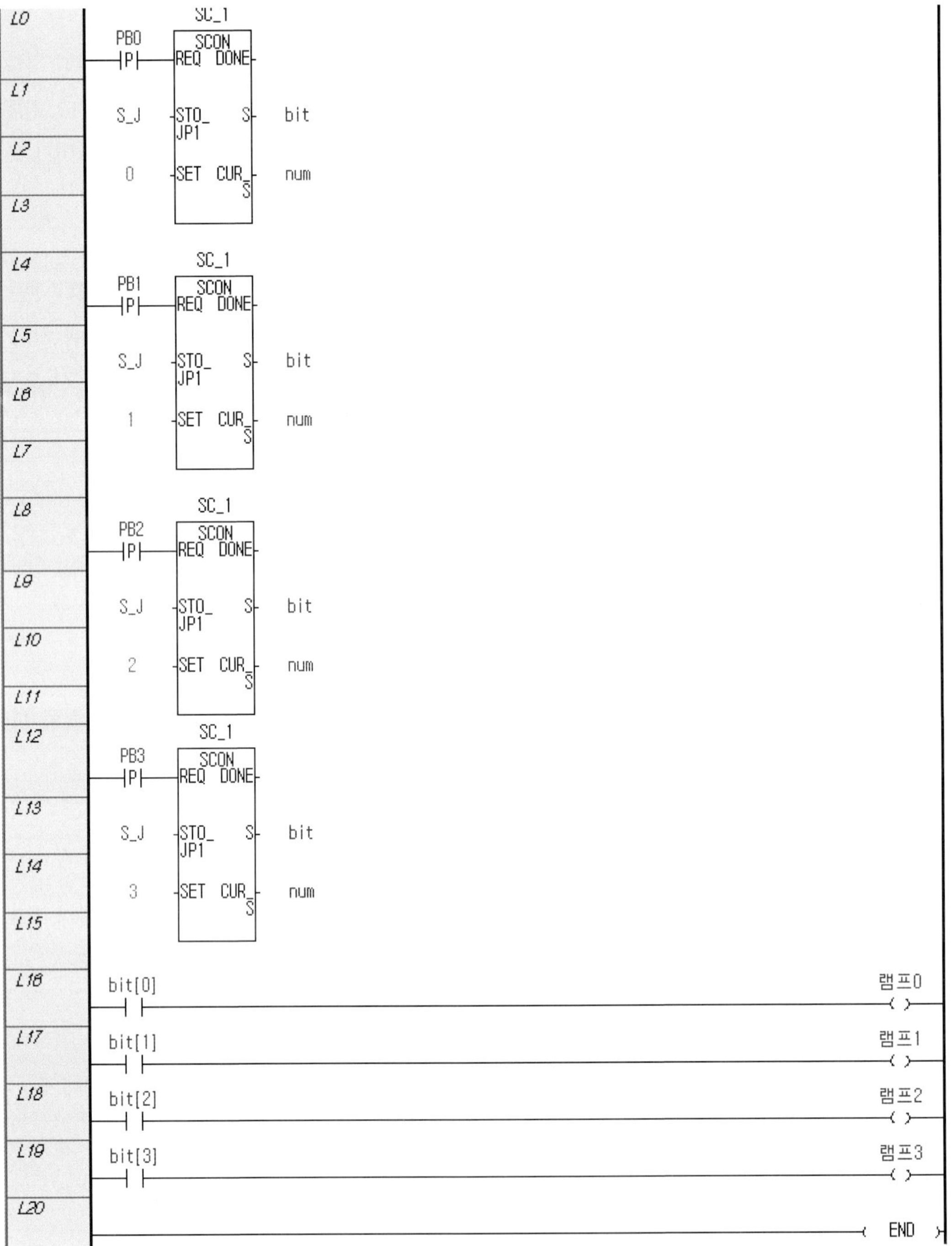
L0
L1
L2
L3
L4
L5
L6
L7
L8
L9
L10
L11
L12
L13
L14
L15
L16
L17
L18
L19
L20
SC_1
PB0
SCON
REQ DONE
S_J
STO_ JP1
S
bit
0
SET CUR_S
num
SC_1
PB1
SCON
REQ DONE
S_J
STO_ JP1
S
bit
1
SET CUR_S
num
SC_1
PB2
SCON
REQ DONE
S_J
STO_ JP1
S
bit
2
SET CUR_S
num
SC_1
PB3
SCON
REQ DONE
S_J
STO_ JP1
S
bit
3
SET CUR_S
num
bit[0]
램프0
bit[1]
램프1
bit[2]
램프2
bit[3]
램프3
END

(a) PLC 래더도

(계속)

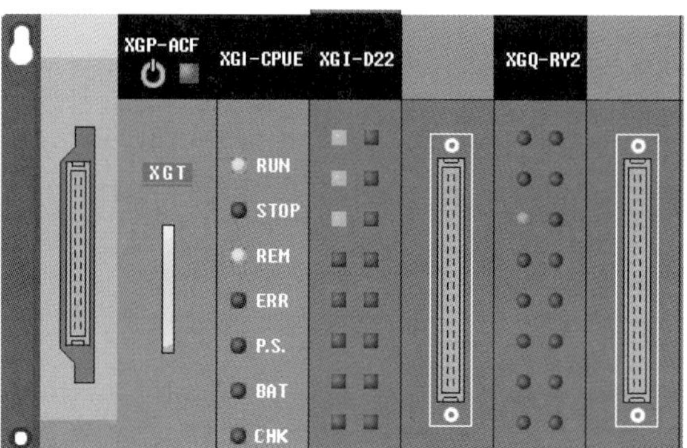

(b) PB0부터 PB2까지 차례로 ON시킨 경우의 시뮬레이션(S_J = 0인 경우)

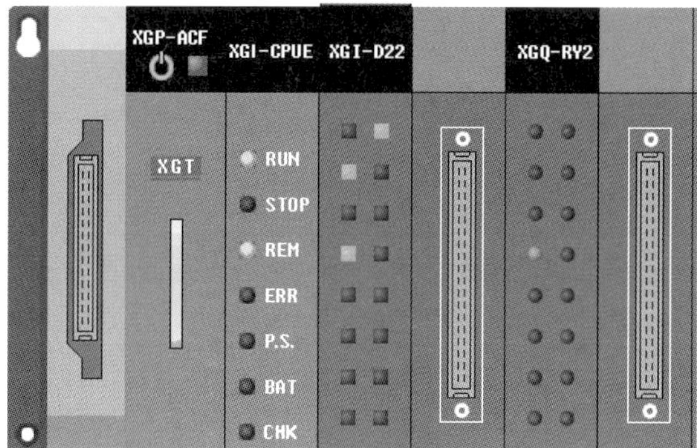

(c) PB1과 PB3을 차례로 ON시킨 경우의 시뮬레이션(S_J = 1인 경우)

그림 13.48 SCON(Step Controller)를 이용한 프로그램

14 PLC 프로그램

Chapter

14.1 양변환 검출접점과 음변환 검출접점

제어조건 푸시버튼 PB1을 누르는 순간 램프가 점등하고, 푸시버튼 PB2는 눌렀다가 떼는 순간 램프가 점등한다. stop버튼을 터치하면 램프는 소등한다.

① PLC 프로그램의 변수 및 메모리 할당표

	변수 종류	변수	타입	메모리 할당	초기값	리테인	사용 유무	설명문
1	VAR	PB1	BOOL	%IX0.0.0		☐	☐	
2	VAR	PB2	BOOL	%IX0.0.1		☐	☐	
3	VAR	stop	BOOL	%IX0.0.2		☐	☐	
4	VAR	램프	BOOL	%QX0.2.0		☐	☐	

② 프로그램

③ 시뮬레이션1

④ 시뮬레이션2

Part 2

14.2 SET명령과 RESET명령

제어조건 기동스위치 PB1을 터치하면 모터가 작동하고 stop스위치를 눌러도 모터는 계속 작동상태를 유지한다. 그러나 리셋스위치 PB2를 누르면 모터가 정지한다. 모터가 작동 시는 운전램프, 모터가 정지 시는 정지램프가 ON된다.

① PLC 프로그램의 변수 및 메모리 할당표

	변수 종류	변수	타입	메모리 할당	초기값	리테인	사용 유무	설명문
1	VAR	PB1	BOOL	%IX0.0.0		☐	☑	기동스위치
2	VAR	PB2	BOOL	%IX0.0.1		☐	☑	리셋스위치
3	VAR	stop	BOOL	%IX0.0.2		☐	☑	정지스위치
4	VAR	운전램프	BOOL	%QX0.2.0		☐	☑	
5	VAR	정지램프	BOOL	%QX0.2.1		☐	☐	
6	VAR	모터	BOOL	%QX0.3.0		☐	☐	

② 프로그램

③ 시뮬레이션1

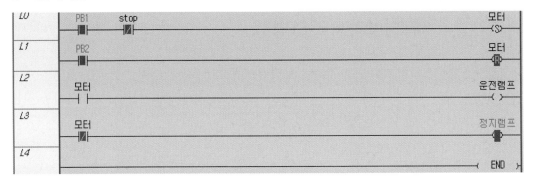

④ 시뮬레이션2

14.3 양변환, 음변환 검출 코일

제어조건　푸시버튼 PB1을 누르는 순간 모터가 작동하고, stop스위치를 누르면 모터가 정지한다. 푸시버튼 PB2를 누르고 있으면 모터가 작동하지 않다가 손을 떼면 모터가 작동한다. 모터가 작동하면 운전램프가 점등하고, 모터가 정지하면 정지램프가 점등한다.

① PLC 프로그램의 변수 및 메모리 할당표

	변수 종류	변수	타입	메모리 할당	초기값	리테인	사용 유무	설명문
1	VAR	PB1	BOOL	%IX0.0.0		☐	☑	
2	VAR	PB2	BOOL	%IX0.0.1		☐	☑	
3	VAR	stop	BOOL	%IX0.0.2		☐	☑	
4	VAR	모터	BOOL	%QX0.3.0		☐	☑	
5	VAR	양변환검출	BOOL			☐	☑	
6	VAR	운전램프	BOOL	%QX0.2.0		☐	☑	
7	VAR	음변환검출	BOOL			☐	☑	
8	VAR	정지램프	BOOL	%QX0.2.1		☐	☑	

② 프로그램

L0	PB1 ─┤ ├─ (P) 양변환검출
L1	PB2 ─┤ ├─ (N) 음변환검출
L2	양변환검출 ─┤ ├─ stop ─┤/├─ ( ) 모터
L3	음변환검출 ─┤ ├─
L4	모터 ─┤ ├─
L5	모터 ─┤ ├─ ( ) 운전램프
L6	모터 ─┤/├─ ( ) 정지램프
L7	END

③ 시뮬레이션1

L0	PB1 ─┤ ├─ (P) 양변환검출
L1	PB2 ─┤ ├─ (N) 음변환검출
L2	양변환검출 ─┤ ├─ stop ─┤/├─ ( ) 모터
L3	음변환검출 ─┤ ├─
L4	모터 ─┤ ├─
L5	모터 ─┤ ├─ ( ) 운전램프
L6	모터 ─┤/├─ ( ) 정지램프
L7	END

④ 시뮬레이션2

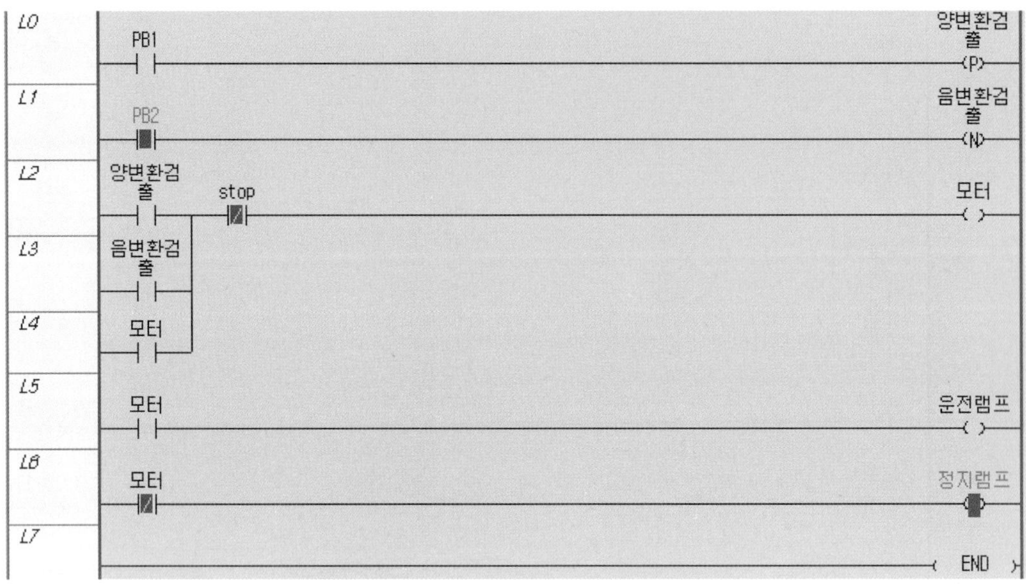

14.4 편솔_실린더의 제어(A+A-B+B-)

제어조건 편 솔레노이드 밸브가 장착되어 있는 공압 실린더 A와 B가 start스위치를 ON하면 A+A－B+B－의 시퀀스로 연속적으로 수행해야 한다. stop스위치를 터치하면 두 개의 실린더가 현재의 수행 중인 사이클을 완료한 후 초기상태로 모두 복귀하여 동작을 정지한다.

실린더 A에는 그 전후진단에 각각 S2, S1의 리밋스위치, 실린더 B에는 S4, S3이 각각 설치되어 있다. Y1 및 Y2는 솔레노이드를 나타낸다.

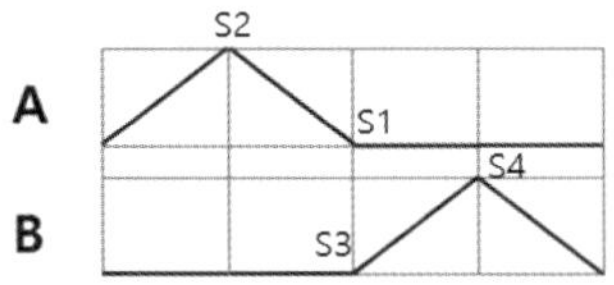

① 시스템도

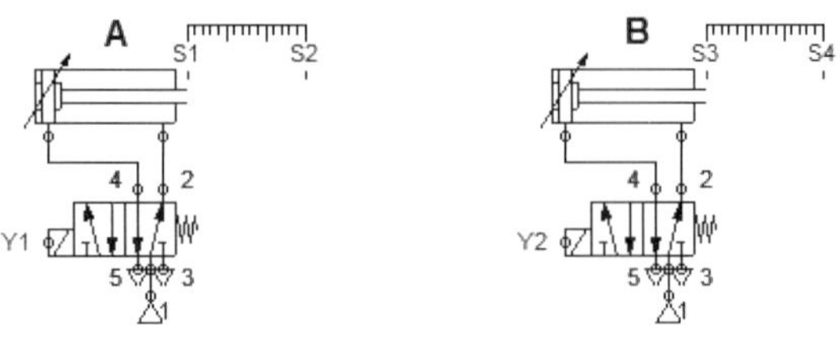

② 전기 공압회로도

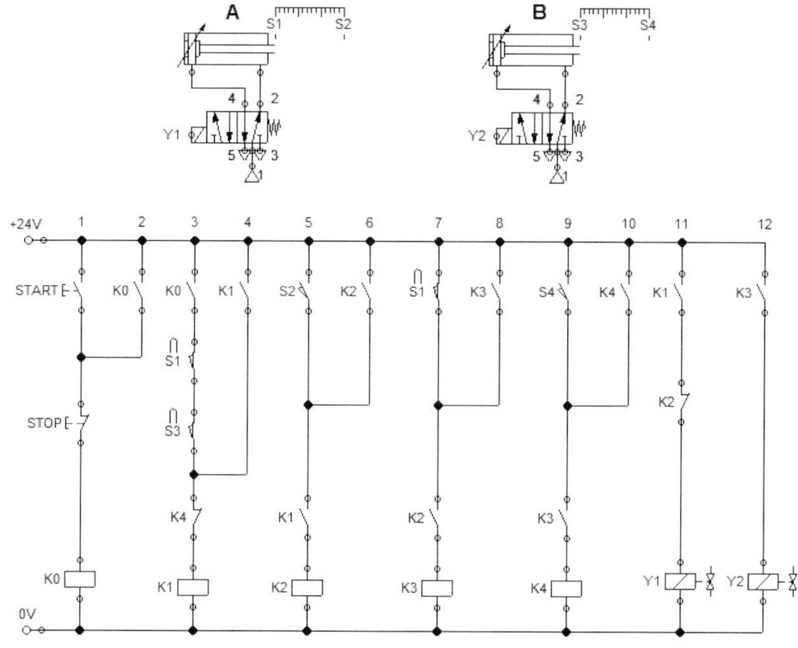

③ PLC 프로그램의 변수 및 메모리 할당표

	변수 종류	변수	타입	메모리 할당	초기값	리테인	사용 유무	설명문
1	VAR	S1	BOOL	%IX0.0.1		☐	☑	
2	VAR	S2	BOOL	%IX0.0.2		☐	☑	
3	VAR	S3	BOOL	%IX0.0.3		☐	☑	
4	VAR	S4	BOOL	%IX0.0.4		☐	☑	
5	VAR	start	BOOL	%IX0.0.0		☐	☑	
6	VAR	stop	BOOL	%IX0.0.8		☐	☑	
7	VAR	Y1	BOOL	%QX0.2.0		☐	☑	
8	VAR	Y2	BOOL	%QX0.2.1		☐	☑	

④ PLC 프로그램

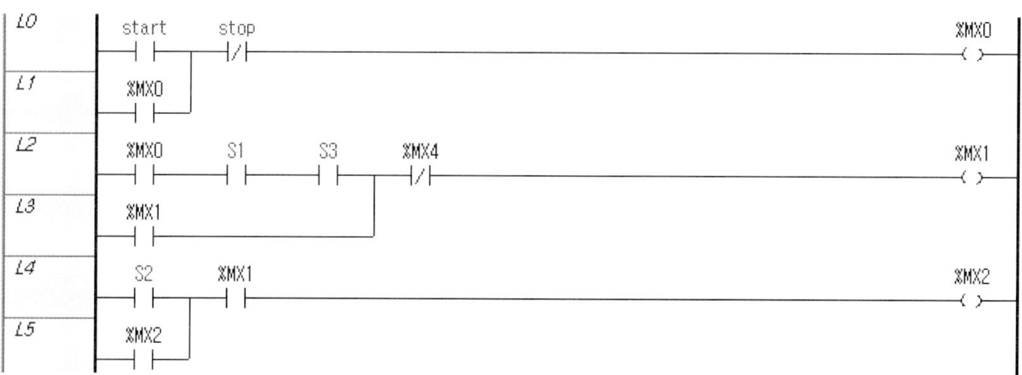

```
L6   S1      %MX2                                  %MX3
    ─┤ ├──┬──┤ ├───────────────────────────────────( )─
L7   %MX3 │
    ─┤ ├──┘
L8   S4      %MX3                                  %MX4
    ─┤ ├─────┤ ├──┬────────────────────────────────( )─
L9   %MX4    S3   │
    ─┤ ├─────┤/├──┘
L10  %MX1    %MX2                                  V1
    ─┤ ├─────┤/├───────────────────────────────────( )─
L11  %MX3                                          Y2
    ─┤ ├───────────────────────────────────────────( )─
L12
    ───────────────────────────────────────────────( END )─
```

14.5 양솔_실린더의 제어(A+A-B+B-)

제어조건 start스위치를 터치하면 양 솔레노이드 밸브를 사용하는 두 개의 공압 실린더 A, B가 A+A－B+B－의 시퀀스로 동작을 연속적으로 한다. stop스위치를 터치하면 두 개의 실린더가 현재의 수행 중인 사이클을 완료한 후 초기상태로 모두 복귀하여 동작을 정지한다.

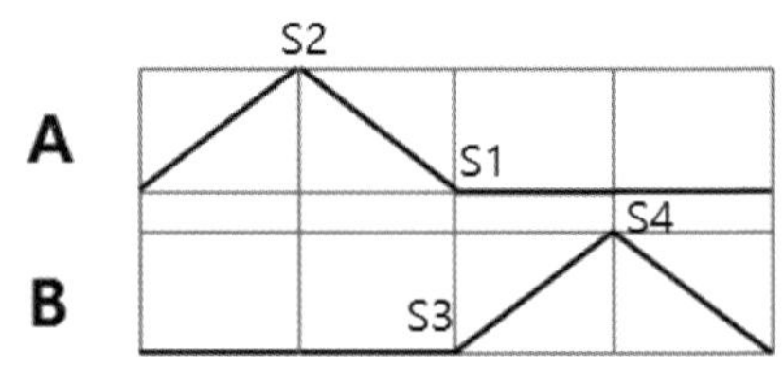

① 시스템도

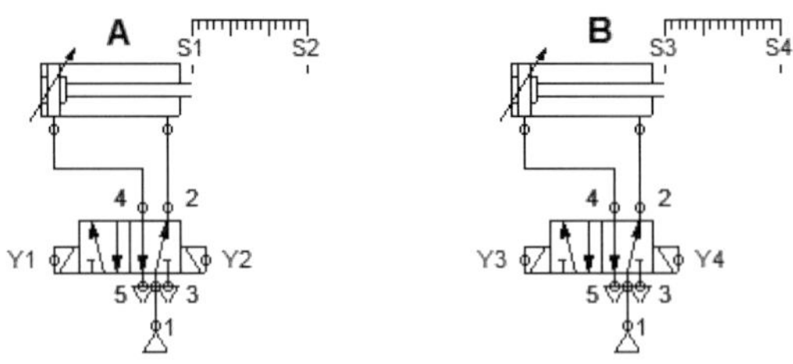

② 전기 공압회로도

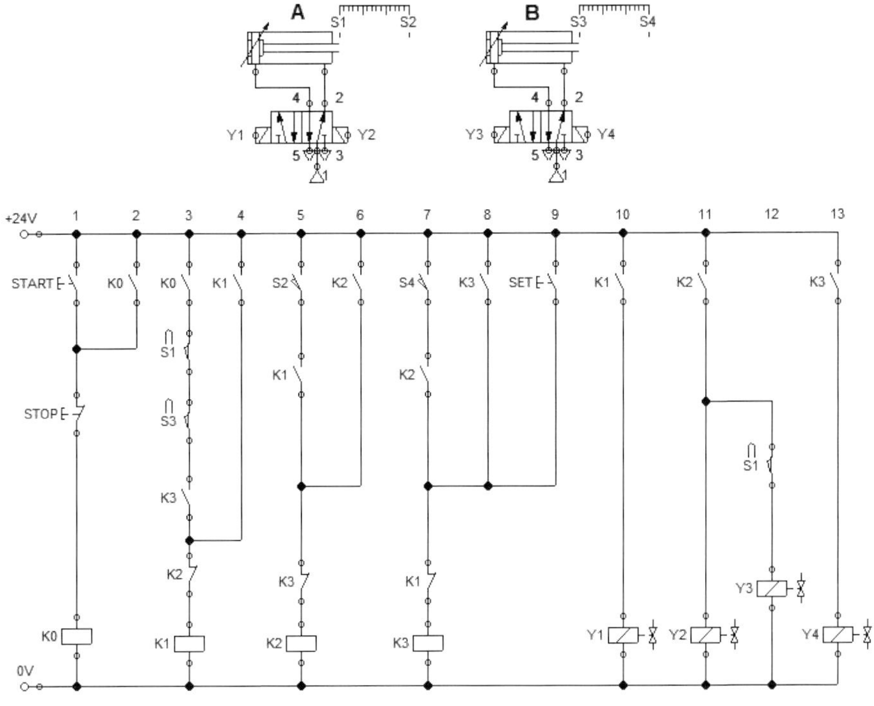

③ PLC 프로그램의 변수 및 메모리 할당표

	변수 종류	변수	타입	메모리 할당	초기값	리테인	사용 유무	설명문
1	VAR	start	BOOL	%IX0.0.0				
2	VAR	stop	BOOL	%IX0.0.8				
3	VAR	S1	BOOL	%IX0.0.1				
4	VAR	S2	BOOL	%IX0.0.2				
5	VAR	S3	BOOL	%IX0.0.3				
6	VAR	S4	BOOL	%IX0.0.4				
7	VAR	Y1	BOOL	%QX0.2.0				
8	VAR	Y2	BOOL	%QX0.2.1				
9	VAR	Y3	BOOL	%QX0.2.2				
10	VAR	Y4	BOOL	%QX0.2.3				

④ PLC 프로그램

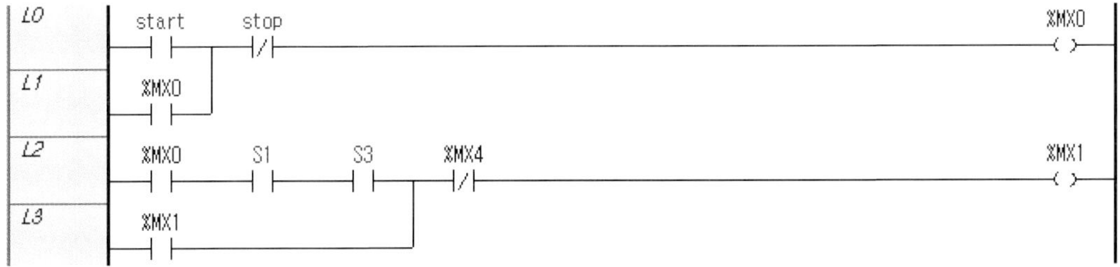

라인	접점	접점	출력
L4	S2	%MX1	%MX2 ( )
L5	%MX2		
L6	S1	%MX2	%MX3 ( )
L7	%MX3		
L8	S4	%MX3	%MX4 ( )
L9	%MX4	S3 (/)	
L10	%MX1	%MX2 (/)	Y1 ( )
L11	%MX2		Y2 ( )
L12	%MX3	%MX4 (/)	Y3 ( )
L13	%MX4		Y4 ( )
L14			END

14.6 편솔_실린더의 제어(A+B+A-B-)

제어조건 start스위치를 터치하면 편 솔레노이드 밸브를 사용하는 두 개의 공압 실린더 A, B가 A+B+A－B－의 시퀀스로 동작을 연속적으로 한다. stop스위치를 터치하면 두 개의 실린더가 현재의 수행 중인 사이클을 완료한 후 초기상태로 모두 복귀하여 동작을 정지한다.

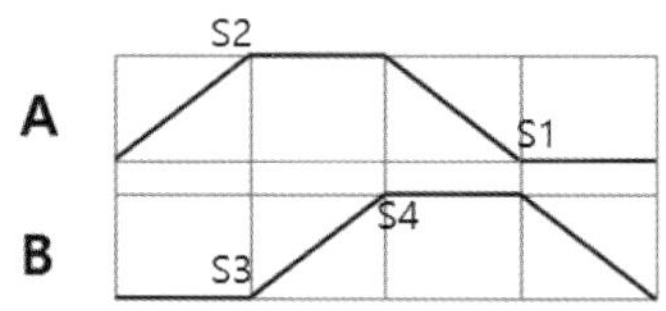

① 시스템도

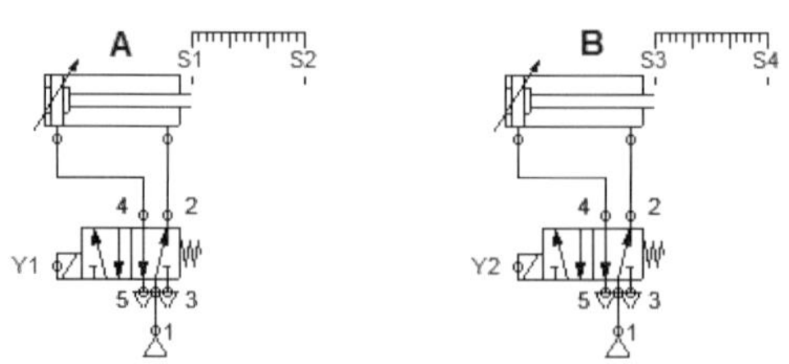

② 전기 공압회로도

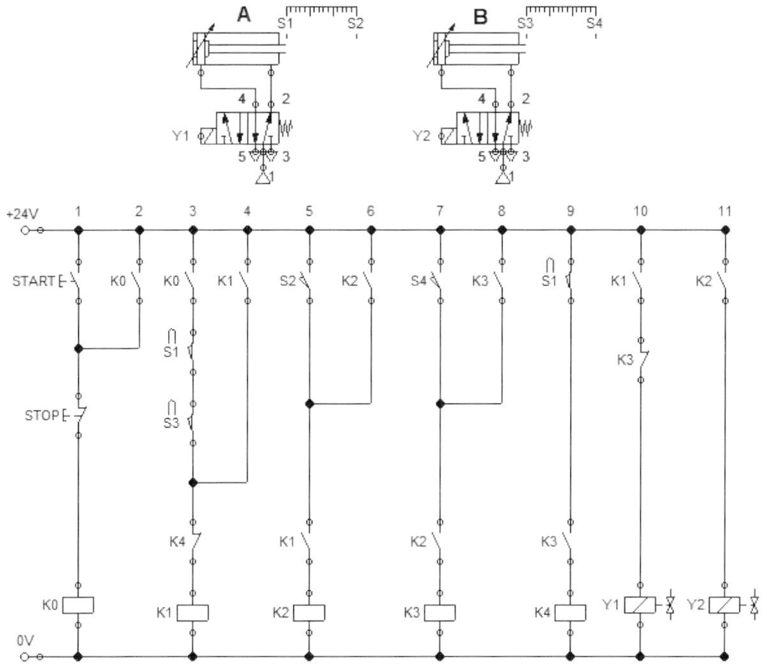

③ PLC 프로그램의 변수 및 메모리 할당표

	변수 종류	변수	타입	메모리 할당	초기값	리테인	사용 유무	설명문
1	VAR	S1	BOOL	%IX0.0.1		☐	☑	
2	VAR	S2	BOOL	%IX0.0.2		☐	☑	
3	VAR	S3	BOOL	%IX0.0.3		☐	☑	
4	VAR	S4	BOOL	%IX0.0.4		☐	☑	
5	VAR	start	BOOL	%IX0.0.0		☐	☑	
6	VAR	stop	BOOL	%IX0.0.8		☐	☑	
7	VAR	Y1	BOOL	%QX0.2.0		☐	☑	
8	VAR	Y2	BOOL	%QX0.2.1		☐	☑	

④ PLC 프로그램

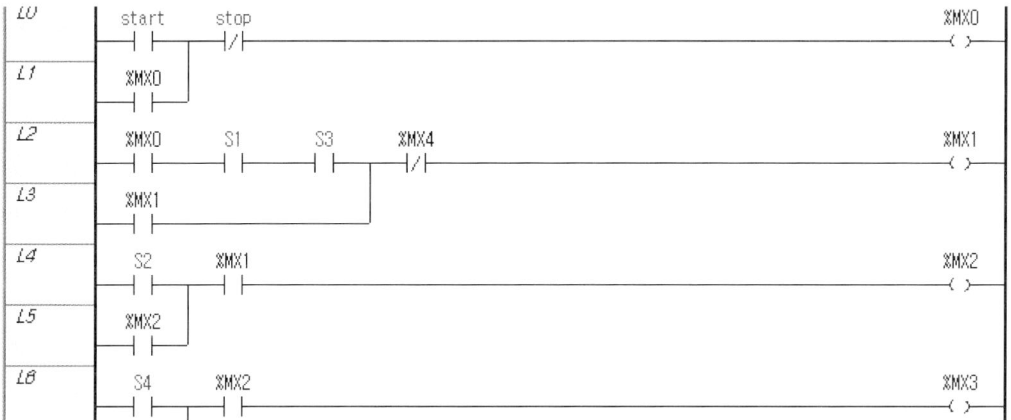

L7 %MX3
L8 S1 %MX3 %MX4
L9 %MX4 S3
L10 %MX1 %MX3 Y1
L11 %MX2 Y2
L12 END

14.7 편솔_실린더의 제어(A+B+B-A-)

제어조건 start스위치를 터치하면 편 솔레노이드 밸브를 사용하는 두 개의 공압 실린더 A, B가 A+B+B－A－의 시퀀스로 동작을 연속적으로 한다. stop스위치를 터치하면 두 개의 실린더가 현재의 수행 중인 사이클을 완료한 후 초기상태로 모두 복귀하여 동작을 정지한다.

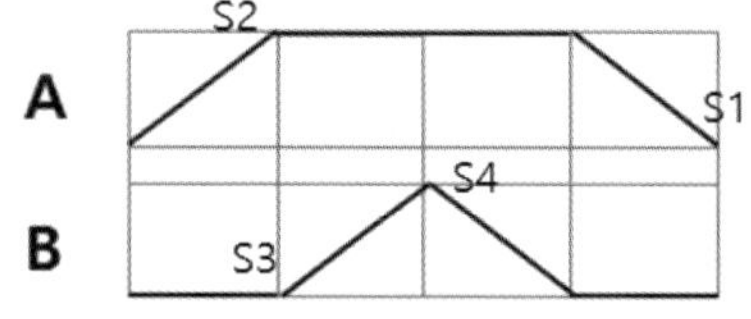

① 시스템도

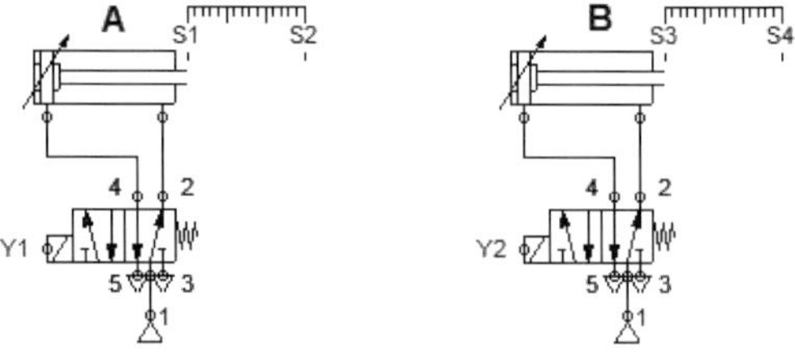

② 전기 공압회로도

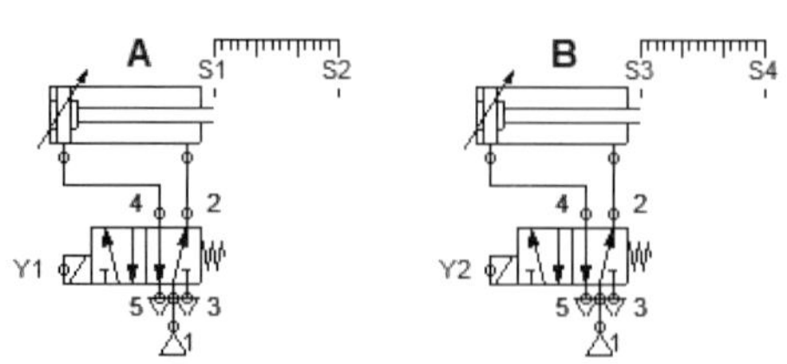

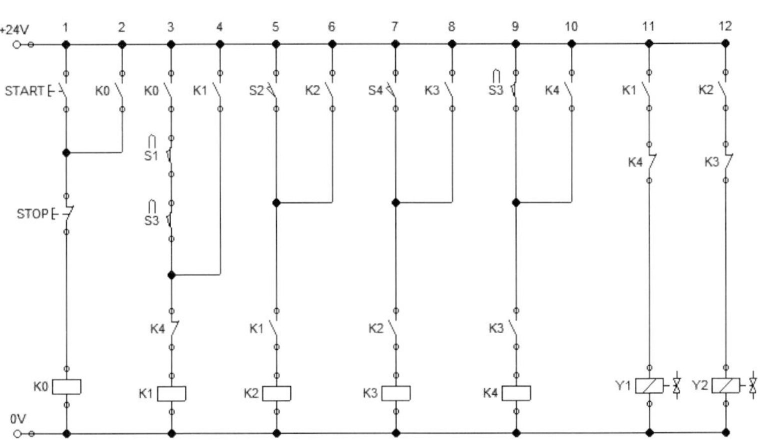

③ PLC 프로그램의 변수 및 메모리 할당표

	변수 종류	변수	타입	메모리 할당	초기값	리테인	사용 유무	설명문
1	VAR	S1	BOOL	%IX0.0.1		☐	☑	
2	VAR	S2	BOOL	%IX0.0.2		☐	☑	
3	VAR	S3	BOOL	%IX0.0.3		☐	☑	
4	VAR	S4	BOOL	%IX0.0.4		☐	☑	
5	VAR	start	BOOL	%IX0.0.0		☐	☑	
6	VAR	stop	BOOL	%IX0.0.8		☐	☑	
7	VAR	Y1	BOOL	%QX0.2.0		☐	☑	
8	VAR	Y2	BOOL	%QX0.2.1		☐	☑	

④ PLC 프로그램

```
L0   start    stop                          %MX0
     -| |--+--|/|---------------------------( )-
L1   %MX0  |
     -| |--+
L2   %MX0     S1       S3       %MX4        %MX1
     -| |-----| |------| |---+--|/|---------( )-
L3   %MX1                    |
     -| |--------------------+
L4   S2       %MX1                          %MX2
     -| |--+--| |---------------------------( )-
L5   %MX2  |
     -| |--+
L6   S4       %MX2                          %MX3
     -| |--+--| |---------------------------( )-
L7   %MX3  |
     -| |--+
L8   S3       %MX3                          %MX4
     -| |--+--| |---------------------------( )-
L9   %MX4  |
     -| |--+
L10  %MX1     %MX4                          Y1
     -| |-----|/|---------------------------( )-
L11  %MX2     %MX3                          Y2
     -| |-----|/|---------------------------( )-
L12
     ---------------------------------------( END )
```

14.8 편솔_실린더의 제어(A+B+2초B-C+C-A-)

제어조건 단속스위치를 터치하면 편 솔레노이드 밸브를 사용하는 세 개의 공압 실린더 A, B, C가 A+B+2초B－C+C－A－의 시퀀스로 동작을 1회 수행한다. 연속스위치를 터치하면 위의 시퀀스를 연속적으로 수행하며, 소재 공급기에 소재가 있어야 시퀀스가 수행될 수 있다. 소재의 유무는 별도의 센서(소재확인)로 감지한다. stop스위치를 ON하면 수행 중인 사이클이 종료된 후 정지하며, 비상정지 스위치가 작동하면 모든 실린더가 초기 위치로 복귀해야 하며, 비상정지가 해제되면 다시 작업의 시작이 가능해야 한다.

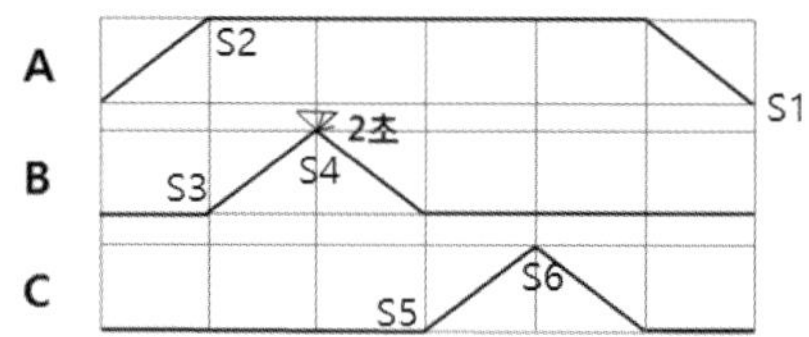

① 시스템도

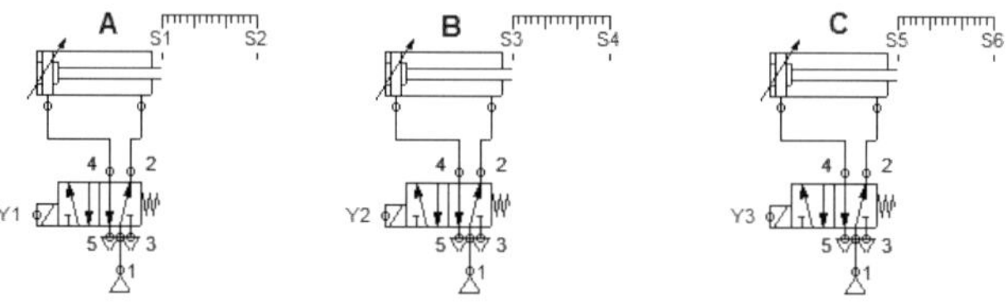

② 전기 공압회로도

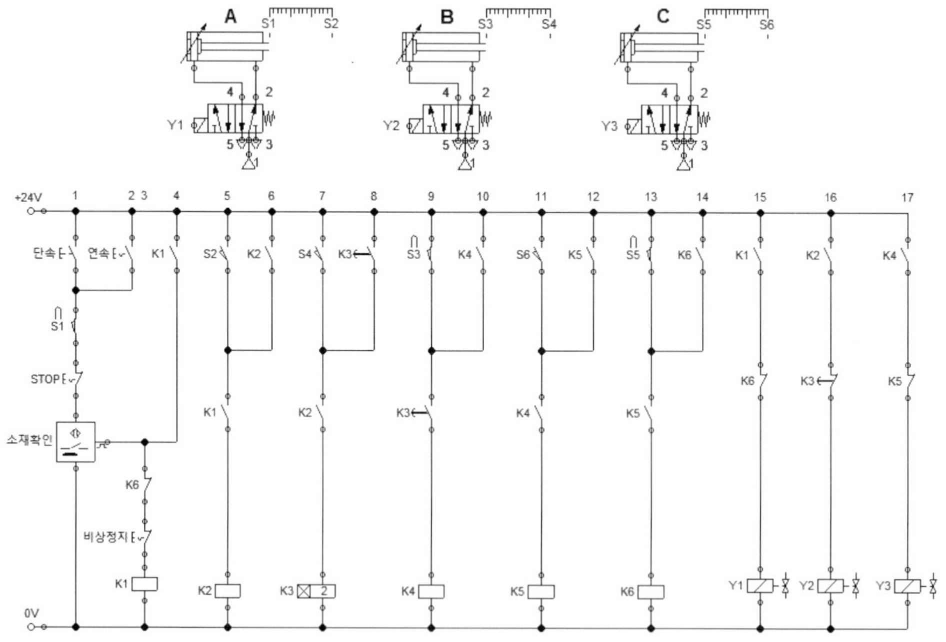

③ PLC 프로그램의 변수 및 메모리 할당표

	변수 종류	변수	타입	메모리 할당	초기값	리테인	사용 유무	설명문
1	VAR	S1	BOOL	%IX0.0.1		☐	☑	
2	VAR	S2	BOOL	%IX0.0.2		☐	☑	
3	VAR	S3	BOOL	%IX0.0.3		☐	☑	
4	VAR	S4	BOOL	%IX0.0.4		☐	☑	
5	VAR	S5	BOOL	%IX0.0.5		☐	☑	
6	VAR	S6	BOOL	%IX0.0.6		☐	☑	
7	VAR	stop	BOOL	%IX0.0.10		☐	☑	
8	VAR	T1	TON			☐	☑	
9	VAR	Y1	BOOL	%QX0.2.0		☐	☑	
10	VAR	Y2	BOOL	%QX0.2.1		☐	☑	
11	VAR	Y3	BOOL	%QX0.2.2		☐	☑	
12	VAR	단속	BOOL	%IX0.0.0		☐	☑	
13	VAR	비상정지	BOOL	%IX0.0.15		☐	☑	
14	VAR	소재확인	BOOL	%IX0.0.9		☐	☑	
15	VAR	연속	BOOL	%IX0.0.8		☐	☑	

④ PLC 프로그램

```
L0   연속 -| |- 단속 -|/|- stop -|/|- ........................ %MX0 -( )-
L1   %MX0 -| |- (연속과 병렬)
L2   %MX0 -| |- S1 -| |- S3 -| |- S5 -| |- 소재확인 -| |- %MX6 -|/|- 비상정지 -|/|- ... %MX1 -( )-
L3   단속 -| |- (%MX0과 병렬)
L4   %MX1 -| |- (%MX0 ~ 소재확인과 병렬)
L5   S2 -| |- %MX1 -| |- ............................................ %MX2 -( )-
L6   %MX2 -| |- (S2와 병렬)
L7   S4 -| |- IN [T1 TON] Q
L8   T#2S    PT          ET
L9
L10  T1.Q -| |- %MX2 -| |- ........................................... %MX3 -( )-
L11  %MX3 -| |- (T1.Q와 병렬)
L12  S3 -| |- %MX3 -| |- ............................................ %MX4 -( )-
L13  %MX4 -| |- (S3와 병렬)
L14  S6 -| |- %MX4 -| |- ............................................ %MX5 -( )-
L15  %MX5 -| |- (S6와 병렬)
```

```
L16  ─┤ S5 ├──┤ %MX5 ├──┬──────────────────( %MX6 )─
L17  ─┤ %MX6 ├──┤/ S1 ├─┘
L18  ─┤ %MX1 ├──┤/ %MX6 ├───────────────────( Y1 )─
L19  ─┤ %MX2 ├──┤/ %MX3 ├───────────────────( Y2 )─
L20  ─┤ %MX4 ├──┤/ %MX5 ├───────────────────( Y3 )─
L21  ─────────────────────────────────────{ END }─
```

14.9 양솔_실린더의 제어(A+B+B-A-C+C-, 5회)

제어조건 start스위치를 ON하면 양 솔레노이드 밸브를 사용하는 3개의 공압 실린더 A, B, C가 A+B+B－A－C+C－의 시퀀스로 5회 수행한 후 정지하며, stop스위치를 ON하면 현재 그 사이클을 수행한 후 초기상태로 돌아가 정지해야 한다.

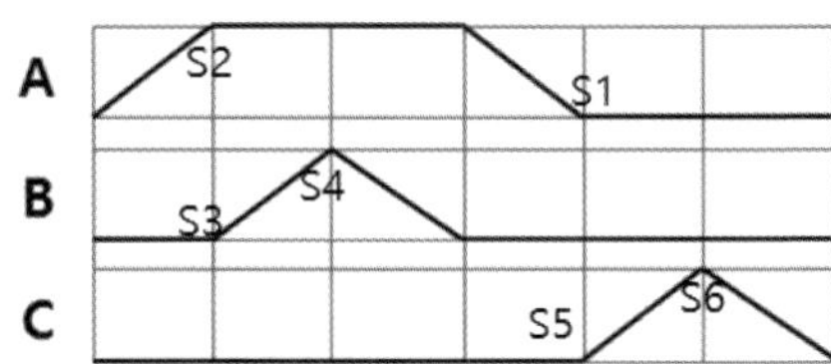

① 시스템도

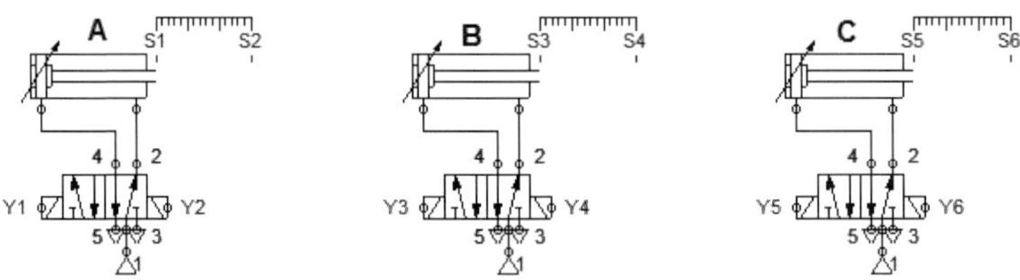

② 전기 공압회로도

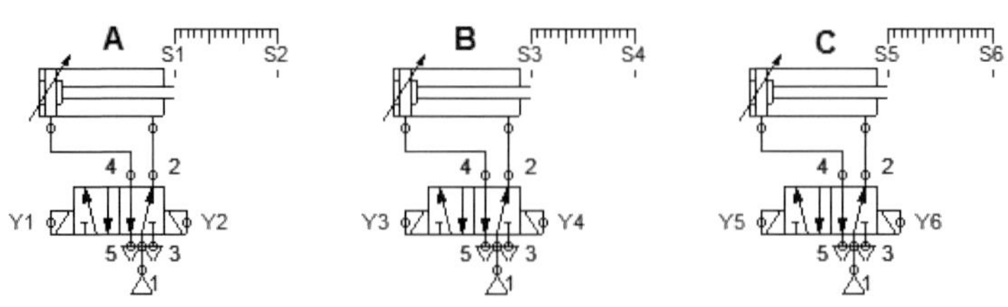

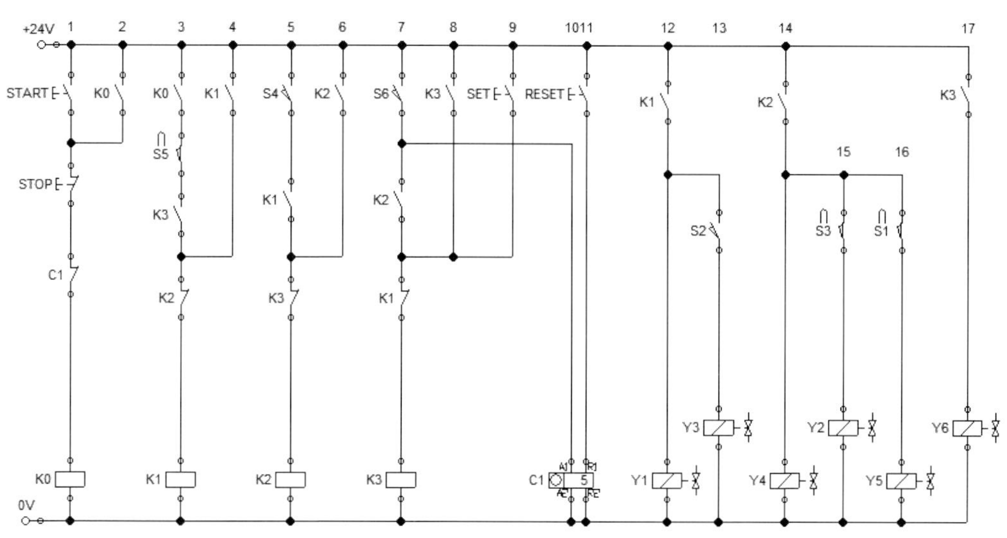

③ PLC 프로그램의 변수 및 메모리 할당표

	변수 종류	변수	타입	메모리 할당	초기값	리테인	사용 유무	설명문
1	VAR	C1	CTU_INT			☐	☑	
2	VAR	reset	BOOL	%IX0.0.9		☐	☑	
3	VAR	S1	BOOL	%IX0.0.1		☐	☑	
4	VAR	S2	BOOL	%IX0.0.2		☐	☑	
5	VAR	S3	BOOL	%IX0.0.3		☐	☑	
6	VAR	S4	BOOL	%IX0.0.4		☐	☑	
7	VAR	S5	BOOL	%IX0.0.5		☐	☑	
8	VAR	S6	BOOL	%IX0.0.6		☐	☑	
9	VAR	start	BOOL	%IX0.0.0		☐	☑	
10	VAR	stop	BOOL	%IX0.0.8		☐	☑	
11	VAR	Y1	BOOL	%QX0.2.0		☐	☑	
12	VAR	Y2	BOOL	%QX0.2.1		☐	☑	
13	VAR	Y3	BOOL	%QX0.2.2		☐	☑	
14	VAR	Y4	BOOL	%QX0.2.3		☐	☑	
15	VAR	Y5	BOOL	%QX0.2.4		☐	☑	
16	VAR	Y6	BOOL	%QX0.2.5		☐	☑	

④ PLC 프로그램

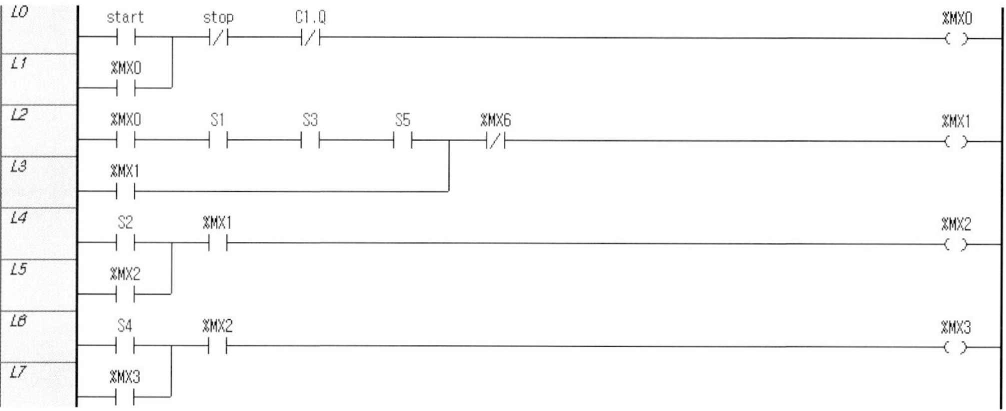

```
L8   S3 ──┬── %MX3 ─────────────────────────── ( ) %MX4
L9   %MX4 ┘
L10  S1 ──┬── %MX4 ─────────────────────────── ( ) %MX5
L11  %MX5 ┘
L12  S6 ──── %MX5 ──┬────────────────────────── ( ) %MX6
L13  %MX6 ── S5(/) ─┘
L14  %MX5 ── S6 ── CU   C1 CTU_INT   Q
L15          reset ── R              CV
L16          5 ────── PV
L17
L18  %MX1 ── %MX4(/) ─────────────────────────── ( ) Y1
L19  %MX2 ── %MX3(/) ─────────────────────────── ( ) Y3
L20  %MX3 ───────────────────────────────────── ( ) Y4
L21  %MX4 ───────────────────────────────────── ( ) Y2
L22  %MX5 ── %MX6(/) ─────────────────────────── ( ) Y5
L23  %MX6 ───────────────────────────────────── ( ) Y6
L24  ─────────────────────────────────────────── ( END )
```

14.10 타이머를 이용하는 램프의 ON/OFF제어

(1) 제어조건

start스위치를 터치하면 램프 3개(램프1, 2, 3)가 순차적으로 1초간 ON 후 OFF해야 하며, 1초 후 동일한 사이클을 수행하여 모두 3회 수행한다. stop스위치를 ON하면 모든 램프는 소등된다.

① 타임차트

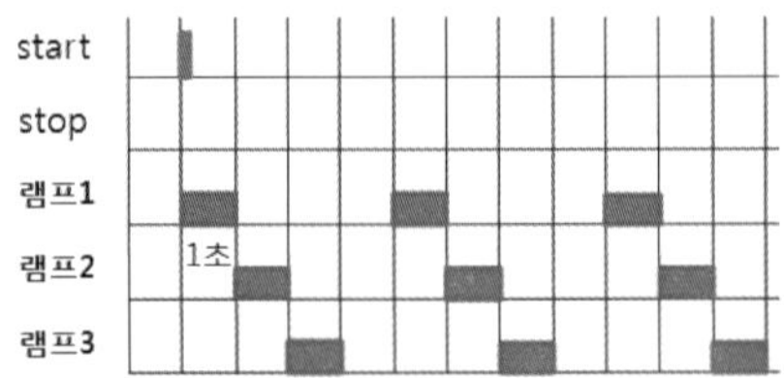

② 릴레이 시퀀스회로도

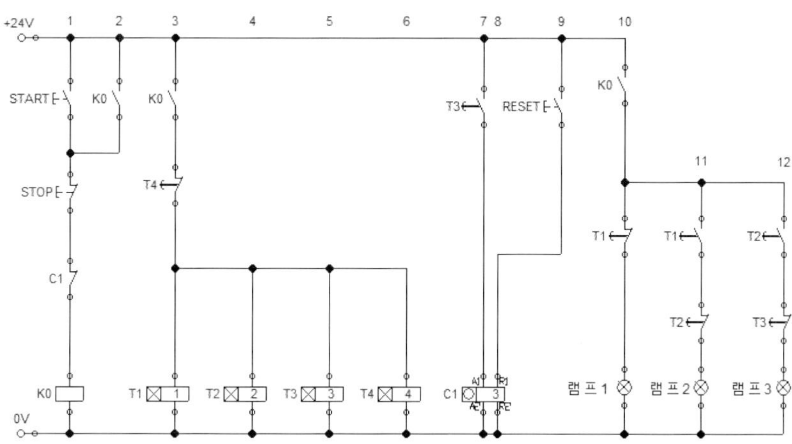

③ PLC 프로그램의 변수 및 메모리 할당표

	변수 종류	변수	타입	메모리 할당	초기값	리테인	사용 유무	설명문
1	VAR	C1	CTU_INT			☐	☑	
2	VAR	reset	BOOL	%IX0.0.2		☐	☑	
3	VAR	start	BOOL	%IX0.0.0		☐	☑	
4	VAR	stop	BOOL	%IX0.0.1		☐	☑	
5	VAR	T1	TON			☐	☑	
6	VAR	T2	TON			☐	☑	
7	VAR	T3	TON			☐	☑	
8	VAR	T4	TON			☐	☑	
9	VAR	램프1	BOOL	%QX0.2.0		☐	☑	
10	VAR	램프2	BOOL	%QX0.2.1		☐	☑	
11	VAR	램프3	BOOL	%QX0.2.2		☐	☑	

④ PLC 프로그램

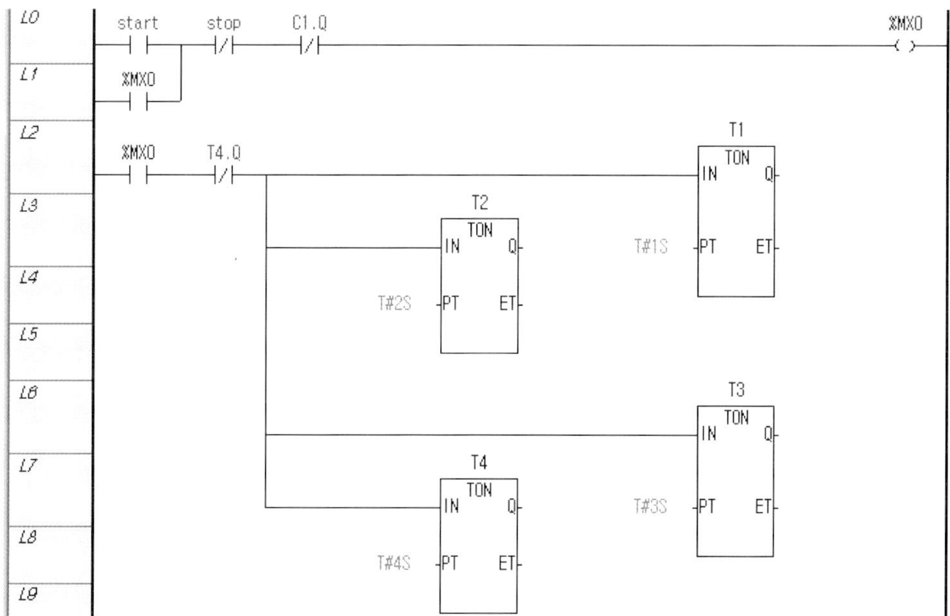

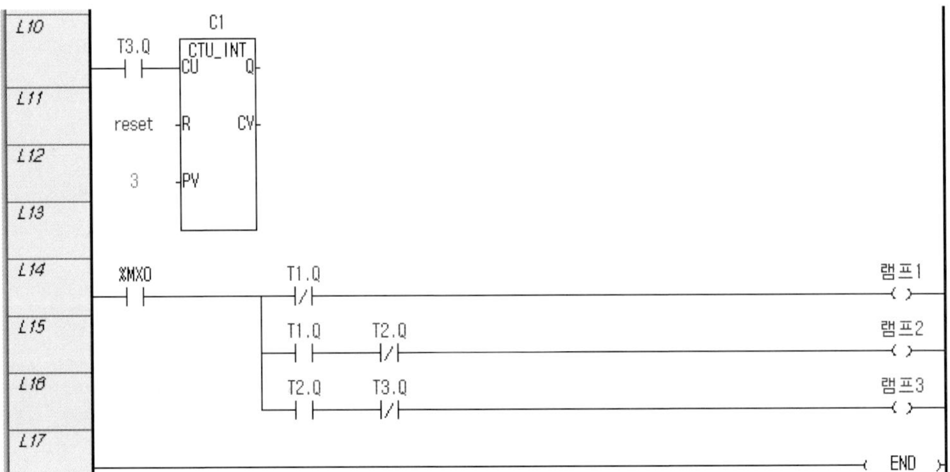

(2) 제어조건

start스위치를 터치하면 램프 4개(램프1, 2, 3, 4)가 동시에 점등하고, stop스위치를 터치하면 차례로 2초 간격으로 소등한다.

① 타임차트

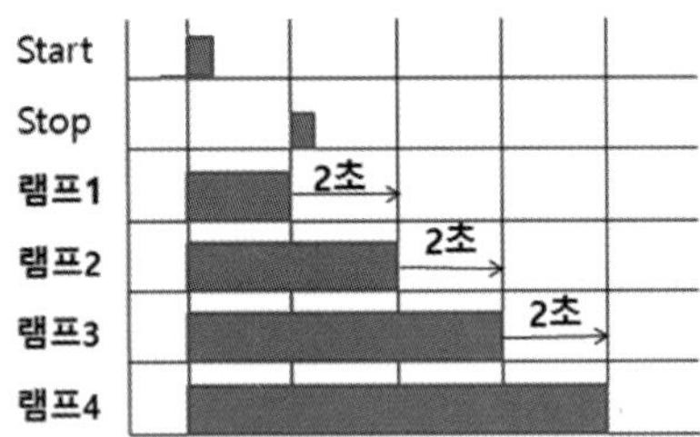

② 릴레이 시퀀스회로도

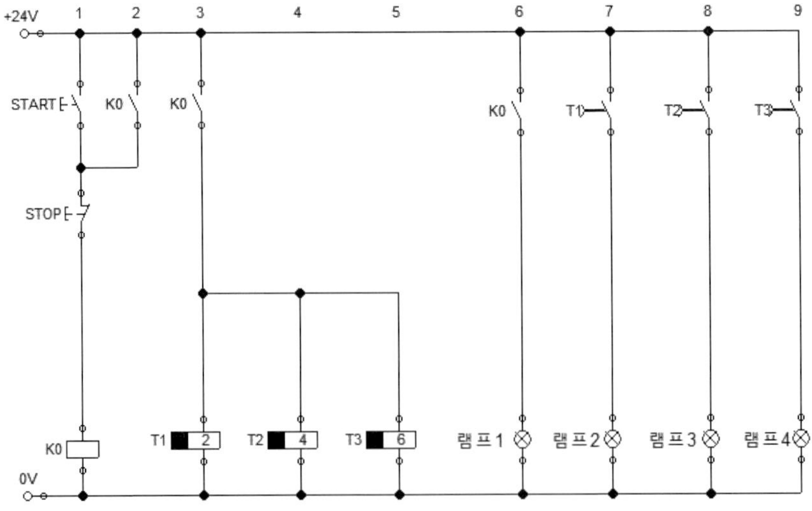

③ PLC 프로그램의 변수 및 메모리 할당표

	변수 종류	변수	타입	메모리 할당	초기값	리테인	사용 유무	설명문
1	VAR	start	BOOL	%IX0.0.0		☐	☑	
2	VAR	stop	BOOL	%IX0.0.1		☐	☑	
3	VAR	T1	TOF			☐	☑	
4	VAR	T2	TOF			☐	☑	
5	VAR	T3	TOF			☐	☑	
6	VAR	T4	TOF			☐	☑	
7	VAR	램프1	BOOL	%QX0.2.0		☐	☑	
8	VAR	램프2	BOOL	%QX0.2.1		☐	☑	
9	VAR	램프3	BOOL	%QX0.2.2		☐	☑	
10	VAR	램프4	BOOL	%QX0.2.3		☐	☑	

④ PLC 프로그램

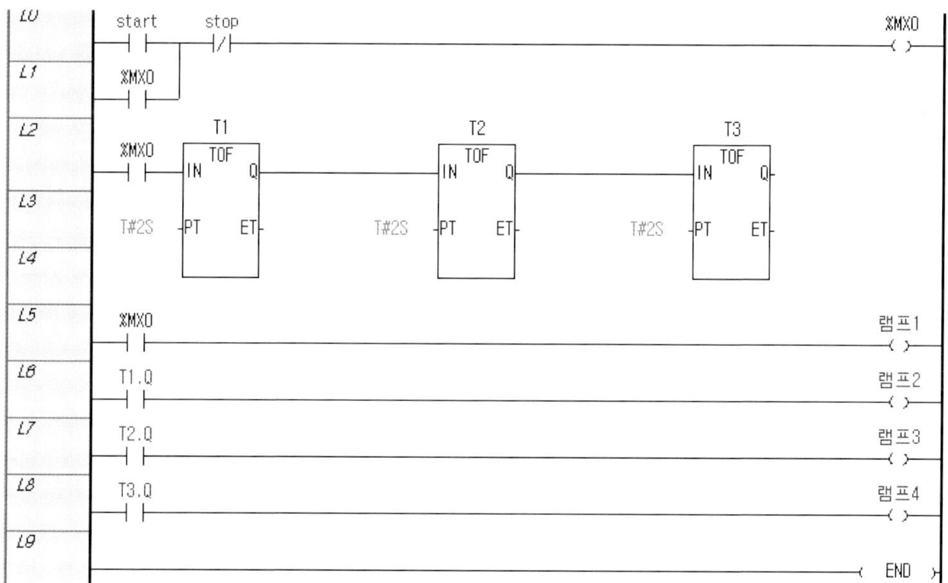

(3) 제어조건

start스위치를 터치하면 램프 3개(램프1, 2, 3)가 2초 간격으로 차례로 ON/OFF한 후 램프 2, 램프1의 순서로 2초 간격으로 ON/OFF해야 한다. stop스위치를 터치하면 바로 모든 램프가 소등한다.

① 타임차트

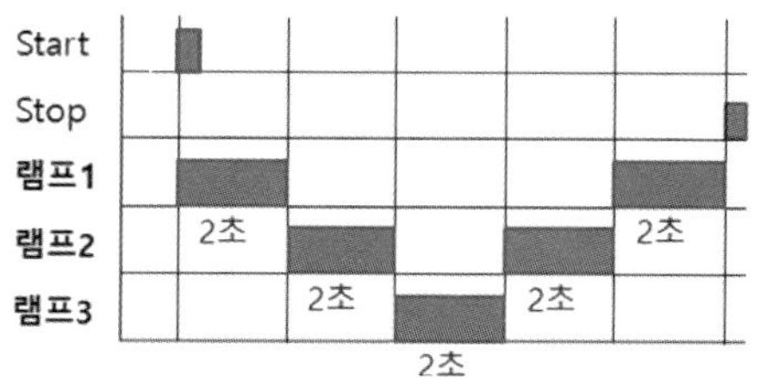

② 릴레이 시퀀스회로도

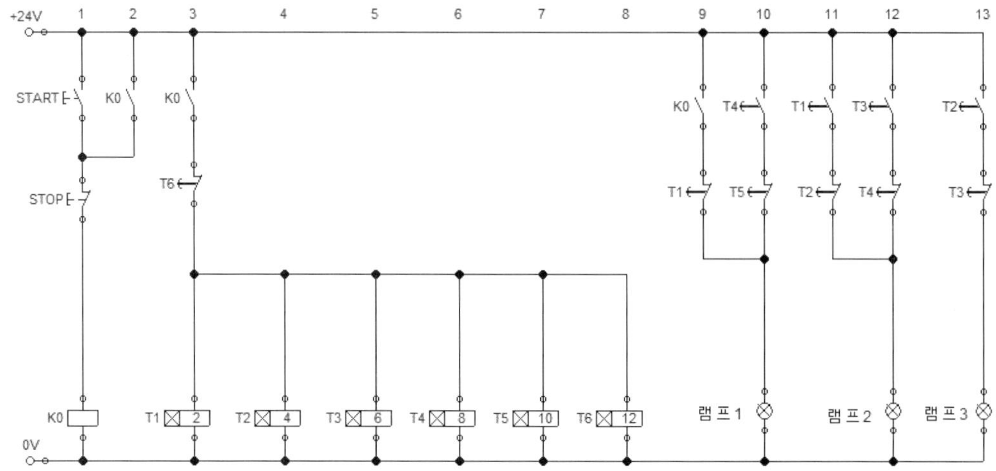

③ PLC 프로그램의 변수 및 메모리 할당표

	변수 종류	변수	타입	메모리 할당	초기값	리테인	사용 유무	설명문
1	VAR	start	BOOL	%IX0.0.0		☐	☑	
2	VAR	stop	BOOL	%IX0.0.1		☐	☑	
3	VAR	T1	TON			☐	☑	
4	VAR	T2	TON			☐	☑	
5	VAR	T3	TON			☐	☑	
6	VAR	T4	TON			☐	☑	
7	VAR	T5	TON			☐	☑	
8	VAR	T6	TON			☐	☑	
9	VAR	램프1	BOOL	%QX0.2.0		☐	☑	
10	VAR	램프2	BOOL	%QX0.2.1		☐	☑	
11	VAR	램프3	BOOL	%QX0.2.2		☐	☑	

④ PLC 프로그램

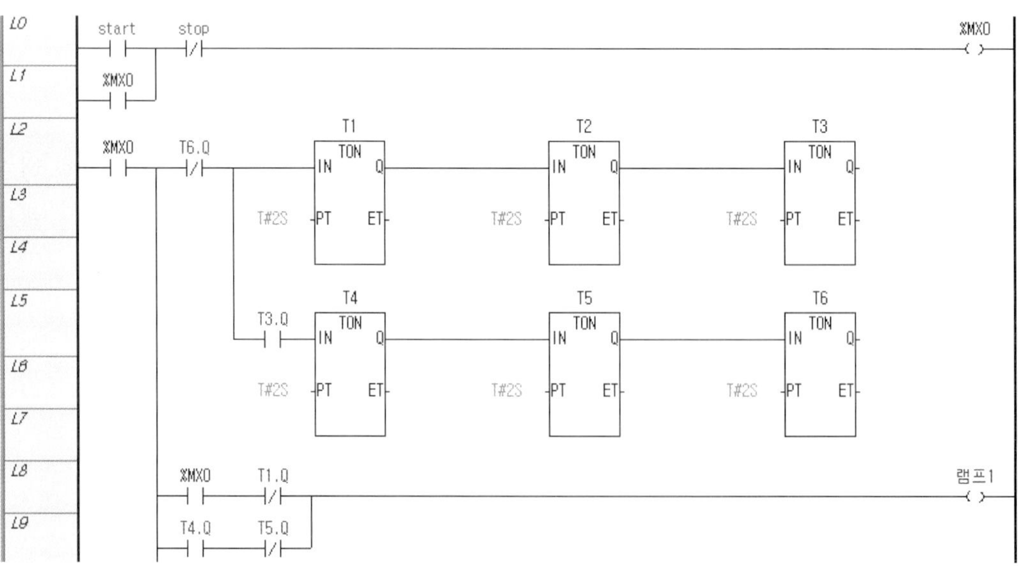

L10 T1.Q T2.Q 램프2
L11 T3.Q T4.Q
L12 T2.Q T3.Q 램프3
L13 END

(4) 제어조건

start스위치를 터치하면 3개의 램프(램프1, 2, 3)가 2초 간격으로 차례로 점등하고, stop스위치를 터치하면 역시 2초 간격으로 차례로 소등해야 한다. 초기화 스위치를 터치하면 회로가 초기화된다.

① 타임차트

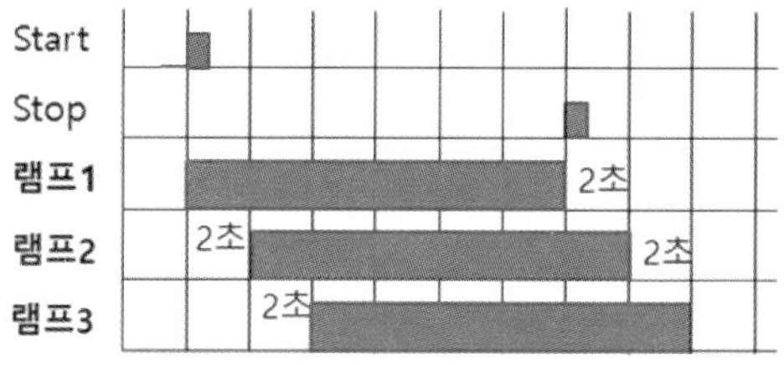

② 릴레이 시퀀스회로도

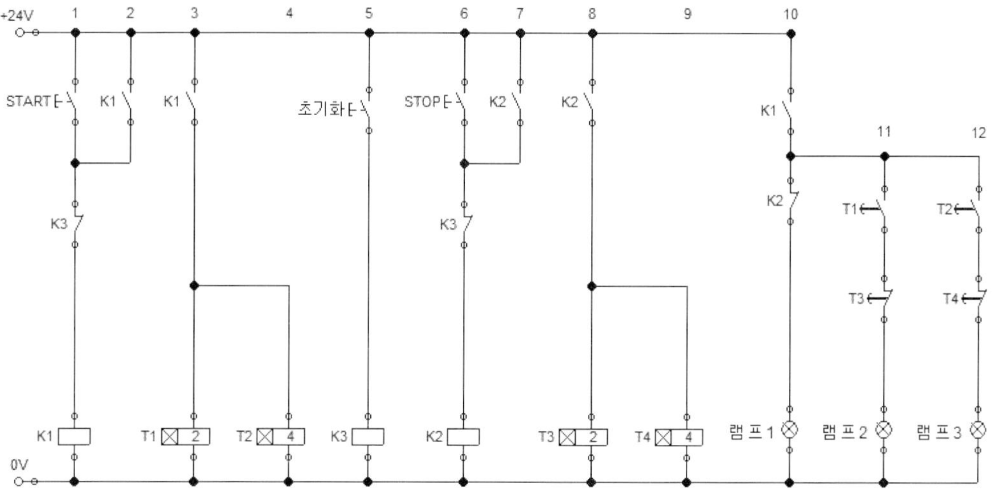

③ PLC 프로그램의 변수 및 메모리 할당표

	변수 종류	변수	타입	메모리 할당	초기값	리테인	사용 유무	설명문
1	VAR	start	BOOL	%IX0.0.0		☐	☑	
2	VAR	stop	BOOL	%IX0.0.1		☐	☑	
3	VAR	T1	TON			☐	☑	
4	VAR	T2	TON			☐	☑	
5	VAR	T3	TON			☐	☑	
6	VAR	T4	TON			☐	☑	
7	VAR	램프1	BOOL	%QX0.2.0		☐	☑	
8	VAR	램프2	BOOL	%QX0.2.1		☐	☑	
9	VAR	램프3	BOOL	%QX0.2.2		☐	☑	
10	VAR	초기화	BOOL	%IX0.0.2		☐	☑	

④ PLC 프로그램

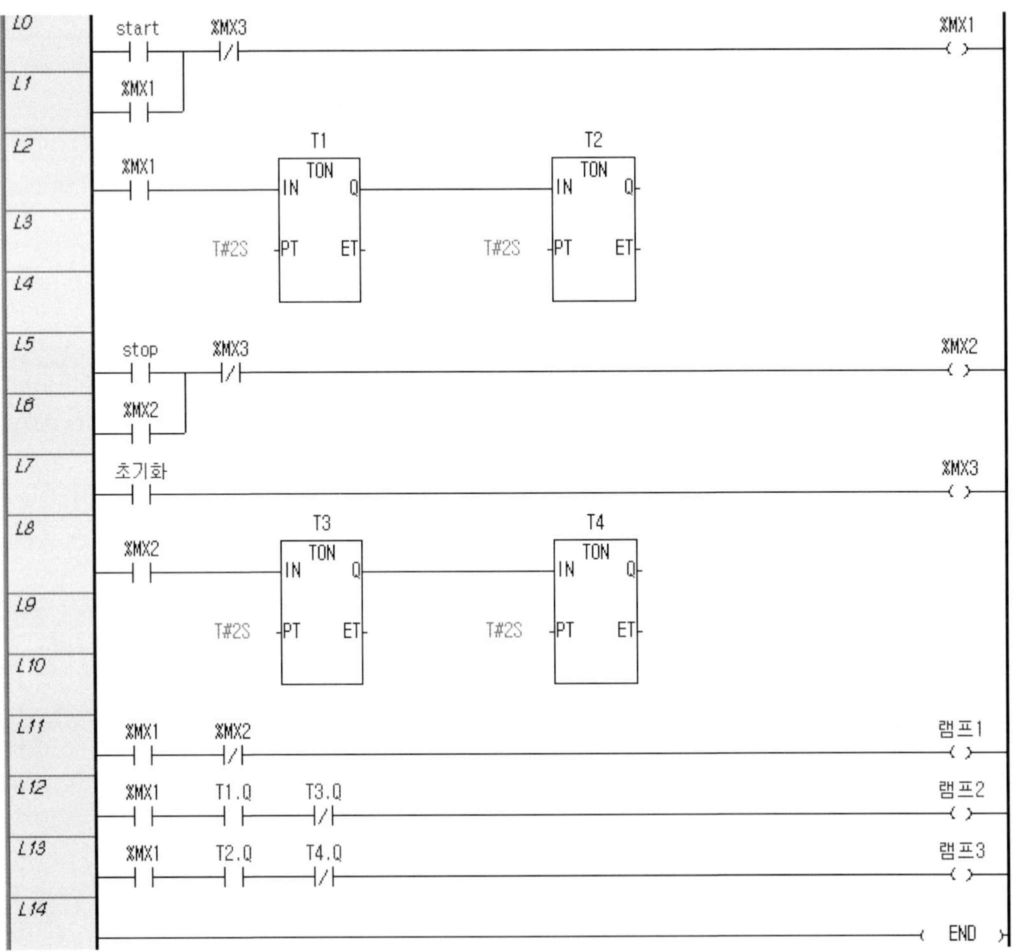

(5) 제어조건

start스위치를 터치하면 램프 3개(램프 1, 2, 3)가 차례로 2초간 점등 후 소등하는 과정을 반복한다. stop스위치를 터치하면 모든 램프는 소등한다.

① 타임차트

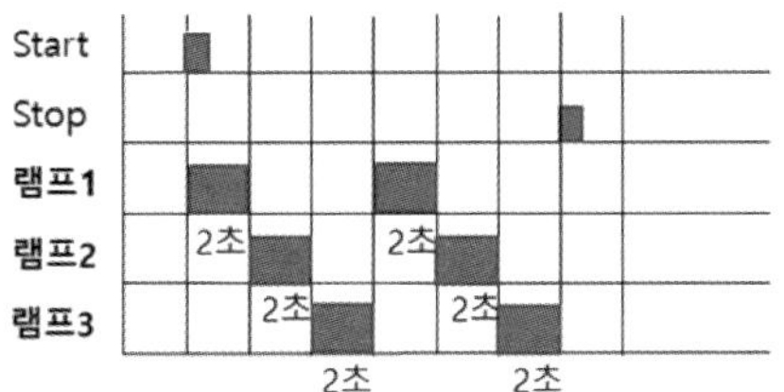

② 릴레이 시퀀스 제어회로도

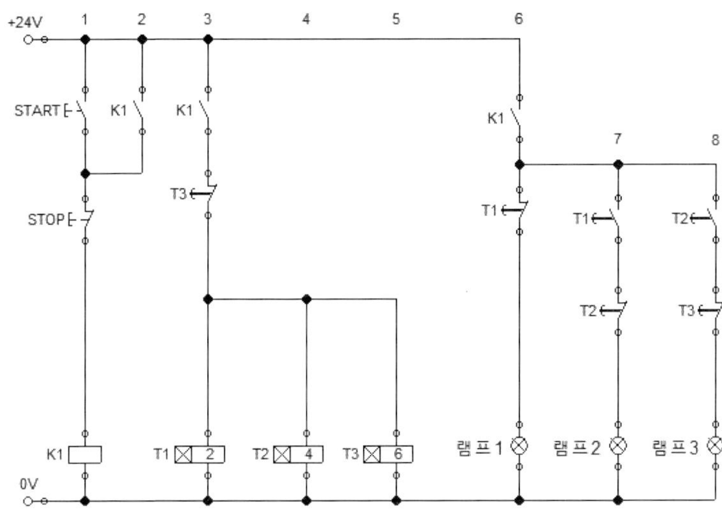

③ PLC 프로그램의 변수 및 메모리 할당표

	변수 종류	변수	타입	메모리 할당	초기값	리테인	사용 유무	설명문
1	VAR	start	BOOL	%IX0.0.0		☐	☑	
2	VAR	stop	BOOL	%IX0.0.1		☐	☑	
3	VAR	T1	TON			☐	☑	
4	VAR	T2	TON			☐	☑	
5	VAR	T3	TON			☐	☑	
6	VAR	램프1	BOOL	%QX0.2.0		☐	☑	
7	VAR	램프2	BOOL	%QX0.2.1		☐	☑	
8	VAR	램프3	BOOL	%QX0.2.2		☐	☑	

④ PLC 프로그램

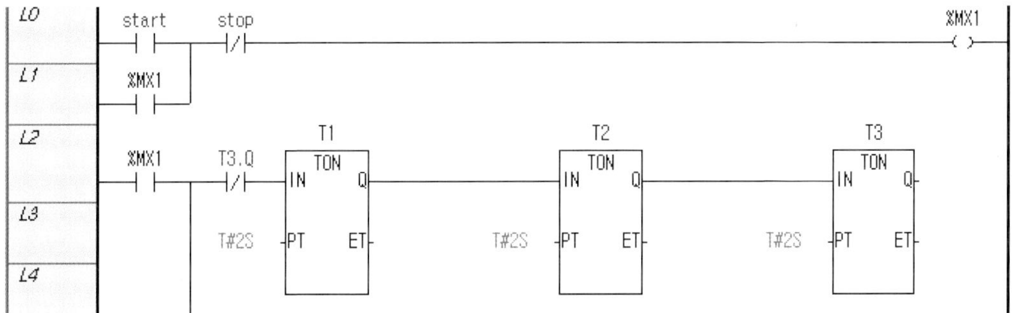

L5
T1.Q
램프1
L6
T1.Q T2.Q
램프2
L7
T2.Q
램프3
L8
END

14.11 데이터의 전송

제어조건　MOVE명령을 이용하여 데이터를 필요한 곳으로 전송한다. 워드 데이터(16#0E06)를 data1로, 바이트 데이터(16#06)를 data2로, 바이트 데이터(16#0E)를 data3으로 전송한다.

① PLC 프로그램의 변수 및 메모리 할당표

	변수 종류	변수	타입	메모리 할당	초기값	리테인	사용 유무	설명문
1	VAR	data1	WORD	%QW0.2.0		☐	☑	
2	VAR	data1값	INT		16#0E06	☐	☑	
3	VAR	data2	BYTE	%QB0.3.0		☐	☑	
4	VAR	data2값	SINT		16#06	☐	☑	
5	VAR	data3	BYTE	%QB0.3.1		☐	☑	
6	VAR	data3값	SINT		16#0E	☐	☑	
7	VAR	PB1	BOOL	%IX0.0.0		☐	☑	
8	VAR	PB2	BOOL	%IX0.0.1		☐	☑	
9	VAR	PB3	BOOL	%IX0.0.2		☐	☑	

② PLC 프로그램

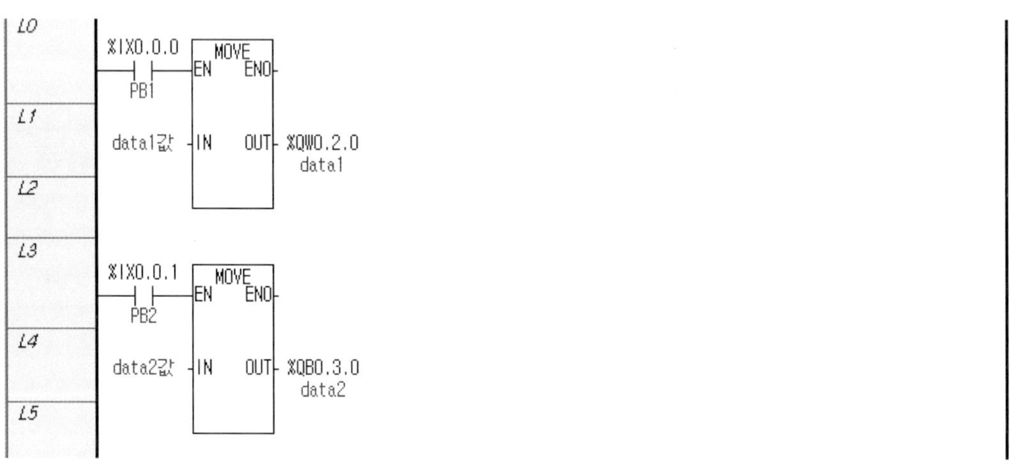

```
L6   %IX0.0.2   MOVE
     ─┤ ├──────EN   ENO
       PB3
L7   data3값 ─IN   OUT─ %QB0.3.1
                          data3
L8
L9   ──────────────────────────────( END )
```

③ 시뮬레이션

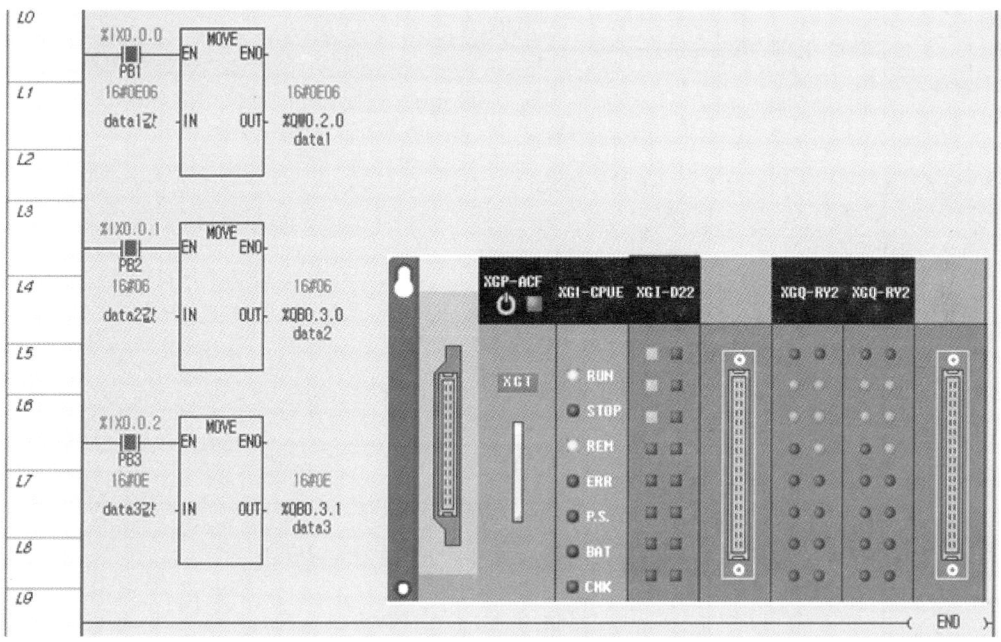

14.12 비트램프 ON/OFF출력의 좌회전 제어

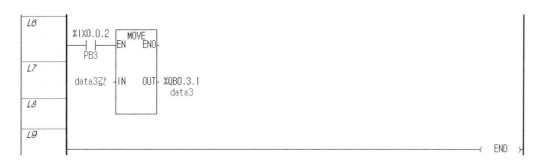

제어조건 ROL 명령을 사용하여 PB1을 터치하면 비트램프 0부터 1초 간격으로 15번까지 반복하여 이동해야 하며, PB2를 ON하면 모든 비트램프가 소등해야 한다.

① PLC 프로그램의 변수 및 메모리 할당표

	변수 종류	변수	타입	메모리 할당	초기값	리테인	사용 유무	설명문
1	VAR	PB1	BOOL	%IX0.0.0		☐	☑	
2	VAR	PB2	BOOL	%IX0.0.1		☐	☑	

② PLC 프로그램

```
L0   PB1                                                  %MX0
     ─┤ ├──────────────────────────────────────────────────(S)─
L1   %MX0      %MX1      MOVE                             %MX1
     ─┤ ├──────┤/├──────EN   ENO───────────────────────────(S)─
L2             1       ─IN   OUT─ %QW0.2.0
L3
L4   %MX0     GT
     ─┤ ├────EN   ENO─
L5   %QW0.2.0 ─IN1  OUT──────────────── MOVE
                                       EN   ENO─
L6   16#8000  ─IN2          1        ─IN   OUT─ %QW0.2.0
L7
L8   %MX1      _T1S      ROL
     ─┤ ├──────┤P├──────EN   ENO─
L9   %QW0.2.0          ─IN   OUT─ %QW0.2.0
L10  1                 ─N
L11
L12  PB2                                                  %MX0
     ─┤ ├──┬───────────────────────────────────────────────(R)─
L13        │                                              %MX1
           ├───────────────────────────────────────────────(R)─
L14        │             MOVE
           └────────────EN   ENO─
L15            0       ─IN   OUT─ %QW0.2.0
L16
L17  ────────────────────────────────────────────────────( END )─
```

③ 시뮬레이션

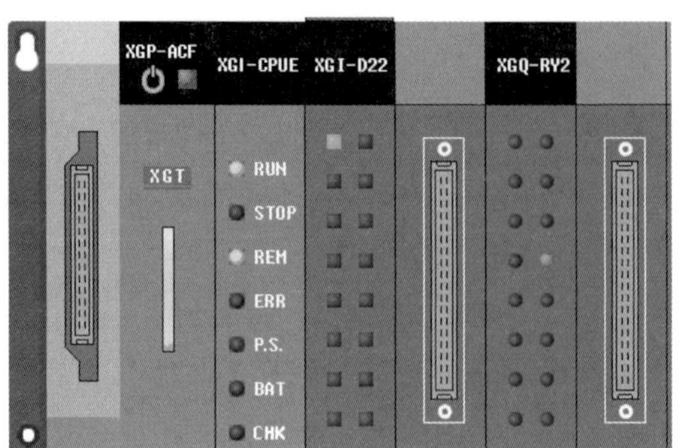

작동원리 푸시버튼 PB1을 터치하면 %MX0가 ON상태를 유지하고 슬롯2의 0번 비트의 램프가 ON된다. 그 비트램프가 15번 비트까지 1초 간격으로 ON/OFF를 반복하며 PB2를 터치하면 모든 비트램프가 OFF된다.

14.13 3상 유도전동기의 $Y-\Delta$기동회로

제어조건 start스위치와 stop스위치를 이용하여 3상 유도전동기의 기동과 정지할 수 있는 회로이다. start스위치를 터치하면 Y운전을 5초 동안 하다가 델타운전(D운전)으로 전환한다. stop스위치를 터치하면 운전이 정지한다.

① 릴레이 시퀀스 제어회로도

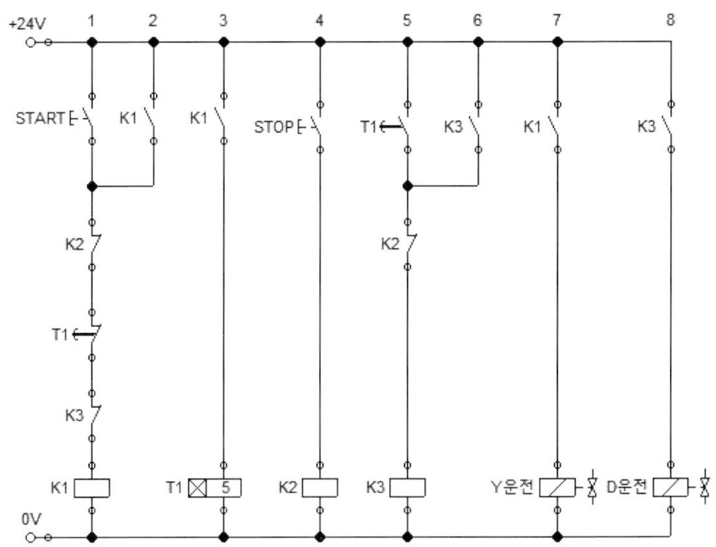

② PLC 프로그램의 변수 및 메모리 할당표

	변수 종류	변수	타입	메모리 할당	초기값	리테인	사용 유무	설명문
1	VAR	D운전	BOOL	%QX0.2.1		☐	☑	델타운전
2	VAR	start	BOOL	%IX0.0.0		☐	☑	
3	VAR	stop	BOOL	%IX0.0.1		☐	☑	
4	VAR	T1	TON			☐	☑	
5	VAR	Y운전	BOOL	%QX0.2.0		☐	☑	

③ PLC 프로그램

L0 start stop T1.Q D운전 V운전
L1 V운전
L2 V운전 T1 TON IN Q
L3 T#5S PT ET
L4
L5 T1.Q stop D운전
L6 D운전
L7 END

14.14 정수_BCD타입 변환

제어조건 두 개의 정수값(정수값1, 2)을 입력하여 BCD로 형 변환 후 그 크기를 비교하여 정수값1이 더 크면 그 값을 다시 정수값3에 정수로 나타내야 한다.

① PLC 프로그램의 변수 및 메모리 할당표

	변수 종류	변수	타입	메모리 할당	초기값	리테인	사용 유무	설명문
1	VAR	PB1	BOOL	%IX0.0.0		☐	☑	
2	VAR	정수값1	INT	%IW0.1.0		☐	☑	
3	VAR	정수값2	INT	%IW0.2.0		☐	☑	
4	VAR	정수값3	INT			☐	☑	

② PLC 프로그램

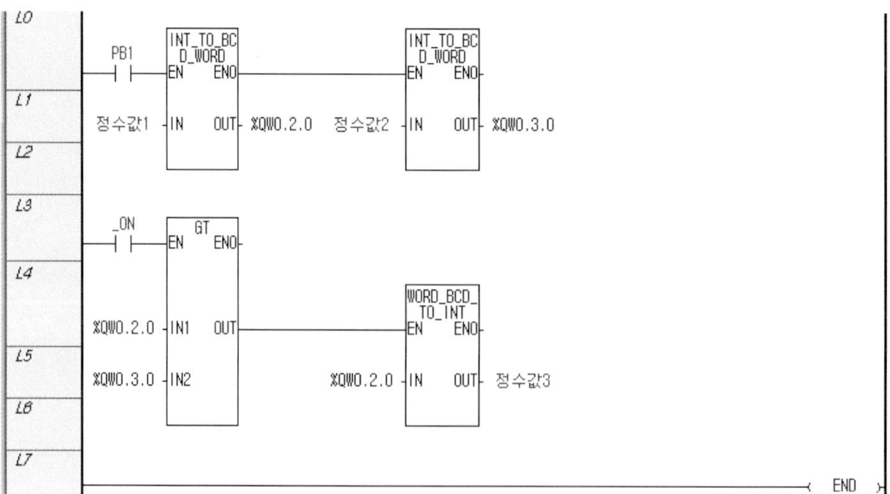

③ 시뮬레이션

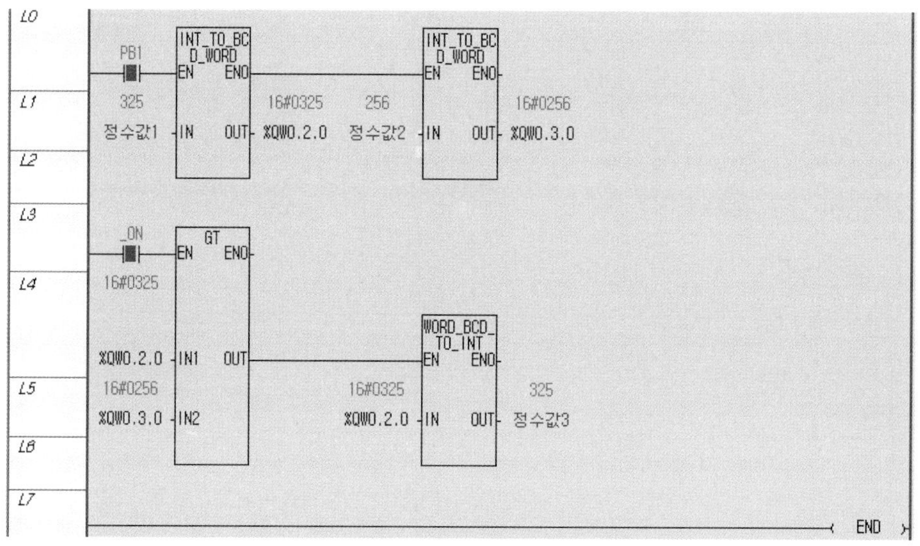

14.15 플리커회로

제어조건 start스위치를 터치하면 start램프가 점등한다. 그리고 3초 후 모터가 동작하고 동시에 운전램프가 점등한다. 그 후 3초가 지나면 모터가 정지하고 운전램프도 소등한다. 이러한 동작이 stop스위치를 ON할 때까지 반복되며 그 동안에는 start램프가 점등되어 있다. stop스위치를 ON하면 모터와 start램프, 운전램프가 꺼진다.

① 릴레이 시퀀스 제어회로도

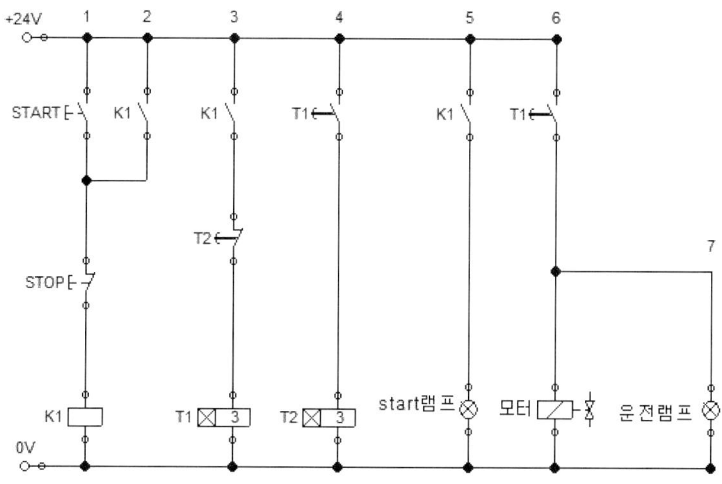

② PLC 프로그램의 변수 및 메모리 할당표

	변수 종류	변수	타입	메모리 할당	초기값	리테인	사용 유무	설명문
1	VAR	C1	CTU_INT			☐	☑	
2	VAR	start	BOOL	%IX0.0.0		☐	☑	
3	VAR	start램프	BOOL	%QX0.1.0		☐	☑	
4	VAR	stop	BOOL	%IX0.0.1		☐	☑	
5	VAR	T1	TON			☐	☑	
6	VAR	모터	BOOL	%QX0.2.0		☐	☑	
7	VAR	운전램프	BOOL	%QX0.1.1		☐	☑	

③ PLC 프로그램

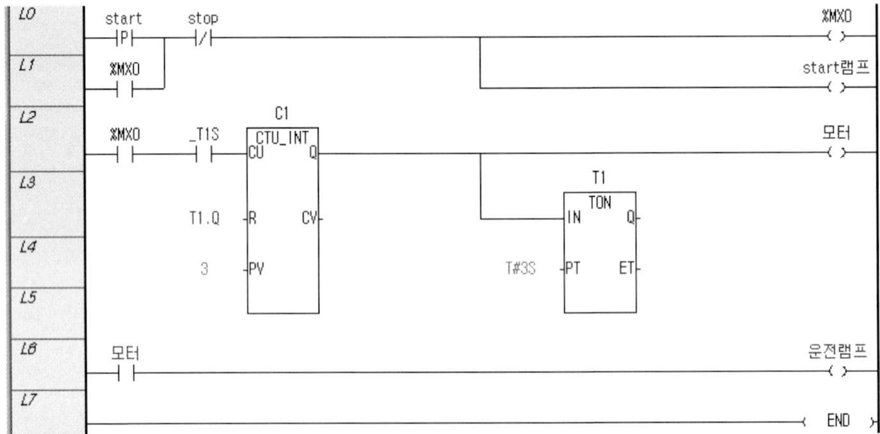

14.16 인터록회로

제어조건　푸시버튼 PB1을 터치하면 램프1이 점등하고, 푸시버튼 PB2를 터치하면 램프2가 점등한다. 그런데 두 개의 푸시버튼 중 먼저 ON한 램프가 다른 램프의 회로를 차단하게 하고, PB3을 터치하면 초기화되어야 한다.

① 릴레이 시퀀스 제어회로도

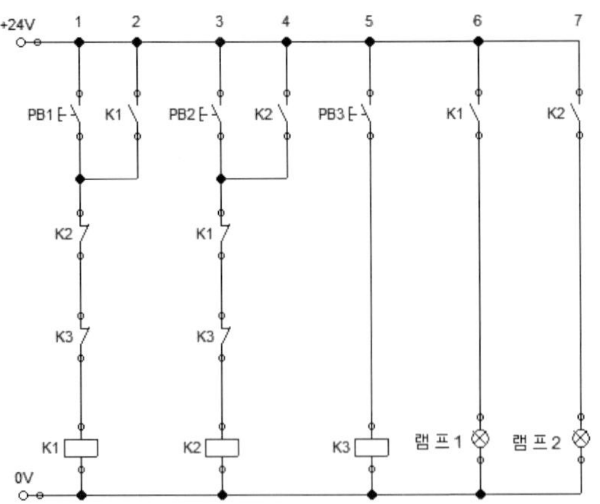

② PLC 프로그램의 변수 및 메모리 할당표

	변수 종류	변수	타입	메모리 할당	초기값	리테인	사용 유무	설명문
1	VAR	PB1	BOOL	%IX0.0.0		☐	☑	
2	VAR	PB2	BOOL	%IX0.0.1		☐	☑	
3	VAR	PB3	BOOL	%IX0.0.2		☐	☑	
4	VAR	램프1	BOOL	%QX0.2.0		☐	☑	
5	VAR	램프2	BOOL	%QX0.2.1		☐	☑	

③ PLC 프로그램

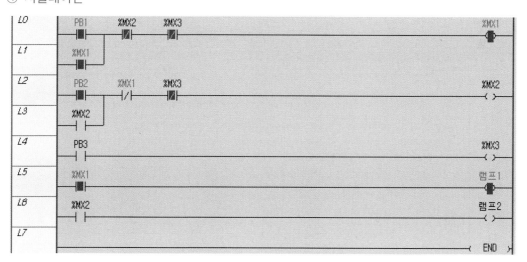

```
L0  PB1 ─┬─ %MX2(/) ─ %MX3(/) ──────────── ( %MX1 )
L1  %MX1 ┘
L2  PB2 ─┬─ %MX1(/) ─ %MX3(/) ──────────── ( %MX2 )
L3  %MX2 ┘
L4  PB3 ─────────────────────────────────── ( %MX3 )
L5  %MX1 ────────────────────────────────── ( 램프1 )
L6  %MX2 ────────────────────────────────── ( 램프2 )
L7  ─────────────────────────────────────── ( END )
```

④ 시뮬레이션

14.17 One shot회로

제어조건　푸시버튼 PB1을 터치하면 램프가 설정시간(5초) 동안 점등했다가 소등한다.

① 릴레이 시퀀스 제어회로도

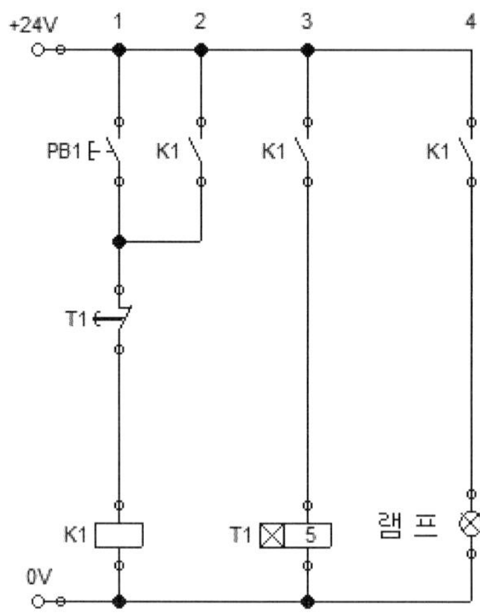

② PLC 프로그램의 변수 및 메모리 할당표

	변수 종류	변수	타입	메모리 할당	초기값	리테인	사용 유무	설명문
1	VAR	PB1	BOOL	%IX0.0.0		☐	☑	
2	VAR	T1	TON			☐	☑	
3	VAR	램프	BOOL	%QX0.2.0		☐	☑	

③ PLC 프로그램

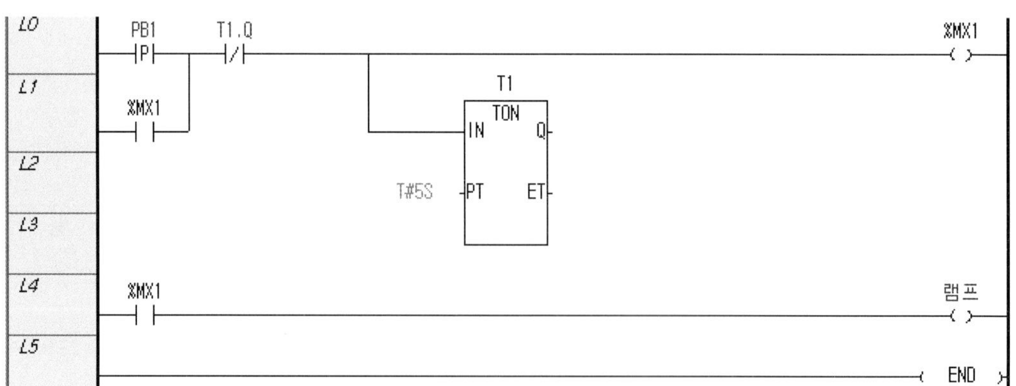

14.18 교번회로

제어조건　푸시버튼 PB1을 터치할 때마다 램프가 점등, 소등을 교대로 행한다.

① 타임차트

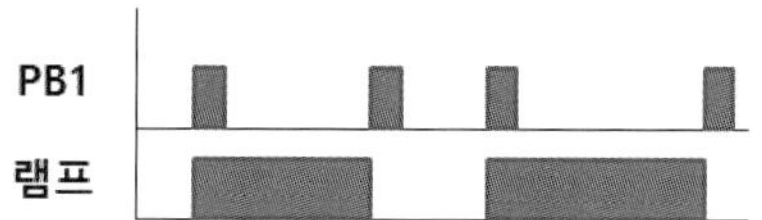

② 릴레이 시퀀스 제어회로도

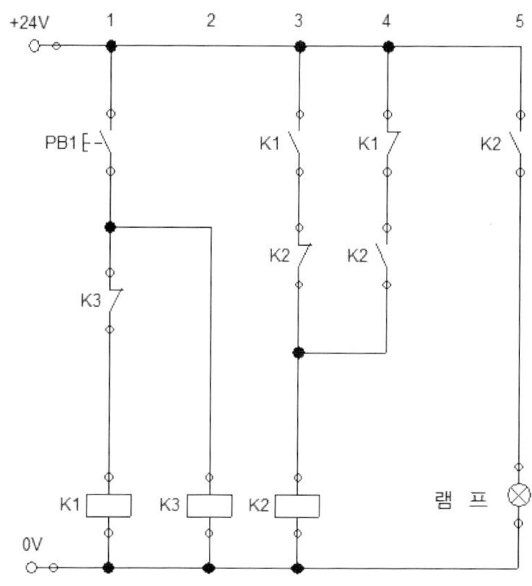

③ PLC 프로그램의 변수 및 메모리 할당표

	변수 종류	변수	타입	메모리 할당	초기값	리테인	사용 유무	설명문
1	VAR	PB1	BOOL	%IX0.0.0		☐	☑	
2	VAR	램프	BOOL	%QX0.2.0		☐	☑	

④ PLC 프로그램1

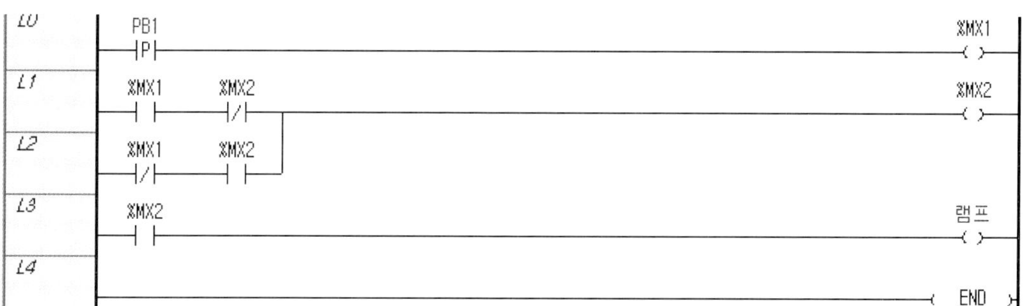

⑤ PLC 프로그램2

```
L0   PB1 ─┤ ├─┬─ %MX3 ─┤/├──────────────────── %MX1 ─( )─
L1        └──────────────────────────────────── %MX3 ─( )─
L2   %MX1 ─┤ ├── %MX2 ─┤/├─┬────────────────── %MX2 ─( )─
L3   %MX1 ─┤/├── %MX2 ─┤ ├─┘
L4   %MX2 ─┤ ├──────────────────────────────── 램프 ─( )─
L5   ──────────────────────────────────────── END
```

14.19 매거진 내의 소재 공급

제어조건　매거진 내의 소재를 소재확인센서가 감지하여 소재가 존재하면 푸시버튼 PB1을 눌러 공압 실린더(편 솔레노이드 밸브 장착)가 5초 간격으로 전진, 후진하여 공급을 하며, 이 동작은 소재가 있는 경우에 반복하고, 매거진에 소재가 3초 이상 없는 것이 감지되면 소재 공급 실린더는 초기화되어 정지한다. stop스위치를 ON하면 실린더가 후진하여 정지한다.

① 소재 공급 실린더(편 솔레노이드 밸브 장착)

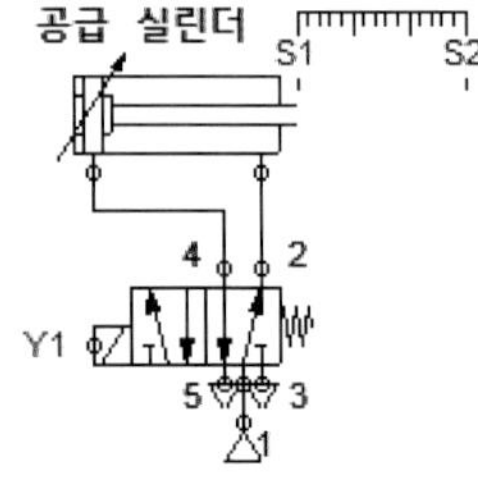

② 전기 공압회로도

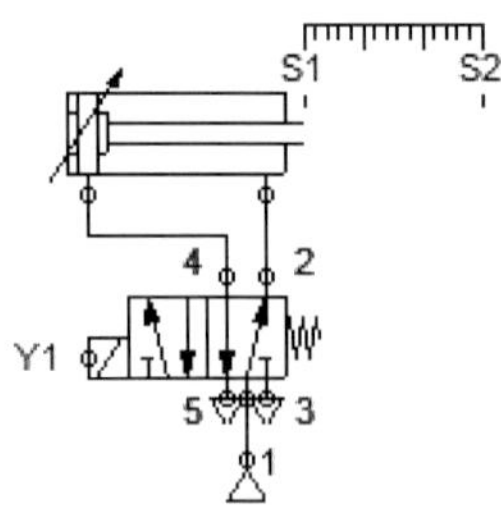

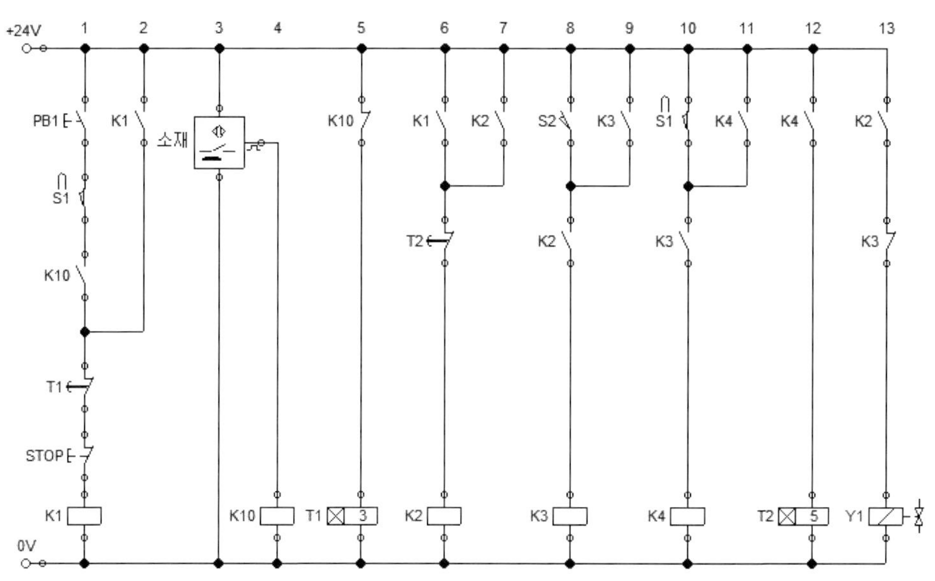

③ PLC 프로그램의 변수 및 메모리 할당표

	변수 종류	변수	타입	메모리 할당	초기값	리테인	사용 유무	설명문
1	VAR	PB1	BOOL	%IX0.0.0		☐	☑	
2	VAR	S1	BOOL	%IX0.0.1		☐	☑	
3	VAR	S2	BOOL	%IX0.0.2		☐	☑	
4	VAR	stop	BOOL	%IX0.0.8		☐	☑	
5	VAR	T1	TON			☐	☑	
6	VAR	T2	TON			☐	☑	
7	VAR	Y1	BOOL	%QX0.2.0		☐	☑	
8	VAR	소재확인센서	BOOL	%IX0.0.10		☐	☑	

④ PLC 프로그램

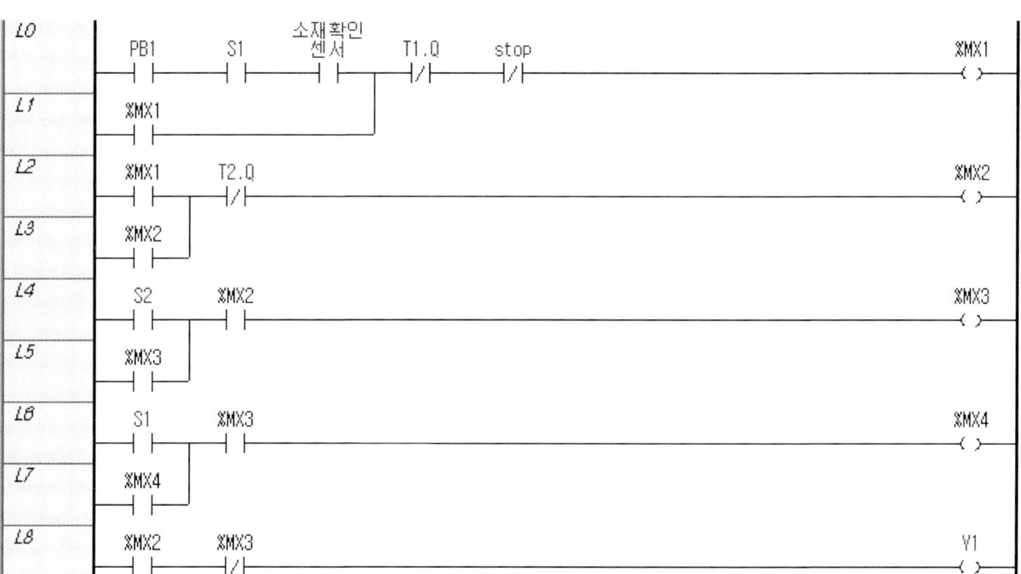

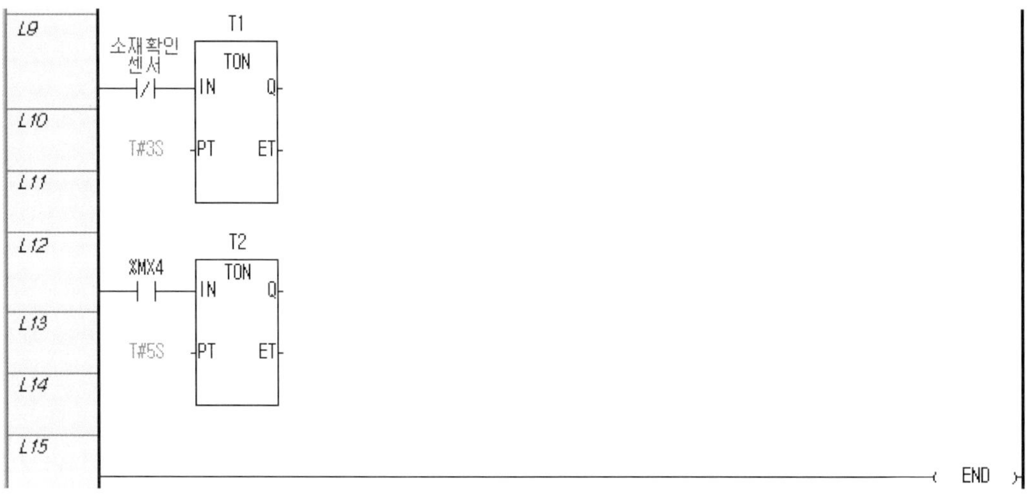

14.20 실린더(양솔+편솔밸브)의 시퀀스 제어

제어조건　실린더 A(양 솔레노이드 밸브 사용)와 실린더 B(편 솔레노이드 밸브 사용)의 동작 제어에서 푸시버튼 PB1을 터치하면 A+B+, 그 후 PB2를 터치하면 B－A－의 시퀀스로 작동한다.

① 시스템도

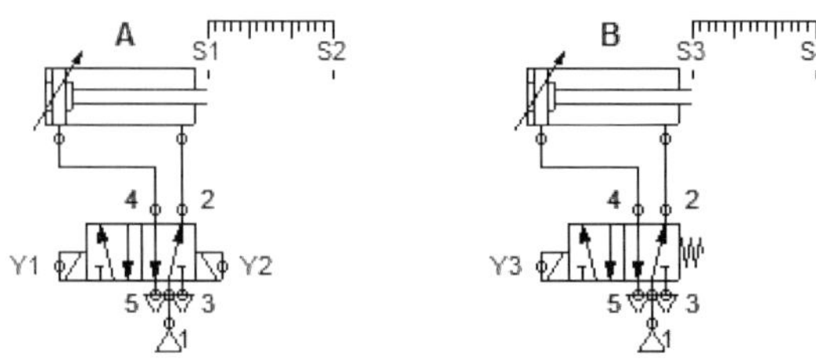

② 전기 공압회로도

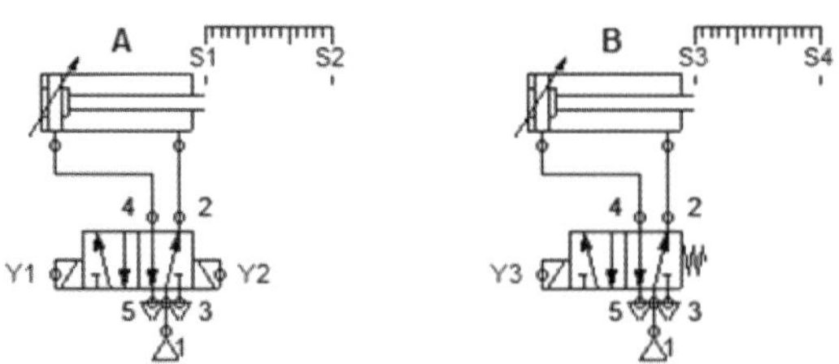

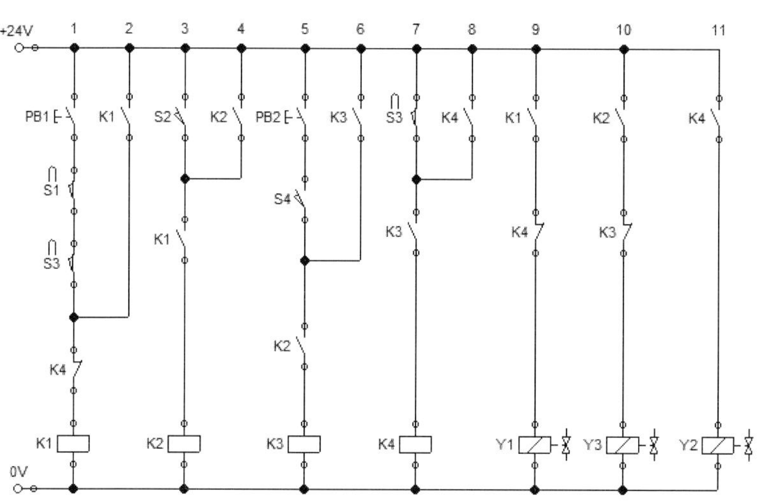

③ PLC 프로그램의 변수 및 메모리 할당표

	변수 종류	변수	타입	메모리 할당	초기값	리테인	사용 유무	설명문
1	VAR	PB1	BOOL	%IX0.0.0		□	☑	
2	VAR	PB2	BOOL	%IX0.0.8		□	☑	
3	VAR	S1	BOOL	%IX0.0.1		□	☑	
4	VAR	S2	BOOL	%IX0.0.2		□	☑	
5	VAR	S3	BOOL	%IX0.0.3		□	☑	
6	VAR	S4	BOOL	%IX0.0.4		□	☑	
7	VAR	Y1	BOOL	%QX0.2.0		□	☑	
8	VAR	Y2	BOOL	%QX0.2.1		□	☑	
9	VAR	Y3	BOOL	%QX0.2.2		□	☑	

④ PLC 프로그램

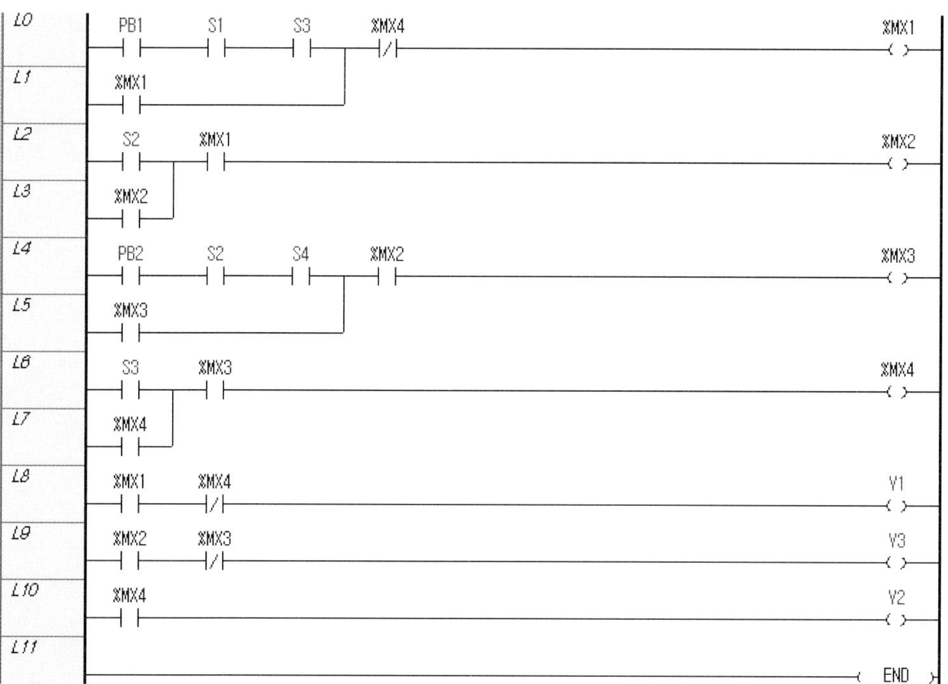

14.21 실린더, 흡착, 컨베이어의 시퀀스 제어

제어조건

(1) PB1을 터치하면 공압 실린더 A(양 솔레노이드 밸브 장착)가 전진하고, 전진완료 후 공압 실린더 B(편 솔레노이드 밸브 장착)가 전진(하강)하여 흡착한다.

(2) 흡착상태에서 1초 후 실린더 B가 후진(상승)하고 그 후 실린더 A가 후진한다.

(3) 실린더 A가 후진을 완료하면 실린더 B가 다시 전진(하강)하여 흡착을 OFF한다. 그 후 실린더 B가 후진(상승)한다.

(4) 실린더 B가 후진(상승)완료하면 컨베이어가 동작하고 5초 후에 정지한다.

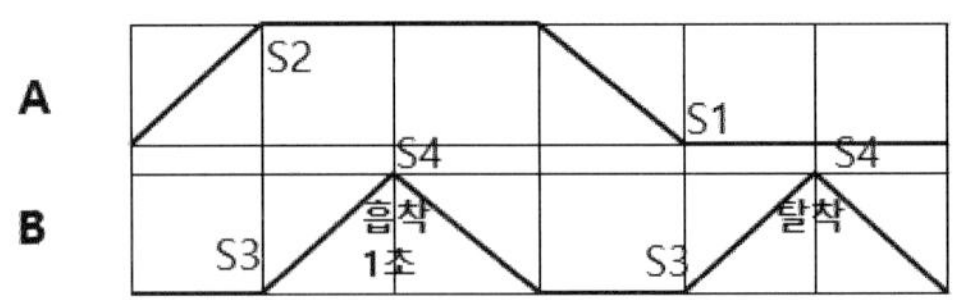

① 시스템도

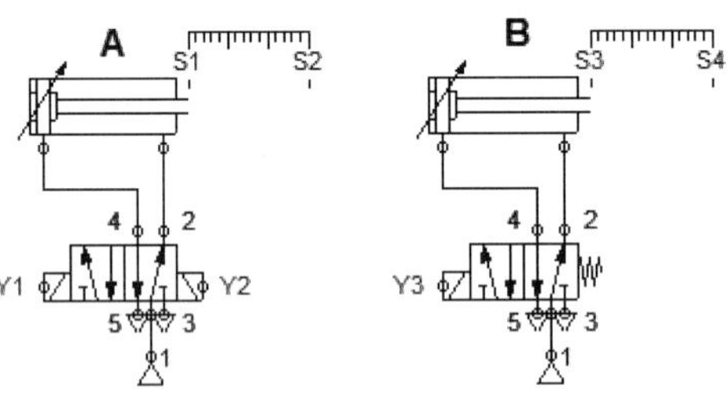

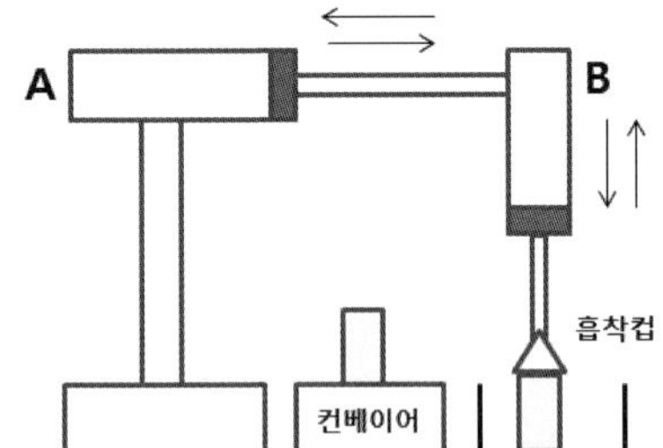

② 전기 공압회로도

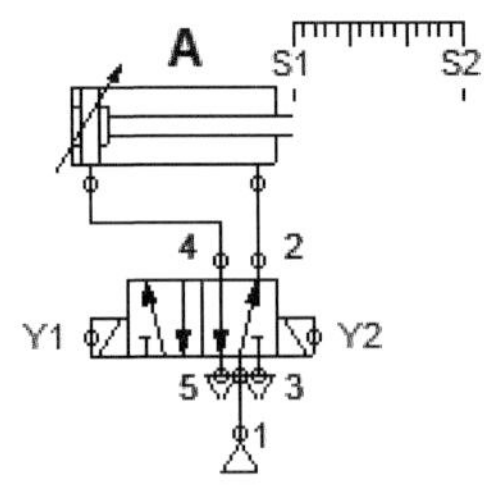

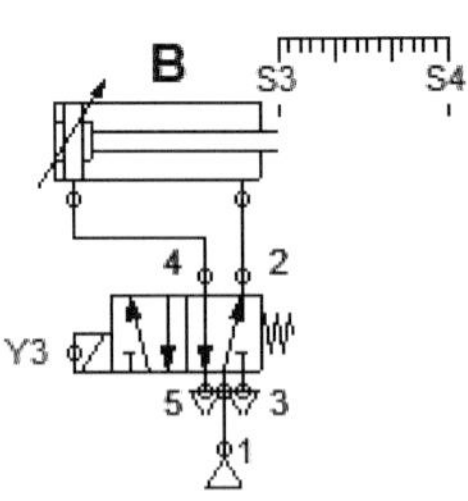

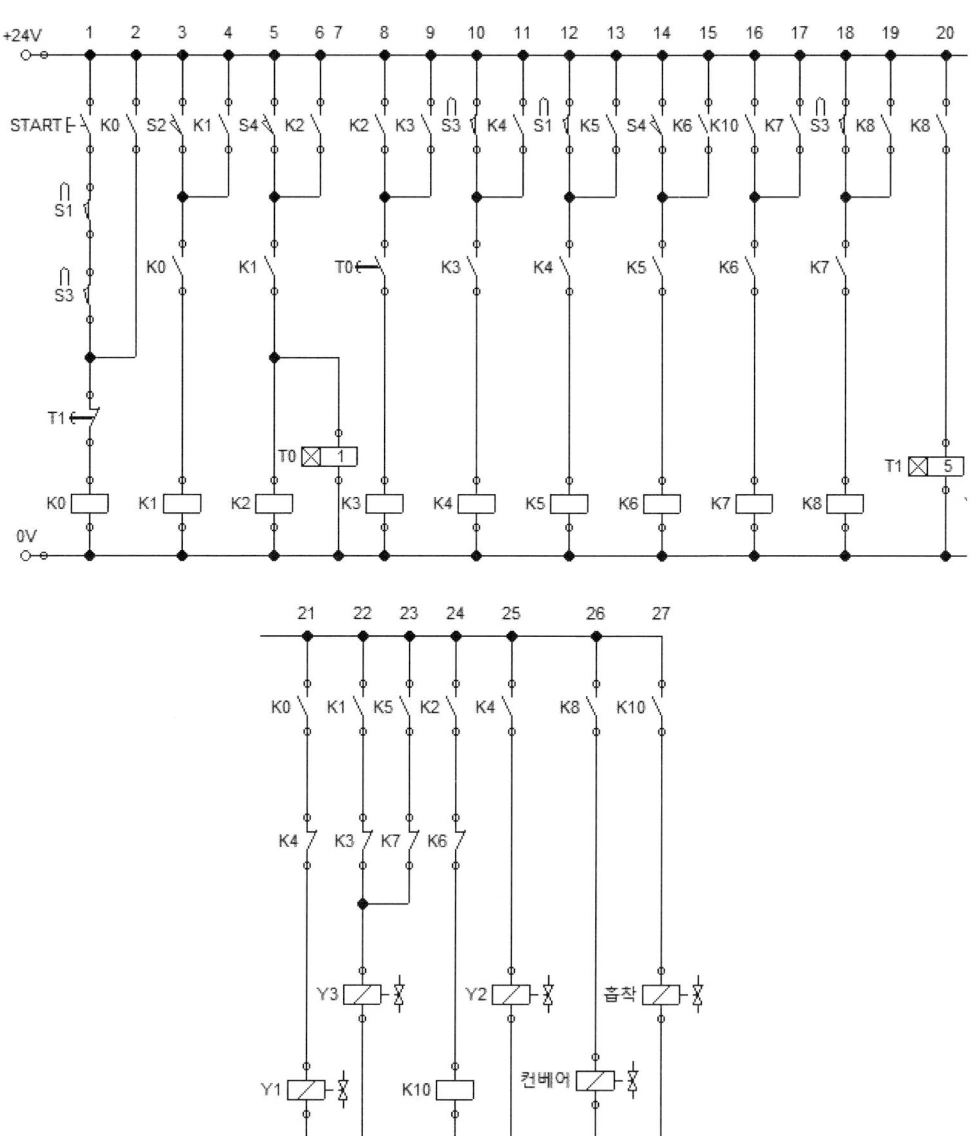

③ PLC 프로그램의 변수 및 메모리 할당표

	변수 종류	변수	타입	메모리 할당	초기값	리테인	사용 유무	설명문
1	VAR	S1	BOOL	%IX0.0.1		☐	☑	
2	VAR	S2	BOOL	%IX0.0.2		☐	☑	
3	VAR	S3	BOOL	%IX0.0.3		☐	☑	
4	VAR	S4	BOOL	%IX0.0.4		☐	☑	
5	VAR	start	BOOL	%IX0.0.0		☐	☑	
6	VAR	T0	TON			☐	☑	
7	VAR	T1	TON			☐	☑	
8	VAR	Y1	BOOL	%QX0.2.0		☐	☑	
9	VAR	Y2	BOOL	%QX0.2.1		☐	☑	
10	VAR	Y3	BOOL	%QX0.2.2		☐	☑	
11	VAR	컨베이어	BOOL	%QX0.2.4		☐	☑	
12	VAR	흡착	BOOL	%QX0.2.3		☐	☑	

④ PLC 프로그램

```
L0   start    S1      S3      T1.Q                                  %MX0
     --| |----| |-----| |--+--|/|----------------------------------( )--
L1   %MX0                  |
     --| |-----------------+
L2   S2        %MX0                                                 %MX1
     --| |--+--| |-------------------------------------------------( )--
L3   %MX1   |
     --| |--+
L4   S4        %MX1                                                 %MX2
     --| |--+--| |-------------------------------------------------( )--
L5   %MX2   |
     --| |--+
L6               T0
     %MX2      TON
     --| |----|IN      Q|
L7   T#1S     |PT     ET|
L8
L9   T0.Q                                                           %MX3
     --| |---------------------------------------------------------( )--
L10  S3        %MX3                                                 %MX4
     --| |--+--| |-------------------------------------------------( )--
L11  %MX4   |
     --| |--+
L12  S1        %MX4                                                 %MX5
     --| |--+--| |-------------------------------------------------( )--
L13  %MX5   |
     --| |--+
L14  S4        %MX5                                                 %MX6
     --| |--+--| |-------------------------------------------------( )--
L15  %MX6   |
     --| |--+
L16  흡착      %MX6                                                 %MX7
     --|/|--+--| |-------------------------------------------------( )--
L17  %MX7   |
     --| |--+
L18  S3        %MX7                                                 %MX8
     --| |--+--| |-------------------------------------------------( )--
L19  %MX8   |
     --| |--+
L20              T1
     %MX8      TON
     --| |----|IN      Q|
L21  T#5S     |PT     ET|
L22
```

Line	Contact 1	Contact 2	Coil
L23	%MX0 (NO)	%MX4 (NC)	Y1
L24	%MX4 (NO)		Y2
L25	%MX1 (NO)	%MX3 (NC)	Y3
L26	%MX5 (NO)	%MX7 (NC)	
L27	%MX2 (NO)	%MX6 (NC)	흡착
L28	%MX8 (NO)		컨베이어
L29			END

14.22 일정량의 소재를 3초 간격으로 이송

제어조건　매거진에 소재가 있는 경우 PB1을 누르면 컨베이어가 작동하고 3초 후 공급 실린더가 3초 간격으로 소재를 컨베이어로 이송한다. 소재를 3개 공급한 후에는 공급 실린더가 공급을 멈추고 5초 후 컨베이어도 정지해야 한다.

카운터가 완료되지 않은 상태에서 소재가 없는 경우에 공급 실린더는 동작하지 않아야 한다. 다시 소재가 투입되면 3초 후 다시 작동하여 중단되었던 사이클을 수행해야 한다.

① 공급 실린더

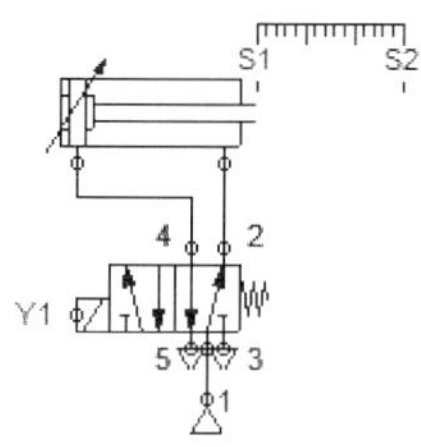

② 전기 공압회로도

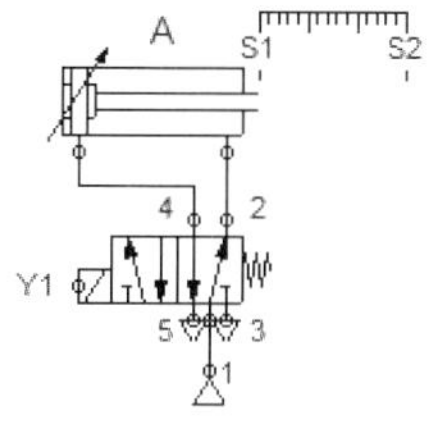

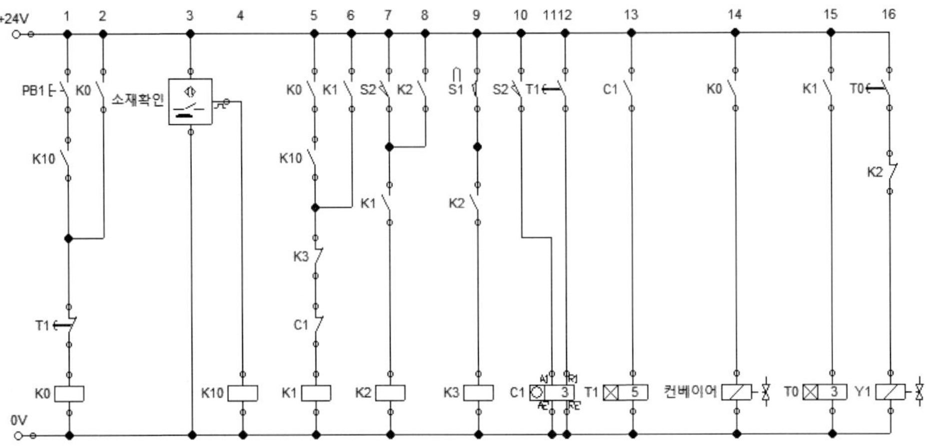

③ PLC 프로그램의 변수 및 메모리 할당표

	변수 종류	변수	타입	메모리 할당	초기값	리테인	사용 유무	설명문
1	VAR	C1	CTU_INT			☐	☑	
2	VAR	PB1	BOOL	%IX0.0.0		☐	☑	
3	VAR	S1	BOOL	%IX0.0.1		☐	☑	
4	VAR	S2	BOOL	%IX0.0.2		☐	☑	
5	VAR	T0	TON			☐	☑	
6	VAR	T1	TON			☐	☑	
7	VAR	Y1	BOOL	%QX0.2.1		☐	☑	
8	VAR	소재확인센서	BOOL	%IX0.0.8		☐	☑	
9	VAR	컨베이어	BOOL	%QX0.2.0		☐	☑	

④ PLC 프로그램

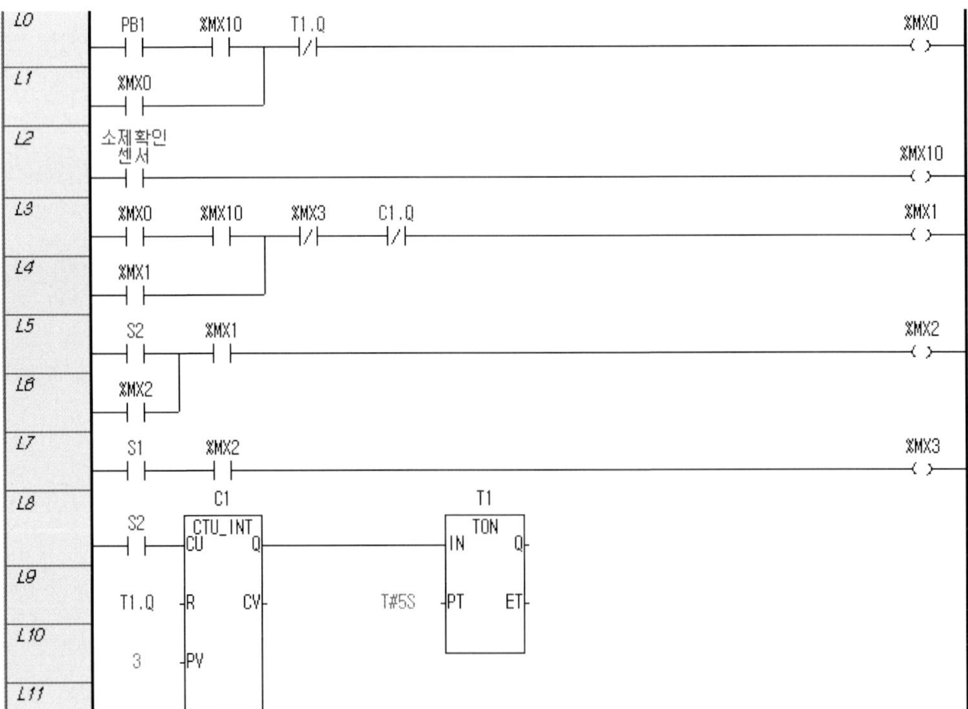

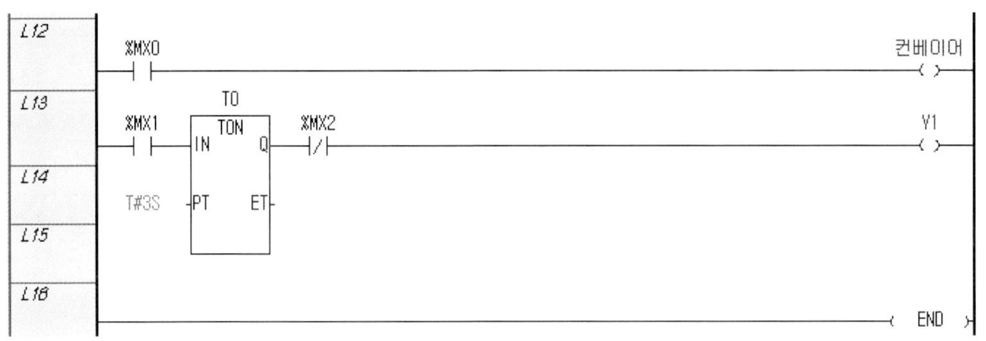

14.23 금속_비금속 판별에 의한 컨베이어 및 램프작동

제어조건 푸시버튼 PB1을 터치하면 컨베이어가 작동하고 컨베이어를 타고 오는 공작물의 금속(유도형 센서와 정전용량형 센서 모두 감지) 또는 비금속(유도형 센서에 의해서는 감지하지 못하고 정전용량형 센서에만 감지)을 판별하여 금속이면 램프1이 1초 간격(0.5초 ON, 0.5초 OFF)으로 ON/OFF되고, 비금속인 경우에는 램프2가 계속 ON되어야 하며, stop스위치를 터치하면 모든 요소가 정지한다.

① 릴레이 시퀀스 제어회로도

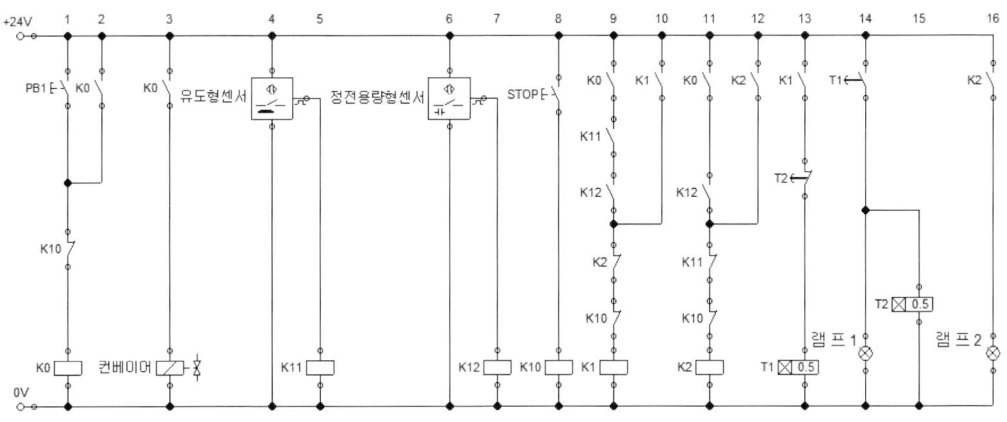

② PLC 프로그램의 변수 및 메모리 할당표

	변수 종류	변수	타입	메모리 할당	초기값	리테인	사용 유무	설명문
1	VAR	PB1	BOOL	%IX0.0.0		☐	☑	
2	VAR	stop	BOOL	%IX0.0.8		☐	☑	
3	VAR	T1	TON			☐	☑	
4	VAR	T2	TON			☐	☑	
5	VAR	램프1	BOOL	%QX0.2.0		☐	☑	
6	VAR	램프2	BOOL	%QX0.2.1		☐	☑	
7	VAR	유도형센서	BOOL	%IX0.0.1		☐	☑	
8	VAR	정전용량형센서	BOOL	%IX0.0.2		☐	☑	
9	VAR	컨베이어	BOOL	%QX0.1.0		☐	☑	

③ PLC 프로그램

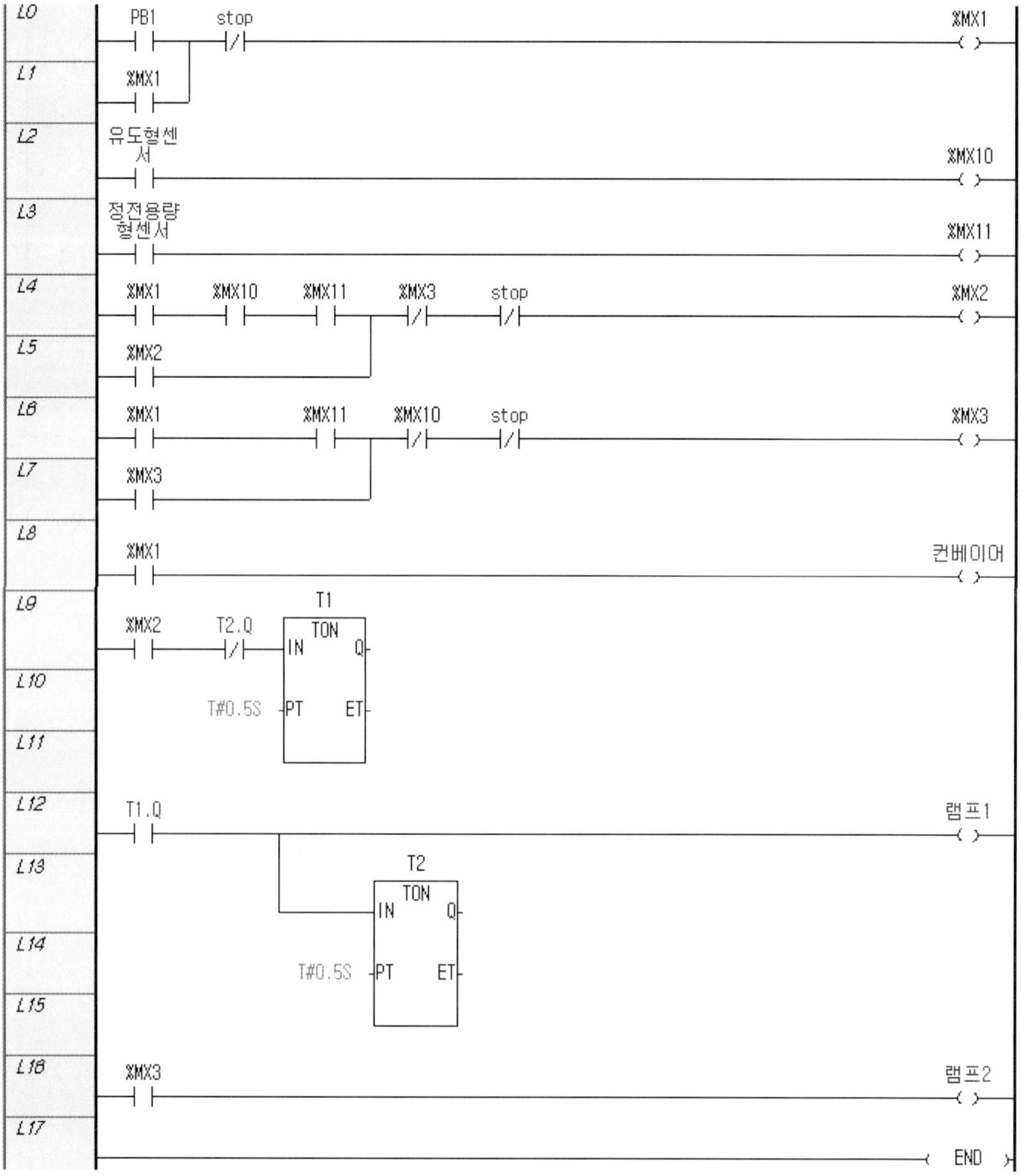

```
L0   PB1  stop                                   %MX1
L1   %MX1
L2   유도형센서                                   %MX10
L3   정전용량형센서                               %MX11
L4   %MX1  %MX10  %MX11  %MX3  stop              %MX2
L5   %MX2
L6   %MX1  %MX11  %MX10  stop                    %MX3
L7   %MX3
L8   %MX1                                        컨베이어
L9   %MX2  T2.Q   T1 TON IN Q
L10  T#0.5S PT ET
L11
L12  T1.Q                                        램프1
L13  T2 TON IN Q
L14  T#0.5S PT ET
L15
L16  %MX3                                        램프2
L17                                              END
```

14.24 드릴작업공정

제어조건 공작물의 존재가 확인된 상태에서 start스위치를 터치하면 컨베이어가 작동하고 동시에 스토퍼 실린더가 전진한다. 그 후 공작물이 가공위치에 도달하여 가공위치센서가 감

지하면 컨베이어가 정지하고 동시에 드릴 실린더가 전진(하강)하고 드릴모터가 작동하여 드릴작업이 3초 동안 이루어진다. 그 후 드릴 실린더가 후진(상승)하고 동시에 스토퍼 실린더도 후진하며 컨베이어가 작동하여 공작물이 컨베이어를 타고 흘러간다. 그러면 가공위치로부터 공작물이 이송되어 가공위치 감지센서가 OFF되면 스토퍼 실린더는 다시 전진한다.

또 다시 다른 공작물이 가공위치에 도달하면 위의 작업이 다시 시작되며, stop스위치를 터치하면 모든 요소가 초기위치로 돌아가 정지한다.

① 실린더

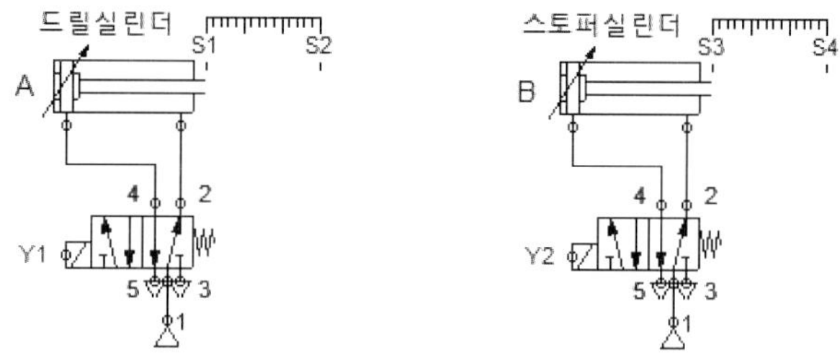

② 전기 공압회로도

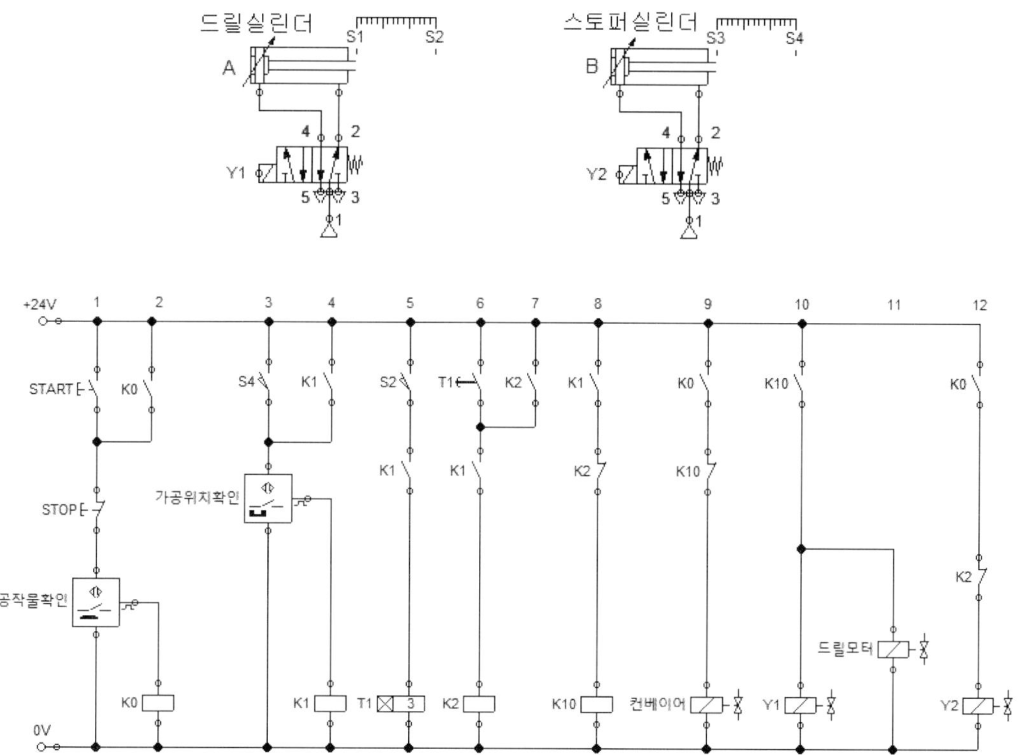

③ PLC 프로그램의 변수 및 메모리 할당표

	변수 종류	변수	타입	메모리 할당	초기값	리테인	사용 유무	설명문
1	VAR	S1	BOOL	%IX0.0.1		☐	☑	
2	VAR	S2	BOOL	%IX0.0.2		☐	☑	
3	VAR	S3	BOOL	%IX0.0.3		☐	☑	
4	VAR	S4	BOOL	%IX0.0.4		☐	☑	
5	VAR	start	BOOL	%IX0.0.0		☐	☑	
6	VAR	stop	BOOL	%IX0.0.10		☐	☑	
7	VAR	T1	TON			☐	☑	
8	VAR	Y1	BOOL	%QX0.2.1		☐	☑	
9	VAR	Y2	BOOL	%QX0.2.2		☐	☑	
10	VAR	가공위치확인	BOOL	%IX0.0.9		☐	☑	
11	VAR	공작물확인	BOOL	%IX0.0.8		☐	☑	
12	VAR	드릴모터	BOOL	%QX0.2.0		☐	☑	
13	VAR	컨베이어	BOOL	%QX0.3.0		☐	☑	

④ PLC 프로그램

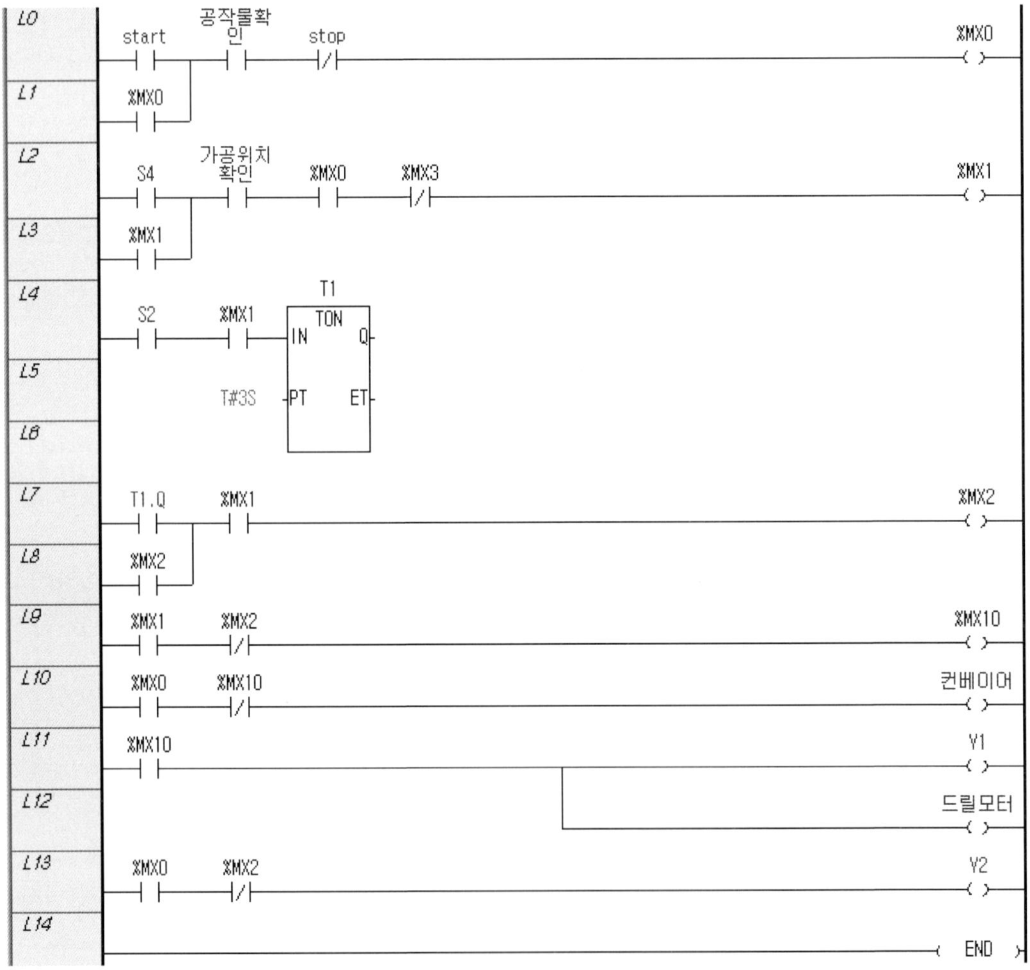

```
L0   start   공작물확인   stop                                   %MX0
     -| |--+---| |------|/|-----------------------------------( )-
L1   %MX0  |
     -| |--+
L2   S4      가공위치확인  %MX0     %MX3                          %MX1
     -| |--+---| |--------| |------|/|-------------------------( )-
L3   %MX1  |
     -| |--+
L4   S2       %MX1           T1
     -| |------| |------+---[ TON ]
                        IN        Q
L5           T#3S ------PT        ET
L6
L7   T1.Q     %MX1                                              %MX2
     -| |--+---| |------------------------------------------------( )-
L8   %MX2  |
     -| |--+
L9   %MX1     %MX2                                              %MX10
     -| |------|/|------------------------------------------------( )-
L10  %MX0     %MX10                                             컨베이어
     -| |------|/|------------------------------------------------( )-
L11  %MX10                                                      Y1
     -| |------------------------------------+--------------------( )-
L12                                          |                  드릴모터
                                             +--------------------( )-
L13  %MX0     %MX2                                              Y2
     -| |------|/|------------------------------------------------( )-
L14  -------------------------------------------------------------( END )-
```

14.25 한쪽 자동문

제어조건 센서1(내측)이나 센서2(외측)가 사람을 감지하여 작동하면 모터가 정회전하여 문이 열리고, 문이 완전히 열려 문열림 검출센서 LS2가 동작하면 모터가 정지한다. 사람이 센서1과 센서2의 감지영역을 벗어나면 5초 후에 모터가 역회전하여 문이 닫힌다. 문이 완전히 닫혀 문닫힘 검출센서 LS1이 동작하면 모터가 정지한다. 문이 닫히는 도중에 센서1 또는 센서2가 작동하면 모터의 역회전은 정지하고 모터가 정회전하여 문이 열린다. 비상스위치를 누르면 문이 열려야 한다.

① 시스템도

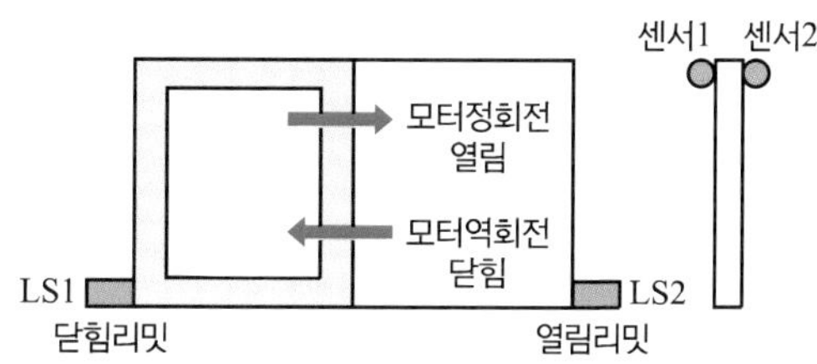

② 릴레이 시퀀스 제어회로도

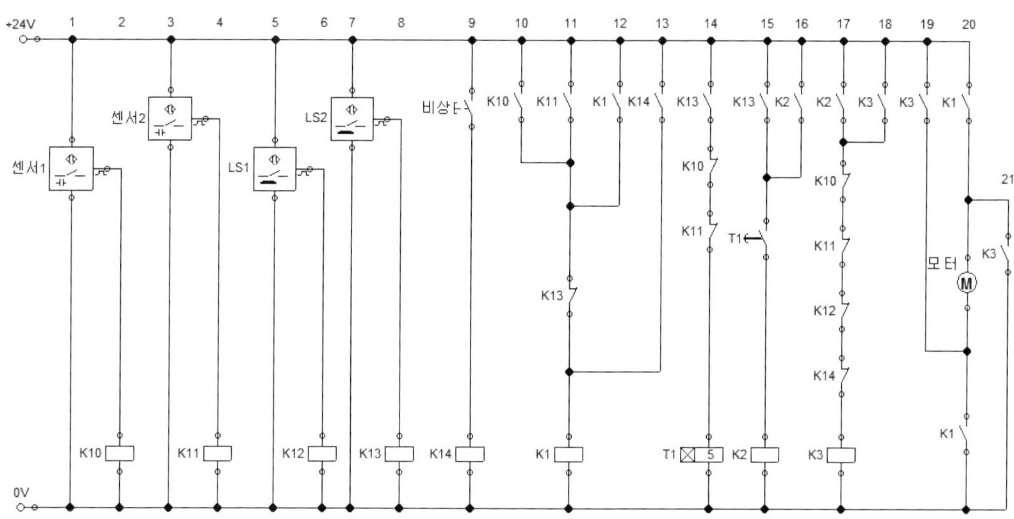

③ PLC 프로그램의 변수 및 메모리 할당표

	변수 종류	변수	타입	메모리 할당	초기값	리테인	사용 유무	설명문
1	VAR	LS1	BOOL	%IX0.0.8		☐	☑	
2	VAR	LS2	BOOL	%IX0.0.9		☐	☑	
3	VAR	T1	TON			☐	☑	
4	VAR	모터역회전	BOOL	%QX0.2.1		☐	☑	
5	VAR	모터정회전	BOOL	%QX0.2.0		☐	☑	
6	VAR	비상	BOOL	%IX0.0.15		☐	☑	
7	VAR	센서1	BOOL	%IX0.0.0		☐	☑	
8	VAR	센서2	BOOL	%IX0.0.1		☐	☑	

④ PLC 프로그램

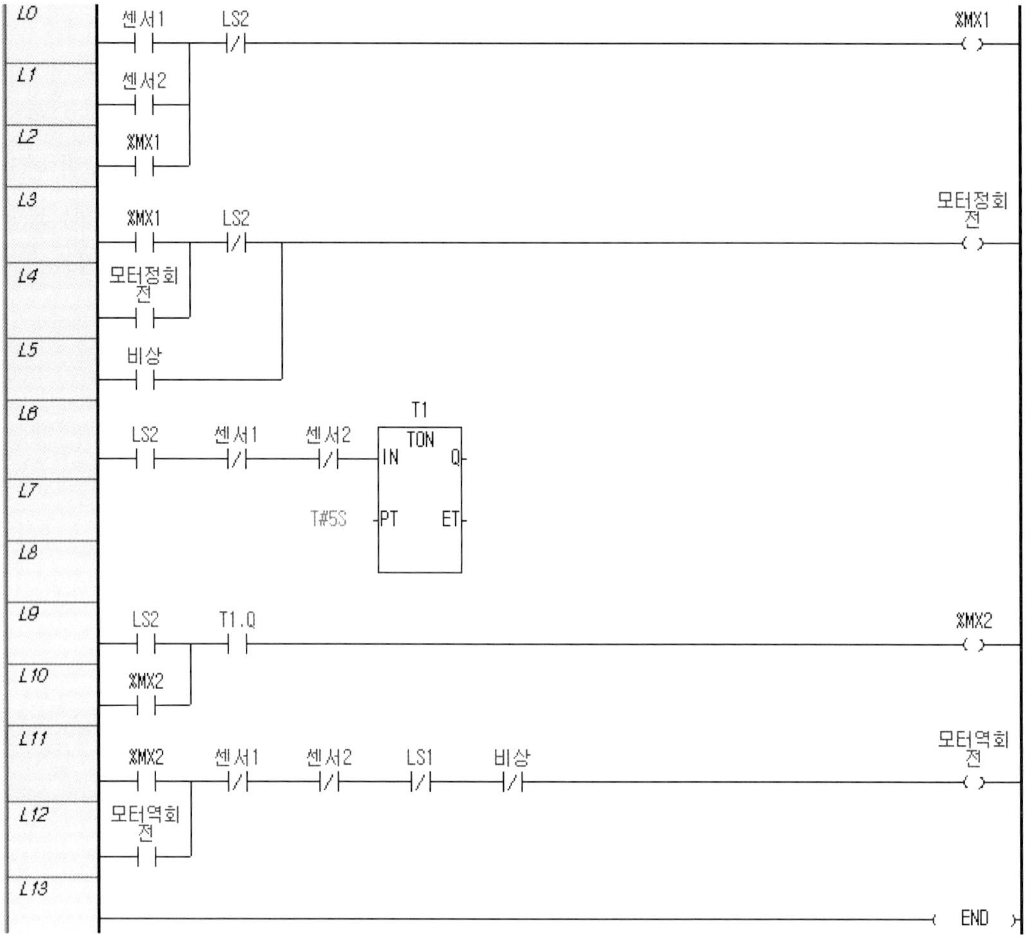

```
L0   센서1 ─┤ ├─┬─ LS2 ─┤/├──────────────────────────────── %MX1 ─( )─
L1   센서2 ─┤ ├─┤
L2   %MX1  ─┤ ├─┘
L3   %MX1 ─┤ ├─┬─ LS2 ─┤/├─┬──────────────────────── 모터정회전 ─( )─
L4   모터정회전 ─┤ ├─┘          │
L5   비상 ─┤ ├────────────────┘
L6   LS2 ─┤ ├─ 센서1 ─┤/├─ 센서2 ─┤/├─ T1 [TON] IN    Q
L7                                T#5S ─ PT   ET
L8
L9   LS2 ─┤ ├─┬─ T1.Q ─┤ ├──────────────────────────── %MX2 ─( )─
L10  %MX2 ─┤ ├─┘
L11  %MX2 ─┤ ├─┬─ 센서1 ─┤/├─ 센서2 ─┤/├─ LS1 ─┤/├─ 비상 ─┤/├── 모터역회전 ─( )─
L12  모터역회전 ─┤ ├─┘
L13  ───────────────────────────────────────────────────────── END
```

14.26 횡단보도 신호제어

제어조건　보행자가 횡단보도를 건너기 위해 푸시버튼 PB를 터치하면 차도의 신호는 청색, 횡단보도의 신호는 적색인 상태로부터 차도의 신호가 황색으로 변해 2초간 유지되며, 그 동안에 횡단보도에는 적색이 계속 유지된다. 2초가 지나면 차도는 적색, 횡단보도는 청색으로 변환되어 10초간 유지되며, 그 시간동안에 보행자가 횡단보도를 건너게 된다. 10초가 지나면 다시 초기상태로 되어 차도에는 청색, 횡단보도에는 적색으로 환원된다.

① 타임차트

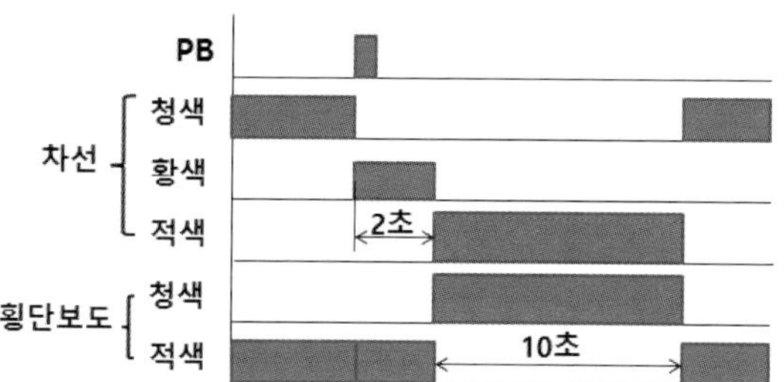

② 릴레이 시퀀스 제어회로도

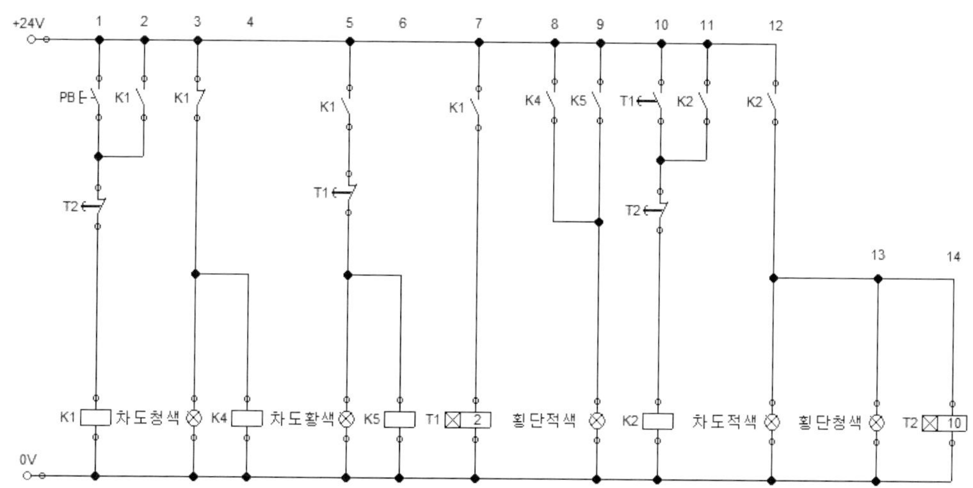

③ PLC 프로그램의 변수 및 메모리 할당표

	변수 종류	변수	타입	메모리 할당	초기값	리테인	사용 유무	설명문
1	VAR	PB	BOOL	%IX0.0.0		☐	☑	
2	VAR	T1	TON			☐	☑	
3	VAR	T2	TON			☐	☑	
4	VAR	차도_적색등	BOOL	%QX0.2.2		☐	☑	
5	VAR	차도_청색등	BOOL	%QX0.2.0		☐	☑	
6	VAR	차도_황색등	BOOL	%QX0.2.1		☐	☑	
7	VAR	횡단_적색등	BOOL	%QX0.3.1		☐	☑	
8	VAR	횡단_청색등	BOOL	%QX0.3.0		☐	☑	

④ PLC 프로그램

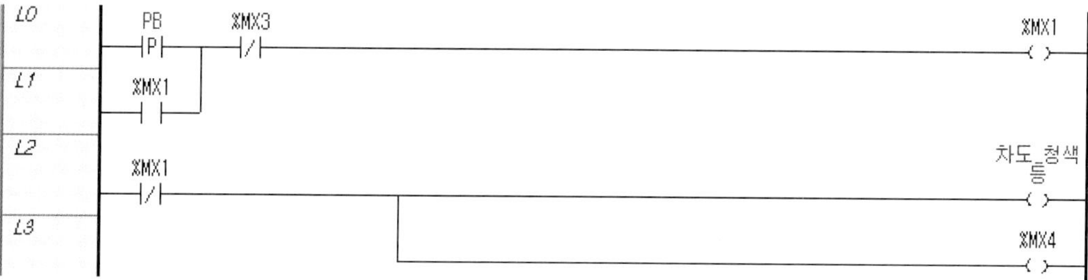

```
L4   %MX1   T1.Q                                   차도_황색등
     -| |----|/|------------------------------------( )-
L5                                                 %MX5
                  +---------------------------------( )-
L6          T1
     %MX1   TON
     -| |--IN    Q
L7
     T#2S -PT    ET
L8
L9   %MX4                                          횡단_적색등
     -| |---------------------------------------------( )-
L10  %MX5
     -| |--+
L11  T1.Q   T2.Q                                   %MX2
     -| |----|/|--------------------------------------( )-
L12  %MX2
     -| |--+
L13  %MX2                                          차도_적색등
     -| |---------------------------------------------( )-
L14                                                횡단_청색등
                  +---------------------------------( )-
L15         T2
     %MX2   TON
     -| |--IN    Q
L16
     T#10S -PT   ET
L17
L18  T2.Q                                          %MX3
     -| |---------------------------------------------(P)-
L19  -----------------------------------------------( END )
```

14.27 호이스트의 상승 / 하강제어

제어조건

(1) Start스위치를 터치하면 호이스트가 1층에 있는 경우(LS1이 On상태)에는 모터가 정회전하여 호이스트가 상승하며, 호이스트가 2층에 있는 경우(LS2가 On상태)는 모터가 역회전하여 호이스트는 하강한다.

(2) 호이스트가 1층에 도달하면 30초간 정지(짐을 싣고 내리는 시간)한 후 모터가 정회전하여 상승하며, 호이스트가 2층에 도달하면 역시 30초간 정지한 후 모터가 역회전하여 하강하는 동작을 반복한다. Stop스위치를 On하면 상승 중인 경우는 상승을, 하강 중인 경우는 하강을 종료한 후 정지한다.

① 시스템도

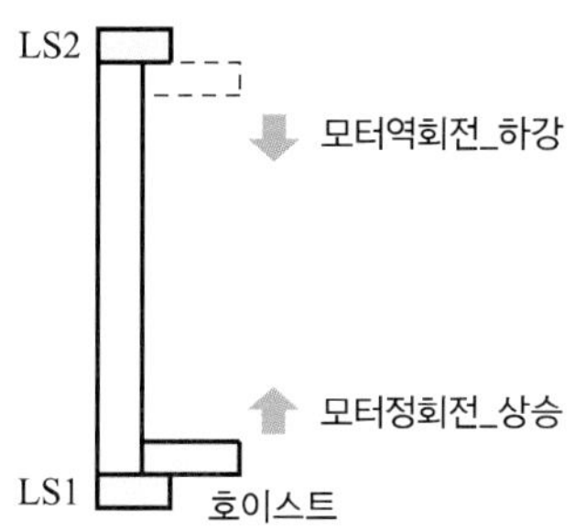

② 릴레이 시퀀스 제어회로도

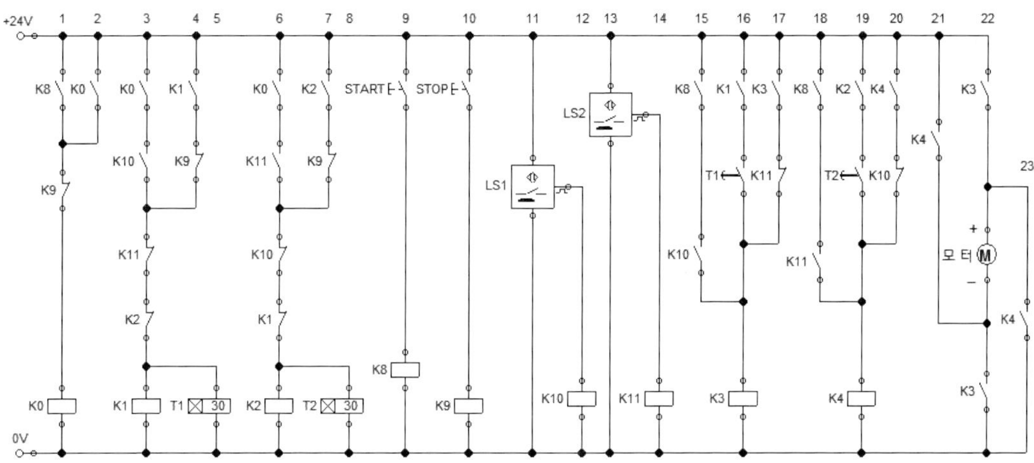

③ PLC 프로그램의 변수 및 메모리 할당표

	변수 종류	변수	타입	메모리 할당	초기값	리테인	사용 유무	설명문
1	VAR	LS1	BOOL	%IX0.0.1		☐	☑	1층 리밋스위치
2	VAR	LS2	BOOL	%IX0.0.2		☐	☑	2층 리밋스위치
3	VAR	start	BOOL	%IX0.0.0		☐	☑	
4	VAR	stop	BOOL	%IX0.0.8		☐	☑	
5	VAR	T1	TON			☐	☑	
6	VAR	T2	TON			☐	☑	
7	VAR	모터_역회전	BOOL	%QX0.2.1		☐	☑	호이스트_하강
8	VAR	모터_정회전	BOOL	%QX0.2.0		☐	☑	호이스트_상승

④ PLC 프로그램

L0 start stop %MX0
L1 %MX0
L2 %MX0 LS1 LS2 %MX2 %MX1
L3 %MX1 stop T1 TON IN Q
L4 T#30S PT ET
L5
L6 %MX0 LS2 LS1 %MX1 %MX2
L7 %MX2 stop T2 TON IN Q
L8 T#30S PT ET
L9
L10 %MX1 T1.Q 모터_정회전
L11 start P LS1
L12 모터_정회전 LS2
L13 %MX2 T2.Q 모터_역회전
L14 start P LS2
L15 모터_역회전 LS1
L16 END

14.28 화장실 자동밸브

제어조건 화장실의 변기에 장착된 센서가 동작하면 1초 후에 2초 동안 밸브가 작동하여 물이 나온다. 센서가 꺼지면 즉시 밸브가 작동하여 3초 동안 물이 나와야 한다.

① 릴레이 시퀀스 제어회로도

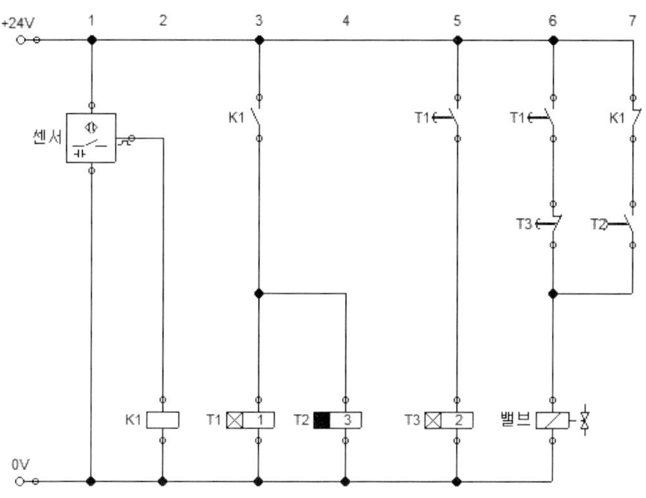

② PLC 프로그램의 변수 및 메모리 할당표

	변수 종류	변수	타입	메모리 할당	초기값	리테인	사용 유무	설명문
1	VAR	T1	TON			☐	☑	
2	VAR	T2	TOF			☐	☑	
3	VAR	T3	TON			☐	☑	
4	VAR	밸브	BOOL	%QX0.2.0		☐	☑	
5	VAR	센서	BOOL	%IX0.0.0		☐	☑	

③ PLC 프로그램

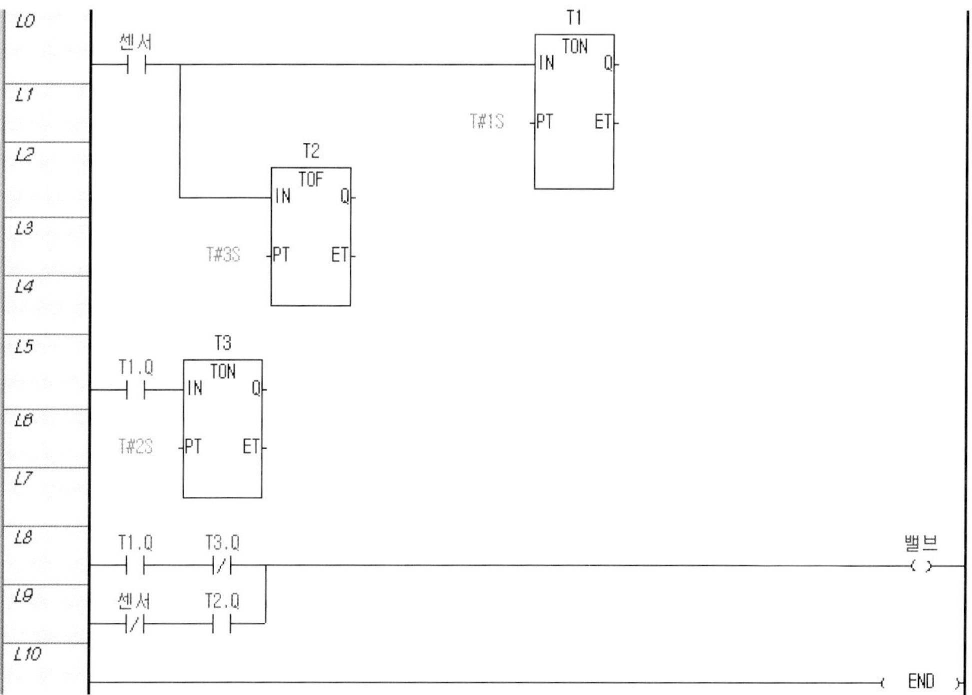

14.29 불량품 처리

제어조건 Start버튼을 터치하면 컨베이어가 작동하여 제품이 이송된다. 공작물은 6초 간격으로 공급되며 이때 제품이 요구르트라면 뚜껑(알루미늄 금박)이 없는 것은 불량품이므로 제품감지센서(정전용량형 센서)만 작동하여 불량품(제품감지센서는 작동하지만 금속감지센서인 유도형센서가 작동하지 않음)은 5초 후 실린더(편 솔레노이드 밸브 사용)의 전진으로 퇴출시키고 1초 후 실린더가 복귀한다. 그러나 정품인 경우에는 실린더가 작동하지 않게 되어 그냥 통과한다.

① 퇴출용 실린더 및 시스템도

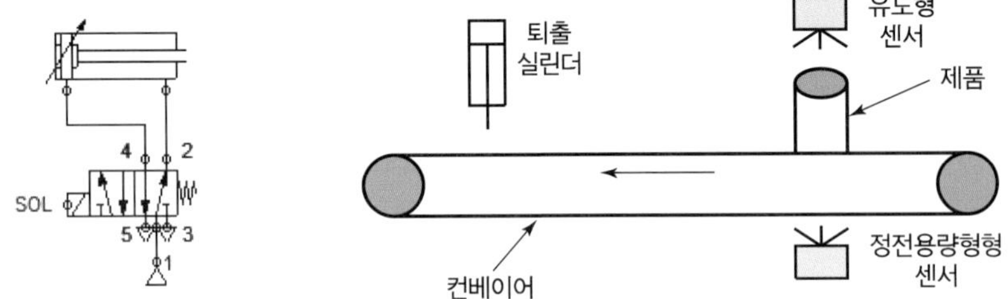

② 전기 공압회로도

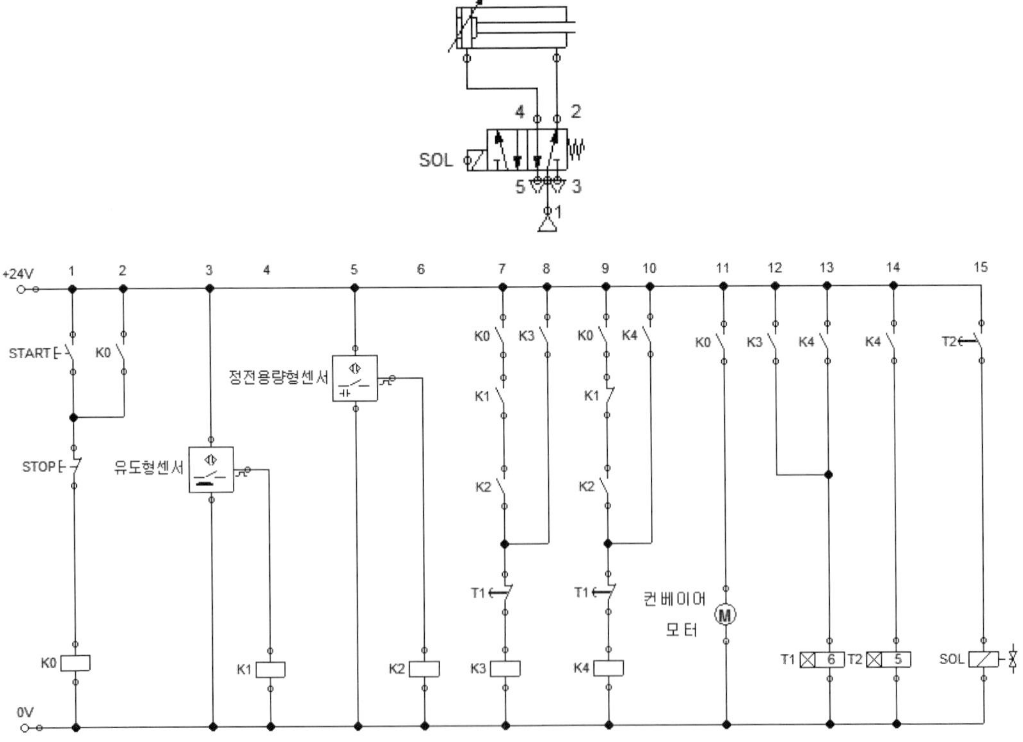

③ PLC 프로그램의 변수 및 메모리 할당표

	변수 종류	변수	타입	메모리 할당	초기값	리테인	사용 유무	설명문
1	VAR	SOL	BOOL	%QX0.2.1		☐	☑	
2	VAR	start	BOOL	%IX0.0.0		☐	☑	
3	VAR	stop	BOOL	%IX0.0.8		☐	☑	
4	VAR	T1	TON			☐	☑	
5	VAR	T2	TON			☐	☑	
6	VAR	유도형센서	BOOL	%IX0.0.1		☐	☑	
7	VAR	정전용량형센서	BOOL	%IX0.0.2		☐	☑	
8	VAR	컨베이어	BOOL	%QX0.2.0		☐	☑	

④ PLC 프로그램

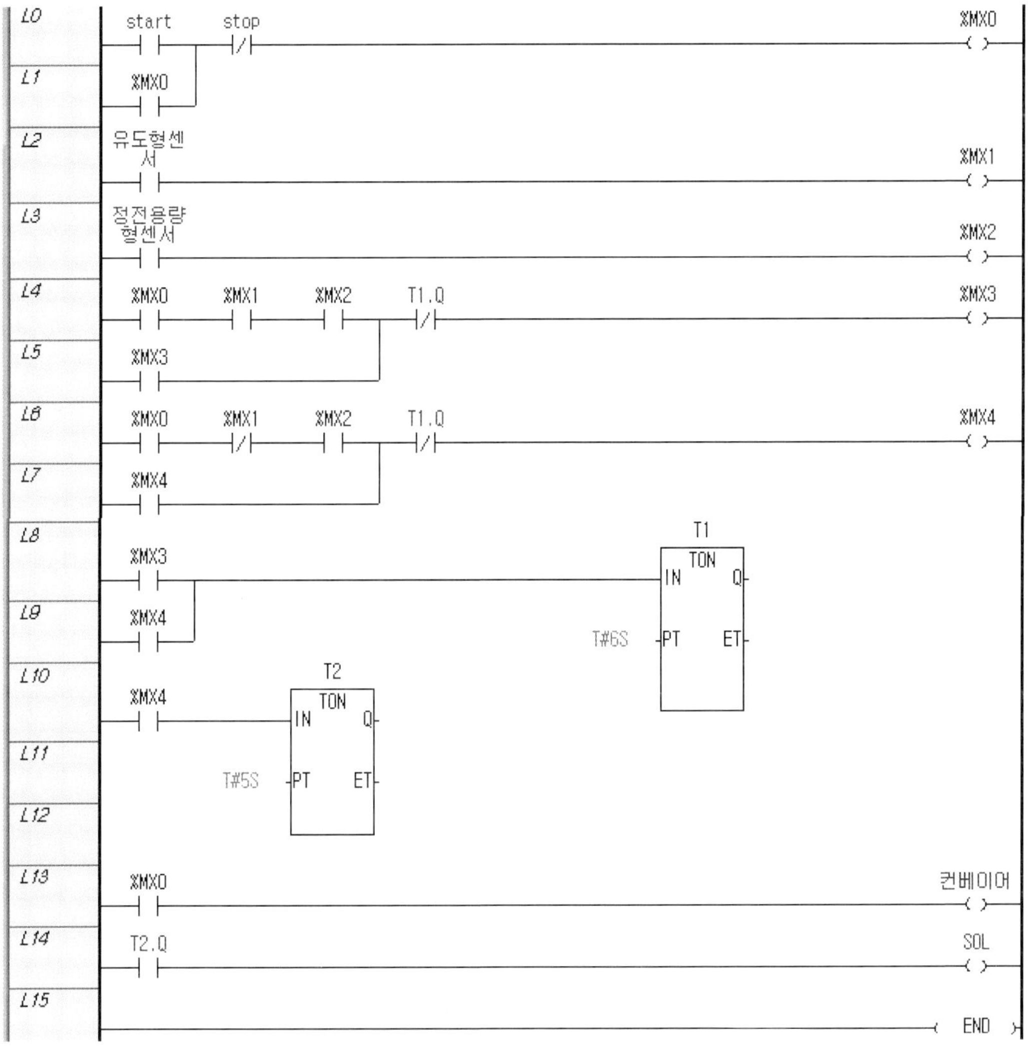

```
L0   start    stop                                              %MX0
     --| |--+--|/|--------------------------------------------( )--
L1   %MX0   |
     --| |--+
L2   유도형센서                                                  %MX1
     --| |------------------------------------------------------( )--
L3   정전용량형센서                                              %MX2
     --| |------------------------------------------------------( )--
L4   %MX0     %MX1     %MX2       T1.Q                          %MX3
     --| |------| |------| |----+--|/|--------------------------( )--
L5   %MX3                       |
     --| |----------------------+
L6   %MX0     %MX1     %MX2       T1.Q                          %MX4
     --| |------|/|------| |----+--|/|--------------------------( )--
L7   %MX4                       |
     --| |----------------------+
L8   %MX3                                   T1
     --| |--+                             TON
L9   %MX4   |-----------------------------IN    Q
     --| |--+                    T#6S  ---PT    ET
L10  %MX4              T2
     --| |-----------TON
L11                  IN    Q
              T#5S --PT    ET
L12
L13  %MX0                                                       컨베이어
     --| |------------------------------------------------------( )--
L14  T2.Q                                                       SOL
     --| |------------------------------------------------------( )--
L15
     -------------------------------------------------------( END )
```

14.30 퀴즈 프로그램

제어조건 A, B, C의 3명이 퀴즈를 한다. 퀴즈담당자가 3명의 버튼을 먼저 점검하고 이상이 없음을 확인한다. 그 후 퀴즈시작을 하여 가장 먼저 버튼을 누른 사람의 램프에 불이 들어온다. 나중에 버튼을 누른 사람의 해당램프는 켜지지 않으며, 답변의 기회는 최초로 버튼을 누른 사람에게 주어진다. 만일 정답을 맞히지 못하면 그 사람의 해당램프를 제외시키고 나머지 퀴즈참가자에게 기회가 돌아간다. 퀴즈가 시작되면 퀴즈시작램프가 점등하고, 퀴즈담당자가 퀴즈종료버튼을 누르면 모든 램프가 소등되고 초기상태로 복귀한다.

① 릴레이 시퀀스 제어회로도

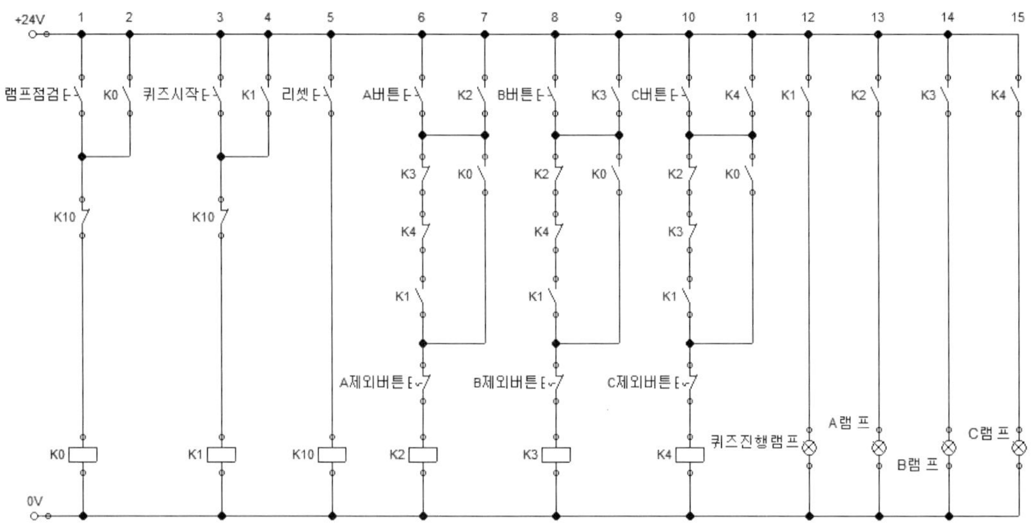

② PLC 프로그램의 변수 및 메모리 할당표

	변수 종류	변수	타입	메모리 할당	초기값	리테인	사용 유무	설명문
1	VAR	A버튼	BOOL	%IX0.0.1		☐	☑	
2	VAR	A제외버튼	BOOL	%IX0.1.0		☐	☑	
3	VAR	B버튼	BOOL	%IX0.0.2		☐	☑	
4	VAR	B제외버튼	BOOL	%IX0.1.1		☐	☑	
5	VAR	C버튼	BOOL	%IX0.0.3		☐	☑	
6	VAR	C제외버튼	BOOL	%IX0.1.2		☐	☑	
7	VAR	램프A	BOOL	%QX0.2.1		☐	☑	
8	VAR	램프B	BOOL	%QX0.2.2		☐	☑	
9	VAR	램프C	BOOL	%QX0.2.3		☐	☑	
10	VAR	램프점검	BOOL	%IX0.0.8		☐	☑	
11	VAR	리셋	BOOL	%IX0.0.7		☐	☑	
12	VAR	퀴즈시작	BOOL	%IX0.0.0		☐	☑	
13	VAR	퀴즈진행램프	BOOL	%QX0.2.0		☐	☑	

③ PLC 프로그램

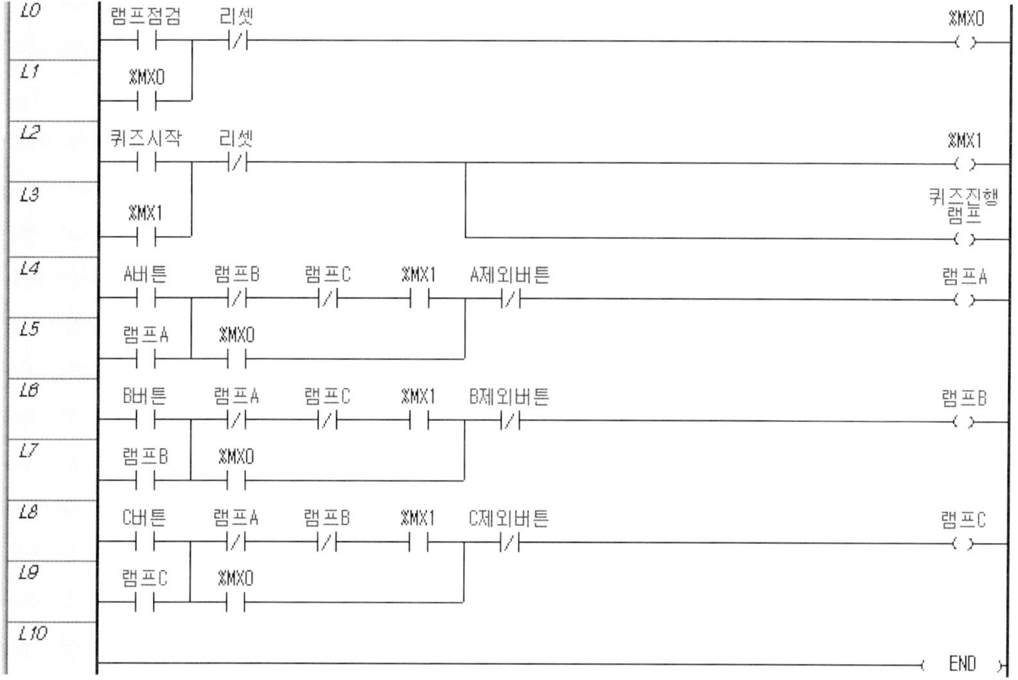

14.31 컨베이어 가동과 정지

제어조건 Start스위치를 터치하면 A, B, C의 3개의 컨베이어가 순서대로 2초 간격으로 가동하며, stop스위치를 터치하면 역순으로 3초 간격으로 정지한다. Reset스위치를 터치하면 모든 상태가 초기화되어 모든 컨베이어가 정지한다.

① 릴레이 시퀀스 제어회로도

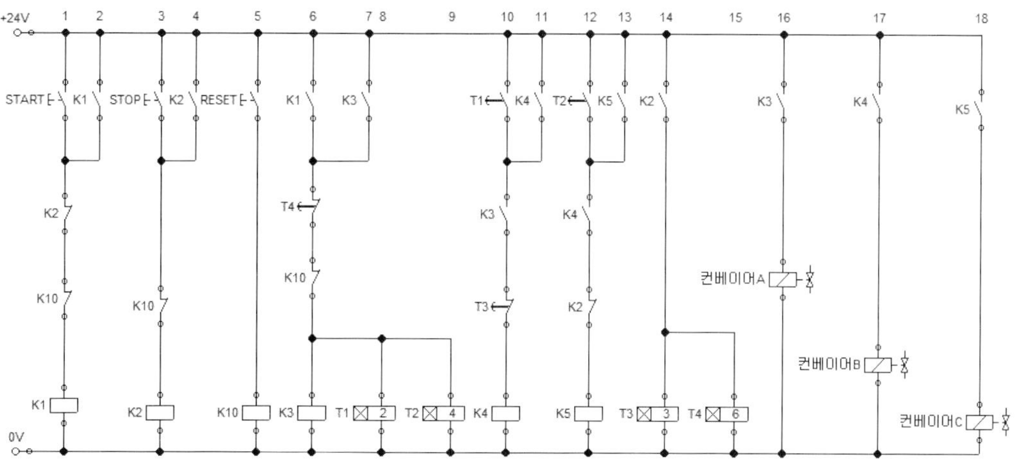

② PLC 프로그램의 변수 및 메모리 할당표

	변수 종류	변수	타입	메모리 할당	초기값	리테인	사용 유무	설명문
1	VAR	reset	BOOL	%IX0.0.7		☐	☑	
2	VAR	start	BOOL	%IX0.0.0		☐	☑	
3	VAR	stop	BOOL	%IX0.0.1		☐	☑	
4	VAR	T1	TON			☐	☑	
5	VAR	T2	TON			☐	☑	
6	VAR	T3	TON			☐	☑	
7	VAR	T4	TON			☐	☑	
8	VAR	컨베이어A	BOOL	%QX0.2.0		☐	☑	
9	VAR	컨베이어B	BOOL	%QX0.2.1		☐	☑	
10	VAR	컨베이어C	BOOL	%QX0.2.2		☐	☑	

③ PLC 프로그램

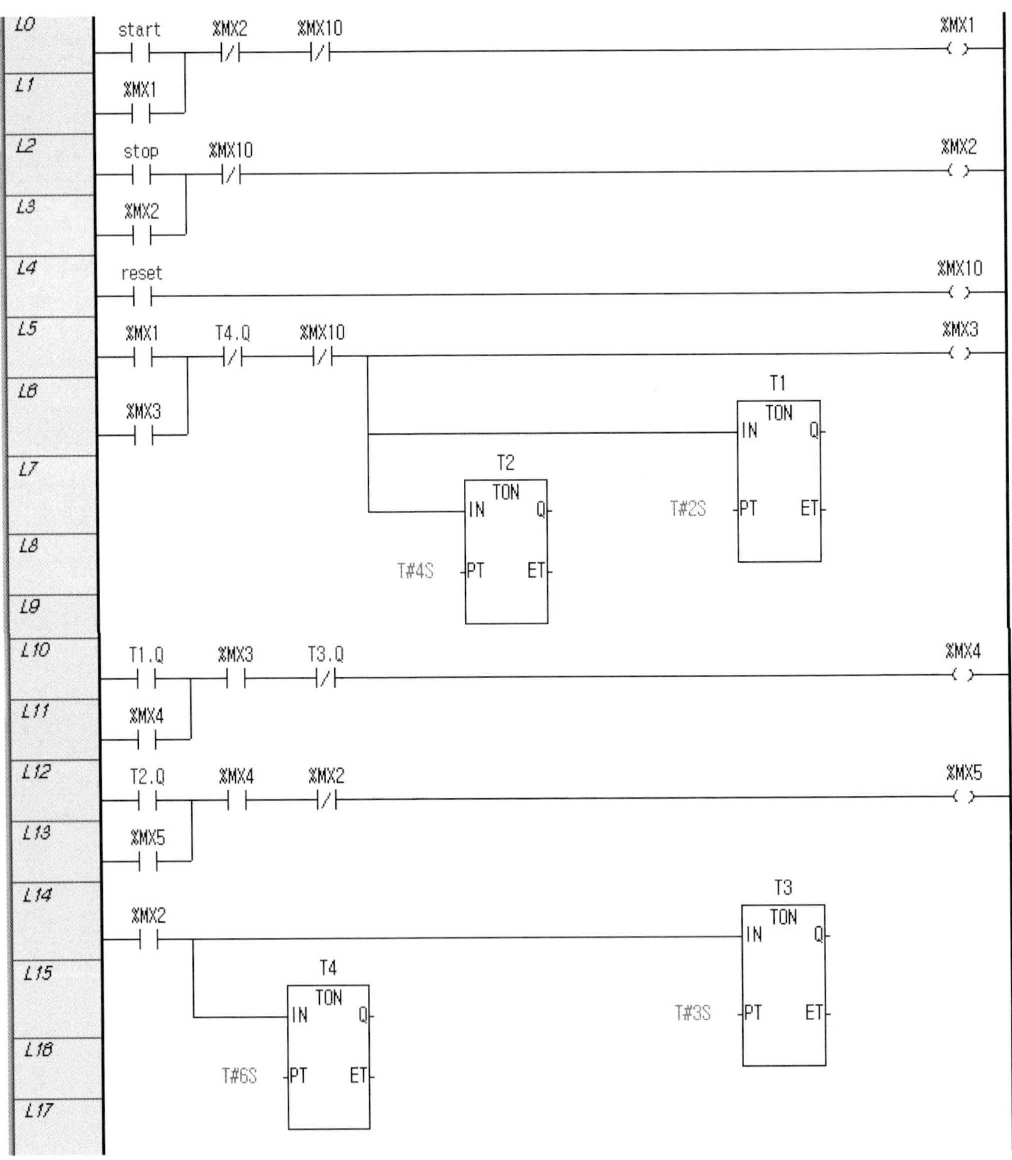

14.32 라인이동 불량품 처리 및 세척

제어조건 컨베이어를 타고 움직이는 제품에서 불량품으로 감지되면 2칸 이동(캠 스위치 2회 ON/OFF) 후에 공기분사에 의해 퇴출시키고, 정상 제품이 감지되면 3칸 이동(캠 스위치 3회 ON/OFF) 후에 물 분사에 의해 제품세척을 한다. 캠의 1회전은 칸막이 1칸의 이동에 해당된다. 각 경우에 그 칸을 넘어가면 공기분사 또는 물분사가 종료된다.

① 시스템도

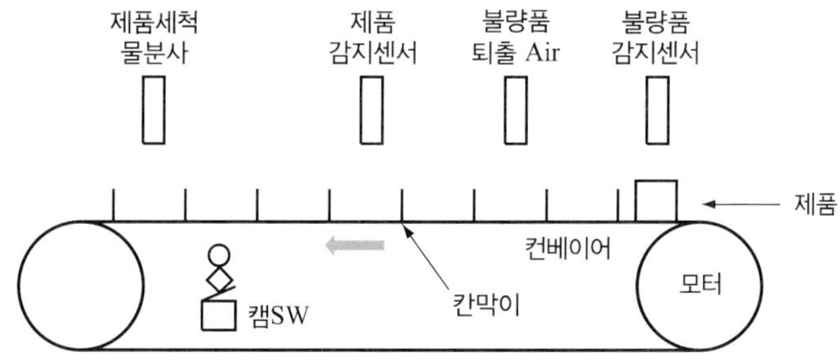

② PLC 프로그램의 변수 및 메모리 할당표

	변수 종류	변수	타입	메모리 할당	초기값	리테인	사용 유무	설명문
1	VAR	불량품감지센서	BOOL	%IX0.1.0		☐	☑	
2	VAR	불량품퇴출Air	BOOL	%QX0.2.1		☐	☑	
3	VAR	운전SW	BOOL	%IX0.0.0		☐	☑	
4	VAR	정지SW	BOOL	%IX0.0.1		☐	☑	
5	VAR	제품감지센서	BOOL	%IX0.1.1		☐	☑	
6	VAR	제품세척물분사	BOOL	%QX0.2.2		☐	☑	
7	VAR	캠SW	BOOL	%IX0.0.2		☐	☑	
8	VAR	컨베이어	BOOL	%QX0.2.0		☐	☑	

③ PLC 프로그램

```
L0   운전SW ─┤ ├─────────────────────────────── 컨베이어 ─(S)─
L1   컨베이어 ─┤ ├─ 불량품감지센서 ─┤ ├──────────── %MW0.0 ─(S)─
L2   컨베이어 ─┤ ├─ 캠SW ─┤N├─ [SHL  EN  ENO]
L3                          %MW0 ─ IN   OUT ─ %MW0
L4                             1 ─ N
L5
L6   %MW0.2 ─┤ ├─ 캠SW ─┤/├───────────────── 불량품퇴출Air ─( )─
L7   컨베이어 ─┤ ├─ 제품감지센서 ─┤ ├────────────── %MW1.0 ─(S)─
L8   컨베이어 ─┤ ├─ 캠SW ─┤N├─ [SHL  EN  ENO]
L9                          %MW1 ─ IN   OUT ─ %MW1
L10                            1 ─ N
L11
L12  %MW1.3 ─┤ ├─ 캠SW ─┤/├───────────────── 제품세척물분사 ─( )─
L13  정지SW ─┤ ├───────────┬─────────────────── 컨베이어 ─(R)─
L14                        ├─────────────────── %MW0.0 ─(R)─
L15                        └─────────────────── %MW1.0 ─(R)─
L16  ─────────────────────────────────────────────── ( END )
```

14.33 4칙연산

제어조건 val1～val4의 값을 입력하고, 덧셈, 뺄셈, 곱셈, 나눗셈, 나머지를 계산한다.

① PLC 프로그램의 변수 및 메모리 할당표

	변수 종류	변수	타입	메모리 할당	초기값	리테인	사용 유무	설명문
1	VAR	val1	DINT		120	☐	☑	
2	VAR	val2	DINT		35	☐	☑	
3	VAR	val3	DINT		35	☐	☑	
4	VAR	val4	DINT		80	☐	☑	
5	VAR	곱셈SW	BOOL	%IX0.0.2		☐	☑	
6	VAR	곱셈결과	DINT			☐	☑	
7	VAR	나눗셈SW	BOOL	%IX0.0.3		☐	☑	
8	VAR	나눗셈몫	DINT			☐	☑	
9	VAR	나머지	DINT			☐	☑	
10	VAR	나머지SW	BOOL	%IX0.0.4		☐	☑	
11	VAR	덧셈SW	BOOL	%IX0.0.0		☐	☑	
12	VAR	덧셈결과	DINT			☐	☑	
13	VAR	뺄셈SW	BOOL	%IX0.0.1		☐	☑	
14	VAR	뺄셈결과	DINT			☐	☑	

② PLC 프로그램

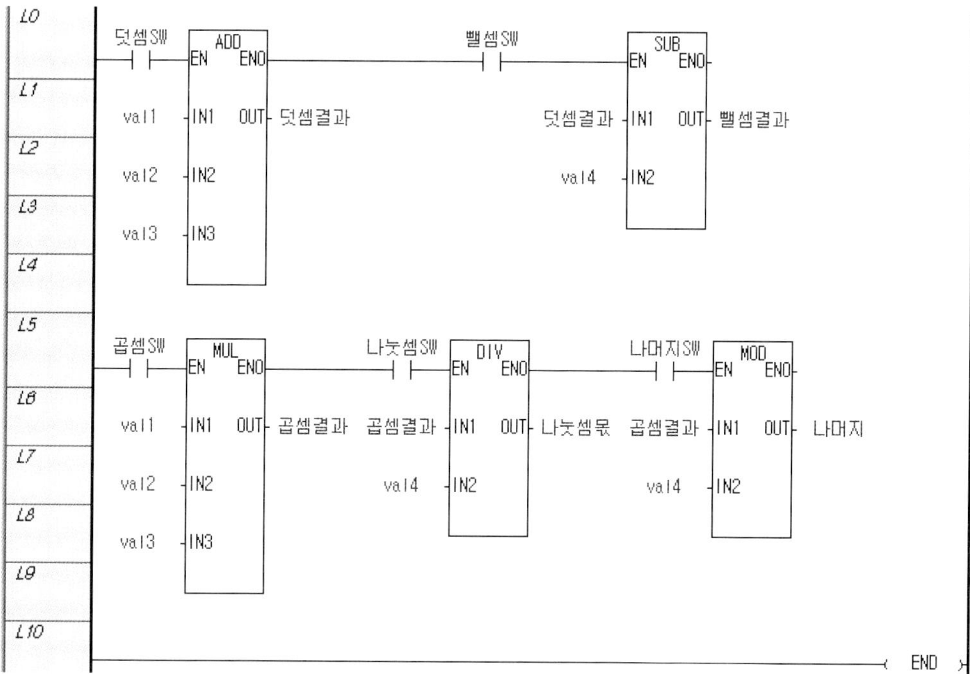

③ 프로그램 시뮬레이션

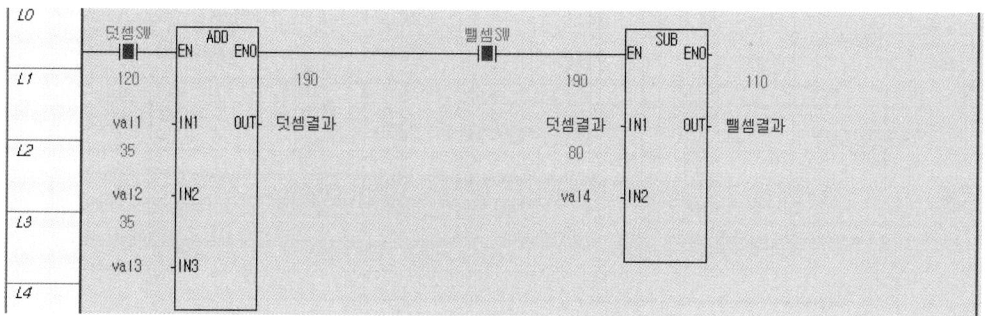

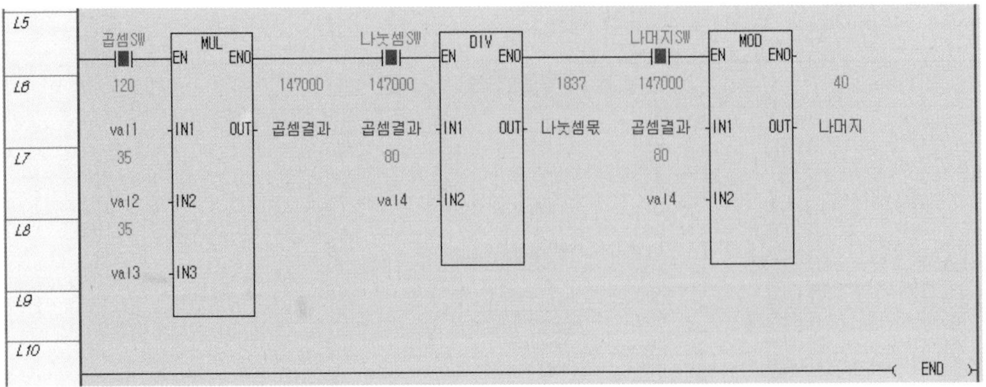

14.34 이동호이스트에 의한 공정제어2

제어조건 LS_A의 위치 A에서(이때는 램프A가 ON상태) PB0를 ON하면 이동호이스트는 D방향으로 이동하여(MC1: 정회전) LS_D의 센서가 작동과 함께 D공정작업이 10초간 이루어지고(D위치 램프 ON) B로 이동하여(MC2 :역회전) LS_B가 ON됨과 동시에 B공정작업이 10초간 이루어진다(B위치 램프 ON). 그리고 C로 이동하여(MC1 : 정회전) LS_C가 ON됨과 동시에 C공정작업이 10초간 이루어지며(C위치 램프 ON), 그 후 최초의 위치 A로 복귀(MC2 : 역회전)하여 LS_A가 ON(A위치 램프 ON)되면 작업이 완료된다.

운전 중 PB1을 ON하면 이동호이스트가 비상정지하며, 수시로 PB2를 ON하면 이동호이스트가 A위치로 복귀한다.

① 시스템도

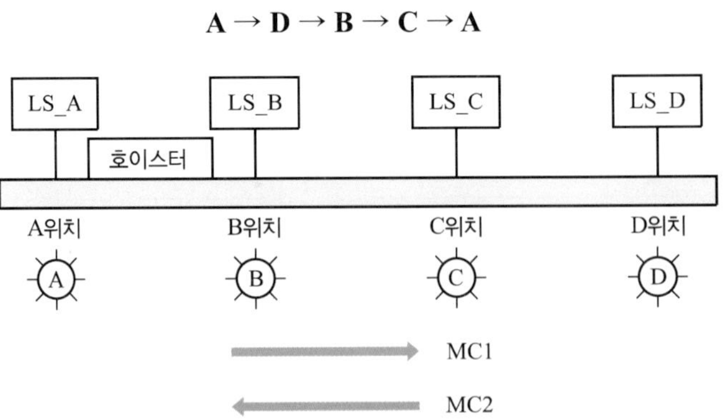

② PLC 프로그램의 변수 및 메모리 할당표

	변수 종류	변수	타입	메모리 할당	초기값	리테인	사용 유무	설명문
1	VAR	LS_A	BOOL	%IX0.0.1		☐	☑	A위치센서
2	VAR	LS_B	BOOL	%IX0.0.2		☐	☑	B위치센서
3	VAR	LS_C	BOOL	%IX0.0.3		☐	☑	C위치센서
4	VAR	LS_D	BOOL	%IX0.0.4		☐	☑	D위치센서
5	VAR	MC1	BOOL	%QX0.2.0		☐	☑	정회전(우측이동)
6	VAR	MC2	BOOL	%QX0.2.1		☐	☑	역회전(좌측이동)
7	VAR	PB0	BOOL	%IX0.0.0		☐	☑	시작스위치
8	VAR	PB1	BOOL	%IX0.0.8		☐	☑	비상정지스위치
9	VAR	PB2	BOOL	%IX0.0.9		☐	☑	A위치복귀
10	VAR	SC1	SCON			☐	☑	
11	VAR	SC2	SCON			☐	☐	
12	VAR	S_bit	ARRAY[0..99]			☐	☑	
13	VAR	T0	TON			☐	☑	
14	VAR	T1	TON			☐	☑	
15	VAR	T2	TON			☐	☑	
16	VAR	T3	TON			☐	☐	
17	VAR	램프A	BOOL	%QX0.3.0		☐	☑	A위치표시램프
18	VAR	램프B	BOOL	%QX0.3.1		☐	☑	B위치표시램프
19	VAR	램프C	BOOL	%QX0.3.2		☐	☑	C위치표시램프
20	VAR	램프D	BOOL	%QX0.3.3		☐	☑	D위치표시램프

③ PLC 프로그램

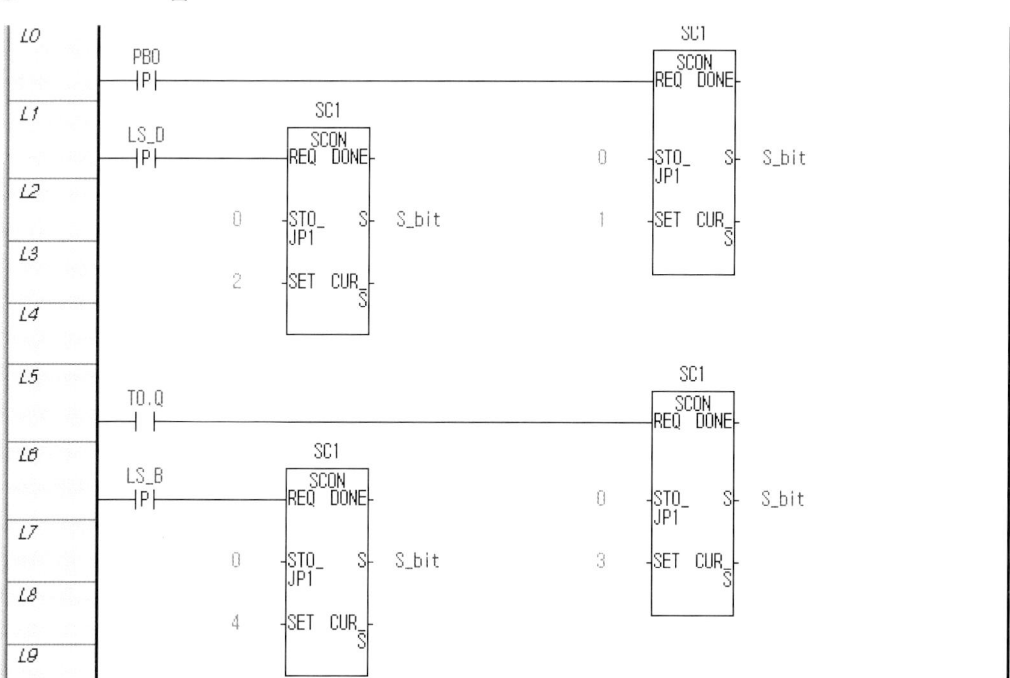

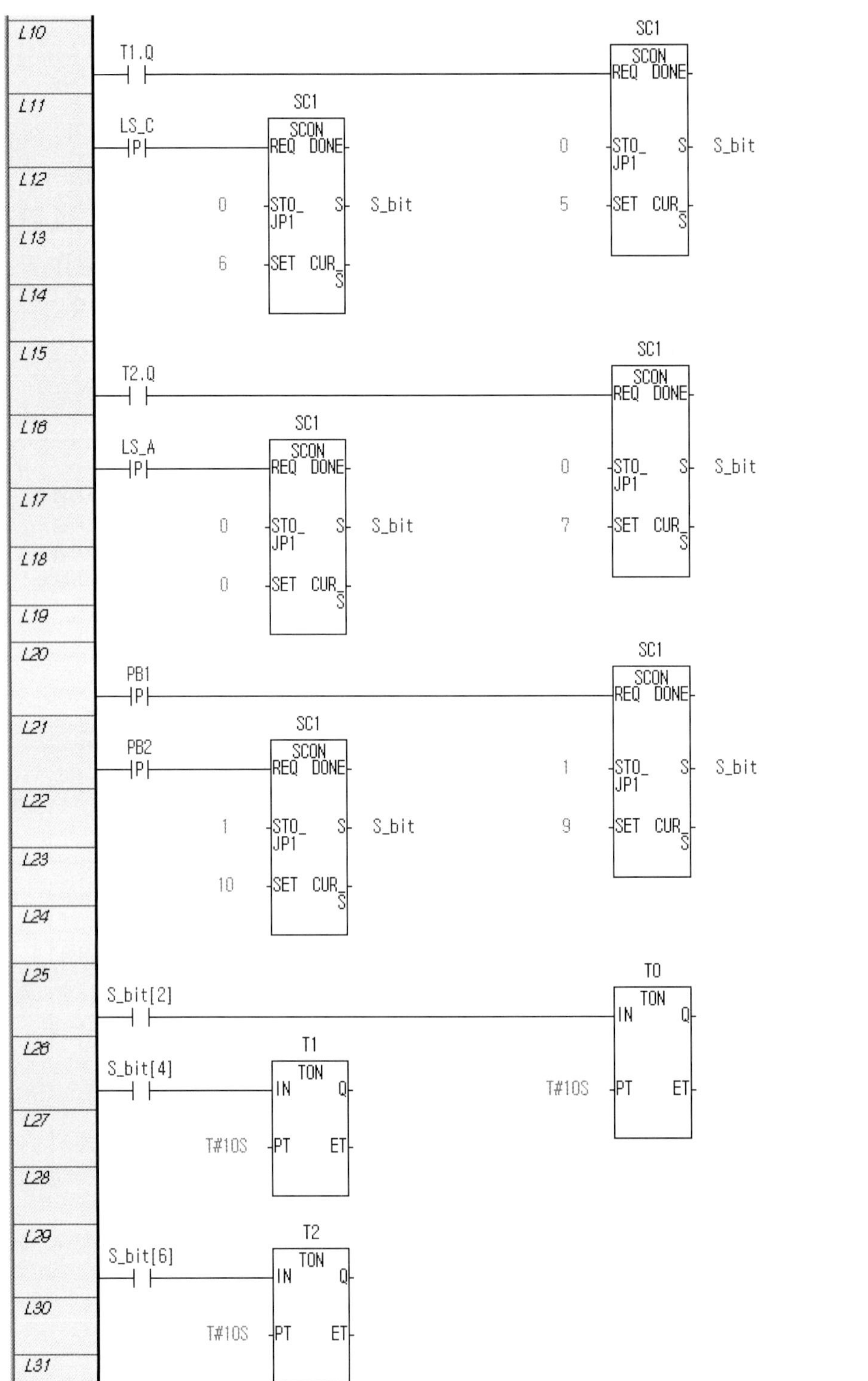
L10
T1.Q
SC1
SCON
REQ DONE
0
STO_JP1
S
S_bit
5
SET CUR_S
L11
LS_C
P
SC1
SCON
REQ DONE
L12
0
STO_JP1
S
S_bit
L13
6
SET CUR_S
L14
L15
T2.Q
SC1
SCON
REQ DONE
L16
LS_A
P
SC1
SCON
REQ DONE
0
STO_JP1
S
S_bit
L17
0
STO_JP1
S
S_bit
7
SET CUR_S
L18
0
SET CUR_S
L19
L20
PB1
P
SC1
SCON
REQ DONE
L21
PB2
P
SC1
SCON
REQ DONE
1
STO_JP1
S
S_bit
L22
1
STO_JP1
S
S_bit
9
SET CUR_S
L23
10
SET CUR_S
L24
L25
S_bit[2]
T0
TON
IN Q
L26
S_bit[4]
T1
TON
IN Q
T#10S
PT ET
L27
T#10S
PT ET
L28
L29
S_bit[6]
T2
TON
IN Q
L30
T#10S
PT ET
L31

L32 S_bit[1] MC1
L33 S_bit[5]
L34 S_bit[3] MC2
L35 S_bit[7]
L36 S_bit[10]
L37 S_bit[0] 램프A
L38 S_bit[2] 램프D
L39 S_bit[4] 램프B
L40 S_bit[6] 램프C
L41 END

Part 2

14.35 FND표시 제어

제어조건 PB1을 터치할 때마다 숫자가 하나씩 증가하여 그 숫자가 FND표시기에 1~100까지 표시된다. PB2를 터치하면 1초 간격으로 1부터 100까지 차례로 FND표시기에 표시되며, PB3을 터치하면 초기화된다.

① PLC 프로그램의 변수 및 메모리 할당표

	변수 종류	변수	타입	메모리 할당	초기값	리테인	사용 유무	설명문
1	VAR	C1	CTU_INT			☐	☑	
2	VAR	FND_WORD	WORD	%QW0.2.0		☐	☑	FND표시기
3	VAR	PB1	BOOL	%IX0.0.0		☐	☑	
4	VAR	PB2	BOOL	%IX0.0.1		☐	☑	
5	VAR	PB3	BOOL	%IX0.0.2		☐	☑	
6	VAR	RST	BOOL			☐	☑	
7	VAR	T1	TON			☐	☑	

② PLC 프로그램

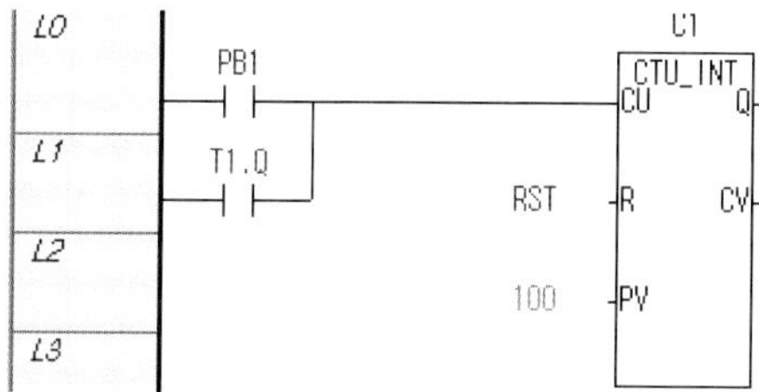

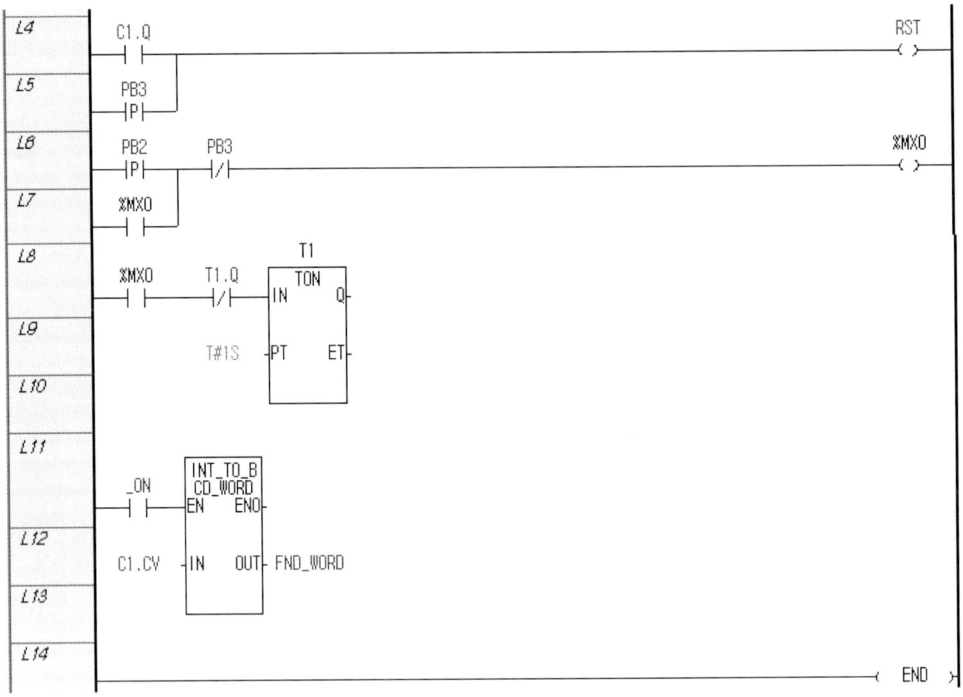

L4 C1.Q RST
L5 PB3
L6 PB2 PB3 %MX0
L7 %MX0
L8 %MX0 T1.Q T1 TON IN Q
L9 T#1S PT ET
L10
L11 _ON INT_TO_BCD_WORD EN ENO
L12 C1.CV IN OUT FND_WORD
L13
L14 END

③ 시뮬레이션

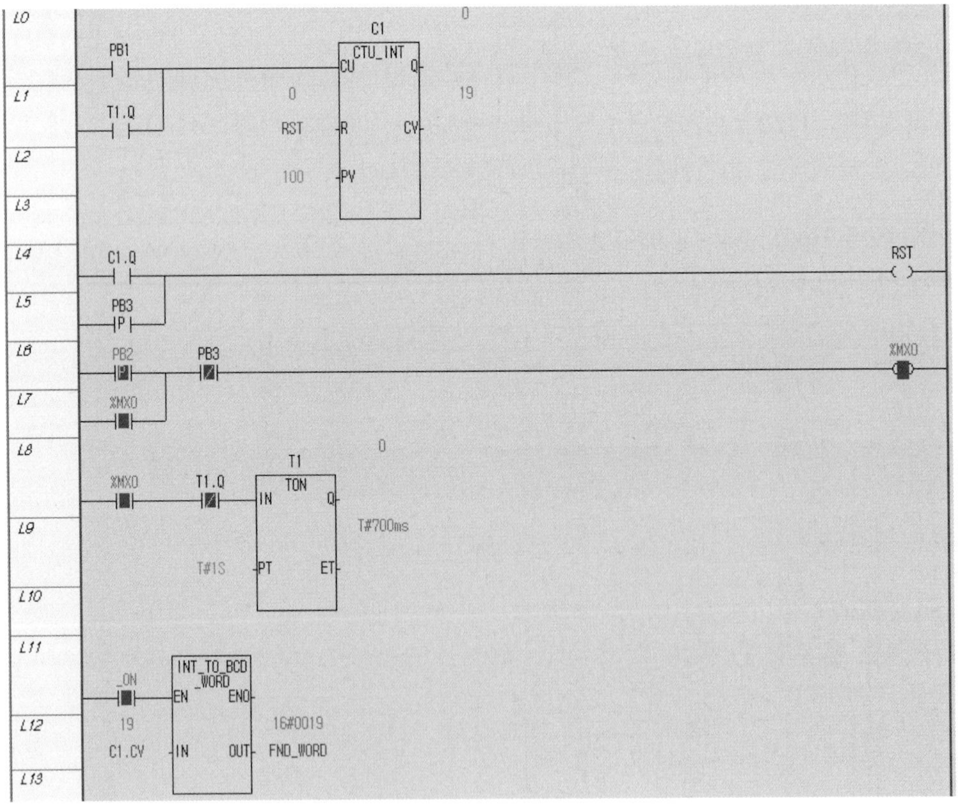

L0 PB1 C1 CTU_INT CU Q 0
L1 T1.Q 0 RST R CV 19
L2 100 PV
L3
L4 C1.Q RST
L5 PB3
L6 PB2 PB3 %MX0
L7 %MX0
L8 0 T1 %MX0 T1.Q TON IN Q
L9 T#700ms T#1S PT ET
L10
L11 _ON INT_TO_BCD_WORD EN ENO
L12 19 16#0019 C1.CV IN OUT FND_WORD
L13

14.36 FND2

제어조건 PB1을 누를 때마다 현재값이 1씩 증가하여 1~99까지 %QB0.2.0에 그 값이 비트 램프로 표시된다.

① PLC 프로그램의 변수 및 메모리 할당표

	변수 종류	변수	타입	메모리 할당	초기값	리테인	사용 유무	설명문
1	VAR	C1	CTU_INT			☐	☑	
2	VAR	C2	CTU_INT			☐	☑	
3	VAR	PB1	BOOL	%IX0.0.0		☐	☑	
4	VAR	reset	BOOL	%IX0.0.1		☐	☑	

② PLC 프로그램

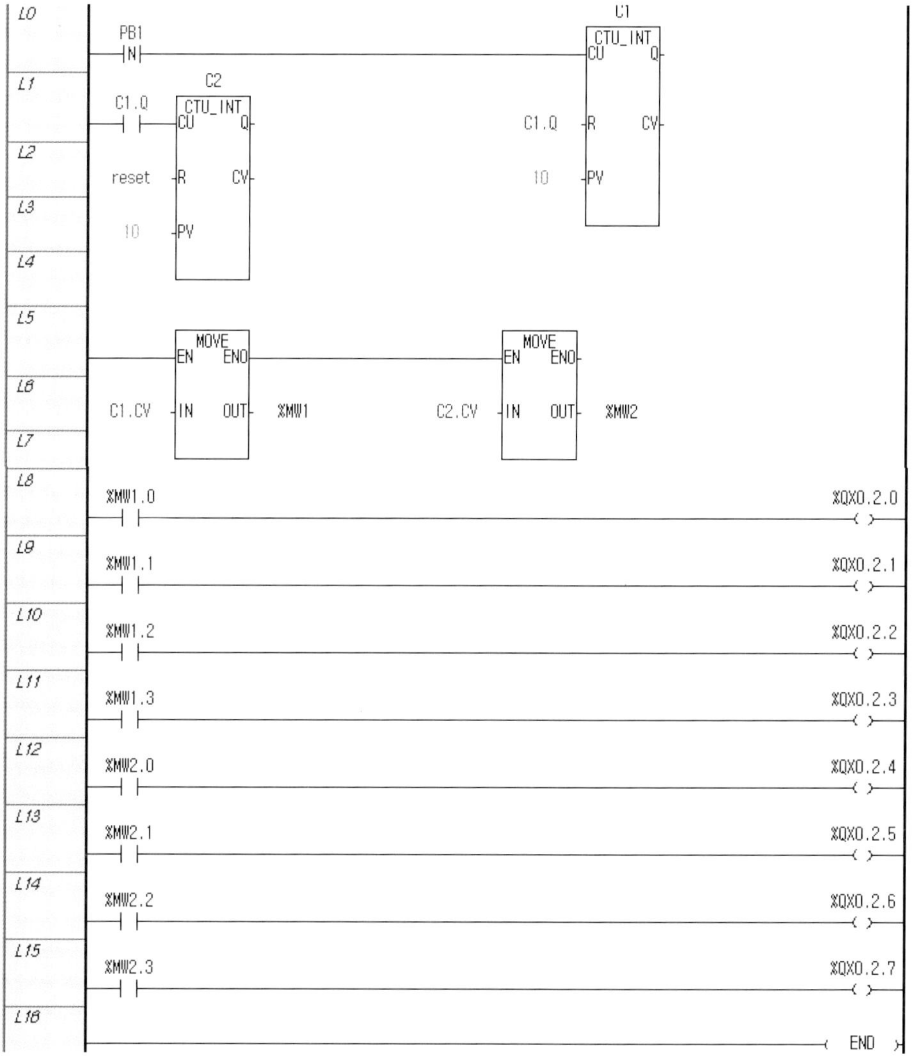

```
L0   PB1 -|N|- ------------------------------------ C1 CTU_INT : CU        Q
L1   C1.Q -| |- C2 CTU_INT : CU   Q                 C1.Q -R          CV
L2   reset -R   CV                                  10 -PV
L3   10 -PV
L4
L5   MOVE : EN  ENO ------------------------------- MOVE : EN  ENO
L6   C1.CV -IN  OUT- %MW1                           C2.CV -IN  OUT- %MW2
L7
L8   %MW1.0 -| |- ------------------------------------------- %QX0.2.0 -( )-
L9   %MW1.1 -| |- ------------------------------------------- %QX0.2.1 -( )-
L10  %MW1.2 -| |- ------------------------------------------- %QX0.2.2 -( )-
L11  %MW1.3 -| |- ------------------------------------------- %QX0.2.3 -( )-
L12  %MW2.0 -| |- ------------------------------------------- %QX0.2.4 -( )-
L13  %MW2.1 -| |- ------------------------------------------- %QX0.2.5 -( )-
L14  %MW2.2 -| |- ------------------------------------------- %QX0.2.6 -( )-
L15  %MW2.3 -| |- ------------------------------------------- %QX0.2.7 -( )-
L16  ----------------------------------------------------------- END
```

14.37 비교 제어

제어조건 카운트값이 10과 같으면 램프1, 10 이상이면 램프2, 10보다 크면 램프3, 10 이하이면 램프4, 10 미만이면 램프5, 10이 아닌 경우에는 램프6이 점등한다.

① PLC 프로그램의 변수 및 메모리 할당표

	변수 종류	변수	타입	메모리 할당	초기값	리테인	사용 유무	설명문
1	VAR	C1	CTU_INT			☐	☑	
2	VAR	PB	BOOL	%IX0.0.0		☐	☑	
3	VAR	reset	BOOL	%IX0.0.1		☐	☑	
4	VAR	램프1	BOOL	%QX0.2.1		☐	☑	
5	VAR	램프2	BOOL	%QX0.2.2		☐	☑	
6	VAR	램프3	BOOL	%QX0.2.3		☐	☑	
7	VAR	램프4	BOOL	%QX0.2.4		☐	☑	
8	VAR	램프5	BOOL	%QX0.2.5		☐	☑	
9	VAR	램프6	BOOL	%QX0.2.6		☐	☑	

② PLC 프로그램

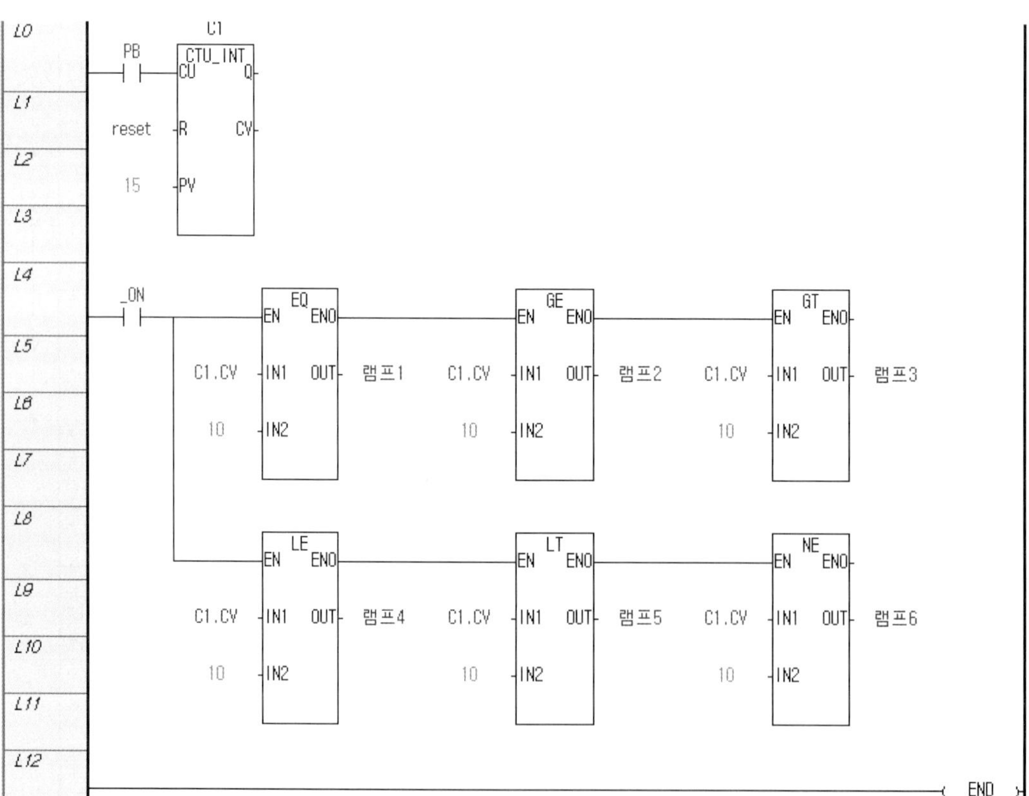

③ 시뮬레이션

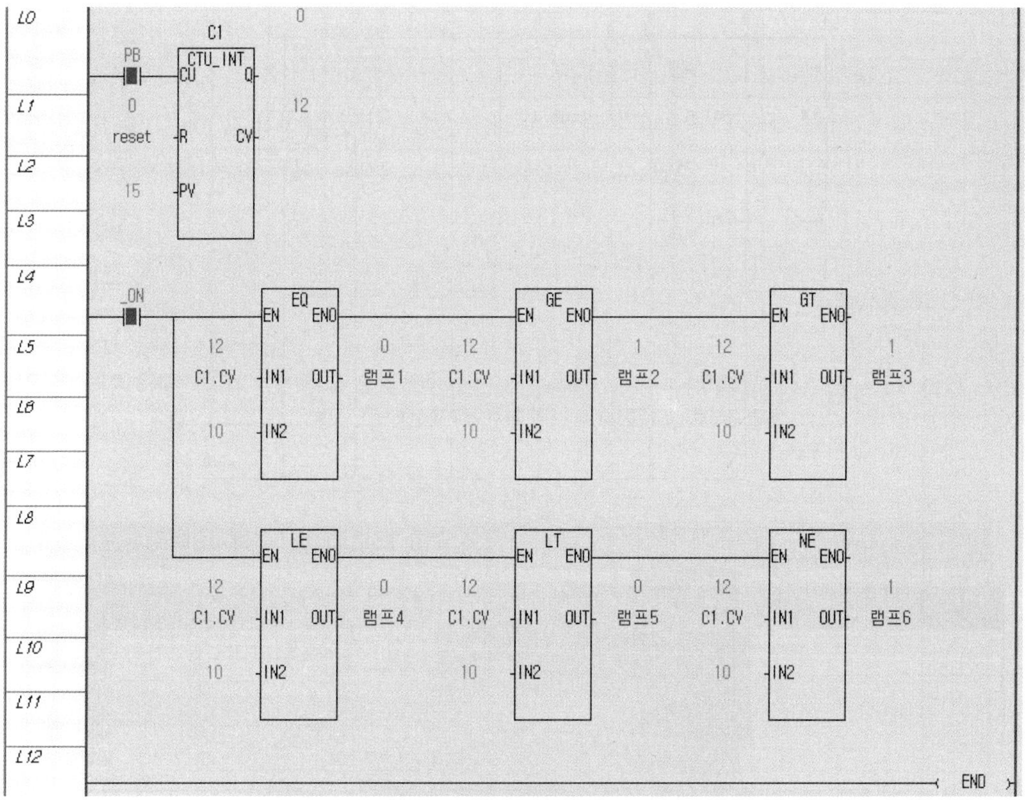

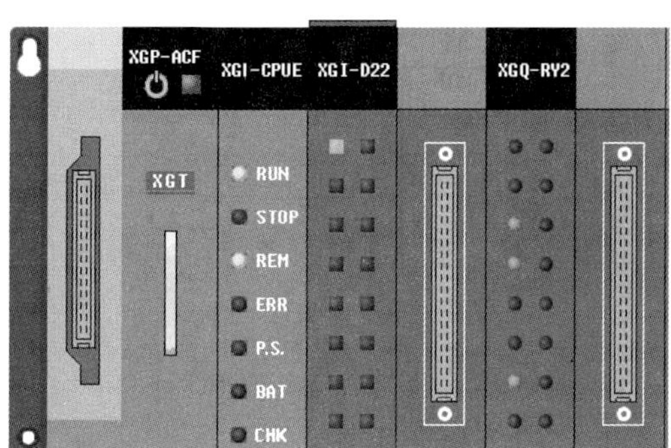

14.38 전송 /move/

제어조건 PB1을 누르면 %IW0.1.0에 입력한 값이 BCD표시기에 전송되고, PB2를 누르면 9999가 출력1(표시기)에 전송, PB2를 누르면 65535가 출력2(표시기)에 전송, PB3를 누르면 16#FFFF가 출력3(화면)에 전송되어야 한다.

① PLC 프로그램의 변수 및 메모리 할당표

	변수 종류	변수	타입	메모리 할당	초기값	리테인	사용 유무	설명문
1	VAR	BCD표시기	WORD	%QW0.2.0		☐	☑	
2	VAR	PB1	BOOL	%IX0.0.0		☐	☑	
3	VAR	PB2	BOOL	%IX0.0.1		☐	☑	
4	VAR	PB3	BOOL	%IX0.0.2		☐	☑	
5	VAR	PB4	BOOL	%IX0.0.3		☐	☑	
6	VAR	출력1	WORD	%QW0.3.0		☐	☑	
7	VAR	출력2	WORD	%QW0.4.0		☐	☑	
8	VAR	출력3	WORD			☐	☑	

② PLC 프로그램

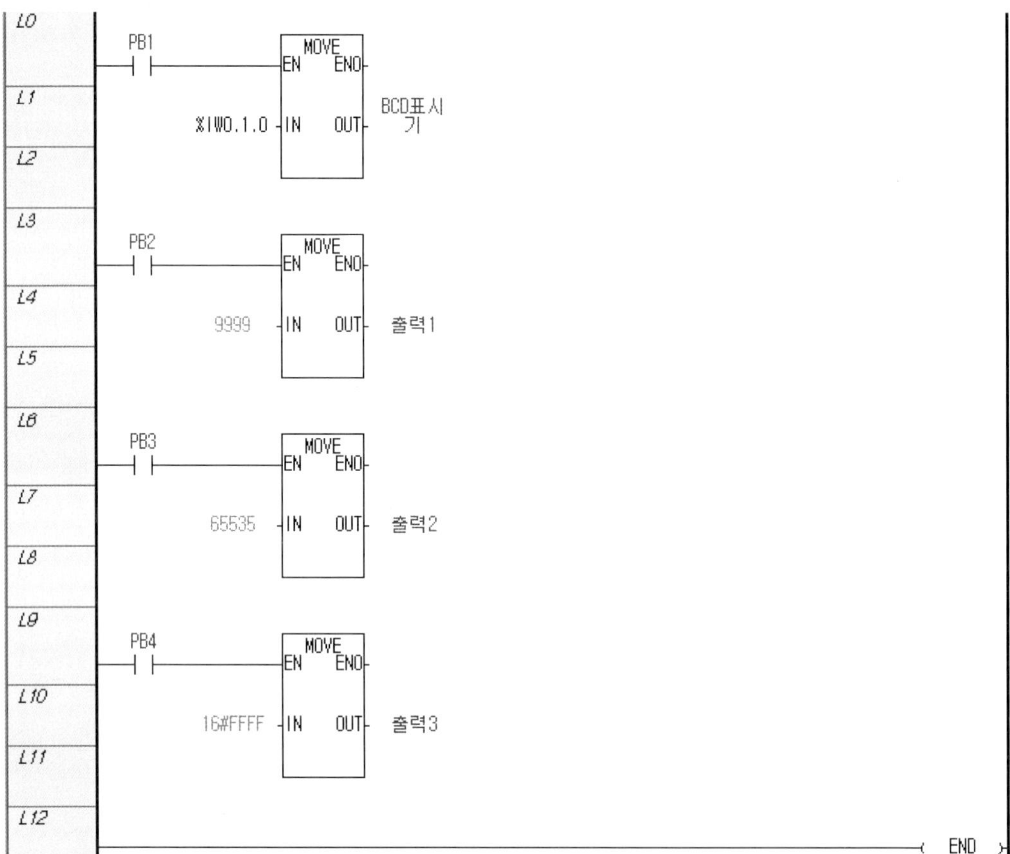

③ 시뮬레이션

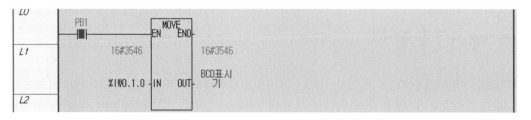

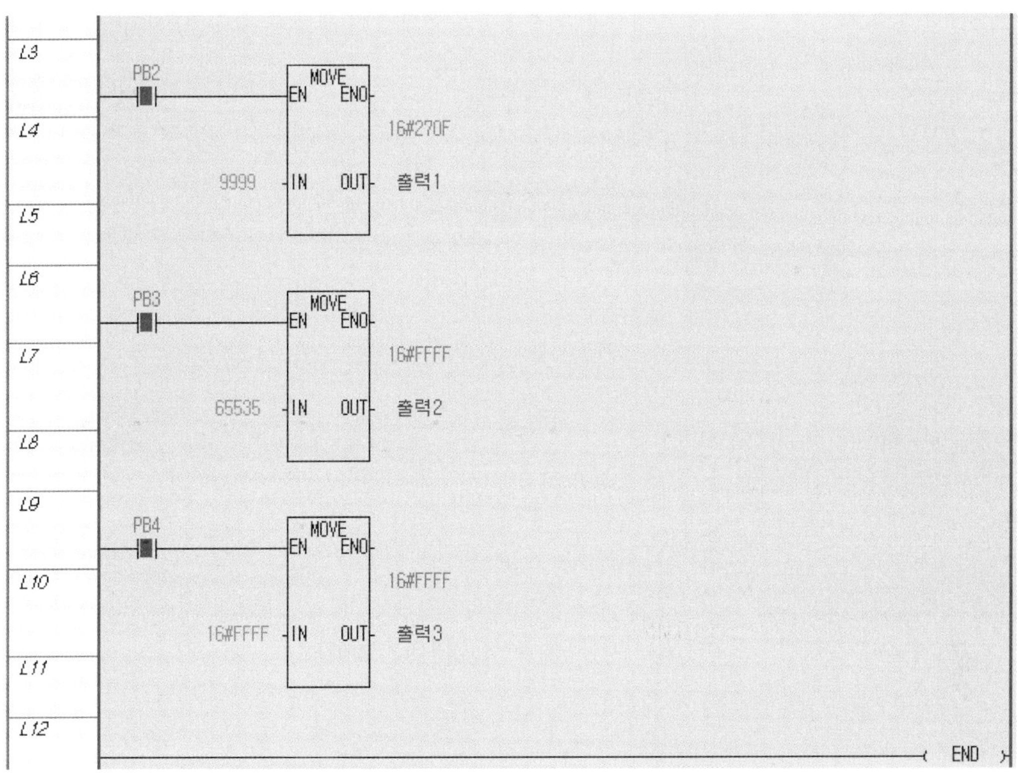

명령어에 따라서 표시한 경우의 시뮬레이션

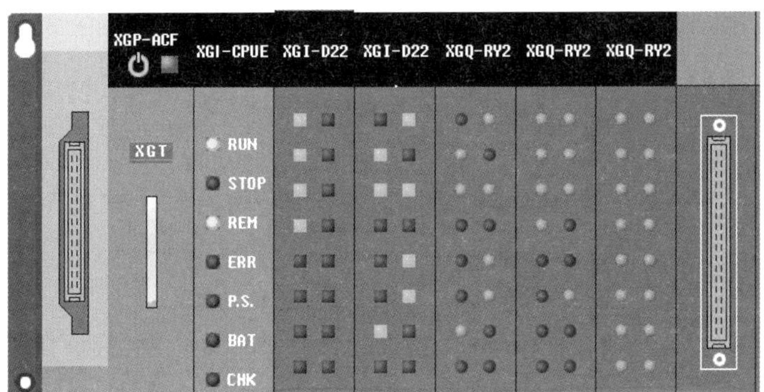

시스템 모니터에 의한 시뮬레이션

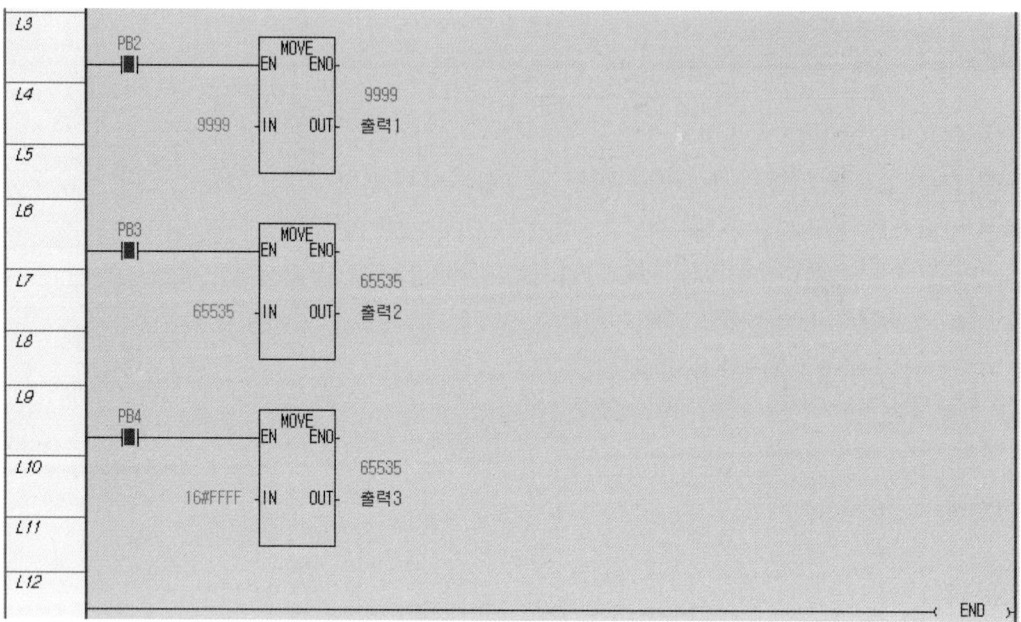

부호 없는 10진수로 표시한 경우의 시뮬레이션

14.39 CTUD를 이용한 램프동작 제어

제어조건　8개(0~7번)의 램프에 ON/OFF동작을 제어한다. 증가버튼에 의해 현 램프는 OFF되고 다음의 램프가 ON된다. 감소버튼에 의해서는 현 램프가 OFF되고 전 램프가 ON된다. 7번 램프가 ON상태에서 증가버튼을 ON하면 0번 램프가 ON되며, 0번 램프가 ON상태일 때 감소버튼을 ON하면 7번 램프가 ON되어야 한다.

① PLC 프로그램의 변수 및 메모리 할당표

	변수 종류	변수	타입	메모리 할당	초기값	리테인	사용 유무	설명문
1	VAR	C1	CTUD_INT			☐	☑	
2	VAR	deco	WORD	%QW0.2.0		☐	☑	
3	VAR	Load	BOOL			☐	☑	
4	VAR	max	BOOL			☐	☑	
5	VAR	min	BOOL			☐	☑	
6	VAR	reset	BOOL			☐	☑	
7	VAR	감소	BOOL			☐	☑	
8	VAR	감소버튼	BOOL	%IX0.0.1		☐	☑	
9	VAR	증가	BOOL			☐	☑	
10	VAR	증가버튼	BOOL	%IX0.0.0		☐	☑	

② PLC 프로그램

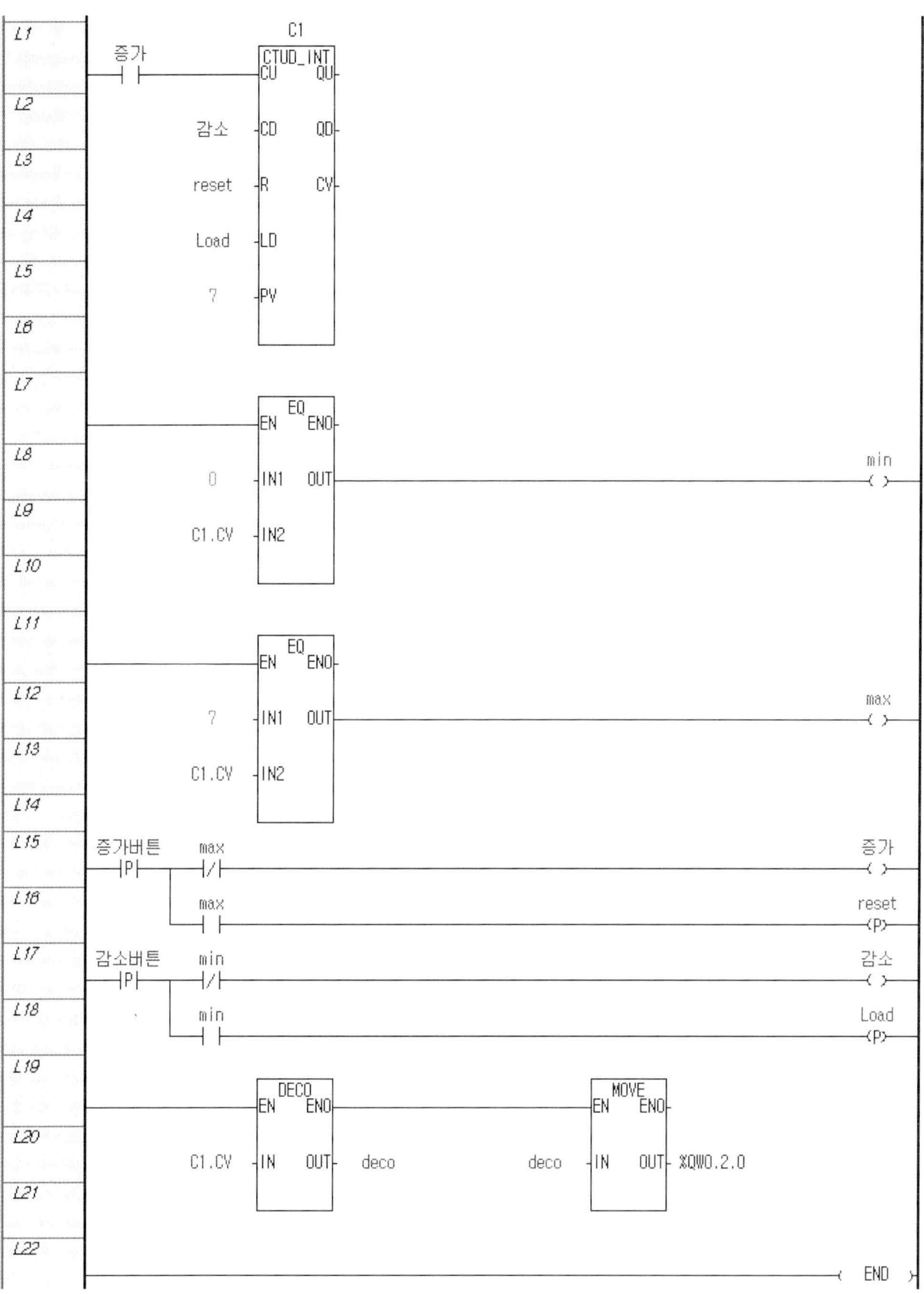
C1
CTUD_INT
증가
CU
QU
감소
CD
QD
reset
R
CV
Load
LD
7
PV
EQ
EN
ENO
0
IN1
OUT
min
C1.CV
IN2
EQ
EN
ENO
7
IN1
OUT
max
C1.CV
IN2
증가버튼
P
max
증가
max
reset
P
감소버튼
P
min
감소
min
Load
P
DECO
EN
ENO
C1.CV
IN
OUT
deco
MOVE
EN
ENO
deco
IN
OUT
%QW0.2.0
END

③ 시뮬레이션

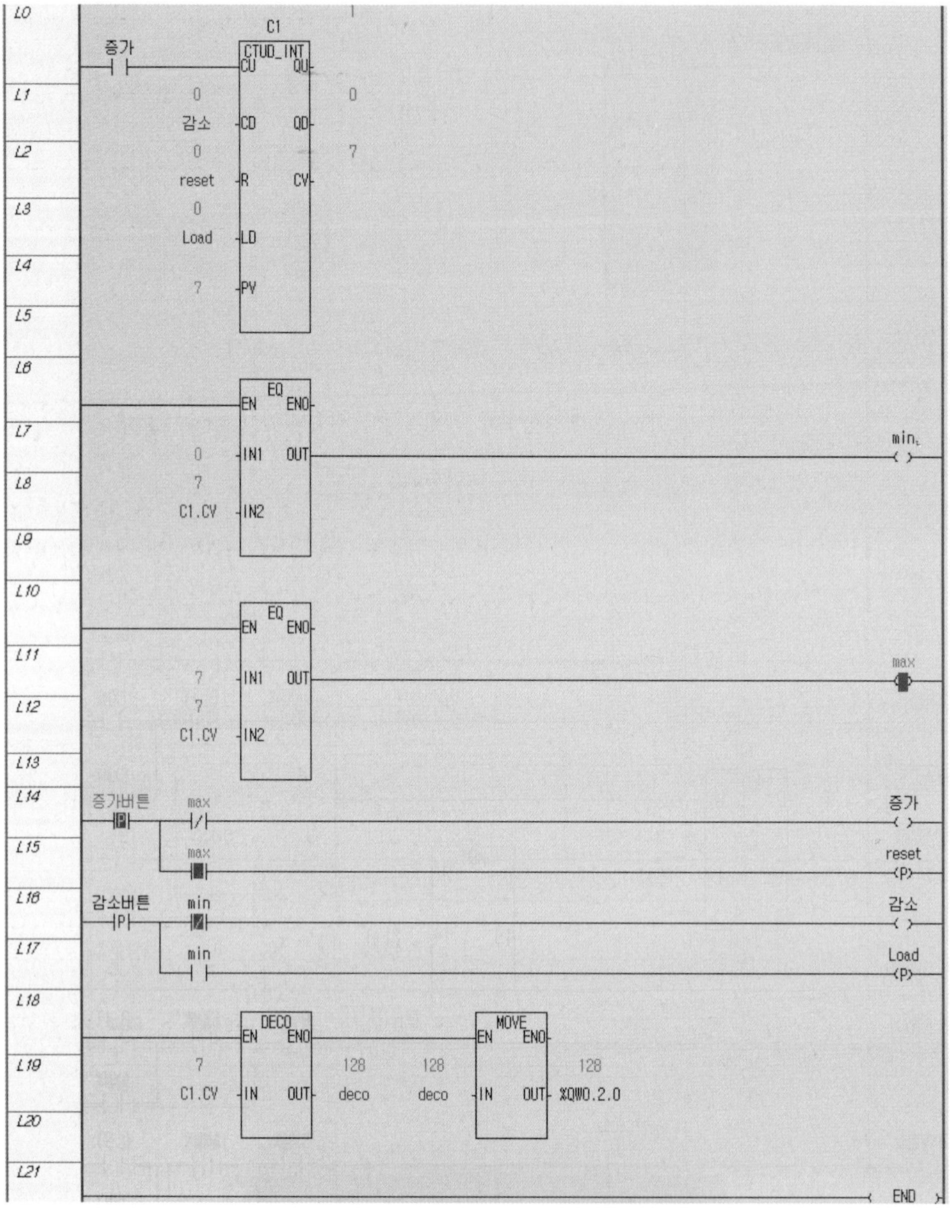

```
L0   증가 ─┤ ├─ C1 CTUD_INT  CU  QU  0
L1   0  감소 CD  QD
L2   0  reset R  CV  7
L3   0  Load LD
L4   7  PV
L5
L6   EQ  EN ENO
L7   0  IN1 OUT ─ min ( )
L8   7  C1.CV IN2
L9
L10  EQ  EN ENO
L11  7  IN1 OUT ─ max ( )
L12  7  C1.CV IN2
L13
L14  증가버튼 ─┤P├─ max ─┤/├─ 증가 ( )
L15  max ─┤ ├─ reset (P)
L16  감소버튼 ─┤P├─ min ─┤/├─ 감소 ( )
L17  min ─┤ ├─ Load (P)
L18  DECO EN ENO ─ MOVE EN ENO
L19  7 C1.CV IN OUT 128 deco ─ 128 deco IN OUT 128 %QW0.2.0
L20
L21  END
```

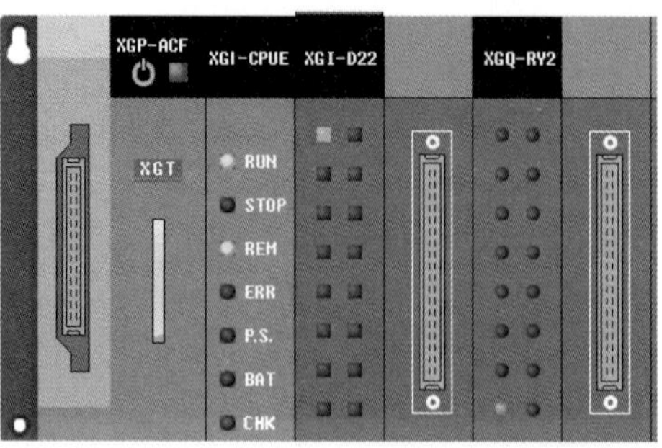

Part 03

부 록

XG5000의 사용방법

A 기본 사용법

B 프로젝트

C 변수

D LD편집

E 파라미터

F 온라인

G 모니터

H XG-SIM

A 기본 사용법

XG5000은 XGT PLC 시리즈에 대해서 프로그램을 작성하고 디버깅하는 소프트웨어 툴이다.

A.1 화면 구성

XG5000의 화면은 그림 A.1과 같이 구성되어 있다.

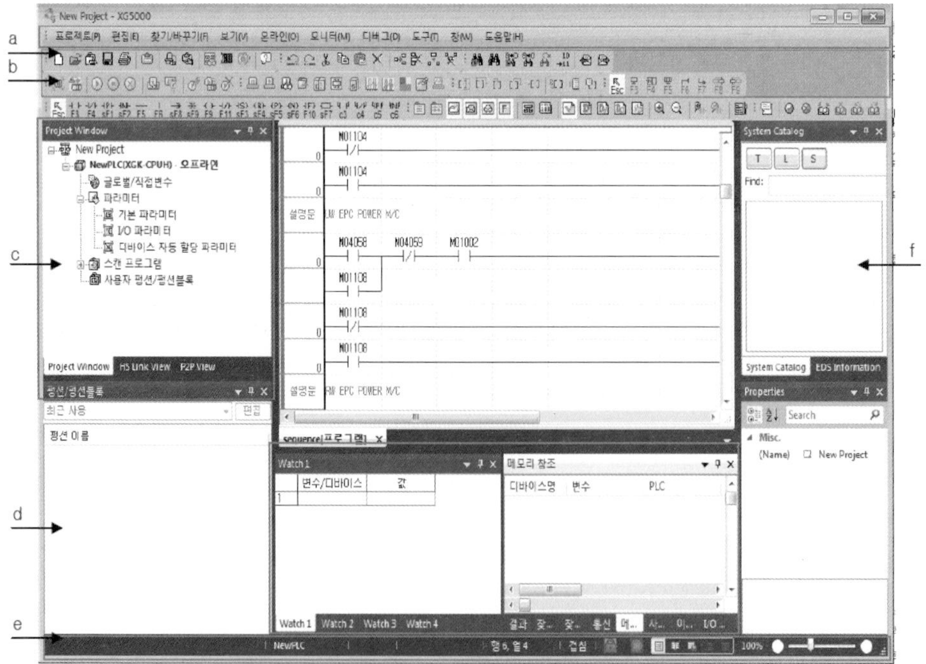

그림 A.1 XG5000 화면

a. 메뉴　프로그램을 위한 기본 메뉴이다.
b. 도구모음　메뉴를 간편하게 실행할 수 있는 메인 메뉴 또는 부메뉴의 아이콘이다.
c. 프로젝트 창　현재 열려있는 프로젝트의 구성요소를 나타낸다.
d. 펑션/펑션블록 창　최근에 사용된 펑션/펑션블록을 나타낸다.
e. 상태 바　XG5000의 상태, 접속된 PLC의 정보 등을 나타낸다.
f. 시스템 카탈로그 창　시스템 카탈로그 및 EDS 정보 등을 나타낸다.

(1) 메뉴 구성

메뉴를 선택하면 명령어들이 나타나고, 원하는 명령을 마우스 또는 키로 선택하면 명령을 실행할 수 있다. 단축키(예: Ctrl+X, Ctrl+C 등)가 있는 메뉴인 경우에는 단축키를 눌러서 직접 명령을 선택할 수 있다. 메인 메뉴는 다음과 같다.

① 프로젝트　② 편집　③ 찾기/바꾸기　④ 보기　⑤ 온라인
⑥ 모니터　⑦ 디버그　⑧ 도구　⑨ 창　⑩ 도움말

(2) 도구모음

XG5000에서는 자주 사용되는 메뉴들을 그림 A.2와 같이 단축 아이콘 형태로 나타내고 있다.

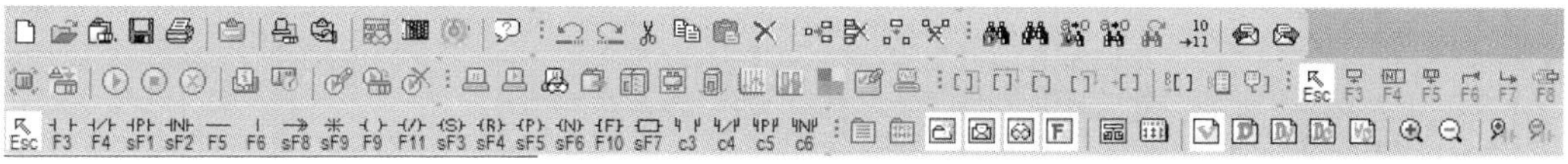

그림 A.2 도구모음

(3) 상태 표시줄

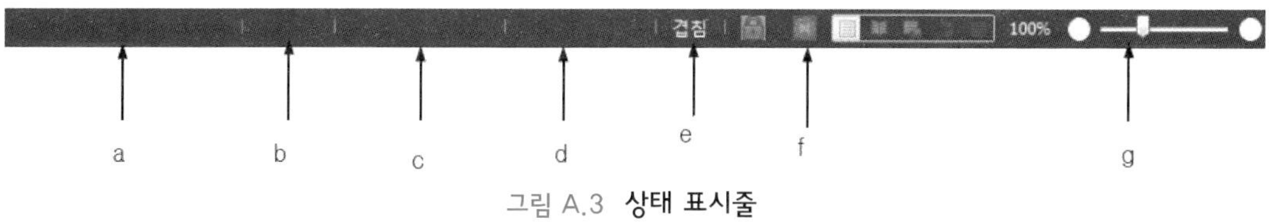

그림 A.3 상태 표시줄

a. 컨피그레이션　활성 컨피그레이션의 이름을 표시한다.
b. PLC의 상태　현재 PLC의 운전 상태를 나타낸다.
c. 접속 상태　활성 PLC와의 접속 상태를 나타낸다.
d. 커서위치 표시　프로그램을 편집할 때 커서의 위치를 표시한다.

e. 모드　현재 편집모드를 표시한다.

f. 안전 서명 상태　안전 서명 상태를 표시한다.

g. 확대/축소　프로그램의 화면을 확대 및 축소한다.

(4) 보기 창 바꾸기

[보기] 메뉴에서 볼 수 있는 창은 모두 도킹(docking) 가능한 창으로 되어 있다. 마우스를 이용해 창의 위치와 크기를 조절할 수 있으며, 어떤 위치로든 도킹이 될 수 있다. 또한 도킹 창을 플로팅(floating) 상태로 유지시키거나 자동으로 창을 숨기는 기능이 있다.

① 도킹 창 위치 이동

그림 A.4는 도구 창을 이동할 때 나타나는 도킹위치 안내선의 모습이다. 여기서 도구 창을 움직이면 도킹 안내자가 화면에 나타난다. 도킹 안내자 안에 창을 가까이 가져가면 원하는 위치에 손쉽게 도킹시킬 수 있다.

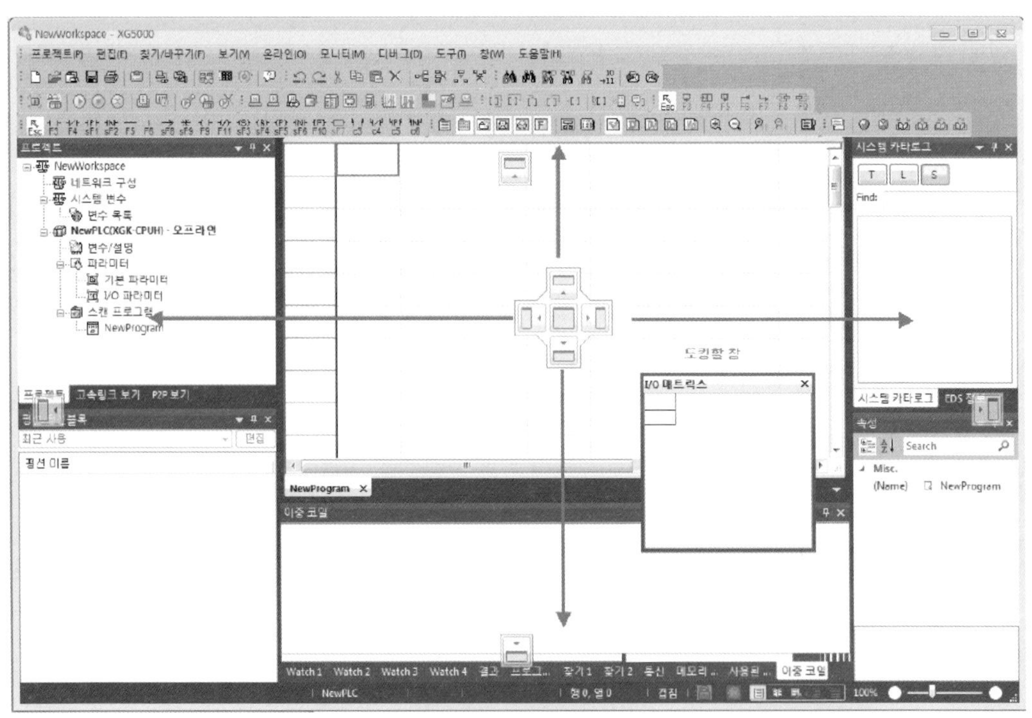

그림 A.4 **창의 이동**

• 메모리 참조 창

메뉴 [보기] - [메모리 참조]를 선택하면 그림 A.4a와 같이 메모리 참조 창이 나타나며, 현재 PLC에서 사용 중인 모든 디바이스, 변수, PLC, 프로그램, 정보 등을 표시한다.

메모리 참조

디바이스명	변수	PLC	프로그램	위치	설명문	정보
%IX0.0.0	start	NewPLC	NewProgram[...	행 0, 열 0		-| |-
%IX0.0.1	S1	NewPLC	NewProgram[...	행 2, 열 1		-| |-
%IX0.0.1	S1	NewPLC	NewProgram[...	행 6, 열 0		-| |-
%IX0.0.2	S2	NewPLC	NewProgram[...	행 4, 열 0		-| |-
%IX0.0.3	S3	NewPLC	NewProgram[...	행 2, 열 2		-| |-
%IX0.0.3	S3	NewPLC	NewProgram[...	행 9, 열 1		-|/|-
%IX0.0.4	S4	NewPLC	NewProgram[...	행 8, 열 0		-| |-
%IX0.0.8	stop	NewPLC	NewProgram[...	행 0, 열 1		-|/|-
%MX0		NewPLC	NewProgram[...	행 0, 열 31		-( )-
%MX0		NewPLC	NewProgram[...	행 1, 열 0		-| |-

그림 A.4a **메모리 참조 창**

- 디바이스 명 : 현재 PLC에서 사용하고 있는 모든 디바이스 명을 표시한다.
- 변수 : 현재 PLC에서 사용하고 있는 변수 이름을 표시한다.
- PLC : 현재 프로그램이 속해있는 PLC 명을 표시한다.
- 프로그램 : 해당 디바이스를 사용하고 있는 프로그램 이름을 표시한다.
- 위치 : 프로그램 내의 좌표값을 표시한다.

• 메시지 창

메뉴 [보기]-[메시지 창]를 선택하면 그림 A.4b와 같이 메시지 창이 나타나며, XG5000 사용 중에 발생하는 각종 메시지가 나타난다.

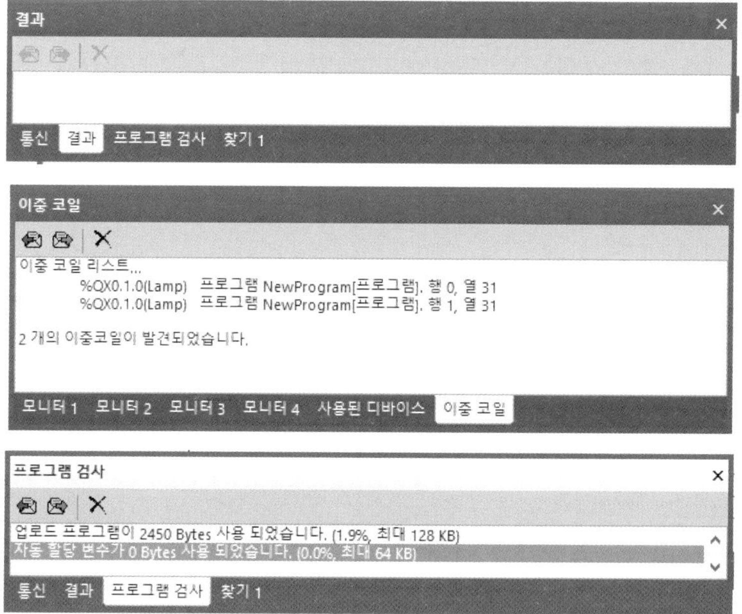

그림 A.4b **메시지 창**

• 변수 모니터 창

메뉴 [보기]-[변수 모니터 창]을 선택하면 그림 A.4c와 같이 변수 모니터 창이 나타나며, 프로그램에서 사용되고 있는 변수의 목록이 모니터링된다.

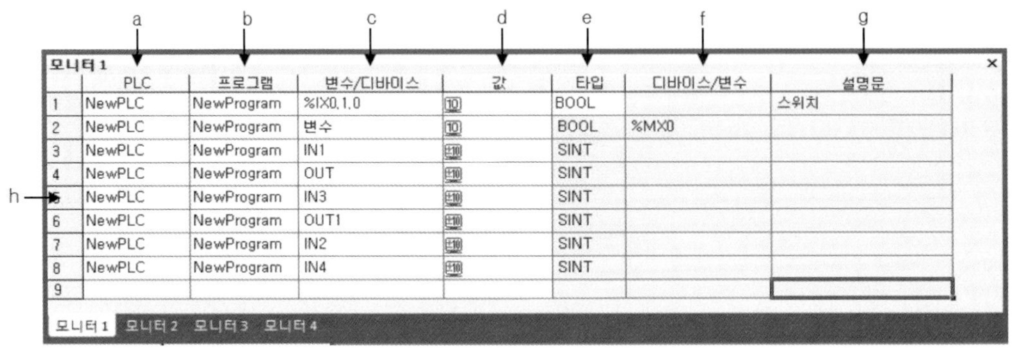

	PLC	프로그램	변수/디바이스	값	타입	디바이스/변수	설명문
1	NewPLC	NewProgram	%IX0.1.0		BOOL		스위치
2	NewPLC	NewProgram	변수		BOOL	%MX0	
3	NewPLC	NewProgram	IN1		SINT		
4	NewPLC	NewProgram	OUT		SINT		
5	NewPLC	NewProgram	IN3		SINT		
6	NewPLC	NewProgram	OUT1		SINT		
7	NewPLC	NewProgram	IN2		SINT		
8	NewPLC	NewProgram	IN4		SINT		
9							

그림 A.4c **변수 모니터 창**

a. PLC 등록 가능한 PLC의 이름을 보여 준다. XG5000은 멀티 PLC 구성이 가능하다. 그러므로 변수 모니터 창에서도 구별해 준다.

b. 프로그램 등록 변수가 존재할 프로그램의 이름을 선택한다.

c. 변수/디바이스 변수 또는 디바이스 이름을 입력한다.

d. 값 모니터 시 해당 디바이스의 값을 표시한다. 모니터 현재값 변경을 통해 값을 변경할 수 있다.

e. 타입 변수의 타입을 표시한다.

f. 디바이스/변수 메모리 할당이 되어 있으면 할당된 주소나 변수 이름을 보여 준다. Enter 키 또는 마우스를 더블 클릭하면 로컬 변수 목록에서 변수를 선택할 수 있다.

g. 설명문 변수 설명문을 표시한다.

h. 에러 표시 붉게 표시된다.

• 사용된 디바이스 창

메뉴 [보기]-[사용된 디바이스]를 선택하면 그림 A.4d와 같이 사용된 디바이스 창이 나타나며, 프로그램에서 사용되고 있는 디바이스의 목록이 나타난다.

사용된 디바이스

	WORD		15		14		13		12		11		10		9		8		7		6		5		4		3		2		1		0	
	I	O	I	O	I	O	I	O	I	O	I	O	I	O	I	O	I	O	I	O	I	O	I	O	I	O	I	O	I	O	I	O	I	O
%IW0.0.0 (%IX0.0.0)																	1								1		2		1		2		1	
%MW0 (%MX0)																									4	1	3	1	4	1	3	1	2	1
%QW0.2.0 (%QX0.2.0)																												1		1		1		1

모니터 1 모니터 2 모니터 3 모니터 4 사용된 디바이스 이중 코일

그림 A.4d **사용된 디바이스 창**

② 플로팅 윈도우로 변경

플로팅(floating)을 원하는 도킹 윈도우 타이틀을 마우스 오른쪽 단추를 클릭하거나 아래쪽 화살표 모양의 단추를 눌러 [떠있는 윈도우로]메뉴를 선택한다(그림 A.5).

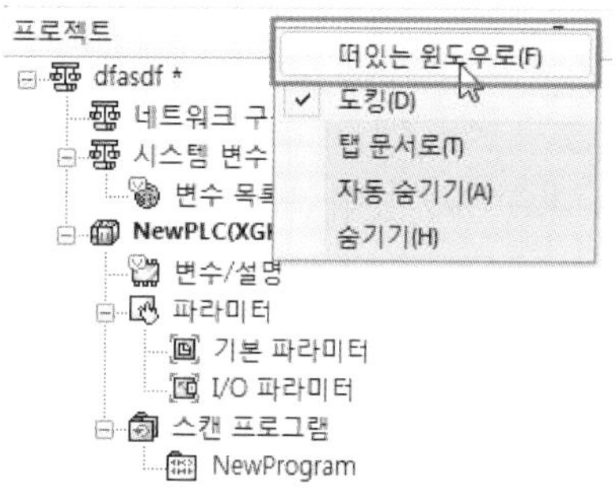

그림 A.5

③ 자동숨기기 모드

자동숨기기를 원하는 도킹 윈도우 창 타이틀 위에서 마우스의 오른쪽 단추를 눌러 메뉴 [자동숨기기]를 선택하거나 아래와 같은 도킹 창 내의 압정 모양의 단추를 눌러 숨김 모드가 되면 자동으로 윈도우가 사라진다(그림 A.6).

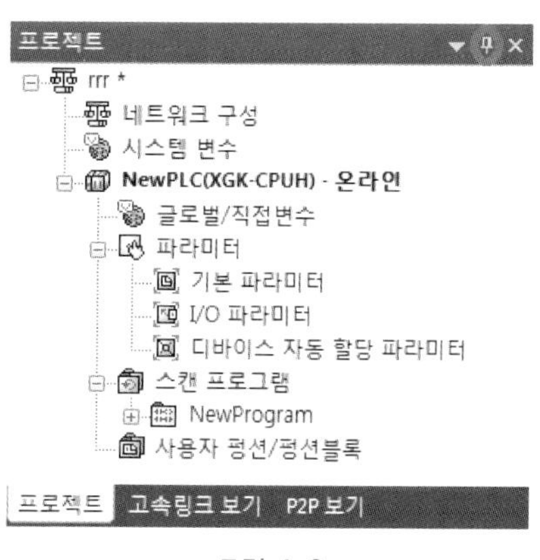

그림 A.6

A.2 프로젝트 열기/닫기/저장

(1) 프로젝트 열기

① 메뉴 [프로젝트]-[프로젝트 열기]를 선택한다.
② 프로젝트 파일을 선택한 후 열기 버튼을 누른다.

(2) 프로젝트 닫기

메뉴 [프로젝트]-[프로젝트 닫기]를 선택한다.

(3) 프로젝트 저장

메뉴 [프로젝트]-[프로젝트 저장]을 선택한다.

A.3 옵션

XG5000의 옵션은 그림 A.7과 같이 구성되어 있다.

① 카테고리 : XG5000 전체 프로그램에 적용되는 XG5000 옵션과 언어별로 적용될 수 있는 옵션을 트리형태로 분류해 놓은 것이다.

② 설정 내용 : ①의 카테고리를 선택하면 각 카테고리에 해당되는 내용을 보여 준다.

③ 전체 버튼 : 선택되어 있는 카테고리에 관계없이 모든 카테고리에 해당되는 공통버튼들이다.

④ "전체 기본값 복원" 버튼은 모든 옵션들의 기본값을 복원시키고자 할 때 사용한다.

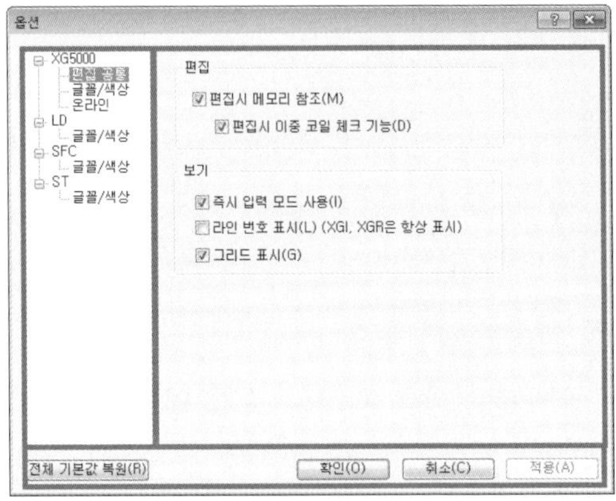

그림 A.7 **옵션**

(1) XG5000 옵션

프로젝트 관련사항을 설정한다.

메뉴 [도구]-[옵션]을 선택한 후 옵션 대화 상자에서 XG5000을 선택한다(그림 A.8).

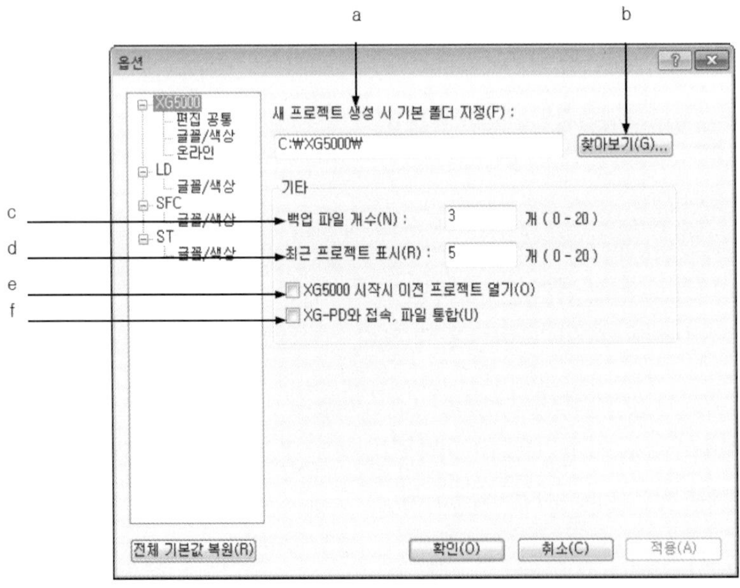

그림 A.8

a. 새 프로젝트 생성 시 기본 폴더 지정 새 프로젝트를 만들 때 생성되는 위치이다.

b. 찾아보기 폴더를 검색한다.

c. 프로젝트 파일을 복구하기 위한 백업 파일 개수를 설정한다. 최대 20개까지 설정할 수 있다.

d. 메뉴 [프로젝트]-[최근 프로젝트] 목록에 표시될 최근에 열었던 프로젝트 목록의 개수를 설정한다. 최대 20개까지 설정할 수 있다.

e. 체크하면 XG5000을 시작할 때 가장 최근에 작업했던 프로젝트를 자동으로 연다.

f. XG5000 메뉴를 통해 XG-PD를 실행할 때, XG5000의 접속옵션과 PLC 이름을 XG-PD에 동일하게 표시되도록 한다.

(2) XG5000 편집 공통옵션

메뉴 [도구]-[옵션]을 선택한 후 XG5000 카테고리 하단의 [편집 공통]을 선택하여 편집 탭에서 원하는 옵션을 선택한다(그림 A.9).

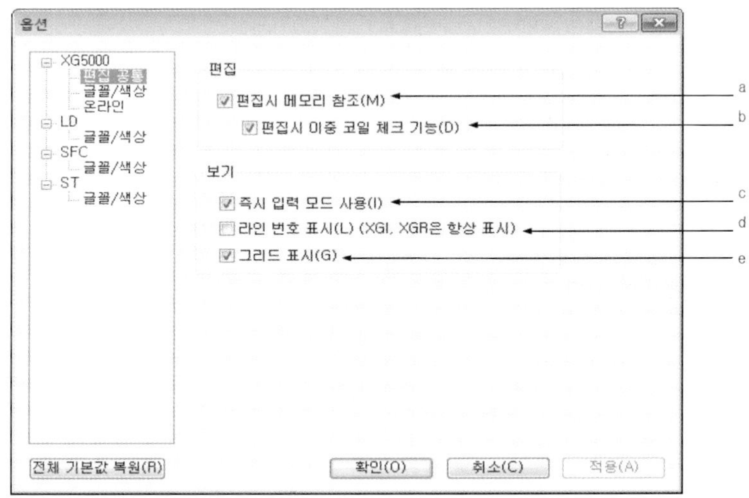

그림 A.9

a. 편집 시 메모리 참조 LD 편집 중에 선택된 디바이스에 대해서 메모리 참조 내용을 자동으로 보여 준다. 이 옵션이 선택되지 않았을 때는 메뉴 [보기]-[메모리 참조]를 선택하여 메모리 사용결과를 확인할 수 있다.

b. 편집 시 이중 코일 체크기능 편집 중에 이중 코일을 검사하여 이중 코일 창에서 결과를 확인할 수 있다.

c. 즉시 입력모드 사용 임의의 접점을 입력했을 때 사용자가 디바이스를 바로 입력할 수 있도록 디바이스 입력 창을 띄운다. 즉시 입력모드 사용이 선택되지 않았을 때는 사용자가 접점에 커서를 옮긴 후 더블 클릭 또는 Enter를 입력하여 편집할 수 있다.

d. 라인번호 표시　편집 창에서 라인번호를 표시한다.

e. 그리드 표시　편집 창 화면에 그리드를 표시한다.

(3) XG5000 글꼴/색상 옵션

편집 창에 공통으로 사용되는 글꼴/색상을 변경할 수 있다.

메뉴 [도구] - [옵션]을 선택한 후 XG5000 카테고리 하단의 [글꼴/색상]을 선택하고, 변경할 글꼴/색상 항목을 지정한다(그림 A.10).

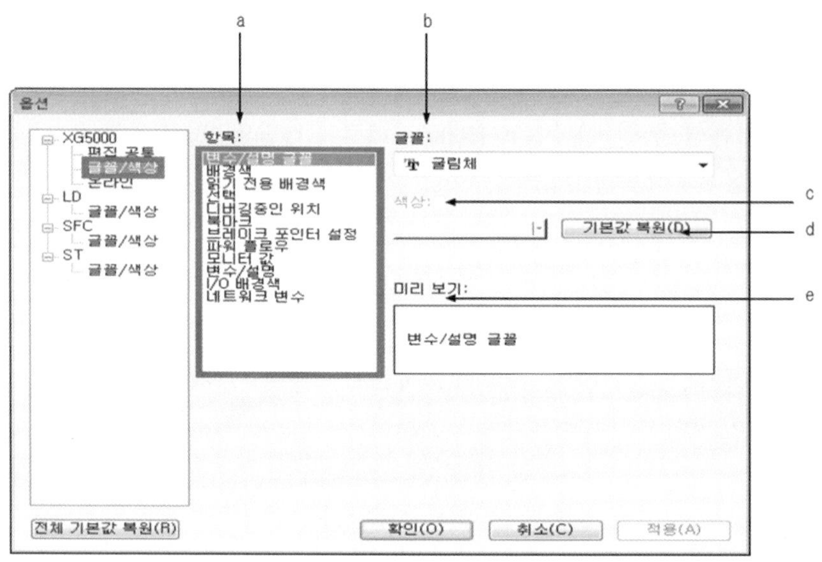

그림 A.10

a. 항목　글꼴 혹은 색상의 설정할 항목을 선택한다.

b. 글꼴　항목이 변수/설명 글꼴일 경우 활성화되며, 변수/설명의 글꼴을 지정한다.

c. 색상　항목이 변수/설명 글꼴이 아닐 경우 활성화되며, 버튼을 선택해서 색상을 지정한다.

d. 기본값 복원　선택된 항목에 대한 글꼴 혹은 색상의 기본값을 복원한다.

e. 미리 보기　선택된 항목의 현재 설정값을 표시한다.

(4) XG5000 온라인 옵션

XG5000 온라인 관련 옵션을 설정할 수 있다

메뉴 [도구] - [옵션]을 선택한 후 XG5000 카테고리 하단의 [온라인]을 선택한다(그림 A.11).

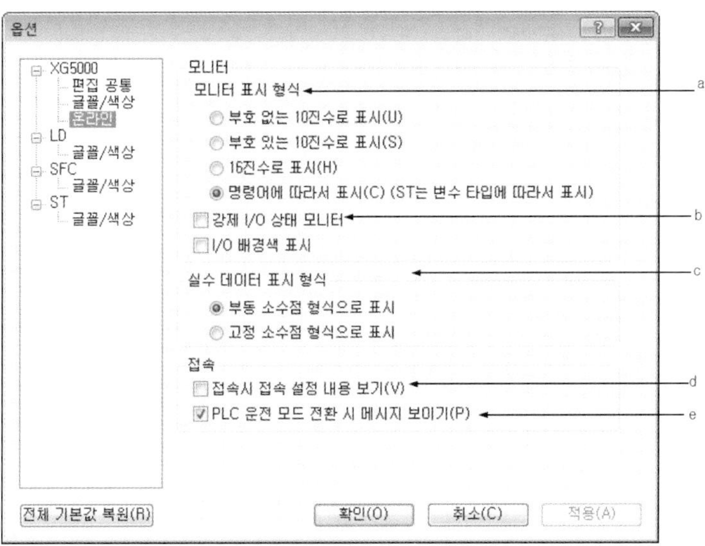

그림 A.11

a. 모니터 표시 형식　데이터값의 모니터 표시 형식을 설정한다.

b. 강제 I/O 상태 모니터　입/출력 데이터 영역에 대한 강제 I/O 상태를 모니터링한다.

c. 실수 데이터 표시형식　실수 형 데이터 타입(단정도 실수, 배정도 실수)에 대한 모니터 데이터 표시형식을 지정한다.

d. 접속 시 접속 설정내용 보기　PLC와 접속할 때 접속 설정내용을 자동으로 보이도록 선택한다. 접속 시 접속 설정내용 보기를 선택한 경우, 접속 시마다 그림 A.12의 대화 상자가 표시된다.

e. PLC 운전모드 전환 시 메시지 보이기　PLC의 운전모드를 전환할 때 전환 메시지를 자동으로 보이도록 선택한다. 스톱 모드에서 런 모드로 전환할 때 "런 모드로 전환하시겠습니까?"와 같은 메시지가 나타나며, 반대로 런 모드에서 스톱 모드로 전환할 때는 "스톱 모드로 전환하시겠습니까?"와 같은 메시지가 나타난다.

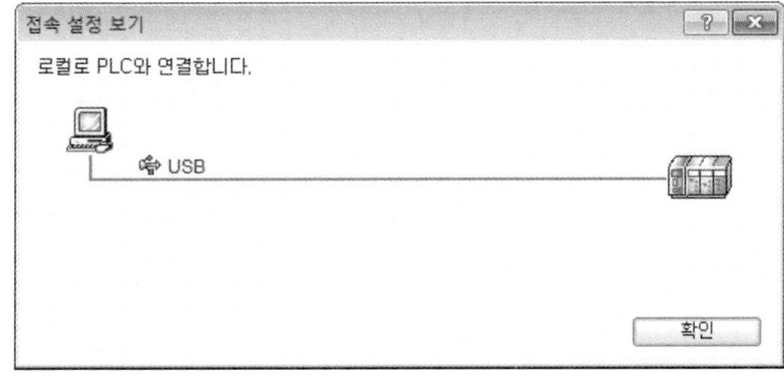

그림 A.12

(5) LD옵션

LD 편집기의 텍스트 표시 및 컬럼의 너비를 변경할 수 있다.

메뉴 [도구] - [옵션]을 선택한 후 LD 카테고리를 선택하고, 변경할 항목을 지정한다(그림 A.13).

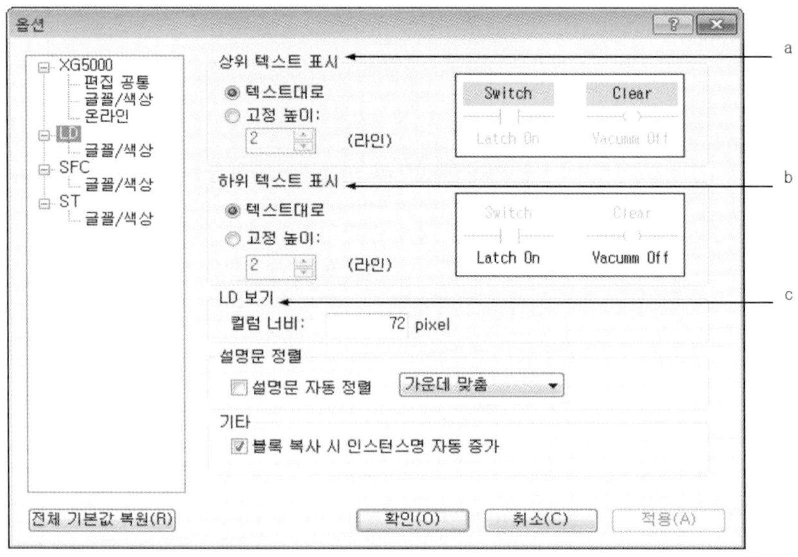

그림 A.13

a. 상위 텍스트 표시　다이어그램 위에 오는 텍스트를 표시할 때 텍스트의 높이를 텍스트 글자수만큼 가변적으로 표시할 것인지 설정한 높이만큼 고정적으로 표시할 것인지 선택한다.

b. 하위 텍스트 표시　다이어그램 밑에 오는 텍스트를 표시할 때 텍스트의 높이를 텍스트 글자수만큼 가변적으로 표시할 것인지 설정한 높이만큼 고정적으로 표시할 것인지 선택한다.

c. LD 보기　LD 다이어그램의 컬럼의 너비를 지정한다.

(6) LD 글꼴/색상 옵션

LD 편집기에 사용되는 글꼴/색상을 변경할 수 있다.

메뉴 [도구] - [옵션]을 선택한 후 카테고리 하단의 [글꼴/색상]을 선택하고, 변경할 글꼴/색상 항목을 지정한다(그림 A.14).

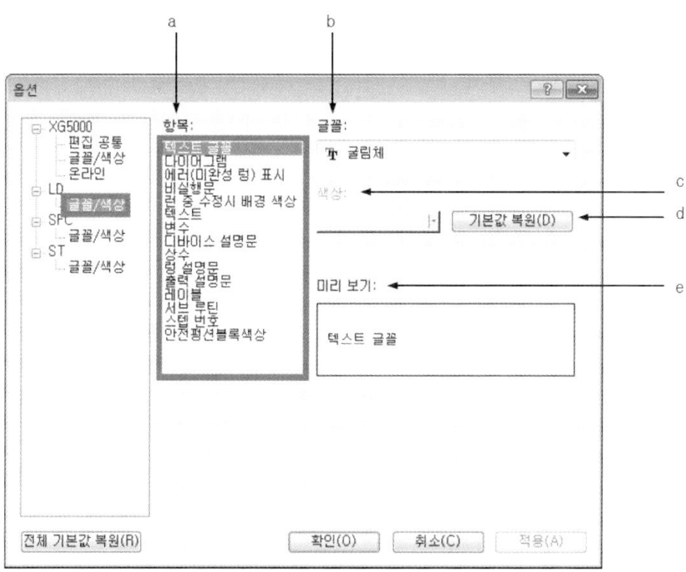

그림 A.14

a. 항목　글꼴 혹은 색상을 설정할 항목을 선택한다.

b. 글꼴　항목이 텍스트 글꼴일 경우 활성화되며, 변수/설명의 글꼴을 지정한다.

c. 색상　항목이 텍스트 글꼴이 아닐 경우 활성화되며, 버튼을 선택해서 색상을 지정한다.

d. 기본값 복원　선택된 항목에 대한 글꼴 혹은 색상의 기본값을 복원한다.

e. 미리 보기　선택된 항목의 현재 설정값을 표시한다.

B 프로젝트

B.1 통합형 프로젝트

통합형 프로젝트의 구성 항목은 그림 B.1과 같다.

a. 프로젝트　시스템 전체를 정의한다. 하나의 프로젝트에 여러 개의 관련된 PLC를 포함시킬 수 있다.

b. 네트워크 구성　이 프로젝트에 속해 있는 네트워크들을 정의한다.

c. 추가된 네트워크　네트워크 종류별로 추가할 수 있다.

d. 시스템 변수　네트워크를 통해서 PLC간에 공유되는 변수들을 나타낸다.

e. PLC　CPU 모듈 하나에 해당되는 시스템을 나타낸다.

f. 글로벌/직접변수　글로벌 변수 선언과 직접변수 설명문을 편집하고 볼 수 있다.

g. 파라미터　PLC 시스템의 동작 및 구성에 대한 내용을 정의한다.

h. 기본 파라미터　기본적인 동작에 대하여 정의한다.

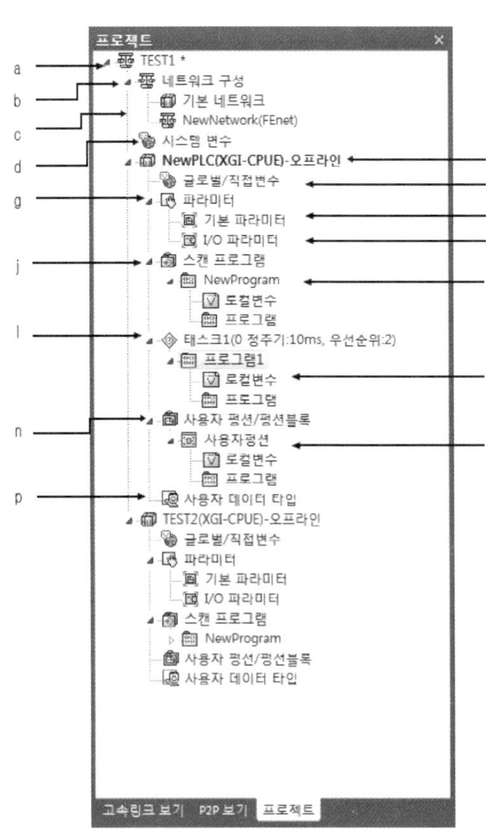

그림 B.1 **프로젝트 창**

i. I/O 파라미터　입출력 모듈 구성에 대하여 정의한다.

j. 스캔 프로그램　항시 실행되는 프로그램을 하위 항목에 정의한다.

k. NewProgram　사용자가 정의한 항시 실행되는 프로그램이다.

l. 태스크1　사용자가 정의한 정주기 태스크이다.

m. 프로그램1　태스크1 조건에 따라 실행되는 프로그램이다.

n. 사용자 펑션/펑션블록　하위 항목에 사용자가 펑션/펑션블록을 작성한다.

o. 사용자 펑션　사용자가 작성한 펑션이다.

p. 사용자 데이터 타입　구조체(Structure) 타입을 정의한다.

B.2 프로젝트 파일관리

(1) 새 프로젝트 만들기

프로젝트를 새로 만든다. 이때 프로젝트 이름과 동일한 폴더도 같이 만들어지고 그 안에 프로젝트 파일이 생성된다.

메뉴 [프로젝트] - [새 프로젝트]를 선택하면 그림 B.2의 대화상자가 나타난다.

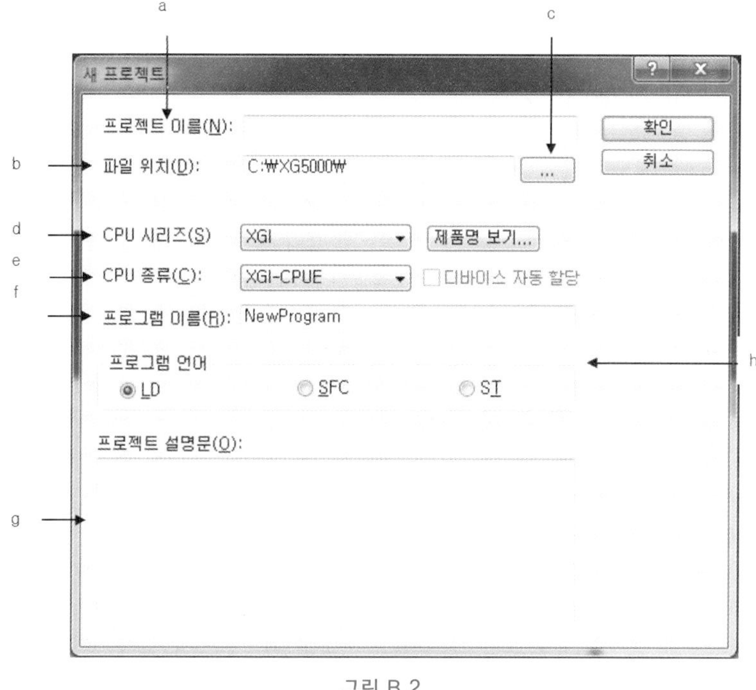

그림 B.2

a. 프로젝트 이름　원하는 프로젝트 이름을 입력한다. 이 이름이 프로젝트 파일 이름이 되며, 프로젝트 파일의 확장자는 "xgwx"이다.

b. 파일 위치　사용자가 입력한 프로젝트 이름으로 폴더가 만들어지고 그 폴더에 프로젝트 파일이 생성된다.

c. [···]　기존 폴더를 보고 프로젝트 파일 위치를 지정해 준다.

d. CPU 시리즈　PLC 시리즈를 선택한다.

e. CPU 종류　CPU 기종을 선택한다.

f. 프로그램 이름　프로젝트에 기본으로 포함되는 프로그램의 이름을 입력한다.

g. 프로젝트 설명문　프로젝트 설명문을 입력한다.

h. 프로그램 언어　언어 선택을 한다.

(2) 프로젝트 열기

① 메뉴 [프로젝트]-[프로젝트 열기]를 선택한다.

② 프로젝트 파일을 선택하면 설명문란에 사용자가 작성한 설명문이 나온다. 프로젝트 파일을 선택했으면 열기 버튼을 누른다.

(3) PLC로부터 열기

PLC에 저장된 내용을 읽어와 프로젝트를 새로 만들어 준다. XG5000에 이미 프로젝트가 열려 있다면 이 프로젝트는 닫고 프로젝트를 새로 만들어 준다.

① 메뉴 [프로젝트]-[PLC로부터 열기]를 선택한다.

② 대화 상자에서 접속할 대상을 선택하고 확인을 누른다. 통신 설정의 자세한 내용은 온라인의 접속옵션을 참조한다.

③ 새로운 프로젝트가 생성된다.

(4) 프로젝트 저장

변경된 프로젝트를 저장한다.

메뉴 [프로젝트]-[프로젝트 저장]을 선택한다.

(5) 다른 이름으로 저장

프로젝트를 다른 이름의 파일로 저장한다.

① 메뉴 [프로젝트]-[다른 이름으로 저장]을 선택한다.

② 그림 B.3의 대화상자가 나타나면 파일이름을 입력하고 "확인" 버튼을 누른다.

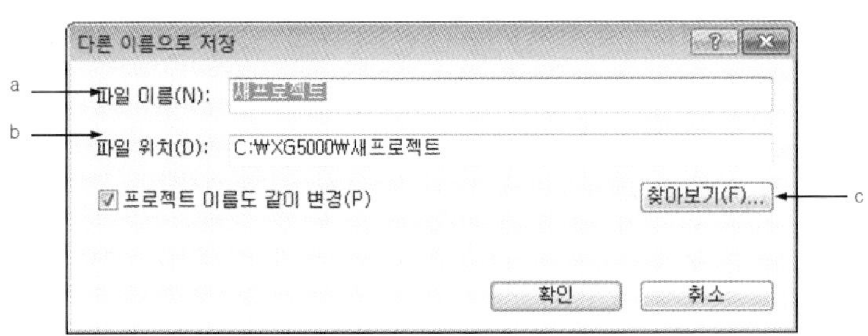

그림 B.3

a. 파일 이름　원하는 프로젝트 이름을 입력한다. 이 이름이 프로젝트 파일 이름이 되며, 프로젝트 파일의 확장자는 "xgwx"이다.
b. 파일 위치　사용자가 입력한 프로젝트 이름과 같은 이름의 폴더에 프로젝트 파일이 생성되며, 폴더는 자동으로 만들어 준다.
c. 찾아보기　기존 폴더를 보고 프로젝트 파일 위치를 지정해 준다.

B.3 프로젝트 항목

(1) 항목 추가

프로젝트에 PLC, 태스크, 프로그램을 추가로 삽입할 수 있다.

(2) PLC 추가

① 프로젝트 창(그림 B.4)에서 프로젝트 항목을 선택한다.

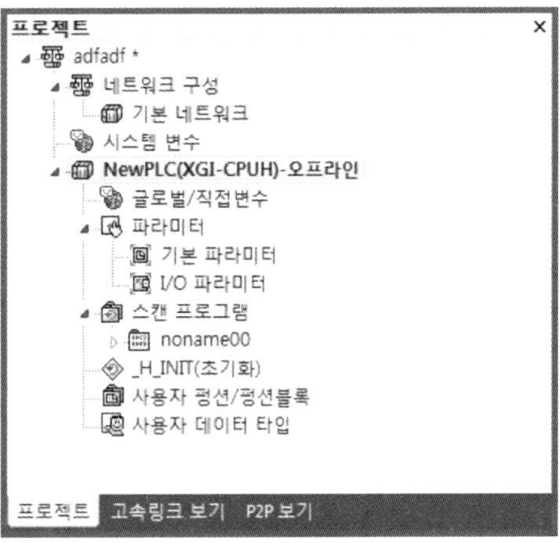

그림 B.4

② 메뉴 [프로젝트]-[항목 추가]-[PLC]를 선택하면 그림 B.5의 대화상자가 나타난다.

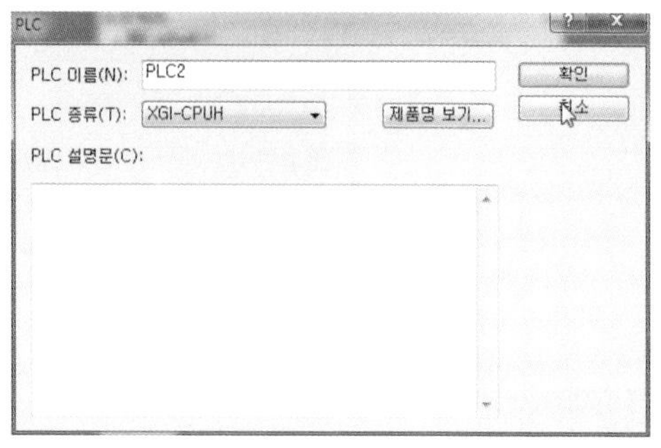

그림 B.5

③ PLC 이름, PLC 종류, PLC 설명문을 입력하고 확인을 누르면 그림 B.6에서 보듯이 새로운 PLC(PLC2)가 만들어진다.

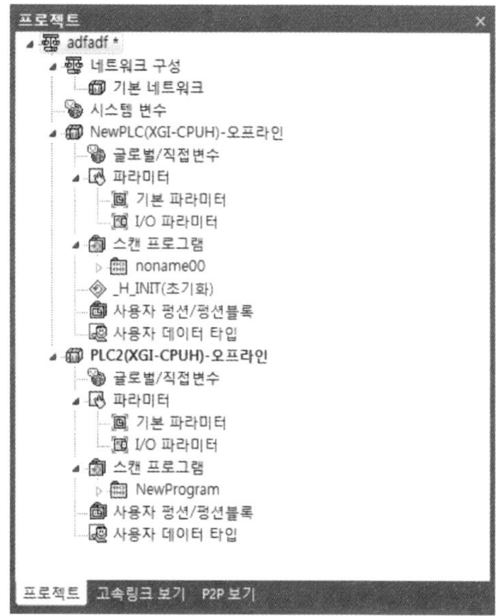

그림 B.6

(3) 태스크 추가

① 그림 B.7의 프로젝트 창에서 PLC 항목을 선택한다.

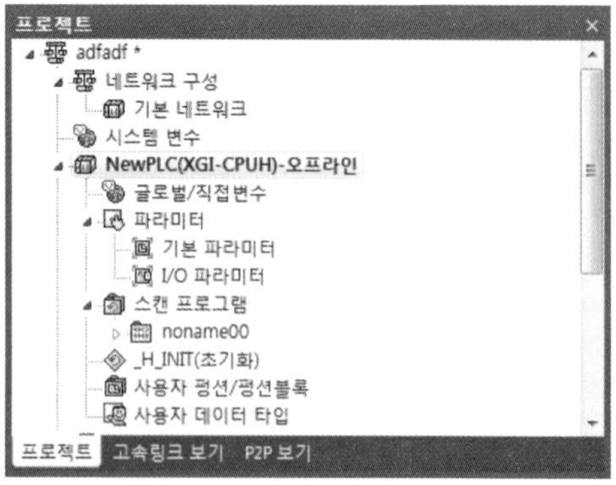

그림 B.7

② 메뉴 [프로젝트]-[항목 추가]-[태스크]를 선택하면 그림 B.8의 대화상자가 나타난다.

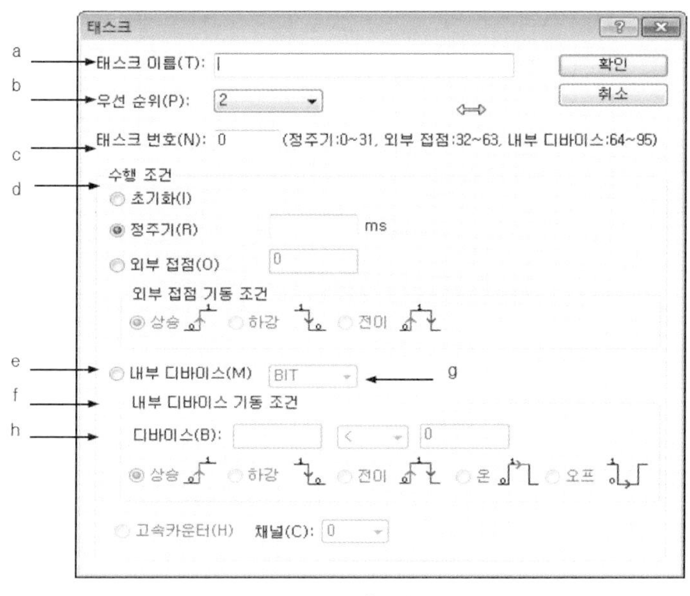

그림 B.8

a. 태스크 이름　원하는 태스크 이름을 입력한다. 특수문자를 제외하고 한글, 영문, 숫자를 사용할 수 있다.

b. 우선순위　태스크의 우선순위를 설정한다. 숫자가 작을수록 우선순위가 높다.

c. 태스크 번호　PLC에서 태스크를 관리하는 용도로 사용된다. 수행조건에 따라 오른쪽에 지정된 번호를 사용해야 한다(예: 정주기 0~31).

d. 수행조건　태스크가 수행되는 조건을 설정한다.

e. 내부 디바이스 기동조건　내부 디바이스의 타입에 따라 설정해야 할 내용이 다르다.

f. 디바이스　기동조건을 내부 디바이스로 했을 경우 디바이스 이름을 입력한다. 내부 디바이스 기동조건에 따라 BIT 또는 WORD 디바이스를 입력한다.

g. 워드 디바이스 기동조건　내부 디바이스 기동조건을 WORD 타입으로 선택했을 경우 기동조건을 설정한다.

h. 비트 디바이스 기동조건　내부 디바이스 기동조건을 BIT 타입으로 선택했을 경우 기동조건을 설정한다.

태스크 이름, 우선 순위, 태스크 번호, 수행 조건 등을 입력하고 확인을 누르면 그림 B.9와 같이 새로운 태스크(태스크1)가 만들어진다.

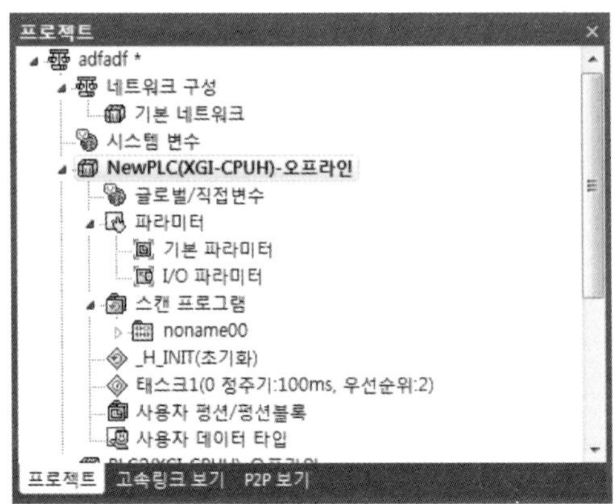

그림 B.9

(4) 프로그램 추가

① 프로젝트 창에서 추가될 프로그램의 위치를 선택한다. 프로그램은 스캔 프로그램 또는 태스크 항목에 추가될 수 있다.

② 메뉴 [프로젝트] - [항목 추가] - [프로그램]을 선택하면 그림 B.10의 대화상자가 나타난다.

③ 프로그램 이름, 언어, 프로그램 설명문을 입력하고 확인을 누르면 그림 B.11에서 보듯이 프로그램(프로그램1)이 추가된다.

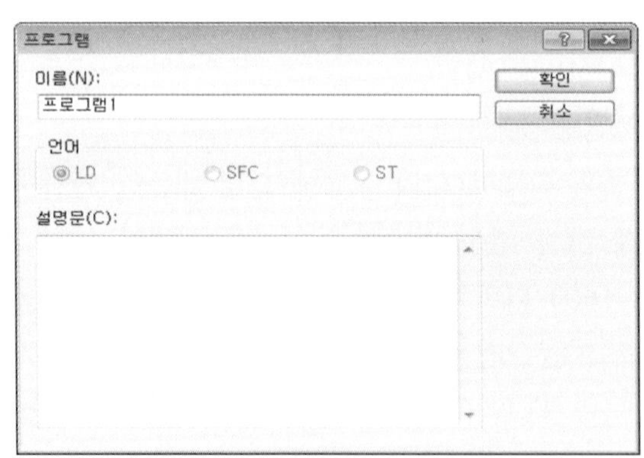

그림 B.10

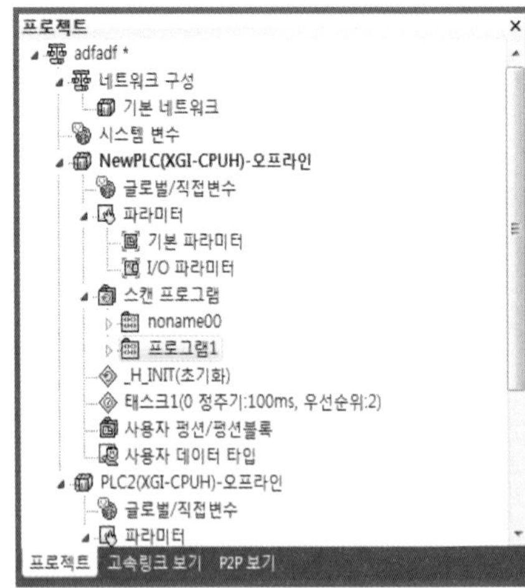

그림 B.11

C 변수

사용자들은 프로그램에 따라 변수를 사용한다. 일반적으로 글로벌 변수는 모든 프로그램에서 사용 가능한 변수이며, 글로벌 변수를 로컬변수에서 사용하려면 EXTERNAL로 선언하고 사용해야 한다. 로컬 변수는 해당 프로그램에서만 사용이 가능한 변수이며, 프로그램에서 직접 변수를 사용할 수 있다. 또한 해당 직접 변수에 설명문을 입력할 수 있다.

C.1 글로벌/직접 변수

프로젝트 창의 "글로벌/직접 변수"를 클릭하면 그림 C.1의 대화상자가 나타나며, "글로벌/직접 변수"는 글로벌 변수, 직접 변수 설명문, 플래그로 구성되어 있다.

① 글로벌 변수는 프로그램에서 사용될 변수를 선언하거나, 선언된 변수 목록 전체를 변수 위주로 보여준다(그림 C.1).

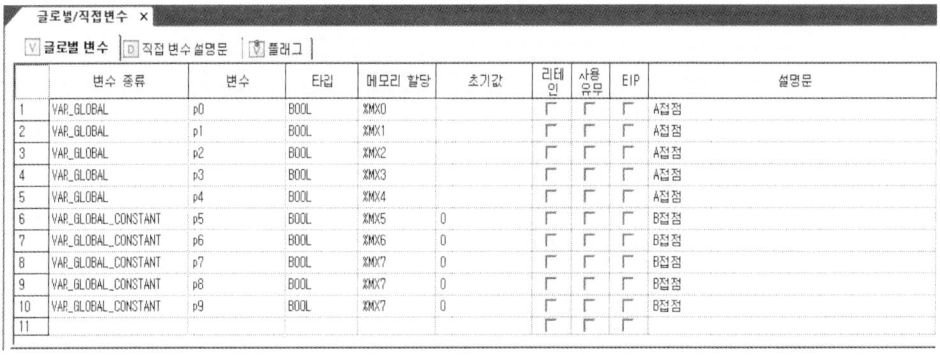

글로벌/직접변수 ×

글로벌 변수 | 직접 변수 설명문 | 플래그

	변수 종류	변수	타입	메모리 할당	초기값	리테인	사용 유무	EIP	설명문
1	VAR_GLOBAL	p0	BOOL	%MX0					A접점
2	VAR_GLOBAL	p1	BOOL	%MX1					A접점
3	VAR_GLOBAL	p2	BOOL	%MX2					A접점
4	VAR_GLOBAL	p3	BOOL	%MX3					A접점
5	VAR_GLOBAL	p4	BOOL	%MX4					A접점
6	VAR_GLOBAL_CONSTANT	p5	BOOL	%MX5	0				B접점
7	VAR_GLOBAL_CONSTANT	p6	BOOL	%MX6	0				B접점
8	VAR_GLOBAL_CONSTANT	p7	BOOL	%MX7	0				B접점
9	VAR_GLOBAL_CONSTANT	p8	BOOL	%MX7	0				B접점
10	VAR_GLOBAL_CONSTANT	p9	BOOL	%MX7	0				B접점
11									

그림 C.1

② 직접 변수 설명문은 프로그램에서 사용될 직접변수 설명문을 선언하거나, 설명문을 보여 준다(그림 C.2).

NewProgram[프로그램] × 글로벌/직접변수 ×

글로벌 변수 | 직접 변수 설명문 | 플래그

직접 변수(D) : %MX0 ☑ 선언된 목록 보기

비트 보기: ☑ X0 ☐ B0.0 ☑ W0.0 ☐ D0.0 ☐ L0.0

	직접 변수	직접 변수	사용	설명문
1	%MX0	%MW0.0	☑	접점0
2	%MX1	%MW0.1	☑	접점1
3	%MX10	%MW0.10	☐	접점10
4	%MX2	%MW0.2	☑	접점2
5	%MX3	%MW0.3	☑	접점3
6	%MX4	%MW0.4	☑	접점4
7	%MX5	%MW0.5	☑	접점5
8	%MX6	%MW0.6	☑	접점6
9	%MX7	%MW0.7	☑	접점7
10	%MX8	%MW0.8	☑	접점8
11	%MX9	%MW0.9	☑	접점9

그림 C.2

③ 플래그는 선언해서 제공해주는 플래그 목록을 보여 준다. 플래그 종류는 시스템 플래그, 고속링크 플래그, P2P플래그, PID플래그로 분류할 수 있다(그림 C.3).

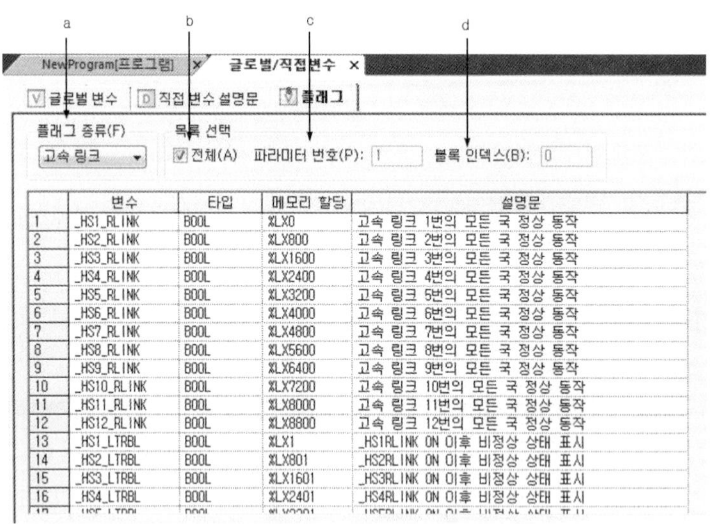

	변수	타입	메모리 할당	설명문
1	_HS1_RLINK	BOOL	%LX0	고속 링크 1번의 모든 국 정상 동작
2	_HS2_RLINK	BOOL	%LX800	고속 링크 2번의 모든 국 정상 동작
3	_HS3_RLINK	BOOL	%LX1600	고속 링크 3번의 모든 국 정상 동작
4	_HS4_RLINK	BOOL	%LX2400	고속 링크 4번의 모든 국 정상 동작
5	_HS5_RLINK	BOOL	%LX3200	고속 링크 5번의 모든 국 정상 동작
6	_HS6_RLINK	BOOL	%LX4000	고속 링크 6번의 모든 국 정상 동작
7	_HS7_RLINK	BOOL	%LX4800	고속 링크 7번의 모든 국 정상 동작
8	_HS8_RLINK	BOOL	%LX5600	고속 링크 8번의 모든 국 정상 동작
9	_HS9_RLINK	BOOL	%LX6400	고속 링크 9번의 모든 국 정상 동작
10	_HS10_RLINK	BOOL	%LX7200	고속 링크 10번의 모든 국 정상 동작
11	_HS11_RLINK	BOOL	%LX8000	고속 링크 11번의 모든 국 정상 동작
12	_HS12_RLINK	BOOL	%LX8800	고속 링크 12번의 모든 국 정상 동작
13	_HS1_LTRBL	BOOL	%LX1	_HS1RLINK ON 이후 비정상 상태 표시
14	_HS2_LTRBL	BOOL	%LX801	_HS2RLINK ON 이후 비정상 상태 표시
15	_HS3_LTRBL	BOOL	%LX1601	_HS3RLINK ON 이후 비정상 상태 표시
16	_HS4_LTRBL	BOOL	%LX2401	_HS4RLINK ON 이후 비정상 상태 표시

그림 C.3

a. 플래그 종류 플래그 종류(시스템, 고속링크, P2P, PID) 중 하나를 선택한다.

b. 전체 [플래그 종류]에서 선택된 플래그 목록 전체를 표시한다. 시스템 플래그인 경우에는 전체 내용만 화면에 표시한다. 전체 항목이 체크되지 않은 경우는 [파라미터 번호]와 [블록 인덱스]에 맞는 플래그 항목만 표시한다.

c. 파라미터 번호　고속링크, P2P, PID 플래그인 경우에만 활성화 된다. 입력된 파라미터 번호의 플래그 항목만 보여 준다.

(1) 글로벌/직접 변수 등록

프로그램에서 사용할 글로벌/직접 변수를 등록한다. 글로벌/직접 변수 목록에 등록하기 위해서는 글로벌 변수에서 등록할 수 있다.

(2) 글로벌 변수에서 등록

글로벌 변수 목록에 변수를 추가하거나, 수정 또는 삭제할 수 있다.

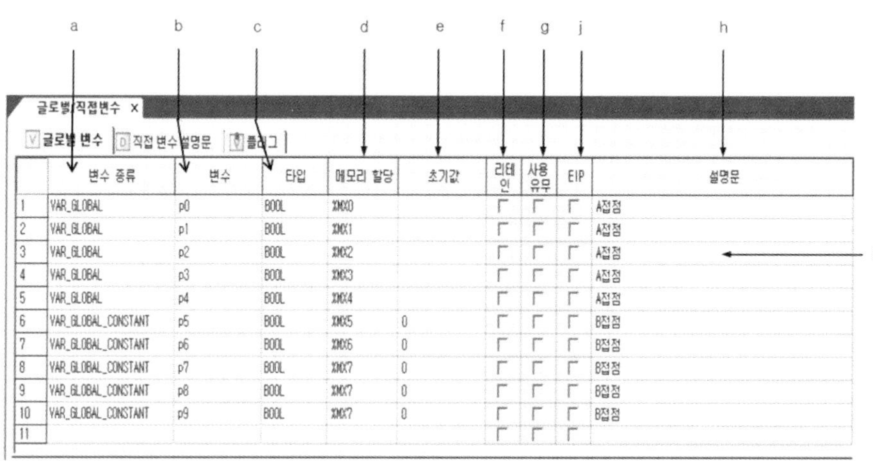

	변수 종류	변수	타입	메모리 할당	초기값	리테인	사용유무	EIP	설명문
1	VAR_GLOBAL	p0	BOOL	%MX0					A접점
2	VAR_GLOBAL	p1	BOOL	%MX1					A접점
3	VAR_GLOBAL	p2	BOOL	%MX2					A접점
4	VAR_GLOBAL	p3	BOOL	%MX3					A접점
5	VAR_GLOBAL	p4	BOOL	%MX4					A접점
6	VAR_GLOBAL_CONSTANT	p5	BOOL	%MX5	0				B접점
7	VAR_GLOBAL_CONSTANT	p6	BOOL	%MX6	0				B접점
8	VAR_GLOBAL_CONSTANT	p7	BOOL	%MX7	0				B접점
9	VAR_GLOBAL_CONSTANT	p8	BOOL	%MX7	0				B접점
10	VAR_GLOBAL_CONSTANT	p9	BOOL	%MX7	0				B접점
11									

그림 C.4

a. 변수 종류　변수 종류에는 VAR_GLOBAL, VAR_GLOBAL_CONSTANT만 올 수 있다.

b. 변수　선언된 변수는 같은 이름으로 중복하여 선언할 수 없다.

- 첫 번째 문자로 숫자를 사용할 수 없다.
- 특수 문자를 사용할 수 없다(단, '_'는 사용 가능하다).
- 빈 문자를 사용할 수 없다.
- 직접 변수와 같은 이름으로 사용할 수 없다(예: MX0, WB0, …).
- 라인이 모두 비어있는 경우 변수를 입력하면 타입이 디폴트로 BOOL이 표시된다.

c. 타입　입력되는 타입은 총 23개로, 기본 타입 20개와 유도된 타입 3개로 설정되어 있다.

- 기본 타입(20개) : (BOOL, BYTE, WORD, DWORD, LWORD, SINT, INT, DINT, LINT, USINT, UINT, UDINT, ULINT, REAL, LREAL, TIME, DATE, TIME_OF_DAY, DATE_AND_TIME, STRING)

– 유도된 타입(3개) : ARRAY(예, ARRAY[0..6, 0..2, 0..4] OF BOOL) → 인자 제한(3차까지), STRUCT(예: STRUCT명 표시) → STRUCT 안에 STRUCT형태 못함, FB_INST(예: FB명 표시)

d. 메모리 할당　직접 변수(I, Q, M, R, W)를 사용하여 입력한다.

e. 초기값　초기값을 설정할 수 있다.

f. 리테인　메모리 할당을 설정한 경우 리테인 열은 비활성화된다.

– R, W : 항상 리테인 영역이다.

– M : 기본 파라미터 정보를 얻어 체크한다.

– I, Q : 항상 비리테인 영역이다.

g. 사용유무　선언한 변수의 사용 유무를 표시한다.

h. 설명문　모든 문자의 입력이 가능하다.

– Ctrl + Enter 키를 사용하여 멀티 라인 입력이 가능하다.

i. 라인 유효성　글로벌 변수 창에 등록하려면 변수종류, 변수, 타입이 있어야 한다.

– 글로벌 변수에 등록되지 않는 경우 분홍색으로 표시한다.

j. EIP　Ethernet/IP 통신 모듈에서 사용하는 태그를 등록하거나 표시한다.

(3) 복사, 잘라내기, 삭제, 붙여 넣기, 라인삽입/삭제

프로그램에서 사용되는 글로벌/직접 변수 목록을 편집하기 위해 복사, 잘라내기, 삭제, 붙여 넣기, 라인삽입/삭제를 수행한다.

① 복사

복사할 선택 영역의 데이터를 클립보드에 저장한다. 복사된 내용은 현재 프로젝트에 추가하거나, 다른 프로젝트에 추가할 수 있다. 또한 다른 어플리케이션에 붙여 넣기가 가능하다.

- 복사할 영역을 선택한다.
- 메뉴 [편집] – [복사]를 선택한다.

② 삭제

선언된 글로벌/직접 변수 목록에서 선택된 영역의 데이터를 삭제한다.

- 삭제할 영역을 선택한다.
- 메뉴 [편집] – [삭제]를 선택한다.

③ 잘라내기

현재 프로젝트에 추가하거나, 다른 프로젝트에 추가하기 위해 선택된 데이터를 클립보드에 저장한다. 또한 선택된 데이터를 삭제한다.

- 잘라내기 할 영역을 선택한다.
- 메뉴 [편집]-[잘라내기]를 선택한다.

④ 붙여 넣기

클립보드에 저장된 데이터를 선택된 위치에 표시한다. 기존에 있는 경우는 대화 상자가 호출되어 선택하게 하고 데이터도 변경 가능하다.

⑤ 라인 삽입

선택된 영역의 라인 개수만큼 새로운 라인을 삽입하고, 기존에 있는 라인은 아래로 이동한다.

- 라인 삽입할 영역을 선택한다.
- 메뉴 [편집]-[라인 삽입]을 선택한다.

⑥ 라인 삭제

선택된 영역의 라인 개수만큼 라인을 삭제한다.

- 라인 삭제할 영역을 선택한다.
- 메뉴 [편집]-[라인 삭제]를 선택한다.

C.2 로컬 변수

로컬 변수는 프로그램에서 사용될 변수를 선언하거나, 선언된 변수목록 전체를 변수 위주로 보여 준다. 글로벌 변수에서 선언된 변수를 사용할 경우는 VAR_EXTERNAL, VAR_EXTERNAL_CONSTANT로 선언해야 한다.

로컬 변수를 등록하는 방법은 프로젝트 창에서 스캔 프로그램의 이름을 클릭하여 나타나는 로컬 변수를 더블 클릭하면 그림 C.5의 대화상자가 나타난다. 여기서 프로그램에 사용할 로컬 변수를 등록한다. 또 로컬 변수 목록에 변수를 추가하거나, 수정 또는 삭제할 수 있다.

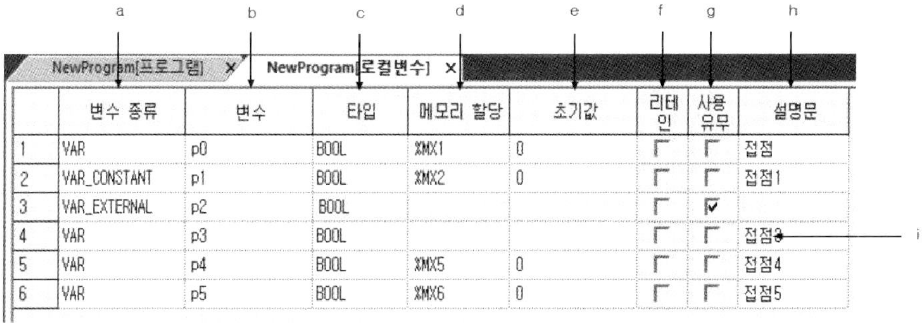

	변수 종류	변수	타입	메모리 할당	초기값	리테인	사용유무	설명문
1	VAR	p0	BOOL	%MX1	0	☐	☐	접점
2	VAR_CONSTANT	p1	BOOL	%MX2	0	☐	☐	접점1
3	VAR_EXTERNAL	p2	BOOL			☐	☑	
4	VAR	p3	BOOL			☐	☐	접점3
5	VAR	p4	BOOL	%MX5	0	☐	☐	접점4
6	VAR	p5	BOOL	%MX6	0	☐	☐	접점5

그림 C.5

a. 변수종류　변수종류에는 VAR, VAR_CONSTANT, VAR_EXTERNAL, VAR_EXTERNAL_CONSTANT만 올 수 있다.

- 변수종류를 CONSTANT로 할 경우 초기값을 디폴트로 설정한다.
- 변수종류를 VAR_EXTERNAL, VAR_EXTERNAL_CONSTANT로 하면 초기값과 리테인값의 칼럼은 디폴트값으로 표시된다.

b. 변수　선언된 변수는 같은 이름으로 중복하여 선언할 수 없다.

- 첫 번째 문자로서 숫자를 사용할 수 없다.
- 특수 문자를 사용할 수 없다(단, '_'는 사용 가능하다).
- 빈 문자를 사용할 수 없다.
- 직접 변수와 같은 이름으로 사용할 수 없다(예: MB4, W4, RW9, …).
- 라인이 모두 비어있는 경우, 변수를 입력하면 타입이 디폴트로 BOOL이 표시된다.

c. 타입　입력되는 타입은 총 23개로, 기본타입 20개와 유도된 타입 3개로 설정되어 있다.

- 기본타입(20개) : (BOOL, BYTE, WORD, DWORD, LWORD, SINT, INT, DINT, LINT, USINT, UINT, UDINT, ULINT, REAL, LREAL, TIME, DATE, TIME_OF_DAY, DATE_AND_TIME, STRING)
- 유도된 타입(3개) : ARRAY(예: ARRAY[0..6, 0..2, 0..4] OF BOOL) → 인자 제한(3차까지), STRUCT(예: STRUCT명 표시) → STRUCT 안에 STRUCT형태 못함, FB_INST (예: FB명 표시)

d. 메모리 할당　직접 변수(I, Q, M, R, W)를 사용하여 입력한다.

e. 초기값　초기값을 설정할 수 있다.

f. 리테인　메모리 할당을 설정한 경우 리테인 열은 비활성화된다.

- R, W : 항상 리테인 영역이다.
- M : 기본 파라미터 정보를 얻어 체크한다.
- I, Q : 항상 비리테인 영역이다.

g. 사용유무　선언한 변수의 사용유무를 표시한다.

h. 설명문　모든 문자의 입력이 가능하다.

- Ctrl + Enter 키를 사용하여 멀티라인 입력이 가능하다.

i. 라인 유효성　로컬 변수 창에 등록하려면 변수종류, 변수, 타입이 있어야 한다.

- 로컬 변수에 등록되지 않는 경우 분홍색으로 표시한다.

D LD편집

LD 프로그램은 릴레이 논리 다이어그램에서 사용되는 코일이나 접점 등의 그래픽 기호를 통하여 PLC 프로그램을 표현한다.

• 제한사항 : LD 프로그램 편집 시 다음과 같은 기능 제한이 있다(표 D.1).

표 D.1

항 목	내 용	제한사항
최대 접점 개수	한 라인에 입력할 수 있는 최대 접점의 개수를 의미한다.	31개
최대 라인수	편집 가능한 최대 라인의 수를 의미한다.	65,535 라인
최대 복사 라인수	한 번에 복사할 수 있는 최대 라인수를 의미한다.	300 라인
최대 붙여 넣기 라인수	한 번에 붙여 넣을 수 있는 라인수를 의미한다.	300 라인

D.1 프로그램 편집

(1) 편집도구

LD 편집요소의 입력은 그림 D.1의 LD 도구모음에서 입력할 요소를 선택한 후 지정한 위치에서 마우스를 클릭하거나 단축키를 눌러 시작한다.

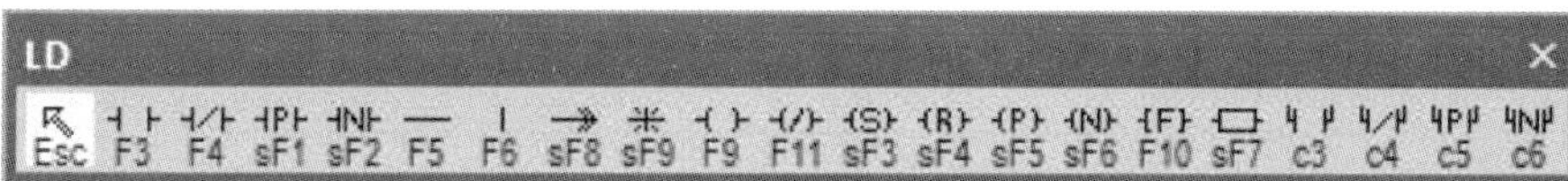

그림 D.1 **편집도구**

표 D.2 **편집도구 설명**

기 호	단축키	설 명
Esc	Esc	선택 모드로 변경
F3	F3	평상시 열린 접점
F4	F4	평상시 닫힌 접점
sF1	Shift+F1	양변환 검출 접점
sF2	Shift+F2	음변환 검출 접점
F5	F5	가로선
F6	F6	세로선
sF8	Shift+F8	연결선
sF9	Shift+F9	반전 입력
F9	F9	코일
F11	F11	역코일
sF3	Shift+F3	셋(latch) 코일
sF4	Shift+F4	리셋(unlatch) 코일
sF5	Shift+F5	양변환 검출 코일
sF6	Shift+F6	음변환 검출 코일
F10	F10	펑션/펑션 블록
sF7	Shift+F7	확장 펑션
c3	Ctrl+3	평상시 열린 OR 접점
c4	Ctrl+4	평상시 닫힌 OR 접점
c5	Ctrl+5	양변환 검출 OR 접점
c6	Ctrl+6	음변환 검출 OR 접점

표 D.2는 편집도구의 설명 및 단축키이며, 표 D.3의 단축키는 커서 이동에 관한 단축키이다. 해당 단축키는 XG5000에서 재정의할 수 없다.

표 D.3 **커서이동 단축키**

단축키	설 명
Home	열의 시작으로 이동한다.
Ctrl+Home	프로그램의 시작으로 이동한다.
Back space	현재 데이터를 삭제하고 왼쪽으로 이동한다.
→	현재 커서를 오른쪽으로 한 칸 이동한다.
←	현재 커서를 왼쪽으로 한 칸 이동한다.
↑	현재 커서를 위쪽으로 한 칸 이동한다.
↓	현재 커서를 아래쪽으로 한 칸 이동한다.
End	열의 끝으로 이동한다.
Ctrl+End	편집된 가장 마지막 줄로 이동한다.

(2) 접점 입력

접점(평상시 열린 접점, 평상시 닫힌 접점, 양변환 검출 접점, 음변환 검출 접점)을 입력한다.

① 접점을 입력하고자 하는 위치로 커서를 이동시킨다.

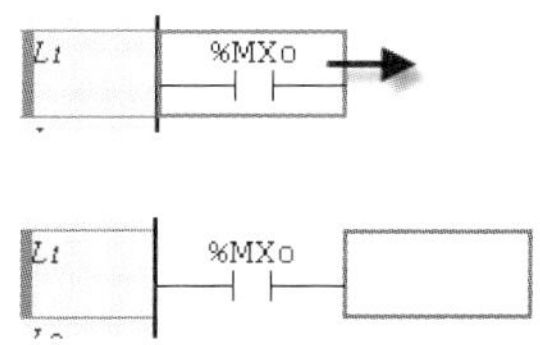

② 도구모음에서 입력할 접점의 종류를 선택하고 편집영역을 클릭한다. 또는 입력하고자 하는 접점에 해당하는 단축키를 누른다.

③ 변수입력 대화상자에서 디바이스 명을 입력한 후 확인을 누른다.

(3) 변수/디바이스 입력

선택된 영역 또는 커서 위치에 변수를 입력한다.

① 입력하고자 하는 위치로 커서를 이동시킨 후 메뉴 [편집]-[변수선택/추가]를 선택한다(그림 D.2).

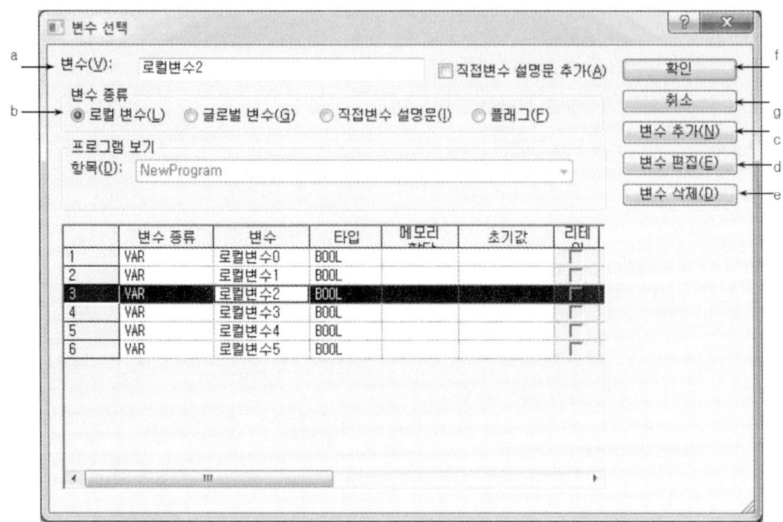

그림 D.2

a. 변수　상수, 직접 변수 또는 선언된 변수 명을 입력할 수 있다. 입력한 문자열이 변수 형태이며 해당 문자열이 로컬 변수 목록에 변수로 등록되어 있지 않은 경우, 변수추가 대화상자가 표시된다.

b. 로컬 변수　선언된 로컬 변수 목록을 표시한다.

c. 변수추가　로컬 변수 목록에 변수를 추가할 수 있는 대화상자를 호출한다(그림 D.3).

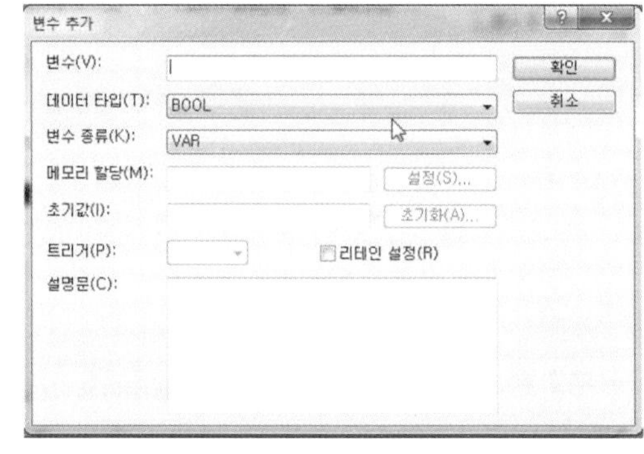

그림 D.3

d. 변수편집　선택된 변수를 편집할 수 있는 대화상자를 호출한다(그림 D.4).

e. 변수삭제　선택된 변수를 로컬 변수 목록에서 삭제한다.

f. 확인　입력 또는 선택한 사항을 적용하고 대화상자를 닫는다.

g. 취소　대화상자를 닫는다.

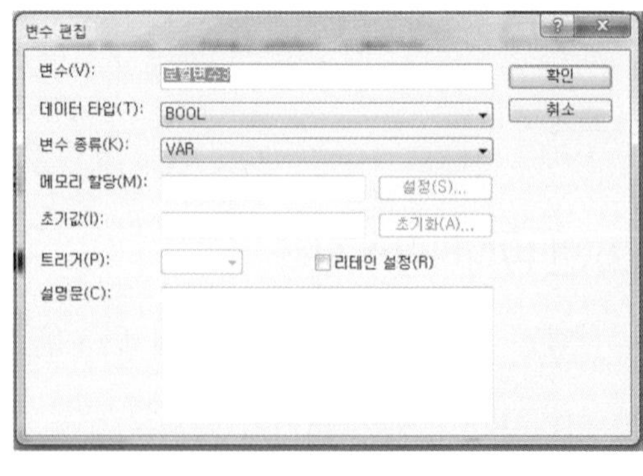

그림 D.4

(4) 코일 입력

코일(코일, 역코일, 양변환 검출 코일, 음변환 검출 코일)을 입력한다.

① 코일을 입력하고자 하는 위치로 커서를 이동시킨다.

② 도구모음에서 입력할 코일의 종류를 선택하고 편집영역을 클릭한다. 또는 입력하고자 하는 코일에 해당하는 단축키를 누른다.

③ 변수선택 대화상자에서 변수 명을 입력한 후 확인을 누른다.

(5) 펑션(블록)의 입력

연산을 위한 펑션(블록)을 입력한다.

① 펑션(블록)을 입력하고자 하는 위치로 커서를 이동시킨다.

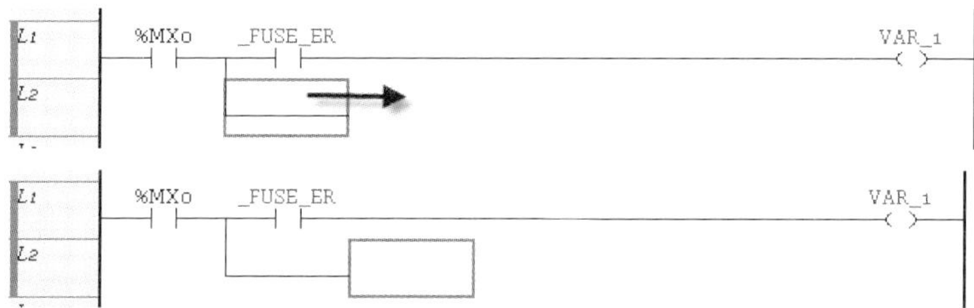

② 도구모음에서 펑션(블록)을 선택하고 편집영역을 클릭한다. 또는 펑션(블록) 입력 단축키(F10)를 누른다. [대화상자]에서 펑션을 선택한다(그림 D.5).

a. 이름 펑션에 대한 이름을 검색한다.

b. 목록 펑션에 대한 목록을 표시한다.

c. 분류 확장펑션의 분류를 나타낸다.

d. 펑션 정보 지정된 펑션의 정보를 표시한다.

e. 펑션 리스트　확장펑션에 대한 리스트를 표시한다.

f. 최대 입력　펑션의 최대 입력개수를 표시한다.

g. 입력개수　펑션에 대한 입력개수를 정한다.

h. 확인　입력한 내용을 적용하고 대화상자를 닫는다.

i. 취소　대화상자를 닫는다.

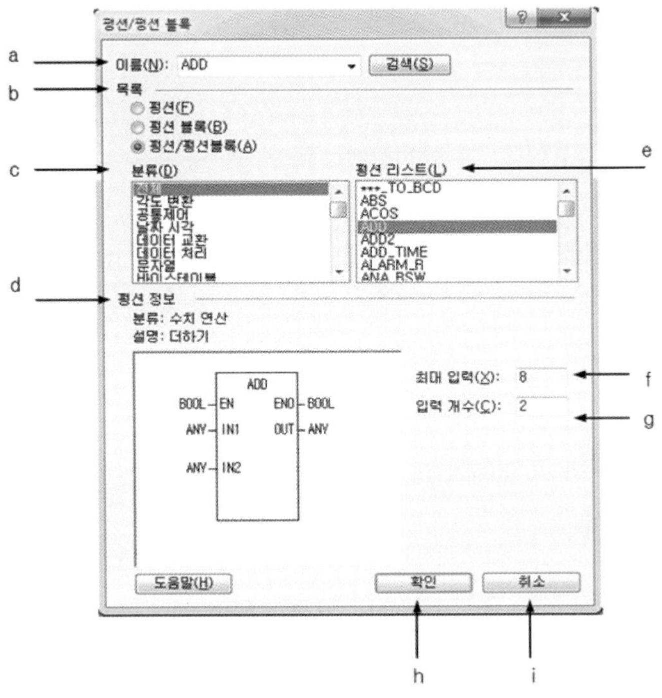

그림 D.5 **펑션/펑션블록**

③ 펑션(블록)입력 대화상자에서 펑션(블록) 입력 후 확인버튼을 누른다(그림 D.6).

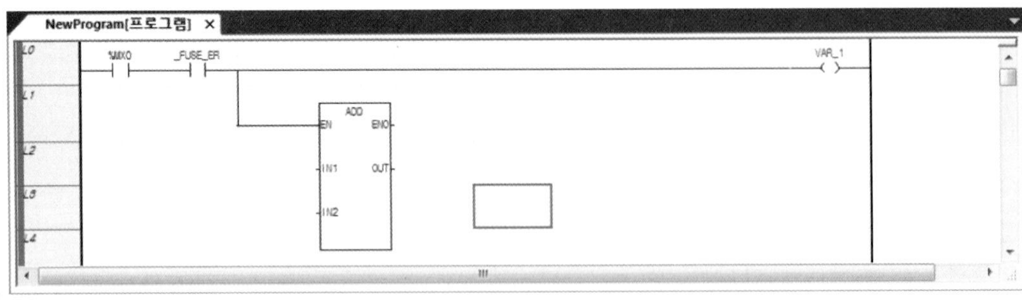

그림 D.6

E 파라미터

E.1 기본 파라미터

PLC의 동작에 관계되는 기본 파라미터를 설정한다. 프로젝트 트리 [파라미터] - [기본 파라미터]를 더블 클릭하면 그림 E.1의 대화상자가 나타난다.

(1) 기본동작 설정

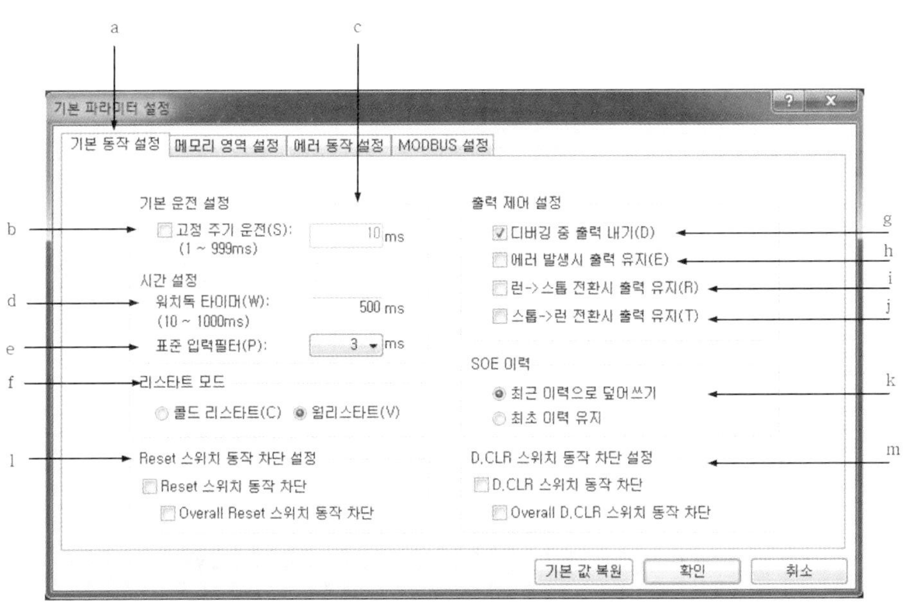

그림 E.1 **기본 파라미터**

a. 기본동작 설정 [기본 파라미터] 정보 중 기본 운전, 시간, 리스타트 방법, 출력 제어 설정을 위한 탭이다.

b. 고정주기 운전　PLC 프로그램을 고정된 주기에 따라 동작을 시킬 것인지, 스캔타임에 의해 동작시킬 것인지를 결정한다.

c. 고정주기 운전시간 설정　고정주기 운전설정이 체크되어 있을 때 동작시간을 사용자가 ms 단위로 입력한다.

d. 워치독 타이머　프로그램 오류에 의해 PLC가 멈추는 현상을 제거하기 위한 스캔 워치독 타이머의 시간을 설정한다.

e. 표준 입력필터　표준 입력값을 설정한다.

f. 리스타트 모드　리스타트 모드를 설정한다. 콜드/웜 리스타트 중 하나를 선택한다.

g. 디버깅 중 출력내기　디버깅 중에도 출력모듈에 데이터를 정상적으로 출력할지 결정한다.

h. 에러 발생 시 출력유지　에러나 특정한 입력이 발생될 때에도 모듈에 데이터를 정상적으로 출력할지를 결정한다.

i. 런 → 스톱 전환시 출력유지　PLC 동작모드 RUN에서 STOP으로 전환 중에 모듈에 데이터를 정상적으로 출력할지를 결정한다.

j. 스톱 → 런 전환 시 출력 유지　PLC 동작모드 STOP에서 RUN으로 전환 중에 모듈에 데이터를 정상적으로 출력할지를 결정한다.

k. 이벤트 입력모듈 전용 기능　이벤트 입력모듈 전용 기능 참조

l. Reset스위치 동작차단 설정　CPU모듈의 RST(Reset) 스위치의 동작을 차단할 것인지 결정한다. Overall Reset 동작차단을 설정할 경우 Overall Reset 동작만 차단된다.

m. D.CLR 스위치 동작차단 설정　CPU모듈의 D.CLR 스위치의 동작을 차단할 것인지 결정한다. Overall D.CLR 동작차단을 설정할 경우 Overall D.CLR 동작만 차단된다.

(2) 메모리 영역 설정 그림 E.2

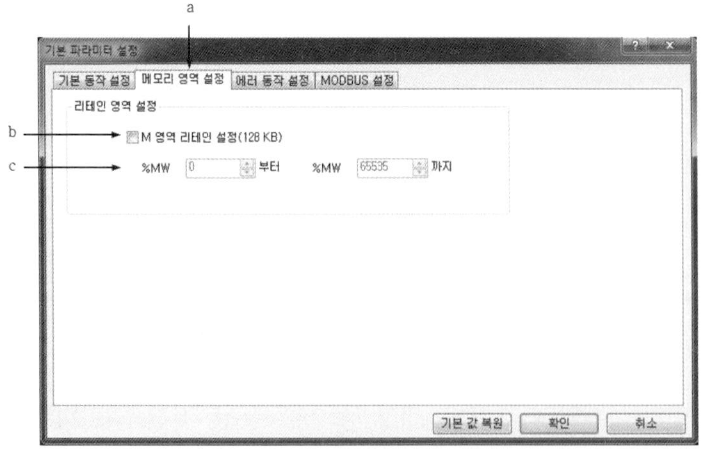

그림 E.2

a. 메모리 영역 설정 [기본 파라미터] 정보 중 메모리 영역을 설정한다.

b. M영역 리테인영역 설정 PLC 전원 투입 시 데이터를 보존할 M영역(리테인 영역)을 설정한다.

c. 데이터 보존영역의 크기를 설정한다. 디바이스 WORD 단위로 M영역 크기 안에서 설정할 수 있다. M영역으로 설정된 크기는 전체 M영역 크기의 반[65,536]을 넘을 수 없다.

(3) 에러 동작 설정 그림 E.3

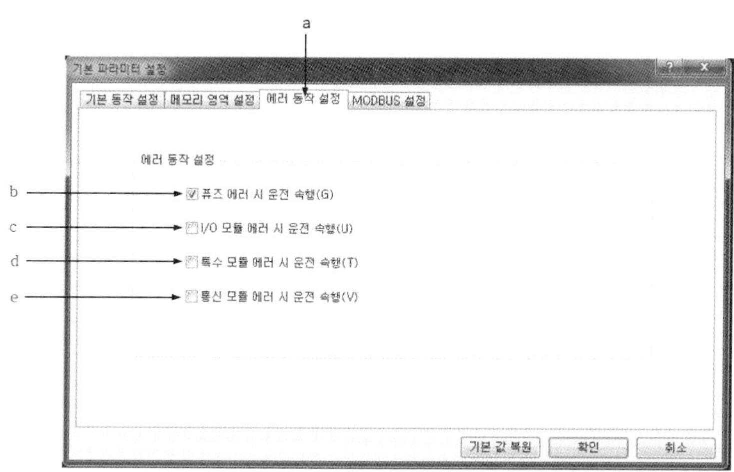

그림 E.3

a. 에러 동작 설정 [기본 파라미터] 정보 중 PLC에 에러가 발생되었을 때 동작방법 설정을 위한 탭이다.

b. 이 옵션을 선택하면 PLC 동작 중 모듈의 퓨즈 연결상태에 에러가 발생하였을 때에도 PLC가 계속 동작한다.

c. 이 옵션을 선택하면 PLC 동작 중 I/O모듈에 에러가 발생하였을 때에도 PLC가 계속 동작한다.

d. 이 옵션을 선택하면 PLC 동작 중 특수모듈에 에러가 발생하였을 때에도 PLC가 계속 동작한다.

e. 이 옵션을 선택하면 PLC 동작 중 통신모듈에 에러가 발생하였을 때에도 PLC가 계속 동작한다.

• 리스타트 모드(Restart mode)

리스타트 모드는 전원을 재투입하거나 모드전환에 의해서 RUN모드로 운전을 시작할 때 변수 및 시스템을 어떻게 초기화한 후 RUN모드 운전을 할 것인가를 설정하는 것으로 콜드,

웜의 2종류가 있으며, 각 리스타트 모드의 수행 조건은 다음과 같다.

- **콜드 리스타트(Cold restart)**
  - 파라미터의 리스타트 모드를 콜드 리스타트로 설정하는 경우 수행된다.
  - 초기값이 설정된 변수를 제외한 모든 데이터를 '0'으로 소거하고 수행한다.
  - 파라미터를 웜 리스타트 모드로 설정해도 수행할 프로그램이 변경된 후 최초 수행 시는 콜드 리스타트 모드로 수행된다.
  - 운전 중 수동 리셋스위치를 누르면(온라인 리셋명령과 동일) 파라미터에 설정된 리스타트 모드에 관계없이 콜드 리스타트 모드로 수행된다.
- **웜 리스타트(Warm restart)**
  - 파라미터의 리스타트 모드를 웜 리스타트로 설정하는 경우 수행된다.
  - 이전값 유지를 설정한 데이터는 이전값을 그대로 유지하고 초기값만 설정된 데이터는 초기값으로 설정한다. 이외의 데이터는 '0'으로 소거한다.
  - 파라미터를 웜 리스타트 모드로 설정해도, 데이터 내용이 비정상일 경우(데이터의 정전 유지가 되지 못함)에는 콜드 리스타트 모드로 수행된다.

E.2 I/O파라미터

PLC의 슬롯에 사용할 I/O종류를 설정하고, 해당 슬롯별로 파라미터를 설정한다. 프로젝트 트리 [파라미터]-[I/O 파라미터]를 선택한다(그림 E.4).

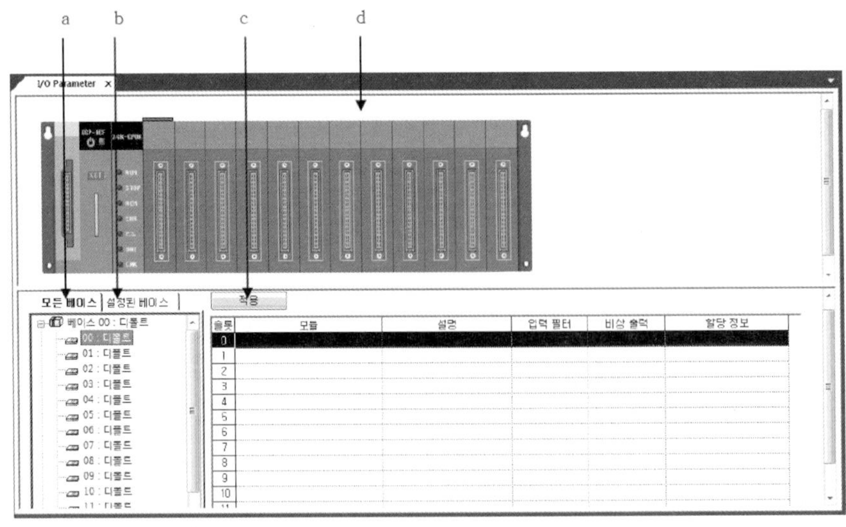

그림 E.4 I/O파라미터

a. 모든 베이스 베이스 모듈정보와 슬롯별 모듈정보를 표시한다. 슬롯에 모듈을 지정하지 않은 경우 '디폴트'로 표시된다.
b. 설정된 베이스 모듈이 선택된 베이스만 표시한다.
c. 적용 변경사항을 적용하고 대화상자를 닫는다.
d. 모듈정보 창 설정된 모듈을 이미지로 표시한다.

(1) 베이스 모듈정보 설정

베이스 모듈에 대한 정보를 설정한다.

① 장치 리스트로부터 설정할 베이스 모듈을 선택한다.
② 마우스 오른쪽 버튼을 눌러 [베이스 설정]을 선택하거나 또는 아래쪽의 "베이스 설정"버튼을 클릭하면 그림 E.5의 "베이스 모듈 설정 창"이 나타난다.

a. 슬롯수 최대 슬롯의 개수를 입력한다.
b. 확인 변경사항을 적용하고 대화상자를 닫는다.
c. 취소 대화상자를 닫는다.

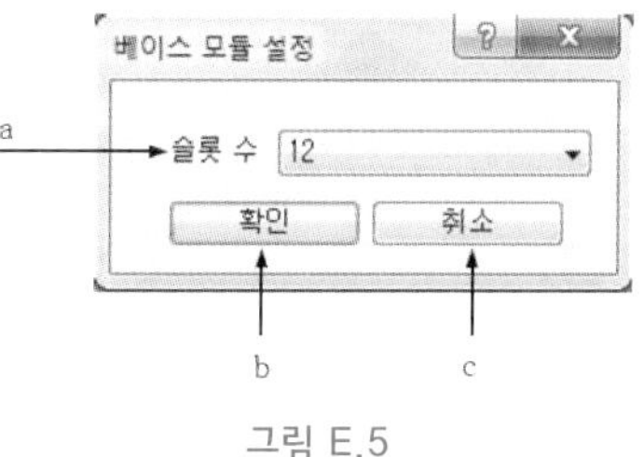

그림 E.5

(2) 슬롯별 모듈정보 설정

슬롯별 모듈종류 및 모듈 별 상세정보를 설정한다.

① 슬롯 정보에서 모듈을 설정할 슬롯을 선택한다(0~11).
② 모듈열의 화살표를 선택하면 모듈선택 상자가 표시된다(그림 E.6). 또는 마우스 오른쪽 버튼을 눌러 [편집]을 선택한다.

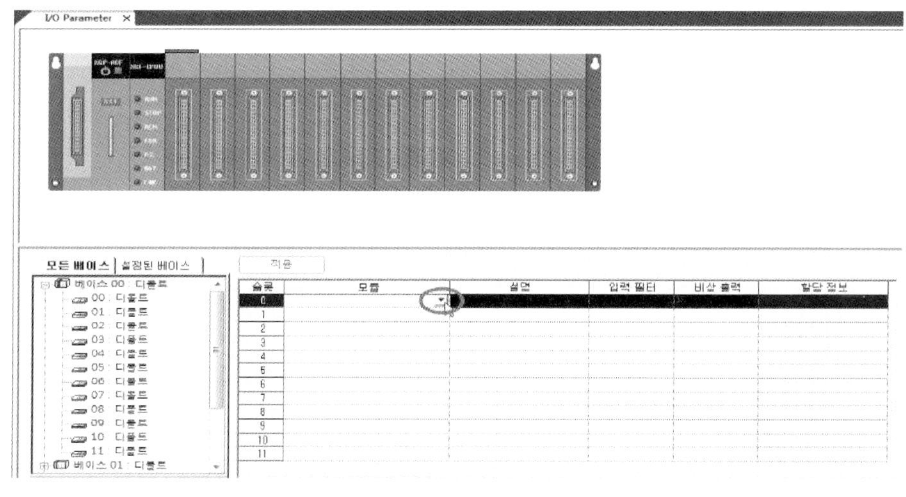

그림 E.6

③ 선택 상자를 눌러 설치할 모듈을 선택한다(그림 E.7).

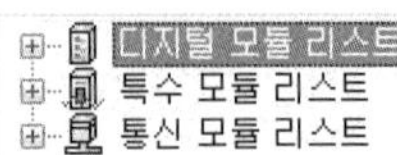

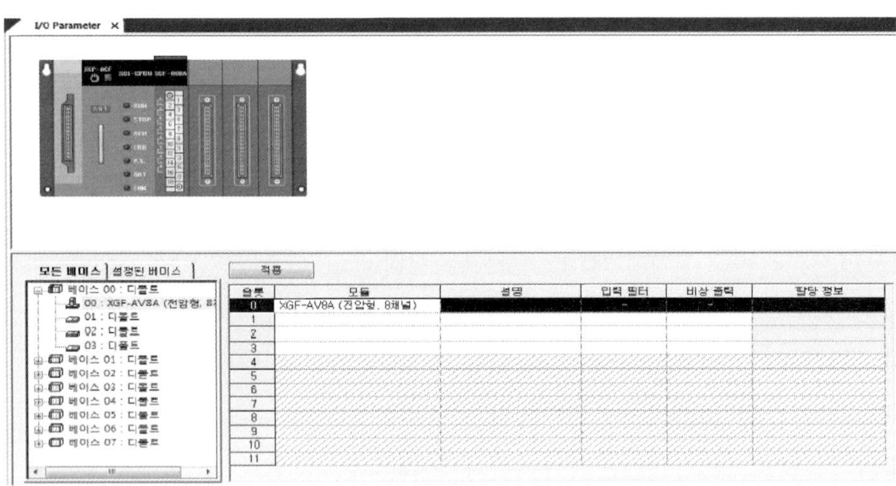

그림 E.7

④ 설명열을 선택하고 오른쪽 마우스 버튼을 눌러 [편집] 항목을 선택한다. 해당 슬롯에 대한 설명문을 입력한다.

F 온라인

PLC와 연결되었을 때만 가능한 기능을 설명한다.

F.1 접속옵션

PLC와의 연결 네트워크 설정을 한다.

(1) 로컬접속 설정

로컬접속 설정은 RS-232C 또는 USB 연결이 가능하며, 메뉴 [온라인]-[접속 설정]을 선택한다(그림 F.1).

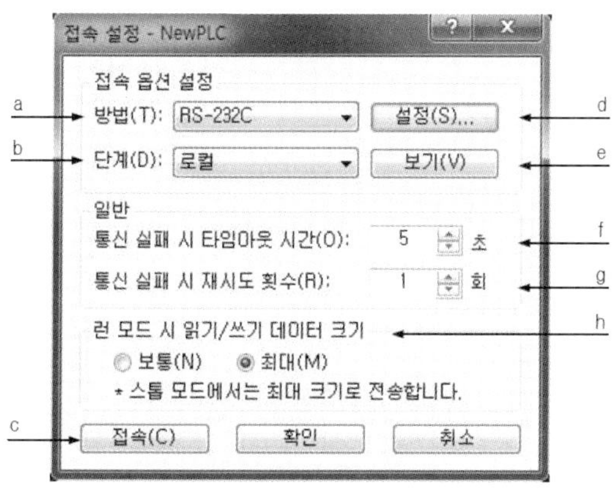

그림 F.1 접속설정

a. 접속방법　PLC와 연결 시 통신 미디어를 설정한다. RS-232C, USB, Ethernet, Modem으로 설정을 할 수 있다.

b. 접속단계　PLC와의 연결구조를 설정한다. 로컬, 리모트 1단, 리모트 2단 연결 설정을 할 수 있다.

c. 접속　설정된 접속옵션 사항으로 PLC와 연결을 시도한다.

d. 설정　선택된 접속방법에 따른 상세설정을 할 수 있다.

e. 보기　전체적인 접속옵션을 한 눈에 확인할 수 있다.

f. 타임아웃 시간　설정된 시간 내에 PLC와의 통신연결을 재개하지 못할 경우 타임아웃이 발생하여 연결 재시도를 할 수 있다.

g. 재시도 횟수　PLC와의 통신연결 실패 시 몇 회를 더 다시 통신연결할지를 설정한다.

h. 런 모드 시 읽기/쓰기 데이터 크기　데이터 전송 프레임의 크기를 설정한다. 이 옵션은 PLC운전모드가 런 일 때만 적용되며 그 외 운전모드는 최대 프레임 크기로 전송한다.

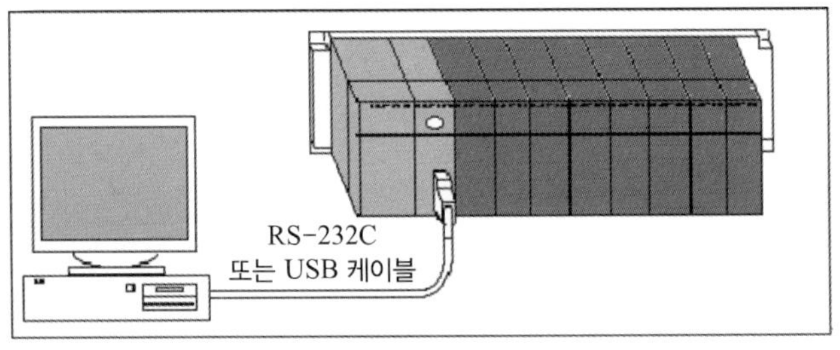

그림 F.2

① 로컬 RS-232C 연결

- 접속방법을 RS-232C로 선택한다(그림 F.2 및 그림 F.3).
- 설정버튼을 눌러 통신 속도 및 통신 COM포트를 설정한다.
- 확인 버튼을 눌러 접속옵션을 저장한다.

그림 F.3

• 참고사항
  - 기본 설정이 RS-232C COM1에 통신 속도 115200 bps이다.
  - 통신 속도는 38400 bps와 115200 bps를 지원한다.
  - XGT Series의 전송속도는 115200 bps이다. Rnet을 이용한 리모트 연결 시에는 38400 bps 이다.
  - 통신포트는 COM1~COM8까지 지원한다.
  - USB to Serial 장치를 사용할 경우 통신포트는 가상의 COM포트를 사용한다. 설정된 포트 번호를 확인하려면 장치관리자를 확인한다.
  - XG5000에서 접속과 XG-PD, 디바이스 모니터, 시스템 모니터에서의 접속이 하나의 PLC에 동시에 가능하다. 단 접속옵션의 사항이 동일할 경우에만 가능하다.

② 로컬 USB 연결

• 접속방법을 USB로 설정한다.
• USB는 세부 설정사항이 없다. 그러므로 설정버튼이 비활성화된다.
• 확인 버튼을 눌러 접속옵션을 저장한다.
• 참고사항
  - USB로 PLC를 연결하기 위해서는 USB장치 드라이버가 설치되어 있어야 한다. 설치가 되어 있지 않다면 먼저 설치한 후 연결한다.
  - XG5000 설치 시 USB드라이버는 자동 설치된다. USB드라이버가 정상적으로 설치되지 않을 경우 LS산전 홈페이지에서 드라이버를 다운로드한 후 설치한다.

(2) 리모트 1단 접속 설정

① Ethernet 연결 설정 순서(그림 F.4)

• 접속방법을 Ethernet으로 설정한다.

그림 F.4

• 설정버튼을 눌러 Ethernet IP를 설정한다.
• 확인 버튼을 눌러 접속옵션을 저장한다.
• 참고사항
  – Ethernet 연결을 위해서는 PC에 Ethernet 연결이 되어 있어야 한다.
  – IP 설정은 Ethernet 통신모듈의 IP이다.
  – 설정된 IP로 정상적 접속이 가능한지 여부를 확인하기 위해 미리 윈도우 시작메뉴 [실행]에서 Ping으로 확인해 볼 수 있다.

② 모뎀 연결

• 접속방법을 Modem으로 설정한다(그림 F.5).
• 설정 버튼을 눌러 모뎀 상세설정을 한다.

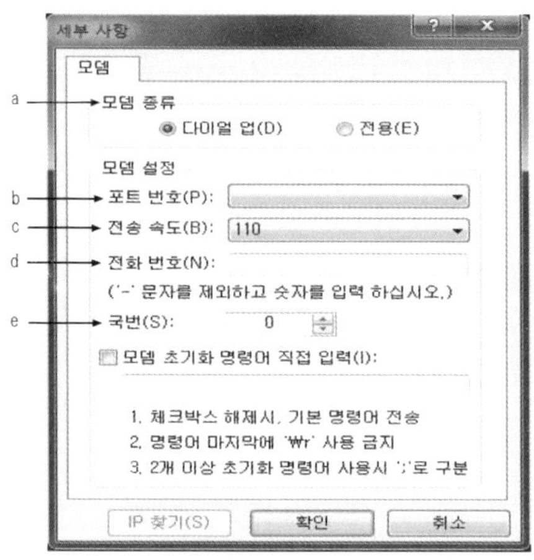

그림 F.5

a. 모뎀 종류　연결 가능한 모뎀의 종류를 설정한다. 전용모뎀은 Cnet 통신모듈이 전용 모뎀 기능을 한다.
b. 포트번호　모뎀 통신포트를 설정한다.
c. 전송속도　모뎀의 통신속도를 설정한다.
d. 전화번호　다이얼 업 모뎀인 경우 모뎀의 전화번호를 입력한다.
e. 국번　리모트 1단 쪽 통신모듈에 설정된 국번번호를 입력한다.

③ RS-232C 또는 USB로 리모트 연결(그림 F.6)

그림 F.1에서

• 접속 타입을 RS-232C로 설정한다.
• 접속단계를 리모트 1단으로 설정한다.
• 설정 버튼을 눌러 리모트 1단 설정을 한다.

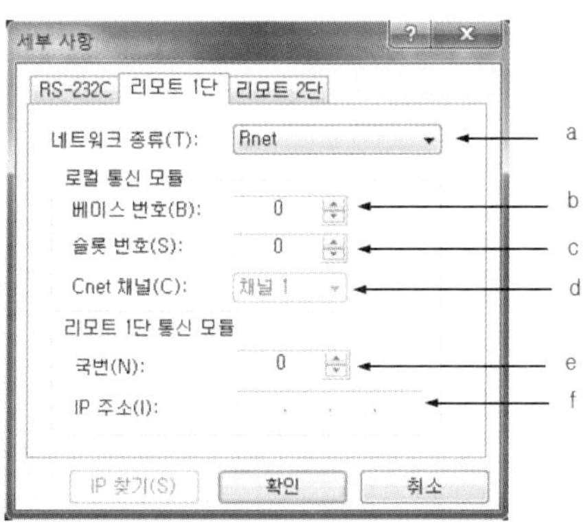

그림 F.6

a. 네트워크 종류　리모트 연결 시 PLC 통신모듈 타입을 설정한다. 통신모듈은 Rnet, Enet, Cnet, FEnet, FDEnet이 가능하다.
b. 베이스 번호　로컬 쪽 PLC 베이스의 통신모듈의 베이스 번호를 설정한다.
c. 슬롯 번호　로컬 쪽 PLC 베이스의 통신모듈의 슬롯 번호를 설정한다.
d. Cnet 채널　리모트 1단 접속 통신모듈이 Cnet 모듈인 경우 접속 채널포트를 선택한다.
e. 국번　리모트 1단 쪽 통신모듈에 설정된 국번번호를 입력한다.
f. IP 주소　리모트 1단 쪽 통신모듈에 설정된 IP주소를 입력한다.

• 참고사항
  - 네트워크 타입이 FEnet인 경우에만 IP주소가 활성화되고, 그렇지 않은 경우에는 국번이 활성화되면서, IP주소는 비활성화된다.
  - 베이스 번호는 0~7까지 가능하고, 슬롯 번호는 0~11까지 가능하다.

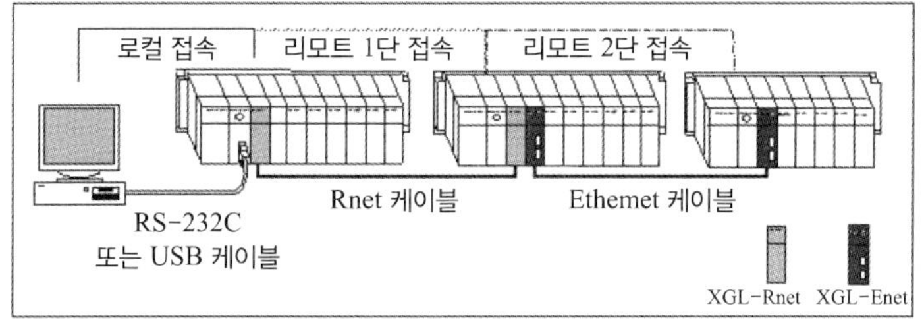

그림 F.7

F.2 접속/접속끊기

설정된 접속옵션에 따라 PLC와의 연결을 시도한다.

① 메뉴 [온라인] - [접속]을 선택한다.
② 접속 중 대화상자가 나온다(그림 F.8).

그림 F.8

③ PLC와의 연결이 성공하면 온라인 메뉴 및 온라인 상태가 표시된다.
④ PLC에 비밀번호가 설정되어 있는 경우에는 비밀번호 입력 대화상자가 나온다(그림 F.9).
⑤ 입력된 비밀번호가 PLC의 비밀번호와 일치하면 접속된다.

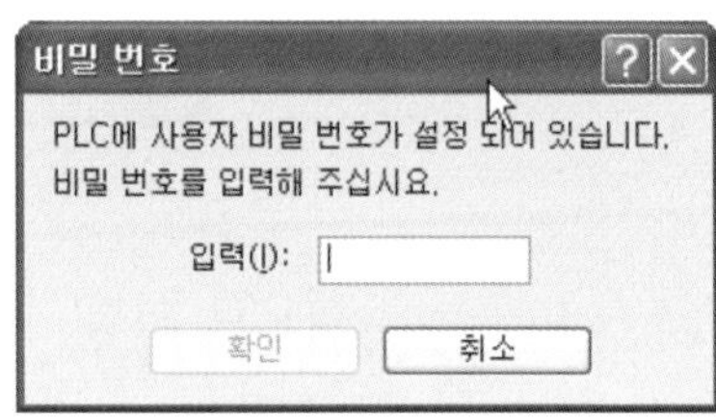

그림 F.9

F.3 쓰기

사용자 프로그램 및 각 파라미터, 설명문 등을 PLC로 전송한다(그림 F.10).

① 메뉴 [온라인] - [접속]을 선택하여 PLC와 온라인으로 연결한다.
② 메뉴 [온라인] - [쓰기]를 선택한다.
③ PLC로 전송할 데이터를 선택한 후 확인을 누르면 선택된 데이터를 PLC로 전송한다.

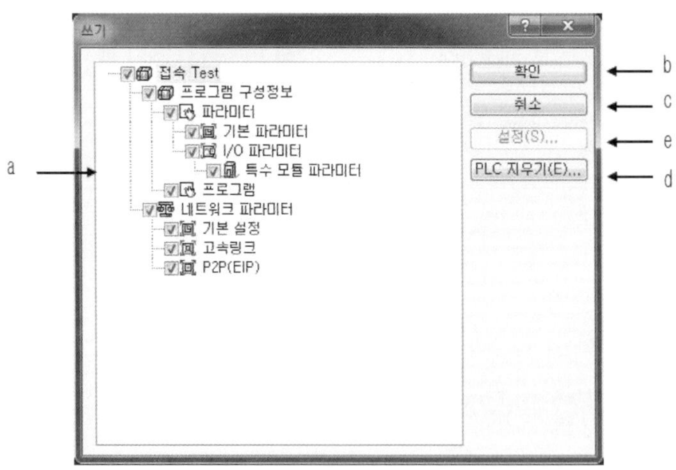

그림 F.10

그림 F.10에서

a. 선택 트리　PLC로 전송할 데이터를 선택한다.

b. 확인 버튼　확인 버튼을 누를 시 PLC로 데이터를 전송한다(그림 F.11).

c. 취소 버튼　데이터 쓰기를 취소한다.

d. PLC 지우기 버튼　프로그램을 쓰기 전 PLC 내부의 메모리 영역 또는 파라미터, 프로그램을 지울 수 있는 창을 띄운다.

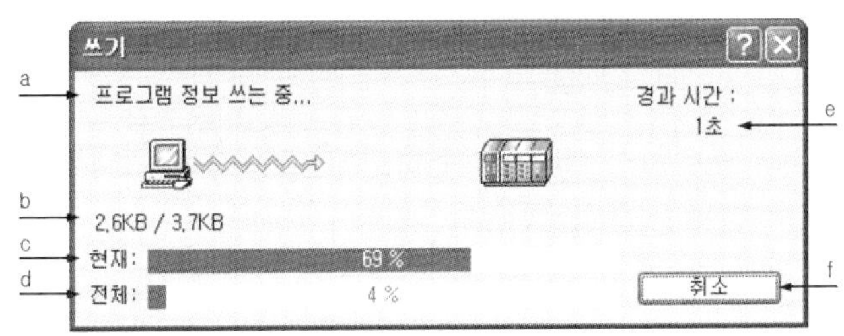

그림 F.11 **쓰기중의 대화상자**

그림 F.11에서

a. 현재 쓰기/읽기 중인 항목을 표시한다.

b. 항목의 데이터 크기를 표시한다(현재 항목의 크기/항목 전체 크기).

c. 현재 항목의 진행 비율을 표시한다.

d. 모든 항목의 진행 비율을 표시한다.

e. 현재까지 전송 진행된 시간을 표시한다.

f. 취소　데이터 전송을 취소한다.

• 참고사항

 – 특수모듈 파라미터 쓰기는 I/O 파라미터 쓰기가 선택이 된 경우에만 쓸 수 있다.
 – 런 중 수정 쓰기 시간은 스톱에서 쓰는 시간보다 더 많이 걸린다.

F.4 읽기

PLC 내에 저장되어 있는 프로그램 및 각 파라미터, 설명문 등을 PLC로부터 업로드하여 현재 프로젝트에 적용한다.

① 메뉴 [온라인] – [접속]을 선택하여 PLC와 연결한다.

② 메뉴 [온라인] – [읽기]를 선택한다.

③ PLC로부터 업로드할 항목을 설정한 후 확인버튼을 누르면 PLC로부터 업로드한다. 업로드된 항목들은 현재 프로젝트에 적용된다.

F.5 모드전환

PLC의 운전모드를 전환할 수 있다.

① 메뉴 [온라인]－[접속]을 선택하여 PLC와 연결한다.
② 메뉴 [온라인]－[모드 전환]－[런/스톱/디버그]를 선택한다.
③ PLC의 운전모드가 사용자가 선택한 운전모드로 전환된다.

• 참고사항
  - PLC의 리모트 딥 스위치가 ON이어야 하고, 운전모드 딥 스위치가 스톱이어야 한다.
  - PLC 내의 프로그램과 프로젝트의 프로그램이 같아야 디버그 모드로 전환할 수 있다.
  - 스톱모드에서 런 모드로 전환하면 PLC 내부에서 프로그램을 실행코드로 변환 중임을 표시하는 대화상자가 나온다. 이 대화상자는 프로그램의 크기에 따라 최대 30초가량 닫히지 않을 수 있다.

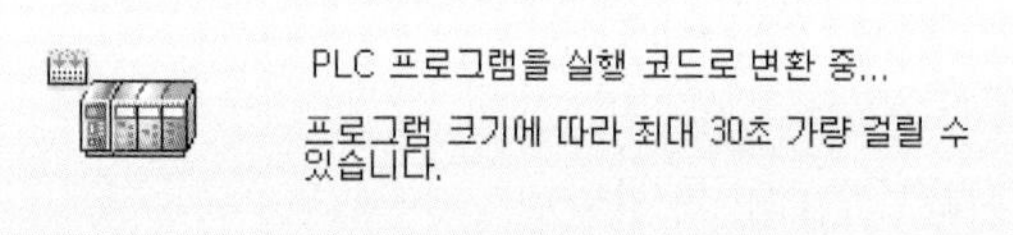

  - 런 모드로 전환 시 초기화 태스크가 수행 중이면 다음의 대화상자가 발생한다. 초기화 태스크 수행이 끝나거나 접속을 끊을 시 대화상자는 사라진다.

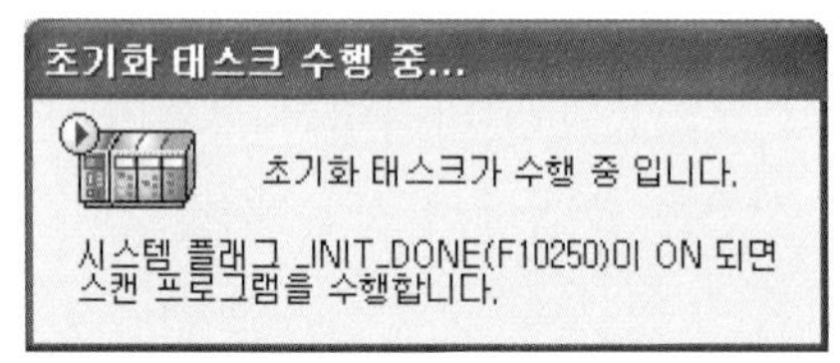

  - 런 또는 디버그로 모드 전환 시 PLC에 에러가 발생한 경우는 런 또는 디버그 기능을 정상적으로 수행할 수 없다. PLC의 에러를 해결한 후 운전모드 전환을 한다.
  - 모드 전환 시 확인 메시지를 보지 않으려면 [도구]－[옵션]－[온라인 탭]의 'PLC 운전모드 전환 시 메시지 보이기' 항목의 체크를 하지 않으면 된다.

F.6 강제 I/O설정

PLC에서 I/O 리프레시 영역의 강제 입/출력을 설정한다.

① 메뉴 [온라인] - [강제 I/O 설정]을 선택한다(그림 F.12).

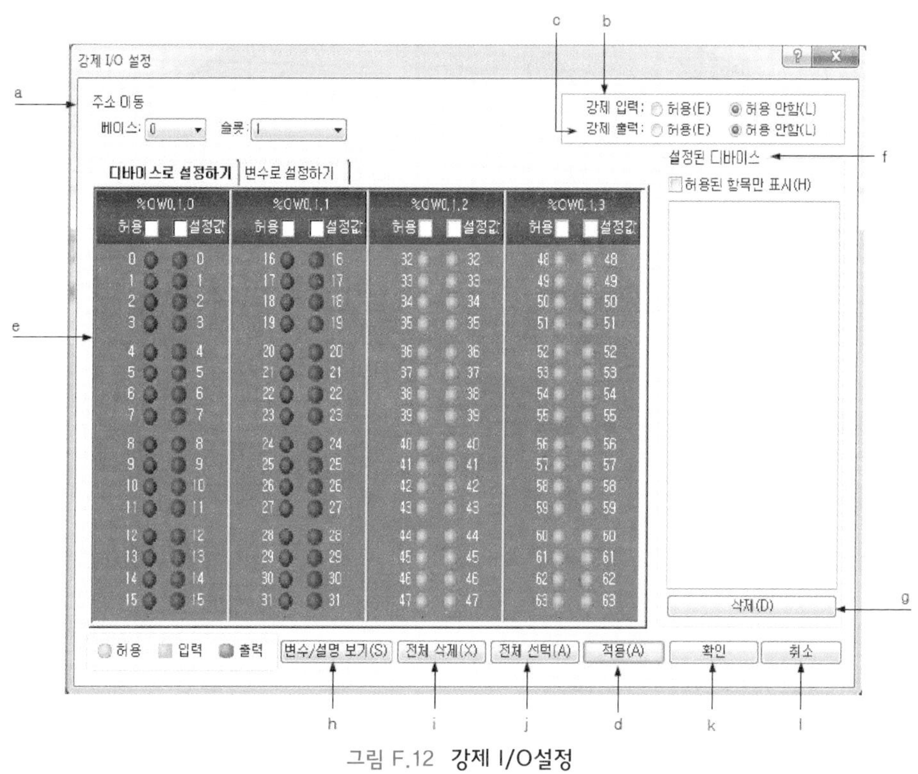

그림 F.12 **강제 I/O설정**

a. 주소이동　베이스, 슬롯 선택 상자를 이용하여 해당 주소로 이동한다.

b. 강제입력　강제입력 허용여부를 선택한다. 강제입력이 허용상태인 경우에만 비트별 강제 입력값이 적용된다.

c. 강제출력　강제출력 허용여부를 선택한다. 강제출력이 허용상태인 경우에만 비트별 강제 출력값이 적용된다.

d. 적용　대화상자를 닫지 않고 변경사항을 PLC에 저장한다.

e. 강제 I/O　비트별 허용 플래그 및 데이터를 설정한다.

f. 설정된 디바이스　강제 I/O 허용 플래그 또는 데이터가 설정된 디바이스를 표시한다.

g. 삭제　설정된 디바이스 리스트 중에서 선택한 디바이스에 설정된 허용 및 데이터를 삭제한다.

h. 변수/설명 보기　변수/설명에 대한 리스트를 표시한다.

i. 전체 삭제 모든 영역에 대하여 허용 플래그 및 데이터를 해제한다.
j. 전체 선택 모든 영역에 대하여 허용 플래그 및 데이터를 설정한다.
k. 확인 변경사항을 적용하고 대화상자를 닫는다.
l. 취소 대화상자를 닫는다.

• 참고사항
- 허용은 비트별 강제 I/O 사용여부를 표시한다. 선택된 경우는 허용, 그렇지 않은 경우는 허용하지 않음을 표시한다.
- 데이터는 강제값을 표시한다. 선택된 경우는 1, 그렇지 않은 경우에는 0이 강제값이 된다. 단 플래그가 허용상태인 경우에만 유효하다.

허 용	설정값	강제값
0 (선택 안함)	0 (선택 안함)	×
0 (선택 안함)	1 (선택함)	×
1 (선택함)	0 (선택 안함)	0
1 (선택함)	1 (선택함)	1

(1) 강제 I/O 설정

• 예: 베이스0, 슬롯 1의 4번째 비트 강제출력 1, 7번째 비트 강제출력 0

① 베이스 0, 슬롯 1을 선택한다(그림 F.13).

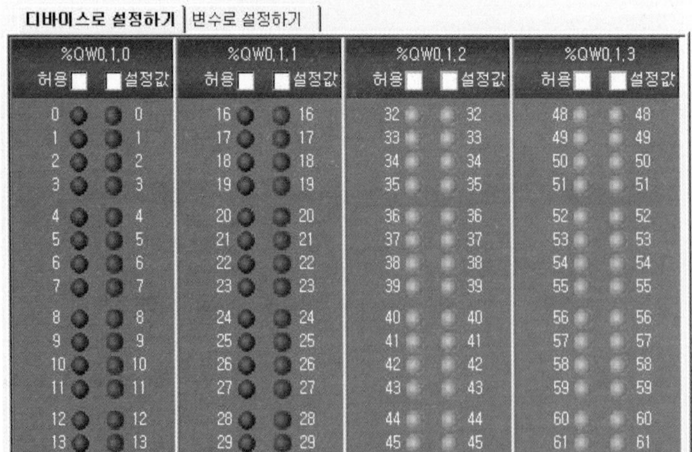

그림 F.13

② 비트 3의 허용 플래그와 설정값을 선택한다. 설정된 디바이스에는 %QW0.1.0이 등록된다(그림 F.14).

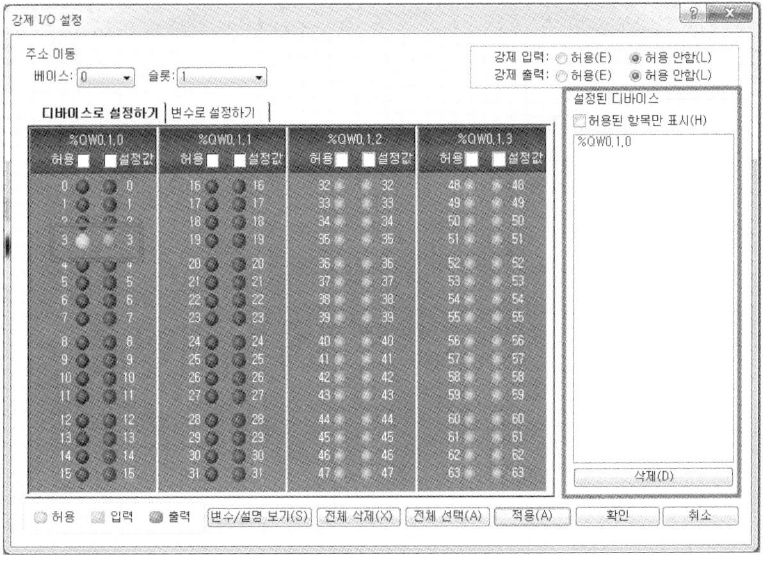

그림 F.14

③ 비트 6의 허용 플래그를 선택한다. 비트 6의 강제출력값은 0이므로 설정값은 선택하지 않는다(그림 F.15). %QW0.1.0는 이미 설정된 디바이스에 등록되어 있으므로, 다시 추가되지는 않는다.

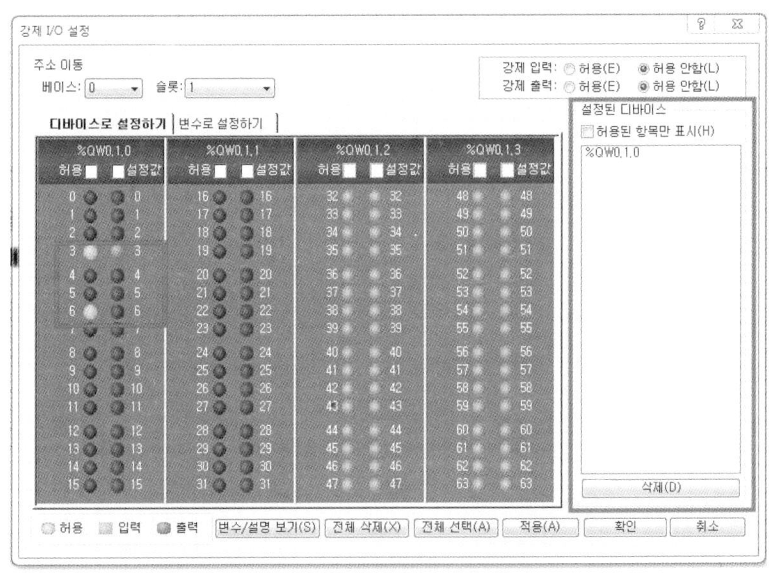

그림 F.15

④ 강제값을 적용하기 위하여 강제출력 허용 플래그를 선택하고 적용 버튼을 누른다(그림 F.16).

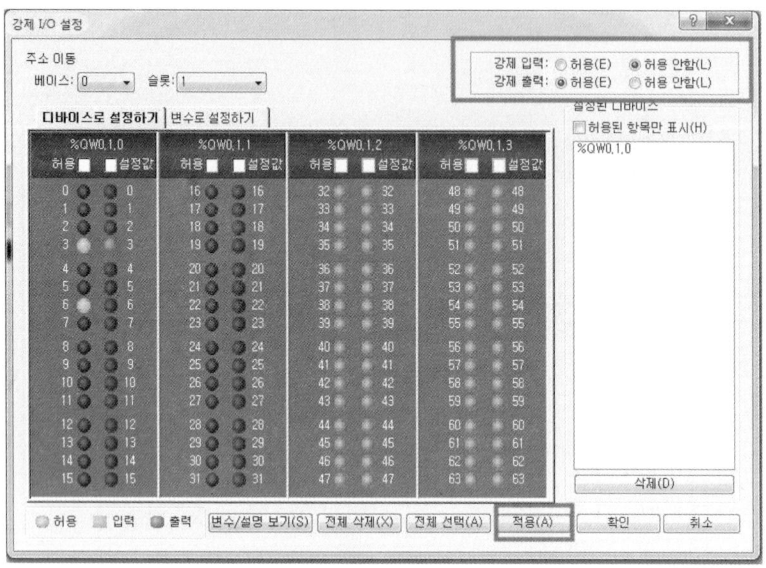

그림 F.16

(2) 강제 I/O 해제

• 예: 베이스0, 슬롯 1의, 4번째 비트의 강제값 해제

① %QW0.1.0으로 이동한다. 영역의 이동은 버튼을 이용하거나 직접 입력한다(그림 F.17).
② 강제출력값을 해제하기 위하여 비트 3, 7의 허용 플래그의 선택을 해제한다(그림 F.18).
③ 적용버튼을 누른다.

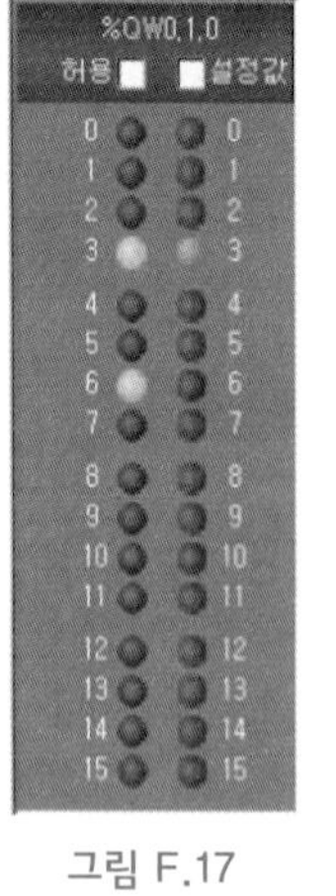

그림 F.17

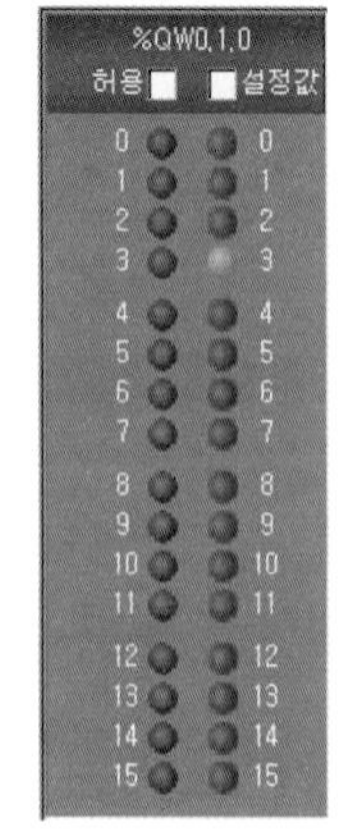

그림 F.18

F.7 런 중 수정

PLC 운전모드가 런 상태에서 PLC의 프로그램을 변경할 수 있다. 런 중 수정 순서는 다음과 같다.

① 프로젝트 열기

메뉴 [프로젝트] - [프로젝트 열기]를 선택한다. 런 중 수정하기 위한 PLC 프로젝트를 연다.

② 접속

메뉴 [온라인] - [접속]을 선택하여 PLC와 연결한다.

③ 모니터 시작

- 메뉴 [모니터] - [모니터 시작]을 선택한다.
- 모니터를 하면서 런 중 수정이 가능하다.
- 런 중 수정 중에도 모니터 시작 또는 모니터 끝이 가능하다.

④ 런 중 수정 시작

- 메뉴 [온라인] - [런 중 수정 시작]을 선택한다.
- 프로그램 창이 활성화된 후 런 중 수정이 가능하다.
- 런 중 모드(그림 F.19(a))에서 프로그램 또는 변수가 편집되면 해당 창은 런 중 수정 모드(그림 F.19(b))로 전환한다.

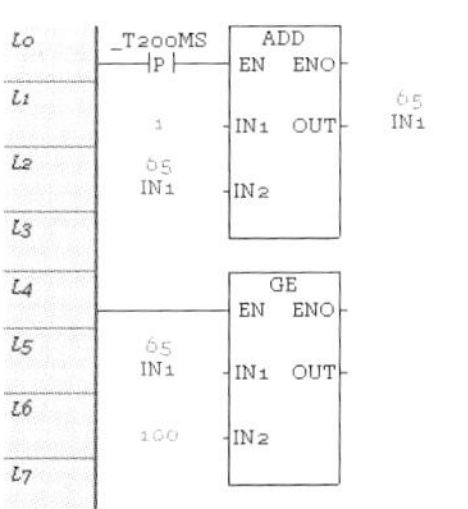

(a) 런 중 모드

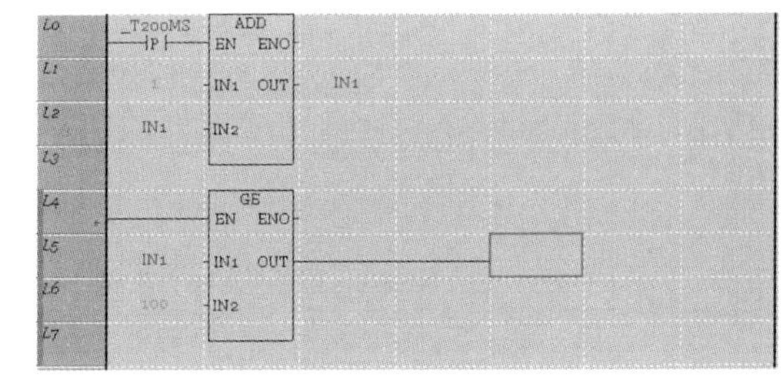

(b) 런 중 수정모드

그림 F.19

⑤ 편집

- 런 중 수정 편집은 오프라인에서의 편집방법과 동일하다.
- LD의 경우 편집된 렁 표시("*")가 추가된다.

⑥ 런 중 수정 쓰기

- 메뉴 [온라인] - [런 중 수정 쓰기]를 선택한다.
- 해당 프로그램만 PLC로 전송한다.
- LD의 경우 편집된 렁의 표시("*")가 사라진다.

⑦ 런 중 수정 종료

메뉴 [온라인] - [런 중 수정 종료]를 선택한다.

G 모니터

G.1 모니터 공통

XG5000의 모니터 기능 중 공통적인 기능(모니터 시작/끝, 현재값 변경, 모니터 일시 정지, 모니터 다시 시작, 모니터 일시 정지 설정)을 설명한다.

(1) 모니터 시작/끝

① 모니터 시작

- 메뉴 [온라인]-[접속] 항목을 선택하여 PLC와 온라인으로 연결한다.
- 메뉴 [모니터]-[모니터 시작/끝]을 선택하여 모니터를 시작한다.
- 프로그램이 활성화되어 있으면 모니터 모드로 변경된다.

② 모니터 끝

메뉴 [모니터]-[모니터 시작/끝] 항목을 선택하여 모니터를 정지한다.

(2) 현재값 변경

모니터링 중에 선택된 디바이스의 현재값 또는 강제 I/O 설정을 변경할 수 있다.

① 메뉴 [온라인]-[접속] 항목을 선택하여 PLC와 온라인으로 연결한다.
② 메뉴 [모니터]-[모니터 시작] 항목을 선택하여 모니터를 수행한다.
③ 프로그램 또는 변수 모니터 창에서 디바이스나 변수를 선택한다(그림 G.1).

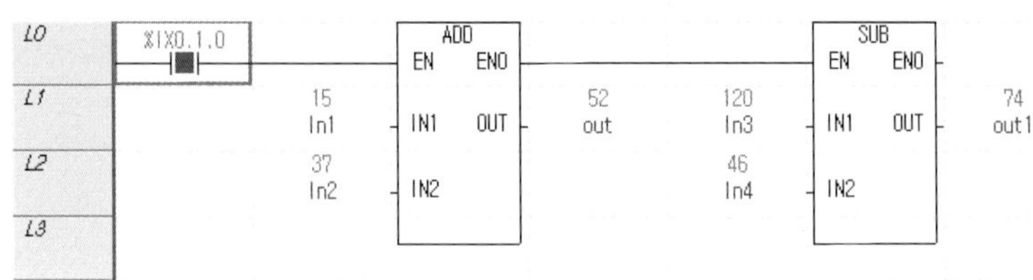

그림 G.1

④ 메뉴 [모니터] - [현재값 변경] 항목을 선택한다(그림 G.2).

⑤ 대화 상자에 현재값을 입력 후 확인을 선택 시 현재값이 변경된다.

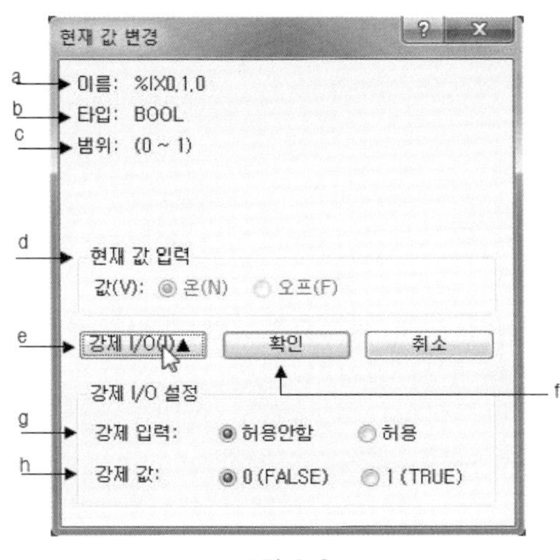

그림 G.2

a. 디바이스　현재값 변경 대상 변수의 이름이다.

b. 타입　현재값 변경 대상 변수의 타입이다.

c. 범위　타입에 따른 현재값의 입력 가능 범위이다.

d. 현재값 입력　타입이 BOOL인 경우 변수의 On/Off를 설정한다.

e. 강제 I/O　변수가 "I/Q"영역이고 BOOL타입인 경우 강제 I/O 설정을 가능하게 한다.

f. 확인　설정된 값을 PLC로 전송한다.

g. 강제 입력　강제 I/O 입력 허용안함/허용을 설정한다.

h. 강제값　강제 I/O 데이터값을 설정한다.

G.2 LD 프로그램 모니터

XG5000이 모니터링 상태에서 LD 다이어그램에 작성된 접점(평상시 열린 접점, 평상시 닫힌 접점, 양변환 검출 접점, 음변환 검출 접점), 코일(코일, 역코일, 셋코일, 리셋 코일,

양변환 검출 코일, 음변환 검출 코일) 및 펑션(블록)의 입출력 파라미터 등의 현재값을 표시한다.

① 메뉴 [모니터]-[모니터 시작/끝] 항목을 선택한다.
② LD 프로그램이 모니터 모드로 변경된다(그림 G.3).
③ 현재값 변경 : 메뉴 [모니터]-[현재값 변경] 항목을 선택한다.

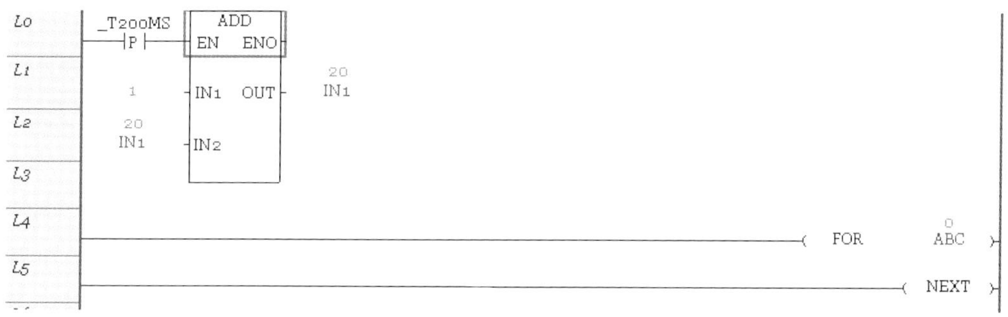

그림 G.3

- 접점의 모니터 표시(그림 G.4)
  - 평상시 열린 접점 : 해당 접점의 값이 ON상태인 경우 디바이스(혹은 변수)의 값은 붉은색으로 표시되며, 접점 안에 파워 플로우가 파란색으로 표시된다.
  - 평상시 닫힌 접점 : 해당 접점의 값이 ON상태인 경우 디바이스의 값은 붉은색으로 표시되며, 접점 안에 파워 플로우는 표시되지 않는다.
  - 양변환 검출 접점 : 평상시 열린 접점과 동일하게 표시된다.
  - 음변환 검출 접점 : 평상시 열린 접점과 동일하게 표시된다.

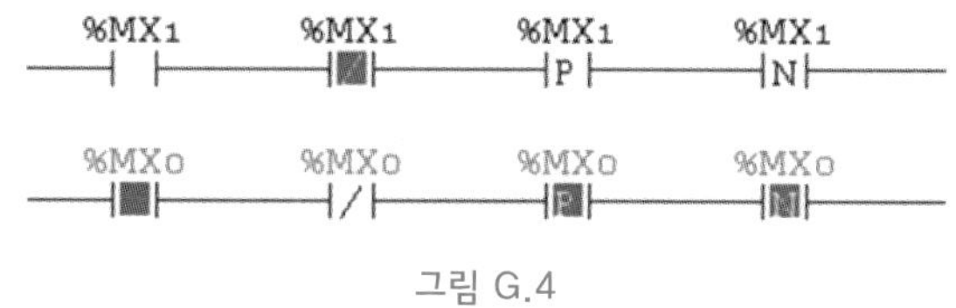

그림 G.4

- 코일의 모니터 표시(그림 G.5)
  - 코일 : 해당 코일의 값이 ON상태인 경우 디바이스(혹은 변수)의 값은 붉은색으로 표시되며, 코일 안의 파워 플로우는 파란색으로 표시된다.
  - 역코일 : 해당 코일의 값이 ON상태인 경우 디바이스(혹은 변수)의 값은 붉은색으로 표시되며, 코일 안의 파워 플로우는 표시되지 않는다.
  - 셋코일 : 코일과 동일하게 표시된다.

그림 G.5

- 리셋 코일 : 역코일과 동일하게 표시된다.
- 양변환 검출 코일 : 코일과 동일하게 표시된다.
- 음변환 검출 코일 : 코일과 동일하게 표시된다.

• 펑션(블록)의 모니터 표시

펑션(블록)의 입출력 파라미터에 모니터값이 표시되며, 펑션(블록) 입출력 파라미터의 데이터 표시는 모니터 표시 형식에 따라 표시된다(그림 G.6). 모니터 표시 형식은 메뉴 [도구] - [옵션] - [온라인]의 모니터 표시 형식에 따른다.

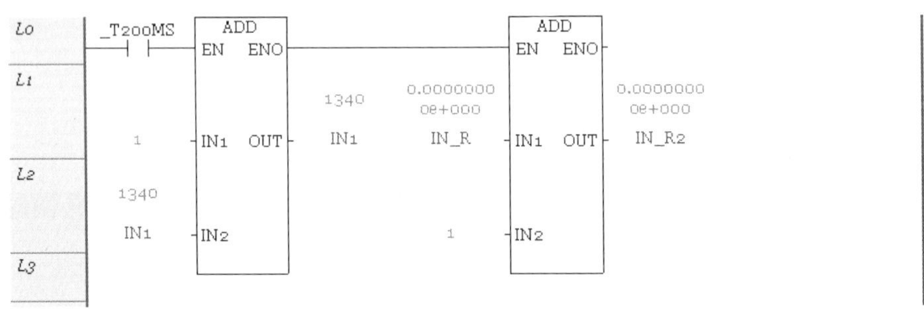

그림 G.6

G.3 변수 모니터

변수 모니터 창에 특정 변수 또는 디바이스를 등록하여 모니터할 수 있다.

변수 모니터 창 그림 G.7

	PLC	프로그램	변수/디바이스	값	타입	디바이스/변수	설명문
1	NewPLC	NewProgram	%IX0.1.0		BOOL		스위치
2	NewPLC	NewProgram	변수		BOOL	%MX0	
3	NewPLC	NewProgram	IN1		SINT		
4	NewPLC	NewProgram	OUT		SINT		
5	NewPLC	NewProgram	IN3		SINT		
6	NewPLC	NewProgram	OUT1		SINT		
7	NewPLC	NewProgram	IN2		SINT		
8	NewPLC	NewProgram	IN4		SINT		
9							

그림 G.7

a. PLC　등록 가능한 PLC의 이름을 보여 준다. XG5000은 멀티 PLC 구성이 가능하다. 그러므로 변수 모니터 창에서도 구별해 준다.

b. 프로그램　등록 변수가 존재할 프로그램의 이름을 선택한다.

c. 변수/디바이스　변수 또는 디바이스 이름을 입력한다.

d. 값　모니터 시 해당 디바이스의 값을 표시한다. 모니터 현재값 변경을 통해 값을 변경할 수 있다.

e. 타입　변수의 타입을 표시한다.

f. 디바이스/변수　메모리 할당이 되어 있으면 할당된 주소나 변수 이름을 보여 준다. Enter 키 또는 마우스를 더블 클릭하면 로컬 변수 목록에서 변수를 선택할 수 있다.

g. 설명문　변수 설명문을 표시한다.

h. 에러 표시　붉게 표시된다.

(1) 변수 모니터 등록방법

로컬 변수 목록에서 변수 모니터 창에 모니터 항목을 등록할 수 있다.

① 모니터 창에서 마우스 오른쪽 버튼을 눌러 [로컬 변수에서 등록] 메뉴를 선택한다.
② 프로젝트 내에 포함된 PLC가 두 개 이상이거나 한 PLC에 프로그램이 두 개 이상일 경우 대화상자가 나오며, 등록할 PLC와 프로그램을 선택한다.
③ 대화상자가 나오고 변수 선택 후 변수를 변수 모니터 창에 등록한다(그림 G.8).

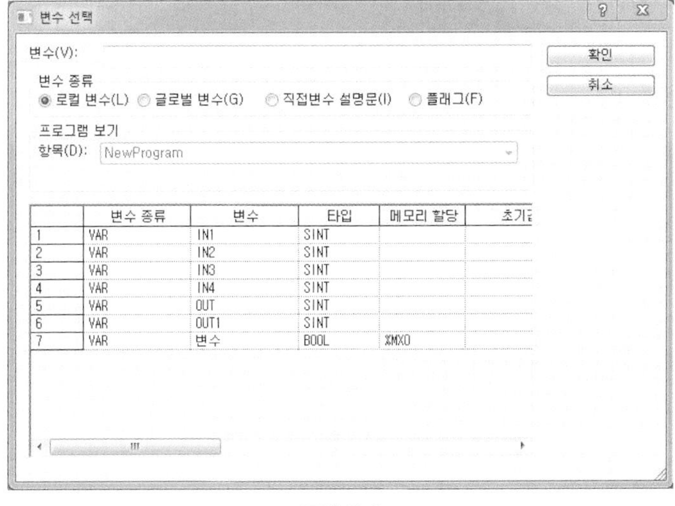

그림 G.8

a. 변수　찾을 변수이름을 입력한다.

b. 로컬 변수　로컬 변수 목록을 선택한다.

c. 목록　로컬 변수의 목록을 보여 준다.
d. 확인　대화상자를 닫고, 선택된 항목을 변수 모니터 창에 등록할 수 있다.
e. 취소　대화상자를 닫고, 변수 모니터 창에는 등록하지 않는다.

(2) 변수 모니터 동작

변수 모니터에 등록된 디바이스의 모니터를 시작한다.

① 메뉴 [모니터] - [모니터 시작/끝]을 선택한다.
② 모니터 시작 PLC 이름이 같은 항목과 오류가 없는 항목은 모니터를 수행한다(그림 G.9).

	PLC	프로그램	변수/디바이스	값		타입	디바이스/변수	설명문
1	NewPLC	NewProgram	a	10	On	BOOL	%IX0.0.1	설명문
2	NewPLC	NewProgram	a1	HEX	16#00	BOOL	%IX0.0.2	설명문1
3	NewPLC	NewProgram	a2	10	Off	BOOL	%IX0.0.3	설명문2
4	NewPLC	NewProgram	a3	HEX	16#01	BOOL	%IX0.0.4	설명문3
5	NewPLC	NewProgram	a4	10	Off	BOOL	%IX0.0.5	설명문4

그림 G.9

G.4 시스템 모니터

시스템 모니터는 PLC의 슬롯정보, I/O할당 정보를 표시한다. 모듈상태 및 데이터값을 표시한다.

(1) 기본 사용방법

시스템 모니터를 실행시키는 방법은 2가지가 있다.

① XG5000 메뉴 [모니터] - [시스템 모니터]를 선택한다(그림 G.10).
② 시작 메뉴 [프로그램] - [XG5000] - [시스템 모니터]를 선택한다.
　* 모듈 정보 창은 PLC에 설치된 슬롯정보를 표시한다. PLC에 있는 모듈정보를 읽어와서 모듈 정보 창의 데이터 표시 화면에 표시한다.

베이스 보기는 다음 방법 중 하나를 선택한다.

① 모듈 정보 창의 항목들을 선택한다(예: 베이스 0, 베이스 1, …).
② 메뉴 [베이스] 항목들을 선택한다(처음, 이전, 다음, 마지막 베이스 선택).
모듈의 커서에서 키보드의 방향키로 베이스를 선택한다.

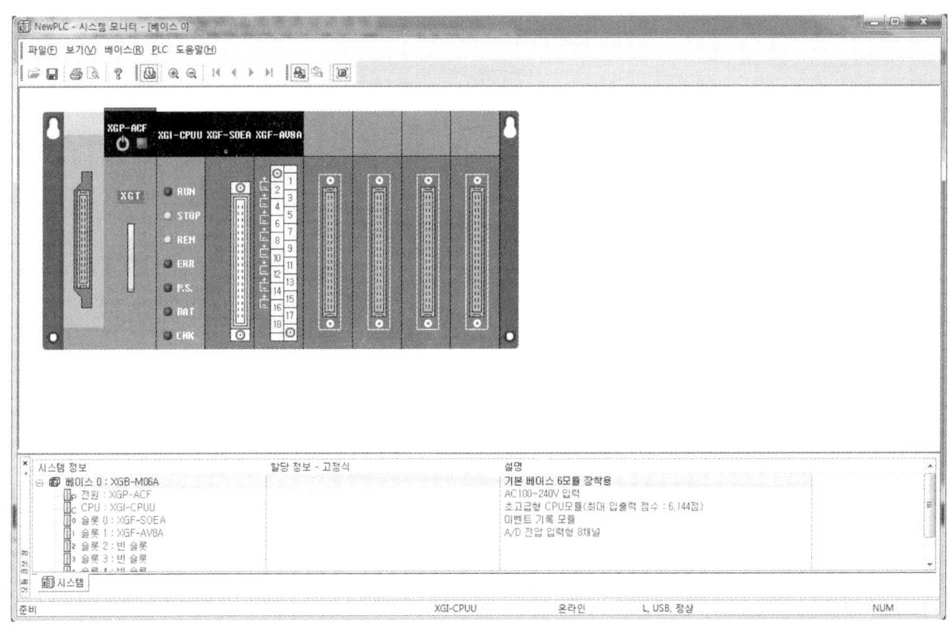

그림 G.10

(2) 시스템 동기화

접속상태에서 메뉴 [PLC] - [시스템 동기화]를 선택하면 PLC에 설정된 베이스 정보, I/O 할당 방식 및 슬롯정보를 읽어와서 화면에 표시한다. 모니터 시, 현재값 변경을 하기 위해 I/O 스킵 정보, I/O 강제 입/출력정보를 읽어온다.

(3) 현재값 변경

현재값 변경을 수행하기 위해서는 PLC와 접속된 상태이며, 모니터 모드여야 한다. 마우스로 접점을 클릭하면 선택된 접점의 데이터 값을 On/Off로 변경한다.

(4) 전원모듈, CPU모듈, 특수모듈 정보

PLC와 접속상태에서 전원모듈 또는 CPU모듈이나 특수모듈을 선택하고 메뉴 [PLC] - [모듈정보]를 선택한다. 마우스 우측버튼의 메뉴에서 원하는 모듈정보(예: CPU모듈 정보)를 선택하면 정보가 모니터링된다(그림 G.11).

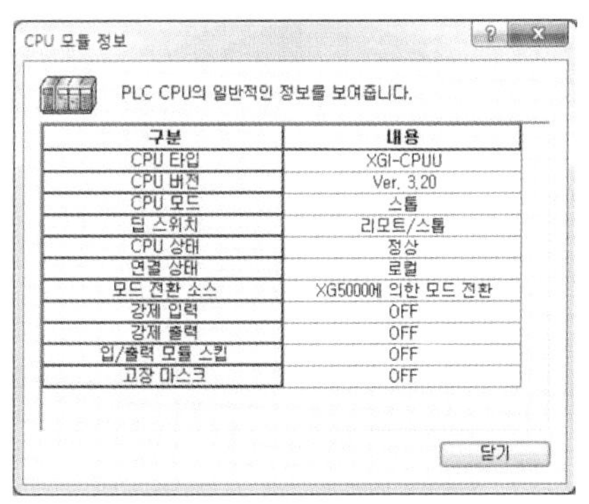

CPU 모듈 정보

PLC CPU의 일반적인 정보를 보여줍니다.

구분	내용
CPU 타입	XGI-CPUU
CPU 버전	Ver. 3.20
CPU 모드	스톱
딥 스위치	리모트/스톱
CPU 상태	정상
연결 상태	로컬
모드 전환 소스	XG5000에 의한 모드 전환
강제 입력	OFF
강제 출력	OFF
입/출력 모듈 스킵	OFF
고장 마스크	OFF

닫기

그림 G.11 CPU모듈 정보

G.5 디바이스 모니터

디바이스 모니터는 PLC의 모든 디바이스 영역의 데이터를 모니터링할 수 있다.

PLC의 특정 디바이스에 데이터값을 쓰거나 읽어올 수 있다. 데이터값을 화면에 표시하거나 입력할 때, 비트형태 및 표시방법에 따라 다양하게 나타낼 수 있다.

(1) 기본 사용방법

디바이스 모니터를 실행시키는 방법은 2가지가 있다.

① XG5000 메뉴에서 [모니터] - [디바이스 모니터]를 선택한다.

② 시작 메뉴 [프로그램] - [XG5000] - [디바이스 모니터]를 선택한다.

그러면 그림 G.12와 같은 디바이스 모니터 창이 나타난다.

디바이스 열기를 수행하는 방법은 디바이스 모니터 창의 그림 G.13에서 디바이스 아이콘을 더블 클릭하거나(예: I, Q, M, R, W) 또는 마우스 오른쪽 버튼 메뉴에서 [디바이스 열기]를 선택한다.

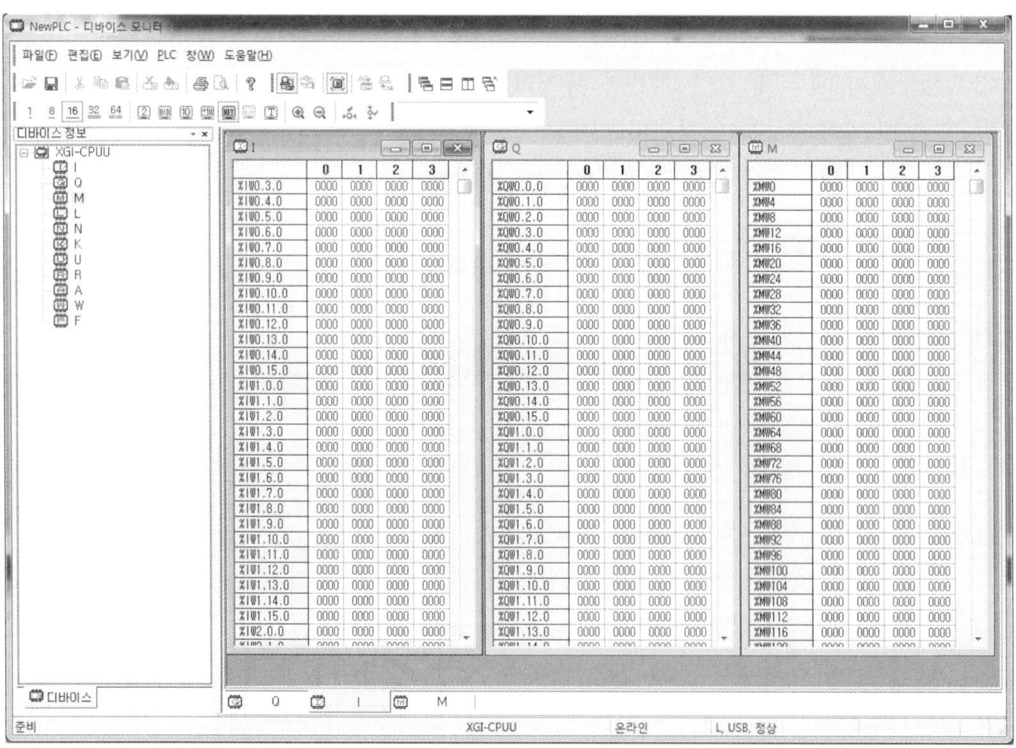

그림 G.12 디바이스 모니터

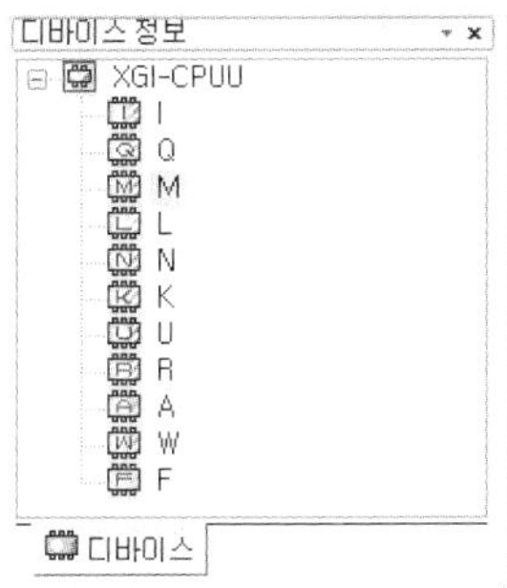

그림 G.13

(2) 데이터 형태 및 표시 항목들

데이터를 화면에 표시하는 방법으로는 표 G.1과 같이 크게 2가지로 구분할 수 있다. 그림 G.14에는 각각의 표시형식을 나타내었다.

표 G.1

표시 설정	설 명
데이터 크기	1비트형, 8비트형, 16비트형, 32비트형, 64비트형
표시 형식	2진수, BCD, 부호 없는 10진수, 부호 있는 10진수, 16진수, 실수형, 문자형

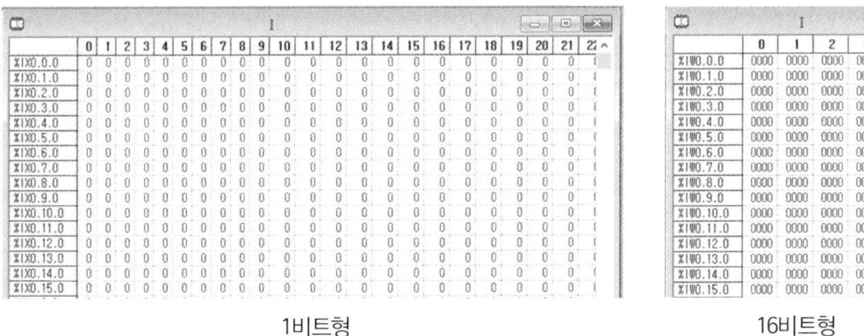

1비트형

16비트형

32비트형

2진수형

(계속)

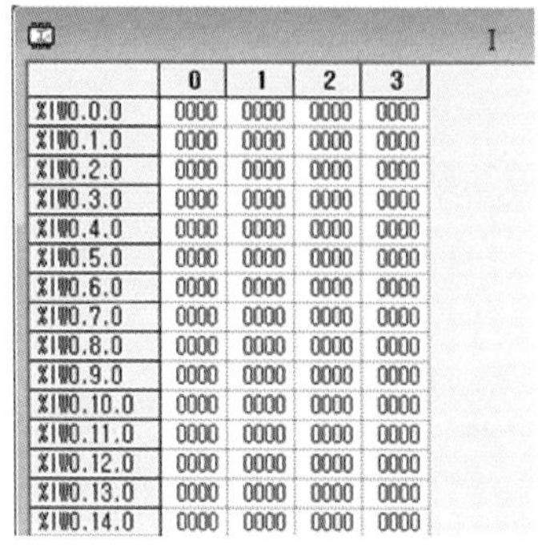

	0	1	2	3
%IW0.0.0	0000	0000	0000	0000
%IW0.1.0	0000	0000	0000	0000
%IW0.2.0	0000	0000	0000	0000
%IW0.3.0	0000	0000	0000	0000
%IW0.4.0	0000	0000	0000	0000
%IW0.5.0	0000	0000	0000	0000
%IW0.6.0	0000	0000	0000	0000
%IW0.7.0	0000	0000	0000	0000
%IW0.8.0	0000	0000	0000	0000
%IW0.9.0	0000	0000	0000	0000
%IW0.10.0	0000	0000	0000	0000
%IW0.11.0	0000	0000	0000	0000
%IW0.12.0	0000	0000	0000	0000
%IW0.13.0	0000	0000	0000	0000
%IW0.14.0	0000	0000	0000	0000

BCD형

	0	1	2	3
%IW0.0.0	0000	0000	0000	0000
%IW0.1.0	0000	0000	0000	0000
%IW0.2.0	0000	0000	0000	0000
%IW0.3.0	0000	0000	0000	0000
%IW0.4.0	0000	0000	0000	0000
%IW0.5.0	0000	0000	0000	0000
%IW0.6.0	0000	0000	0000	0000
%IW0.7.0	0000	0000	0000	0000
%IW0.8.0	0000	0000	0000	0000
%IW0.9.0	0000	0000	0000	0000
%IW0.10.0	0000	0000	0000	0000
%IW0.11.0	0000	0000	0000	0000
%IW0.12.0	0000	0000	0000	0000
%IW0.13.0	0000	0000	0000	0000
%IW0.14.0	0000	0000	0000	0000

16진수형

	0	1	2	3
%IW0.0.0	0	0	0	0
%IW0.1.0	0	0	0	0
%IW0.2.0	0	0	0	0
%IW0.3.0	0	0	0	0
%IW0.4.0	0	0	0	0
%IW0.5.0	0	0	0	0
%IW0.6.0	0	0	0	0
%IW0.7.0	0	0	0	0
%IW0.8.0	0	0	0	0
%IW0.9.0	0	0	0	0
%IW0.10.0	0	0	0	0
%IW0.11.0	0	0	0	0
%IW0.12.0	0	0	0	0
%IW0.13.0	0	0	0	0
%IW0.14.0	0	0	0	0

부호 없는 10진수형

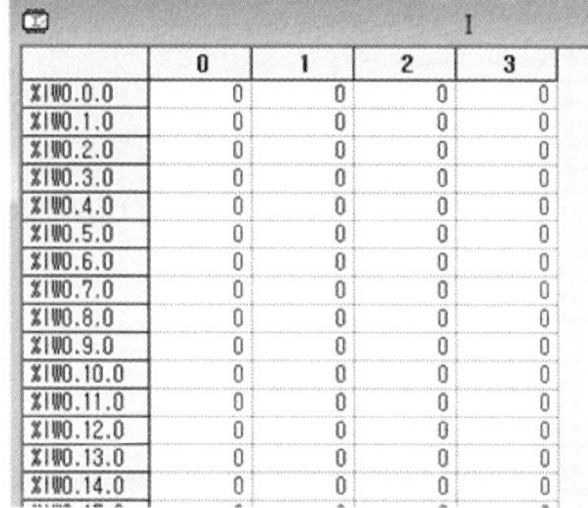

	0	1	2	3
%IW0.0.0	0	0	0	0
%IW0.1.0	0	0	0	0
%IW0.2.0	0	0	0	0
%IW0.3.0	0	0	0	0
%IW0.4.0	0	0	0	0
%IW0.5.0	0	0	0	0
%IW0.6.0	0	0	0	0
%IW0.7.0	0	0	0	0
%IW0.8.0	0	0	0	0
%IW0.9.0	0	0	0	0
%IW0.10.0	0	0	0	0
%IW0.11.0	0	0	0	0
%IW0.12.0	0	0	0	0
%IW0.13.0	0	0	0	0
%IW0.14.0	0	0	0	0

부호 있는 10진수형

그림 G.14 **디바이스 모니터의 여러 데이터 표시형식**

(3) 데이터값 설정

디바이스의 데이터값을 표시방법 및 비트수에 따라 설정할 수 있다. 또한 데이터값의 설정영역도 선택할 수 있다.

① 메뉴 [편집]-[데이터값 설정]을 선택한다(그림 G.15, G.16).

② 데이터값 : 비트수와 표시방법 항목에 맞게 데이터를 입력 및 표시한다.

③ 비트수 : 데이터의 사이즈를 결정한다.

④ 영역 설정 : 디바이스에서 데이터값이 적용되는 범위를 결정한다.

⑤ 표시 방법 : 데이터의 입력형태를 결정하고, 데이터값이 있는 경우 값 표시변경에 따라 데이터값 형태가 변경된다(그림 G.17).

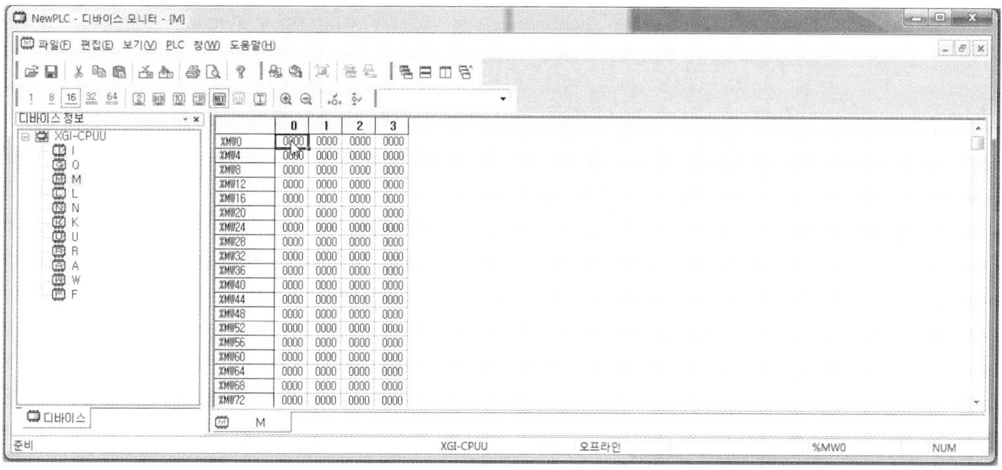

그림 G.15

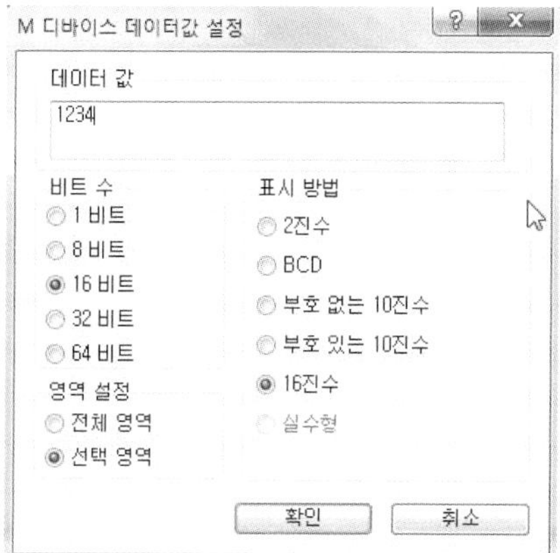

그림 G.16

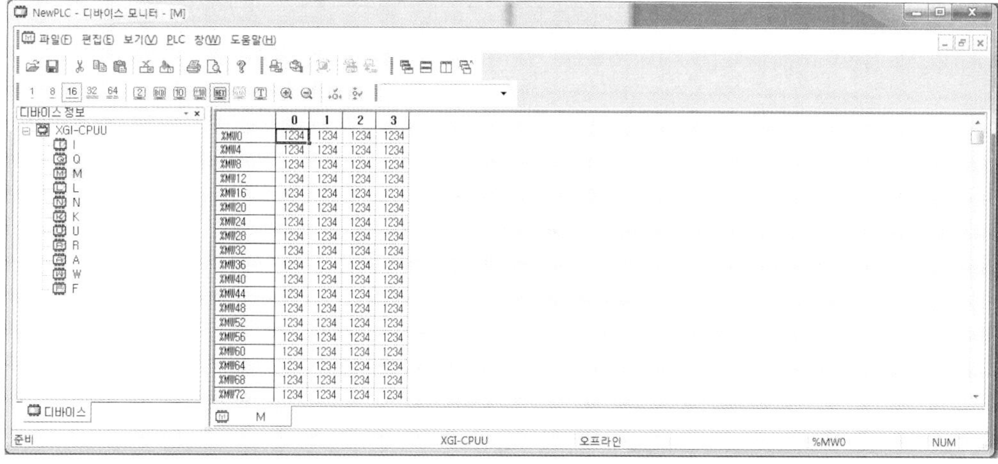

그림 G.17

H XG-SIM

H.1 시뮬레이션 시작

① XG5000을 실행하여 XG-SIM에서 실행할 프로그램을 작성한다.

② XG5000 메뉴 [도구] - [시뮬레이터 시작] 항목을 선택한다. XG-SIM이 실행되면 작성한 프로그램이 XG-SIM으로 자동으로 다운로드된다. XG-SIM이 실행되면 온라인, 접속, 스톱 상태가 된다.

③ XG5000의 메뉴 [온라인] - [모드 전환] - [런] 항목을 선택하여 다운로드한 프로그램을 실행한다. XG-SIM이 실행 시 XG5000이 지원하는 온라인 메뉴 항목은 표 H.1과 같다.

표 H.1 **시뮬레이션 지원항목**

메뉴항목	지원여부	메뉴항목	지원여부	메뉴항목	지원여부
PLC로부터 열기	○	PLC 이력(에러 이력)	○	모니터 일시 정지 설정	○
모드 전환(런)	○	PLC 이력(모드전환 이력)	○	현재값 변경	○
모드 전환(중지)	○	PLC 이력(전원차단 이력)	○	시스템 모니터	○
모드 전환(디버그)	○	PLC 이력(시스템 이력)	○	디바이스 모니터	○
접속 끊기	×	PLC 에러 경고	○	특수모듈 모니터	○
읽기	×	I/O 정보	○	사용자 이벤트	○
쓰기	○	강제 I/O 설정	○	데이터 트레이스	○
PLC와 비교	×	I/O 스킵 설정	○	디버그 시작/끝	○
플래시 메모리 설정(설정)	×	고장 마스크 설정	×	디버그(런)	○
플래시 메모리 설정(해제)	×	모듈 교환 마법사	×	디버그(스텝 오버)	○
PLC 리셋	×	런 중 수정 시작	○	디버그(스텝 인)	○
PLC 지우기	○	런 중 수정 쓰기	○	디버그(스텝 아웃)	○
PLC 정보(CPU)	○	런 중 수정 종료	○	디버그(커서위치까지 이동)	○
PLC 정보(성능)	○	모니터 시작/끝	○	브레이크 포인트 설정/해제	○
PLC 정보(비밀번호)	○	모니터 일시 정지	○	브레이크 포인트 목록	○
PLC 정보(PLC 시계)	○	모니터 다시 시작	○	브레이크 조건	○

H.2 XG-SIM

XG-SIM 프로그램의 창은 다음과 같이 구성되어 있다(그림 H.1).

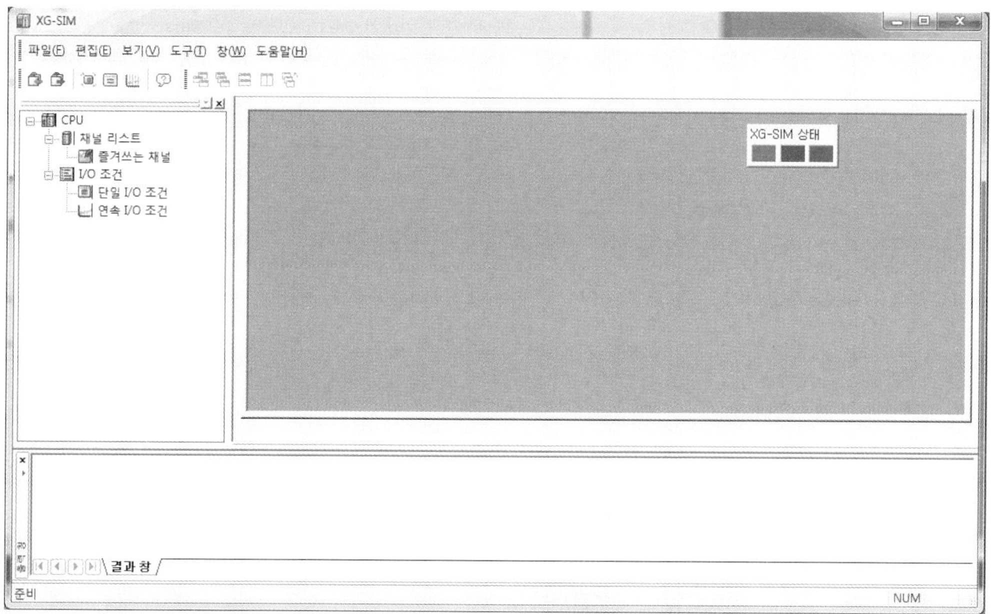

그림 H.1 XG-SIM 화면

(1) 채널 리스트

모듈별 채널 및 사용자 선택에 의한 즐겨쓰는 채널이 표시된다. 모듈의 경우에는 I/O 파라미터에서 설정한 모듈만 표시된다. 모듈의 표시는 'B0(베이스 번호)S00(슬롯 번호): 모듈 이름' 형태로 표시된다.

(2) I/O 조건

단일 I/O 조건 및 연속 I/O 조건을 표시한다.

(3) 상태 창

상태 창은 시뮬레이터의 상태를 표시한다(표 H.2).

표 H.2 **시뮬레이터의 상태**

상 태	설 명	창
초 기	초기 상태를 나타낸다. 시뮬레이터로 접속이 불가능하다.	XG-SIM 상태
접속 가능	접속 준비 완료 상태를 나타내며 적색의 LED가 켜진다.	XG-SIM 상태
단일 I/O 조건 실행	단일 I/O 조건이 실행 중임을 나타낸다. 실행 중인 경우 초록색의 LED가 점멸한다.	XG-SIM 상태
연속 I/O 조건 실행	연속 I/O 조건이 실행 중임을 나타낸다. 실행 중인 경우 노란색의 LED가 점멸한다.	XG-SIM 상태

H.3 시뮬레이션의 방법과 예

제어조건 Start버튼을 ON하면 내부릴레이 %MX0가 ON되어 자기유지되며, 동시에 start램프가 ON된다. 3초가 지나 카운터 C1이 ON되면 모터가 ON되며, 운전램프가 ON된다. 그로부터 3초가 지나면 타이머 T1이 ON되어 카운터 C1이 리셋되므로 모터가 OFF되고 T1도 초기화된다. 그로부터 다시 3초가 지나면 C1이 ON되어 위의 과정이 반복되는 플리커회로이다.

이 프로그램에 사용되는 변수목록과 프로그램은 각각 그림 H.2 및 그림 H.3이다.

	변수 종류	변수	타입	메모리 할당	초기값	리테인	사용 유무	설명문
1	VAR	C1	CTU_INT			☐	☑	
2	VAR	start	BOOL	%IX0.0.0		☐	☑	
3	VAR	start램프	BOOL	%QX0.1.0		☐	☑	
4	VAR	stop	BOOL	%IX0.0.1		☐	☑	
5	VAR	T1	TON			☐	☑	
6	VAR	모터	BOOL	%QX0.2.0		☐	☑	
7	VAR	운전램프	BOOL	%QX0.1.1		☐	☑	
8	VAR	정지램프	BOOL	%QX0.1.2		☐	☑	

그림 H.2

그림 H.3

(1) 래더도상의 시뮬레이션

XG5000의 메뉴 [도구] - [시뮬이션 시작]의 항목을 선택하고 “쓰기” 대화상자에서 확인을 클릭한다. 그리고 “런”을 실행하면 프로그램이 그림 H.4와 같이 된다.

Start접점을 두 번 클릭하면 “현재값 변경”의 대화상자(그림 H.5)가 나타나고 온(N)을 클릭하여 확인을 누르면 프로그램의 시뮬레이션이 그림 H.6과 같이 수행된다.

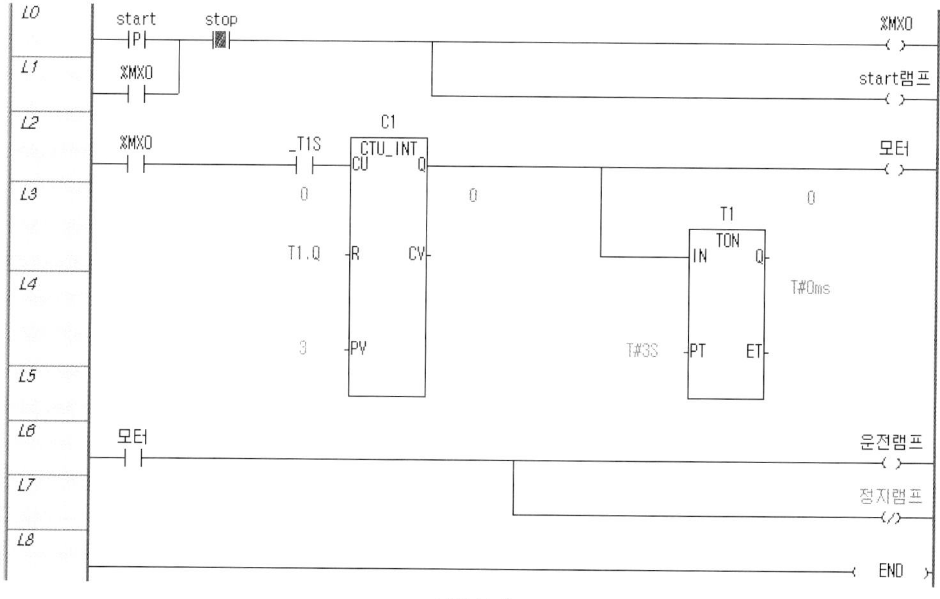

그림 H.4

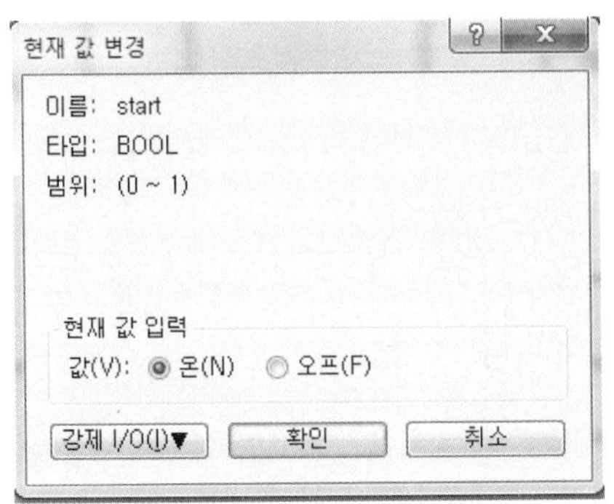

그림 H.5

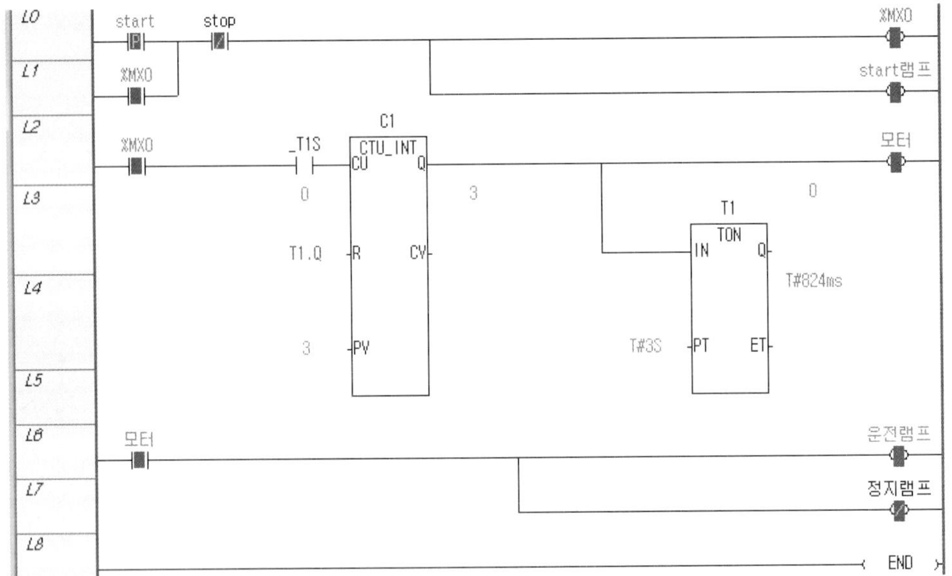

그림 H.6 **래더도상의 시뮬레이션**

(2) 시스템 모니터상의 시뮬레이션

XG5000의 메뉴 [도구]-[시뮬이션 시작]의 항목을 선택하고 "쓰기" 대화상자에서 확인을 클릭한다. 그리고 "런"을 실행하면 프로그램이 그림 H.4와 같이 된다.

그 상태에서 메뉴 [모니터]-[시스템 모니터]를 선택하면 그림 H.7의 시스템 모니터가 나타나며, start버튼의 어드레스 %IX0.0.0을 클릭하면 그림 H.8과 같이 시스템 모니터 상에서 시뮬리션이 수행된다. 이 시뮬레이션은 미리 I/O파라미터를 설정해 놓아야 된다.

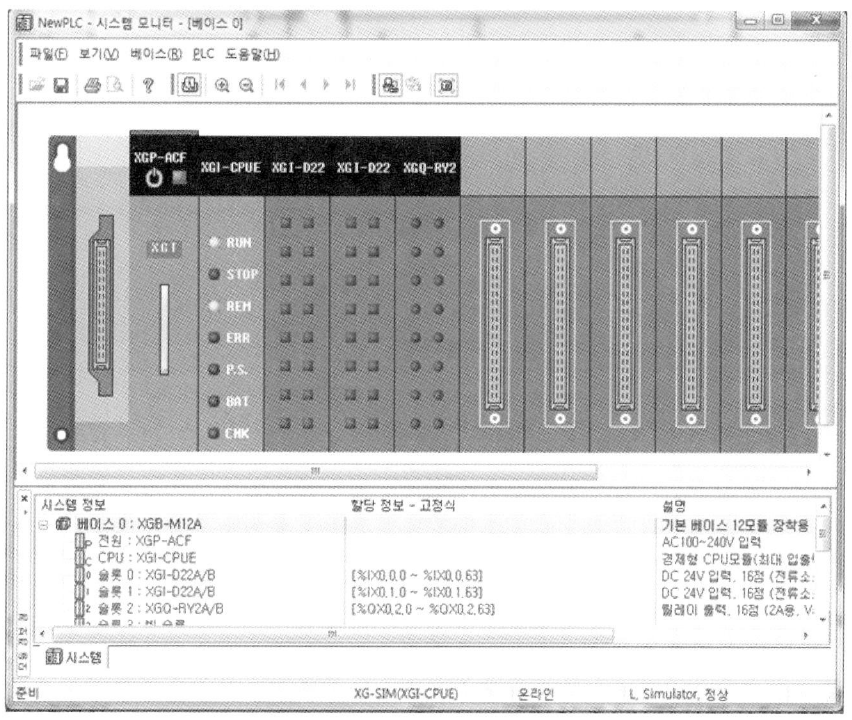

그림 H.7 **시스템 모니터**

그림 H.8 **시스템 모니터상의 시뮬레이션**

(3) 디바이스 모니터상의 시뮬레이션

XG5000의 메뉴 [도구]-[시뮬이션 시작]의 항목을 선택하고 "쓰기" 대화상자에서 확인을 클릭한다. 그리고 "런"을 실행하면 프로그램이 그림 H.4와 같이 된다.

그 상태에서 메뉴 [모니터]-[디바이스 모니터]를 선택하면 그림 H.9의 디바이스 모니터가 나타나며, 디바이스 I와 Q를 선택한 후 start버튼의 어드레스 %IX0.0.0을 ON(1)시키면 그림 H.10과 같이 디바이스 모니터상의 시뮬레이션이 수행된다.

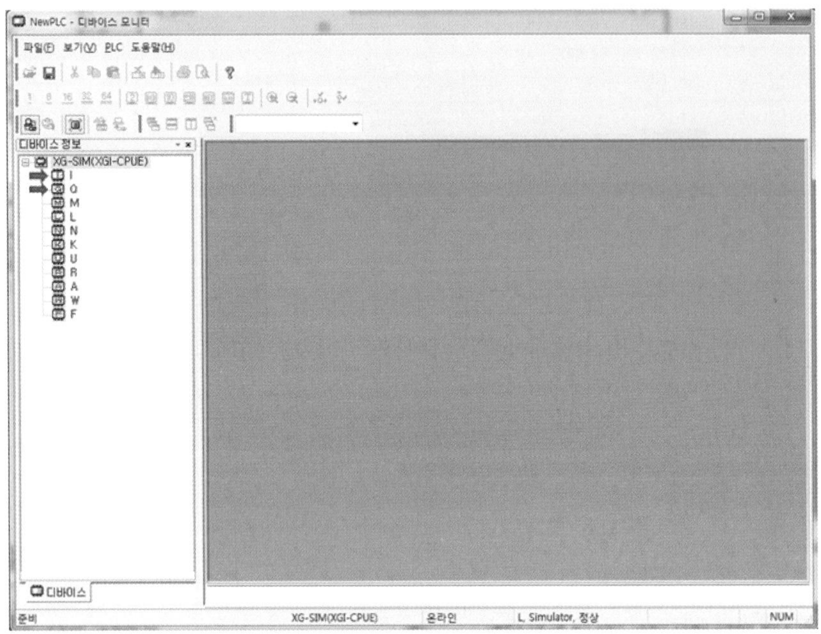

그림 H.9 **디바이스 모니터**

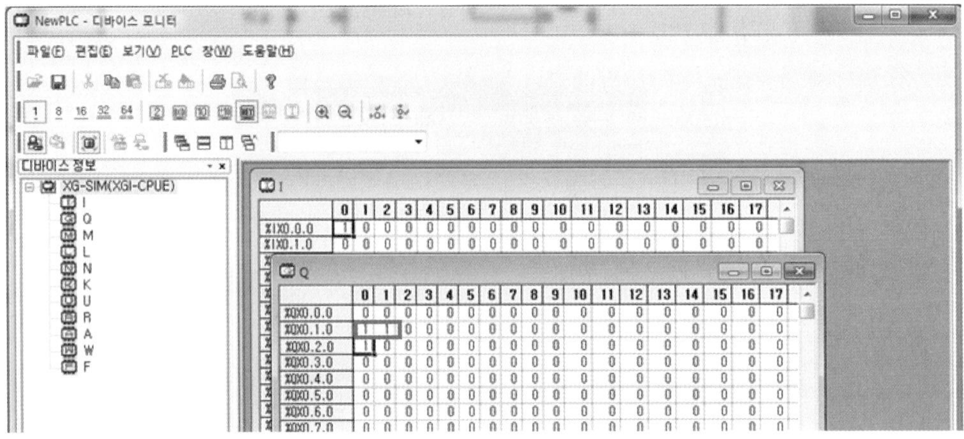

그림 H.10 **디바이스 모니터상의 시뮬레이션**

이 내용은 ㈜LS산전에서 제공하는 "XG5000소프트웨어 사용설명서[XGI/XGR용]"에서 자주 사용되는 내용을 발췌하여 요약한 것이다. 더 자세한 내용은 ㈜LS산전의 홈페이지 http://www.lsis.com에서 찾아볼 수 있다.

참고문헌

1. XG5000소프트웨어 사용설명서[XGI/XGR용] V3.2, LS산전, 2015
2. シーケンス制御, 大浜庄司, 日本實業出版社, 2002
3. シーケンス基礎のきそ, 望月傳, 日刊工業新聞社, 2010
4. 전기설비 보수와 제어, 박한종역, 성안당, 2013
5. 시퀀스 제어 이론과 실험, 윤만수 편저, 일진사, 2009
6. 공유압의 제어, 엄기찬 외 2명, 청문각, 2013
7. やさい シケンス制御, 塩田泰仁외 1명, 日刊工業新聞社, 2011
8. シケンス制御を 理解する, 波多江茂樹, 日刊工業新聞社, 2008
9. 新시퀀스 제어, 月刊電氣技術 편집부역, 성안당, 2009
10. 공압제어실험, 엄기찬 외 2명, 북스힐, 2011
11. 시퀀스 제어 이론 및 실습, 강승석, Ohm사, 2014
12. 전기공학기초, 김진수 외 1명, 동일출판사, 2008
13. PLC제어, 김우현 외 2명, Global, 2014
14. PLC제어와 응용, 원규식 외 4명, 동일출판사, 2011
15. 시퀀스 및 PLC제어, 김성래 외 4명, 태영문화사, 2010
16. PLC응용기술, 김원회 외 3명, 성안당, 2006
17. PLC자동화 응용기술, 전철오, 태양문화사, 2012
18. 시퀀스 제어와 PLC응용, HCEM편저, 삼성북스, 2006
19. XGT Series Catalog, LS산전, 2014
20. シケンス制御, 吉本久泰, 東京電機大學出版局, 2015
21. XGI초급(V1.2), LS산전, 2013
22. XGI고급, LS산전, 2014
23. XGI/XGR/XEC명령어집(V2.5), LS산전, 2013
24. XGI CPU모듈 사용설명서, LS산전, 2012
25. PLC의 제어, 엄기찬 외 3명, 북스힐, 2007

ㅇ

ㅈ

릴레이 제어반 및 PLC에 의한

시퀀스 제어

2015년 12월 10일 제1판 1쇄 인쇄
2015년 12월 15일 제1판 1쇄 펴냄

지은이 엄기찬 · 신현재
펴낸이 류원식
펴낸곳 **청문각 출판**

주소 (10881) 경기도 파주시 문발로 116(문발동 536-2)
전화 1644-0965(대표)
팩스 070-8650-0965
등록 2015. 01. 08. 제406-2015-000005호
홈페이지 www.cmgpg.co.kr
E-mail cmg@cmgpg.co.kr

ISBN 978-89-6364-249-9 (93550)
값 25,000원

* 잘못된 책은 바꾸어 드립니다.